C0-EFM-879

Spa 91 291 R
Rumbo Cuba
1458712

NY PUBLIC LIBRARY THE BRANCH LIBRARIES
3 3333 14564 5160

The New York Public Library
Astor, Lenox and Tilden Foundations

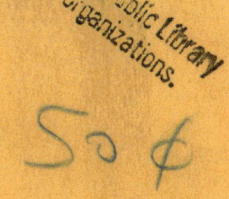

50¢

The Branch Libraries
DONNELL LIBRARY CENTER
World Languages Collection
20 West 53rd Street
New York, N.Y. 10019

DF

JAN 2 0 2001

Books and non-print media may be returned to any branch of The New York Public Library.

Materials must be returned by the last date stamped on the card. Fines are charged for overdue items.

Form #0478

RUMBO ✳ A
CUBA

Carme Miret
Eduardo Suárez
con la colaboración de Enric Balasch y Antonio Vela

EDITORIAL LAERTES

C.G.M.
Club gente de mundo

Marlin
MARINAS Y NAUTICAS

cubanacan
GRUPO

CUBANA

Cuarta edición: enero, 1999

© Carme Miret, Eduardo Suárez, Toni Vives (Buceo)
© de las características de la colección y de esta edición:
Laertes S.A. de Ediciones, 1999
C/ Montseny 43, bajos - 08012 Barcelona

Diseño cubierta: Duatis Disseny sobre fotografía de Carme Miret:
Miembros de la Orquesta Municipal de Santiago de Cuba calentando motores

Fotografía: Carme Miret, Eduardo Suárez, Toni Vives
Ilustraciones: Miguel Zueras
Cartografía: Editorial Laertes
Tratamiento de planos: Antonia García
Fotocomposición: Olga Llop
Fotomecánica: Adrià & hijos, SL.

ISBN: 84-7584-370-0
Depósito legal: B. 48670-1998
Impreso en Hurope SL. C/ Lima 3 bis - 08030 Barcelona

Este libro no podrá ser reproducido, ni total ni parcialmente, sin el permiso previo y por escrito del editor. Reservados todos los derechos.

Impreso en la UE

ÍNDICE GENERAL

Cómo usar la guía 9

Prólogo 11

Generalidades 13
    Situación **13**, Población **14**, Idioma **17**,
    Geografía **18**, Clima **24**, Fauna y flora **26**,
    Economía **28**, Gobierno **36**, Educación **38**,
    Religión **38**, Historia **41**, Arte **54**,
    Literatura **56**, Música **60**, Cine **68**, Teatro **70**,
    Ballet **70**

Las provincias cubanas 73

Lo que hay que ver
Cuba de la A a la Z 85

Buceo en Cuba 291
    Introducción **291**, Fauna marina de Cuba **293**,
    Normas para el buceo en Cuba **300**,
    Servicios **301**, Viajes de buceo **301**

Zonas de buceo 303

Qué hacer en Cuba 357
    Festividades **357**, Museos **358**,
    Deportes **358**, Cruceros **362**, Turismo
    de salud **362**, Los Carnavales **362**,
    Gastronomía **364**, Bebidas **367**,
    Café **369**, «Paladares» **370**, Periódicos
    y revistas **371**, Radio y televisión **372**,
    Compras **373**

Consejos prácticos 377
   Información turística **377**, Cuba en
   la *web* **377**, Dónde ir **378**, Cómo
   llegar **378**, Cuándo ir **379**, Equipaje **380**,
   Requisitos de entrada **380**, Cómo moverse
   por el país **381**, Tabla de distancias **383**,
   Desplazamientos locales **385**, Mapas **387**,
   Moneda **388**, Alojamiento **389**,
   Hospitalidad **389**, Propinas **390**,
   Correos **390**, Teléfono y telégrafo **390**,
   Corriente eléctrica **390**, Hora local **391**,
   Horarios comerciales **391**, Prostitución **391**,
   Delincuencia **392**, Droga **393**, Sanidad **393**,
   Fotografía **395**

Breve diccionario de cubanismos 397

Bibliografía 407

Agradecimientos 409

Índice alfabético 411

Algunos personajes y sus obras 419

Índice de planos 429

*Para Esperanza, con todo nuestro cariño,
un trocito del «gran río azul»*

Estaba confusa, llena de dudas; le pregunté a la santera, ¿Qué voy a hacer con mi vida?
—Vete a Cuba—, me respondió, gritando, la santera.
—¿Por qué a Cuba?— le volví a preguntar.
—Por que sí.

De la obra teatral *Bola de Nieve*
Cecilia Rossetto

CÓMO USAR LA GUÍA

Esta edición de **RUMBO A CUBA** está dividida en cinco capítulos: Generalidades, Las provincias cubanas, Cuba de la A a la Z, Buceo en Cuba, Qué hacer en Cuba y Consejos prácticos.

En el capítulo **Generalidades**, pretendemos dar una visión resumida de las características geográficas, históricas, culturales y sociológicas de Cuba.

En el capítulo **Las provincias cubanas**, se cuenta muy brevemente la historia de cada provincia, se relacionan sus principales ciudades y se menciona también brevemente su actividad económica y/o cualquier hito destacado.

En **Cuba de la A a la Z**, se relacionan los lugares que entendemos que tienen interés turístico, o que aún careciendo de él, sí lo tienen histórico y cultural, suponiendo que el concepto turismo no comprenda la historia y la cultura.

El lector tendrá en este apartado información del lugar que quiera visitar, con las excursiones posibles a efectuar por los alrededores. Se da noticia de las fiestas y diversiones, que en algunos casos son el primer interés de la visita del lugar, y también qué es lo más significativo que podemos comprar.

La relación de hoteles es incompleta por dos motivos: no es pretensión de los autores confeccionar un listín interminable, y en segundo lugar, la construcción de hoteles va a buen ritmo al igual que la renovación de antiguos edificios que anteriormente acogían al turismo cubano. Hemos intentado relacionar los establecimientos que consideramos más preparados para acoger el viajero, hay bastantes buenos hoteles en Cuba; en algunos puntos relacionamos establecimientos que quizá no dan la medida de nuestras exigencias, pero en cualquier caso es la única oferta existente.

En cuanto a restaurantes, la oferta en Cuba va creciendo de la mano de mayoristas de viajes, hemos también intentado relacionar aquéllos que a nuestro entender pueden satisfacer al viajero. En cuanto al fenómeno de los «paladares», la relación es muy escueta en las diferentes ciudades ya que la vida de este tipo de establecimientos, por ahora, es muy efímera. Pero si quieren experimentar, no pasen cuidado, paseando por la calle les van a ofrecer la posibilidad de hacerlo.

Hemos incluido un extenso capítulo sobre el **Buceo en Cuba**, actividad en auge y con preciosos puntos que explorar en el país. En este apartado se relacionan los distintos lugares donde es posible practicar el submarinismo, las características de las aguas y de los fondos a descubrir, una breve relación de la fauna marina que podamos encontrar, además de los centros de buceo existentes y alojamientos.

En el capítulo **Qué hacer en Cuba** se explican las distintas actividades y los mejores lugares donde llevarlas a cabo (deportes, festividades, compras, etcétera).

El capítulo **Consejos prácticos** pretende ser el «abc» del viaje (cómo moverse por el país, qué ropa colocar en la maleta, cómo funciona el teléfono, etcétera).

Adjuntamos también un extenso **diccionario de cubanismos**. Si el idioma no representará un problema a la inmensa mayoría de personas a las que va dirigida esta guía, el lenguaje cubano sí puede llamar la atención por más de un giro o palabra desconocida, sobre todo para los españoles (por ejemplo: ser gente de guarandabia, para expresar que una persona es popular o campechana). Esperamos que les sea de ayuda y para confraternizar más con Cuba.

Y ya al final de libro, el lector encontrará un extenso **índice alfabético** y también un **índice de planos**.

A lo largo de esta guía el lector se encontrará varias veces con una llamada expresada como: ver p. ...; indica que le remitimos al punto donde se desarrolla el tema, a un tema relacionado o afín, con ello hemos intentado evitar repeticiones innecesarias que agrandan el texto, encarecen el libro y también a tener en cuenta, añaden peso a la bolsa que bien seguro acarrearemos en nuestros paseos.

PRÓLOGO

Cuba: identidades y diferencias
Los españoles hemos sido un pueblo tradicionalmente viajero, aunque antes nos desplazábamos como emigrantes y ahora lo hacemos como turistas. Y nuestro nomadeo ha tenido en Cuba uno de sus destinos favoritos. En efecto, la mayor de las Antillas fue uno de los principales objetivos de nuestras corrientes migratorias, de la misma forma que en la actualidad lo es de crecientes flujos turísticos.

Del primero de estos hechos encontramos un dato muy revelador en uno de los trabajos de investigación aparecidos con ocasión de la conmemoración del centenario de 1898. Según su autor, entre 1880 –dieciocho años antes de la pérdida de las colonias– y 1930 –tres décadas después de la emancipación– emigraron a Cuba más de 800.000 españoles, una cifra superior a la totalidad de la emigración española al Nuevo Mundo desde los tiempos del descubrimiento.

Esta realidad hace que Cuba sea, sin lugar a dudas, el más español de todos los países de América y que la influencia española no sólo no se atenuara, sino que incluso se acentuara tras la desaparición de los vínculos coloniales. En ese país todo el mundo, incluídos los negros, tiene uno o varios antepasados recientes de origen español inmediato (padres o abuelos), cuando no se da el caso, nada infrecuente, de quienes son cubanos pero han nacido en España y son hijos de padres españoles. El propio Fidel Castro ha dicho alguna vez en broma que si él viniera a España, podría votar en las elecciones, lo que es rigurosamente cierto porque, de acuerdo con nuestro código civil, tendría pleno derecho a la nacionalidad española de origen.

Con tales presupuestos es fácil colegir que el turista español que vaya a Cuba se encontrará con un país en el que casi todo le va resultar muy familiar. Algo así como lo que era la España de los años cincuenta. ¿Qué queda entonces de las influencias norteamericana y rusa? Pues bien, yo diría que de la primera, fundamentalmente el béisbol y algunos anglicismos, evidentes en la jerga insular y de la segunda, patronímicos exóticos y pocos matrimonios mixtos.

Esta semejanza entre Cuba y España –parafraseando el verso de Carlos Cano podríamos decir que «Cuba es España con más negritos y España es Cuba con más salero»– y el carácter cubano, tan significativamente abierto y hospitalario, no debe, sin embargo, llamarnos a engaño. Porque la personalidad cubana es mucho más poliédrica de lo que parece a primera vista.

En primer lugar, Cuba es un país con una impresionante densidad cultural: se trata sin duda de la isla antillana con mayor patrimonio histórico y es, además, una sociedad que ha sido capaz de producir una nómina de escritores, artistas plásticos y escénicos, músicos y creadores de todo tipo en proporción muy superior a su población. En este sentido, es un país excepcional, con nombres que están presentes en todas las manifestaciones del espíritu humano.

Pero es que, en segundo lugar, Cuba es mucho más que Varadero, Cayo Coco o Cayo Largo, e incluso que la propia La Habana –una ciudad con rincones maravillosos a los que nunca llegan los turistas. Habría que hablar, por ejemplo, de espacios naturales como la sierra del Rosario, del Escambray o Maestra, de ciudades como Sancti Spirítus y Camagüey, de pueblos como Remedios o Santa Isabel de las Larjas –donde nació Benny Moré–, incomprensiblemente fuera de todos los circuitos turísticos y que el viajero sólo puede descubrir si recorre el país a su aire, algo perfectamente posible.

De ahí que lo más prudente sea, sobre todo para los que viajan por primera vez, que lo hagan con el espíritu abierto, el afán de ir descubriendo gentes, cosas y paisajes y el convencimiento de que en una semana o quince días sólo van a conocer una parcela minúscula del inmenso mosaico que es este país de 110.000 km^2 (y que de un extremo al otro tiene una distancia equivalente a la que hay entre los Pirineos y Gibraltar).

Una cuestión más: Cuba es quizá el único estado del mundo que no quiere dejarse seducir por el cuerno de oro del turismo y sus autoridades procuran por todos los medios que la creciente afluencia de visitantes no produzca en la isla –que ha permanecido en otra órbita durante tres largas décadas– la rápida degradación que se ha dado en las formas de vida y en los valores sociales y morales de otros países. El empeño puede parecer utópico, pero es real y explica algunas decisiones que, con nuestros esquemas, resultarían indescifrables.

Como es natural, es imposible evitar que haya pescadores en río revuelto y todo el que haya estado en Cuba hablará de la fauna que, a pesar de todas las cautelas, intenta beneficiarse del turismo por medios poco ortodoxos. Si quiere librarse de ella, hay una clave maestra: aléjese lo máximo posible de los centros turísticos convencionales. Salga de su hotel, atraviese la barrera de oferentes y solicitantes y busque al auténtico pueblo cubano. Entonces podrá disfrutar de verdad de la auténtica personalidad de unas gentes que son, con un poquito más de sol y de color, como un espejo de nosotros mismos.

PABLO-IGNACIO DE DALMASES

Editor de «El Turismo en Radio-5»
y Vicepresidente de la Asociación Catalana
de Periodistas y Escritores de Turismo

GENERALIDADES

SITUACIÓN

Cuba está situada en el mar de las Antillas o mar Caribe, y a pocos kilómetros, al sur, del Trópico de Cáncer. Está rodeada de países relativamente cercanos: al este el paso de los Vientos, con sus 77 kilómetros separa Cuba de Haití; al sur las aguas del estrecho de Colón sitúan a Jamaica a 140 kilómetros; al oeste, 210 kilómetros separan el cabo de San Antonio de Cancún, en México, mientras que por el norte el estrecho de Florida interpone 198 kilómetros de agua entre Cuba y Estados Unidos.

La República de Cuba es un archipiélago que comprende no tan sólo la isla de Cuba, sino también unos 4.100 cayos o isletas, incluyendo la isla de la Juventud, o Pinos, de 3.061 km^2. Los cayos aparecen en cuatro grandes grupos: en la costa norte, en su parte noroccidental, el archipiélago de Los Colorados, y en su parte central, el de los Jardines del Rey, como lo bautizó Cristóbal Colón, hoy conocido como archipiélago Sabana-Camagüey; en la costa sur el archipiélago de los Jardines de la Reina, frente a las costas centro-orientales, y el de Los Canarreos en la zona occidental.

Cuba abarca más de la mitad de la superficie de tierra de las Antillas. Su longitud es de unos 1.200 km y su anchura media es de un centenar de kilómetros, con 31 en su parte más estrecha y 192 en su parte más ancha. A los escolares se les enseña que la República de Cuba tiene 111.111 km^2, ya que ésta es una cifra fácil de recordar.

De hecho la superficie de la isla es de 110.922 km^2, a los cuales hay que añadir la superficie de todos los cayos e islas lo que hace que el área total del territorio ascienda a 114.524 km^2. Gracias a su forma alargada y estrecha cuenta con unos 5.700 kilómetros de costas.

POBLACIÓN

*Lanza con punta de hierro
tambor de cuero y madera
mi abuelo negro*

*Gorguera en el cuello ancho
gris armadura guerrera
mi abuelo blanco*

NICOLÁS GUILLÉN

Al arribo de los españoles Cuba estaba habitada por los guanacahibe, siboney y taíno, con una población estimada en 100.000 individuos que desapareció prácticamente hacia mediados del siglo XVI, debido principalmente a las enfermedades que trajeron los colonizadores (gripe, sarampión, viruela, etcétera). Al no encontrarse metales preciosos en abundancia, la isla no atrajo grandes masas de colonos; no obstante, el puerto de La Habana fue considerado desde un principio como el centinela del golfo de México y en él hacía escala la flota de Indias. La Corona española concedió grandes mercedes circulares de tierra, denominadas *aras* y *corrales*, para la cría de ganado mayor y menor. Es el único lugar de Iberoamérica donde aparecen mercedes de forma tan curiosa, salvo quizás algunas de Santo Domingo. Han dejado un fuerte impacto en el paisaje, pues todavía hoy se puede apreciar la forma circular en caminos de carro, en líneas de separación de parcelas o en los límites de los municipios.

La desaparición de la población indígena y la plantación y explotación de la caña de azúcar fueron el origen de la entrada escalonada de más de un millón de esclavos africanos y de decenas de millares de colonos chinos, que finalizó con la abolición total de la esclavitud en 1886. Cerca del 80% de la población esclava vivía en áreas rurales, sobre todo en los cafetales y los ingenios azucareros. La población en 1887 era de 1.630.000 habitantes.

Según las últimas estadísticas (nada recientes, confusas y contradictorias) de 1989, el 51% de la población cubana era blanca, el 11.7% negra, el 37% mulata y el 0.3% de raza amarilla. Se ha de tener en cuenta que el término blanco podría ser discutido, ya que incluye personas de piel muy morena que un europeo clasificaría como mínimo como mulatos (ver más adelante, los Blancos).

Desde 1959 y con el triunfo de la Revolución la tasa de natalidad aumentó considerablemente ya que en 1952 no pasaba del 27.8 por mil y cinco años después, en 1964, llegaba al 35.5 por mil; con los años, y desde 1989 y el inicio del «período especial», ha caído al 13.4 por mil hasta 1996. Sin embargo la densidad de población es baja comparándola con el resto de las Antillas (99.5 hab/km^2). En la actualidad Cuba cuenta con 11.038.000 de habitantes (estimación de 1996) de los cuales una quinta parte vive en La Habana. A pesar de la salida de más de un millón de cubanos desde la Revolución, la población aumenta regularmente. Una característica muy importante es que casi el 40% de los cubanos tiene menos de 20 años. Las principales aglomeraciones del país están en La Habana (2.200.000 de habitantes), Santiago (340.000), Camagüey (236.000), Holguín (165.000), Guantánamo (160.000), Santa Clara (154.000) y Matanzas (100.000).

Indios. Cuando llegó Cristóbal Colón a Cuba la población estaba compuesta por tres etnias: siboney, taíno y guanacahibe.

Los siboney habitaban principalmente las cavernas y eran de constitución robusta. Tras los trabajos de investigación emprendidos a principios del siglo xx, se han encontrado algunas pinturas rupestres que testimonian la existencia de estos indios en varias partes de la isla. Los científicos cubanos han descubierto en unas cuevas de la sierra de Cubitas, en la provincia de Camagüey, unas pinturas rupestres donde está representada la llegada de los españoles.

Los taíno ocupaban la mitad oriental de Cuba. Eran fuertes y diestros en la lucha pues tuvieron que enfrentarse varias veces contra los indios caribe. En Cuba no aparecen muestras de su cultura que fue muy desarrollada. Los clásicos *bateys* que se pueden ver en otras islas del Caribe, como es el caso de Puerto Rico, en Cuba faltan totalmente; posiblemente no hayan sido descubiertos aún. En Guamá se puede ver una reconstrucción de un poblado taíno con esculturas de piedra representando su forma tradicional de vida. Hay algunas casas taína reconstruidas *(bohios)* y es curioso observar como estas reconstrucciones varían de una isla a otra en el Caribe, notándose grandes diferencias entre ellas. Lo que justifica las múltiples dudas que tienen los arqueólogos.

El guanacahibe es uno de los pueblos precolombinos menos conocido. Se sabe que vivía al oeste de la isla. Es curioso reseñar que los primeros españoles que llegaron a Cuba, a su regreso, cuando hablaban de esta tribu, la definían como «hombres con cola», aclarando que llevaban cola como los animales. El significado de estas narraciones queda oscuro, perdido en la noche de los tiempos y hasta la fecha los estudios científicos nada han aportado sobre el conocimiento de los guanacahibe.

Negros. Entre 11 y 13 millones de africanos se estima que fueron raptados de sus poblados y traídos a América; durante la travesía se calcula que debieron morir aproximadamente entre un 15% a un 20%, dependiendo del destino, de la época y del negrero; en consecuencia se puede estimar en alrededor de 10.000.000 las personas que llegaron como esclavos al hemisferio americano. Un tercio de ellos desembarcaron en Brasil, y un millón llegaron a Cuba.

El rápido declive de la población indígena y el rechazo por razones doctrinales a que los indígenas fueran esclavizados, hizo que los gobiernos europeos compraran esclavos negros para realizar los trabajos que la colonización necesitaba.

En Cuba los esclavos llegaban amontonados en las bodegas. Antes de subir a bordo eran bautizados y se les daba un nombre cristiano, dejaban de ser *bozales*, que era como se conocía a los negros. Las travesías eran muy duras, algunas duraban casi seis meses y en ellas muchos morían víctimas de enfermedades, hambre o sed, algunos de tristeza. De todos los genocidios de la historia universal éste es uno de los más grandes.

Entre 1512 y 1763 el número de esclavos introducidos en Cuba fue de 60.000, una cifra discreta si la comparamos con la de afluencia a otros países, pero palidece ante el casi millón de individuos que llegaron entre 1763 y 1886, año en que quedó abolida la esclavitud. Es difícil determinar a qué etnias pertenecían los negros que entraron en a Cuba como esclavos o en qué lugar de la isla se asentaron. La antropóloga Natalia Bolívar cifra en más de 300 las etnias africanas que arribaron a la isla. Los traficantes, es sabido, hacían sus incursiones en países de amplias zonas costeras y sólo se adentraban cuando había un río navegable. Las principales zonas de tráfico adonde acudían los negreros a comprar o capturar esclavos, era la costa africana comprendida entre Angola y Senegal. Ésto ha permitido suponer que los cuatro principales grupos étnicos a los que pertenecían eran: los yoruba o lucumí, los congo, los carabali y los arará.

Asiáticos (o **chinos**). A partir de la segunda mitad del siglo XIX más de 150.000 chinos llegaron a Cuba, procedentes en su mayoría de la región de Cantón (Mayra Montero cuenta en su novela *Como un mensajero tuyo*, que el primer grupo de chinos llegó en 1847 en la fragata *Oquendo*). Se instalaron principalmente en La Habana y en los alrededores. Participaron activamente en la guerra de Independencia; una columna de granito de 8 metros de altura en el Malecón está erigida en honor a su lealtad y a los caídos durante la independencia, con una leyenda, «nadie desertó ni traicionó al país». Cuba y Perú son los dos únicos países iberoamericanos que conservan una significativa colonia de personas de origen oriental.

Blancos. La mayoría de los cubanos son de origen español. Según el censo de 1859, el primero que se hacía en Cuba y que se corresponde al efectuado en España en 1857, clasificaba los españoles residentes en Cuba según las regiones donde habían nacido. El primer grupo de emigrantes procedía de las islas Canarias, seguido de los catalanes, que se erigían en el primer grupo peninsular, y de este grupo representaban el 19.7%. Es decir, de cada cinco españoles en Cuba a principios de la segunda mitad del siglo XIX uno era canario y otro catalán. Se trató de una emigración mayoritariamente masculina, con una mujer por cada diecisiete hombres. Fue en algunos casos, la mayoría, una emigración de necesidad y en otros, los menos, impulsada por el afán de enriquecerse («ir a hacer las Américas»).

El proceso de independencia con sus guerras frena la emigración. Ya independiente, Cuba sigue recibiendo principalmente a los emigrantes españoles, pero ha cambiado el perfil de éstos; los gallegos y asturianos se convierten en el primer grupo de emigrantes, seguidos de los canarios y en quinto lugar, como colectivo, están los catalanes (según datos de 1935 habían bajado al 5.9%).

El pueblo cubano. No es fácil describir un pueblo, pero sí se puede asegurar que pocos visitantes de Cuba pueden resistir el encanto y la atracción de sus gentes vivarachas y locuaces. Su sentido del humor, su gracejo criollo, es palpable en cualquier charla.

Los cubanos son genuinamente hospitalarios. Ésa es su principal cualidad. Son corteses y serviciales por naturaleza. Después de muchos años viajando por el mundo podemos afirmar que la hospitalidad cubana rivaliza con la de los países árabes. El cubano está siempre dispuesto a ofrecer su mano al turista por el simple hecho de ser forastero. Les agrada responder a las preguntas y se esfuerzan en buscar una respuesta si no la saben. Por eso el extranjero sólo encuentra puertas abiertas cuando decide visitar Cuba. Podemos decir, sin temor a equivocarnos, que el cubano ha hecho de la palabra bienvenido algo más que una forma de saludar al recién llegado.

IDIOMA

El idioma oficial es el castellano, con giros y expresiones propias llenas de gracia. Los cubanos utilizan en su vida cotidiana muchas palabras y modismos propios; por eso, para ayudar al lector viaje-

ISLA DE CUBA

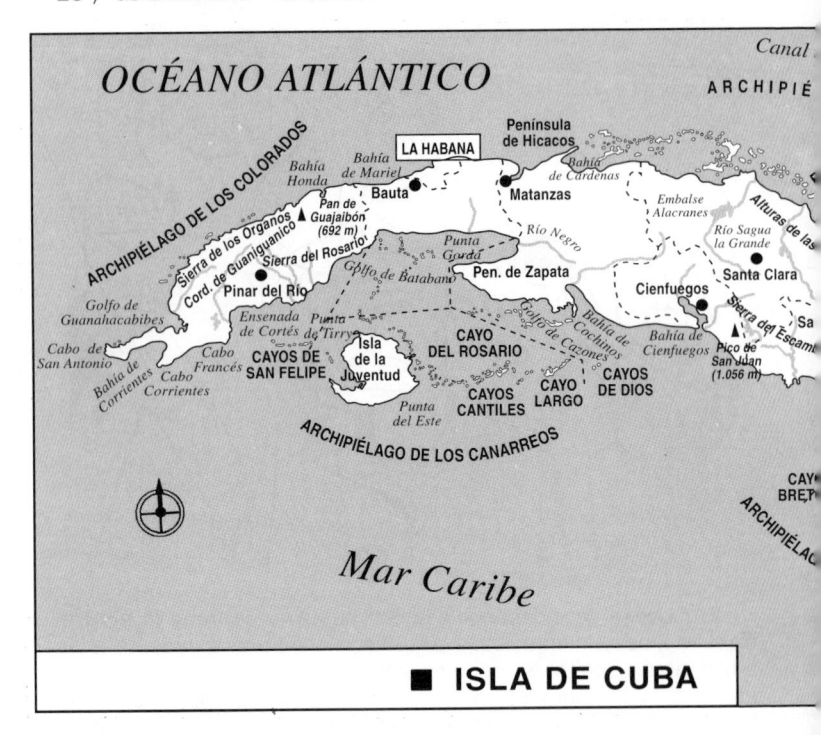

ro, hemos incluido al final de esta guía un pequeño diccionario de cubanismos (p. 397).

Como en casi toda Latinoamérica es muy común la confusión entre los sonidos de las letras «c», «s» y «z». Y al contrario que en toda esa amplia área son muy dados al tuteo, acentuado por la educación y el régimen político.

Como la mayoría de los habitantes de los países caribeños, algunos cubanos tienen problemas al pronunciar la letra «r» cuando va precedida de otra consonante, p.e. Eduardo, lo oíremos como Eduado, con un ligero sonido de la «r», sonido que va desapareciendo en los países caribeños al oeste de Cuba, hasta desaparecer totalmente en Costa Rica.

GEOGRAFÍA

El archipiélago cubano tiene un origen orogénico, es decir, surgió gracias al levantamiento de cadenas montañosas de un antiguo geosinclinal. Cuba, junto con las otras islas antillanas, forma parte de la misma unidad estructural que las montañas costeras de Venezuela y de América Central. Al igual que en estas regiones, los ejes montañosos están generalmente orientados de este a oeste en forma de plegamientos escalonados. Las elevaciones no forman un espinazo a lo largo de la isla, sino que existen varios grupos montañosos independientes, separados por amplias zonas llanas u onduladas que vienen a ocupar unas tres cuartas partes del territorio insular.

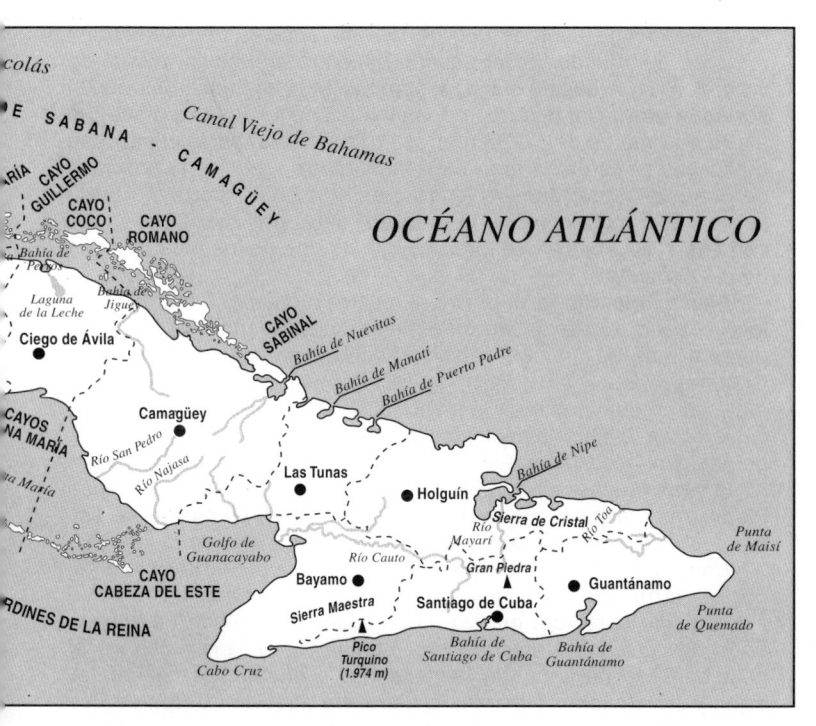

Las áreas montañosas son un reflejo de la fuerte actividad orogénica que tuvo lugar en momentos distintos y a intensidades diferentes, y las llanuras o regiones onduladas son el producto de los sedimentos depositados bajo el mar durante los períodos de calma, en los que la isla estaba parcialmente sumergida.

Quizá Cuba formó parte de un continente hoy desaparecido denominado Antillia (algunos quieren ver en esta definición el origen de la Atlántida), sin que, no obstante, esté comprobado, pues sólo a partir del jurásico se conoce la historia geológica cubana. Fue en el cretáceo cuando se originó el primer eje montañoso, formado por los macizos de diorita conocidos como las Alturas de las Villas, al norte de la provincia de Villa Clara y las montañas al norte de las provincias de Santiago de Cuba y Guantánamo. Durante el eoceno medio surgió el eje de las montañas de Pinar del Río, la larga y estrecha sierra de los Órganos, cuyo pico más alto es el Pan de Guajaibón (692 metros), y la sierra del Rosario. La roca predominante es la caliza que da lugar, en sierra de los Órganos, a formaciones extraordinarias. Al mismo tiempo surgieron también los anticlinales de La Habana-Matanzas, en las provincias de estos nombres, donde aparece uno de los afloramientos de serpentina mayores del mundo. En el eoceno superior se produjo la falla de corrimiento que originó el eje montañoso Trinidad-Sancti Spíritus, al sur de la provincia, donde predominan los esquistos y la diorita; la altura máxima es de 1.233 metros. Y finalmente, hacia el mioceno o plioceno se formó la gran área montañosa al sur de la provincia de Granma, sierra Maestra, que no es más que el borde norte de la gran falla que originó la fosa de Bartlett en el mar Caribe, que con sus 7.515 metros de profundidad es una de las más grandes de los océanos.

Sierra Maestra es el principal macizo montañoso del archipiélago cubano, cruza el territorio de la costa meridional de Cuba durante más de 240 km desde el cabo Cruz (en la provincia de Granma), hasta Punta Maisí (en la provincia de Guantánamo). El material predominante es la lava, indicando la importancia del vulcanismo en la historia geológica de Cuba. Se divide en dos partes, de desigual importancia: al oeste, sierra Turquino, y al este, sierra de la Gran Piedra (ver p. 256). Su anchura máxima no sobrepasa los 30 km. Ciertas cimas se elevan hasta los 1.700 metros de altitud y el pico Turquino, con 1.974 m, es el más alto de la isla.

Hasta fecha reciente era en extremo difícil penetrar en el interior de sierra Maestra. Había que adentrarse por caminos de tierra por la parte norte del macizo montañoso. Pero desde hace unos años hay una carretera que une Santiago con Manzanillo en el golfo de Guacanayabo, que va costeando el litoral. Son lugares salvajes y escarpados. Sinuosa, la carretera atraviesa torrentes que casi siempre están secos, antes de empezar a trepar por pendientes semidesérticas. Rocas sombrías y recortadas se hunden en las olas. A veces, en medio de los guijarros blancos o azul oscuro, frecuentados por aves zancudas de blancas alas, aparecen playas desiertas de tierra negra. Los lugareños no se bañan porque dicen que «están plagadas de voraces tiburones». También, a veces, en las cavidades de la montaña hay un pantano, una laguna donde dormitan los caimanes; los cangrejos y las tortugas tampoco son escasos. En todos lados se alzan palmeras cocoteras, pero sobre todo cactáceas, mangos y plantas espinosas. Los árboles son endebles y no existen cultivos. De tarde en tarde se ven algunas cabras, mulas o vacas que animan el paisaje.

La carretera pasa al pie del pico Turquino, cuya cumbre desaparece con frecuencia entre las nubes. Como colgada del flanco de la montaña, en la entrada del pueblo de Uvero (provincia de Santiago), una garita blanca: es un puesto de policía. En mayo de 1957 esta zona fue ocupada por los guerrilleros de Fidel (los barbudos). En aquella ocasión la armada tuvo que hacer llegar refuerzos por mar para aplastar a los rebeldes. Antes de la Revolución no existían en la región ni escuelas ni dispensarios.

Ya en el curso de la historia, sierra Maestra había sido lugar de violentos enfrentamientos entre independentistas cubanos y las fuerzas españolas.

Toda esta área, conocida con el nombre genérico de sierra Maestra, ha sido declarada Zona Rural Protegida y mediante decreto designada Parque Nacional de Sierra Maestra. Es el más grande de Cuba y abarca regiones de las provincias de Granma, Santiago de Cuba y Guantánamo.

Menor interés presenta la **sierra del Escambray**. Situada al norte de la ciudad de Trinidad, es un macizo montañoso cuya distancia de oeste a este no sobrepasa los 80 kilómetros, con una altura máxima en el pico de San Juan de 1.056 metros, y sierra Cristal, prolongada en sierra Sagua-Baracoa, cuyo punto culminante, 1.230 metros, es el pico Cristal. Surcado de torrentes, cubierto con una frondosa vegetación, el macizo del Escambray es una de las más bellas regiones de la provincia de Sancti Spíritus. Y una de las más fuertemente ligadas a tradiciones religiosas: los Testigos de Jehová son muy numerosos, aunque sus actividades son discretas, y a recuerdos históricos: la sierra del Escambray sirvió de refugio a los guerrilleros del «Che» Guevara en 1958, antes de iniciar el ataque de la ciudad de Santa Clara. También fue el último foco de resistencia anticastrista que se mantuvo después del triunfo de la Revolución.

Las rocas más frecuentes son las sedimentarias y, concretamente, las calcáreas representan el elemento predominante. Por esta razón la acción de las aguas subterráneas ha dado lugar a la formación de sumideros o *casimbas* y a gran número de **cavernas**, debido a la rápida disolución de este tipo de roca. Los conocidos suelos rojos cubanos, arcillosos y muy fértiles para el cultivo de la caña de azúcar, proceden de estas rocas calizas. En Cuba se estima que el 80% de la superficie tienen un gran potencial agrícola, porcentaje muy elevado en comparación con otros países tropicales.

Los **ríos** son cortos e intermitentes, consecuencia de la forma estrecha de la isla, de la configuración alargada de los sistemas montañosos y del régimen de lluvias. Fluyen de norte a sur o viceversa, aunque existen algunas excepciones como el Cauto, que con sus 370 km es el río más largo de Cuba; corre paralelo a sierra Maestra de este a oeste y es el único navegable en parte. El río Toa es, de los casi doscientos del país, el más caudaloso y con 71 ríos o rieras el que tiene el mayor número de afluentes; y por último hay que citar el río Sagua la Grande, de 164 kilómetros de longitud.

Los ríos subterráneos son también notables; tal es el caso de los ríos Cuyaguateje, Cuzco, Moa y Guaso. Otros tienen cascadas, que por su atractivo natural atraen a numerosos visitantes, como el río Hanabadilla, en la provincia de Sancti Spíritus.

Cuba no tiene lagos naturales pero sí numerosas **lagunas**; La Leche (67 km^2), Barbacoas (19 km^2) –que lleva el nombre de la tribu homónima, célebre por asar a sus víctimas en una parrilla–, y la de Ariguanabo (49 km^2) son las más destacadas. La región lacustre más importante de la isla está en el istmo de Guanahacabibes, en la zona occidental. En ella se sitúan más de cien lagunas, una de las cuales, en el valle de San Juan, es por sus 25 metros la más profunda del país.

Arrecifes coralinos. Uno de los principales atractivos turísticos de Cuba son sus arrecifes de coral, donde la práctica del submarinismo es un deleite excepcional. La plataforma continental de Cuba tiene una extensión de 70.000 km^2 y desciende hasta los 100 ó 200 metros de profundidad alrededor de la isla. En las proximidades de los cayos no sobrepasa los 20 metros, lo cual explica la transparencia cristalina de sus aguas. A pesar de ello, a 60 kilómetros de la costa y paralelamente a la sierra Maestra, se encuentra la fosa de Oriente, que con sus 7.250 metros es una de las mas profundas del mundo; y al sur de Trinidad, la fosa de Bartlett alcanza los 7.515 metros. La barrera de coral que se dibuja a lo largo de la provincia de Camagüey es la segunda del mundo por su longitud, después de la del este de Australia, que alcanza los 400 kilómetros.

Los arrecifes coralinos están constituidos por los esqueletos calcáreos de corales, madréporas, algas coralinas y otros organismos marinos. Se encuentran solamente en las zonas donde existen las condiciones adecuadas para que se desarrollen los organismos constituyentes: aguas claras y saladas, con temperaturas no inferiores a 20º C, profundidad no inferior a 37 metros, inmersión constante y abundante de materia nutritiva y ausencia de contaminación. Estas condiciones son propias de mares cálidos no afectados por corrientes frías. Los arrecifes coralinos se encuentran en una franja comprendida entre las latitudes 30º norte y sur. Nunca se hallan en la desembocadura de los ríos. Abundan a lo largo de las costas oceánicas occidentales (este de Brasil y Australia), en el Pacífico central y en el mar Rojo.

Los arrecifes cubanos son, en su mayoría, del tipo «de barrera», esto es, bordeando la isla (volcánica) a manera de anillas. La Gran Barrera de Coral (costa noroeste de Australia) es la mayor que se conoce.

La existencia de masas arrecifales de varios centenares de metros de espesor, plantea un problema respecto a su origen, pues los corales no pueden vivir a más de 37 metros de profundidad.

Darwin y los arrecifes

Charles Darwin supuso que los diferentes tipos de arrecifes (costeros, de barrera y atolones) que se conocen son, simplemente, diferentes etapas de un proceso. Según Darwin, primero se formarían los arrecifes costeros, generalmente alrededor de un cono volcánico. Por subsidencia de éste, el arrecife costero pasaría a ser del tipo barrera, formándose una laguna entre la isla y la masa arrecifal. Cuando el cono volcánico se ha hundido totalmente tenemos el atolón. Paralelamente a la subsistencia del cono volcánico se produciría un rápido crecimiento del arrecife para mantenerse próximo al nivel del mar. Actualmente se admite que los atolones de gran espesor se han formado debido a dos factores: hundimiento o subsistencia del cono volcánico alrededor del cual se había formado el primitivo arrecife, y grandes fluctuaciones del nivel del mar ocurridas durante las épocas glaciares cuaternarias.

> Los arrecifes coralinos representan en muchos casos comunidades naturales completas con un alto grado de productividad. Las condiciones ambientales influyen en el desarrollo de la comunidad, formando un sistema unificado e interdependiente, con un equilibrio completo entre diversos factores.
> El arrecife es una zona de gran actividad biológica con organismos productores y consumidores en estrecha relación. Las estructuras calcáreas están básicamente constituidas por políperos y algas coralinas. Entre ellos se desarrollan foraminíferos, cirrípedos, gusanos tubícolas y moluscos, que añaden a la formación sus partes calcáreas.
> Las algas coralinas y las zooxantelas (simbióticas con los pólipos) representan el primer eslabón de la cadena nutritiva. Numerosas especies encuentran en el arrecife el ambiente adecuado para su ciclo vital: bandadas de peces se mueven entre las estructuras coralinas, especies bentónicas pueblan el fondo junto con formas sésiles, y el plancton es abundante.

La voz de los científicos no encaja con la de los mitólogos, que nos narran la formación del coral de la siguiente manera.

> **Los arrecifes y las Gorgonas**
>
> La leyenda griega relata que existían tres hermanas, las Gorgonas, que dispo-nían de un solo ojo y de un solo diente para las tres, pasándoselo de una a otras cuando querían ver o comer. Ésto, según la leyenda, simbolizaba que la envidia, la calumnia y el odio veían con un solo ojo y se alimentaban con un mismo diente. Una de estas terribles hermanas, viejas como la humanidad y con serpientes en lugar de cabellos (Medusa), tenía el poder de convertir en piedra todo lo que miraba. Murió a manos de Perseo (hijo de Zeus y Danae), que le cortó la cabeza protegiéndose de su mirada con el escudo. Y según la mitología, de su cuello nació Pegaso, y una parte de su sangre fue a caer al mar, convirtiéndose en coral. De ahí que el coral haya sido por tradición un amuleto ideal para preservar del «mal de ojo» y de la envidia.

Cayos. Una de las cosas que el turista se pregunta cuando lleva ya unos días en Cuba, es dónde estarán esas playas con los cocoteros acariciando el mar. La respuesta se encuentra en los cayos, islas de mayor o menor tamaño que suelen formar parte de un archipiélago. En ellos se suelen encontrar las playas paradisíacas que hemos visto miles de veces fotografiadas. En nuestros viajes al Caribe siempre nos ha fascinado este paisaje entre insólito y salvaje.

En Cuba se cuentan unos 1.600 cayos que juntos forman una superficie de 3.715 km^2, o sea, algo más que la superficie de Luxemburgo, Mónaco, Andorra, San Marino y Liechtenstein reunidos. Alrededor de los cayos, el mar se muestra apacible y en pocos lugares sobrepasa los 10 metros de profundidad, lo que le convierte en el lugar ideal para la práctica del submarinismo. Esta profundidad permite ver, desde el aire, la limpieza de las aguas y los cambios de color que experimenta con las diferentes profundidades. Los arrecifes coralinos también son visibles junto a estos cayos.

El interés turístico de estos cayos es relativamente reciente; antaño no eran el destino de las masas que llegaban a Cuba en busca de sol. Por este motivo se mantienen en un estado de conservación óptimo, lo cual permite disfrutarlos plenamente. Pero, aparte del aspecto turístico, también son importantes reservas de fauna que el gobierno cubano, con muy buen acierto, ha sabido proteger, a la vez que explotar turísticamente; así como para la creación de viveros de peces, esponjas y mariscos de toda clase. Sus árboles desde hace siglos han servido para fabricar carbón vegetal.

Costas. Cuba tiene 330 días al año en que luce el sol total o parcialmente, lo que hace que este país sea elegido especialmente para disfrutar de las vacaciones cerca del mar. Sus 5.745 kilómetros de costa (incluyendo la isla de los Pinos) son un lugar ideal para hacerlo. Algunos sectores presentan estupendas terrazas marinas y otros, la mayoría, son pantanosos debido al escaso desnivel del terreno, que dificulta tanto el drenaje superficial como el subterráneo. La ciénaga de Zapata está situada en una zona donde la faja costera pantanosa se extiende enormemente tierra adentro, ocupando unos 4.500 km^2 al sudoeste de la provincia de Matanzas. Hasta hace poco esta zona estaba habitada únicamente por carboneros que vivían miserablemente. En la actualidad se está implantando un sistema artificial de drenaje para el mejor aprovechamiento de los recursos.

Las costas de terrazas marinas presentan la curiosa característica de las bahías de bolsa, magníficos puertos naturales originados por la variación de los niveles eustáticos. Destacan entre estos puertos el de La Habana, Santiago de Cuba, Guantánamo y Cienfuegos. Otros accidentes costeros importantes son el de golfo de Batabanó, al sur de las provincias de Pinar del Río y La Habana, y el de Guacanayabo, al sur de la de Camagüey, zonas tradicionalmente pesqueras.

Cuba tiene más de 80 bahías naturales y un total de 290 playas naturales.

Terremotos. Los terremotos o seísmos se dan con frecuencia en la isla aunque las pérdidas que ocasionan son menos elevadas que las que provocaron los huracanes. Según las estadísticas, se registran mundialmente del orden de 80.000 seísmos anuales, de los cuales una buena parte sólo son percibidos por los sismógrafos. Muchos de los edificios monumentales de la isla han sido dañados por los terremotos que han soportado a lo largo de la historia.

Si bien Cuba no sufre terremotos devastadores, en toda la zona de las Antillas no pasa año que no se produzca alguno. Las islas más perjudicadas son las pequeñas Antillas, donde hay volcanes activos –recordemos el caso reciente de la isla de Montserrate–, pero en Cuba los terremotos son raros. En La Habana y en el resto de la isla se citan los de los años 1678, 1693, 1777, 1810 y en especial el de 1853, que castigó a Santiago de Cuba.

CLIMA

Cuba posee un clima subtropical moderado todo el año, pero muy caluroso durante los meses de julio y agosto. Según la clasificación de Köppen, la parte meridional presenta un clima de sabana

(Aw), mientras que la parte septentrional más influida por los alisios tiene un clima de carácter monzónico (Amw). La temperatura media general es de 25º C (77º Farenheit), la temperatura media en verano es de 27º C (80.6º F) y en invierno de 23º C (73.4º F). La temperatura media de La Habana en invierno desciende a los 21º C y en pleno verano sobrepasa los 27º C. La región occidental se ve amenazada por los vientos fríos, denominados «nortes», causados por los frentes polares que se desplazan hasta el golfo de México durante el invierno. El promedio anual de lluvias es de 1.375 mm, no obstante, las variaciones estacionales son muy marcadas: durante el período lluvioso las precipitaciones alcanza los 1.059 mm y en el seco apenas de 316 mm.

La estación de lluvias va de mayo a noviembre, y la estación seca de diciembre a abril. Existen dos períodos máximos de lluvias muy pronunciados, al igual que en el resto de las Antillas: los de junio y setiembre. El primero es debido a los aguaceros de convección, y el segundo a los ciclones tropicales. Estos ciclones son el fenómeno atmosférico más temible y de más graves consecuencias para Cuba. Los meses de agosto, setiembre y octubre son los más propicios para los ciclones. Cuando se desata un ciclón o un huracán, los vientos pueden alcanzar velocidades de hasta 300 km/h, con lluvias torrenciales y maremotos.

El ciclón tropical se conoce como tifón en el mar de la China, *baguió,* en Filipinas y huracán en el golfo de México. Estos huracanes se presentan con un núcleo cálido (ojo del huracán), cuyo diámetro es de 20 a 50 kilómetros, y en el que la temperatura puede rebasar en 10° grados a la que reina en sus alrededores. Los remolinos pueden alcanzar entre los 5 y 8 km de altura y un diámetro de más de 300 km; los huracanes tienen una duración media de ocho días. Para muestra de la potencia de estos huracanes bastará con decir que en 1926 un barco de 100 Tm fue arrojado a 10 kilómetros tierra adentro. En 1963, en la parte oriental de la isla, el ciclón «Flora» ocasionó más de 4.000 muertos y dejó sin techo a más de 175.000 cubanos. En la actualidad el Estado ha construido una serie de estaciones para la vigilancia de estos ciclones, que cuentan con los medios técnicos más avanzados.

Como anécdota diremos que en Cuba no ha nevado jamás y que, sólo en algunas ocasiones, la escarcha cubre la vegetación en las partes más altas de sierra Maestra.

Facilitamos a continuación un cuadro de temperaturas como orientación al lector.

Temperaturas medias del agua

Ene.	Feb.	Mar.	Ab.	May.	Jun.	Jul.	Ag.	Sep.	Oc.	Nov.	Dic.
24	25	26	26	27	28	29	30	28	26	25	24

Temperatura media anual, 25.5º C; **mes más frío,** enero (21º C); **mes más cálido,** julio (28.5º C de media). **Temperatura de aguas costeras superficiales: invierno** (26º C), **verano,** 28º C.

Temperaturas medias	Anual	Enero	Julio
Pinar del Río	25	21	28
La Habana	24	21	27
Matanzas	24	21	27
Cienfuegos	25	21	27
Santa Clara	25	21	27
Camagüey	26	22	27
Santiago	26	24	28
Sancti Spíritus	25	21	27
Manzanillo	25	23	27
Guantánamo	25	23	27

Número de días completamente despejados durante el año

Pinar del Río	153
La Habana	101
Matanzas	200
Cienfuegos	259
Santiago de Cuba	160
Guantánamo	258

De todos los datos citados se pueden sacar las siguientes conclusiones, que la temperatura es alta pero no excesiva y que los días completamente soleados no son muchos.

FAUNA Y FLORA

Cuba posee una variada fauna enumerada y clasificada en las siguientes especies: 54 de mamíferos (puerco jíbaro, venado, jabalí, entre los más importantes), 350 de aves (con el tocororo, la ave nacional que su plumaje recoge los colores de la bandera cubana: azul, rojo y blanco, 106 de reptiles (destacando los cocodrilos que se centran en la ciénaga de Zapata y forman una de las reservas más grandes del mundo), 42 de anfibios (destacando el manjuarí, del orden de los *Ganoideos*), 1.400 de moluscos (destacando los caracoles *Polymita,* ver p. 90), 15.000 de insectos y 1.400 de arácnidos. Los parques nacionales Cayo Guillermo-Santa Marta y Jardines de la Reina, el primero en el norte y el segundo en el sur de la provincia de Ciego de Ávila, y Los Indios-San Felipe, en la isla de Juventud, son los lugares donde está mejor preservada la fauna cubana.

En Cuba no existen animales peligrosos para el ser humano; lo que sí abundan por doquier son los mosquitos, bastante molestos. Otro animal molesto, pero simpático, es el cangrejo del cocotero. Suele salir de noche y emitir unos chirridos ininterrumpidos, no es raro verlo corretear por las zonas ajardinadas de algunos hoteles. Ver también p. 293, Buceo en Cuba.

Si la fauna es interesante tanto más lo es su vegetación. Cuando los españoles arribaron a Cuba, la encontraron cubierta de bosque semicaducifolio en más de la mitad de su superficie, y en el resto de una vegetación abierta de tipo herbáceo salpicada de bosquecillos espinosos, de palmas y pinos, parecida a la denominada sabana tropical. Es muy probable que el topónimo La Habana derive precisamente del término indígena *sabana*. Al acceder a la independencia el bosque aún cubría el 27% del área total del país y la sabana el 14%. La mayor parte de Cuba fue deforestada con la expansión de las áreas dedicadas a los pastos naturales y al cultivo de la caña.

La palma real *(Rosystonea regia)*, el árbol nacional y la ceiba *(Ceiba pentandra)* se hallan por toda la isla. En sierra Maestra, los árboles más abundantes son la yaya *(Oxandra lanceolata)*, la pomarrosa *(Eugenia jambos)* y la juba *(Dipholis jubilla)*.

Las sabanas cubanas se dividen en arcillosas, arenosas y serpentinosas, y se distinguen por el tipo de vegetación. En todas ellas predomina el yarey *(Copernicia textilis)*, la palma cana *(Sabal parviflora)* y la jata *(Copernicia hospita)*. Las más fértiles son las arcillosas, por lo que generalmente se han reservado para el cultivo de la caña de azúcar. Las arenosas, sobre todo, presentan caracteres semixerófilos y tienen muy poco interés desde el punto de vista agrícola. El árbol más frecuente es la palmera. Precisamente con las hojas de las palmeras los campesinos construyen el tejado de sus casas, canastos, sombreros, cuerdas, etcétera; el tronco se utiliza para los cercados. En cuanto al fruto, que se presenta en forma de racimo, es diferente del que da la palmera de Marruecos, Túnez o Argelia, entre otras cosas porque son diferentes especies. Los dátiles de las palmeras cubanas se destinan principalmente para la alimentación de los cerdos. Lo más valioso de la palmera es el uso de su corteza marrón, la yagua, que envuelve la parte superior del tronco. Material flexible, imputrescible e inatacable por los insectos, no sirve solamente para hacer paredes o tabiques. Gracias a las cualidades que hemos enumerado, la yagua permite conservar el tabaco en excelentes condiciones. La cajas de los cigarros de las más celebradas marcas de tabaco están hechas de yagua.

La riqueza de la flora está preservada en los **parques nacionales** de Viñales (con los famosos mogotes, y los árboles endémicos: ceibón, roble caimán, palmita de Sierra y la Palma Corcho, un fósil vegetal) y península de Guanahacabibes (cedros y caobas), en la provincia de Pinar del Río; ciénaga de Zapata (un importante humedal) en la provincia de Matanzas; Desembarco del Granma (helechos arborescentes, orquídeas) y Turquino en la provincia de Granma; la Gran Piedra en la provincia de Santiago; y La Mensura (con un amplia variedad de pinos: hembra *(Pinus tropicalis)*, macho *(Pinus caribaea)*, los *Pinus cubensis* y *Pinus occidentalis)* en la provincia de Holguín. Además hay tres zonas declaradas **Reserva de la Biosfera**: Baconao (que con sus 80.000 hectáreas es el mayor parque nacional), en la provincia de Santiago; sierra del Rosario, en la provincia de Pinar del Río y Cuchillas del Toa (con un área de

60.000 hectáreas) entre las provincias de Guantánamo y Holguín, y un **paisaje natural protegido**: Topes de Collantes, en la provincia de Sancti Spíritus.

Desde el triunfo de la Revolución se está llevando a cabo un amplio programa de repoblación forestal. Esta reforestación se hace a base de pinos indígenas, eucaliptus y algunos árboles de maderas preciosas también indígenas.

ECONOMÍA

Desde un principio la isla de Cuba se convirtió en punto de partida y de regreso de las expediciones de la Corona española a tierra americana.

Al no haber en su subsuelo oro o plata los conquistadores y los buscadores de riqueza no se detenían en la isla y continuaban su viaje a tierra firme; además su desarrollo económico era casi nulo al estar sometida a las duras medidas proteccionistas de la Corona española, que limitaban las producciones agrícolas y comerciales, al igual que en el resto de las colonias españolas. No sería hasta el reinado de Carlos III, en el siglo XVIII, que gracias a diversas reformas mercantiles se estimularía el asentamiento de colonos y el desarrollo de explotaciones agrícolas, entre las que destacarían las de caña de azúcar.

Azúcar. Durante el siglo XIX se cultivan en tierras cubanas café y tabaco y, sobre todo, azúcar. En 1860 el tercio del (500.000 toneladas) suministro mundial de azúcar se producía en Cuba, industria sustentada mayormente en el trabajo de una mano de obra muy económica: los esclavos. La abolición de la esclavitud en 1886 no representó un notorio descenso en la producción, pues la zafra del año siguiente se haría con mano de obra asalariada. Cuba se inclinaba hacia la producción y exportación de un sólo producto agrícola.

A principios del siglo XX, y ya independiente, el país continuará produciendo varios millones de toneladas de azúcar anuales: una cuarta parte del suministro mundial durante los años de la Primera Guerra Mundial. Aún después de la Segunda Guerra Mundial, cuando otros países del área tropical americana se incorporaron como productores de azúcar, Cuba seguirá produciendo una cuarta parte del suministro mundial. Un 80% de las divisas de la isla provenían del azúcar, y casi la totalidad de las divisas, de los EE UU. Durante muchos años, el desarrollo económico fue el típico de los países tropicales bajo la influencia estadounidense.

Con el triunfo de la Revolución del primero de enero de 1959, las anárquicas condiciones económicas que mantenían a Cuba en el subdesarrollo y con una gran dependencia de los Estados Unidos, son superadas y se inicia un proceso ascendente que en unos pocos años llevó al país a algunos logros económicos. Pero casi toda la economía continuará como antaño girando en torno al azú-

car y en menor medida, los últimos años, en el turismo.
Castro se planteó en la segunda mitad de la década de los sesenta un gran acto voluntarista y revolucionario: alcanzar una recogida azucarera de 10.000.000 de toneladas de azúcar. Las condiciones se prepararon para que 1970 fuese el año. Brigadas de voluntarios extranjeros y todo el pueblo cubano participaron, total o parcialmente en la zafra. Pese a los innegables esfuerzos, no se alcanzó la mítica cifra, aunque se consiguió una excelente recogida (sobre todo si la comparamos con las 3.200.000 toneladas en la zafra de 1998, la peor de su historia); para algunos el resultado estuvo muy lejos de esa cifra y para otros escasamente por debajo, problemas de ideología. No obstante el importante decrecimiento de recogida, la caña de azúcar sigue siendo una de las bases fundamentales de la economía y constituye una de las principales fuentes de ingresos del país. Cuba sigue siendo una de las primera exportadoras mundiales de azúcar.

Las otras principales fuentes de ingresos son las remesas de dólares que envían los cubanos exiliados (la primera fuente neta de divisas para el país) y el turismo (véase unas líneas más adelante).

El azúcar

Más rico en sabor es el azúcar de Cuba

Melao de caña, canción de MERCEDES PEDROSO
del repertorio de CELIA CRUZ

Aunque se sabe que la caña de azúcar viene de la India, las primeras noticias que tenemos nos las dan los antiguos griegos y romanos que ya endulzaban sus alimentos y bebidas con una especie de jarabe que no era otra cosa que el zumo resultante de machacar la caña de azúcar.

Los árabes fueron los primeros en refinar el azúcar; para ello mezclaban el jugo de la caña con leche y luego decantaban la mezcla, con lo cual las impurezas quedaban sedimentadas en la leche. En el siglo VII en su conquista guerrera y religiosa, los árabes introdujeron el cultivo de la caña *(alçucar)* en Asia Menor, en el norte de África y en la parte oriental de Europa. Los caballeros que volvían de las Cruzadas generalizaron su uso y consumo en Alemania y Francia a partir de los siglos XI y XIII.

Tras el descubrimiento de América, Cristóbal Colón introdujo el cultivo de la caña de azúcar en Cuba y posteriormente Hernán Cortés lo plantó en México, de allí pasó a América del Sur y finalmente a la del Norte. Por su situación geográfica, América Central y las Antillas son áreas idóneas para el cultivo de la caña de azúcar. Como cita Fernando Ortiz, el clima cañero es el determinado por las líneas isotérmicas de los 60º, la amplia zona que se sitúa entre los 22º de latitud norte, a la altura de La Habana y los 22º de latitud sur de la de Río de Janeiro.

Cuba por su ubicación en el límite septentrional de estos parámetros y por sus ligeros fríos invernales ofrece mejores resultados que otras islas y países. En ninguna otra parte del mundo el sol, la lluvia, la tierra y las brisas favorecen más el crecimiento y sabor de la caña de azúcar.

Hasta el siglo XVI no se consiguió refinar el azúcar de modo semejante a como se hace ahora. En 1747, el químico alemán Andreas S. Marggraff señaló la presencia de azúcar en numerosas plantas, en especial en la remolacha, de las cuales podía extraerse mediante procesos controlados científicamente.

Su discípulo, Franz K. Achard fundó la primera factoría azucarera en Kunern, en 1802. En aquella época se llegaba a extraer hasta un 3% de azúcar, mientras que en la actualidad se alcanza un 16%. La competencia de los azúcares de caña de las colonias inglesas impidió durante algún tiempo que prosperara esta nueva industria hasta que, en 1811, Napoleón, a consecuencia del bloqueo continental, impulsó la investigación y financiación de la extracción del azúcar de remolacha.

Los procesos de elaboración del azúcar se inician con el corte de la caña fresca, que se transporta a los trapiches, que es como se conocen los molinos de azúcar, que hasta la llegada de la máquina de vapor en 1820, son movidos por fuerza de agua o fuerza animal. A partir de la introducción de maquinaria los trapiches pasan a llamarse ingenios azucareros.

La molienda separa lo mejor posible la fibra y el jugo de la caña. Comprende dos fases: preparación de la caña y molienda propiamente dicha. La primera se efectúa por medio de cuchillas cortacañas, desfibradoras *(crushers)*, desmenuzadoras *(shredders)*, o por combinación de estos métodos; la segunda se realiza en los molinos.

Los molinos azucareros constan de tres mazas: maza cañera (por donde entra la caña), maza bagacera (por donde sale) y maza mayor (colocada entre las otras dos y girando en sentido contrario). La maza o cilindro superior debe hallarse dotada de una presión tal que permita obtener una extracción constante. Para ello suelen emplearse instalaciones con regulación hidráulica de la presión.

La caña triturada por un molino *(bagazo)* pasa al molino siguiente por medio de un transportador sin fin, generalmente de tablillas. Si la extracción se realiza a presión seca, la pérdida de azúcar en el bagazo final sería considerable. Para mejorar el rendimiento se añade agua al jugo residual. En algunos casos todavía se utiliza la maceración, consistente en hacer pasar el bagazo por un exceso de agua. El jugo de los molinos (guarapo), tamizado convenientemente, se envía a la fábrica por medio de una electrobomba. El bagazo, producto final de la molienda de la caña, se utiliza generalmente como combustible en la fábrica y en ocasiones como abono o en la elaboración de piensos.

El jugo mezclado de los molinos de caña posee cierta acidez (pH entre 4.97 y 5.7), y su composición media es de 10 a 18% de sacarosa, 0.3 a 3% de azúcares reductores, 15 a 20% de materia seca, 0.6 a 1.5% de materias no orgánicas, como cloro, cal, sosa, etcétera.

El jugo azucarado obtenido contiene gran cantidad de impurezas; para eliminarlas se comienza por añadirle cal, que neutraliza los ácidos y precipita los residuos de caña, barro, polvo y otras impurezas. La operación, llamada defecación, se realiza en caliente, dentro de recipientes provistos de serpentines por los que circula vapor de agua. Luego se sulfita el jugo, esto es, se trata con gas sulfuroso, que precipita el exceso de cal; a veces se sulfita el jugo antes de alcalinizarlo con cal y en este caso se elimina el exceso de ésta mediante gas carbónico.

Una vez depurado el jugo hay que dejarlo decantar para separar los precipitados. Para ello se utilizan decantadores de diversos tipos. Después de clarificado, el jugo se conduce a los evaporadores y al salir de éstos, se procede a su filtración.

En esta operación se utilizan filtrosprensa; la filtración es más fácil si el jugo posee cierta alcalinidad (pH entre 8 y 8.5), para lo cual se añade cal. El azúcar comienza a cristalizar cuando se ha logrado evaporar un 80% del agua que lo disuelve. Para conseguir esta cristalización se someten los jugos obtenidos a la cocción. El jarabe resultante recibe el nombre de meladura.

Para decolorar la meladura que ha pardeado durante la concentración, se la somete a la acción del gas sulfuroso, después de lo cual se calienta el jarabe con cuidado hasta que adquiere la concentración necesaria para que cristalice por posterior enfriamiento.

El último residuo no cristalizado se denomina melaza. Si la cristalización se efectúa en reposo, se obtienen cristales grandes de azúcar; si se hace en movimiento se obtienen cristales pequeñísimos. En ambos casos se desecan los cristales en turbinas giratorias, a través de las cuales se hace pasar una corriente de aire caliente; luego se tamiza y se envasa.

Tabaco

Tome un poco de tabaco,
Se le quitará el enojo
Acto III de *La mayor desgracia de Carlos V*
de LOPE DE VEGA

No se puede hablar de Cuba sin hacer referencia al tabaco. Tampoco se puede viajar a Cuba y no aprovechar la ocasión para recorrer las famosas vegas de la provincia de Pinar del Río donde en la región de Vueltabajo se cultiva la mejor hoja de tabaco del mundo.

El tabaco es el rasgo distintivo de esta provincia, Pinar del Río, su sello de identidad, como si la naturaleza la hubiera dotado de un don especial. En los municipios de Consolación del Sur, San Juan y Martínez, Pinar del Río, San Luis Guane y Sandino están las mejores vegas; no se pierdan –es de ley recomendarlo– el contraste del verde intenso de la larga hoja del tabaco matizando una amplia gama de colores.

Las mejores tierras para el cultivo del tabaco son las sueltas, arenosas y delgadas, de color rojizo, cercanas a los márgenes de los ríos. El cultivo del tabaco, como la gran mayoría de las faenas agrícolas, exige ser meticuloso y una atención constante, de día y de noche.

Meses antes de la siembra el *veguero* debe preparar las tierras destinadas a las semillas que ha hecho germinar con el cuidado diario para su trasplante; después le resta velar por su buen desarrollo.

Y entre tanto verdor se destacan, semejantes a pardas pirámides, las típicas casas de tabaco, forradas y techadas de madera y guano (hoja seca de palma), donde la hoja del tabaco se pone a secar para dar inicio así a la larga cadena de procesos necesarios para convertir el producto bruto en el aromático habano. Estas construcciones siempre están orientadas de este a oeste para que el sol acaricie las paredes sólo en las primeras horas de la mañana y por la tarde.

En las casas de tabaco las hojas pasan por los procesos naturales de secado o curación y fermentación. Luego tiene lugar la escogida, un proceso en el que las hojas se embadurnan con un betún especial hecho con los palitos del tabaco (a esta etapa se la llama mojadura), y después se separan las hojas en capas y tripas, y se agrupan en gavillas, manojos, matules y tercios para el mercado industrial.

Las plantas del tabaco alcanzan la altura de un hombre y presentan una veintena de hojas cada una. Desde la lejanía recuerdan un ejército. En las altas colinas que rodean las vegas, los cedros cual centinelas vigilan el valle. Con la madera de éstos se fabrican las cajas de cigarros puros cuyas vitelas son tan buscadas por los coleccionistas.

Curiosidades sobre el tabaco

Los primeras noticias sobre el tabaco las leemos en el *Diario* de Cristóbal Colón, quien el 2 de noviembre de 1492, encontrándose en la bahía de Manatí envió a dos marinos «... Rodrigo de Xerez, que vivía en Ayamonte, y a Luis de Torres, que había sido judío y sabía hebraico y caldeo, y aun, diz que, arábigo ...», con ellos también envió a dos indios «... uno que traía conmigo de Guanahaní y el otro de aquellas casas que estaban en aquel río pobladas. Díles sartas de cuentas y otras para comprar de comer, si les faltase, y seis días de término para que volviesen ...». Los manda con la «... instrucción de que habían de preguntar por el rey de aquella tierra y lo que tenían que hablar de parte de los Reyes Católicos ...». A su regreso de la expedición los marinos le cuentan que se han sido huéspedes en una «... población de hasta cincuenta casas, diz, que morarían mil vecinos, porque les parecía que vivían muchos en una casa; y eso asaz es clara señal de ser gente humilde, mansa y pacífica ...», y añaden en su relato que «... los hombres pasean con un tizón encendido en las manos y ciertas hierbas para tomar sus sahumerios, que son unas hojas secas de una planta desconocida metidas a manera de mosquete y encendidas por la una parte dél por la otra chupan o sorben, o reciben con el resuello para adentro aquel humo con el cual se adormecen las carnes y cuasi emborracha, y así diz que no sienten el cansancio. A esta planta los indios le llamaban *tabaco* ...». O sea que a principios de noviembre de 1492 es cuando se tiene noticia de la existencia del tabaco. No obstante, hay quien sostiene que tabaco era el nombre que los indios daban a la pipa en la cual fumaban las hojas. Pero lo más seguro es que sea una transcripción de Colón, pues la palabra tabaco *(tabbaq)* es de origen árabe

Los historiadores no se han puesto de acuerdo con las fechas en que el tabaco llegó a Europa. Unos afirman que fue el propio Rodrigo de Xerez quien lo trajo consigo a España, otros dicen que fue el fraile catalán Ramón Pané quien le envió semillas de tabaco a Carlos V; por medio queda quienes dicen que los frailes ya habían enviado antes al cardenal Cisneros *cohobas, tabacos* y otras cosas típicas de la indiada.

Durante esos años el uso del tabaco estaba asociado a la medicina; se le atribuía propiedades curativas, gustativas y estimulantes. Los frailes Bernardino de Sahagún y Toribio de Benavente, conocido como Motolinia, dejaron escritos donde hablaban de la bondad del tabaco. Pero fue Jean Nicot, embajador de Francia en Lisboa quien, en 1560, tras recomendar a la reina de Francia Catalina de Médicis el uso del tabaco como medicina para curar las úlceras de un paje muy querido de su corte, el que introduciría su uso en Europa. El paje sanó y la reputación medicinal del tabaco pasó más allá de España y Portugal. Durante mucho tiempo se conoció el tabaco como «Hierba de la Reina» y «Hierba del Embajador». De Nicot proviene el nombre de la sustancia activa del tabaco: la nicotina.

Aquellos años fueron propicios para que el tabaco fuera recibido como una panacea. La Edad Media recién terminada había acostumbrado a las familias al uso de hierbas y plantas como algo prodigioso y mágico que curaba las enfermedades entre otras virtudes. El Renacimiento dio entrada al tabaco como una planta curiosa llena de posibilidades.

En 1586 Francis Drake le entregó hojas de tabaco a *sir* Walter Raleig, que presentó la novedad en la corte de Londres, donde no tardó en ponerse de moda fumar y hacer en público los fumadores bellos aros de humo; también en la época algunas damas fumaban hojas de tabaco pero en pipa. En 1612, el inglés John Rolfe, marido de la hoy popularísima (sobre todo entre los más pequeños y gracias a la factoría Disney) india Pocahontas, sembró semillas tabaqueras en la entonces colonia de Virginia.

En Italia le llamaron «Hierba de la Santa Croce» en honor del cardenal Próspero di Santa Croce, quien apoyó al médico Castore Durante en la generalización del uso del tabaco como medicina.

En las últimas décadas del siglo XX y amparándose en razones médicas, en este caso totalmente contrarias —muerte— a las que facilitaron su difusión —sanación—, ha surgido un fuerte movimiento detractor del uso del tabaco; pero no se trata de una cuestión nueva, esto ya viene de antiguo. A principios del siglo XVII, una nube de prohibición recorrió el mundo: el sultán Murad prohibió el consumo del tabaco en Turquía, y Abbas I, *sha* de Persia, y los zares de Rusia establecieron san-

■ **VEGETACIÓN DE CUBA** (fotos de C. Miret y E. Suárez)
Arriba: **Subida a la Gran Piedra (Santiago de Cuba)**
Abajo (I): **Árbol del pan a la salida de Baracoa** y **la mariposa, flor nacional en el Jardín Botánico de Cienfuegos**
Abajo (D): **Árbol del güiro en Cayo Saetía**

■ **PROTAGONISTAS DE LA HISTORIA**
Arriba (I y D): **Ignacio Agramonte en Camagüey**, y **José Martí en Matanzas** (fotos de C. Miret y E. Suárez). Abajo (I y D): **Carlos Manuel de Céspedes en La Habana** (foto de C. Miret y E. Suárez) y **Ernesto «Che» Guevara en Santa Clara** (foto de Toni Vives)

> ciones muy severas, que en algunos casos llegaban hasta la pena de muerte para los fumadores. Pero las prohibiciones más singulares vinieron de la mano de Jacobo I, rey de Inglaterra, quién escribió un panfleto en el que describía a los fumadores como hombres sucios, molestos y desagradables ya que escupían en todas partes. El papa Urbano VIII dictó una bula en 1623 contra el uso del tabaco y llegó a excomulgar a los curas que lo consumían. Felipe III prohibió en 1606 la plantación de hojas de tabaco. En Francia se constituyó una asociación contra el humo del tabaco. Pero todas estas prohibiciones se dejaron de lado cuando los reyes europeos asesorados por sus ministros de finanzas, decidieron que les interesaba más cobrar tributos sobre el negocio del tabaco que prohibirlo; ¿les «suena» de algo?
>
> Para los gobernantes cubanos, el descubrimiento europeo del tabaco como un chorro de ingresos para las arcas de los distintos reinos, fue como un maná caído del cielo y el cultivo del tabaco pasó a ser una industria privilegiada, sobre todo a partir de las reformas agrícolas de 1776 y del año 1826, cuando el gobierno central permitió la exportación del tabaco libre de trabas hacia EE UU, Inglaterra y Alemania, tanto en rama como elaborado.

Aunque ya desde principios del siglo XIX el tabaco había adquirido cierta categoría económica en el comercio internacional, no será hasta el primer tercio del siglo XIX, una vez extendida la costumbre de fumar, cuando el tabaco se convertirá en un importante mercancía, y el cigarro cubano en el más valorado.

El mejor habano, que es como se conocen a los cigarros cubanos, se recoge en la región de Vueltabajo, en la provincia de Pinar del Río, una zona con suelo de origen volcánico. Le sigue en fama el procedente de Vueltarriba cultivado en la provincia de Villa Clara, de excelente calidad pero sin alcanzar el aroma y el sabor de aquél. En Semivuelta y Partidos, respectivamente, en la parte este de la isla y en la provincia de La Habana, se recogen dos clases de tabaco inferiores a los primeros, pero superiores a la mayoría de los cigarros puros que se producen fuera de Cuba.

Los cigarros puros están formados por un núcleo, llamado *tirulo* y una hoja exterior, de calidad, llamada *capa*. El núcleo a su vez está compuesto por la *tripa*, fragmentos irregulares y el *capillo*, hoja envolvente de peor calidad que la capa. Por su misma constitución, se comprende que el proceso de fabricación será algo diferente y también más complicado. Las hojas destinadas a capas deben ser cuidadosamente seleccionadas. Tras sufrir la humidificación son desvenadas en máquinas automáticas. Los cigarros de calidad se manufacturan a mano y una vez liados se agrupan en mazos o en cajas y prensado lateral y verticalmente. Una de las especialidades más delicadas de los tabaqueros es la de *escogedor*, pues debe separar y escoger las capas según su color; un buen escogedor llega a conocer sesenta y ocho tonalidades.

Fernando Ortiz cuenta que en la colección de vitolas de una fábrica de La Habana se podían contar 996 variedades de cigarros puros. Aunque hoy no existen tantas variedades, hay las suficientes marcas para volver satisfechos del viaje a Cuba. Los habanos de calidad que se pueden adquirir en la isla –y también en España– son Bolívar, La flor de Cano, Cohiba, Quai d'Orsay, Fonseca, La Gloria Cubana, Hoyo de Monterrey, Quintero y Hno., Montecristo, El rey del Mundo, Romeo y Julieta, Partagás, Saint Luis Rey, Punch, Ramón Allones y Sancho Panza.

El puro fue el símbolo de la revolución castrista, pues sus líderes se presentaban en público con estos grandes cigarros. Durante años Fidel Castro se fotografió con el habano en la mano, hoy por prescripción médica ha dejado de fumar y el habano ha dejado de ser un símbolo revolucionario; vuelve a ser lo que siempre fue, algo prescindible, motivo de regalo, de cortesía, p.e. los Cohibas que Castro regalaba a Felipe González.

El tabaquero cubano además de ser un artesano-artista es uno trabajadores más cultos del mundo. En 1864 se instituyó por primera vez en una tabaquería en la población de Bejucal la costumbre permanente de la lectura. Antonio Leal fue el primer lector que se recuerda. Al año siguiente algunas tabaquerías de La Habana incorporaron la lectura y cuando en 1866, Jaime Partagás también lo implantó en sus fábricas se puede afirmar que en todas las tabaquerías cubanas existe un lector. El lector lee desde una tribuna con buena dicción y voz potente para que todos los trabajadores lo puedan oír; lee libros y revistas, y le pagan los trabajadores. Los libros suelen escogerlos los trabajadores. Fue la tribuna o mesa de lectura el punto de partida, además del proceso de culturalización de los trabajadores, de su concienciación social y laboral. En plena guerra de la independencia, un bando del gobierno español del 8 de junio de 1896 prohibió las lecturas de libros y revistas en todas las fábricas y tabaquerías.

En los últimos años algunas tabaquerías han dejado de lado al lector y escuchan la radio como entretenimiento. No deberá extrañarnos que en nuestra visita a una fábrica nos digan señalando la tribuna que «el lector es muy viejito y está enfermo».

El arte de fumar un habano

Según los fumadores expertos, un buen puro hay que fumarlo a los 15 días de su fabricación, aunque se conserva más de 15 años sin alterarse apenas su fragancia, siempre y cuando esté guardado correctamente. Para ello debe protegerse del sol, ya que éste lo decolora y lo reseca, y lo mejor es tenerlo en el frigorífico, bien envuelto y donde el frío no sea intenso.

El arte de fumar un habano es tan complicado como su elaboración. «Para disfrutar de un buen puro –repetimos lo que Pedro Parladé le contó a Enric Balasch en ediciones anteriores– hay que seguir unas normas básicas. Primero, hay que calentar ligeramente el cigarro para que se vaya la humedad. Esto se hace con el fin de que el cigarro tire mejor. Segundo, es muy importante hacer un buen corte en el extremo. Este debe ser un corte redondo, con guillotina para puros. Los cortes en forma de cuña hay que desestimarlos. Tercero, hay que encender por igual toda la circunferencia y cuarto, hay que soplar por el extremo encendido para expulsar la esencia de la cerilla. Este último punto, si se enciende con tea, no es necesario».

Otros productos agrícolas y minerales. En la economía cubana tiene gran importancia la producción de tabacos, café, frutos, cereales y cítricos. Los grandes adelantos genéticos han permitido el desarrollo de excelentes razas ganaderas para un mayor rendimiento en peso y producción lechera, adaptables a las condiciones climáticas del país.

Con respecto a la industria pesquera, el extenso litoral cubano, una considerable área de plataforma insular, la gran variedad de especies marinas y su posición geográfica, dan a Cuba la posibilidad de alcanzar un alto grado de desarrollo en esta industria. Su actividad pesquera se efectuaba en colaboración con flotas extranjeras, destacando entre éstas la japonesa.

El níquel y el ron son otras producciones importantes. En menor medida también lo son: la miel de abejas, el cacao, el arroz, el cromo refactario y el hierro, el manganeso, asfaltita, mármoles y cemento, henequén, jarcias, rayón, pieles y cueros. Cuba intercambia materias primas y productos elaborados con más de 40 países.

Sus principales exportaciones son además del azúcar, crudo y refinado, el óxido de níquel sintetizado y granular, pescados y mariscos, cítricos, rones y alcoholes, tabaco en rama y cigarros. Como curiosidad digamos que Cuba es el primer exportador del mundo de gallos de pelea, y como una realidad esperanzadora de ingresos económicos va ocupando su lugar el turismo.

Turismo. Durante años Cuba fue uno de los destinos vacacionales y otras diversiones elegido por los estadounidenses. Castro terminó con las diversiones y el gobierno estadounidense con el destino vacacional.

Tras años de aceptar el turismo proveniente de países comunistas, y en menor medida de otros orígenes, pero siempre dirigido (quienes visitaron la isla durante la década de los años setenta, recordarán unos circuitos turísticos obligatorios sosos y lo que era peor, que mantenían al viajero aislado de la población), el gobierno castrista, empujado por las circunstancias políticas y económicas derivadas de la caída del muro de Berlín, abrió a principios de los años noventa el país al turismo internacional. Habilitó hoteles que habían sido cerrados o convertidos en casas de vecinos, y construyó nuevos hoteles y zonas turísticas en colaboración con países de gran tradición turística como España o Francia, o países inversores, como Canadá.

La Organización Mundial del Turismo valoraba en un 15% el crecimiento del turismo en la isla en el año 1997 y en 1.152.000 los turistas que llegaron durante ese año. Las previsiones del gobierno cubano, excesivamente optimistas a nuestro entender, hablan de la llegada de dos millones de turistas para el año 2.000.

Por sus condiciones, sus características naturales y humanas, Cuba puede convertirse en uno de los principales destino turísticos en los próximos años.

Economía social. El interés fundamental del Estado desde ya hace años ha sido solucionar el problema de la vivienda; para ello se ha ideado el sistema de brigadas, grupos de personas que dejan sus tareas cotidianas para dedicarse a la construcción de casas. Antes de la declaración del «período especial» se construían a un buen ritmo, casi 300.000 viviendas anuales, que ayudaron a satisfacer la creciente demanda del país. La ciudad de Alamar (al este de La Habana) es un claro ejemplo de este tipo proyecto. En el momento de redactar este libro, el ritmo anual de construcción de viviendas ha caído en picado y resurge el grave problema de la gran carencia de vivienda.

En los primeros años de la Revolución, la construcción de carreteras y caminos se triplicó. La crisis económica también afectó los grandes proyectos estatales y muestra de ello es la paralización de la construcción de dos obras de capital importancia: la autopista nacional, que se pretende que cruce la isla de punta a punta (hoy, se puede ir desde Pinar del Río hasta Ciego de Ávila) y la modernización del ferrocarril central. Estas obras una vez terminadas garantizarán un enlace rápido y cómodo desde cualquier lugar de la isla.

El producto bruto interior de la isla cayó entre 1989 y 1993 un 35%, cifra que habla por sí sola de la magnitud de la dependencia económica que tenía el país con la extinta URSS. Cinco años después de la declaración del «período especial», subió por primera vez, aunque poco, el PIB, un 0.7%; al año siguiente, en 1995, el 2.5%, en 1996 el 7.8, porcentaje que hace despertar ilusiones que borra la fría cifra del 2.5% de 1997.

La renta per cápita del 1966 fue de 1.480$ USA, por encima de los 1.166 de 1991, según informe del Banco Mundial, pero muy inferior a la de antes de 1989 que con casi 2.000$ USA fue la más alta de su historia.

GOBIERNO

La primera carta magna de Cuba la redactó la Asamblea Constituyente de 1901, bajo la tutela de los EE UU que obligó a la inclusión de la enmienda Platt, por la que el gobierno estadounidense tenía el derecho a supervisar la economía del país, vetar si no eran de su agrado los acuerdos internacionales y, lo más duro, intervenir militarmente si sus intereses o ciudadanos estuvieran en peligro. Esta enmienda estuvo en vigor hasta 1934, y dejó como recuerdo la base de Guantánamo.

El 8 de junio de 1940 se aprobó una nueva Constitución; según el nuevo texto, el presidente sería elegido por sufragio universal para un período de cuatro años, al igual que los miembros de las dos cámaras. Esta Constitución fue suspendida en 1952 cuando Fulgencio Batista se hizo con el poder.

Cuando Fidel Castro accedió al poder reestableció la Constitución de 1940. Según esta Constitución, el poder ejecutivo lo ejerce el presidente de la República, asistido por el primer ministro y el consejo de ministros. El poder legislativo lo ejerce el consejo de ministros. El poder judicial lo desempeña el Tribunal Supremo, las audiencias provinciales o regionales. Fidel organiza los tribunales revolucionarios para los delitos contra el Estado y el país.

Seis años después de su acceso al poder, Fidel unificó todas las organizaciones y partidos en un partido, el Partido Comunista de Cuba, al frente del cual está un Comité central, cuyo primer secretario será Fidel Castro. Ese mismo año, 1965, se constituye una comisión para la elaboración de una nueva Constitución, que será aprobada en 1976. En ella se dice que Cuba es un Estado Socialista de obreros, campesinos y demás trabajadores manuales e intelectuales. El poder pertenece al pueblo trabajador que lo ejerce por medio de las Asambleas de Poder Popular y demás órganos del Estado: Consejo de Estado, que representa a la Asamblea Nacional entre uno y otro período de sesiones, y su órgano ejecutivo, el Consejo de Ministros. El presidente de los Consejos de Estado y de Ministros es Fidel Castro Ruz. La Constitución fue aprobada por el 97.7% de los electores.

En el plano internacional, Cuba condena el imperialismo, desea la integración de los pueblos del Caribe y de América Latina, y reconoce la existencia pacífica y práctica del internacionalismo proletario (art. 12). Entre sus disposiciones señalemos la que prevé la ayuda a los países víctimas de agresiones (¿imperialistas?) y a los pueblos en lucha por su liberación.

En las elecciones de principios de 1998, se presentaron 595 candidatos para ocupar los 595 escaños de la Asamblea Nacional del Poder Popular; Castro se presentó por el municipio de El Cobre. Tras ser elegidos casi por unanimidad (apenas unas décimas de porcentaje de desacuerdo), ocuparon sus escaños y procedieron a nombrar por unanimidad a Fidel Castro y a Raúl Castro, presidente y vicepresidente del Consejo de Estado, respectivamente. También fueron nombrados vicepresidentes Juan Almeida, Abelardo Colomé Ibarra, ministro del Interior, Carlos Lage, principal responsable económico del régimen, Esteban Llazo, secretario del Partido Comunista de La Habana y José Ramón Machado Ventura, jefe de organización del PCC.

Cuba entrará en el siglo XXI con gran parte de los dirigentes que desde hace cuarenta años defienden el mismo ideario comunista.

Bandera y escudo. La bandera cubana mantiene el diseño de la que enarbolaron un grupo de insurrectos contra las autoridades españolas en la ciudad de Cárdenas en 1850 (ver p 280). El 10 de octubre de 1868, al iniciarse las luchas cubanas por la independencia, Carlos Manuel de Céspedes izó en Yara otra bandera, pero el 11 de abril de 1869, la Cámara de Representantes de la República en Armas acordó la adopción de la insignia de 1850 como bandera oficial de Cuba, por ser aquélla la primera que ondeó en territorio nacional.

El escudo nacional tiene la forma de una adarga ojival. La llave dorada que aparece en el campo superior hace referencia a la posición de Cuba entre las dos Américas (de ahí el nombre que se le da, «Llave del Golfo»). El sol simboliza el nacimiento de un nuevo Estado. Las cinco listas de colores azul turquí y blanco representan los cinco estados (provincias) en que estaba dividida Cuba en épocas de la colonia. La palma real que aparece en el tercer espacio o cuartel simboliza el carácter indoblegable del pueblo cubano (este árbol soporta los más fuertes vendavales).

EDUCACIÓN

Después del período de la Revolución, Cuba contaba con más de 1.000.000 de analfabetos. En 1961 se llevó a cabo la primera campaña de alfabetización con el resultado de 707.000 adultos alfabetizados al término de un año. El 6 de junio de ese mismo año y tomando como principio que la enseñanza es un deber que asume incuestionablemente el Estado, fueron dictadas las leyes de Nacionalización General de la Enseñanza y el carácter gratuito de la misma. Sin duda uno de los mayores logros de la Revolución castrista. También en diciembre de ese año se anunció un plan masivo de becarios, que poco después se vio integrado por hijos de obreros y campesinos. Hoy, el principio de la combinación del estudio y el trabajo rige todo el sistema nacional de educación.

Se encuentran matriculados en el sistema de educación 2.173.800 de alumnos. La enseñanza primaria se ha multiplicado por tres, la secundaria por seis y la universitaria por cinco. Los becarios del país superan la cifra de 500.000 entre internos y semiinternos. La matrícula universitaria, en un 50%, está constituida por los trabajadores. La educación en Cuba ha dejado de ser un privilegio minoritario y se ha convertido en una poderosa cantera para el desarrollo del país. Cuba cuenta con 195.400 docentes. Su tasa de analfabetismo es del 3.80% en la población adulta, excluyendo incapacitados físicos y mentales. Lo que sitúa a Cuba en el primer lugar de Latinoamérica en educación y en los primeros lugares del mundo. Todas estas cifras se refieren al curso 1994/95.

RELIGIÓN

Las poblaciones primitivas creían en un ser supremo inmortal, invisible, creador y alejado de los hombres, llamado *Jocahu Vague Maororon* por los taíno. El ser supremo entre los caribe sólo se relacionaba con los hombres a través de los espíritus auxiliares que actuaban en los animales, en los árboles, en las montañas o en el agua. El más importante fue *Komanakoto*, quien se ocupaba de la creación. Entre los taíno, los intermediarios recibieron el nombre colectivo de *zami*; se les atribuía poder mágico y su representación era antropomórfica. Sólo el chamán podía relacionarse con los espíritus. Los caribe practicaron la incineración.

La evangelización por parte de misioneros, dominicos principalmente, comenzó en 1494. En 1518 el papa León X erigió el obispado de Baracoa, trasladado en 1522 a Santiago y elevado a metrópoli en 1803, comprendiendo la isla de Cuba, Jamaica y el distrito de Florida. Los dominicos fundaron en La Habana el convento de San Juan de Letrán (1580), numerosos centros de enseñanza y, en 1728, la Universidad dé La Habana, secularizada en 1842.

El siglo XIX favoreció la liberalización del culto religioso, principalmente del jansenismo. Al contrario que el clero de México y Argentina que en su momento se inclinó abiertamente por el proyecto independentista, el clero cubano tomó partido por el régimen español durante el movimiento de independencia, lo cual no fue obstáculo para que una vez conseguida la Independencia el nuevo gobierno estableciera relaciones con la Santa Sede.

La iglesia católica, enfrentada directamente al gobierno de Batista, favoreció la revolución castrista. Sin embargo, la relación con el gobierno de Fidel Castro pronto se enturbió –por las declaraciones del congreso de AC (1959) y del episcopado (1960)–, y se agravó con el desembarco anticastrista de 1961. No hay que olvidar, sin embargo, que las iglesias no han sido nunca muy abundantes en Cuba, sólo hay que comparar las existentes en países como México o Italia, por citar dos casos extremos, para ver la escasez de ellas en los pueblos.

La religión protestante cuenta con unos 100.000 seguidores en todo el país; esta iglesia llegó a la isla con las tropas norteamericanas, en 1898. En la actualidad es una comunidad bien organizada que cuenta con sus propios medios de comunicación.

Las sinagogas judías no faltan y los fieles han tenido asegurado su culto siempre. No ocurre lo mismo con los Testigos de Jehová, que han tenido algunas dificultades, pues durante muchos años se opusieron al régimen de Fidel Castro haciéndose fuertes en la sierra del Escambray.

Hasta 1958 tuvo importancia la santería de origen africano, al igual que el vudú en Haití y la macumba o el candomblé en Brasil. Practicada principalmente por gentes de estrato social bajo, aún quedan reductos en las zonas rurales, si bien la educación marxista que reciben los niños en las escuelas hace que el seguimiento de este tipo de culto sea cada vez más esporádico.

Santería. La santería al igual que el vudú en Haití o Brasil, el obeah en Jamaica, o la macumba, la umbanda, o el candomblé, entró en Cuba con los esclavos negros. A través de sus ritos religiosos, no sólo mantuvieron un rayo de esperanza sino que preservaron su lengua, ritos, instrumentos y música. Como es de suponer, siempre que dos culturas se mezclan aparece una tercera híbrida, que asume los principales rasgos de ambas. Esto ocurrió con la santería, que aunó en un solo rito los fetiches vudús y los santos cristianos.

Antes del triunfo de la Revolución, la santería había adquirido una especial importancia en Cuba y no sólo era practicada por los habitantes negros sino también por numerosos blancos. En la actualidad, estas manifestaciones puramente religiosas y espiritistas que parecía que tendían a desaparecer, o a quedar como vestigios folclóricos, están resurgiendo por el interés de ciertos turistas en asistir a sus sesiones. En algunas zonas de las ciudades de La Habana y Matanzas, se practica la santería por expertos brujos que siguen con ritos y encantamientos de hace cientos de años. No es fácil acudir a una de estas sesiones, pero lo cierto es que sí pudimos hablar del tema con la gente y llegar a conocer algo sobre tan interesante acervo histórico.

Los elementos básicos de la santería provienen de los principales grupos étnicos a los que pertenecían los esclavos: lucumí, yoruba, carabalí, congo, arará, abakúa, etcétera. Todos estos pueblos creían en demonios antropomórficos al igual que sus congéneres de la cuenca amazónica; allí nos hablaron también de estos seres endiablados que raptan las almas de los hombres desprevenidos. A esta serie de creencias se unieron los santos católicos, especialmente venerados y a los que se atribuyen infinidad de milagros. De esta fusión nació la santería.

Los ritos de la santería son complicados pues un tercer elemento se une a los dos anteriores, el espiritismo, mezcla de sueño delirante ayudado en muchas ocasiones por algún alucinógeno o la música desenfrenada, de los tambores, que llevan a los participantes a un estado de ausencia.

El *babalao* es el sacerdote principal de la santería; en la actualidad sólo quedan unos pocos. Antes del triunfo de la Revolución el número de ellos se estimaba en unos 350. El *babalao* está ayudado por los *babalochas* (hombres) y las *iyalochas* (mujeres) que participan activamente en las ceremonias. La lengua que se utiliza es el lucumí o yoruba, y los instrumentos musicales el tambor y todos aquellos objetos metálicos que puedan hacer un ruido rítmico. Tras unas palabras del sacerdote, los presentes invocan a las divinidades con gritos incomprensibles, en medio del humo de incienso y puros, del baile y de los cantos. Ofrecen animales de granja y flores para aplacar la ira de los dioses. En esta atmósfera mágica siempre hay alguien que entra en trance y entonces se dice que ha sido poseído por el espíritu. Cada gesto, cada palabra, tiene un significado cultural, espiritual y sexual. Para los no iniciados este lenguaje escapa a su comprensión. Los demonios y dioses que se invocan corresponden a veinte divinidades diferentes, todas ellas de origen africano, denominadas *orishas*. Cada *orisha* corresponde a un santo católico y sólo el *santero* o sacerdote sabrá en cada momento por quién ha sido poseído el sujeto.

Dios es *Olofi*. Creó el mundo y lo pobló de *orishas* exclusivamente. Más tarde relegó una parte de sus poderes a los *orishas* para que éstos interfirieran la vida de los hombres.

Los santeros ofrecen, con la ayuda de los *orishas*, soluciones a los problemas de los creyentes, por ejemplo para enamorar al ser deseado, uno debe bañarse durante una semana con un preparado de siete perfumes diferentes a los que se añaden mirras, flores amarillas, vino seco, agua y jengibre entre otras cosas; y para que la suerte nos sea propicia, debemos enjuagarnos con hojas de albahaca y atipolá trituradas (Natalia Bolívar, *Cuba: imágenes y relatos de un mundo mágico*).

Los *orishas*

Los principales *orishas* son: Ochún, que corresponde a la Virgen de la Caridad del Cobre, patrona de Cuba; es, según la santería, una mulata sensual dueña de los ríos, del oro y del amor. Según los creyentes, siendo doncella gustaba de danzar desnuda frenéticamente, e incluso a veces se cubría el cuerpo con miel, que es afrodisíaca. Para terminar con tanto devaneo, su madre decidió casarla con aquel que supiera su verdadero nombre. Un joven llamado Elegua se escondió días y días cerca de la casa de Ochún, hasta que al fin escuchó como la madre llamaba a Ochún por su verdadero nombre. Como el joven no estaba para casamientos, decidió venderle el secreto a un viejo *orisha* llamado Orula, que ante el recuerdo de tiempos más vigorosos pagó el nombre a alto precio. Orula es el equivalente a san Francisco de Asís, el adivino supremo, maestro del «tablero de Ifá» y del *okuele*, collar que permitía ver el futuro a quien lo poseyera. Ochún, casada con el viejo Orula, no se sentía satisfecha pues el viejo no estaba para muchos trotes y faltaban años para que apareciera el *Viagra*, así que, sin pensarlo dos veces, decidió buscar nuevos horizontes. Pero puesta a engañar al pobre Orula ¿por qué no cobrar encima? Dicho y hecho, Ochún vendía su cuerpo, ganaba dinero y satisfacía su apetito. Uno de los adictos de Ochún era otro *orisha* más joven, Chango. De estos encuentros nacieron dos gemelos: san Cosme y san Damián.

Chango, a pesar de ser varón, se identifica a santa Bárbara y así, sin tener verdaderas pruebas de ello, podemos decir que llegamos al primer travestido. Chango envejeció y Ochún buscó un sucesor para sus apetencias; así conoció a Ogún, otro *orisha* identificado a san Pedro.

Yemaya es otro personaje de la santería. Se identifica con la Virgen de la Regla. Se le llama también la Virgen Negra y según la creencia debe su color a una peregrinación que la llevó a atravesar todo el mar.

El personaje más terrible es Olokun, dueño de los abismos, al que no se puede ver sin morir.

Símbolo de Yemaya

HISTORIA

El descubrimiento y la colonización. A la llegada de los españoles en 1492, Cuba estaba habitada por los indios siboney, taíno y guanacahibe, que se encontraban en un grado de civilización muy primitivo. Las evaluaciones que se han hecho sobre el número total de habitantes oscilan entre 1 millón y 60.000, pero lo cierto es que hacia 1540 su número era sólo de 5.000 y en 1570 los supervivientes apenas superaban los 1.000 individuos.

En 1511 se encargó a Diego de Velázquez la conquista de la isla pues hasta aquel año había servido únicamente como parada y refugio de los exploradores. Conquistado el territorio sin apenas oposición, se fundaron las ciudades de Baracoa, Bayamo, y Santiago de Cuba, y se inició el aprovechamiento económico, basado en la extracción del oro de los aluviones fluviales. Los repartos de la población india entre los colonos y los abusos cometidos por éstos, provocaron la huida de los indios hacia el interior y su progresivo aniquilamiento. Las dificultades debidas a la falta de mano de obra y la conquista de México, que se presentaba más rica ante la codicia de los conquistadores, desinteresaron a los colonos por la explotación de la isla.

Hacia 1560 La Habana, fortificada por Hernando de Soto, era el puerto elegido por la flota de Indias para agruparse antes de su viaje de regreso a España; de este modo podía resistir los ataques de corsarios y piratas. Administrativamente dependían de la audiencia de Santo Domingo y, en 1607, fue dividida en dos departamentos. La explotación económica de la isla no se inició de forma sistemática hasta que se autorizó la introducción de esclavos negros. El inicio del cultivo de la caña de azúcar aumentó las posibilidades económicas de modo extraordinario. Las plantaciones de caña adquirieron un gran impulso entre 1570 y 1590, estrechamente relacionado con la llegada masiva de esclavos, y se convirtieron en el factor clave de la economía cubana.

España se esforzó por imponer el pacto colonial, monopolizando el comercio e imponiendo los precios de algunos productos como el tabaco. El «estanco del tabaco», manifestación del monopolio comercial, provocó en 1723 una sublevación de vegueros, que trajo sangrientas consecuencias. Pero el comercio ilícito con los filibusteros ingleses, franceses, holandeses y con otras colonias españolas fue constante en los siglos XVII y XVIII. Los asedios y ataques por parte de piratas y corsarios, apoyados por Inglaterra y Francia, culminaron con la ocupación de La Habana durante once meses (1762-63) por la flota inglesa. Expulsados los ingleses, los gobernantes ilustrados de Carlos III se interesaron por impulsar el desarrollo económico de la isla. Fortificaron el puerto de La Habana, que se convirtió en uno de los principales centros comerciales de la América española, autorizaron, en 1765, el comercio entre Cuba y los puertos más importantes de España, y se impulsó la introducción masiva de esclavos. El número de ingenios de azúcar se dobló entre 1763 y 1780, se introdujeron las primeras plantaciones de café y el valor de las exportaciones realizadas por La Habana se quintuplicaron.

La revuelta de los esclavos negros de Haití (1791-95) arruinó las plantaciones francesas, y la demanda y los precios de los productos cubanos aumentaron extraordinariamente. La prosperidad económica se vio acompañada de un crecimiento demográfico importante. La población pasó de 272.000 habitantes, en 1775, a 362.000 en 1791, y a unos 550.000 en 1815. Sin embargo, esta etapa de prosperidad favoreció fundamentalmente el desarrollo de una reducida oligarquía, dueña de la tierra y que controlaba el comercio exterior. Para los pequeños y medianos empresarios, las crisis provocadas por las guerras napoleónicas significó la ruina, y, para las masas populares, el aumento de población representó un estado permanente de desocupación. Los grandes propietarios, tras la revuelta de los esclavos de Haití, trataron con mucho más rigor y brutalidad a la población negra y exigieron del gobernador español que castigara duramente los brotes insurreccionales de 1795 y 1812.

La creciente prosperidad económica y el miedo de que se produjera una revuelta de esclavos negros, como la que tuvo lugar en Haití, hizo que las clases dirigentes cubanas se desentendieran de los aislados intentos de independencia y prefirieran la vía del compromiso con el gobierno español, sobre todo cuando Fernando VII les concedió la libertad de comercio y les garantizó la trata de esclavos. Algunos sectores de estos grupos dirigentes desarrollaron, de 1790 a 1820, un movimiento político y cultural que fue conocido como reformismo. Su principal orientador fue Francisco de Arango y Parreño, y su postura básica partía de una formación esencial de tipo ilustrado. El triunfo de los liberales en España (1820-23) estimuló conspiraciones y nuevos intentos separatistas (1822-24), apoyados exclusivamente por movimientos de intelectuales, pues tanto los grandes propietarios como las clases populares se mostraron insensibles ante estos intentos.

El gobierno de Miguel Tacón (1823) representó el sistema de mano dura en la colonia. Ante él se estrellaron los intentos reformistas de José Antonio Saco, José de la Luz Caballero y Domingo del Monte. El mantenimiento de la esclavitud y el importante incremento de la trata de negros, entre 1830 y 1840, provocaron un aumento de la tensión, que explotó violentamente en 1843, al sublevarse los esclavos en la mayor parte de la isla. Dominada la revuelta, algunos grandes propietarios propugnaron la adhesión a EE UU como medio de resolver los problemas. En 1865 se creó la Junta de Información que aconsejó la abolición de la esclavitud y pidió la libertad absoluta de comercio con EE UU. La respuesta negativa del gobierno español fue considerada por los reformistas como una provocación y originó el levantamiento de una parte de la población oriental de la isla.

La Guerra Grande. Un grupo de terratenientes, encabezados por Carlos Manuel de Céspedes, dio el grito de independencia (grito de Yara) en octubre de 1868. Un mes más tarde el alzamiento ya se había extendido hasta el centro de la isla, y en Camagüey se constituyó en torno a Ignacio Agramonte un núcleo más radical. Empezaba la Guerra Grande. En la asamblea de Guáimaro (1869), Céspedes fue nombrado presidente de la República independiente y Agramonte, jefe de las fuerzas armadas. A pesar de la represión llevada a cabo por los españoles, el ejército revolucionario, llamado *mambí* por los españoles y los cubanos adictos a la Corona, logró imponerse con frecuencia a las tropas españolas y controlar la mitad oriental de la isla. Las acciones militares de Antonio Maceo, un santiaguero hijo de padre venezolano y madre cubana de raza negra, y Calixto García, en Oriente, dieron forma a la ofensiva cubana de 1874, al mismo tiempo que Máximo Gómez iniciaba la invasión de Occidente. Pero las disenciones internas (Céspedes había sido depuesto), la falta de una estrategia política (muerte de Agramonte en 1873) y la rivalidad entre los jefes militares (desacuerdos entre Maceo, Gómez y García), facilitaron las maniobras del gobierno español, que consiguió que la mayor parte de los dirigentes cubanos firmara, el 10 de febrero de 1878, en El Zanjón, provincia de Camagüey, el fin de las hostilidades, el final de la que es conocida como la Guerra Grande.

España se comprometió con su firma a conceder una amnistía a todos los que habían combatido, indultar a los presos, una ligera participación de los cubanos en la gestión de la isla y a una representación de senadores cubanos en las cortes de Madrid; aquéllos habían sido suspendidos de sus cargos durante los diez años que duró la guerra.

No obstante Antonio Maceo y otros insurgentes rechazaron la Paz de Zanjón; Maceo se exilió a Jamaica y Haití, Gómez a Honduras, donde ocupó un cargo en el ejército hondureño, y otros líderes menores como Guillermo Moncada, continuaron las escaramuzas.

De la Guerra Chiquita a la Guerra de Independencia. Los diez años de guerra dieron como resultado el caos económico, y acentuaron la pobreza de un país económicamente cada vez más dependiente de EE UU. El malestar de los insurrectos no se había calmado con la Paz de Zanjón y los más disconformes, Guillermo Moncada, Calixto García y José Maceo, hermano de Antonio Maceo, entre otros dirigentes, volvieron a las armas, pero no pudieron contar con el apoyo de la población, fatigada por tantos años de contienda, y fueron vencidos con relativa facilidad por el gobernador de Cuba, marqués de Polavieja. Aquellas escaramuzas, que apenas duraron un año, se conocen como la «guerra chiquita».

En 1881 se modernizan los ingenios azucareros con capital estadounidense, y nueve años más tarde, en 1890, las inversiones estadounidenses alcanzaron la cifra de 50.000.000 de dólares, con un control del 95% de la producción de azúcar. Durante esa década el comercio y la inversión económica se efectuaban mayoritariamente con EE UU. Eran tan grandes los intereses estadounidenses en Cuba que Washington propuso la compra de la isla. España se negó tantas veces como ofertas le hicieron, pero algunos cubanos estaban claramente a favor de la anexión.

La oposición a la soberanía española estaba dividida entre los que deseaban la anexión a los EE UU y los que querían una independencia total, entre estos últimos sobresalió José Martí, tan mediano poeta, como elocuente abogado, que rechazó las posturas anexionistas y fundó, en 1892, en Nueva York, el Partido Revolucionario Cubano.

Ante el creciente malestar de los habitantes de la isla, Antonio Maura, ministro de Ultramar, presentó, en junio de 1893, un proyecto de autonomía que no llegó a cuajar. Al año siguiente, la caída del precio del azúcar forzada por EE UU, con la que se demostraba la dependencia con este país, provocó que muchos propietarios no recogieran la cosecha de azúcar, dejando a los numerosos trabajadores temporales sin ingresos. Las condiciones para una nueva sublevación estaban presentes; el 29 de enero de 1895, José Martí ordenaba desde Nueva York el levantamiento de la población. Pocos días después, el 24 de febrero, se inicia la guerra de Independencia

José Martí, hombre de letras y teórico de la revolución, nunca un hombre de armas, murió a los pocos días de su desembarco en Boca de Dos Ríos, entonces provincia de Oriente y hoy provincia de Granma. Antonio Maceo y Máximo Gómez tomaron el mando y dirigieron el levantamiento que se afianzó en Oriente. Ante el avance revolucionario, el gobierno español sustituyó al general Arsenio Martínez Campos, acusado de actitud conciliatoria, por el general Valeriano Weyler quien, con sus brutales medidas represivas y la creación de campos de concentración, hizo desaparecer cualquier posibilidad de acuerdo.

Estados Unidos no podía, ni quería, quedar al margen de esta guerra, tenía demasiados intereses económicos y políticos en la isla. La prensa sensacionalista estadounidense abonaba una opinión favorable a la intervención militar. No obstante, un considerable número de ciudadanos estadounidenses se oponía a la intervención, entre ellos el presidente McKinley, al menos públicamente. El curso de la guerra no anunciaba una victoria cubana, el gobierno español consiguió situar a 200.000 soldados en la isla; ante la posibilidad de repetirse otra guerra de diez años, los ricos comerciantes cubanos también presionaron a EE UU. Sólo se necesitaba una excusa.

El 15 de febrero de 1898, el navío de guerra estadounidense *Maine* explotó misteriosamente en el puerto de La Habana y EE UU tras un fuerte presión popular declaró, el 25 de abril, la guerra a España. Desigual en todos los aspectos militares, y después del hundimiento de la flota española al mando del almirante Cervera a la salida de la bahía de Santiago de Cuba, y la posterior caída el 16 de julio de esta ciudad, España inició conversaciones de paz que concluyeron con la firma, el 10 de diciembre de 1898, sin la presencia de ningún delegado cubano, del Tratado de París, en el que España renunciaba a Cuba, Puerto Rico, la isla de Guam y el archipiélago de las Filipinas. En el momento de

de 1898, sin la presencia de ningún delegado cubano, del Tratado de París, en el que España renunciaba a Cuba, Puerto Rico, la isla de Guam y el archipiélago de las Filipinas. En el momento de la Independencia, la población de Cuba era de cerca de 1.600.000 habitantes.

Cuba vio de esta manera como unas tropas de ocupación sustituían a otras; EE UU tomaba la isla a la que desplazó grandes contingentes militares hasta 1902. Siguiendo las indicaciones de EE UU, se eligió una convención que elaboró un texto constitucional, pero el Congreso de EE UU solicitó la inclusión de la Enmienda Platt, que equivalía a admitir el protectorado estadounidense, toda vez que exigía la cesión de bases militares y autorizaba la intervención militar cuando se produjeran revueltas o peligraran los intereses de EE UU.

Independencia tutelada. La independencia de Cuba se inició en teoría en 1902 al ser elegido presidente Tomás Estrada Palma, un claro defensor de la anexión, pero de hecho el país continuó dependiendo de EE UU como antes lo había hecho de España. Esta subordinación económica y política se acentuó en las primeras décadas del siglo xx. El 11 de diciembre de 1902 se firmó un tratado de reciprocidad comercial con EE UU, y en febrero de 1903, un tratado permanente entre ambos países, corroborado con el arribo de los marinos de EE UU a Guantánamo. En 1906 los liberales desencadenaron la «guerrita de agosto» contra la reelección de Estrada Palma, lo que dio pie a la segunda intervención estadounidense: William Howard Taft, el futuro 27ª presidente de los EE UU (1909-1913), es nombrado Gobernador Provisional tras la dimisión de Estrada Palma. José Miguel Gómez asumió el mandato en las elecciones de 1909 e inició un régimen de destacada corrupción. En junio de 1912 los marines norteamericanos desembarcaron de nuevo para proteger, como no, los intereses estadounidenses; al año siguiente los liberales perdieron el poder que ostentaban desde el inicio de la independencia al ser elegido el general Mario García Menocal; sus gestos presidenciales más curiosos y quizás los más importantes fueron la prohibición de la canción crítica *La Chambelona* que recordaba los años coloniales, y la declaración de guerra al Imperio alemán.

Los marines estadounidenses intervinieron otra vez en 1919 tras la elección del liberal Alfredo Zayas, quien siguió por el camino de la corrupción estatal y el entreguismo a los intereses de las compañías azucareras americanas.

En 1925 asumió el poder el general Gerardo Machado y Morales con el lema «Agua, caminos y escuelas»; el tiempo demostró que el lema era pura retórica. El 27 de noviembre, Julio Antonio Mella, que había sido secretario y fundador del partido comunista, fue detenido y encarcelado, como protesta inicia una huelga de hambre; mientras, se emprendieron brutales represiones contra los obreros. El régimen machadista implantó el sistema del terror.

cionario, compuesto de estudiantes, dirigentes obreros, reformistas y políticos descontentos adquiere fuerza a partir de 1930 lo que obliga a Machado a declarar, en 1931, la ley marcial. Tras la victoria electoral de Franklin D. Roosevelt en EE UU, en mayo de 1933 llegó a Cuba el embajador estadounidense Summer Welles para participar en una mediación entre el gobierno cubano y la oposición. Se produjeron nuevas huelgas y finalmente Machado, en agosto de 1933, dimitió; le sucedió Carlos Manuel de Céspedes, hijo del primer presidente de la República en Armas, quien apenas permaneció un mes en el poder (de agosto a setiembre).

A Céspedes le sucedió en el poder Ramón Grau San Martín, un médico y profesor alabado por la izquierda estudiantil, quien al año siguiente, en 1934, fue derrocado por Fulgencio Batista y Zaldívar; ese mismo año EE UU renunció al derecho de intervención y sus tropas abandonaron «casi» la isla: un retén se quedó en la base de Guantánamo. El gobierno estadounidense sabía que Batista, presidente y jefe máximo del ejército, era «uno de los suyos». Tras el mandato de presidentes de guiñol, Batista se presentó a las elecciones de 1940 y salió elegido presidente; durante su mandato se respetaron las normas constitucionales, aunque con estilo dictatorial. En 1944 ganó las elecciones el candidato de la Alianza Republicana, Ramón Grau San Martín, pero Grau ya no era el idealista que había ganado las elecciones diez años antes.

En 1948, una alianza de partidos llevó al poder a Carlos Prío Socarrás, quien no pudo terminar su mandato debido al golpe de Estado de 1952 que llevó de nuevo al poder a Batista; éste disolvió los partidos políticos, suspendió la Constitución de 1940, sometió al país a una férrea dictadura y, de nuevo, entregó el país a las industrias azucareras y a la mafia estadounidense.

Durante los años que van de la independencia hasta la caída del régimen de Batista, fracasó el sistema electoral; primero Machado y después Batista impusieron su voluntad, eliminaron a la oposición que sólo tuvo unos momentos de esperanza durante los acontecimientos del año 1933. Poco es para casi sesenta años de historia. Hoy los cubanos definen ese período como la «Pseudorepública», y los bustos de los gobernantes, en el museo de la Ciudad de La Habana, están alojados en una habitación conocida como «El basurero de la historia». Las esperanzas de un cambio radical a finales de la década de los cincuenta era un utopía, ¿cuántos cubanos podían pensar en realizarse políticamente teniendo enfrente a los Estados Unidos? No obstante la historia guardaba una sorpresa para los destinos de Cuba. Pasar de no ser nada a ser una de las naciones protagonistas de la Historia del último tercio del siglo xx.

...Y en eso llegó Fidel. El 26 de julio de 1953, Fidel Castro, un joven abogado de 26 años, hijo de un emigrante gallego de Lugo, atacó, al frente de 165 jóvenes, idealistas como él, el cuartel de Moncada en la ciudad de Santiago de Cuba con la intención de derrocar a Batista. La tentativa terminó con más de la mitad de los asaltantes muertos y con Fidel condenado a quince años de cárcel. En un intento de ganarse a la opinión publica, Batista concedió la amnistía a los asaltantes del cuartel once meses más tarde.

Fidel, una vez indultado, marchó a México, donde conoció a Ernesto «Che» Guevara, un médico argentino que había apoyado a Jacobo Arbenz en Guatemala. Dos años después, Fidel al frente de un grupo de 84 jóvenes –entre los que se cuentan su hermano Raúl y Guevara –, salió de la ciudad mexicana de Tuxpan en el yate *Granma* y desembarcó, tras perder el rumbo, en la playa de Las Coloradas, hoy provincia de Granma. Tras internarse en sierra Maestra, el grupo inició una lucha de guerrillas contra la dictadura de Batista. Gracias al apoyo exterior de algunos ciudadanos de los EE UU –se dio en aquel país una corriente de simpatía hacia los revolucionarios cubanos propiciada, seguramente, por unos artículos publicados en el *New York Times* por Herbert Matthews, un partidario desde la guerra Civil española de la causa republicana, sobre las condiciones físicas y compromisos políticos de los guerrilleros–, e interior de los campesinos, el movimiento revolucionario se extendió rápidamente aglutinando a obreros, estudiantes y pequeña burguesía. A finales de 1958 los castristas ocuparon Santiago y el 1 de enero de 1959 Batista huyó a la República Dominicana. La dictadura de Batista dejó tras de sí unos 20.000 muertos.

Ernesto «Che» Guevara» hizo su entrada triunfal al frente de unos «barbudos» en La Habana el 4 de enero. Suspendida la Constitución de 1940, Manuel Urrutia fue designado presidente y el gobierno provisional confiado a un grupo de liberales dirigidos por el abogado José Miró Cardona, con Fidel Castro como delegado general de la presidencia para las fuerzas armadas. A los pocos días, el 7 de enero, los EE UU reconocieron el nuevo régimen.

En su primer discurso en la capital, Fidel proclamó el ideario del Movimiento 26 de julio, disolvió el ejército profesional y anunció el establecimiento de una República liberada de toda corrupción. Las ejecuciones de centenares de criminales de guerra sentenciados por los tribunales revolucionarios preocuparon a los liberales cubanos y provocaron vivos ataques de la prensa estadounidense.

Tras la dimisión de Miró Cardona, el 15 de febrero, Fidel pasó a ocupar el cargo de primer ministro y pidió ayuda públicamente al gobierno estadounidense; en abril realizó un viaje a EE UU en el cual se presentó como un reformista nacionalista defensor un programa radical: la reforma agraria. Tras ser evitado por Eisenhower –fue recibido por el vicepresidente Richard Nixon– Fidel regresó a Cuba y el 17 de mayo proclamó la Ley de Reforma Agraria, que había redactado durante su estancia en sierra Maestra; una ley con dos apartados polémicos, la expropiación de las propiedades superiores a las 400 hectáreas de tierra cultivable, y la prohibición a los extranjeros de poseer tierra agrícola. Posteriormente se creó el Instituto Nacional para la Reforma Agraria (INRA) con la intención de repartir la tierra entre los pequeños propietarios.

En julio, el presidente Urrutia, partidario de retrasar la aplicación de las reformas agrarias, renunció a su cargo y el 26 de ese mismo mes Osvaldo Dorticós es nombrado presidente. Los meses siguientes fueron de auténtico fervor revolucionario. Fidel, amparándose en una conspiración, renunció a su cargo por la crisis abierta con la renuncia de Urrutia, pero las multitudes, aleccionadas, pidieron su regreso. Otra vez en el poder, que no había dejado, Fidel radicalizó la revolución; Huberto Matos, uno de los combatientes más antiguos, denunció la infuencia comunista en el gobierno y dio con sus huesos en la cárcel por traidor y antirrevolucionario. Todo ello bajo la amenaza de invasión de la isla por cubanos anticomunistas y afines a Batista apoyados por EE UU. A finales de octubre, el comandante Camilo Cienfuegos desapareció misteriosamente después de destruir un brote contrarrevolucionario en Camagüey, y La Habana fue bombardeada por dos aviones que habían despegado de Miami.

El año 1960 será más decisivo para la Revolución cubana que el anterior. Las contradicciones entre el sistema liberal estadounidense y la revolución cubana se agudizaron en los primeros meses. Fidel compró petróleo a la URSS, por la sencilla razón de que era más barato que el que estaban comprando a Venezuela, y cuando ordenó a las refinerías estadounidenses afincadas en la isla que lo procesaran, éstas se negaron. Fidel las confiscó. Como respuesta, el 7 de julio, Eisenhower suspendió su cuota de compra de azúcar cubano en el mercado americano. La repuesta del gobierno cubano fue la nacionalización de las compañías eléctrica y telefónica y las minas de níquel de propietarios estadounidense, pero también las de propiedad de ciudadanos extranjeros y también cubanos. Washington respondió a su vez con el embargo total, excepto medicinas y alimentos.

Ante el transcurso de los acontecimientos, el presidente de la URSS, Kruschov, lanzó una severa advertencia contra cualquier intento de invadir la isla. Mientras, la Revolución creaba mecanismos de defensa ante el enemigo exterior –los exiliados y EE UU– y el interior; los Comités para la Defensa de la Revolución (CDR) estaban formados por ciudadanos organizados para la defensa civil: preparados para repeler una invasión y para vigilar las opiniones o conductas contrarrevolucionarias de sus vecinos. Aunque

Fidel había evitado que lo identificaran como comunista, delegó en miembros del partido comunista la reforma agraria. A finales de 1960, el giro de Castro hacia URSS era irreversible.

La Revolución cubana puso en marcha distintos programas para acabar con los males sociales heredados de la dictadura de Batista, analfabetismo, prostitución, mala sanidad, malnutrición y carencia de viviendas. El analfabetismo se redujo a la mitad en 1960, y hoy prácticamente ha desaparecido. Miles de cubanos abandonaron la isla ante el rumbo que tomaba la Revolución, dejando tras de sí sus casas, oficinas y granjas, que fueron repartidas por el gobierno, solucionando en parte el problema de la vivienda. Hoy, mientras, la vieja cuestión de una deficiente sanidad se ha solucionado (ver p. 393), la prostitución (ver p. 391) y la malnutrición amenazan en convertirse de nuevo en un problema.

La administración Eisenhower rompió las relaciones diplomáticas con La Habana el 3 de enero de 1961 y dejó en manos de su sucesor, John F. Kennedy –quien, durante su campaña electoral, había declarado estar dispuesto a prestar ayuda a los exiliados para derrocar el régimen castrista–, los preparativos para un golpe contrarrevolucionario. Cuando Kennedy llegó a la Casa Blanca se encontró con un plan elaborado por la CIA conocido con el nombre de *Must go*. Lleno de temores –la opinión pública mundial– y dudas, Kennedy dio el visto bueno a la invasión con la condición de que la participación estadounidense no fuese identificable.

Los acontecimientos se precipitaron, el 22 de marzo se formó un consejo anticastrista en Miami bajo la dirección del antiguo primer ministro, José Miró Cardona, y, el 17 de abril, desembarcaron en la bahía de Cochinos 2.000 militantes anticastristas. Los agresores estaban perfectamente armados y habían sido entrenados en Guatemala. Desde el principio la operación estaba destinada al fracaso. Los invasores se encontraron que el lugar escogido no era el mejor –Fidel lo conocía muy bien–, que los estaban esperando –los sistemas de espionaje cubanos en Miami, funcionaron–, que la respuesta que esperaban del pueblo cubano fue la contraria, en la creencia que se alzaría, se llevaron la sorpresa de que el pueblo apoyó a los milicianos, y los temores y dudas vencieron a Kennedy, que vetó el empleo de la aviación estadounidense. Los invasores fueron vencidos por el ejército cubano, apoyado por miles de campesinos milicianos. Entre los sobrevivientes había personajes que se habían significado bajo el mandato de Batista, algunos, los menos, cubanos que querían un sistema diferente al de Fidel y la mayoría, mercenarios. Fidel mostró a los partidarios de Batista y a los mercenarios y acusó a EE UU de querer cambiar el curso de la historia. Arropado por la indignación mundial ante la agresión de EE UU, Castro proclamó el 1 de mayo, en uno de sus largos discursos, a Cuba como «la primera República democrática Socialista de América Latina». A finales de año, el 2 de diciembre de 1961, Fidel declaró su adhesión al marxismoleninismo.

Mientras la popularidad del régimen cubano crecía en todo el hemisferio americano, los cancilleres de la OEA (Organización de Estados Americanos), reunidos en Punta del Este del 22 al 31 de enero de 1962, bajo la presión de Washington acordaron expulsar a Cuba del organismo interamericano y lanzaron el programa de la Alianza para el Progreso, concebido por el presidente Kennedy para detener el avance del castrismo. Cuba respondió con la II Declaración de La Habana, reconociendo la lucha de liberación nacional y el enfrentamiento con el imperialismo americano.

El 14 de octubre de 1962, un avión espía americano fotografió rampas de lanzamiento de misiles nucleares. EE UU denunció la instalación de misiles soviéticos de alcance medio en Cuba y ordenó bloquear a todos los barcos que llevasen armas a la isla. El gobierno cubano ordenó a su vez la movilización general, y el 27 de octubre un avión estadounidense fue derribado sobre Cuba. Estaba a punto de estallar una guerra nuclear. Al día siguiente, 28 de octubre, tras unas conversaciones entre Washington y Moscú, Kruschov, sin previa consulta a La Habana, ordenó el desmantelamiento de las bases de misiles a cambio de la promesa de Kennedy de no invadir la isla.

Krushov salió ganador de la crisis; por un lado EE UU aceptaba implícitamente la existencia de un gobierno comunista a 200 kilómetros de sus costas, y ante el mundo; y por otro quedó patente que la URSS era el protector de Cuba, lo que a ojos de los otros países iberoamericanos convertía a la isla en un «país satélite».

La marginación de Cuba en la resolución de la crisis de misiles produjo un enfriamiento en las relaciones soviético-cubanas, pero el viaje, en abril y mayo de 1963, de Fidel y Dorticós a Moscú puso fin a la crisis de confianza suscitada por las decisiones de Kruschov.

El 1 de octubre de 1965, el Partido Unido de la Revolución Socialista (PURS) se transformó en Partido Comunista Cubano (PCC), con un comité central integrado por 100 miembros, en su mayoría antiguos compañeros de Fidel en sierra Maestra. Ese mismo día, Fidel hizo pública la carta de despedida de Ernesto Guevara, en la que anunciaba la exportación de la revolución cubana y la creación de «muchos Vietnam». El «Che» había fracasado en su intento de diversificar, planificando, la economía cubana, restando importancia al azúcar (ver p. 28) en los primeros años de la revolución; este fracaso junto con sus manifestaciones durante un viaje por África y Oriente Medio criticando severamente a la URSS, dificultaban su permanencia en Cuba.

El régimen cubano no renunció a fomentar los movimientos de liberación en Iberoamérica, a pesar de las tesis favorables a la coexistencia pacífica. A primeros de enero de 1966 se reunió en La Habana la primera conferencia de solidaridad de los pueblos de Asia, África e Iberoamérica, marcada por el enfrentamiento de las tesis chinas y soviéticas y la adhesión de los movimientos revolucionarios promulgados por Cuba. El día 15 de enero se creó la Organización Latinoamericana de Solidaridad (OLAS), con sede en La Habana, declarada capital del Tercer Mundo revolucionario.

Inmediatamente después Fidel denunció la ruptura de un acuerdo comercial de los chinos con Cuba y los intentos de intoxicación de las fuerzas armadas cubanas. Este nuevo transcurrir político, independiente de Moscú y Pekín, fue reafirmado por Fidel en un discurso en el que, tras atacar al partido comunista venezolano, dijo: «... la Revolución cubana no será satélite de nadie». La captura y muerte de Guevara, el 8 de octubre de 1967, en Bolivia, acentuó las diferencias entre cubanos y comunistas prosoviéticos considerados responsables, en parte, del fracaso de la guerrilla en Bolivia.

En enero de 1968 el partido comunista cubano denunció las actividades de Aníbal Escalante, lo que provocó un nuevo enfriamiento de las relaciones Moscú-La Habana, pero un acuerdo comercial firmado en la capital soviética a fines de año, y la visita del mariscal Grecko a La Habana en noviembre de 1969, pusieron de manifiesto la progresiva normalización y estrecha dependencia.

Tras el fracaso de la zafra de los diez millones (ver p. 29), Fidel Castro, el 26 de julio de 1970, en otro de sus discursos maratonianos, presentó su renuncia, pero las multitudes, a gritos, reclamaron su continuidad. El apoyo masivo del pueblo cubano a las propuestas revolucionarias de Castro dio alas a una política económica más pragmática: planificación y una mayor descentralización, un mayor papel del sector privado en la agricultura, fortalecimiento del Partido Comunista y reestructuración de los sindicatos y de las organizaciones de masas. Pero acompañado de una política más restrictiva sobre la educación, la cultura y los medios de comunicación. La crítica a su gestión queda anatemizada; así, el agrónomo francés René Dumont y el pensador hungaro K. S. Carol, fervientes defensores de los primeros años de la Revolución cubana, tras sus críticas a Fidel, fueron atacados furiosamente por contrarrevolucionarios. Lo mismo pasó con los artistas y escritores que se apartaron de la «ortodoxia» revolucionaria (ver p. 59).

Las relaciones comerciales –exportaciones e importaciones– de Cuba con la URSS y los países del Este se aproximaban porcentualmente a las existentes con los EE UU antes del triunfo de la Revolución. Ya se sabe que la economía incide en la política. Fidel apoyó la denuncia soviética contra el sindicato Solidaridad en Polonia, aplaudió la intervención soviética en Afganistán y Cuba envió a más de 30.000 soldados en apoyo de los regímenes prosoviéticos de Angola y Etiopía.

El 7 de abril de 1977, EE UU y Cuba firmaron el primer acuerdo comercial después de dieciséis años de hostilidades, e intercambiaron diplomáticos. En 1979 visitaron la isla unos 100.000 exiliados cargados con aparatos eléctricos y otros bienes de consumos, algunos desconocidos para los cubanos del interior y todos inaccesibles; tras dos décadas de revolución, la realidad les golpeó duramente.

Al año siguiente más de diez mil cubanos invadieron la embajada de Perú con la intención de abandonar Cuba. Apiñados como ganado pidieron que se les dejara partir; en un pronto, Fidel, desconcertado y sorprendido, anunció que quien quisiera irse de la isla podía hacerlo. Dicho y hecho, unos 125.000 ciudadanos cubanos se embarcaron en el pueblo de Mariel, al oeste de La Habana, en unas embarcaciones más propias de un desfile carnavalero que una travesía peligrosa como es cruzar el estrecho de Florida. Astuto, el jefe del Estado vació sus cárceles de delincuentes comunes que se mezclaron con los exiliados.

Para contrarrestar la imagen de miles de personas desesperadas abandonando la isla, cientos de miles de cubanos se manifestaron a favor de Fidel y de la Revolución.

Pero no todo fueron amarguras, un año antes, a principios de 1979, se reunieron en La Habana los jefes de Estado de los países no alineados; el mariscal Tito (Yugoslavia) abogó en sus intervenciones por la no alineación con ninguno de los dos bloques. Como presidente del movimientos de los no-alineados, Fidel se dirigió en la Asamblea de la ONU en Nueva York.

El gobierno cubano tomó nota de los incidentes de Mariel y de que aunque contaba con el apoyo mayoritario del pueblo, había un fuerte contingente de ciudadanos descontentos, cansados de esperar los niveles de vida prometidos por la Revolución desde hacía tiempo, y que habían sufrido la marcha de familiares y conocidos.

Durante la década de los ochenta se intentaron mejoras que quedaron en intentos no desarrollados o fallidos. El sistema de racionamiento de alimentos se complementó con la instauración de «mercados agrícolas libres». En 1986 se inició el «programa de rectificación» que abolió las pequeñas empresas y reinstauró el sistema de los incentivos morales –nombramiento de *vanguardias,* trabajadores que han cumplido antes de tiempo los presupuesto asignados por la dirección del centro de producción–. Pero mientras se intentaba rectificar sin cambiar el ideario revolucionario, en los países del Este, con Rusia a la cabeza, se iniciaba la *perestroika.*

1989 sería un año duro para el castrismo. El 7 de julio, Arnaldo Ochoa, uno de los generales de las guerras de Angola y héroe de la República es juzgado y condenado a muerte, junto con otros tres altos cargos militares, por tráfico de drogas. Muchos se preguntaron ¿cómo era posible que en un país socialista, en Cuba, pudiera haber tráfico de drogas? ¿Cómo era posible que no se supiera, cuando uno de los más efectivos sistemas de información lo posee el gobierno cubano?; y la pregunta desde la trinchera anticastrista militante ¿no es éste el modo habitual de Fidel de eliminar rivales? Ese mismo año caía el muro de Berlín, acontecimiento del que se hicieron escaso eco los medios de comunicación. (En su diario *Navegación de cabotaje,* Alianza Editorial, Madrid, 1994, p. 272/275, Jorge Amado cuenta la curiosa anécdota de una ciudadana de la República Democrática Alemana que durante su larga estancia en Cuba no tuvo noticias de tal evento, sabiéndolo muchos meses más tarde cuando regresó a Berlín). El 26 de julio

Fidel, en otro discurso maratoniano, anunció «un período especial en tiempo de paz».

El «período especial». De la misma manera que los cambios políticos no se notaron en la economía en los dos primeros años de la Revolución (la redistribución y la disponibilidad de 500 millones dólares en reservas de divisas que no se pudo llevar Batista), la caída del muro y los radicales cambios en los países del Este no se notaron hasta 1991-1992. Pero se notaron con fuerza (ver p. 36).

Fidel calificó la caída de la URSS como un «desastre» y anunció que no cambiaría su política económica: estatal, planificada y de partido único; ni su actitud, recordándole al mundo los logros de la Revolución: un país escolarizado, y un servicio sanitario que cubre a todos los habitantes de Cuba, y omitiendo otras razones que llenaron de contenido a la Revolución y no se habían resuelto: la prostitución, que ha hecho de nuevo su aparición con fuerza, la malanutrición (en algunos lugares no se llega en la dieta alimentaria al mínimo que marca la OMS) y la carencia de viviendas; cuando Cuba fue el único país del hemisferio americano no invitado a la Cumbre de Países Americanos que tuvo lugar en Miami en 1994, la respuesta de Castro fue: «un gran honor». Genio y figura.

Cuatros años después, cuando tuvo lugar la Segunda Cumbre en Santiago de Chile, los días 17 y 18 de mayo de 1998, Cuba tampoco fue invitada. Pero después del tema de la inversión en enseñanza en todo el área americana, la ausencia de Cuba se convirtió en el otro principal tema de la Cumbre.

Tímidamente, con una política de dos pasitos adelante y uno y medio atrás, Cuba intenta insertarse en un mundo que ha criticado larga y profundamente, pero sin perder el espíritu revolucionario. Mientras EE UU sigue aprobando, con dificultades internas, medidas arbitrarias contra el sistema castrista como las leyes Torricelli y Helms-Burton, Cuba se abre al mundo mediante colaboraciones con países como Canadá, España, Alemania, Inglaterra, Francia e Italia.

En esa política aperturista se incluye la visita del papa Juan Pablo II en 1998 a Cuba.

ARTE

Cuba, que no ofrecía riquezas inmediatas ni vestigios de culturas desarrolladas, fue considerada por sus primeros colonizadores sólo como una escala para las flotas españolas que transportaban los tesoros del continente americano a España, por lo que los primeros vestigios del arte cubano son militares: castillos de la Real Fuerza, San Salvador de la Punta y de los Tres Reyes (El Morro), fortalezas que los españoles construyeron para la defensa de las flotas; dos siglos más tarde se levantarán los castillos de San Carlos de la Cabaña, Atarés y del Príncipe.

En el ámbito civil hasta el siglo XVII no aparecen algunas construcciones interesantes y éstas son de carácter morisco. En el XVIII se produce la verdadera explosión del arte colonial, con casas y palacios propios de nobles europeos, creando un estilo muy personal que se ha denominado barroco cubano. Son viviendas generalmente de dos plantas. Una gran puerta de entrada daba acceso a una sala de grandes proporciones, el zaguán, desde donde se pasaba bajo un porche al patio que rodeaba la galería principal. A cada lado de la casa estaban las habitaciones y alcobas. Las que daban a la calle se dedicaban a despacho o a lugar de trabajo del propietario, en algunas casas las otras habitaciones exteriores estaban reservadas a los comerciantes que las alquilaban. Las piezas interiores las ocupaban el mayordomo y los criados. En el centro, el patio estaba adornado con árboles y en ocasiones con una fuente en el centro. Detrás del patio se situaba el traspatio, donde se ponían los atalajes. En la planta superior había otra galería circular que servía de comedor, a la cual se subía por una escalera amplia. Alrededor se encontraban el salón, los dormitorios, la cocina, la sala de aseo y las habitaciones del servicio. Las fachadas estaban provistas de balcones de estilo morisco, que han ido desapareciendo con el paso de los años. Tanto los balcones como las puertas y ventanas eran de madera tallada. En las calles Obrapía, San Ignacio y Teniente Rey de La Habana Vieja quedan muestras de estas edificaciones.

En el siglo XIX se refleja la influencia de Francia e Italia en el arte mundial y se construyen en Cuba palacios con influencias neoclásicas.

Frente a estas casas o palacios está la típica vivienda cubana que recuerda a los antiguos bohíos habitados por los indios. La falta de materiales para la construcción fue una de las muchas razones que propiciaron el uso por los campesinos de las hojas y troncos de palma como materiales básicos para la construcción de sus hogares.

El arte religioso virreinal que ha dejado tan bellas obras arquitectónicas en países como México o Perú, apenas dejó huella en la isla, sólo la catedral de La Habana, y en menor medida, el convento de Santa Clara y la iglesia de San Francisco han quedado como recuerdo notorio del paso de los españoles. Esta ausencia de edificios religiosos y civiles destacados durante la colonia significó además una carencia de pintura religiosa y oficial notable; la plástica cubana de aquellos años presenta un interés muy relativo debido a su subordinación a las corrientes academicistas de Roma o Madrid. No será hasta bien entrado el siglo XX que algunos pintores «dieron el salto» y acudieron a París para perfeccionar sus técnicas y descubrir el arte moderno. A su regreso, influidos por las nuevas corrientes, las casas coloniales de estilo barroco, la sensualidad de la mujer cubana, el paisaje y la luz tropical asomaron en sus lienzos.

En 1916 tiene lugar el Primer Salón de Bellas Artes, donde

destacan Eduardo Abela (Mango) y Víctor Manuel (Gitana) por sus originales planteamientos. Durante la década de los años veinte se produce una gran efervescencia cultural pictórica y musical (ver p. 63). La década se abre con el Primer Salón de Humoristas (E. Abela es un caricaturista político), se consolidan los pintores Víctor Manuel, y Carlos Enríquez además de Albela; en mayo de 1927 se organiza la primera exposición de *Art Nouveau,* y termina la década con las primeras pinturas de Amelia Peláez *y* Wifredo Lam. Esa década se conoce como la «época crítica». Los lienzos de Amelia Peláez (1896-1968) son con el transcurrir de los años cada vez más apreciados en el duro mercado del arte; sus pinturas de frutas y flores son de gran belleza y originalidad. Pero quizá el artista más reconocido de la pintura cubana sea Wifredo Lam, nacido en 1902 en Sagua la Grande, provincia de Villa Clara y fallecido en París en 1982. Lam residió en España durante los años anteriores a la Guerra Civil y fijó su residencia en París, donde se convirtió en una de las figuras del arte surrealista; amigo de Picasso, regresó con frecuencia a Cuba.

En la década siguiente la figura de René Portocarrero se unió a las de Amelia Peláez y Wifredo Lam para formar el «trío» de los pintores cubanos reconocidos de este siglo. Las pinturas de Portocarrero, Peláez y Lam cuelgan en los más conocidos museos del mundo y en el Museo Nacional de La Habana.

LITERATURA

Se cita el poema épicohistórico en octavas *Espejo de paciencia*, compuesto hacia 1609 por el canario Silvestre de Balboa Troya y Quesada, hombre de armas y escribano del cabildo de Puerto Príncipe, como la primera obra literaria cubana. Durante el resto del siglo XVII, no hay constancia de otras manifestaciones literarias hasta los últimos años, cuando se publican en Ciudad de México y Salamanca algunos libros de autores nacidos en Cuba como Juan de Arrechaga y Casas, el habanero Francisco Díaz Pimienta, los oradores Pedro Antonio de Jesús María y Francisco Rodríguez Vera. En 1730, y en Sevilla, se imprime la primera obra de teatro cubana, *El príncipe jardinero y fingido Cloridano,* del habanero Santiago de Pita.

No será hasta el primer tercio del siglo XIX que surgirá con José Mª Heredia (Santiago de Cuba, 1803-Ciudad de México, 1839), la primera figura de la poesía cubana. Por razones políticas residió durante largas temporadas en EE UU y México; en este último país ejerció de juez de primera instancia en Cuernavaca. Sus poemas y obras teatrales tienen claras resonancias patrióticas.

Juan Clemente Zenea (Bayamo, 1832-La Habana, 1871) al igual que Heredia, pasó largos años en el exilio, y una parte de su obra poética es de claras reminiscencias patrióticas, pero otra, la mejor, es romántica. Comprometido con el ideal de una Cuba soberana, fue fusilado en el foso de los Laureles de la fortaleza de la Cabaña (La Habana) por las autoridades españolas.

Mientras Julián Casal (La Habana 1863-1893), hijo de padre vasco y madre habanera, poeta *(Hojas al viento)* y prosista, forma junto con los dos autores citados anteriormente y José Martí el cuarteto más representativo de poetas cubanos del siglo XIX, Cirilo Villaverde, con su novela *Cecilia Valdés,* se convierte en el mejor novelista cubano de ese siglo y en el primer escritor realista de la literatura hispanoamericana.

José Martí

El poeta más importante del siglo XIX es José Martí, apóstol de la independencia cubana. Suele considerársele como uno de los más grandes escritores del siglo XIX en Hispanoamérica. José Julián Martí nació el 28 de enero de 1853 en La Habana de padre valenciano y madre canaria y ya desde joven se inclinó por la causa independentista cubana. Sus excepcionales dotes de orador y su obra literaria están dedicadas, en su mayoría, a una Cuba libre e independiente. Su primer poema lo escribió a la edad de 15 años sobre una hoja de tabaco y se publicó en el periódico clandestino de estudiantes *El Siboney*. Un año después participó clandestinamente en la guerra de los Diez Años, con la publicación de manifiestos y poemas anticoloniales, que una vez descubiertos le valen una condena de seis años en, la por entonces insalubre, isla de Pinos. El hecho de ser hijo de españoles, junto con algunas influencias de cubanos realistas amigos de la familia, provoca la conmutación de la sentencia y es deportado a España, donde estudiará derecho, sin dejar ni por un momento su actividad literaria comprometida (*La República española ante la revolución cubana,* 1873).

Durante años vivirá exiliado (Ciudad de México, Guatemala, donde ejercerá de catedrático de literatura, Madrid, Francia y Nueva York, donde enseñó español y tradujo a autores estadounidenses), y participa activamente con los grupos independentistas del exilio, que eran numerosos en Nueva York. Publicará revistas y no dejará de escribir artículos explicando los problemas de Cuba y continuará su creación literaria, entre las que destacan la novela, *Amistad funesta* y el poemario *Versos sencillos*; su obra literaria recoge sus manifiestos, discursos y ensayos.

Tras ser elegido delegado del Partido Revolucionario Cubano, acuerda con Máximo Gómez y Antonio Maceo los planes de invasión de Cuba para conseguir la independencia de la isla, independencia que lamentablemente él no podrá ver pues el 19 de mayo de 1895 muere en Boca de Dos Ríos, provincia de Granma.

Martí fue ante todo un humanista que reaccionó ante la postura de cierto sector de cubanos proclives a anexionar el país a los EE UU; él quería la independencia total para su país y temía tanto la actitud de sus compatriotas anexionistas como la posible respuesta de EE UU.

Tras la proclamación de la República regresaron a Cuba algunos escritores, entre ellos Bonifacio Byrne, quien, en versos amargos, dejó testimonio del sentimiento de frustración que sintieron los cubanos al ver ondear en el Morro la bandera de EE UU. La literatura que parecía estancada tras la muerte trágica de Martí y Casal, y los acontecimientos históricos recientes, cobra nuevo auge con la publicación en 1916 por parte de la Biblioteca de Cuba de títulos de autores cubanos insignes: *Versos precursores* de José Manuel Poveda, *Manual del perfecto fulanista* de José Antonio Ramos, *Doña Guiomar* de Emilio Bacardí, *La casa del silencio* de Mariano Brull y *Resurrección* de Federico Uhrbach, entre otros títulos.

En 1921 tiene lugar el Primer Salón de Humoristas y alrededor de la revista *Social,* en reuniones que se celebran más o menos de manera informal y asiduamente se fueron agrupando gran número de escritores y artistas, en lo que dio en llamarse «el grupo minorista». Asiduos concurrentes a las reuniones sabatinas eran Mariano Brull, Alejo Carpentier, Luis Gómez Wangüemert, Jorge Mañach, Enrique Serpa, Juan Marinello, Andrés Núñez y el compositor Amadeo Roldán.

En 1927 apareció la *Revista de Avance,* entre cuyos fundadores se encontraba Alejo Carpentier. También en Cuba, como había sucedido en Europa en la década de los años veinte con el arte negro, poetas y prosistas descubren en las religiones de origen africano o en leyendas lucumíes y yorubas, una poderosa y rica fuente de inspiración. En este sentido comenzó a desarrollarse la obra de Nicolás Guillén, cuyo libros, *Motivos del son* y *Sóngoro Cosongo*, publicados en 1930 y 1931, marcan un hito importante en la poesía cubana del siglo xx. En la corriente negrista pueden situarse la primera novela de Alejo Carpentier, *Ecué Yambao* (Alabado sea el Señor, 1933), y los *Cuentos negros de Cuba* (1940) de Lydia Cabrera, cuyas investigaciones plasmadas en libros y artículos han sido muy consideradas para la valoración de la cultura antillana.

La poetisa, y en menor medida prosista, Dulce María Loynaz, aunque con otro registro poético, nacida en La Habana en 1902, pertenece a la generación de Guillén, Carpentier y Cabrera. La concesión en 1992 del Premio Cervantes sorprendió a los críticos y los dividió entre quienes la catalogaron de escritora de tercera fila y quienes la defendieron como una poetisa fina e inteligente. Ganadora de todos los premios literarios de su país, falleció en 1996 en su ciudad natal.

Desde 1944 a 1957 aparece la revista *Orígenes* bajo la dirección de José Rodríguez Feo y José Lezama Lima que con sus 40 números publicados se convierte en uno de los referentes culturales de aquellos años. Lezama publica en sus páginas los primeros capítulos de su novela *Paradiso*. Rodríguez Feo y Lezama Lima estaban acompañado por autores como Carlos Montenegro (1900), Virgilio Piñera (1912) y Samuel Feijoo (1914) entre otros.

Lezama Lima, nacido en La Habana en 1910, es autor de una corta obra poética llena de imágenes *(Muerte de Narciso*, 1937, *Enemigo rumor,* 1941, *Aventuras sigilosas,* 1945), ensayos *(Tratados en La Habana,* 1958 y *La cantidad hechizada,* 1970) y una novela *Paradiso* (1966), considerada como una de las cimeras de la literatura barroca. Identificado con los primeros años de la Revolución, fue nombrado en 1960 director del Departamento de Literatura y publicaciones del Consejo Nacional de Cultura, cargo que se verá obligado a dejar en 1963 por culpa de sus elecciones afectivas. Condenado a ejercer de bibliotecario pasará los últimos años de su vida viendo que sistemáticamente se le niega el visado de salida, impidiéndole asistir a congresos y universidades. Murió en La Habana en 1974.

Con el triunfo de la revolución en 1959, al igual que pasó en tiempos de la independencia, regresan a Cuba escritores exiliados que se integran en el proyecto revolucionario, Edmundo Desnoes, Carpentier, y al mismo tiempo comienzan a alcanzar la madurez un grupo de escritores entre los que destacan Guillermo Cabrera Infante, Severo Sarduy (1937-1995), Roberto Fernández, Miguel Barnet, Jesús Díaz (1941) y Reinaldo Arenas (1943-1990) entre otros.

La trilogía literaria

Los tres autores más destacados de la literatura contemporánea cubana son el poeta Nicolás Guillén y los novelistas Alejo Carpentier y Guillermo Cabrera Infante. Internacionalmente conocidos, figuran en primera fila de la literatura hispanoamericana. Mientras Guillén y Carpentier siempre se mantuvieron fieles a la revolución castrista, Cabrera Infante pronto se desmarcó, y se ha convertido en uno de las personas más críticas con Fidel Castro.

La obra del camagüeyano Nicolás Guillén (1902-1989) es tan considerable como la de otro gran poeta latinoamericano, el chileno Pablo Neruda, muerto poco después del asesinato del presidente Salvador Allende. A Nicolás Guillén se debe la expresión que se aplica generalmente a Cuba: «ese largo lagarto verde, con ojos de agua y de piedra». Además de los poemarios citados, *Motivos de son* y *Sóngoro Cosongo*, destacan en su obra, *West Indies, Ltd., Cantos para soldados y sones para turistas*, *España, poema en cuatro angustias y una esperanza* y *El son entero*.

Director de la Editora Nacional, profesor de Literatura en la Universidad de La Habana durante los primeros años del gobierno castrista y consejero cultural de su país en París durante los últimos años de su existencia (de ahí los comentarios maliciosos de que «él era un revolucionario a 10.000 kilómetros de distancia»), Alejo Carpentier supo dar a sus novelas un ambiente barroco. Los paisajes que describe, sus personajes, sus narraciones, pertenecen al Nuevo Mundo y nos dan una visión de la atmósfera que allí reinaba. En 1920, en La Habana estalla una revolución mientras «... que el poder asiste al segundo acto de *Aida* de Verdi... Yo tenía dieciséis años y me acuerdo de ello. El cantante Caruso se escapa a la calle, vestido de egipcio, con unas ropas... Pues bien, fue detenido por atentar contra las buenas costumbres...» Esta pequeña anécdota ilustra la fascinación de Carpentier por el género burlesco. La escritora Mayra Montero (1952) en su novela *Como un mensajero tuyo* desarrollará esa anécdota. Las novelas más conocidas de Carpentier son *El Reino de este mundo*, *El Siglo de las Luces*, *Concierto Barroco* y *La Consagración de la Primavera*. Carpentier también fue un apasionado y competente melómano como lo demuestran su libros *La música de Cuba* y *Ese músico que llevo dentro*.

Guillermo Cabrera Infante, nacido en Gibara en 1929, es autor de la novelas *Tres tristes tigres*, que ganó en 1964 el celebrado premio «Biblioteca Breve», *y La Habana para un infante difunto*, dos de las mejores novelas cubanas de este siglo, y de la literatura hispanoamericana. Fundador de la Cinemateca de Cuba, ha ejercido la crítica cinematográfica donde se ha mostrado como un escritor agudo y creativo; tiene varios libros sobre cine (*Arcadia todas las noches* y *¿Cine o sardina?* entre ellos). Su obra literaria, amplia y variada, contempla además de los títulos citados ensayos sobre música *(Mi música extremada)*, relatos *(Delito por bailar chachacha)* y múltiples artículos en prensa. Enfrentado al régimen de Castro reside en Londres desde 1965. Recientemente, en 1997, ha recibido el Premio Cervantes.

La política cultural del gobierno revolucionario ha despertado un creciente interés en los cubanos por la lectura, si bien la falta de libertad de expresión hace que sea una literatura poco mordaz y crítica. Hasta el punto que escritores como Cabrera Infante y Sarduy deciden exiliarse y continuar su obra literaria en Londres y París, respectivamente. En algunos aspectos la política se hace represiva y silencia no tan sólo la literatura crítica sino también a los escritores que se escapan a sus parámetros morales. Así Piñera y Arenas por su homosexualidad se verán, el primero silenciado (léase la novela *Máscaras* de Leonardo Padura Fuentes, donde el personaje Marqués se parece a Piñera) y Arenas, claro ejemplo castrista de «peligro social» y «contrarrevolucionario», pasará un auténtico via crucis para salir de Cuba.

La última generación de autores cubanos se sitúa a los dos lados del canal de Florida, los menos, los que escriben desde la isla (Abilio Estévez, *Tuyo es el reino*) y los que escriben desde el exilio (Eliseo Alberto, *Caracol Beach*; Zoe Valdés, *La nada cotidiana, Te dí la vida entera y Café nostalgia*, Mayra Montero, *Del rojo de su sombra* y *Como un mensajero tuyo*; Daína Chaviano, *El hombre, la hembra y el hambre*; y Juan Abreu, *A la sombra del mar*). Es siempre una literatura creativa y según del lado que se escriba se obviarán o se acentuarán las deficiencias del régimen castrista.

En esta breve recesión de la literatura cubana, no podemos dejar de cita a una figura importante de las letras cubanas, aunque no sea estrictamente literaria, Fernado Ortiz. Nacido en 1881 en La Habana de padre español y madre habanera, pasó sus primeros catorce años en Menorca, se licenció en Derecho en Barcelona y se doctoró en Madrid. Ortiz es uno de los primeros y mejores etnólogos, de la talla de *sir* Richard F. Burton; en su obra aparece por primera vez la expresión «afrocubano». Sus libros tratan desde *Las rebeliones de los afrocubanos* (1910), hasta estudios sobre los productos agrícolas típicos cubanos: *Contrapunto cubano del tabaco y el azúcar* (1964), pasando por *Glosario de afronegrismos* (1924), y estudios sobre cultura mestiza, *La Africanía de la música cubana* (1950) y *Los instrumentos de la música afrocubana* (1952). Falleció en La Habana en 1969.

A mediados de los años setenta, en los mejores momentos económicos, el Instituto del Libro llegó a publicar 34 millones de volúmenes y folletos, fue un considerable esfuerzo si se tiene en cuenta que los libros de texto son completamente gratuitos en toda la enseñanza, tanto primaria, secundaria como universitaria. A punto de terminar el milenio esa cifra es historia. Los libros son un bien escaso, apenas se publican, y por consiguiente los cubanos, el pueblo más alfabetizado de todo Latinoamérica, apenas leen.

MÚSICA

¡Oh Cuba! ¡Oh ritmo de semillas secas!
Son de negros en Cuba
GARCÍA LORCA

La mejor música popular que hoy se puede escuchar y disfrutar se produce en el área del mar Caribe, en sus islas y en las zonas costeñas de los países que lo orillan. Como dejó escrito Alejo Carpentier «dentro de la diversidad extraordinaria del Caribe hay un denominador común que es la música». Una música mayoritariamente cantada en la que se explican historias tristes, alegres, melancólicas, esperanzadoras.... pero con un ritmo, incluso en sus tiempos lentos, que nos recuerda que su principal función es la de incitar a bailar. De todos los países total o parcialmente caribeños, Cuba es el lugar donde se puede oír, y bailar, la música más «ritmosa». No obstante, en Colombia, se está produciendo en estos momentos una música de igual calidad o superior a la cubana, pero de eso hablaremos en la guía de Colombia.

Tanto si usted es un bailador habitual u ocasional sabrá que la mitad de las piezas bailables que interpretan las orquestas populares y melódicas son de origen cubano. Pero antes de hablar de la música que bailamos veamos un poco de la historia musical cubana.

El primer músico notable nacido en la isla del cual se tienen noticias fue Miguel Velázquez. Hijo de nativa isleña y de un castellano familiar de Diego de Velázquez, cursó estudios musicales en Sevilla y Alcalá de Henares mientras estudiaba para clérigo; aparece en las crónicas de la época como regidor del ayuntamiento de Santiago, de donde era natural, canónigo y organista de la catedral de Santiago de Cuba (1544). En esa misma catedral se crea en 1682 la primera capilla de música de Cuba, siendo su maestro Domingo de Flores.

En pleno esplendor de la industria tabacalera, en el siglo XVIII, se desarrollan las actividades intelectuales musicales. En 1728, la Real y Pontificia Universidad de San Cristóbal de La Habana incorpora la música como una actividad universitaria. Tres años antes había nacido en La Habana el primer gran compositor cubano, Esteban de Salas, quien sería maestro de la capilla de música en Santiago desde 1764 hasta su muerte en 1803. Aunque su obra musical es propia de las escuelas española y napolitana de la época, podemos decir que estamos ante una sensibilidad americana. Al morir deja un impresionante catálogo de piezas musicales: 7 misas, 5 himnos, 5 salmos, además de varias secuencias, antífonas, cánticos, letanías, motetes, lecciones y sobre todo decenas de villancicos y pastorelas, que aún hoy en día se escuchan.

Los últimos años de Salas coinciden con la llegada a Santiago de los colonos franceses de Haití que escapaban de la revolución. Una vez asentados, los colonos franceses no dejaron de lado sus costumbres sociales, culturales y musicales; continuaron celebrando veladas musicales en sus casas, en las que se interpretaban fragmentos de ópera y en especial la contradanza, un baile muy popular en Inglaterra y Francia en el siglo XVIII, y prácticamente desconocido en la España peninsular y sus colonias.

En la contradanza está el origen de la **habanera**, que en un principio se conoció como contradanza habanera. La habanera le da un *tempo* más lento, moderado y meláncolico a la contradanza, e introduce estrofas cantadas. La habanera es el primer género musical cubano, al que un vasco y dos importantes figuras históricas Bizet y la emperatriz Carlota) le dan resonancia internacional.

El compositor vasco Sebastián Iradier (Lanciego, 1809-Vitoria, 1865) residió durante una larga temporada en Cuba, e incorporó a sus composiciones los elementos musicales que sonaban en la isla. Sus habaneras, *El arreglito*, la incluirá Georges Bizet en su ópera *Carmen*, y *La paloma*, entusiasmará hasta tal punto a la emperatriz Carlota, esposa de Maximiliano I de México, que según dicen se la hizo interpretar cada día del resto de su vida. *La paloma* fue una de las canciones más populares del siglo XIX.

Otros compositores como los españoles Albéniz y Falla, y los franceses Saint Säens, Debussy y Ravel cultivaron las habaneras bien como pieza suelta o integradas en sus conciertos o óperas.

Pero las habaneras tienen mucho de españolas; en el litoral catalán y valenciano se celebran festivales en los que además de ofrecer interpretaciones de habaneras españolas (*A la Habana me voy, El meu avi, La bella Lola,* etcétera), se recuerda el tránsito de barcos pequeños que circulaban entre el litoral español mediterráneo y La Habana. Barcos cargados de emigrantes llenos de ilusiones y de canciones.

Coetáneo de Iradier, fue el habanero Manuel Saumell (1817-1870), hijo de un catalán que instaló la iluminación de gas en la ciudad de La Habana, quien no tan sólo es el autor de la primera ópera de tema cubano sino que es el iniciador del nacionalismo musical cubano. Su catálogo comprende composiciones musicales clásicas y habaneras (contradanzas). Saumell integra en la música cubana una serie de circunstancias históricas que, al igual que en los otros países iberoamericanos, conducen a una expresión autóctona de la música nacional.

En Matanzas, el día de Año Nuevo de 1879, la orquesta del mulato Miguel Faílde sorprende a los bailadores con un nuevo ritmo que bautiza como **danzón**. Este baile gusta tanto que no dudan en reclamarle sin cesar que toque más piezas con ese ritmo. Faílde, que ya a los doce años tocaba la corneta en el Cuerpo de Bomberos de Matanzas, no hace otra cosa que darle más ritmo a la habanera.

José Urfé, en 1910, con su danzón, *El bombín de Barreto*, revoluciona el danzón cubano al incluir en su parte final un son montuno. El danzón no dejará de evolucionar incorporando nuevos instrumentos y durante años, hasta la aparición de los ritmos calientes que se inician con la rumba, será el tema más bailable. *Tres lindas cubanas* (1926) de Antonio Mª Romeu es uno de los danzones más populares.

Aunque se tiene al danzón por uno de los bailes nacionales de Cuba, hoy, al igual que pasa con el bolero, se ha ido a México. El mejor danzón que se pueda oír lo encontrará en la República Mexicana y si quiere pasar una velada danzonera el lugar es Veracruz.

Si existe un género musical que muestre la integración de la música española y afrocubana (expresión de Fernando Ortiz) es, sin duda, el **son**. En el campo de la música popular, la gran variedad de formas que adopta la música cubana se abastece esencialmente de dos corrientes: la música folclórica campesina, conocida como música guajira, que tiene como máxima exposición poética la décima, y la música folclórica negra, de origen africano atestiguada por la vigencia de ciertos grupos culturales (carabalí, lucumí, congo), que sobreviven en el medio social cubano. La primera se apoya en el instrumento de cuerda punteada; la segunda en la percusión de los tambores, produciendo fórmulas rítmicas que sitúan en la órbita de la música africana. En el son el sonido percusionista lo producen un güiro, un bongó, una botijüela y una caja de madera (el cajón).

El son tiene su origen en el medio rural de la antigua provincia de Oriente, las zonas montañosas de Baracoa, sierra Maestra y las ciudades de Manzanillo («... en Manzanillo se baila el son/en calzoncillo y camisón») y Santiago de Cuba.

En la hoy provincia de Guantánamo se canta y se baila el **changüí**, una variante sonera, que para algunos estudiosos de la música cubana es el sonido primigenio del género montuno. La palabra changüí designa tambien jarana familiar en la que se canta, se baila, se come y se bebe, vamos se goza. *Bella Trinidad* y *La rumba está buena*, interpretados por el «Septeto Típico Guantanamero» y «Grupo Chagüí de Guantánamo» respectivamente, son dos melodiosas muestras de changüí.

Se cita a Nené Manfugás como el primer sonero y la fecha, 1892. No obstante no será hasta principios de la década de los años veinte que triunfará el son, coincidiendo con la conmoción que el arte europeo de vanguardia produjo en Cuba. Los jóvenes artistas del país, encabezados por los poetas, fundaron en La Habana en 1923, el llamado «Grupo Minorista». Alejo Carpentier señala al respecto: «Al mismo tiempo se verificó un proceso de acercamiento a lo negro, enfatizado por el hecho de que los escritores y artistas de la etapa cosmopolita habían cerrado los ojos, obstinadamente, ante la presencia del negro en la isla, afirmándose que el folclore de los negros en Cuba no debía aceptarse como expresión perteneciente al suelo cubano». Todo esto hay que situarlo en un contexto donde las canciones *El manisero* de Moisés Simons y *Siboney* de Ernesto Lecuona triunfaban en todo el mundo, y se acababa de crear la Orquesta Sinfónica de La Habana bajo la dirección de Gonzalo Roig con la intención de divulgar las esencias de la música cubana.

Gonzalo Roig (1890-1970) junto con Ernesto Lecuona (1895-1963), Amadeo Roldán (1900-1930) y Alejandro García Caturla (1906-1940) forman el elenco de los compositores más importantes de la música clásica cubana de la primera mitad del siglo xx. Todos ellos además de música clásica no dejarán de componer música popular. Roig creará *Quiéreme mucho* (1915), Lecuona, *La comparsa* (1912), *Siboney* (1919), *María de la O* (1931) y *Siempre en mi corazón* (1942), y García Caturla, *La Rumba* (1933) y *Bembé* (1937).

Volviendo a *Los que son y no son* (un excelente son-guaracha de Ñico Saquito), quien da renombre al son es el Trío Matamoros, con su *Son de la loma* (1926), que refrendará el escritor Severo Sarduy en su libro *De donde son los cantantes*. El santiaguero Miguel Matamoros (1894-1971) funda en su ciudad natal con Rafael Cueto y el maraquero Siro Rodríguez, el Trío Matamoros que se convertirá junto con el mexicano trío Los Panchos en el conjunto de guitarra y voz más emblemático del siglo xx.

Cuba es tierra de soneros, es decir de trovadores, y en su considerable nómina de buenos y excelente compositores y cantantes tenemos además del Trío Matamoros, a Ignacio Piñeiro, director del Septeto Nacional, Joseíto Fernández, el creador de *Guantanamera*, Rosendo Ruiz, Cheo Marquetti (autor también de sentidos boleros, *Llevarás la marca*), Arsenio Rodríguez, Miguel Cuní, Félix Chapottín y Carlos Puebla, en la lista de los buenos cantantes; y en la de los excelentes (apreciación subjetiva) a Ñico Saquito, el montunero Pío Leyva y, *the last but no the least*, el dúo Los Compadres, compuesto por Lorenzo Hierrezuelo «Compay Primo» y Francisco Repilado «Compay Segundo». Sí, leen bien, Compay Segundo, que nacido en 1907 sigue cantando y actuando.

Paralelamente al reconocimiento del son se produce el éxito de las canciones *Lágrimas negras* (1928) del Trío Matamoros y *Aquellos ojos verdes* (1930) del matancero Nilo Menéndez. Son

■ **TABACO, CAFÉ, PALMAS Y GALLOS** (fotos de C. Miret y E. Suárez) Arriba: **Ejemplares de las prehistóricas «Palma corcho» en el Jardín Botánico de Cienfuegos.** Abajo (I): **Fábrica de tabaco en Pinar del Río** y **molino de café en Las Terrazas.** Abajo (D): **Criador de gallos de pelea en Casa Campesina (Gran Parque de Montemar)**

■ **AFABLE CIUDADANÍA**
Arriba: **Niñas en La Habana Vieja** (foto de Toni Vives)
Abajo (I y D): **Posando ante la cámara con alegría** y **músicos de la Banda Municipal de Santiago de Cuba** (fotos de C. Miret y E. Suárez)

■ **PAISAJES DE ORIENTE** (fotos de C. Miret y E. Suárez)
Arriba: **Vista de Baracoa desde el castillo de Seboruco (Hotel El Castillo)**
Abajo: **Un idílico rincón de Playa Maguana**

■ **CAMAGÜEY** (fotos de C. Miret y E. Suárez)
Arriba (I y D): **Vista de la Catedral** y **Casa natal de Ignacio Agramonte**
Abajo: **Antiguas casas coloniales restauradas en la plaza de San Juan**

dos canciones que anuncian el **bolero**, la primera es un son-bolero y la segunda un bolero-melódico.

El bolero nacido en Santiago de Cuba en la segunda mitad del siglo XIX tiene su origen en canciones que eran el resultado de juntar elementos de las canciones españolas, arias operísticas, romanzas francesas, canciones napolitanas y habaneras. Los santiagueros con sus voces y guitarras fueron desarrollando este género hasta formar el bolero. *Tristezas* de Pepe Sánchez, compuesto en 1883, se tiene por el primer bolero. Los santiagueros Sindo Garay (1867-1968) con *Retorna* y *La tarde*, Alberto Villalón (1882-1955) con *Yo reiré cuando tú llores* y *Boda negra* y Félix B. Caignet (1982-1976) con *Te odio* y *Mentira,* confirman con estas melodías, más cerca del género trovadoresco que del bolero, el origen santiaguero de este ritmo.

Pero la época dorada del bolero cubano serán los años cuarenta y cincuenta cuando una serie de cantantes componen e interpretan canciones que forman parte de la historia musical. Los habaneros César Portillo de la Luz (1922) con *Contigo en la distancia,* René Touzet (1916) con *La noche de anoche* y *Anoche aprendí,* Isolina Carrillo (1907-1998) con *Dos gardenias,* José Antonio Méndez (1927-1989) con *Ese sentimiento que se llama amor* y *La gloria eres tú*, y los también habaneros, aunque no de la capital y sí de la provincia, José Dolores Quiñones (1910) con *Vendaval sin rumbo* y *Los aretes de la luna,* Osvaldo Farrés (1902-1985) con *Toda una vida, No me vayas a engañar* y *Tres palabras,* Mario Alvárez (1911-1970) con *Vuélveme a querer, Sabor a engaño* y *Rumbo perdido*, el pinareño Pedro Junco (1920-1943) con *Nosotros,* y el manzanillero, Julio Gutiérrez (1912-1990) entre otros muchos compositores-cantores no citados, nos han hecho pasar agradables veladas.

El bolero sigue estando presente en la música popular cubana como pone de manifiesto la celebración desde hace más de una década del Festival del Bolero de Oro, un festejo itinerante en el que participan boleristas de los países donde aún se disfruta escuchando boleros; cantante cubanos, mexicanos, portorriqueños, españoles y de otros países con menor tradición bolerista, recorren durante la segunda quincena de junio distintas ciudades cubanas y terminan actuando en los teatros Mella y Karl Marx de La Habana. El festival de 1998 estuvo dedicado a los boleros de Agustín Lara.

Pero donde la música cubana más ha resaltado ha sido en la creación de melodías y géneros llenos de ritmo: la guaracha, la conga, la rumba, el guaguancó, el mambo, el chachachá, el sucu-sucu, y compartido con otros países caribeños, la salsa, en fin lo que se conoce como **Ritmo caliente**.

A partir de los años treinta se ponen de moda las grandes orquestas, Cuba no tan sólo no se queda al margen de esa moda, sino que compite en calidad con las orquestas de los EE UU en las que suelen tocar músicos cubanos, sobre todo en la sección de percusión.

Las orquestas cubanas, una reunión de excelentes músicos, llenos de ritmo, no tardarán en incorporar nuevos géneros a la historia de la música.

Entre las orquestas que sonaron durante aquellos años (algunas aún siguen sonando) están «América», «Anacaona», integrada en su fundación por ocho hermanas; «Aragón», «Arcaño y sus maravillas», que fue la primera que incorporó la tumbadora; «Avilés», fundada en 1882 por la familia Avilés es la más antigua; «Casino de la Playa», con su vocalista Miguelito Valdés, conocido como Mr Babalú, hoy disuelta; «Neno González», una orquesta danzonera; «Riverside», «La Sonora Matancera», la más famosa por su calidad y por sus cantantes: Laíto Sureda, Orlando Vallejo, Daniel Santos y Celia Cruz (en 1960 se instalaron en EE UU), y el «Tropicana Night Club» de Senén Suárez.

Todas estas orquestas eran rumberas e interpretaban sus variantes de guarachas, guaguancós y batangas, algún bolero y alguna pieza melódica. En las interpretaciones que se han podido recuperar resaltan las voces y las percusiones; lo antes dicho, la integración de lo español y lo afrocubano.

Orestes López, el contrabajista de la orquesta «Arcaño», compone en 1939 un danzón que titula *Mambo*, y sobre este danzón el matancero Dámaso Pérez Prado, antiguo componente de la orquesta «Casino de la Playa», estrena con su propia orquesta en 1948, *Que rico **mambo***, una música que «es sincopada, donde los saxofones llevan la síncopa en todos los motivos, las trompetas la melodía, y el bajo el acompañamiento, combinado con tumbadoras y bongos».

Pequeño de estatura, Pérez Prado, pero de gran talla musical, se convierte en una de las figuras principales de la música de mitad del siglo XX. Quién no se acuerda, además de sus mambos, de canciones como *Cerezo rosa*, el cha-cha-chá *Patricia* o el rock, *Tequila*.

Coetáneo de Pérez Prado es Benny (Benjamín) Moré, conocido como «el bárbaro del ritmo», compositor e intérprete de sentidos boleros («por el amor que he sufrido/mi vida se ha vuelto loca») y trepidantes rumbas; actuó con Pérez Prado y también con el Trío Matamoros y la orquesta de Bebo Valdés.

Pero mientras Pérez Prado y Benny Moré con sus teatrales interpretaciones consiguen la fama, no así la logra Enrique Jorrín. Jorrín, natural de Pinar del Río, también había pasado por la orquesta «Arcaño», y siendo violinista de la orquesta «América» compone, en 1951, *La engañadora*, el primer **cha-cha-chá**. Pero este género musical tomará dimensión internacional gracias a la personal interpretación que Nat King Cole hace de *El bodeguero* del santiaguero Richard Egües.

Algunos años antes de sonar el primer cha-cha-chá, el habanero Eliseo Grenet presenta con éxito, en Nueva York, el **sucu-sucu**, un baile popular de la isla de Pinos, hoy de la Juventud, que se pondrá de moda. A Grenet, pianista, compositor de música para películas, obra teatrales, danzones y canciones famosas, como *Mamá Inés*, se le debe la divulgación de la **conga** como un baile.

La conga tiene su origen en las comparsas carnavalescas. Al ritmo que le daban a este baile los congueros, negros esclavos, con bombos, cencerros, sartenes y otros utensilios de metal, Grenet le adaptó una melodía que llevó a los salones de baile. La conga tiene una variante rítmica conocida como **mozambique**, que divulgaron los neoyorquinos Tito Puente y Eddie Palmieri, donde la conga y el mambo se fusionan. Si tenemos la suerte de coincidir con los carnavales en Santiago de Cuba, será de ley sumarse a una comparsa conguera y dejarse llevar por el ritmo.

Tras la victoria de Castro, la situación social cubana a partir de la década de los sesenta, propiciada por el boicot económico y político de EE UU, por la inclinación del gobierno en favorecer el intercambio musical con la antigua URSS, en el que se tiene más presente los valores musicales mayores que el ritmo genuinamente cubano, junto con el abandono de la isla de muchos músicos (entre los más afamados están Olga Guillot, que había formado parte con Isolina Carrillo del conjunto vocal «Siboney», «La Sonora Matancera» con Celia Cruz, Ernesto Lecuona y un largo etcétera) hacen que la dinámica creativa musical tome otros caminos.

El 26 de agosto de 1971 tiene lugar en el salón Cheetah de la ciudad de Nueva York un inolvidable concierto a cargo del grupo «Fania All Stars». Se tiene a ese día y a ese lugar como el origen de la música conocida como **salsa**, y en ese grupo no hay ni un cubano; sí hay dominicanos, panameños, puertorriqueños e incluso un estadounidense, Larry Harlow. La salsa es la fusión de las músicas caribeñas, y es cubana en la medida que Cuba está en el Caribe.

No obstante surgen, con claro apoyo del gobierno, nuevos trovadores, Sílvio Rodríguez, Pablo Milanés y Amaury Pérez, quienes junto a Elena Burke forman el núcleo principal la Nueva Trova Cubana, quienes en sus canciones incorporan elementos de denuncia social.

También se crean nuevas orquestas, entre las que destacan los «Van Van» de Juan Formell y el conjunto «Irakere» de Chucho Valdés, en el que sobresalen el saxofonista Paquito D'Rivera y el trompetista Arturo Sandoval (quien doblaba a Antonio Banderas en las interpretaciones musicales de *Los reyes del mambo tocan canciones de amor*), hoy residentes ambos en los EE UU.

Además de D'Rivera y Sandoval, el jazz cubano ha aportado excelentes músicos en general: los históricos Mario Bauza y los pianistas Bebo Valdés (padre de Chucho Valdés) y Gonzalo Rubalcaba, y percusionistas en particular: Chano Pozo tocó con Dizzy Gillespie y fue tiroteado en Harlem, Cándido (Candito Camero), el mejor intérprete de tumba y bongo, y el contrabajista Cachao (Israel López), entre otros cubanos «ritmeros».

En los últimos años la música cubana ha vuelto a sus raíces, a los años cuarenta y cincuenta, al ritmo y a la melodía. Así no debe extrañarnos que la lista de músicos sea muy larga.

Además de la vigencia indudable de todos los músicos citados, no debemos olvidar a los nuevos y recomendamos verlos actuar si tenemos ocasión: Omara Portuondo, Isaac Delgado, el *chévere* de la salsa, «Cuarteto Patria» con Elíades Ochoa, la «Charanga Habanera», «NG La Banda», la «Orquesta Original de Manzanillo», Albita y Lucrecia, esta última residente en Barcelona, entre otros.

CINE

En enero de 1897 tuvieron lugar las primeras exhibiciones cinematográficas en Cuba de la mano del francés Gabriel Beyre, quien poco después filmó la primera película rodada en Cuba: *Simulacro de incendio.*

Pero se tiene al documental *Parque de Palatino* (1906) del habanero Enrique Díaz Quesada como la primera película cubana; Díaz Quesada es también autor de la primera película de ficción, el mediometraje *Juan José* (1910) y del primer largometraje, *Manuel García, rey de los campos de Cuba* (1913).

A partir de 1920 el realizador más destacable es Ramón Peón García, que continuó su carrera en México; Peón es autor del documental *La Virgen de la Caridad* que rodada en 1930 está considerada como la mejor producción latinoamericana del cine mudo. Ese mismo año se rodó *La serpiente roja* de Ernesto Caparrós, el primer film sonoro. Durante los años siguientes la industria cinematográfica se afirma paulatinamente con una producción media de cinco filmes anuales, de temas musicales o melodramáticos; son películas prescindibles y están olvidadas, excepto las rodadas por el ferrolano Juan Orol, que trabajó además en México. Orol es un personaje novelesco que inició el género cinematográfico de las rumberas (?) como recuerda, y cuenta, Guillermo Cabrera Infante.

En 1959, al ser derrocado el régimen de Batista, la raquítica industria cinematográfica fue nacionalizada y se creó el ICAIC (Instituto Cubano de Arte e Industria Cinematográficos), un monopolio estatal que asumió el control total de producción, distribución, importación y prensa cinematográfica.

Su primera medida fue el establecimiento de un plan de realización de documentales, muy politizados, que se pueden clasificar en varias categorías: documentales didácticos sobre las técnicas empleadas en la agricultura y la ganadería; sobre la solidaridad internacionalista (las guerras que tenían lugar en Vietnam, Laos, Guinea-Bissau), sobre las actividades de las guerrillas en Latinoamérica (Colombia, Uruguay) y por último los documentales sobre la Revolución cubana (victoria de Playa Girón, base americana de Guantánamo, la crisis de octubre, el ciclón «Flora», etcétera). Estos documentales dan a conocer a realizadores muy competentes y muy comprometidos como Julio García Espinosa (quien pocos años antes de la creación del ICAIC había realizado con Tomás Gutiérrez Alea el interesante mediometraje, *El Mégano*), Sergio Giral (autor en 1973 de *¿Qué bueno canta Vd?*, un interesante mediometraje sobre Benny Moré), Óscar Torres, Manuel Octavio Gómez, José Massip, Humberto Solás y Alberto Roldán entre otros; pero quizá la más importante revelación de este grupo de realizadores de mediometrajes fue Santiago Álvarez, cuyos films *Ciclón* (1963), *Now* (1965), *Cerro Pelado* (1966) *Hanoi, martes 13* (1967), merecieron un reconocido prestigio internacional. Alvárez, al utilizar la técnica de las yuxtaposiciones fragmentadas y extremadamente rápidas, ha intentado adaptar al cine los métodos de Bertold Brecht en el teatro, lo que hizo que Jean-Luc Godard dijera que Álvarez era el mejor realizador de documentales del mundo. Mejor o no, Santiago Álvarez sigue con sus ideas políticas y su arte, rodando sin parar documentales.

Al desarrollo de esta escuela e industria cinematográfica de documentales no es ajena la llegada a la isla, bien para rodar o para participar en el proceso revolucionario, de cineastas extranjeros de reconocido prestigio como Chris Marker, Joris Ivens (que filmaría los documentales *Cuba, pueblo armado* y *Carnet de viaje*), Armand Gatti, y Agnes Varda entre otros muchos.

Al mismo tiempo se inició una vertiente de cine espontáneo, influida abiertamente por el *free cinema* británico, abierta por Néstor Almendros con *Gente en la playa* (1961), que luego se desarrollaría en films muy estimados de Nicolás Guillén Landrían, Roberto Fradiño, Fernando Villaverde, Fausto Canel, Óscar L. Valdés (con documentales que son historia de la música cubana, *Arcaño y sus maravillas*, 1974, *La rumba*, 1978, *El danzón*, 1979, *Lecuona*, 1983, *María Teresa*, 1984 y *Roldán y Caturia*, 1985), Octavio Cortázar (posteriormente rodaría, en 1972, *Hablando del punto cubano*, y en 1991, *La última rumba de papá Montero*, dos interesantes documentales musicales), etcétera. Mientras la mayoría de estos realizadores se incorporan a línea documentalista oficial, Almendros deberá abandonar Cuba a causa del malestar oficial que el tema de su película ha ocasionado y por sus ideas.

Después de la etapa de los cortometrajes algunos de aquellos cineastas han pasado al campo del largometraje con más que aceptable éxito: Tomás Gutiérrez Alea, *Cumbite* (1964), *Muerte de un burócrata* (1966), *Memorias del subdesarrollo* (1968), *La última cena* (1976), *Fresa y chocolate* (1992) y *Guantanamera* (1995); Manuel Octavio Gómez, *La primera carga al machete* (1969) y *Gallego* (1987); y Humberto Solás, *Manuela* (1966), *Lucía* (1968), *Un hombre de éxito* (1985) y *El Siglo de las Luces* (1992*)*.

Influido desde un principio por el neorrealismo italiano, el cine revolucionario cubano ha ido evolucionando progresivamente hacia nuevos temas e historias, pero manteniendo un alto contenido crítico y político en la mayoría de las películas últimamente rodadas.

En La Habana tiene lugar cada año uno de los más importantes festivales de cine iberoamericano, y en la cercana población de San Antonio de los Baños está la Escuela Internacional de Cine que presidida por Gabriel García Márquez tiene un reconocido prestigio.

TEATRO

Con algunas obras de excepción, el teatro no ha sido nunca un arte destacado en Cuba. Fueron durante años principalmente grupos españoles de primera fila los que actuaron en La Habana. Donde el único teatro con actuaciones de cierta calidad era el Alhambra, que inaugurado en 1890 desapareció hacia 1933. Pero quizá el hito más importante del teatro cubano en los años que van de la independencia al triunfo de la revolución es la actuación de Enrico Caruso, en 1920, en el Teatro Nacional. En los años cuarenta surgieron nuevas tentativas pero pasaron con indiferencia, excepto el Teatro Popular de Paco Alfonso y la obra *Electra Garrigó* (1948) de Piñera.

En el transcurso de los años después de la revolución, cierto número de compañías teatrales han hecho su aparición en La Habana; han surgido centenares de grupos teatrales de aficionados, algunos de ellos de gran calidad e inventiva.

BALLET

Hablar del ballet en Cuba es hablar de Alicia Alonso. La primera escuela de ballet se funda en La Habana en 1931; entre sus alumnas está una jovencita, Alicia Ernestina de la Caridad Martínez y del Hoyo, que impresiona a los espectadores por su interpretación de *La bella durmiente*. Cinco años más tarde Alberto y Alicia Alonso (la señorita Martínez y del Hoyo) estrenan el ballet *Coppelia*, y en 1937 *El lago de los cisnes*. A finales de los años treinta, Alicia Alonso ya es la primera bailarina del American Ballet Theater, con el que recorre el mundo y baila con los mejores bailarines y en los mejores teatros mundiales.

En 1948 se disuelve el American Ballet Theater; Batista, que odia el ballet, aprovecha la ocasión para ofrecerle a Alicia Alonso la creación del Ballet Nacional de Cuba. Alicia Alonso no tan sólo acepta el reto sino que se trae consigo a los mejores bailarines. Batista intentaba mejorar la imagen cultural de su dictadura en el exterior mientras que Alonso anhelaba continuar su labor artística acompañada de un buen equipo de bailarines. En 1956, Batista retira las subvenciones al Ballet Nacional y Alicia Alonso marcha de Cuba.

Los revolucionarios no dudan, tras su triunfo, en llamar de nuevo a Alonso para que continúe la labor que había iniciado once años antes. Más castrista que Castro, Alonso no duda ni un momento en continuar la labor.

La concesión del Grand Prix de París, en 1966, a Alicia Alonso, confirma al Ballet Nacional de Cuba como uno de los más interesantes de todo el mundo por su propuesta: ofrecer una danza ruso-americana.

Otros grupos destacados en esta rama artística son la Escuela Nacional de Ballet, el Conjunto de Danza Moderna, el Conjunto Experimental de Danza y el Conjunto Folclórico Nacional. La sede de todos ellos está en La Habana.

Entre las compañías de provincias, la que destaca por sus logros e inquietudes es el Ballet de Camagüey, con el mejor grupo de baile después del Ballet Nacional de Cuba. El Ballet de Camagüey se creó en 1967 por iniciativa de una antigua alumna de Alicia Alonso, Vicentina de la Torre (ver p. 100).

NOTAS

LAS PROVINCIAS CUBANAS

La división territorial cubana fue modificada en julio de 1976, convirtiéndose las seis provincias tradicionales de Pinar del Río, La Habana, Matanzas, Las Villas, Camagüey y Oriente, en catorce nuevas provincias para una mejor administración del territorio; el archipiélago de Los Canarreos (con la isla de la Juventud, antaño isla de Pinos, incluida) fue dotado con un estatuto especial. Estas catorce provincias en la actualidad son:

Ciudad de La Habana (Capital La Habana). Esta provincia se desgajó de la antigua de La Habana y engloba la ciudad y varios municipios; entre ellos Marianao, Regla, Guanabacoa, San Miguel del Padrón, Casablanca y Cojímar que configuran la Gran La Habana, y fuera de la ciudad pero dentro de esta división provincial están Santiago de las Vegas y algunas localidades de Playas del Este.

Pinar del Río (Capital Pinar del Río). En un país donde las divisiones conceptuales son oriente y occidente en lugar de norte y sur, ser oriental o ser pinareño (de occidente) marca carácter. Los orientales son alegres y despreocupados mientras que los pinareños tienen fama de retraídos; y los habaneros gastan chistes muy malos sobre las peculiaridades de ambos. Pero, Pinar del Río, la provincia más occidental de Cuba, tiene otra peculiaridades más objetiva: es la tierra del mejor tabaco del mundo y la provincia con los paisajes más bonitos de la isla, que justifican por sí solos la visita a Cuba.

La provincia tiene una extensión de 10.830 km^2 (60 km^2 más que la provincia de Valencia) y una población de unos 700.000 habitantes. Limita al norte con el golfo de México, al sur con el mar Caribe, al este con la provincia de La Habana (que en la división territorial de 1976 le restó kilómetros y poblaciones como Artemisa y Mariel) y al oeste con el estrecho de Yucatán.

El relieve de la provincia está dominado por la cordillera de

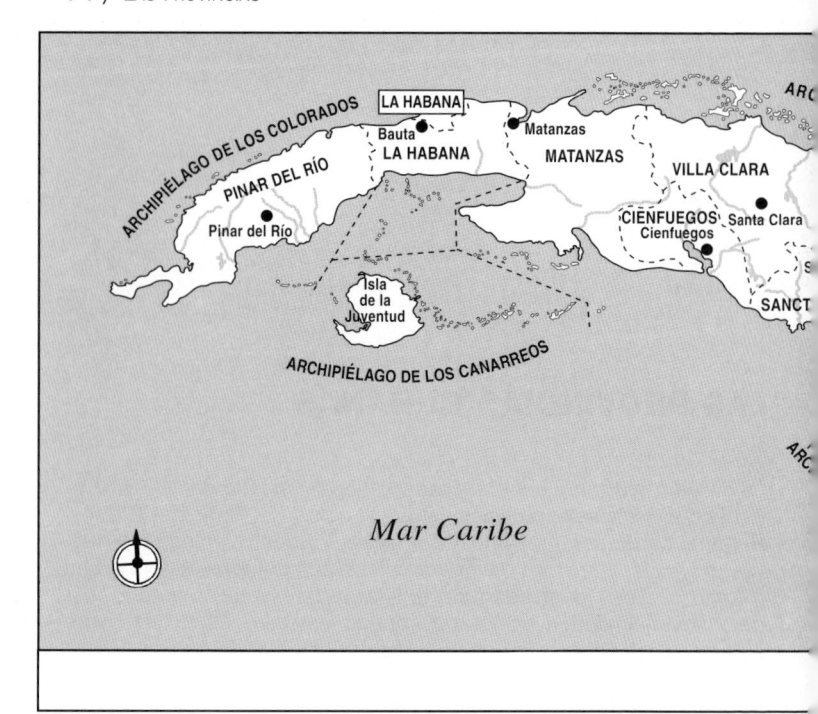

Guaniguanico (692 metros de altura), que integra dos sierras: la de los Órganos, en la parte occidental, caracterizada por grandes mogotes, y la del Rosario, en la parte oriental, con alturas más suaves y cimas aplanadas, donde existen cuevas estimadas entre las mayores del continente americano. Los valles que quedan entre las dos sierras son ideales por su fertilidad para el cultivo del tabaco.

Pinar del Río cuenta con apreciables recursos forestales (especialmente en la península de Guanahacabibes, donde hay abundancia de cedros y caobas), pesqueros (Puerto Esperanza) y riquezas minerales (muy importantes son las minas de cobre de Matahambre, las mayores del país).

Pero el tabaco es el rasgo distintivo de esta provincia, su sello de identidad, como si la naturaleza hubiera dotado a Pinar del Río de tierras especialmente formadas para producir en ellas un tabaco de altísima calidad. El verde intenso de la larga hoja del tabaco, matiza el paisaje en contrastes con la amplia gama de colores que presenta la accidentada geografía pinareña. Y entre tanto verdor se destacan, semejantes a pardas pirámides, los típicos almacenes, construidos totalmente con guano (hoja seca de palma), donde la hoja del tabaco se pone a secar. En los municipios de Consolación

LAS PROVINCIAS / 75

LAS PROVINCIAS CUBANAS

del Sur, San Juan y Martínez, Pinar del Río y San Luis Guane están las mejores vegas, donde se producen las hojas de más alta calidad destinadas a la exportación. Las plantaciones de tabaco cubren 40.000 hectáreas, 3.000 caballerías dicen los cubanos, que prefieren utilizar esta unidad de medida. Las plantas del tabaco alcanzan la altura de un hombre y presentan veinte hojas cada una. Desde la lejanía recuerdan un ejército. En las altas colinas, los cedros cual centinelas vigilan el valle. Con la madera de éstos se fabrican las cajas de cigarros puros cuyas etiquetas son tan buscadas por los coleccionistas.

La provincia cuenta con paisajes naturales de gran belleza. En la parte norte está el archipiélago de Los Colorados, uno de los menos conocidos de Cuba; Los Colorados es una barrera coral de 200 kilómetros de longitud, con cayos poco visitados y de gran belleza; de oeste a este son: Buenavista, Rapado, Jutías, Inés de Soto, Levisa y Paraíso. En su parte sur están los cayos de San Felipe (Juan García, La Vigía, San Felipe, Real Sijú, El Coco, El Coco Chico y La Cucaña), apartados de los circuitos turísticos.

Cuenta la provincia con lagos naturales y artificiales entre los que destaca el Cuyaguateje, un embalse artificial de 18.5 km^2, que junto con los cercanos lagos de Alcatraz Chico (2 km^2), Alcatraz Grande (4 km^2), Santa Bárbara (4.5 km^2) y laguna del Pesquero (3 km^2), forman un conjunto lacustre visitado con frecuencia por los pescadores de truchas. Otros embalses importantes son El Salto, Guamá, El Punto, Río Hondo, La Juventud y la Laguna Grande.

La Habana (Capital Bauta). Esta provincia es la antigua demarcación de La Habana, con variaciones; mantiene los límites originales al este con la provincia de Matanzas, y abarca más extensión hacia al oeste ya que comprende parte del territorio de la antigua provincia de Pinar del Río, pero ha perdido lo que hoy es la provincia de Ciudad de La Habana y también la isla de la Juventud (Pinos), antaño municipio de esta antigua demarcación hasta la incorporación de la isla en el archipiélago de Los Canarreos.

La provincia, afectada en su desarrollo por la Gran Habana, cultiva azúcar y tabaco principalmente, frutas y hortalizas; en el noreste se explotan yacimientos de petróleo. Mariel (famosas por la marcha a principios de la década de los ochenta de miles de cubanos hacia EEUU), Artemisa, San Antonio de los Baños, Güines y San Antonio de Cabezas son las principales poblaciones de la provincia.

El golfo de Batabanó, con las ensenadas de Majana y de la Broa, baña su parte sur en la que están las playas de Guanimar, del Cajío, Batabanó, Rosario y del Caimito, playas fuera de los circuitos turísticos y concurridas mayoritariamente por los ciudadanos de la Gran Habana.

Matanzas (Capital Matanzas). La provincia de Matanzas posee una superficie de 11.741 km^2 (apenas 300 km^2 menos que la provincia de Lleida) y 600.000 habitantes. Limita al norte con el estrecho de Florida (océano Atlántico), al oeste con la provincia de La Habana, al sur con el golfo de Cazones (mar del Caribe) y al este con las provincias de Villa Clara y Cienfuegos.

Su relieve es muy llano, con escasas colinas de poca altura; la mayor, Pan de Matanzas, apenas alcanza los 400 metros de altura, exactamente 389 metros.

Ubicada en la parte centro-occidental de la isla, cuenta para el turismo con unos puntos privilegiados por la naturaleza. Al norte y entre las bahías de Matanzas, Cárdenas y Santa Clara, destaca la playa de Varadero, la más conocida de Cuba. En la costa sur se abre la no menos famosa bahía de Cochinos, con Playa Girón, en la parte este de la bahía, y Playa Larga, en el interior de la misma. Esta ensenada es internacionalmente conocida por haber sido escenario de la invasión cubano-norteamericana de abril de 1961. En la zona sur está ubicada también la mayor zona pantanosa de Cuba, la ciénaga de Zapata, incluida en el Gran Parque Natural de Montemar, con una gran riqueza forestal y gran variedad de flora y fauna.

La producción de azúcar y de cítricos especialmente y, en menor medida, de henequén y madera, son las principales fuentes de ingresos de la provincia. Aunque en los últimos años la industria turística está desplazando a estas producciones clásicas.

Aunque los historiadores no se ponen de acuerdo parece ser que fue en las costas de esta provincia donde Cristóbal Colón pisó tierra cubana por primera vez. A este respecto escribiría en su cuaderno de viaje: «Jamás he visto país más bello. Hojas de palmera tan grandes que sirven de tejado a las casas. En la playa, miles de conchas nacaradas. Un agua limpia. Y siempre la misma sinfonía ensordecedora, impresionante del canto de los pájaros...» La provincia de Matanzas es por diversos conceptos excepcional para el viajero que quiera conocer la historia reciente de este país (bahía de Cochinos), bañarse en sus playas de blanca arena, bordeadas de cocoteros (Varadero, Playa Larga y Playa Girón), recorrer plantaciones de caña de azúcar y áreas de aguas pantanosas repletas de mosquitos y bastantes cocodrilos (Guamá), y bellos paisajes (valle de Yumurí y Parque de Montemar).

Cienfuegos (Capital Cienfuegos). La provincia de Cienfuegos tiene 4.177 km^2 y alrededor de 400.000 habitantes; es la provincia más pequeña de la República de Cuba. Limita al norte con las provincias de Villa Clara y Matanzas, con las que también limita al este y oeste respectivamente, al sudeste con la de Sancti Spíritus y al sur con el mar Caribe.

Su superficie es llana, excepto al sudeste donde se encuentra el extremo occidental de la sierra de Trinidad, perteneciente al complejo montañoso de la sierra de Escambray. La altura mayor es el pico San Juan, con 1.158 metros. Es la provincia que cuenta con menos litoral.

Tradicionalmente su economía se ha basado en la agricultura, y en especial la industria azucarera. En los últimos años se ha desarrollado la industrial cementera y maderera. Cienfuegos es el tercer puerto en importancia de Cuba y el primero como exportador de azúcar. Desde hace años, cerca de la capital de la provincia, Cienfuegos, se está construyendo la primera central nuclear del país.

Villa Clara (Capital Santa Clara). La provincia de Villa Clara está rodeada por las de Cienfuegos al sur, Matanzas al oeste y Sancti Spíritus al este; el océano Atlántico baña su parte norte. Por su superficie de 7.941 km^2 (como la Comunidad de Madrid, aproximadamente) es la quinta provincia en extensión de la isla. Su población es de 750.000 habitantes. En sus 191 kilómetros de costa hay varias playas: Corralillo, La Panchita, Carahatas, Isabela de Sagua, El Santo y Caibarién, de gran belleza, solitarias y vírgenes.

Es una provincia irregular; en el norte se extiende una llanura azucarera que aparece limitada en su parte sur por una estrecha cadena de colinas de pequeña altura. Otra llanura, la de Manacas, se abre por el oeste, desde los límites con la provincia de Matanzas hasta el río Sagua la Grande. Otra cadena montañosa, las Llanuras de Santa Clara, se prolonga por el centro hasta los límites con la provincia de Cienfuegos, cuya máxima altitud es sierra Alta de Agabama con 464 metros. También hay elevaciones al noroeste, por donde discurre la sierra de Bamburanao y al sudeste, donde está la zona más alta, la sierra de Trinidad que forma parte del macizo montañoso del Escambray. Cuenta con lagunas naturales y embalses artificiales (Hanabanilla).

Su principal actividad económica es la recolección de azúcar; cuenta con unas treinta refinerías de petróleo y es la segunda productora del país. Las canteras de mármol y el tabaco –de aquí son los puros de Vueltarriba– son sus otras dos actividades importantes.

Sancti Spíritus (Capital Sancti Spíritus). En la reforma administrativa territorial de 1976, el antiguo municipio de Sancti Spíritus pasó a convertirse en provincia, añadiendo, a su extensión primera, territorio de la provincia de Las Villas, alcanzando los 6.732 km^2 (53 km^2 más que la provincia de Castellón); cuenta con una población superior a los 400.000 habitantes. Limita al norte con la bahía de Buena Vista en el océano Atlántico, al sur con el mar Caribe, al este con la provincia de Ciego de Ávila y al oeste con las provincias de Villa Clara y Cienfuegos.

En esta provincia termina la penillanura camagüeyana y se perciben ya algunos macizos montañosos, destacando los pertenecientes al sistema orográfico del Escambray, con las alturas de Bamburanao-Jatibonico y sierra de Trinidad, ambas con numerosas cuevas y saltos de agua. El pico Potrerillo, de 931 metros, es el punto más alto de la provincia. Su río más importante es el Zaza que cruza la provincia de norte a oeste (en la región de Caraguabulla, en la provincia de Villa Clara) al sur, desembocando junto a la población de Tunas de Zaza, donde hay una explotación mixta cubano-japonesa de camarones.

Su economía descansa en dos industrias fundamentales en la economía cubana: la caña de azúcar y su proceso industrial y el cultivo del tabaco, con vegas que, aunque no alcanzan la calidad de las de Pinar del Río, producen un tabaco más que aceptable. A destacar también, el cultivo del arroz, con plantaciones localizadas en Jíbaro, en la zona sur de la provincia, el café y las explotaciones ganaderas.

En esta provincia, además de la capital, Sancti Spíritus, la primera población fundada por Diego de Velázquez alejada de la costa, se encuentra Trinidad, una de las ciudades que mejor conserva el aire de la época colonial española. Hoy es Patrimonio de la Humanidad.

Ciego de Ávila (Capital Ciego de Ávila). La provincia de Ciego de Ávila, con una superficie de 6.321 km^2 (48 km^2 más que la provincia de Tarragona) y 350.000 habitantes, limita al norte con el océano Atlántico, al sur con el golfo de Ana María (mar Caribe), al este con la provincia de Camagüey y al oeste con la del Sancti Spíritus.

El antiguo municipio de Ciego de Ávila de la provincia de Camagüey se convirtió con la nueva división territorial de 1976 en la capital de una nueva provincia situada en la penillanura de Camagüey; las pocas alturas de la demarcación están localizadas al noroeste, elevaciones de Jatibonico (408 m), y al sur, la Loma de Cunagua (364 m).

Su principal actividad económica es la agricultura: caña de azúcar, vegetales, hortalizas, plátanos, naranjas y sobre todo piña. En la carretera de Ciego de Ávila a Cayo Coco se cruzan kilómetros y más kilómetros de plantaciones de piñas; producto de esta recolección es una destacada industria alimentaria.

En los últimos años se han potenciado como actividades turísticas la caza en los alrededores de la ciudad de Morón, y la pesca en las lagunas de La Leche y La Redonda, y en especial el turismo de sol, playa y actividades y diversiones náuticos-deportivas en Cayo Guillermo y Cayo Coco en el norte, y en el archipiélago de los Jardines de la Reina, en el Caribe; mientras Cayo Coco ya es uno de los puntos más solicitados por turismo que visita Cuba, los Jardines de la Reina aún están por desarrollar.

Camagüey (Capital Camagüey). Camagüey, provincia con una superficie de 14.158 km^2 (100 km^2 menos que la provincia de Burgos) y una población de 772.000 habitantes, limita al norte con el océano Atlántico, al sur con los golfos de Ana María y de Guacanayabo (mar Caribe), al oeste con la provincia de Ciego de Ávila y al este con la de Las Tunas. Es la demarcación más extensa del país, y en ella se detecta la mayor anchura, 192 kilómetros.

Camagüey es una extensa llanura apenas interrumpida por la sierra de Cubitas, al noroeste, con el cerro de Tuabaquey, que con sus 330 metros representa la mayor altitud de la provincia, y la sierra de Najasa al sudeste. Bañada con ocho ríos, tres de los cuales sobrepasan los 100 kilómetros de longitud: Caonao (133 km), San Pedro (124 km) y Las Yeguas (117 km), cuenta con más de una decena de embalses.

Esta llanura, que también comprende las provincias limítrofes de Ciego de Ávila y Las Tunas, ha sido desde mediados del siglo XVIII un importante territorio dedicado a la cría de ganado vacuno. Para desarrollar la industria ganadera, el gobierno revolucionario importó cebúes. La capacidad de aclimatación de este animal asiático permitió el desarrollo de una ganadería intensiva, si bien su producción de leche era escasa (unos dos litros de leche por animal y día). Por este motivo se importaron de Canadá vacas Holstein de una excelente productividad, pero con problemas de aclimatación. El paso siguiente fue cruzar a los toros Holstein con las vacas cebúes con técnicas de inseminación artificial, obteniendo unos animales híbridos conocidos como F1, con aceptables resultados lácteos y cárnicos. En el momento de declararse el «período especial» había unos veinte centros de distribución de leche, se había eliminado la fiebre aftosa y la cabaña sobrepasaba los doce millones de cabezas de ganado. Hoy los números son otros.

Por descontado que el azúcar es otro componente notable de la economía de la provincia. Y como centro industrial está la ciudad de Nuevitas, con fábricas químicas y azucareras; situada al norte de la capital y en la bahía del mismo nombre, es uno de los más activos puertos de Cuba.

Al norte también se encuentra el archipiélago de Camagüey, formado por los cayos Coco (Ciego de Ávila) Romano, Guajaba y Sabinal, encuadrados en la segunda barrera coralina de Latinoamérica (la primera es Belice). Cayo Romano, con sus 926 km^2, es la segunda isla en extensión de la República después de la isla de la Juventud. Tiene 100 km de largo por unos 8 de anchura media. Llana y cubierta de praderas pedregosas, presenta tres pequeñas elevaciones: Silla de Cayo Romano, Ají y Juan Báez. Algunos bosques de manglares, salinas, pastos y pozos de agua dulce, la han convertido en un paraíso para los cebúes y los caballos salvajes. Hasta el siglo XVIII, Cayo Romano sirvió de refugio a los piratas y corsarios franceses e ingleses. Según una leyenda local, un barco naufragó allí a finales del siglo XIX y muchos de los animales que transportaba lograron alcanzar la isla a nado. Con el paso de los años se fueron reproduciendo y hoy son varios cientos los que se encuentran por la isla; no ofrece ningún servicio turístico pero existe un proyecto para la construcción de un centro vacacional al estilo del ya prestigioso de Santa Lucía.

En el sur se localiza el Laberinto de las Doce Leguas, un pequeño archipiélago con los cayos Anclitas, Piedra Grande, Rancho Alegre, Las Caguamas y Cabeza del Este, además de incontables islotes. Tampoco estos cayos ofrecen servicios turísticos, excepto Las Caguamas, pero se ha de contratar la excursión.

Camagüey es la capital de la provincia y Florida y Guáimaro las dos poblaciones principales.

Las Tunas (Capital Victoria de Las Tunas). Las Tunas se formó a partir de la división territorial de 1976 con el municipio del mismo nombre de la provincia de Oriente y parte de la provincia de Camagüey, con la que limita por el oeste; además limita con el océano Atlántico por el norte, Holguín por el este y el golfo de Guacanayabo y la provincia de Granma por el sur.

Es una provincia plana, con la excepción de la cordillera de Maniabón, y básicamente agrícola (cuenta con el mayor complejo agroindustrial azucarero de la isla) y ganadera (con artesanía del cuero).

Con una superficie de 6.587 km^2, como la provincia de Castellón, Las Tunas toma su nombre de la abundancia de tunas (chumberas en España, nopales en México) en la región.

La capital, Victoria de Las Tunas, es una ciudad sosa y sus posibilidades turísticas están en el desarrollo de las bahías de Manatí y de Puerto Padre, en el norte de la provincia.

Holguín. La provincia de Holguín, con una superficie de 9.295 km^2 y una población de 1.000.000 habitantes, limita al norte con el océano Atlántico, al sur con las provincias de Granma, Santiago de Cuba y Guantánamo, al oeste con la provincia de Las Tunas y al este con Guantánamo. Holguín es la cuarta provincia del país en extensión (superada sólo por Camagüey, Matanzas y Pinar del Río) y la segunda en población; es llana en su parte occidental y montañosa en su parte oriental. La bañan abundantes ríos (Mayarí, Sagua de Tánamo, Nipe, Moa, Tacajó y Gibara), cuenta con hermosos paisajes naturales, una de las mejores playas, Guardalavaca, y dos destinos turísticos emergentes de gran belleza: Cayo Saetía y bahía Naranjo (Playa Esmeralda).

El pico Cristal (1.231 metros), localizado en la sierra del mismo nombre, al sudoeste, y el pico del Toldo (1.175 m) situado en el macizo montañoso de Sagua-Baracoa, al este, son sus principales elevaciones, ambas en los límites de la provincia de Guantánamo. Silla de Gibara, con forma de gigantesca montura, perteneciente al grupo orográfico de Maniabón, en el norte, es una de sus más curiosas alturas.

Holguín cuenta con la mayor bahía de bolsa de Cuba, la de Nipe, que es, además, la de mayor calado. A destacar otras bahías como las de Sagua de Tánamo, Levisa, Banes y Gibara.

La economía de la provincia se sustenta en la recolección de caña de azúcar en la zona occidental, en las reservas forestales en la zona oriental y sobre todo en la explotación de minas de cobalto y níquel. Llamada con acierto la tierra del níquel, la producción de este mineral en Holguín aporta el 15% de los recursos económicos del país. Las minas de níquel y las plantas de procesado se encuentran en Moa y Nicaro. Cuba es el cuarto exportador mundial de níquel, después de Canadá, Rusia y Francia, y cuenta con la mayor reserva de níquel del mundo. Como anécdota, añadamos que en esta provincia se recolecta un tabaco de baja calidad –comparándolo con la producción del excelente tabaco de la provincia de Pinar del Río– que se destina al consumo nacional, aunque a veces se vende a los turistas como tabaco de calidad, y por tanto más caro, o así lo cuentan los habaneros.

Granma (Capital Bayamo). Con 8.362 km^2 y una población 750.000 habitantes, la provincia de Granma limita al norte con las provincias de Las Tunas y Holguín, al oeste con el golfo de Guacanayabo en el mar Caribe, al sur con este mar y la provincia de Santiago de Cuba, con la que también limita al este.

El valle del río Cauto, el golfo de Guacanayabo y el sistema montañoso de sierra Maestra, donde se localizan las más grandes elevaciones del país, son las tres zonas geográficas que caracterizan a esta provincia surgida en 1976 con la nueva división territorial. El río más largo de Cuba, el Cauto, recorre la provincia a lo largo de 250 kilómetros.

Sus principales fuentes económicas son la agricultura: arroz (la primera productora cubana), caña de azúcar, café (con el celebrado café Turquino), cacao y cítricos; la ganadería, y las actividades pesqueras de Manzanillo. Su incidencia en la industria turística es menos que discreta, su capital, Bayamo, y su principal ciudad, Manzanillo, son poco atractivas, y al margen de las excursiones que se puedan hacer al Parque Nacional Turquino, sólo tiene un centro turístico internacional, Marea del Portillo.

Es una provincia que rebosa historia revolucionaria; en los alrededores de Manzanillo, el cacique Hatuey se sublevó en 1512 contra los españoles. Carlos Manuel de Céspedes, desde su hacienda La Demajagua, lanzó el 10 de octubre de 1868, el llamado «grito de Yara» con que se inició la primera guerra de Independencia. Su capital, Bayamo, fue quemada por los independentistas antes de que la tomaran las fuerzas realistas. José Martí murió en combate en la Boca de Dos Ríos, en 1895. Fidel Castro desembarcó con su barco *Granma*, en la playa Las Coloradas, en el cabo Cruz, en 1956. Durante años y hasta el triunfo de la Revolución, la sierra Maestra fue un núcleo rebelde.

Santiago de Cuba (Capital Santiago de Cuba). La provincia, de la que dijo José Martí: «... de donde son más altas las palmas», con 6.170 km^2 y una población superior al 1.000.000 de habitantes, está bañada por el Caribe en su parte sur y rodeada por las provincias de Granma (oeste), Holguín (norte) y Guantánamo (este). Su relieve es fundamentalmente montañoso; en ella se localiza la mayor parte de sierra Maestra, con el pico Turquino, que con sus 1.972 metros es la mayor altura de la isla. Un total del 70% del territorio es montañoso; no obstante, la parte norte, en torno al valle del río Cauto, es más bien llana. La provincia cuenta con ríos importantes: Cauto, Contramaestre y Baconao; menos importantes: Sevilla y Guamá; y con embalses: Gota Blanca, El Caney, Carlos Manuel de Céspedes y Protesta de Baraguá (en este último suele practicarse la pesca deportiva).

La producción azucarera y de cítricos (entre éstos los dulces mangos del valle del Caney) constituyen el sustento de la economía de la zona, y, en menor medida, la recolección de café y cría de ovejas, caballos y ganado vacuno. Muestra del pasado reciente es una inmensa fábrica con 5.000 trabajadores, en las afueras de la ciudad de Santiago, dedicada a la confección de ropa en general; y esperanza del futuro, la posibilidad de un crecimiento turístico ordenado. El parque Baconao, declarado Reserva Natural de la Biosfera, la Gran Piedra, las playas al oeste de la ciudad de Santiago, alrededores de Chivirico, la misma ciudad de Santiago, más las posibilidades de desarrollar un turismo ecológico en el interior, ofrecen un potencial turístico nada desdeñable.

Guantánamo (Capital Guantánamo). Con 6.184 km^2 (100 km^2 menos que la provincia de Tarragona) y unos 500.000 habitantes, Guantánamo es la más oriental de las provincias cubanas. Limita al norte con la provincia de Holguín y el Atlántico, al sur con el Caribe, al este con el paso de los Vientos que la separa de Haití, y al oeste con la provincia de Santiago de Cuba.

El accidentado territorio de esta provincia aparece surcado por caudalosos ríos. Está dividida geográficamente en cuatro regiones naturales: Sagua-Baracoa, cuenca de Guantánamo, sierra Maestra y el valle Central. Es llana hacia el sudoeste; el resto del territorio, un 75%, es montañoso. La mayor reserva forestal del país se localiza en el Parque Nacional Las Cuchillas del Toa, en el macizo montañoso de Sagua-Baracoa. Sus ríos, Toa, el más caudaloso del país (120 km), Duaba, Miel y Yumurí desembocan en el Atlántico y los ríos de Guantánamo (104 km), Guaso, Jaibo y Bano (los tres últimos atraviesan la ciudad de Guantánamo) desembocan en el Caribe.

En el área de Sagua-Baracoa, la presencia de sólidos macizos montañosos surte a la región de abundantes fuentes de aguas minerales y de una gran riqueza forestal con la presencia de casi un centenar de distintos árboles madereros. En la zona viven especies zoológicas en peligro de extinción como el murciélago mariposa y el almiquí, un roedor de épocas prehistóricas recientemente descubierto que sólo habita en estas montañas y en Haití; últimamente se han encontrado algunos ejemplares y no todos han logrado adaptarse fuera de su medio.

La economía de la provincia de Guantánamo se basa en la producción de café, cacao, coco (las tres «ces» de Baracoa) y plátano; maderas finas y sal (las mayores salinas de la isla).

Guantánamo es su capital y Baracoa su otra ciudad principal.

Archipiélago de Los Canarreos. El archipiélago, con sus 350 islas y cayos forma una unidad territorial con estatuto especial a partir de la nueva división que se hizo en julio de 1976; antes, la gestión administrativa de estos islotes estaba dividida, según la zona geográfica, entre las provincias de Pinar del Río, La Habana y Matanzas. Es el archipiélago con la mayor extensión del territorio cubano, y Cayo Largo su principal reclamo turístico.

La mayor parte de estos cayos e islas están formados por masas de arena rodeadas por coral, donde aflora el mangle entre aguas claras y transparentes. La principal actividad de sus habitantes es la pesca, destacando la captura de langostas, cangrejos y tortugas, la recolección de coral negro, esponjas y guano (excrementos de aves marinas que se utiliza como fertilizante).

LO QUE HAY QUE VER
Cuba de la A a la Z

■ BANES

Provincia de Holguín. A 75 kilómetros de Holguín, a 40 de Guardalavaca. 48.000 habitantes. T. 24.

La ciudad, hermanada con la localidad de San Vicenç dels Horts (Barcelona), es conocida como la capital arqueológica de Cuba por la existencia del Museo Indocubano Baní y casi un centenar de yacimientos arqueológicos en los alrededores.

Desde los años posteriores a la intervención estadounidense hasta la llegada al poder de Fidel Castro, la población fue una destacada ciudad platanera; desde el cercano puerto de Banes, hoy convertido en un simple embarcadero, se exportaban platanos a EE UU. Aquellos años pasaron y hoy visitaremos Banes tan sólo si nos interesa la cultura taína.

El **Museo Arqueológico Indocubano Baní** *(c/ General Marrero 305 # Av. José Martí y Carlos M. de Cépedes. Visita, de martes a sábado, de 12 a 18 horas; domingos de 14 a 18 horas; T. 2487)*, que dirige con acierto Luis Quiñones, ofrece en su reducida superficie las únicas muestras de los hábitos taínos que se conservan como colección. Se exhiben también colecciones itinerantes. Único en su materia, el museo ofrece, previo acuerdo, la visita a seis yacimientos arqueológicos en los alrededores: el cementerio aborígen, **Chorro de Maita** (el más conocido y visitado de todos ellos, también museo; *abierto al público de martes a sábado, de 9 a 17 horas; los domingos de 9 a 13 horas*), Faro de Lucrecia, Playa Puerto Rico, Playa Morales, Loma Bane, Loma de la Campana y Cueva Las 400.

La ciudad se articula en torno al parque Central José Martí; en la **Casa Cultural**, antiguo Centro Español, con una amplia sala con plafones de madera, un teatrillo y un patio trasero arbolado, se ofrecen conciertos, y, al lado, en la misma calle General Marrero, se encuentra la **Galería de Arte de Banes**, dirigida por su imaginativo cuidador, Luis Sarmiento, quien a partir de frutas como el plátano y hojas de flores elabora, y enseña a confeccionar, artísticos y curiosos cuadros y láminas; un buen lugar para adquirir algún recuerdo.

TERMINAL DE ÓMNIBUS. Conexiones con Holguín y La Habana. T. 2407.

ALOJAMIENTO
Muy básico. **Hotel Bani** (c/ General Marrero) y **Motel El Oasis** (a la entrada de Banes, sencillas cabañas. T. 3447).

RESTAURANTE. Delicias Paladar (c/ Bruno Meriño s/n).

■ BACONAO, Reserva de la Biosfera de, ver ALREDEDORES DE SANTIAGO DE CUBA, p. 255.

■ BARACOA

Provincia de Guantánamo. A 158 kilómetros de Guantánamo, y a 244 de Santiago de Cuba. 45.000 habitantes. CT. 21.

> *El camino que lleva a mi ciudad*
> *parece una infinita rama*
> *que alguien quiso amarrar al cielo*
> *así de alto y verde es Baracoa*
>
> MIGUEL ÁNGEL CASTRO MACHADO

Baracoa –reserva de agua, en lengua indígena–, situada entre la bahía de Baracoa y la ensenada de la Miel, es una pequeña, bonita y pintoresca ciudad que nos sorprende por sus casas, algunas de madera. Después de La Habana y Santiago de Cuba, creemos que Baracoa es un buen punto base desde el que realizar interesantes excursiones a los alrededores (Reserva de la Biosfera y playas solitarias tanto hacia el oeste como el este).

HISTORIA

El 27 de noviembre de 1492, Cristóbal Colón tiró el ancla en la bahía de Porto Santo, hoy bahía de Baracoa, atraído por la montaña cuadrada que él describe, en su diario, con forma de yunque; un punto de referencia para los navegantes. Años más tarde, Diego de Velázquez inició la conquista de la isla derrotando en la cercana Punta Maisí al cacique Hatuey, aunque esperó hasta el 15 de agosto de 1511 para fundar la ciudad de Nuestra Señora de la Asunción de Baracoa.

La ciudad primada de Cuba tiene también el honor de haber sido el primer obispado de la isla y durante unos años, capital, hasta que Diego de Velázquez se trasladó (con la capitalidad y el obispado) a Santiago de Cuba, que ofrecía por su bahía en forma de bolsa más seguridad. El abandono de Baracoa, encerrada entre montañas y con dos bahías que permiten a los barcos protegerse de las tormentas, facilitó que el lugar se convirtiera en refugio de piratas y corsarios, individuos de mal talante que obligaron, con sus incursiones, a la población a refugiarse en los bosques y montes. No será hasta mediados del siglo XVIII, en pleno apogeo de la piratería, que Baracoa adquirió importancia estratégica; entonces se construyeron tres fortalezas (Matachín, Seboruco y La Punta), pasando a ser la tercera ciudad (después de La Habana y Cartagena de Indias) más protegida del Nuevo Mundo.

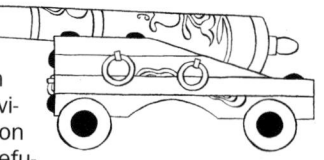

A finales del siglo XVIII llegaron a Baracoa ciudadanos franceses escapando de la sangrienta independencia de Haití, trayendo consigo aires nuevos y el café que plantarán en las cercanías; la impronta francesa desapareció con el tiempo, no así las plantaciones de café que aún se conservan y constituyen, junto con el cacao y el coco, una de las industrias boyantes de la zona.

Aseguramos que el mejor café que hemos tomado en Cuba ha sido en Baracoa.

En 1895 se instaló en la ciudad la primera fábrica de extracción de coco; aún hoy sigue funcionando y un fuerte olor a coco nos acompañará a la salida de Baracoa (dirección Maguana).

Baracoa permaneció hasta principios de los años sesenta del siglo XX casi aislada del resto de la isla. Su único acceso era por mar, y aunque la frecuencia de los barcos era regular, principalmente por la exportación del banano, la carencia de una comunicación terrestre convirtió al municipio en la cenicienta de Oriente. No será hasta la inauguración de La Farola (años 60) –nombre que designa tanto la carretera como el puerto de montaña– que Baracoa queda comunicada por tierra con el resto de la isla; actualmente también se puede acceder por el norte, aunque por una vía en muy mal estado. A causa de ese aislamiento, los únicos descendientes directos de los indios taínos (unos pocos en realidad) habitan en las intrincadas montañas de los alrededores.

De Baracoa es el tres, típico instrumento cubano de tres cuerdas, esencial en los grupos soneros y en el punto guajiro.

Las tres «ces» de Baracoa

Ya hemos apuntado que el número tres tiene cierta presencia en Baracoa. En primer lugar, el tres, instrumento musical, es originario de esta zona; nosotros no dudamos en clasificarla como la tercera ciudad en interés turístico de la isla. Tres son sus hitos históricos: ciudad primada, primer obispado y primera capitalidad. Tres los castillos: Matachín, Seboruco y La Punta. En su momento, fue la tercera ciudad más protegida del Nuevo Mundo. Baracoa es la ciudad de las tres ces: café, cacao y coco son sus principales productos. Y con guasa cubana se la nombra la ciudad de las tres mentiras –y ¿por qué, niño?–, porque el río Miel no endulza, La Farola no alumbra y El Yunque no es de hierro.

88 / BARACOA

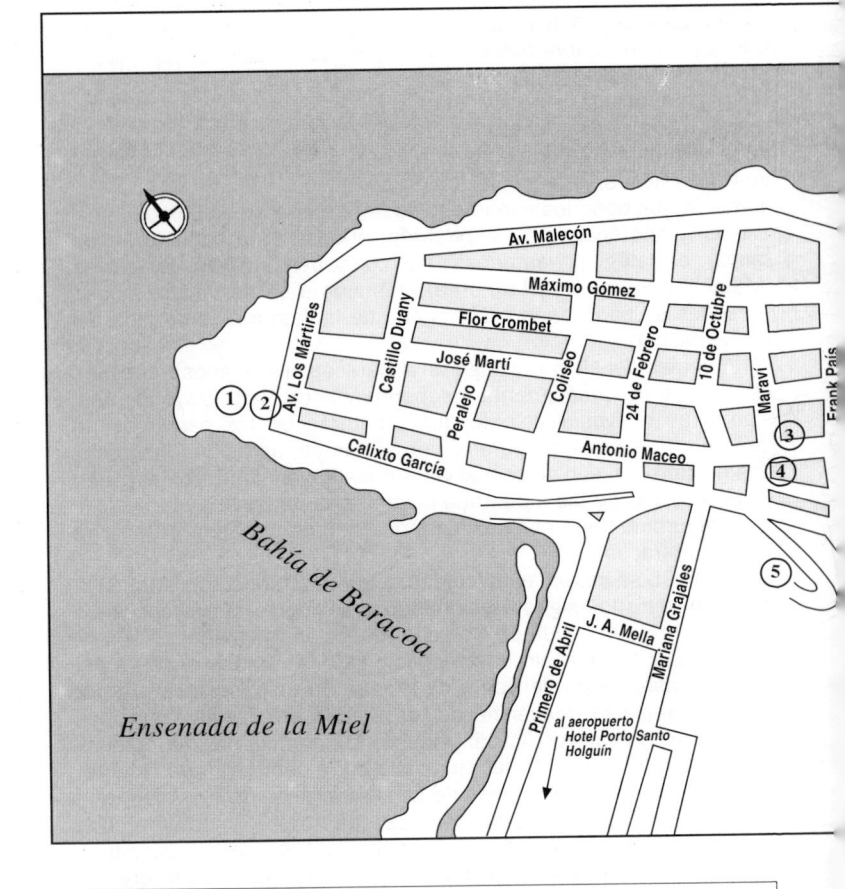

1. Fortaleza de La Punta
2. Restaurante Guamá
3. La Casa del Chocolate
4. Galería Yara
5. Hotel El Castillo (Fuerte de Seboruco)
6. Correos
7. Ayuntamiento
8. Plaza de la Independencia
9. Islazul
10. Casa de la Trova
11. Hotel La Rusa
12. Parque Martí
13. Catedral de Ntra. Sra. de la Asunción
14. Cubana de Aviación
15. Terminal de ómnibus
16. Monumento al cacique Guamá
17. Fuerte de Matachín (Museo Municipal)

VISITAS DE INTERÉS

La ciudad, pequeña, se visita pronto, sus lugares de interés son pocos; los principales atractivos de Baracoa están en los bosques de los alrededores clasificados como Monumento Nacional, y en sus propias playas –poco concurridas– y en las lejanas –totalmente solitarias–.

■ BARACOA

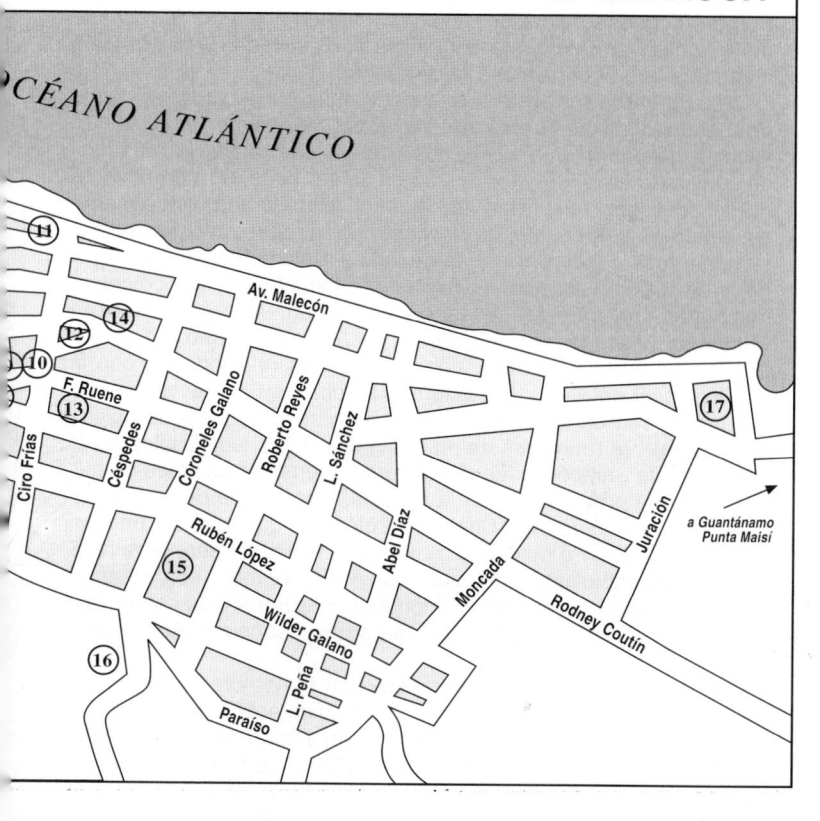

- *En el parque Martí*, o plaza central, está la **catedral de Nuestra Señora de la Asunción de Baracoa**, un nombre rimbombante para una iglesia parroquial, cuya estructura exterior más parece una casa particular, con sus torres de dos cuerpos, rematadas con balaustradas de características mediterráneas y ventanas de medio punto con persianas de madera, que una iglesia edificada en 1833. No obstante la iglesia conserva en su interior la cruz de la Parra, considerada como el símbolo más antiguo de la religión cristiana en el Nuevo Mundo.

La cruz de la Parra

Se cuenta que esta cruz la mandó a construir Cristóbal Colón con uvilla *(Cocoloba diversifolia)*, una de las muchas maderas que se dan en los alrededores. Colón se fue y dejó la cruz, que se perdió en el follaje. Coincidiendo con la fundación de la ciudad, apareció de nuevo; Bartolomé de las Casas ofició una misa con ella y la depositó en la iglesia. Hoy la famosa cruz de la Parra dicen que es milagrosa y con quinientos años de existencia, constituye una de las reliquias históricas de Baracoa.

Frente a la puerta de la catedral, el busto del héroe taíno Hatuey, el primer rebelde cubano, obra en bronce de Rita Longa. Sobre su curiosa ubicación, –Hatuey mirando fijamente la fachada de la iglesia–, se comenta con sorna en Baracoa que fue la logia masónica la que condicionó la ubicación.

- La primera fortaleza que encontramos en la ciudad viniendo de Santiago es el **Fuerte de Matachín** –sinónimo de matarife; «debían de matar animales», nos contará con dudas la museóloga–. Iniciado en 1739 y terminado en 1742, se levanta en la costa nordeste sobre ensenada de la Miel. Restaurado actualmente siguiendo el plan original de la construcción, destaca el polvorín el cual, además del de Cartagena de Indias (Colombia), es, en el conjunto de las construcciones militares españolas en las colonias, único por sus características de protección. Alberga el **Museo Municipal** *(visita de 8 a 12 y de 14 a 18 horas, diario; domingos de 9 a 13 horas; T. 2122)*, con documentos relacionados con la historia local entre los que sobresalen una *cayuca* navegable, un cucurucho con dulce de coco y miel (uno de los 21 platos típicos de la zona), 98 muestras de maderas diferentes localizables en el municipio de Baracoa y sus alrededores, utensilios diversos de piedra y concha propios de la cultura taína, y una copia de la descripción que del lugar hizo Cristóbal Colón. El director del museo, Miguel Ángel Castro Machado, autor del poema que abre este capítulo, es un sabio decimonónico, quien muy amable nos ilustrará sobre su ciudad. Una conversación con él acompañada con un ron (Santiago o Caney) ampliará nuestros conocimientos sobre Baracoa.

- Al segundo fuerte se le conoce con el nombre de **Seboruco** (hoy alberga el hotel El Castillo). Fue edificado sobre una terraza de 40 metros de altura, abruptamente abierta sobre la costa. Desde su mirador se disfruta de una excelente vista de El Yunque; con fe revolucionaria, hay quien ve dibujadas las caras de Fidel, el «Che» y Martí. Es un problema de imaginación y predisposición.

- **La Punta**, en el otro extremo de la ciudad, en el noroeste. De muros semicirculares, hoy aloja un restaurante (La Punta).

- El **malecón**, que recuerda por su ubicación y características al de La Habana, y sus casas, de madera algunas y otras con portaladas y columnas, terminan por darle personalidad a la ciudad; transitado por centenares de bicicletas de paseo y de alquiler (con un asiento añadido).

Los caracoles

En los cafetales de Baracoa y en las desembocaduras de los ríos Toa y Yumurí se encuentran unos pequeños caracoles arbívoros de gran belleza, muy solicitados por coleccionistas y malacólogos, que reciben el nombre científico de *Polymita pictas*, únicos en el mundo, ya que son autóctonos de esta región. Como su nombre indica poseen un llamativo y variado colorido.

Una leyenda cuenta que estos caracoles, cuando hicieron su aparición, eran blancos, sin color alguno y un día uno de ellos se aventuró a recorrer las tierras de Baracoa y quedó admirado del verdor de las montañas. Sin pensárselo dos veces,

> el caracol pidió al dios de las montañas que le diera un poco de su color; después vio el cielo azul y también pidió un poco de azul; al llegar al mar y ver las arenas doradas de las playas, pidió una pincelada de amarillo, después se admiró con el verde del mar y éste le cedió parte de su color. Así adquirió la *polymita* los muchos colores que lleva. Como leyenda está bien, pero faltan peticiones y sobra alguna, pues la *polymita* tiene más colores y carece del azul.

DATOS ÚTILES

Información turística. En los hoteles El Castillo y Porto Santo. En la calle Maceo 149, hay una pequeña oficina, atendida por un personal muy amable, que tramita reservas de hoteles para cualquier punto de la isla; abren de lunes a viernes, de 8 a 12 y de 14 a 18 horas; sábado de 8 a 12 horas. T. 2337.

Aeropuerto Gustavo Rizo. Local, con vuelos a: La Habana (martes, viernes y domingo), Varadero, Santiago y Cayo Coco. T. 42171.

Cubana de Aviación. C/ Martí 181. T. 42171. Abierto de lunes a viernes, de 8 a 12 y de 14 a 17 horas.

Terminal de ómnibus. Estación interprovincial en c/ Martí # Malecón, T. 42239. Estación local en el cruce de Caroneles, Guantánamo y Rubio López.

Alquiler de coches. Havanautos, en los hoteles El Castillo (T. 42125) y Porto Santo (T. 43511/43606).

Gasolinera. Surtidor de Cupet en Cabacú, a unos 5 kilómetros al este.

Correos y teléfonos. En los hoteles El Castillo y Porto Santo. La oficina de correos y comunicaciones está en la plaza de la Independencia # Maceo; por ahora el servicio está más garantizado en los hoteles.

Sanidad. Hospital en la carretera a Cabacú. T. 42502.

Policía. T. 42623, c/ Maceo.

FIESTAS Y DIVERSIONES

La Casa de la Trova. Parque Martí. Lugar de encuentro, donde además de escuchar los sones podemos pedir que nos obsequien con música autóctona; lamentablemente en lugar de interpretar el nengón y/o el quiribá, propias del lugar, como mucho lograremos oír un changüí, propio del sur de Oriente (Guantánamo y Granma). Pero por pedir que no quede.

485 Aniversario. Parque Martí, junto a La Casa de la Trova. Más moderno y con más bailongo.

COMPRAS

Galería Yara. C/ Maceo 120 # Mayarí. Un lugar donde comprar artesanía bien elaborada con finas maderas de los alrededores (tengamos presente en los bosques de Baracoa se contabilizan casi cien clases de árboles de madera fina); figurillas, instrumentos musicales y sobre todo cajas. Cuenta con una agradable terraza. Nos comentaron que quizá cambiarían de local.

ALOJAMIENTO

El Castillo. C/ Calixto García (Reparto Paraíso). T. 42103/42115/42147, fax 86074. Asentado en el castillo de Seboruco, desde su terraza central con piscina se disfruta de una excelente vista de El Yunque de Baracoa y de la bahía de Porto Santo, y desde las habitaciones se puede disfrutar de la ensenada de la Miel. Aquí se alojan los guías que organizan las excursiones a los alrededores. Servicios de alquiler de coches, información turística, etcétera.
Porto Santo. Crta. al aeropuerto (Reparto Jaitesico). T. 43578/43590, fax 86013. De estilo colonial. Está situado al otro lado de la bahía de Baracoa y frente a la playa. Organizan excursiones en *cayuca* por el río Toa. Servicios de información turística, alquiler de coches, etcétera.
La Rusa. C/ Máximo Gómez 161. T. 43011/43570. Un hotel acogedor con pocas habitaciones pero con mucho sentido literario. Magdalena Romanosky, rusa, de ahí el nombre del local, llegó a Baracoa (ciudad olvidada de la mano de Dios en aquellos años) escapando de la revolución rusa, donde montó este hotel. La señora debía tener

algún don especial pues en Cuba también le atrapó la revolución; pero si de aquélla escapó, en ésta se integró. Durante años fue el único hotel de la ciudad, y en él se alojaron Alejo Carpentier –quien hace aparecer a Magdalena, la Rusa, como Vera en su novela *La consagración de la primavera*– Fidel y Raúl Castro, entre otras personalidades.

Se pueden alquilar habitaciones en casas particulares. En los alrededores de la gasolinera y del parque Martí, jóvenes «bicicleando» las ofrecen a precios módicos. Cuestión de ver en qué condiciones están.

RESTAURANTES

Los tres hoteles citados disponen de servicio de restaurante, con cocina internacional, además:
Guamá. En el fuerte de La Punta.
El Voro (paladar). C/ Maceo 110.
Café Baracoa. C/ Maceo 129. Tortillas y congrí.
La Casa del Chocolate. C/ Martí # Maraví, enfrente de la galería Yara. Hay un buen ambiente; concurrido por los cubanos, no suelen frecuentarlo los turistas.

ALREDEDORES

- **Viaducto de La Farola**. En la década de los años sesenta se terminó la construcción esta carretera, de 211 curvas y once puentes, que terminaba con el aislamiento de Baracoa. Durante el recomendable recorrido, en el que se alcanzan los 575 metros de altura en el Alto de la Cotilla, con un mirador sin escaleras de acceso (quien quiera disfrutar de una buena vista deberá trepar, sí trepar), se admiran los paisajes boscosos del municipio que tiene la mayor reserva forestal de Cuba, Baracoa. Después del alto y en dirección a Baracoa hay una fuente de agua carbonada, magnesiana y sódica.

- **El Yunque de Baracoa**. Monumento nacional. Montaña famosísima en toda Cuba por su cima aplanada que semeja un yunque. Faro natural que se divisa muchas millas mar adentro, la montaña sirve a los navegantes para poner rumbo a Baracoa. Se puede practicar el campismo en la base de la montaña. La compañía Gaviota (en el hotel El Castillo de Baracoa) ofrece actividades tales como contemplación de aves, *trekking*, paseos a caballo y recorrido en moto; también excursiones de un día a Punta Maisí.

- **Punta Maisí**. *A 48 kilómetros hacia el este*, en una carretera inclasificable e intransitable si no es con un 4x4. La punta oriental de la isla. Un lugar desierto donde podemos, en compañía con nosotros mismos, bañarnos, y practicar el *snorkel*.

- **Duaba**. *A 11 kilómetros hacia el oeste* y en la desembocadura del río Toa (rana en taíno), que con sus 124 kilómetros es el más largo de Cuba; un lugar para bañarnos o iniciar el remonte del río. En los aledaños se localizan los caracoles *(Polymita picta)* de Baracoa y un yacimiento taíno. En este lugar, el 1 de abril de 1895, desembarcaron Antonio Maceo y un grupo de independentistas procedentes de Costa Rica para comandar el inicio de la guerra de Independencia.

ALOJAMIENTO. **Finca Duaba**. Crta. Mabujabo, Km 2. Situada en un entorno de árboles y naturaleza. Tiene un buen servicio de restaurante.

- **Playa Maguana**. *A 22 kilómetros hacia el oeste*, en una carretera clasificable como obra continua. Un pueblo pesquero con playas blancas y solitarias. Lugar ideal para descansar.

ALOJAMIENTO

Casa Maguana. En la playa del mismo nombre. Un pequeño hotel con 4 habitaciones y servicio de restaurante a sugerencia del cliente.
Brisas de Mar. Un «paladar» en la playa contigua a Maguana. Al revés del anterior, a sugerencia del cliente facilitan hospedaje. La propietaria es muy atenta.

■ BAYAMO

Capital de la provincia de Granma. A 127 kilómetros de Santiago de Cuba, a 733 de La Habana, a 73 de Holguín, y a 60 de Manzanillo. 130.000 habitantes. CT. 23.

Bayamo, que durante años fue parada obligatoria en los recorridos turísticos interiores por el país, está cada vez más apartada de las visitas programadas y se comprende; la ciudad apenas conserva algunos vestigios de cierto interés de la época colonial y sus alrededores no son atractivos. Reconstruida, su interés es histórico: ciudad natal de Carlos Manuel de Céspedes, el primer presidente de la República de Cuba en Armas; de Pedro Figueredo, compositor del himno nacional, y de otros músicos contemporáneos como Ramón Cabrera (el autor del cha cha chá *Esperanza*, entre otras canciones) y del componente de la Nueva Trova, Pablo Milanés.

La ciudad es sede del equipo olímpico de esgrima del país. Un equipo exitoso en varias Olimpiadas que un accidente de aviación, del que se escribió que fue un sabotaje, dejó en cuadro.

HISTORIA

La ciudad de Bayamo fue fundada por Diego de Velázquez, el 5 de noviembre de 1513, en la orilla oriental del río Bayamo, afluente del río Cauto, con el nombre de San Salvador de Bayamo, convirtiéndose en la tercera población de la isla, y en su principal centro agrícola y comercial.

Durante los primeros años del siglo XVII rivalizó con La Habana en el contrabando que aprovechaba el cauce del río Cauto, pero una inundación en 1616 y un terremoto en 1624 acabaron con su prosperidad. Una fuerte sequía durante los años 1729/1730 y varios terremotos, entre los que destacó el que tuvo lugar en 1766, no permitieron que la ciudad se recuperara hasta el siglo XIX.

Cuna de Carlos Manuel de Céspedes, el primer presidente de la Cuba preindependentista, en 1867 tuvieron lugar en Bayamo las primeras reuniones de los insurrectos cubanos, que dieron su fruto al año siguiente, el 10 de octubre de 1868, cuando en la finca La Demajagua, en el municipio de Manzanillo, su propietario, Carlos Manuel de Céspedes, concedió la libertad a sus esclavos iniciando la primera guerra de independencia conocida como guerra de los Diez Años (1868-78). Diez días después, el 20 de octubre,

Bayamo fue tomada por los independentistas y se convirtió en la capital de la República. Ese mismo día, el pianista y compositor Pedro Figueredo (1819-1870) estrenó *La Bayamesa*, canción que con el tiempo pasaría a ser en el himno nacional de Cuba. El 11 de enero de 1869, ante el avance de las tropas realistas, los bayameses decidieron unánimente quemar la ciudad antes que rendirla al enemigo.

VISITAS DE INTERÉS

* **Catedral o iglesia parroquial mayor de San Salvador de Bayamo.** *En la plaza del Himno, por encima del parque Céspedes.* Construida en 1613, la iglesia original desapareció con el incendio de 1869 y fue reconstruida en su ubicación primitiva en época posterior; el interior, de piedra y madera, fue restaurado en 1970 y declarado monumento nacional. Milagrosamente, del incendio se salvó la **capilla de los Dolores** (en el lado norte de la catedral), de 1740, que conserva un interesante retablo barroco y un techo mudéjar. En el campanario, una de las campanas que tocaron a rebato instando a los bayameses a convertir en cenizas la ciudad antes que cayera en manos de las tropas españolas.
* **Museo casa natal de Carlos de Céspedes.** *Calle Maceo 57. Visita de 12 a 17 horas, de martes a sábado; de 9 a 13 horas los domingos, cierra los lunes. T. 423864.* La casona colonial donde nació el 18 de abril de 1819 Carlos Manuel de Céspedes ha sido convertida en museo que perpetúa la memoria de este patriota, conocido en la historia cubana como «El padre de la Patria».

Durante la guerra de los Diez Años, cuando uno de sus hijos fue detenido por los españoles y éstos intentaron negociar con Céspedes la vida del muchacho a cambio de la rendición de la ciudad, Céspedes contestó que todos los cubanos eran hijos suyos y que su deber era luchar por la libertad de todos y no sólo por la vida de uno de ellos. El muchacho fue fusilado.

El museo exhibe objetos, pertenencias, documentos y otros testimonios relacionados con la vida de Céspedes y su actividad y participación en la insurrección y primera guerra por la independencia.

* **Plaza del Himno.** Junto con el parque Céspedes es el espacio público principal de la ciudad, el lugar donde se reunieron los independentistas el 20 de octubre; en torno a Pedro Figuerero y bajo su dirección cantaron *La Bayamesa*, canción a la que el autor puso letra ese mismo día. La música la había compuesto un año antes e interpretado en la iglesia parroquial mayor durante la festividad del Corpus Christi, aunque había ocultado su condición de himno.
* **Plaza de la Patria.** Conocida también como de Ñico López, héroe revolucionario. De fecha reciente, *en el barrio de Nuevo Bayamo*, se trata de un espacio urbano destinado a las concentraciones populares. Las cumbres de sierra Maestra le sirven de inmejorable marco. El monumento que puede verse es obra del escultor cubano contemporáneo, José Delarra.

- **Plaza de la Revolución.** Carlos Manuel de Céspedes bautizó, después de haber tomado la ciudad, el parque Central de Bayamo con este nombre. Es similar por su estructura a otras plazas más antiguas que pueden contemplarse en diferentes ciudades del país. Para los cubanos, su principal atractivo es el histórico, para los viajeros, la curiosidad. En esta plaza comenzó el incendio de la ciudad, exactamente en la farmacia donde tuvieron lugar las primeras reuniones de los conspiradores. En la actualidad una placa conmemora el hecho en la pared de la casa reconstruida posteriormente.
- Otros puntos de interés son la «**ventana del amor**» donde a una bella poetisa, Luz Vázquez, le cantaban canciones a mediados del siglo XIX; hoy restaurada nos la presentan como un recuerdo histórico. Otro punto de interés es la **calle General García**, la principal, parecida a una avenida medieval: comercios donde se venden las cosas más útiles, casas de comidas y vendedores ambulantes, todo muy abigarrado.

DATOS ÚTILES

Información turística. En el hotel Sierra Maestra.

Aeropuerto Carlos Céspedes. Local, a unos 4 kilómetros al norte. T. 423695/2343517. Vuelos a La Habana con Cubana de Aviación.

Cubana de Aviación. José Martí # Parada. T. 423916.

Terminal de ómnibus. La central interprovincial está en c/ General Manuel Cedeño # Augusta Márquez (reservas al T. 424036) y los autobuses locales salen enfrente de la estación de tren, al este del parque Céspedes, al final de la calle Parada.

Alquiler de coches. En el hotel Sierra Maestra.

Gasolinera. Surtidor de la Cupet en la c/ General Manuel Cedeño, muy cerca del hotel Sierra Maestra.

Teléfono. C/ Miguel Enrico Capote # Saco y Figueredo. Abierto de 7 a 23 horas.

Correos. En el parque Céspedes. Abierto de 9 a 18 horas.

ALOJAMIENTO

Sierra Maestra***. Crta. Central, Km 7.5 vía Santiago de Cuba. T. 425013. De la cadena Islazul. Cuenta con restaurante, cafetería, bar y piscina. Servicios de cambio de moneda, alquiler de coches, información turística, correo, etcétera.

Villa Bayamo**. Crta. de Manzanillo. T. 423102. De la cadena Islazul. Cuenta con restaurante, piscina y un pequeño club nocturno.

ALREDEDORES

- **Boca de Dos Ríos.** *A 69 kilómetros de Bayamo en dirección nordeste y tras cruzar la población de Jiguaní.* En este sitio histórico, cercano a la provincia de Holguín, cayó en combate, el 19 de mayo de 1895, José Martí, quien días antes, el 5 del mismo mes, se había entrevistado con Antonio Maceo para discutir la estrategia de la contienda independentista. En la entrevista chocaron las ideas de Maceo y Martí, y se ordenó a este último que no participara en ningún combate; Martí no hizo caso y hoy un monumento perpetúa el lugar donde murió. Dos Ríos, lugar de peregrinaje, ha sido declarado Monumento Nacional.

ALOJAMIENTO. En Jiguaní, **Villa El Yarey** (T. 66613) cuenta con 14 cabañas y en su restaurante sirven muy buena cocina.

- **Manzanillo**. *A 71 kilómetros de Bayamo.* Ver p. 211.

■ CAMAGÜEY

Capital de la provincia del mismo nombre. A 533 kilómetros de La Habana, a 125 de Victoria de Las Tunas, a 328 de Santiago de Cuba, y a 128 de la playa de Santa Lucía. 265.000 habitantes. CT. 322.

A Camagüey se la conoce como la «ciudad de los tinajones» por las vasijas de barro, de múltiples medidas y formas, que los primeros pobladores moldearon para recoger el agua de las abundantes lluvias que caían en la región. Hoy, que se pueden medir las precipitaciones, se conoce que en Camagüey sobrepasan los 1.300 milímetros anuales. Aunque la llanura camagüeyana cuenta con bastantes ríos, se desconocía en aquellos años la técnica necesaria para aprovechar sus caudales de agua, y, por otra parte, no toda la población podía permitirse excavar un pozo. Los alfareros españoles que vivían en la villa encontraron un medio para aprovechar aquella abundancia: los famosos tinajones, y tomaron como modelo las tinajas de barro en las que se transportaba el vino y el aceite desde la metrópoli. Las arcillas locales permitían obtener una pasta fácil de modelar, resistente y con propiedades refractarias. Los tinajones se situaban en los lugares más sombreados, sobre la tierra o hundidos hasta la mitad, pero siempre debajo de los canalones que conducían el agua de los tejados a las tinajas. Algunos tinajones tienen una altura de un metro y medio y otros alcanzan los cuatro de circunferencia.

En 1900 y tras detectarse una persistente epidemia de fiebre amarilla, funcionarios estadounidenses –en aquel año Cuba estaba bajo la administración de EE UU– censaron las tinajas y el resultado fue de 16.000 vasijas, fechando la más antigua en el año 1760 (un censo actual arrojaría un número bastante menor).

La elaboración de los tinajones fue decayendo a lo largo del siglo XX, cosas del progreso; aunque en la actualidad, con el auge turístico y el necesario embellecimiento de las ciudades, se intenta revitalizar este tipo de alfarería.

Una leyenda local cuenta que los tinajones tienen magia, y si alguna chica de Camagüey te ofrece agua fresca de alguno de ellos, tras beberla te enamorarás de la ciudad (y posiblemente también de la chica) y te resultará muy difícil partir. Hoy, socialmente correcto sería, además, añadir... si algún chico de Camagüey...

Carlos Juan Finlay y la fiebre amarilla

Camagüey además de ser la cuna de Nicolás Guillén, también lo es de Carlos Juan Finlay (1833-1915, La Habana), el físico y epidemiólogo que descubrió el origen de la fiebre amarilla. En 1881 publicó *El mosquito como agente de transmisión de la fiebre amarilla*, un amplio artículo que cinco años más tarde vería la luz como libro.

■ **BAHÍA DE BARIAY. MONUMENTO AL DESEMBARCO DE COLÓN**
(fotos de C. Miret y E. Suárez)

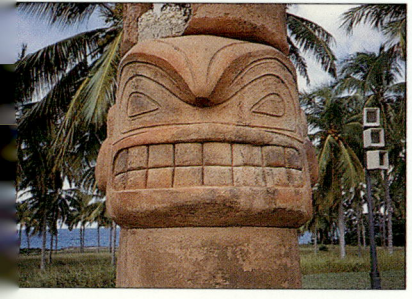

■ LOS CONTRASTES DE CUBA

Arriba y abajo (I): **Solitaria playa en Cayo Largo del Sur** y **abrupta costa caribeña camino de Sierra Mar** (fotos de Toni Vives)

Abajo (D): **Frondosa y colorida vegetación en Topes de Collantes** (foto de C. Miret y E. Suárez)

■ **ALGUNOS EJEMPLARES DE LA FAUNA CUBANA**
Arriba: **Iguana en Cayo Iguana, muy cerquita de Cayo Largo del Sur**
(foto de Toni Vives)
Abajo: **Reunión de cocodrilos en el criadero de Guamá**
(foto de C. Miret y E. Suárez)

■ **PLÁCIDAS CIUDADES** (fotos de C. Miret y E. Suárez
Arriba: **Holguí**
Abajo (I y D): **Guantánamo** y **Monumento a la bicicleta en Cárdena**

> Su teoría (y práctica) de que un mosquito *(Stegomyia fasciata*, hoy conocido como *Aedes aegypti)* era el transmisor de la fiebre amarilla, fue ninguneado primeramente por el gobierno español por entender que el escrito era más una crítica a su gestión colonial que una propuesta médica; y posteriormente por los médicos estadounidenses, quienes pagados de sí mismos les costaba entender que un cubano hubiera solucionado el problema que tan grave enfermedad comportaba. No sería hasta 1900 y bajo administración estadounidense, que los sanitarios yanquis releerían los escritos de Finlay y escucharían sus explicaciones y sólidos argumentos para proceder a la erradicación de la enfermedad.

HISTORIA

Vasco Porcayo de Figueroa fundó, en 1514, en la costa y en la bahía de Nuevitas, la población de Santa María de Puerto Príncipe, cerca de la actual ciudad de Nuevitas. Pero 17 años después, ante los continuos ataques de piratas y corsarios, se decidió trasladar la población al interior, y se emplazó en el lugar actual.

Camagüey es de todas las ciudades cubanas la que presenta el trazado más irregular, y sorprende porque todas las ciudades coloniales, si lo permitía el terreno, y la llanura de Camagüey lo permitía, se trazaban rectas y a partir de un esquema muy simple: una plaza central, en la que se ubicaba el gobierno y la iglesia, y a partir de la plaza salían calles rectas hacia los cuatro puntos cardinales. El temor a los ataques de los piratas podría ser una explicación a este urbanismo atípico; se trazaron las calles formando laberinto para tratar de desorientar a los asaltantes. No obstante las precauciones, la ciudad fue saqueada en 1668 por el pirata galés Morgan *(sir* Henry John Morgan, para los ingleses).

Sea cual sea el motivo de tanta maraña de calles y plazuelas, Camagüey refleja, si se tiene el ojo atento, el modo de vida de la burguesía rural de antaño. Casas con patio interior, núcleo de la vivienda, sombreado y con galerías arqueadas en las mansiones de alcurnia y en los conventos; colgadizos bajos sostenidos por sencillas columnas de madera lisa en las más humildes. En estos patios, sembrados de hierbas medicinales, ocupaban su lugar los grandes tinajones que han dado fama a la ciudad.

A finales del siglo XVIII, en 1797, la Audiencia de Santo Domingo se trasladó a Camagüey, para pasar, once años después, en 1808, a La Habana.

> **La aventura aérea transoceánica.** *El Cuatro Vientos*
> Camagüey fue el destino que los pilotos militares españoles, capitán Mariano Barberán y teniente Joaquín Collar, escogieron para efectuar el primer vuelo transoceánico de la historia de la aviación. El día 10 de junio de 1933 despegaron del aeródromo de Tablada (Sevilla), en el avión *Cuatro Vientos*, y aterrizaron en Camagüey al día siguiente, batiendo la marca de vuelo sin escala sobre el mar, 7.320 kilómetros, en un tiempo de 40 horas y 5 minutos. Barberán y Collar emprendieron, el día 21 del mismo mes, la aventura aérea Camagüey-México, que no pudieron finalizar. Según una versión, el avión cayó al mar; según otra, se estrelló en algún lugar del interior de México, entre los estados de Puebla y Veracruz, y unos bandidos se deshicieron del avión y de los cuerpos. Un sencillo monumento recuerda la hazaña de Barberán y Collar en un extremo del puente Caballero Rojo.

VISITAS DE INTERÉS

Con calles estrechas, plazuelas desiguales, casas de planta baja y urbanización complicada, Camagüey invita a pasear, un paseo que podemos iniciar en la plaza de los Trabajadores.

- **Casa natal de Ignacio Agramonte**. *Calles Ignacio Agramonte y Candelaria; visitas de martes a sábado de 13 a 19 y domingos de 8 a 12 horas.* La casa familiar de uno de los más destacados líderes de la guerra Grande, Ignacio Agramonte, nacido en 1841, era una de las mejores y más señoriales de la ciudad. Tras diversos avatares, desde 1973 es sede de un museo en el que se exhiben objetos personales de Agramonte, documentos relacionados con la primera contienda independentista y una colección de jarras antiguas. En la planta baja hay un auditorio donde se celebran conciertos; el piano, afirman, perteneció a la familia Agramonte.

Ignacio Agramonte y Loynaz

El 11 de noviembre de 1868, el abogado Ignacio Agramonte, terrateniente azucarero, se sumó al «grito de Yara», así conocida la sublevación contra la metrópoli encabezada por el también abogado Carlos Manuel de Céspedes y, curiosamente, también terrateniente azucarero. Agramonte alcanzó con la contienda el grado de Mayor General, firmó el decreto de abolición de la esclavitud, y participó en la redacción de la Constitución de 1869; cayó combatiendo a los españoles en la cercana población de Jimaguayú en 1873.

- *Enfrente de la casa natal de Agramonte* se encuentra la **iglesia de la Merced**, construida en 1748 sobre un pequeño templo de madera de 1601. Conserva en la parte derecha del altar un sepulcro de plata producto de las donaciones de los creyentes camagüeyanos; en medio del altar, la imagen de la Virgen de la Merced; sus catacumbas y un coro de madera en el interior, y las jarras de su patio completan el interés de esta iglesia. Fue, en la visita del papa de principios de 1998, una de las basílicas elegidas para oficiar misa.

---

1. Museo Provincial Ignacio Agramonte
2. Terminal de ómnibus
3. Hotel Plaza
4. Hotel Colón
5. Cubana de Aviación
6. Centro telefónico
7. Hotel Isla de Cuba
8. Teatro Principal
9. Iglesia de la Merced
10. Iglesia de la Soledad
11. Gran Hotel
12. Casa natal de Ignacio Agramonte
13. Casa natal de Nicolás Guillén
14. Iglesia de Ntra. Sra. del Carmen
15. Rte. Rancho Luna
16. Rte. Nan King
17. Rte. La Volanta
18. Santa Iglesia Catedral
19. Casa de la Trova
20. Rte. La Tinajita
21. Rte. La Campana de Toledo
22. Plaza San Juan de Dios
23. Mercado agropecuario
24. Gasolinera
25. Puente La Caridad
26. Monumento a Barberán y Collar
27. Gasolinera
28. Casino Campestre

CAMAGÜEY / 99

CAMAGÜEY (Centro)

- **Teatro Principal**. *Padre Valencia s/n # Tàtán Méndez y Lugareño*. A pocos metros de la iglesia de la Merced tenemos este teatro, uno de los mejores, construido durante la época colonial. Una fecha remata la fachada: 1850-1926. Hoy, ya reconstruido, es una interesante edificación colonial en la que destacan su fachada y el vestíbulo. Alberga el Ballet de Camagüey, la segunda compañía de ballet de Cuba, sólo superada por el Ballet Nacional, y la Orquesta Sinfónica Provincial. Anexa a la compañía de baile está la escuela para la formación de nuevos bailarines. Caruso cantó en él.
- Calles más abajo está la **Casa natal de Nicolás Guillén** (1902-1989), *c/ Hermanos Agüero 58 # Cisneros y Príncipe*, que alberga un Centro de Investigaciones socioculturales atendido por unas amables bibliotecarias, que nos explicarán la trayectoria de Guillén; para ello comentan una serie de fotos y otros recuerdos que conserva el curioso local. Hay una esfinge del ilustre escritor en el exterior, pero también hay otra igual en otra plazuela, calles más abajo; y por qué nos preguntamos, porque la familia de Guillén se mudó de domicilio con frecuencia.
- Siguiendo hacia el sur está la segunda plaza en interés: el **parque Ignacio Agramonte**, *calles Martí, Independencia y Cisneros*. Fue la plaza de Armas en la época colonial. En 1851, en este lugar, fueron fusilados Joaquín Agüero y sus compañeros, conspiradores y activistas que se adelantaron al estallido de la guerra de Independencia. Las palmeras que crecen en el parque son el primer monumento popular a estos revolucionarios. En el centro de la plaza está la estatua de Ignacio Agramonte. En un lado, la **Santa Iglesia Catedral**, construida en 1864 sobre el antiguo templo de madera y barro. La iglesia pide a gritos una restauración. La **Casa de la Trova** también se encuentra en esta plaza, en la calle Cisneros. Ver más adelante, en Fiestas y diversiones.
- La tercera glorieta en interés es la **plaza de San Juan de Dios**, también conocida como del Padre Olallo, *calles Matías Varona, Pinto, Hurtado y Callejón de San Rafael*, un espacio urbanístico que data del siglo XVIII, declarado Monumento Nacional. Es una de las plazas más características de Cuba, y muy bonita. En ella encontramos la **iglesia** *(abierta el lunes)* y el **antiguo hospital de San Juan de Dios**, hoy museo y sede del Conservador de la ciudad *(abierto de lunes a sábado, de 8 a 17 horas)*, construcciones de 1728, y varias casas coloniales de las que destacan sus fachadas sencillas, pintadas en colores claros. Una de estas casas alberga el restaurante La Campana de Toledo, y en otra, una placa nos recuerda que en ella vivió el cantautor Sílvio Rodríguez.
- Aunque no una plaza propiamente dicha, **Las Cinco Esquinas del Ángel** se puede considerar como tal; por la singularidad del trazado y la convergencia de tres calles que dan lugar a cinco esquinas.
- **Plaza del Carmen**. *Calles Martí y Carmen*. Pequeña y típicamente colonial, data del siglo XVIII, y frente a ella se erigió, años más tarde, en 1825, la **iglesia de Nuestra Señora del Carmen**, con fachada barroca y la única de la ciudad con dos torres. Necesita una urgente restauración.

- **Casino Campestre**. *En el parque que hay por encima de la crta. Central antes de curzar el puente La Caridad.* Construido en 1857 como zona de recreo y exposiciones ganaderas. Durante la dictadura de Batista, el Casino se convirtió en escenario de luchas estudiantiles, manifestaciones y actos políticos.
- La **iglesia de la Soledad**, *prolongación avenida I. Agramonte # calles República y Avellaneda*, de mediados del siglo XIX, conserva su torre, maciza de tres cuerpos, rematada con una cúpula triangular.
- **Museo del Movimiento Estudiantil**. *Calle República 69. Visita de martes a sábado de 13 a 18, domingos de 8 a 12 horas.* En esta casa vivió Jesús Gayol, muerto en Bolivia en 1967 junto con «Che» Guevara; se han habilitado cinco salas para mostrar diferentes testimonios de la lucha revolucionaria de los estudiantes contra la tiranía de Batista.
- **Museo Provincial Ignacio Agramonte**. *Av. de los Mártires # calle Ignacio Sánchez. Visitas de martes a domingo de 13 a 18 horas.* Instalado en el antiguo cuartel de caballería del ejército español, muestra una amplia síntesis de la historia de la provincia, desde la fundación de la ciudad, en 1514, hasta nuestros días. Hay una curiosa colección de pintura cubana.

- Una visita recomendable es recorrer el **mercado Municipal**, *dos calles al este de la plaza de San Juan de Dios*. Es un mercado seguro, sin los típicos carteristas, donde podemos ver la dura realidad económica del país. Los mecheros que nosotros desechamos, allí se recargan, las paradas están semivacías de los mismos productos y los precios se nos antojan baratísimos, para nuestro poder adquisitivo, claro; si paseamos con un habanero, éste no parará de repetir que aquí la comida es mucho más barata.

DATOS ÚTILES

Información turística. Islazul, Av. Mónaco s/n, Montecarlo. T. 72018/71403 y fax 71002.

Aeropuerto Ignacio Agramonte. A 14 kilómetros en dirección nordeste, hacia Nuevitas y Santa Lucía. T. 61010/61525/92156. Aeropuerto internacional.

Cubana de Aviación. C/ República 400. T. 92156/91338. Vuelos a La Habana y Santiago de Cuba. Abierto de lunes a viernes, de 8.15 a 16, sábado de 8.15 a 11 horas.

Terminal de ómnibus. C/ Ignacio Sánchez, a la salida de la ciudad, en la carretera Central dirección Las Tunas. T. 71602. Cuatro autobuses diarios (un recorrido de 7 horas) desde La Habana. También hay servicio diario a Santiago, Bayamo, Cienfuegos, Holguín, Las Tunas, Santa Clara y Sancti Spíritus.

Taxis de alquiler. **Transtur**, Crta. Central (este) Km 4.5. T. 71208.

Coches de alquiler. **Transautos** (misma dirección que Transtur; T. 72428), **Havanautos** (c/ Manuel Aguado # Crta. Central este. T. 91535/95078).

Gasolinera. Cupet, en la carretera Central, pasado el puente de La Caridad.

Agencias de viajes. **Cubatur** (Aeropuerto Ignacio Agramonte; T. 61668), **Viajes Horizontes** (Hotel Camagüey; T. 71970/72015), **Viajes Altamira** (Hotel Plaza; T. 83551).

Correos y teléfonos. Correos, en la plaza de los Trabajadores, y teléfonos en la calle Primelles # Avellaneda.

Sanidad. **Hospital Provincial Clínico**, av. Hospital. T. 83213.

FIESTAS Y DIVERSIONES

La **fiesta mayor** coincide con el día de San Juan (del 24 al 29 de junio), festividad en la que se celebran los carnavales.
En la primera quincena de diciembre tiene lugar el **Festival de Danza de Camagüey**, donde participan grupos de baile nacionales e internacionales.
Cabaret Caribe. C/ Javier de la Vega. El que ofrece el mejor espectáculo. Tiene servicio de restaurante.
Los hoteles Camagüey y Puerto Príncipe tienen salas de fiestas o cabarets.
La Casa de la Trova. En la plaza de la catedral. Un local agradable con fotos de trovadores y personalidades que un momento u otro aquí estuvieron. Espectáculo de música cubana de martes a viernes, de 17 a 20.30 horas; los fines de semana se alarga hasta las once de la noche.

COMPRAS. Hay tiendas de recuerdos Artex, en la entrada a La Casa de la Trova y en el hotel Camagüey. Artesanía y discos.

ALOJAMIENTO

Camagüey. En las afueras de la ciudad, crta. Central Este, Km 4.5. Jayamá. T. 71970. Bar, restaurante y el cabaret Tradicuba. En el vestíbulo están la agencia de viajes Horizontes y Havanautos (alquiler de coches).
Villa Maraguán. Circunvalación Norte. T. 72160. En las afueras de la ciudad. Cuenta con sólo 35 habitaciones. Restaurante, piscina rodeada de tinajas y cabaret por la noche.
Plaza. C/ Horne 1, entre República y Avellaneda. T. 82413/82457. Cuenta con un bello patio interior. En su vestíbulo está la agencia de viajes Altamira. En el centro de la ciudad, frente a la estación de tren. Recientemente restaurado.

Puerto Príncipe. Av. de los Mártires 60. La Vigía. T. 82490. En el último piso está el Cabaret Panorama. En el centro de la ciudad.
Gran Hotel. C/ Maceo 67. T. 92093/92094. Fue durante muchos años el mejor hotel de la ciudad, se dejó caer; hoy restaurado tiene carácter y un vestíbulo agradable. En el mero centro.
Isla de Cuba. C/ San Esteban 453 # Popular. T. 91515. En el centro, más económico que los anteriores. Recientemente restaurado.
Colón. C/ República 274. Económico.

RESTAURANTES

En Camagüey podemos probar el «ajiaco» (un caldo compuesto de trozos de carne de res, cerdo o pollo, patatas, hortalizas a criterio del cocinero, plátano, maíz y especias); el «tasajo» (carne de res asada), el lechón asado, la «montería» (carne de res y de cerdo, bañada con salsa criolla), y como postre el «casabe» (una fina torta de harina de yuca, que ya elaboraban los primitivos habitantes de la isla).
Los hoteles Camagüey y Villa Maraguán cuentan con servicio de restaurante, además:

La Campana de Toledo. En la plaza de San Juan de Dios. Con aire colonial, buena cocina criolla y precio español.
Rancho Luna. Plaza Maceo. Cocina cubana.
La Volanta. Parque Agramonte. Cocina cubana, con la especialidad del «ajiaco».
La Tinajita. C/ Rosa # Bembeta. Cocina cubana e internacional.
Jayama. En las afueras, en el reparto de Julio A. Mella. Cocina cubana e internacional.
Nan King. C/ República. Cocina china.

ALREDEDORES

• **Playa de Santa Lucía.** *A 128 kilómetros dirección nordeste.* Ver p. 237.

• **Florida.** *A 39 kilómetros dirección Ciego de Ávila.* Una población con el único atractivo de ser punto de encuentro de cazadores y pescadores. En los cotos cercanos se pueden cazar patos, palomas, codornices y gallinas de Guinea. La pesca, en los embalses de Porvenir y Muñoz.

ALOJAMIENTO

Florida. Carretera Central, Km 536. T. 53011/53001. Un hotel sencillo, cuenta con restaurante.
Motel Florida. A unos 1.5 kilómetros de Florida. Alojamiento muy básico.

• **Archipiélago Sabana-Camagüey.** *A 79 kilómetros al norte (a 128 de Camagüey).* La segunda barrera coralina de Latinoamérica, con los cayos: Romano (la segunda isla en extensión, después de la isla de la Juventud), Guajaba y Sabinal; no cuentan con servicios turísticos, no obstante desde Playa Jigüeyo se pueden contratar barqueros que cruzando la bahía de Jigüey nos dejan en Cayo Romano.

Cayo Romano sigue conservándose tan paradisíaca como la describe Hemingway en *Islas en el golfo*, lleno de manglares y de playas sin fin. El gobierno cubano tiene programado la construcción de un macrohotel con cerca de 2.000 habitaciones. Mientras no se oferte, la forma de acceder a este cayo (y al cercano de Sabinal con las mismas bellezas) es por nuestra cuenta.

• **Santa Cruz del Sur.** *A 74 kilómetros al sudeste de Camagüey.* Población portuaria dedicada a la industria pesquera y sede de una

■ EXCURSIONES DESDE CAMAGÜEY

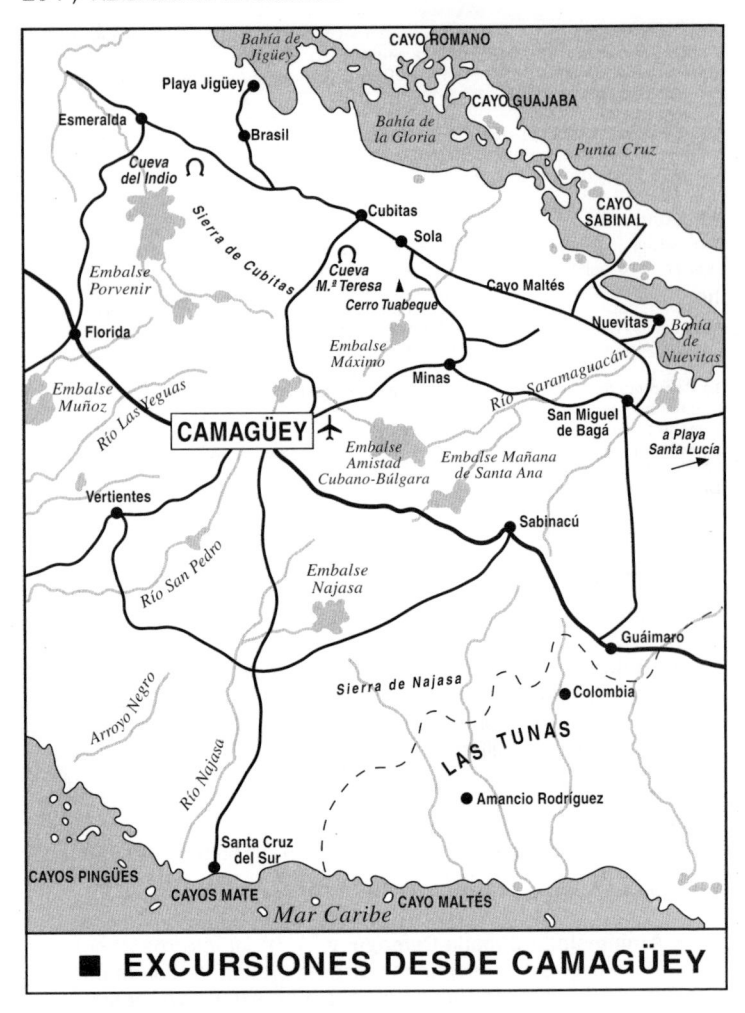

planta procesadora de conservas; no cuenta con servicios turísticos. En los alrededores, pero lejos y de difícil acceso, hay playas solitarias de fina arena blanca.

• **Guáimaro**. *A 65 kilómetros al este de Camagüey, dirección Victoria de Las Tunas.* Con el único interés histórico de ser la ciudad donde se firmó la Primera Constitución de Cuba en 1869. En el edificio donde se reunió la Asamblea hoy abre sus puertas el Museo de Historia de Guáimaro.

GASOLINERA. Cupet, a unos 500 metros de la plaza mayor.

ALOJAMIENTO. **Hotel Guáimaro**, T. 82102. Muy austero.

- **Sierra de Cubitas**. *A 70 kilómetros hacia el nordeste*. Parque natural de gran belleza e importancia por su flora y fauna, un lugar ideal para los espeólogos. Aquí la naturaleza es la reina del arte, destacando el **paso de los Paredones**, situado entre los cerros de Limones y Tuabaquey, una garganta o desfiladero de más de un kilómetro de longitud cuyas paredes verticales sobrepasan los 50 metros de altura; la luz sólo entra en el paso cuando el sol está en su cénit. Interesantes son las **cuevas de Pichardo, María Teresa, del Indio, La Tenebrosa** y **Las Mercedes**, con pinturas aborígenes sobre los hábitos y costumbres de los habitantes primitivos; el **hoyo de Bonet**, una depresión cársica formada hace millones de años, con casi 100 metros de profundidad; y la **sima de Rolando**, una caverna de 132 metros de profundidad, con 80 de ellos de caída libre y un lago con un fondo inexplorado.

■ CAYO COCO

Destino turístico de la provincia de Ciego de Ávila. A 67 kilómetros del aeropuerto internacional Máximo Gómez, a 55 de Morón y a 90 de Ciego de Ávila. CT. 33 de la provincia de Ciego de Ávila y 30 de los Cayos.

Cayo Coco, con sus casi 370 km^2, es la cuarta isla en extensión de la República de Cuba, y con sus más de veinte kilómetros de playa de fina arena blanca es, junto con la playa de Santa Lucía, la más larga de la isla.

Hasta la inauguración de un *pedraplén* (carretera de piedra) de 27 kilómetros que conectó Cayo Coco y Cayo Guillermo con la isla grande, poco, por no decir nada, se sabía de estas islas, y lo que se sabía tenía peaje literario; Ernest Hemingway habla de ellas en su novela *Islas en el golfo*, y, por descontado, Cristóbal Colón en su diario.

Colón bautizó estos cayos y todos los que quedan hacia el este como el archipiélago de los Jardines del Rey (hoy archipiélago Sabana-Camagüey), pero no se adentró en ellos temiendo la poca profundidad y lo traicionero de estas aguas; con el catalejo dio noticia de las islas.

A la entrada del *pedraplén* está la garita de pago, un dólar por rueda si se accede en coche conducido por ciudadano extranjero y un dólar por persona si se accede en un coche de alquiler conducido por un cubano; pocos kilómetros después es posible un riguroso control de policía. Cruzando la bahía de Perros quedan a nuestra derecha el Cayo Largo La Salina y más lejos los cayos Alto y Judas.

El Parador La Silla, restaurante y observatorio de aves, nos anuncia que ya hemos llegado a Cayo Coco, un lugar ideal para descansar; uno de los mejores lugares del mundo para pasar una estancia corta o larga. Y por qué una afirmación tan contundente: porque es Parque Natural, con más de 150 variedades de aves, porque tiene playas de arena blanca, porque sus aguas son de un color verdeazulado y de una transparencia impar, porque hay la posibilidad de hacer excursiones por el cayo y a los vecinos de Guillermo y Romano (provincia de Camagüey), porque se pueden practicar todos los deportes marítimos conocidos y porque está alejado de núcleos urbanos.

El punto de partida de cualquier actividad en Cayo Coco hoy se articula en partir del hotel Club Tryp Cayo Coco (ver más adelante) a la espera de la abertura de los hoteles Las Terrazas y El Peñón (hoteles en construcción que pueden ser inaugurados con otro nombre). Desde este hotel se organizan diversas y variadas excursiones: hacia el este, a Punta Coco y Punta Bautista (con la Marina Aguas Tranquilas), y a las playas del Norte y Los Pinos, en el Cayo Paredón Grande, después de atravesar Cayo Romano; imprescindible un 4x4. Hacia el oeste se va a Punta del Puerto, playa Los Flamencos (3 kilómetros de longitud, donde hay bandadas de flamencos, de ahí su nombre), Punta del Tiburón, y las playas La Jaula, Caleta y del Perro, y más allá, cruzando un puente, a Cayo Guillermo (ver más adelante); en el interior del cayo está El Sitio La Güira, un antiguo asentamiento de carboneros, la primera actividad de la isla, hoy un restaurante y bar que recrean la vida campestre.

DATOS ÚTILES

Aeropuerto internacional Máximo Gómez. T. 25717. A 67 kilómetros. En este aeropuerto aterrizan los aviones procedentes de España, y de otros países.

Aeropuerto local Cayo Coco. T. 301165. A 20 kilómetros del hotel Club Tryp Cayo Coco. Vuelos nacionales con La Habana, Varadero y Baracoa. De aquí salen aerotaxis con destino a otros lugares de la isla.

Sanidad. Clínica Internacional Cayo Coco, en el hotel Club Tryp Cayo Coco. **Hospital General Provincial**, en Morón.

ALOJAMIENTO

Club Tryp Cayo Coco. T. 301311/1300, fax 301386. Situado enfrente y en medio de Playa Larga. El mayor complejo hotelero de Cuba, casi 1.000 habitaciones, pero bien distribuidas y diseñadas. Fue inaugurado por Fidel Castro. Hoy por sus servicios y calidad es en sí un destino turístico. Ofrece un servicio de «todo incluido» de alta calidad, con vino español en las comidas. No se trata de que lo aconsejemos pues al no haber otro, no hay alternativa, pero es un acierto pasar unos días en Cayo Coco y en este hotel. Su estanco es uno de los puntos de venta exclusivos de los habanos, y en especial los vegueros de Pinar del Río, compre seguro.

Organizan excursiones por los alrededores y también a La Habana, Morón, Santiago, etcétera. Alquiler de bicicletas, motos y coches.

DIVERSIONES

Club Tryp Cayo Coco, cuenta con discoteca, además, a 5 kilómetros se localiza **La Cueva del Jabalí**, una sala de fiestas en una cueva natural; cuenta con servicio de restaurante.

Para los amantes del buceo está el **Centro Internacional de Buceo** al oeste del hotel; y desde la **Marina Aguas Tranquilas** parte regularmente catamaranes a recorrer los alrededores (ver p. 315, Buceo en Cuba).

ALREDEDORES

• **Cayo Guillermo**. *A 33 kilómetros (a 123 km de Ciego de Ávila).* Antes de la inauguración del hotel Club Tryp Cayo Coco, los

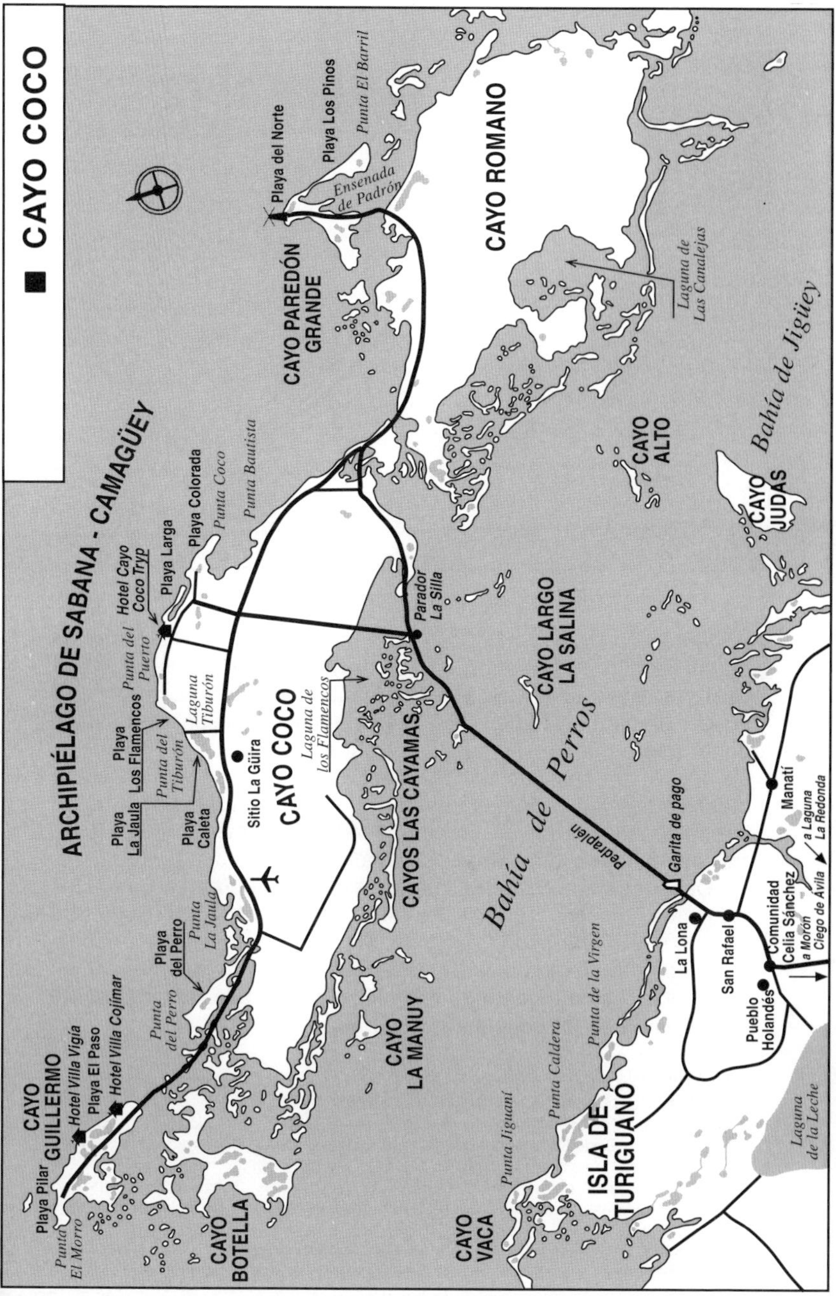
CAYO COCO
ARCHIPIÉLAGO DE SABANA - CAMAGÜEY
CAYO GUILLERMO
Playa Pilar
Hotel Villa Vigía
Playa El Paso
Hotel Villa Cojímar
Punta El Morro
CAYO BOTELLA
Punta del Perro
Playa del Perro
Punta La Jaula
Playa La Jaula
Playa Caleta
Punta del Tiburón
Playa Los Flamencos
Laguna Tiburón
Punta del Puerto
Hotel Cayo Coco Tryp
Playa Larga
Playa Colorada
Punta Coco
Punta Bautista
Sitio La Güira
CAYO COCO
Laguna de los Flamencos
CAYOS LAS CAYAMAS
Parador La Silla
CAYO LA MANUY
CAYO VACA
CAYO PAREDÓN GRANDE
Playa del Norte
Ensenada de Padrón
Playa Los Pinos
Punta El Barril
CAYO ROMANO
Laguna de Las Canalejas
CAYO ALTO
CAYO JUDAS
Bahía de Jigüey
CAYO LARGO LA SALINA
Bahía de Perros
Pedraplén
Garita de pago
Punta Jiguaní
Punta Caldera
Punta de la Virgen
ISLA DE TURIGUANÓ
La Lona
San Rafael
Pueblo Holandés
Comunidad Celia Sánchez
a Morón
Ciego de Ávila
a Laguna La Redonda
Manatí
Laguna de la Leche

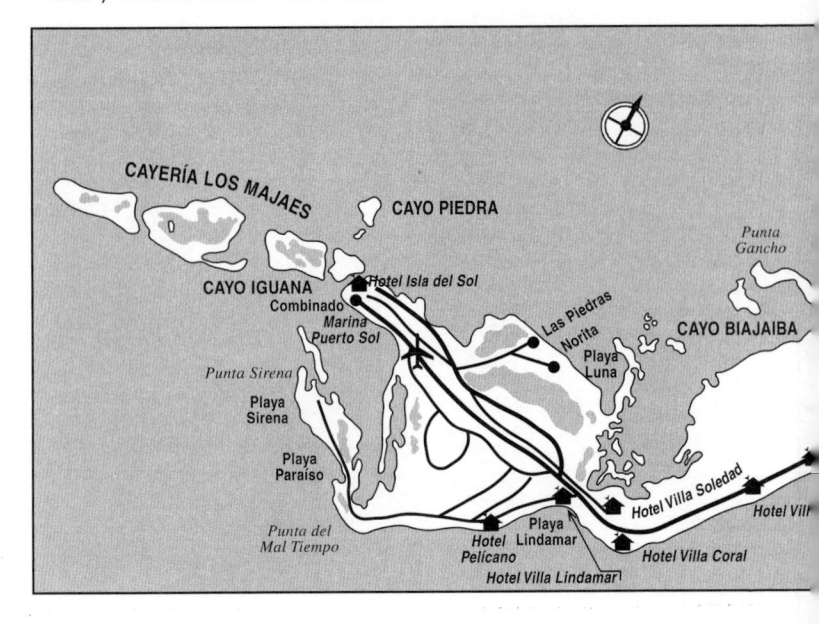

visitantes cruzaban Cayo Coco y se dirigían a Cayo Guillermo sin detenerse en el primero; era un trayecto más atractivo. Cayo Guillermo era frecuentado por los amantes de la pesca, lectores de Ernest Hemingway (quien dejó escrito «aquí, la mejor y más abundante pesca que uno se pueda imaginar»). El cayo, con 15 km^2, es un rincón con paisajes de gran belleza: sus playas son de arena blanca y sus aguas transparentes, rodeadas de manglares y en el interior bandadas de ruiseñores posadas en almácigos (lentisco), *abinas*, caobas y otras especies arbóreas.

Después de cruzar el puente y dejar atrás Punta La Canal, los próximos puntos turísticos son: Marina Cayo Guillermo (T. 0301738), playas El Paso y del Medio y, antes de llegar al final del cayo, Playa Pilar, bella y repleta de resonancias literarias, no en vano recibió este nombre en memoria del yate que Hemingway utilizaba para sus excursiones pesqueras.

ALOJAMIENTO

Villa Vigía. Cayo Guillermo. T. 301760, fax 301748.
Villa Cojímar. Cayo Guillermo. T. 301012, fax 335554. Servicio «todo incluido». Restaurante La Bodeguita de Guillermo, una imitación de La Bodeguita del Medio en La Habana.
Ambos hoteles son confortables y ofrecen buenos servicios. Concurridos por turismo alemán, canadiense e italiano mayoritariamente. Los prospectos publicitarios obvian el castellano.
Villa Daiquiri. Cayo Guillermo. De reciente construcción; cuenta con 312 habitaciones. Las instalaciones llevan el nombre de alguna novela de Ernest Hemingway.

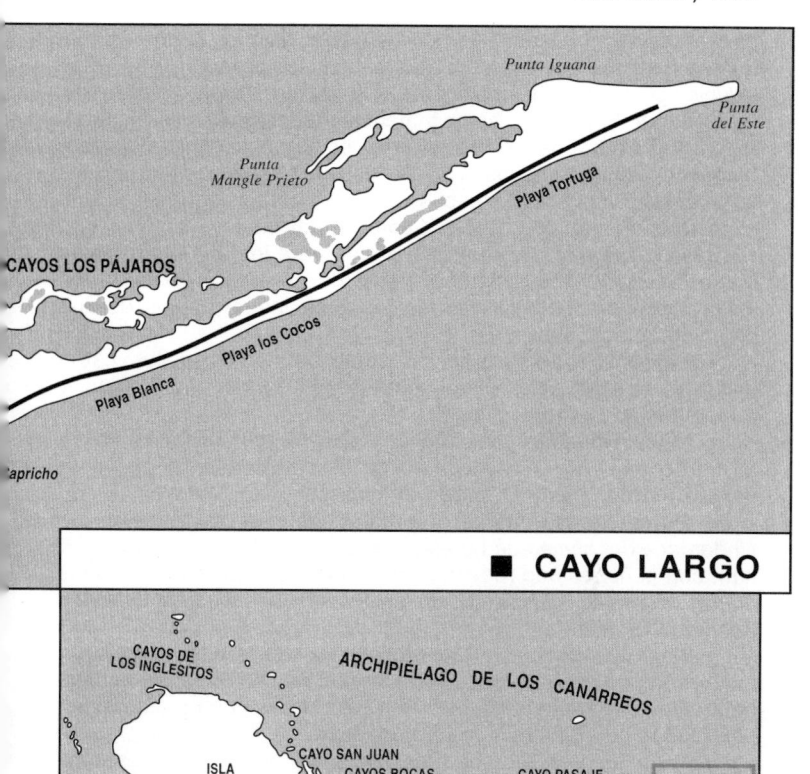

■ CAYO LARGO

Situado en el extremo oriental del archipiélago de Los Canarreos. A 177 kilómetros de La Habana, a 170 de Varadero, a 125 de Cienfuegos, a 140 de Nueva Gerona (isla de la Juventud), a 550 de Cancún (México), a 580 de Nassau (Bermudas), a 300 de Gran Caimán y a 620 de Kingston (Jamaica). CT. 53.

Este cayo de forma alargada y estrecha (entre 1 y 6.5 kilómetros) se localiza al sudoeste de Cuba. Su temperatura promedio de 26º C y su índice de lluvias, uno de los más bajos del país, han disparado las alertas: estamos ante un paraíso –¿por cuánto tiempo?–; para los amantes del sol, la pesca, la inmersión (ver p. 344), los paisajes únicos, la soledad, la contemplación de las aves, los largos paseos al amanecer o atardecer por sus largas playas... Precisando: en toda su costa sur, unos 20 kilómetros de arena blanca, fina y suave, acariciados por las aguas del mar Caribe, encontraremos aguas transparentes y tranquilas. La parte norte, más salvaje, es reinado de manglares, hábitat de iguanas y lagartos, aunque todo Cayo Largo es un inmenso edén donde conviven gaviotas reales, pelícanos, corúas, pitirres, sinsontes, colibríes, garzas, flamencos, chinchiguacos y, entre los quelónidos, desde la diminuta tortuga hasta gigantescos careyes y jútias (entre ellas una especie endémica de Cuba, la *Capromis garridoi*).

Cayo Largo es un verdadero paraíso para los que disfrutamos con el silencio y los paseos a orillas de un mar inmaculado; un lugar donde practicar casi todas las actividades propias de una estancia de sol y playa.

• **Playas Sirena** y **Paraíso**, las de aguas más tranquilas; están ubicadas al oeste, entre Punta Sirena y Punta del Mal Tiempo, y protegidas de vientos y oleajes.

• **Playa Lindamar**, ubicada en una inflexión de la costa en forma de concha y enmarcada por rocas blancas. Va desde Punta del Mal Tiempo hasta el núcleo de hoteles.

• **Playa Blanca**, inmediatamente después de la playa de Lindamar y del núcleo de hoteles. Es la más extensa del cayo (7.5 km), con peñones que rodean el mar formando apartados recodos donde se puede vivir la ilusión de la soledad absoluta al estilo Robinson Crusoe.

• **Playa los Cocos**, por los cocoteros que le dan sombra. En sus fondos se encuentran las cuadernas y mástiles de un antiguo naufragio. Tiene aguas bajas a lo largo de sus cuatro kilómetros, con fondos de arenales y rocas coralinas.

• **Playa Tortuga**, situada en el extremo este del cayo; es el lugar elegido por centenares de tortugas para desovar en sus apacibles arenas. Esta playa está especialmente protegida y se ha creado un centro para la salvaguarda de las tortugas (quelónidos) marinas, que se pueden contemplar en un estanque.

• **Playa Luna**, es la única de la parte norte, de aguas muy tranquilas y arenas firmes, la orilla va descendiendo en una suave pendiente submarina.

• Y en las cercanías se encuentran los cayos **Rico**, **Rosario**, **Cantiles** y **Los Ballenatos** (todos ellos hacia el oeste), **Iguana** (llamado así por sus colonias de iguanas) y **Los Pájaros** al norte ambos. A los cuatros primeros, alejados, se accede en canoa o barca, especialmente Cayo Cantiles, que cuenta con una población de simios. Los otros dos están cerca de Cayo Largo. Son excursiones agradables y recomendables, son lugares aún más solitarios que Cayo Largo e ideales para practicar el buceo por la belleza de sus fondos y la riqueza de su fauna aunque por ahora carecen de infraestructura para esta práctica deportiva.

También la pesca es otra actividad que podemos practicar, Cayo Largo posee excelentes lugares donde es posible una buena pesca; además de los citados, tenemos: Banco de Jagua, Canto de Cazones, Cayo Ayalos, Cayo Piedra, Cayo Cigua y Puntalón. Los aficionados a la pesca, pueden intentar la captura de hermosas piezas: caballerotes, cuberas, biajaibas, macabíes, chernas, pargos, aguajíes, bonitos, agujas (blancas, casteros y voladores), etcétera.

DATOS ÚTILES
Información turística. T. 48219 y en el vestíbulo del hotel Isla del Sur.

Aeropuerto internacional Vilo Acuña. T. y fax 48205/6/7. Recibe vuelos directos desde Italia y Canadá. También desde La Habana, Varadero e isla de la Juventud, Cienfuegos y Santiago, además de aerotaxis.

Marina Puerto Sol o **Cayo Largo del Sur**. Desde donde parten las embarcaciones a los distintos cayos e islas cercanas. Hay servicio regular o se puede alquilar una embarcación y hacer un recorrido por los cayos.

Cambio de moneda. **Banco Nacional de Cuba**, T. 48225. De 8 a 17 horas; cierra los domingos.

Alquiler de coches. **Transtur**, T. 48245.

Agencias de viajes. **Rumbos Cuba** (T. 48172/3, fax 48176), **Cubatur** (T. 48218) y **Rumbos Cayo Largo** (T. 48174, fax 48176).

Teléfonos. Frente al hotel Isla del Sur, T. 48010, fax 40009. De 7 a 19 horas.

Sanidad. **Clínica Cayo Largo** (T. 48238); en los hoteles Isla del Sur e Iguana hay un servicio de asistencia médica.

COMPRAS
Carretes de fotografía o revelado, **Photoservice** (T. 48172/3, fax 48176); recuerdos y demás compras en general en las **Tiendas Caracol** (T. 48210), abiertas de 9 de la mañana a 9 de la noche.

ALOJAMIENTO
Complejo Hotelero Isla del Sur. T. 0548111-118, fax 48201/48160, compuesto por los siguientes establecimientos: **Isla del Sur**, durante años el único hotel del cayo. Ubicado en un promontorio que despunta entre las playas de Lindamar y Blanca, es el que ofrece los mejores servicios del lugar. Cuenta con el restaurante Los Canarreos, y la discoteca Top Caribe; **Villa Capricho**, cabañas independientes y todos los servicios, cuenta con el restaurante Merlin Azul; **Villa Iguana**, atención médica y restaurante El Gavilán; **Villa Coral**, con el restaurante La Pizoletta. **Villa Soledad** y **Villa Lindamar** (cabañas), sin servicio de restaurante, completan el Complejo Hotelero.
Pelícano. T. 0548333/36, fax 48116/48167. El de mayor capacidad del cayo, 230 habitaciones. Cuenta con los restaurantes Campanario, Zunzún y Ola Caribeña.
Villa Internacional. Marina Puerto Sol. Es el más pequeño, 8 habitaciones; sólo ofrece la «pura» cama.

■ CAYO SAETÍA
Isla de 42 km² de la provincia de Holguín.

En 1947, un grupo de revolucionarios intentó derrocar al presidente de la República Dominicana, Rafael Leónidas Trujillo. La misión fue abortada por la marina cubana que detuvo a unos cuantos expedicionarios; otros consiguieron escapar, entre ellos Fidel Castro, quien desembarcó en estas costas como bien recuerda una lápida. Poco podía imaginar Castro que con los años aquella playa y sus alrededores se convertirían en uno de los lugares más atractivos para el turismo en Cuba.

Cayo Saetía cierra con un puente colgante por el oeste la bahía de Nipe, la más grande de la isla y la segunda del mundo después de la bahía de Hudson, en Canadá, y por el este la Boca de Carenerito cierra la bahía de Levisa.

En un principio Saetía se pensó como un coto de caza mayor y menor y todo el cayo como una reserva de animales salvajes y domésticos. Se pueden cazar antílopes, venados, jabalíes y toros y se pueden contemplar: búfalos de agua, vacas, cebras, cebús, caballos, etcétera, además de los reptiles propios de la zona: jutías, iguanas y lagartos. En los últimos años se ha abierto Cayo Saetía al turismo convencional, el que busca un lugar para descansar, bañarse en sus aguas claras (playas Gaviota, El Peñón, Manantial, La Almendra), practicar el *snorkeling*, la pesca deportiva y navegar por las dos bahías o a mar abierto. Tanto una estancia más o menos larga como una excursión, valen la pena.

El único desatino del lugar está en las excursiones en jeep, llamadas safaris, en las que el chófer se empeña en acosar a las manadas de los antílopes, cortándolas en dos con su 4x4.

DATOS ÚTILES

La empresa cubana Gaviota (asociada con mayoristas españoles) se encarga de tramitar los permisos de caza y la entrada de armas.
El pequeño helipuerto recibe tanto a helicópteros como aerotaxis provenientes de Santiago de Cuba, Santa Lucía y Guardalavaca.

ALOJAMIENTO

Hacienda Cayo Saetía. T. 2445350 y fax 7335571. El pequeño hotel consta de 11 cabañas dobles (aunque hay el proyecto de construir cinco más) y un buen servicio; el entorno es magnífico. Una curiosidad es el güiro de la entrada, árbol que da como fruto una especie de calabaza, que seca se utiliza tanto como vasija como en rituales de la santería. Existe la opción de comer en Playa Gaviota entre bosques de júcaros y acompañados de las puntuales iguanas.

■ CIEGO DE ÁVILA

Capital de la provincia del mismo nombre. A 100 kilómetros de Camagüey, a 74 de Sancti Spíritus, a 442 de Santiago de Cuba, a 434 de La Habana, y a 90 de Cayo Coco. Aproximadamente 80.000 habitantes. CT. 33.

Fundada en 1877, Ciego de Ávila es una ciudad sin interés para el viajero. Con escasa actividad económica y con el ajetreo propio de una ciudad circundada por la carretera principal. El pulso ciudadano se localiza en el parque Martí y en las calles adyacentes de Libertad (Casa de la Trova), Independencia (restaurante Colonial, Centro Provincial de Arte), Honorato del Castillo (hotel Santiago Habana) y Marcial Gómez; las casas de estas calles y de otras están pintadas con colores pastel y muchas de ellas tienen columnas.

DATOS ÚTILES

Información turística. Islazul, c/ Joaquín Agüero 85. T. 25314.

ALREDEDORES DE CIEGO DE ÁVILA / 113

Aeropuerto Internacional Máximo Gómez. A 23 kilómetros. Desde el punto de vista del turismo, diríamos que es el aeropuerto de Cayo Coco. T. 25717.

Cubana de Aviación. C/ Chicho Valdés 83 # Maceo y Honorato del Castillo. T. 25316.

Terminal de ómnibus. En la crta. de La Habana-Camagüey y entre las calles Independencia y Máximo Gómez.

Alquiler de vehículos. Tansautos, en el hotel Ciego de Ávila (T. 28013/28440).

Gasolinera. Cupet-Cimex, en la carretera a Morón, vía Cayo Coco, T. 25812.

Agencia de viajes Cubatur, en el hotel Ciego de Ávila. T. 28790.

Sanidad. Hospital General Antonia Luaces Iraola.

ALOJAMIENTO

Ciego de Ávila. Crta. a Ceballos, Km 2.5. T. 28013. En las afueras de la ciudad. Cuenta con una piscina y una discoteca.
Santiago Habana. C/ Honorato del Castillo. T. 25703. En el mero centro de la ciudad. Cuenta con discoteca.

RESTAURANTES. Los dos hoteles de la ciudad cuenta con servicio de restaurante, además: **Colonial** (c/ Independencia) **y Don Pepe** (c/ Joaquín Agüero).

ALREDEDORES

- **Morón**. *A 35 kilómetros en dirección Cayo Coco*. Conocida por los amantes de la caza (más de una decena de cotos de caza en los alrededores) y la pesca (las lagunas de La Leche y La Redonda), la ciudad tiene un par de curiosidades. Una, en forma de escultura, es el recuerdo de un gallo que cantaba dos veces, al igual que su homónimo sevillano de Morón de la Frontera (ya saben aquello de: «se quedó sin plumas y cacareando»), y la otra son los restos de las fortificaciones españolas que en el siglo XIX levantaron los españoles entre esta ciudad y Júcaro, en el sur de la provincia, para frenar el avance de los independentistas al mando del general Máximo Gómez.

La ciudad está hermanada con la ciudad sevillana de Morón de la Frontera y Pío Leyva, uno de los mejores cantantes de son montuno, es natural de esta población.

ALOJAMIENTO
La localidad cuenta con dos hoteles: **Centro de Caza Horizontes** (crta. de Ciego de Ávila a Cayo Coco # calles 4 y 3), un hotel pequeño y sencillo, con 7 habitaciones, y el **Morón** (av. Tarafa s/n, T. 53901/5, fax 53076), lugar de encuentro de los cazadores, es más grande y cuenta con restaurante, cafetería, discoteca, piscina; en fin, con mejores servicios.

- **Laguna de la Leche**. *A 6 kilómetros en dirección norte*. Su nombre le viene dado por el color blanco que adquieren sus aguas cuando sopla el viento y remueve las grandes concentraciones de yeso y caliza depositadas en el fondo. Es la mayor reserva de agua dulce de la isla y lugar de caza de patos, faisanes y palomas torcaces. En La Boca hay un embarcadero, con restaurante, desde el que se pueden alquilar barcas para recorrer la laguna.

En la otra punta de la laguna se encuentra **Aguachales de Falla**, un sistema de siete lagunas y decenas de pequeñas ciénagas, en el que se ha instalado un coto de caza que dispone de más

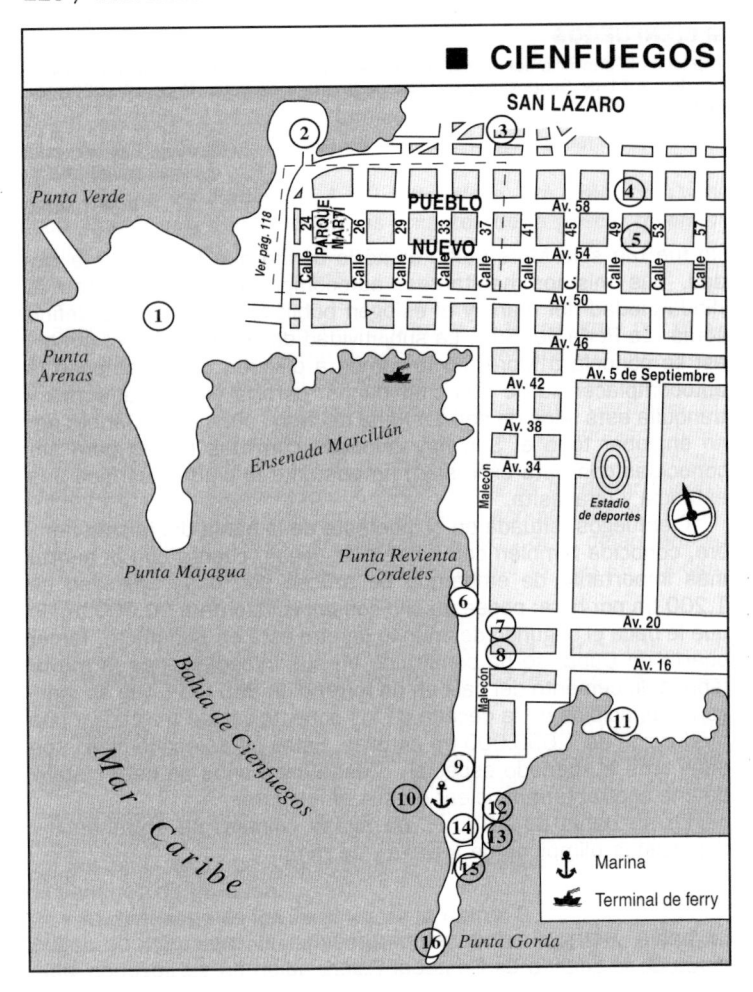

más tarde se cambió el topónimo por el actual en honor del gobernador español.

El plano de la ciudad es de tipo colonial, de trazado regular con calles anchas y rectas orientadas de norte a sur, y de este a oeste. Gracias a la abertura de la línea de ferrocarril la ciudad alcanzaría en 1861 los 10.000 habitantes, y a finales del siglo XIX su población ascendía a 30.000 personas, situándose en esos años como la cuarta ciudad de Cuba.

A lo largo del siglo XX se ha visto superada por otras poblaciones como Villa Clara, Holguín, Camagüey...

1 Cementerio de La Reina	9 Rte. El Cochinito
2 Museo Histórico Naval Nacional	10 Marina Jagua
	11 Rte. La Laguna del Cura
3 Hotel Perla del Sur	12 Clínica Internacional
4 Estación de tren	13 Rte. La Cueva del Camarón
5 Terminal de ómnibus	14 Hotel Jagua
6 Rte. La Casa Caribeña	15 Palacio de Valle
7 Havanautos	16 Centro La Punta
8 Gasolinera	

VISITAS DE INTERÉS

La ciudad se articula a partir de la calle 37, conocida como paseo del Prado, que va de norte a sur, y tiene su punto central alrededor del parque José Martí (antigua plaza de Armas), y la avenida 54, un bulevar peatonal.

• **Parque José Martí**. Monumento Nacional, *está ubicado en la plaza de Fernandina, donde se inició la construcción de la ciudad.* Antigua plaza de armas, está considerado como uno de los parques más bonitos de Cuba, con mármoles tallados, jardines, árboles, glorietas y en su centro el monumento a José Martí. El parque está rodeado por diferentes edificaciones de estilo ecléctico, de escaso valor artístico pero cierto interés histórico.

• *En el lado este del parque José Martí* se levanta la **Catedral de la Purísima Concepción**. Sobre la antigua iglesia de 1819, se reconstruyó esta basílica, bendecida como iglesia el 7 de diciembre de 1867 y elevada al rango de catedral en 1917. Presenta cinco naves que alcanzan en total un ancho de 21 metros y una profundidad de 50 metros. Dignos de mención son los vitrales de las doce ventanas superiores, con las imágenes de los 12 apóstoles.

• *En el lado norte de la plaza* tenemos, de este a oeste, el **Colegio San Lorenzo**, un edificio ecléctico de principios del siglo XX que hoy alberga una escuela. A continuación del colegio está el **Teatro Tomás Terry**, de estilo ecléctico como la mayoría de edificios de la ciudad; fue inaugurado el 11 de marzo de 1890 con una capacidad para más de mil espectadores y es uno de los más antiguos de la ciudad y uno de los tres teatros cubanos más relevantes del siglo XIX. La estatua en mármol de Tomás Terry, personalidad cienfueguera, preside el vestíbulo. El techo y los telones del escenario están ricamente ornamentados con óleos.

• **Galería de Arte Universal**, *en la misma acera que el colegio San Lorenzo y el teatro Terry y después de cruzar la calle 27.* Muestra exposiciones periódicas de pintores, grabadores, fotógrafos y escultores locales.

• **Palacio Ferrer**. *Av. 54 # calle 25, en el lado oeste del parque.* Es otro edificio ecléctico, construido en 1918, representativo del gusto de las clases más acomodadas de la sociedad cienfueguera. Desde su mirador se disfruta de una buena visión de la ciu-

CIENFUEGOS (Pueblo Nuevo)

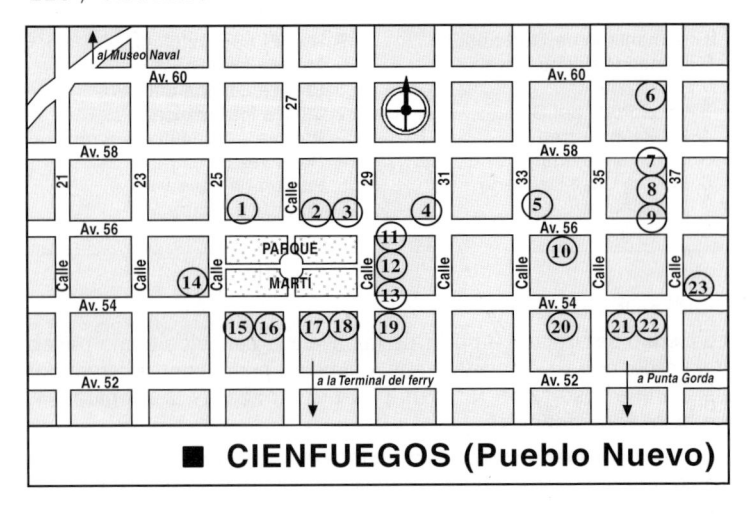

1. Galería de Arte Universal
2. Teatro Tomás Terry
3. Colegio de San Lorenzo
4. Banco Nacional
5. Hotel San Carlos
6. Rte. El Mandarín
7. Casa de la Cultura
8. Rte. 1819
9. Rte. El Pollito
10. Casa de cambio
11. Catedral de la Purísima Concepción
12. Rte. Polinesio
13. Casa del Fundador
14. Palacio Ferrer (Uneac)
15. Bienes del Fondo Cubano
16. Taberna Palatino
17. Museo Provincial de Cienfuegos
18. Antiguo Ayuntamiento
19. Banco Financiero Internacional
20. Rte. La Verja
21. Cafetería El Rápido
22. Librería Dionisio San Román
23. Cine Prado

dad. Actualmente alberga el UNEAC y la Casa de la Cultura, donde se ofrecen diferentes actividades culturales.

• **Taberna Palatino**, *en el lado sur del parque*, es el edificio más antiguo de la plaza y actualmente alberga un bar-restaurante (ver Restaurantes más adelante).

• **Museo Provincial de Cienfuegos**. *Av. 54 # calles 27 y 29, en el lado sur del parque*. Expone documentos, muebles, armas y otros objetos de los siglos XIX y XX pertenecientes a los fundadores de la ciudad, habitantes y posteriores patriotas, junto con objetos de arqueología indígena.

• **Ayuntamiento de Cienfuegos**. *En la misma acera que el Museo Provincial y en el lado sur del parque*. Hoy alberga la Asamblea Provincial del Poder Municipal. Un edificio en la misma línea arquitectónica que el resto de los que rodean el parque.

• **Casa del Fundador**. *En el lado este y cerrando el parque*. Perteneció a Louis D'Clouet, el capitán del grupo de colonos franceses que arribaron a Cienfuegos en 1819. Es un edificio de dos plantas, con las característica típicas de las construcciones de la primera mitad del siglo XIX.

- **Cementerio General de Cienfuegos** o **La Reina**. *Saliendo del parque José Martí hacia el oeste, a pocas manzanas de éste*. Inaugurado el 21 de junio de 1839, veinte años después de la fundación de la ciudad y en la barriada de La Reina, constituye en sí una curiosa obra arquitectónica. Entre sus esculturas de bajorrelieve destaca la denominada *La Bella Durmiente*, considerada una obra cumbre del siglo XIX en el arte funerario cubano.

Desde el barrio de La Reina salen tres puntas que se adentran en la bahía: Punta Verde, Punta Arenas y Punta Majagua, esta última al sur del cementerio La Reina, donde se levantó a los pies de una majagua *(Hibiscus tiliaceus)* el primer asentamiento de la ciudad.

- **Museo Histórico Naval Nacional**. *Calle 21 # avenidas 62 y 64, al noroeste y a pocas manzanas del parque José Martí*. El 5 de setiembre de 1957 marineros de la Base Naval de Cienfuegos, apoyados por estudiantes y miembros del Movimiento 25 de julio, se sublevaron contra el régimen de Fulgencio Batista y durante varias horas se apoderaron de la ciudad. Los estudiantes se hicieron fuertes en el colegio de San Lorenzo ya mencionado. El museo muestra testimonios de esa acción así como una valiosa recopilación de informaciones y muestras de la historia de la marina de guerra.

- **Paseo del Prado**. La auténtica columna vertebral de Cienfuegos. El paseo fue construido en 1912 y recuerda a su homónimo de La Habana, aunque es más estrecho y más largo; como aquél está adornado de pedestales con bustos de personalidades locales, y al igual que aquél, flanqueado por casas porticadas, y diversos restaurantes, cines, y bares. Es lugar de paseo y de encuentros. Las bicicletas circulan en este paseo por la izquierda, otra rareza cubana.

- **Palacio de Valle**. *Al final del paseo del Prado, frente al hotel Jagua, en Punta Gorda*. Es el edificio más representativo de la ciudad. Construido en 1917 tiene influencias mudéjares, góticas, venecianas, pero sobre todo cubanas variante cienfueguera. Es uno de los más claros ejemplos del eclecticismo arquitéctonico de finales del siglo XIX y principios del XX. Hoy alberga un restaurante, amenizado por Carmencita, una cantante que por si misma justifica la cena. Ver más adelante, en Restaurantes.

Más allá del palacio de

Valle y antes de llegar a Punta Gorda, se cruza una barriada conocida como La Punta, con casas de madera porticadas frente al mar.

- **Cementerio Tomás Acea**. Monumento Nacional. Después de la necrópolis Cristóbal Colón de La Habana y junto con el cementerio de Santiago de Cuba, es el más interesante de Cuba. Ubicado en las afueras de la ciudad *(Av. 5 de Septiembre, dirección playa de Rancho Luna)*, fue construido en 1926 a instancias de la familia Acea, una de las más pudientes de aquellos años. Integrado en el paisaje, lo que más resalta es la reproducción del Partenón de Atenas, única existente en América Latina, construida para guardar los restos de Tomás Acea. Otro destacado monumento funerario es el construido en honor de los mártires del levantamiento del 5 de setiembre de 1957.
- **Bahía de Cienfuegos**. Es con sus 26 kilómetros de perímetro y sus 80 km^2 de superficie una de las bahías más bonitas de Cuba. Conocida también con el nombre de bahía de Jagua, la forman varias ensenadas (Marsillán, Boullón, etcétera), y desembocan varios ríos (Damuji, Caunao, Salado y Arimao). Para acceder a ella desde alta mar hay que atravesar un canal.

Hay unas pequeñas embarcaciones que por un módico precio recorren la bahía. Es aconsejable embarcar a última hora de la tarde, cuando el sol desciende lentamente y el calor no es tan intenso como al mediodía. Una excursión muy agradable.

DATOS ÚTILES

Información turística. En el momento de redactar esta guía, no nos consta que funcione alguna oficina con este servicio. Se puede recabar información en los hoteles Jagua y Rancho Luna.

Aeropuerto internacional Jaime González. Carretera Caunao, finca La Ceiba. T. 5868 y 3264. Aunque está anunciado como internacional es un aeropuerto chiquito, con muy pocos vuelos.

Terminal de ómnibus. C/ 49 # av. 56 y 58. Reservas e información en el T. 6050/9358.

Cambio de moneda. Banco Financiero Internacional, en el parque Martí.

Alquiler de vehículos. Havanautos, c/ 37 # calles 18 y 20 y en los hoteles Jagua y Rancho Luna.

Gasolinera. En Punta Gorda, c/ 37 # av. 16 y en la carretera dirección Rancho Luna.

Excursiones. Crucero (cuatro días) en el barco de lujo *Meliá Don Juan* que sale de Cienfuegos los lunes en dirección: Santiago de Cuba, Cayman Brac (islas Caimán) y bahía Montego (Jamaica). Los jueves, en un crucero de tres días recorre Gran Caimán y Cayo Largo. Información en hoteles Meliá (T. 5 66 7013, fax 5 66 7162, de Varadero).

Agencia de viajes. Altamira (av. 56, 3110 # calles 31 y 33; T. 3171), **Rumbos** (c/ 20, 3905 # calles 39 y 42; T. 9645) y **Havanatur** (en el hotel Rancho Luna).

Sanidad. Clínica Internacional, c/ 37, 202 # calles 2 y 4. T. 7008.

Librería Dionisio San Román. Paseo del Prado # bulevar San Fernando, una buena librería.

FIESTAS Y DIVERSIONES

Las fiestas más movidas son las del **Carnaval**, que tiene lugar en el mes de agosto. Cada dos años coincidiendo con el Carnaval se celebra el **Festival Internacional de Música Benny Moré** (Moré era natural del cercano pueblo de Lajas).

En la segunda quincena de abril, tienen lugar las fiestas fundacionales de la ciudad, en las que destacan la **Fiesta del Camarón** y las carreras de regatas en la bahía; recordemos que en esta bahía suele entrenarse el equipo olímpico de remo.
Hay dos celebraciones con carácter afrocubano, como son el **Rumbón de Santa Bárbara** (Changó) que se celebra el día 4 de diciembre, y los **Bembés de Santo**, de fecha mudable. El Bembé es una fiesta dedicada a los *orishas* (divinidades) en la que se usan tres tambores de troncos de palma y de un solo cuero, que han debido ser tensados con candelas.
Otras fiestas menores tienen carácter patriótico, como la celebración cada 5 de setiembre del alzamiento de los marinos de la Base Naval de Cienfuegos contra Fulgencio Batista en 1957; o religioso, como la celebración cada 8 de diciembre de la Purísima Concepción, patrona de la ciudad.
Los amantes de las discotecas, las tienen en los hoteles Jagua y Pasacaballo, y en las sobremesas del restaurante **La Cueva del Camarón**.
Quienes quieran una rareza cubana la tienen en el **Palacio de Valle**, donde Carmencita, una mulata de pelo cano crespado y mirada perdida, nieta de Nicolás Guillén, acompañada de su piano de cola cantará y e interpretará con sentimiento canciones solicitadas: «Se nos rompió el amor, de tanto usarlo», nos lo cantó, o nos lo dijo. Recomendable.

ALOJAMIENTO

Jagua. C/ 37, 1 # calles 0 y 2. T. 3021/25, fax 667454. Al final del Paseo del Prado; desde sus habitaciones superiores se ve una buena vista de la ciudad y de la bahía. Cuenta con piscina y discoteca. Como anécdota digamos que en su séptimo piso habita una colonia de saltamontes.
Perla del Sur. C/ 37 # av. 60 y 62.
Ciervo de Oro. C/ 29 # av. 56 y 58.
San Carlos. Av. 56 # calles 33 y 35.
Estos tres últimos hoteles son sencillos y pensados para el turismo cubano.

Ya fuera de la ciudad:
Pasacaballo. Carretera de Rancho Luna, Km 22. T. 096 212 y 280. Cuenta con piscina y discoteca. Sobre una elevación y en la entrada a la bahía. Se puede acceder a la ciudad en barca.
Punta La Cueva. Crta. de Rancho Luna, Km 3.5. T. 3956/59 y 8703. Cuenta con piscina y discoteca. No tan alejado como el anterior.

RESTAURANTES

Los hoteles citados ofrecen servicio de restaurante, además:
Palacio de Valle. Paseo del Prado, junto al hotel Jagua, y en los bajos de dicho palacio. Comida criolla y mariscos y pescados, acompañada con música al piano de nuestra apreciada Carmencita.
La Cueva del Camarón. Paseo del Prado, cerca del hotel Jagua. Como su nombre indica, la especialidad es el camarón.
El Cochinito. Paseo del Prado. Especialidad en cerdo.
La Casa Caribeña. Paseo del Prado # av. 20 y 22. Mariscos y cocina caribeña.
Taberna Palatino. Parque José Martí. La casa de comidas más antigua de Cienfuegos. Próxima a una tasca española: sirven queso y embutidos.
Polinesio. Parque José Martí. Cocina internacional.
La Verja. Av. 54. T. 6311. El más elegante y con la mejor cocina. Los sábados por la noche suelen montar unas cenas (noches cubanas) muy exitosas, hay espectáculo y muy participativo. No se lo pierda.
La Laguna del Cura. Av. 19 # calle 47 y enfrente a la laguna del Cura. Marisco y pescado.
Linda Mar. Un restaurante en un barco atracado al final del Paseo del Prado y cerca del Palacio de Valle.
En el Paseo del Prado, y entre las avenidas 50 y 60 se localizan varios restaurantes: **El Mandarín** (cocina china), **1819** (cocina criolla), **El Pollito** (económico) y **Pizzería** (pizzas).
Además hay dos cafeterías de la cadena **El Rápido**, una la Av. 54 y la otra en el Paseo del Prado.
Finca La Isabela. A 3 kilómetros en dirección Jardín Botánico. Cocina criolla, las cenas están amenizadas con música campesina y afrocubana. Para pasar una buena velada.

ALREDEDORES

- **El Perché**. *A 25 kilómetros*. Es un pequeño pueblo al otro lado de la bahía con construcciones de maderas habitadas por pescadores; situado a pies del **castillo de Nuestra Señora de los Ángeles de Jagua**. Levantado en 1745 para proteger la entrada a la bahía, fue después de los castillos de La Habana y Santiago de Cuba el más importante en su época. Estratégicamente situado en lo alto de una colina, hoy ya no cumple sus funciones primeras pero proporciona unas agradables vistas de la bahía y del mar abierto.
- **Laguna de Guanaroca**. *A 15 kilómetros*. Laguna con leyenda conectada con la bahía de Cienfuegos. Es el mayor criadero de camarones de la provincia; hay colonias de flamencos rosados y patos de Florida.

La leyenda de Guanaroca

Cienfuegos tiene como otras poblaciones cubanas leyendas propias que asemejan a las griegas o las egipcias, con toques africanos y aborígenes. Vamos a narrar una que intenta explicar la aparición del hombre, en la cercana laguna de Guanaroca.

Cuenta esta leyenda que Hulón, el sol, salía diariamente para dar luz a Ocón, la tierra, y fue en uno de estos viajes que creó al hombre, Hamao, quien se paseaba por las noches solitario y triste, hasta que Maroya, la luna, para alegrarle la existencia creó a Guanaroca, la mujer. De esa unión nació Imao, a quien Guanaroca prodigó tantos cuidados que se olvidó de sus deberes conyugales, lo que despertó celos criminales en Hamao. Éste, ciego de ira, aprovechó el sueño de su mujer y robó al retoño y lo abandonó en el monte, donde murió de hambre. Cuando Hamao se percató de las consecuencias de su acción, escondió el cadáver en una güira (especie de calabaza de corteza dura que los indios usaban para hacer vasijas y recipientes, y hoy se usa como instrumento musical, como vasija o en la santería, como ya hemos comentado en el capítulo de Cayo Saetía, p. 112).

Cuando Guanaroca advirtió la desaparición de su hijo deambuló por el monte buscándolo desesperadamente hasta que un pájaro negro que anidaba en una mata de güira le indicó uno de los frutos. La mujer abrió la fruta y de su interior comenzó a manar abundante agua y a salir muchos peces y tortugas. Cuenta la leyenda que así se formaron los ríos que bañan el territorio (Arimao y Caunao, son los dos más importantes) y que una gran tortuga dio origen a la península de Majagua. Las lágrimas de Guanaroca formaron la laguna y el laberinto que hoy lleva su nombre.

- **Jardín Botánico**. *A 25 kilómetros en dirección Trinidad; visita de 8 a 12.30 y de 13.30 a 16 horas*. Monumento Nacional. Una de las visitas más interesantes de la isla. Fundado por la Universidad de Harvard en 1901 bajo la administración estadounidense, ocupa una superficie de 93 hectáreas. El jardín exhibe muestras de todas las plantas propias de los países tropicales y subtropicales; entre las más de 2.400 plantas, destacan las diferentes palmas: yarey, la palma propia de Cuba, la que se usa para hacer los techos de los bohíos; la palma real; la palma de viejo; la palma corcho, la más antigua de la isla, el único fósil vivo del mundo; la palma abanico; la palma de Sri Lanka; la palma de Java; la palma barriguda, propia de la provincia de Pinar del Río, en total 307 variedades de palmas. También más de veinte variedades de la flor nacional de Cuba, la mariposa; las 23 variedades de bambúes; la flor de Brasil, el único árbol que da dos flores de color distinto; el árbol del viajero, propio de Madagascar, que almacena agua en sus hojas; la anacahuita, el árbol nacional de Panamá; la ceiba, el árbol nacional de Guatemala, aunque el que tienen en el jardín es de Panamá; inmensos algarrobos, gigantescos ficus, ébanos, júcaros, etcétera.

También destacables son las más de 200 variedades de cactos, plantados en jardineras que dibujan la isla de Cuba, toda América y México (este último país incompleto, le falta la península de Baja California, muy rica en cactos por cierto) con las cactáceas propias de cada una de esas partes del mundo. El locuaz guía nos dirá que es la mejor colección de cactáceas del mundo; no Sr. Leandro, la mejor está en el estado de Querétaro, en México.

Los guías del jardín son simpáticos y chistosos, y están muy documentados sobre el negocio que se traen entre manos: plantas, árboles y más plantas y más árboles, y amenizan el plácido paseo con chistes («los cubanos durante dos días a la semana usan palmolive, y los otros cinco jabón angolano, ¿no saben cuál es?, se abre la ducha y te pasas la mano»). Tuvimos el placer de ser guiados por el señor Leandro Alomá López, un amante de la botánica y de la baraja española de cartas, en un recorrido de dos horas y media, ¡y nos supo a poco!

- **El Nicho**. *A 70 kilómetros en dirección al embalse de Hanabanilla, tomando un desvío en Cumanayagua*. Un área de cascadas a los pies del pico San Juan, que con sus 1.158 metros es la mayor altura de la provincia de Cienfuegos.
- **Playa de Rancho Luna**. *A 16 kilómetros al sudeste*. En forma de semicírculo posee finas arenas y aguas apacibles en las que hay una gran riqueza de vida submarina, donde se puede practicar el buceo (ver también p. 339).

ALOJAMIENTO. Dos posibilidades: **Rancho Luna** y **Faro Luna**, ver el apareado de Buceo, p. 342.

- **Balneario de Ciego Montero**. *A 32 kilómetros, desviándonos en Palmira*. En este lugar brotan los manantiales del agua mineral que probablemente le ofrecerán en toda la isla. Además, sus aguas están indicadas para las afecciones de la piel, problemas circulatorios y afecciones del sistema óseo (artritis y artrosis). El balneario cuenta con una leyenda.

La leyenda de Ciego Montero

Un esclavo negro, gravemente enfermo de la piel, fue quien casualmente descubrió los efectos curativos de estas aguas al ser expulsado por sus amos para que evitar que contagiara a sus compañeros. Se refugió en los bosques cercanos a la hacienda, bebía y se bañaba con el agua de uno de los pozos naturales que allí había; a los pocos meses su enfermedad desapareció y regresó a la casa de sus amos, quienes, después de un estudio de las aguas, comenzaron a explotarlas como balneario medicinal.

- **Coto de Caza Yariguá.** *A 45 kilómetros en dirección oeste.* Un lugar ideal para los amantes de la caza y de la pesca; los primeros pueden lograr palomas, patos migratorios, codornices, faisanes y yaguasines, y los segundos, truchas.

ALOJAMIENTO. Horizontes Yariguá. T. 432 6324. Cuenta con 10 cabañas dobles provistas de todos los servicios.

■ GUAMÁ

Destino turístico dentro del Gran Parque Natural Montemar, en la península de Zapata de la provincia de Matanzas.

En medio de la ciénaga de Zapata y en el centro de la laguna del Tesoro, se encuentra Guamá, una réplica de los antiguos poblados indios.

En el Complejo Turístico La Boca (llamado así por ser el punto de acceso a Guamá), situado a 12 kilómetros de Playa Larga (ver p. 227) y a 17 de la población de Australia, se encuentra el **Criadero de Cocodrilos** *(visita de 8 a 20 horas, diario)*, el segundo vivero de este tipo más importante del mundo.

Cuando Cristóbal Colón llegó a Cuba quedó sorprendido ante la abundancia de cocodrilos en la zona; en su diario dejó anotado: «grandes monstruos hay en los lagos y pantanos de Cuba», refiriéndose a estos «animalillos». La caza indiscriminada de la que fueron objeto, los puso al borde de la extinción, sólo se salvaron los que moraban en esta área insana y apartada de la voracidad de los colonizadores; solamente los carboneros la habitaban, expuestos a la malaria y a los afilados dientes de los cocodrilos.

Después del triunfo de la Revolución se llevó a cabo una vasta operación de salvamento de cocodrilos. Los existentes en la ciénaga, más los pocos que vivían en otros lugares del país, fueron concentrados en este Centro de Recría de Cocodrilos, donde se les cuida y alimenta; se exportan a distintos zoológicos o se comen. Hoy, como la zona ha sido declarada Parque Nacional, se ha logrado además de la preservación de los cocodrilos, la conservación de la fauna y flora autóctona. El lugar continúa estando poco poblado.

Desde La Boca se accede en barcaza a **Guamá**. El trayecto que recorre una serie de canales antes de llegar a la laguna del Tesoro dura unos 15 minutos y durante el mismo un trío nos lo amenizara con canciones populares desde *Me voy pa'l pueblo* hasta *Comandate Che Guevara*. Además del recorrido de ida y vuelta en barcaza, hay un servicio de canoas con motor fuera borda, más rápidas y con la posibilidad de ampliar la excursión y visitar la laguna del Tesoro.

Ya no quedan indios en Cuba, pero en una de las doce islas que forman Guamá, nombre de un cacique indio que se rebeló contra los conquistadores, está la **Aldea Taína**, que pretende reconstruir, revivir aquellos años y aquellas gentes. Una serie de estatuas talladas en madera, obra de la escultora cubana Rita Longa, muestra diferentes facetas de la vida de un poblado indio antes del arribo de los españoles.

Coincidiendo con la llegada de los turistas tiene lugar en la aldea una serie de representaciones que se suponen antropológicas y finalmente unas danzas en las que invitan a participar a los visitantes: una especie de corro de la patata, con pinturas en la cara con las que terminas pareciendo un gato. Cuestión de ánimo.

No olvide llevar consigo un repelente de mosquitos, y si es época de lluvias, dos frascos o el más efectivo.

ALOJAMIENTO

Villa Guamá. T. 59 2979. Un complejo turístico de 50 cabañas en siete islas comunicadas entre sí por pasarelas, de estilo polinésico más que caribeño. Cuenta con servicio de restaurante y piscina. Alerta a los mosquitos.

RESTAURANTES

La Boca. T. 2808. En el complejo turístico. La especialidad, los asados. No dan cenas.
Ranchón El Cocodrilo. T. 2808. En el complejo turístico. La especialidad, el cocodrilo.

GUANAHACABIBES, Parque Nacional, v. PENÍNSULA DE GUANAHACABIBES, p. 220.

■ GUANTÁNAMO

Capital de la provincia del mismo nombre. A 910 kilómetros de La Habana, a 86 de Santiago de Cuba y a 158 de Baracoa. 170.000 habitantes. CT. 21.

Guantánamo es una tranquila capital de provincias transitada por miles de ciclistas, sin ningún interés turístico, ubicada en el centro de la bahía del mismo nombre. La ciudad es conocida en todo el mundo por la base militar estadounidense, en la entrada de la bahía, desde que terminó la «espléndida guerrita» (palabras de Theodore Roosevelt) hispano-estadounidense, y por la canción *Guantanamera* de Joseíto Fernández.

Guantanamera

Cuando Joseíto Fernández compone la canción, en los años treinta del siglo xx, aún faltaban décadas para que estallase el conflicto entre los gobiernos de Fidel Castro y EE UU, y que Pete Seeger, fiel a su compromiso político, popularizase la canción.

Joseíto Fernández compuso esta guajira-son en honor de la mujer guantanamera, mujer que tiene fama de dulce, como todas las orientales, al menos desde el punto de vista de los habaneros, y Fernández es habanero. Con la canción, Fernández cerraba el programa radiofónico en el que actuaba, y a partir del fraseo musical improvisaba décimas dedicadas a las gracias de las mujeres de las distintas provincias cubanas.

Guantanamera era una canción más del rico repertorio musical cubano hasta que Seeger le añadió unos versos de José Martí; a partir de ahí, se convirtió en una canción mundialmente conocida.

La bahía de Guantánamo es una de las mejores del mundo por sus dimensiones y profundidad. Se encuentra enclavada en una depresión que protege los contrafuertes de sierra Maestra, al abrigo de la intemperie. La boca de la bahía tiene la forma de pinza de cangrejo que encierra las aguas de la segunda bahía de Cuba; la primera es la de Nipe (ver p. 111). En cada extremo, dos lugares portuarios, Caimanera por el lado oeste y Boquerón por el lado este. Más allá comienza la base estadounidense, situada de una parte a otra de la entrada a la rada. Un doble recinto de alambradas la rodea a lo largo de 27 kilómetros.

Para comprender la existencia de la Base de Guantánamo hay que remontarse al Tratado de París de diciembre de 1898. Cuba, que había sido hasta la fecha una colonia española, fue puesta bajo la administración provisional del gobierno militar estadounidense, que siguió en la isla hasta mayo de 1902. Pero cuando EE UU reconoció la existencia de la República Independiente de Cuba, forzó la inclusión en la Constitución de la Enmienda Platt (nombre de un senador americano) por la cual: «El gobierno cubano concede a los EE UU el derecho a intervenir para garantizar la independencia y para ayudar a todo gobierno a proteger las vidas, la propiedad y la libertad individual.» Y para proteger vidas y propiedades qué mejor que una base militar. Desde el **mirador de Malones**, previo permiso expedido en Santiago, se puede observar la base militar.

La ciudad, marcada por la existencia de este complejo militar, se articula alrededor de la plaza Pedro Agustín Pérez, con la **iglesia Santa Catalina de Rizzi**, del año 1863. En los alrededores se localizan distintos restaurantes y bares.

Como apunte cultural añadamos que originario de Guantánamo es el changüí, una variante del son cubano.

DATOS ÚTILES

Información turística. Los Maceos 663. T. 32 5991. Aunque pertenece al grupo turístico Islazul, es el único lugar donde nos pueden facilitar alguna información.

Aeropuerto local Mariana Grajales. A unos 15 kilómetros al este de la ciudad. Vuelos a La Habana en Fokker. T. 21 33564.

Cubana de Aviación. C/ Calixto García 817 # calles Prado y Aguilera. T. 34533.

Terminal de ómnibus. En la carretera dirección Santiago, bastante lejos (4 km). Reservas de billetes en el T. 32 3713.

Gasolinera. Cupet, en la carretera a Baracoa, pasado el puente.

ALOJAMIENTO

Guantánamo. Ahogados # 13 Norte. T. 32 6015/32 4444.
Villa La Lupe. Crta. del Salvador, Km 2. T. 32 6168/32 6180. A orillas del río Bano.
Caimanera. Loma Norte. T. 99414/15/16. Un hotel pequeño en la población de Caimanera, con bonitas vistas a la bahía.

RESTAURANTES

1870 y **Pizzería Holguín** en las esquinas de la plaza Pedro Agustín Pérez.
Café La Indiana. También en la misma plaza, un agradable local con fotos antiguas de la ciudad y con un buen café.

ALREDEDORES

- **Zoológico de Animales de Piedra**. *Por la carretera que va de Puerto Boquerón hacia las lomas de Yateras* se encuentra el zoológico más extraño del mundo: sus animales son de piedra. Ángel Íñigo, un campesino caficultor aficionado a la escultura, a golpes de martillo y escarpa confeccionó en piedra decenas de animales de diferentes especies, que él nunca había visto personalmente, aunque sí en fotografía (boas, gorilas, rinocerontes, elefantes, etcétera).

• **Cajobabo**. *A 84 kilómetros, dirección Baracoa.* En la playa de esta población desembarcaron José Martí, Máximo Gómez y cuatro independendistas más, en 1895, procedentes de la República Dominicana, en una acción coordinada con Antonio Maceo, quien a su vez irrumpió en Duaba, con la intención de iniciar la contienda por la independencia. Desde el final de la carretera hay que caminar un kilómetro más o menos hasta encontrar el monumento (declarado Nacional) consistente en dos bustos. La playa es solitaria, de piedra y arena, y está protegida por dos montañas. Un arco de piedra acentúa la belleza del lugar.

■ GUARDALAVACA

Municipio de Banes, en la provincia de Holguín. A 112 kilómetros de Holguín. CT. 24.

Guardalavaca fue el segundo destino que el gobierno de Fidel Castro abrió al turismo. A partir de mediados de los años setenta, después de Varadero, la playa de Cuba era Guardalavaca. Pero a Guardalavaca le ha salido mucha competencia, incluso en los alrededores; Cayo Saetía y bahía Naranjo son dos de los parajes más bellos de las Antillas.

Sin embargo, la playa de Guardalavaca, en forma de herradura y rodeada de roquedales, sigue siendo atractiva. La temperatura de las aguas del mar es de 25º C de media anual y sus fondos ofrecen buenas perspectivas para el buceo. Remitimos al lector interesado al apartado correspondiente, p. 323.

DATOS ÚTILES

Buses desde Holguín (p. 113) y Banes (p. 85).

Cambio de moneda. En los hoteles, en el **Banco Financiero Internacional**, en el Centro Comercial y en el **Banco Nacional**, frente al hotel Guardalavaca.

Alquiler de vehículos. Coches en **Havanautos**, en la rotonda principal, y **Cubacar**, frente al hotel Guardalavaca; bicicletas en el **hotel Delta Las Brisas**.

Gasolinera. En carretera principal dirección Holguín, a 1 kilómetro al oeste de la ciudad.

ALOJAMIENTO

Turey. Playa de Guardalavaca. T. 30195/6.
Delta Las Brisas Club Resorts. Playa de Guardalavaca. T. 35301/30218, fax 30018. Todo tipo de servicios.
Guardalavaca. Cerca pero separado de la playa. T. 30121/221, fax 30145. El primer hotel del lugar; los años le han pasado factura y los grillos siguen sonorizando las noches.
Villa Guardalavaca. Enfrente del anterior. T. 30144.
Atlántico. Junto a la playa. T. 30180, fax 30200. Todo tipo de servicios. También bungalós.
Todos estos hoteles ofrecen los servicios propios para una estancia vacacional desde alquiler de coches a excursiones a los alrededores.

■ PLAYA DE GUARDALAVACA

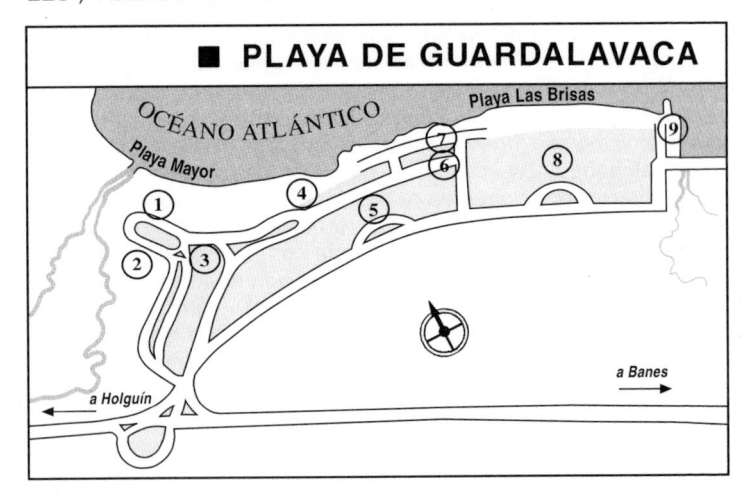

1 Centro Comercial
2 Clínica Internacional
3 Alquiler de vehículos (Havanautos)
4 Hotel Atlántico
5 Hotel Guardalavaca
6 Alquiler de vehículos (Cubacar)
7 Banco Nacional
8 Hotel Delta Las Brisas Club Resort
9 Marina

ALREDEDORES

• **Playa Esmeralda**, antaño playa Estero Ciego, al otro lado de la loma que cierra la playa de Guardalavaca. Playa de arena blanca y cercada por hoteles.

ALOJAMIENTO
Sol Río de Mares y **Sol Río de Luna** (T. 30102 y 30202, fax 30035/65). Ambos hoteles de la cadena Meliá. Ofrecen toda la comodidad y todos los servicios que podamos pedir para unos días de descanso. Conectados por la playa, la diferencia está en que uno, Río de Luna, ofrece el servicio «todo incluido», y el otro, Río de Mares, a partir de las habitaciones de la tercera planta se disfruta de una vista de la bahía de Naranjo. Dos detalles: un burrito se pasea por la playa con bebidas, y en Río de Mares hay un ajedrez semigigante.

• **Bahía Naranjo**. *A 5 kilómetros hacia el oeste*. Con una superficie de 400 hectáreas y una profundidad máxima de 20 metros, esta bahía alberga en el centro un acuario natural bien planteado: cercado por unas pasarelas de madera, aposentadas sobre pilotes, tiene un restaurante, un chalé con dos habitaciones (T. 25395), un delfinario y varias peceras; en una de ellas, el día que visitamos el lugar había un tiburón chiquito que era una monada. El acuario ofrece varios espectáculos: a diario, actuación de los delfines y de Vito, un lobo marino; dos funciones semanales nocturnas, y también a diario la posibilidad de bañarse con los delfines

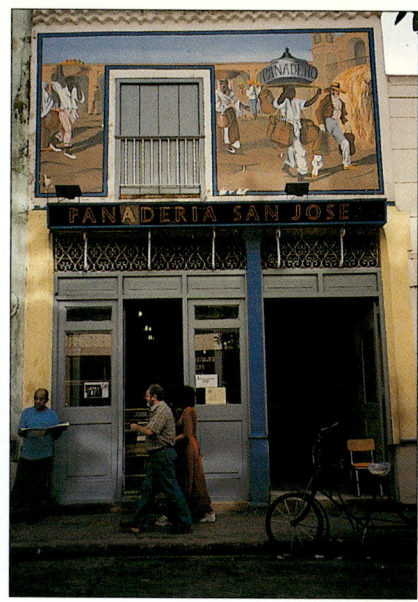

■ **CURIOSIDADES EN LA HABANA VIEJA** (fotos de C. Miret y E. Suárez)
Arriba (I y D): **Mercería y ciclo-taxi**, y **Panadería San José**
Abajo (I y D): **Casa del Tabaco** y **Casa del Agua La Tinaja**

■ **LA HABANA** (fotos de C. Miret y E. Suárez)
Arriba: **Museo de la Revolución**
Abajo (I y D): **Teatro García Lorca** y la **Lonja**

■ LA HABANA VIEJA, PLAZA DE LA CATEDRAL

Arriba: **Mercado de artesanías** (foto de C. Miret y E. Suárez)
Abajo: **Un tranquilo rincón de la plaza** (foto Toni Vives)

■ **LA HABANA VIEJA** (fotos de C. Miret y E. Suárez)
Arriba: **Plaza Vieja**
Abajo (I y D): **Detalles en las fachadas de algunas casas del entorno**

(unos 15 minutos). Se pueden hacer excursiones por la bahía y practicar la pesca y el submarinismo (para este último deporte, remitimos al lector al apartado correspondiente, p. 324).
- **Conuco Mongo Viña**. *A 2 kilómetros, y a 7 de Guardalavaca*. Un ranchón con vistas a la bahía de Naranjo, donde sirven comida criolla; mientras nos la preparan podemos darnos un chapuzón en la bahía. En el entorno rondan animales domésticos sueltos.
- **Playa Don Lino**. *A 15 kilómetros*. Una pequeña playa tranquila donde funciona el Club Don Lino (T. 20443), un centro turístico con todo lo imprescindible para pasar unos días.
- **Bahía de Bariay**. Ver p. 134.

■ HOLGUÍN

A 73 kilómetros de Bayamo, a 134 de Santiago de Cuba, y a 734 de La Habana. 170.000 habitantes. 268 metros de altitud. CT. 24.

La fundación la ciudad data de 1525, cuando el capitán García Holguín recibió un hato de tierra en esta zona y se construyeron las primeras viviendas. Más de dos siglos después, el 18 de enero de 1752, el asentamiento de Holguín fue declarado municipio, y cinco años más tarde, en 1757, se diseñaron las calles de la ciudad desde el alto de la Loma de la Cruz, consiguiendo un trazado rectilíneo irrepetible en otra ciudad de Cuba. Se la conoce como la ciudad de los parques.

El escritor Reinaldo Arenas nació en esta ciudad en 1943.

VISITAS DE INTERÉS

- **Catedral de San Isidoro**. *En la plaza de San Isidoro*. Fundada en 1720 sobre la primera iglesia –de yagua, guano y palma–, consta de tres cuerpos, uno central y dos laterales, con torres laterales rematadas en forma de cúpula; falso techo de madera y rematado con tejas. De su interior destacan el enrejado de madera y la pila de piedra del siglo XIX.

Frente a la catedral se encuentra el **parque de las Flores**, llamado así en recuerdo de las decenas de floristas que en esta plaza (San Isidoro) vendían sus ramilletes de flores a los transeúntes.

HOLGUÍN (Centro)

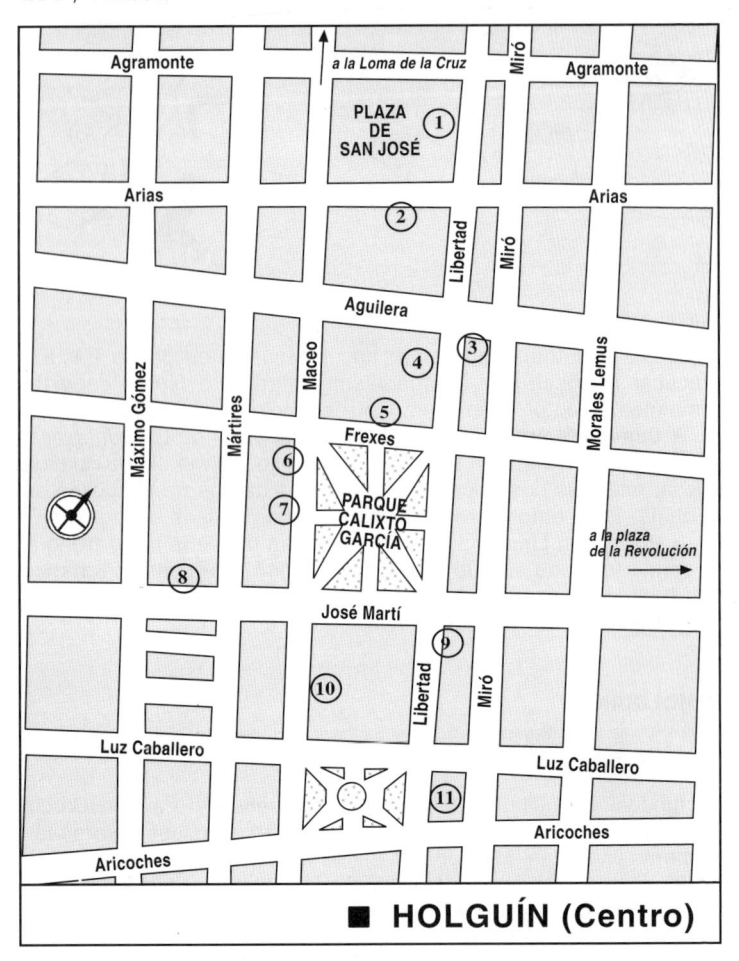

1 Iglesia de San José
2 Banco Nacional
3 Banco Financiero Internacional
4 Islazul
5 Museo de Historia (La Periquera)
6 Casa de la Trova
7 Bar Las Begonias
8 Teléfonos
9 Edificio Cristal
10 Museo de Historia Natural Carlos de la Torre
11 Catedral de San Isidoro

• **Iglesia de San José**. *En la plaza de San José*. Edificada en 1803, con una torre campanario provista de reloj. Las estructuras laterales anexas a la nave central fueron añadidas posteriormente. A destacar por llamativa la cúpula central, de dorados reflejos metálicos, de lejano estilo bizantino. La iglesia da al parque que lleva el mismo nombre, más grande que el de las Flores y con mayor abundancia de árboles; en su centro se puede ver la estatua de un ángel que recuerda los holguineros caídos en las guerras independentistas.

- **Museo de Historia o Provincial de Holguín.** *Calle Frexes 198 # Libertad y Maceo. Visitas de lunes a sábado de 12 a 19.30 horas.* Ubicado frente al parque Calixto García, en un edificio de gran significación histórica, construido en 1862. De estilo neoclásico, tiene sin embargo un patio interior con influencia morisca. Ocupa unos 2.000 m² y durante un tiempo albergó la **Casa Consistorial**. A este edificio se le conoce popularmente como La Periquera.

Los «pericos»

No se asusten, no vamos a hablar de fútbol. «Pericos» era como popularmente denominaban los cubanos, por el color verde de sus uniformes, a los militares españoles. En 1868, al iniciarse la primera guerra de Independencia y sitiar la ciudad los independentistas, los soldados españoles se refugiaron en este edificio; de ahí el nombre, que ha perdurado hasta hoy.

El museo se encuentra dividido en cinco salas, organizadas cronológicamente. La primera está dedicada a la arqueología y muestra objetos de la cultura aborigen. La pieza más valiosa del museo es el «Hacha de Holguín», procedente del grupo agroalfarero que habitó en Cuba desde el siglo VII hasta la llegada de los españoles, a finales del siglo XV. Elaborada en roca peridotita verdegris, tiene unos 35 centímetros de altura, y en relieve representa a una figura humana en cuclillas, coronada por una tiara y en cuyas manos porta una ofrenda. Esta pieza constituye una de las principales muestras artísticas de las culturas aborígenes encontradas hasta la fecha. Fue hallada en 1860 en una de las lomas que rodean la ciudad y se ha convertido en el símbolo de Holguín. El resto de las salas brindan una panorámica histórica desde el descubrimiento hasta nuestros días.

- **Museo de Historia Natural Carlos de la Torre.** *Calle Maceo 129 # Martí y Luz Caballero. Visitas de martes a sábado de 8 a 13 y de 14 a 17 horas; los domingos de 8 a 12 y de 15 a 17 horas.* A 100 metros del parque Calixto García. Tiene 11 salas especializadas en las que se exponen más de 7.000 muestras de la fauna cubana y del mundo.

La colección de malacología es la más interesante. Hay una nutrida variedad de *Polymitas* así como de *Ligus* de Cuba y Florida. También destaca la colección ornitológica, considerada como la más completa del país. Sin embargo, la pieza más destacada del museo es el «Pez Petrificado», un fósil al que se atribuye 60 millones de años; lo encontraron a 165 metros sobre el nivel del mar y a 13 metros de profundidad en una cantera de sierra Maestra.

- **Parque Calixto García**. En el corazón de la ciudad antigua. Es en la actualidad punto de reunión y aglutina en sus alrededores todo el dinamismo y bullicio de Holguín. Lo circundan las cuatro calles más importantes: Frexes, Maceo, Libertad y Martí. En el centro, una estatua de mármol recuerda al general Calixto García Íñiguez, el más insigne patriota holguinero, héroe de las guerras de independencia.
- **Plaza de la Revolución**. *En las afueras de la ciudad* y de construcción reciente. En ella se celebran los actos políticos y las concentraciones populares. Custodia un mausoleo erigido para guardar los restos del general Calixto García. Construido en mármol gris y rosado, el panteón muestra además, en la parte posterior, un alto friso, cuyo relieve narra los pasajes más significativos de la historia reciente de Cuba. Este monumento está considerado como la más impresionante y valiosa obra escultórica elaborada en Holguín en los últimos 25 años.

Inmediatamente después de la tumba, siguiendo la senda enlosada y rodeada de áreas verdes, se encuentra un sencillo y hermoso monumento en memoria de Lucía Íñiguez, madre del general Calixto García. Una elevada estructura, representando a la bandera cubana, coronada por el rostro de Lucía Íñiguez en bronce repujado, se levanta sobre un montículo cubierto de flores.

- **Mirador de la Loma de la Cruz**. *A 3 kilómetros hacia el noroeste*. Desde esta loma se disfruta de una excelente vista de la ciudad, y hacia el norte, en los días claros, se divisa el mar y las dos montañas que Cristóbal Colón describe en su diario, cuando arriba a la bahía de Bariay, «como las dos tetas de una mujer tendida».

En 1757, desde esta loma, se trazaron las calles de la ciudad, y, en 1790, un ermitaño eligió el lugar para sus meditaciones y retiro; en sus ratos libres construyó una cruz de madera, y fue esta cruz la que dio nombre al sitio. Años más tarde los españoles levantaron un torreón, también de madera, y dejaron de vigía a una pequeña guarnición. Convertido en puesto militar, el ejército español aprovechó la altura de la loma para enviar señales a otros puntos de la isla durante las rebeliones de los cubanos; hoy aquel torreón de madera ha sido reconstruido y en su interior alberga una galería de pintores de la UNEAC.

Desde hace años, y cada 3 de mayo, tiene lugar una populosa, animada y divertida peregrinación –según nos comentaron, no es indispensable ser creyente para participar–.

En 1927 se inauguró la escalinata que da acceso a la cima. Hasta ese año, los feligreses y los amantes de la naturaleza tenían que trepar montaña a través; hoy, los casi 450 escalones, con bancos de hierro en los descansillos, facilitan la excursión.

Actualmente, el mirador no recuerda en nada al espacio religioso o militar de antaño; vendedores de artesanía, pintores, moldeadores de la madera, ofreciendo todos ellos sus creaciones, y un dúo musical, siempre atento a la llegada de los turistas para iniciar un desafinado *Comandante Che Guevara*, un ambiente casi turístico en un recinto muy chiquito ..., pero las vistas no han cambiado, siguen siendo magníficas.

DATOS ÚTILES

Información turística. No hay una oficina de turismo propiamente dicha pero en varios locales del Edificio Cristal (parque Calixto García) proporcionan información. Reserva de hoteles de la cadena Islazul en el mismo edificio (T. 42 4718).
Aeropuerto Frank País. Al sur de Holguín en la carretera dirección Bayamo. T. 43934/43255. Vuelos a/desde La Habana.
Cubana de Aviación. Atienden en el Edificio Cristal, c/ Libertad # Martí, 2º piso. T. 425707.
Terminal de ómnibus. En la carretera Central con calle 1 de Mayo. Autobuses con destino a La Habana, Bayamo, Camagüey, Las Tunas y Santiago. Hay una terminal en la av. de los Libertadores, al sur del estadio de deportes, desde la que parten/llegan los autobuses a/desde Guardalavaca, Moa, Baracoa, entre otras ciudades del este.
Cambio de moneda. En el parque Calixto García.
Alquiler coches. Havanautos (carretera de Mayarí Km 5.5, T. 33 5467, y en hotel El Bosque), y **Transautos** (hotel Pernik).
Gasolinera. Ciudad Jardín, crta. Central 52 # calles Naranjo y 35.

FIESTAS Y DIVERSIONES

Cabaret Nocturno. Carretera a Las Tunas, Km 2.5. T. 425185. Cierra los lunes.
El Rincón del Guayabero. C/Martí 103. Un lugar donde actúa «El Guayabero», un guarachero que está triunfando al final de su carrera artística. Sus canciones, llenas de ritmo, tienen un doble sentido que, a nuestro entender, se nos escapa a los españoles; no obstante, su simpática complicidad con el público obliga, quieras o no, a participar de la fiesta. Una velada singular.
La Casa de la Trova. Parque Calixto García, junto a la cafetería La Begonia. Un lugar bonito y agradable donde escuchar música tradicional.

ALOJAMIENTO

Pernik. Av. Jorge Dimitrov y Plaza de la Revolución. T. 481011/81, fax 481371. Un hotel lujoso para esta capital de provincia. Su piscina es un oasis en los días calurosos.
El Bosque. Av. Jorge Dimitrov y Plaza de la Revolución. T. 481012. Junto al anterior y más sencillo.

RESTAURANTES

Taberna Pancho. Av. Jorge Dimitrov s/n. T. 481868. La especialidad es la butifarra Paneque, un plato con lomo ahumado y ternera, aliñado con ajo, sal y pimienta.
Mirador de Holguín. En la Loma de la Cruz. Con excelentes vistas.
Polinesio. Av. Lenin, en el último piso del edificio Sierra Cristal.
La Begonia. Plaza Calixto García. Una cafetería bajo un parasol con begonias blancas y azuladas. Sirven un excelente café.

ALREDEDORES

• **Mirador de Mayabe.** *A 8 kilómetros.* Sobre un cerro se sitúa este mirador que domina el valle de Mayabe, que rodea Holguín. La vista es espléndida pero dos detalles impiden disfrutarla plenamente; uno, como el mirador está dentro de un hotel, si no se es huésped te cobran la vista, y el otro, más desagradable, es que en el bar del **Burro Pancho**, en el mismo mirador, hay un pobre burro que bebe cervezas, siempre, claro está, que corramos con el gasto de la copa.

ALOJAMIENTO
Mirador de Mayabe. Alturas de Mayabe, Km 8. T. 422160/423485. Con piscina con vistas y servicio de restaurante.

- **Gibara.** *A 27 kilómetros.* Se la conoce también con el nombre de Villa Blanca de Gibara. Es una pequeña ciudad marinera con angostas y elevadas calles, viejas casas de pescadores y decenas de botes y barcos en su bahía. El puerto, durante el siglo XIX, fue el principal acceso marítimo por la costa norte de la antigua provincia de Oriente.

Gibara cuenta con el **Museo de Ambiente Cubano del Siglo XIX**, ubicado en una mansión de 1872, de arquitectura neoclásica, el cual dispone de 11 salas ambientadas en forma de casa familiar de aquel siglo, con sus correspondientes salones y dormitorios, comedor, cocina, etcétera, cada uno de ellos con objetos y muebles de la época. El escritor Guillermo Cabrera Infante es natural de esta población.

- **Bahía de Bariay.** *A 43 kilómetros.* El 28 de octubre de 1492, Cristóbal Colón llegó a las costas de Cuba, y en esta bahía tiró el ancla y desembarcó en el Cayo Bariay; quedó prendado de la belleza del lugar y bautizó las bahías que rodeaban el cayo como Río de Mares y Río de Luna. Durante años, como el cayo estaba incomunicado, se levantó un monumento enfrente, en la Playa Blanca; con la reciente construcción de un *pedraplén* que permite el acceso, se ha erigido el monumento en el lugar donde realmente desembarcó Colón. El monumento mezcla columnas, representando el arte clásico español, y deidades aborígenes. Las columnas se conservan pero las deidades están «hechas leña»; parece que el material utilizado para su construcción era de mala calidad, defecto que ha agravado el salitre del mar. Un monumento tan desacertado como acertada es la reproducción (por medio de altavoces) de los sonidos que se supone había en el momento del encuentro de Colón con el Nuevo Mundo: vientos, el mar, olas rompiendo y el canto de aves.

- **Banes.** *A 75 kilómetros.* Ver p. 85.
- **Guardalavaca.** *A 112 kilómetros de Holguín.* Ver p. 127.
- **Farallones de Seboruco.** *A 78 kilómetros de Holguín y a 7 de la ciudad de Mayarí.* Es un importante yacimiento arqueológico de donde se ha extraído más de la tercera parte del material que se reparte en los museos cubanos. Los Farallones de Seboruco es una cueva situada al pie de una pequeña elevación de 31 metros, con 300 m de ancho y 500 de largo. En 1945 se encontraron evidencias que atestiguaban la temprana presencia del hombre en Cuba hace más de 5.000 años: grandes lascas, láminas, puntos y núcleos de piedras poco explotadas. Este descubrimiento echó por tierra las teorías existentes sobre el desarrollo de los llamados protoarcaicos. Los enseres recuperados son de relevante interés por la perfección de las tallas de sílex. Estas herramientas despejaron incógnitas sobre los hábitos de aquellas comunidades.

- **Cayo Saetía.** *A 114 kilómetros.* Ver p. 111.

■ ISLA DE LA JUVENTUD

La mayor isla del archipiélago de Los Canarreos y la segunda en superficie de toda Cuba. Capital: Nueva Gerona, que está a 175 kilómetros en línea de La Habana. 3.061 km². Población: 70.000 habitantes. CT. 61.

Para los cubanos es «la Isla», pero la ahora llamada isla de la Juventud, ostentó con anterioridad diferentes topónimos. Fue descubierta por Cristóbal Colón y por aquel entonces los indios la nombraban como *Camargo*, *Guanaja* o *Siguanea*. Los españoles la denominaron isla Evangelista, isla del Tesoro, isla de las Cotorras, isla Santiago y finalmente isla de Pinos. Después del triunfo de la Revolución cambió de nuevo su nombre tras establecerse un campo para las juventudes comunistas, y quedó como isla de la Juventud, tal como hoy la conocemos.

Antaño refugio de corsarios y piratas procedentes de todas las latitudes, abandonada e improductiva durante siglos y tenebroso lugar de destierro, la isla renació en 1959, impulsada por la labor creadora de miles de jóvenes.

La isla se asienta en la plataforma insular y por su forma semeja un polígono. Aunque pequeña en extensión, 3.061 km², se aprecia un marcado contraste entre el norte y el sur. Ambas regiones están separadas por la ciénaga de Lanier, que se extiende de este a oeste, sobre una superficie de 54 por 58 kilómetros, quebrada por una depresión pantanosa donde se multiplican los cocodrilos. La isla es plana con tres colinas, de las cuales la más alta apenas sobrepasa los 300 metros. Estas montañas son ricas en mármol, una de las principales riquezas de la isla, y en menor medida oro y wolframio

El norte, donde se cultivan grandes campos de cítricos, está cubierto de extensos pinares y los terrenos son de origen ígneo. Abundan las praderas destinadas a la ganadería. Es la parte más habitada de la isla con dos ciudades importantes: Nueva Gerona, la capital, y La Fe, además de otras pequeñas poblaciones. Toda la actividad agrícola se encuentra en esta parte de la isla.

El sur, de suelo calizo, permanece casi virgen y está cubierto de extensos y tupidos bosques tropicales. La costa es muy irregular y con caletas de bellas playas con blancas y finas arenas.

Los habitantes del sur, dedicados a la pesca, son descendientes de inmigrantes provenientes de las colonias inglesas del Caribe, en especial de las islas Caimán, quienes llegaron a la isla de Pinos, a principios del siglo xx, con la repoblación que efectuaron las autoridades estadounidenses durante los años en que la zona estuvo bajo su administración.

No se caracteriza la isla por sus altas montañas como hemos escrito. Las más importantes (orientadas de norte a sur) son las dos sierras paralelas de Las Casas y de Caballos, con ricos mármoles y otros minerales. Al oeste se levanta la sierra de la Siguanea, en cuyas entrañas guarda reservas de tungsteno.

La isla tiene varios ríos, poco caudalosos; entre las sierras de

Las Casas y de Caballos corre el río Las Casas en cuyos márgenes fue construida la ciudad de Nueva Gerona.

HISTORIA

Los indios siboney conocían la isla como *Camargo*, *Camarico* o *Camaraco* y los taínos con el nombre de *Siguanea*. Cristóbal Colón desembarcó en esta isla en junio de 1494, durante su segundo viaje a América y la bautizó con el nombre de isla Evangelista.

Del paso de los siboney por la zona quedan restos de pinturas en unas grutas localizadas en el sudeste de la isla; constituyen la manifestación más numerosa y también la más completa de la historia nativa cubana. Estas pictografías negras y rojas, estropeadas por los visitantes ocasionales y por un carbonero que vivió treinta años en la cueva Punta del Este, fueron descubiertas a principios del siglo xx.

Los españoles mantuvieron la isla en completo abandono durante muchos años. No sería hasta 1830 que a orillas del río Las Casas y a 3 kilómetros de la costa, levantarían la primera ciudad, Nueva Gerona. Con el estallido de las guerras de independencia, las autoridades convirtieron estos lugares en un centro de deportación. José Martí fue uno entre los muchos cubanos que fueron deportados.

A principios del siglo xx, los EE UU se establecieron en la isla y fundaron una colonia. Habían conseguido, tras la derrota del ejército español, excluir la isla de Pinos del Tratado de París, en el que se consagraba la independencia de Cuba. En dicho tratado impusieron su tesis interesada de que la colonia española no era un archipiélago sino una isla. En 1925, cediendo a las presiones cubanas e internacionales, reconocieron oficialmente la soberanía de Cuba sobre isla de Pinos.

Condenado a quince años de trabajos forzados después del ataque al cuartel de Moncada, en Santiago de Cuba, Fidel Castro fue enviado a la penitenciaría de isla de Pinos, donde permaneció diecinueve meses, hasta 1955, fecha en la que Batista, convencido de que no había oposición en el país, concedió la amnistía a los asaltantes del cuartel de Moncada.

En 1959 poblaban la isla de Pinos unos 11.000 habitantes y sus condiciones de vida eran miserables. Apenas disponían de médicos, contaban con doscientos teléfonos de manivela y dos autocares. Había más iglesias que escuelas, once (una por cada secta religiosa) en un solo pueblo del interior, por una sola y única escuela primaria. En la más bella playa de la isla, a 41 kilómetros de Nueva Gerona, en el sudoeste, millonarios norteamericanos habían construido un hotel y un aeródromo privado, inaugurado unos días antes del triunfo de la Revolución.

En aquel refugio de millonarios, comprendido entre Punta Francés y Punta Pedernales nació el buceo cubano. Escafandristas y pescadores submarinos empezaron a acudir a la llamada de las profundidades y sus tesoros, en forma de paisajes submarinos y peces. Hoy en día los arpones y escopetas de caza submarina que usaron aquellos primeros deportistas han desaparecido, pero el incremento de buceadores ha sido constante, como el prestigio del lugar (ver también p. 348).

Fidel Castro quiso hacer de isla de Pinos una experiencia única en América Latina. Invitó a la juventud a formar brigadas de voluntarios para sacar a la isla del subdesarrollo llevando una vida comunitaria. Millares de cubanos a los que se unieron jóvenes de todo el mundo respondieron a la llamada. Trabajo voluntario, educación espartana, vida colectiva, alojamientos, transportes y alquileres gratis, eran algunas de las características de esta nueva sociedad fundada sobre los estímulos morales y no sobre el dinero. La experiencia fue parcialmente abandonada más tarde, pero tuvo el mérito de galvanizar a la juventud desde los primeros años de la Revolución.

Hasta el inicio del «período especial» la isla estaba en plena expansión. Cuenta con sesenta escuelas secundarias (muchas de ellas para los estudiantes extranjeros), hospitales y una buena atención médica. Fábricas de conservas, plantaciones de cítricos, pomelos y de pepinos, pastos y una potente estación de radar para estudiar los fenómenos meteorológicos levantada en el sudeste, han modificado el paisaje.

Gracias a su situación excepcional en el mar Caribe, la isla es uno de los escasos lugares del mundo desde donde se puede divisar al mismo tiempo la Estrella Polar, en el hemisferio norte y la Cruz del Sur, en el hemisferio sur. Las noches estrelladas, con o sin luna, son de una belleza sin igual.

FAUNA

Entre los animales de superficie destacan entre las aves el sijú platanero *(Arantiga euops)*, el zunzunito o pájaro mosca *(Mellisuga helenae)*, el cartacuba *(Todus multicolor)*, y sobre ellas la cotorra *(Amazona leucocephala)*; recordemos que los piratas y filibusteros conocían el lugar como isla de las Cotorras.

El cocodrilo es otro animal importante de la fauna de la isla.

Para la información sobre las especies marinas, remitimos al lector al apartado de Buceo, p. 348.

La isla del tesoro

Se supone que el escritor inglés Robert L. Stevenson situó el escenario de su novela *La Isla del Tesoro* en esta ínsula, a juzgar por la descripción que hace en la novela, coincidiendo en muchos aspectos con la geografía y la ubicación actual de los lugares. Le sobraban motivos al escritor inglés para escoger a la antigua isla de Pinos para su novela.

Descubierta por Cristóbal Colón el 13 de junio de 1494, permaneció abandonada por las autoridades españolas. Estratégicamente situada cerca de las rutas marítimas seguidas por las flotas españolas que, procedentes del continente americano atestadas de riquezas, se dirigían a La Habana en tránsito hacia Europa, isla de Pinos despertó bien pronto el interés de los piratas, corsarios, filibusteros, bucaneros y aventureros de todo tipo, quiénes prácticamente se adueñaron de la isla y desde los siglos XVI hasta el XVIII, la utilizaron como plaza fuerte y refugio durante sus correrías por el Caribe.

Se estima que menos de la mitad los barcos españoles cargados de oro procedentes del continente americano llegaban a La Habana. El resto, se supone que fueron hundidos por tormentas tropicales o capturados por piratas y corsarios y sus riquezas enviadas a Inglaterra, Francia y Holanda. Lo cierto es que no todo el oro, la plata y las joyas llegaron realmente al continente europeo. Muchos barcos fueron hundidos por los piratas en el mar adyacente a isla de Pinos y es perfectamente posible suponer que no pocos piratas, fieles a su costumbre de enterrar los tesoros en tierra firme, escondieran sus botines en oscuros parajes y apartadas playas de la isla.

Leyenda o no, lo cierto es que muchos de los que viven en la isla o la visitan, aunque no lo confiesen, tienen el secreto deseo de encontrar uno de estos fabulosos tesoros. No faltaron aventureros que se dieron en recorrer los más apartados esteros, caletas y cuevas en busca de tesoros. No todos tuvieron éxito y la inmensa mayoría fracasó en sus búsquedas. Sin embargo hubo, entre los afortunados, uno famoso.

En 1919 el explorador norteamericano Cyrus French Wicker encontró en la costa sur de Cuba, en un punto situado entre Puerto Cortés e isla de Pinos, varios brazaletes de oro con engarces en piedras preciosas incrustados en las rocas de coral.

En los últimos tiempos, exploraciones arqueológicas han permitido el hallazgo de cajas y baúles, algunas conteniendo joyas y monedas. Estos y otros descubrimientos confieren visos de realidad a una leyenda del folclor pinero, en el sentido de que el famoso pirata francés Latrobe enterró en algún lugar de la costa de la ensenada de Siguanea, el cargamento de oro y joyas que en 1809 capturó a dos barcos españoles. Según cuentan, Latrobe temeroso de la persecución de la que podía ser objeto, enterró allí el fabuloso botín. Y es un hecho cierto que al ser detenido días después no tenía en su barco las riquezas robadas. Latrobe murió sin que confesara el lugar donde había escondido el botín.

Entre los célebres corsarios y piratas que la historia recoge como visitantes asiduos de isla de Pinos, figuran: William Dampier, John Hawkins, Francis Drake, Thomas Baskerville, Thomas Maynard y Henry Morgan, todos ellos de Gran Bretaña; Roc el Brasiliano, Alexander Olivier Esquemeling (médico y pirata) y Pieter Peterzon Heyn, de los Países Bajos; y Francis el Olonés, François Leclerc, Bartolomé Portugués y Latrobe, de Francia.

RECORRIDO DE LA ISLA

• **Nueva Gerona**. La capital es una ciudad pequeña y apacible, es escaso interés turístico, en la que vive casi la mitad de la población de la isla. Si se va holgado de tiempo, podemos visitar: la **Academia de Ciencias y Planetarium** *(c/ 41; horario de visita muy variable; lo seguro es que cierra el lunes),* con reproducciones de las pictografías indias de las cuevas de Punta del Este, y otras sobre la flora y fauna de la isla. Además de documentos históricos sobre los piratas, una colección de pájaros disecados, fotografías y un planetarium con todos los detalles del cielo caribeño; el **Museo de la Lucha Clandestina** *(c/ 24 # calles 43 y 45; horario de visita, igual que el anterior),* con explicaciones sobre los años previos y posteriores a la Revolución y exposiciones itinerantes.

• **Museo Presidio Modelo**. *Reparto Chacón. Visita de martes a domingos de 9 a 17 horas, cierra los lunes.* Continuando la tradición colonial de la isla de Pinos como lugar de destierro, en 1926 Gerardo Machado mandó construir en las inmediaciones de unas minas de mármol un presidio cuyo diseño copiaba el de la prisión

ISLA DE LA JUVENTUD / 139

ISLA DE LA JUVENTUD

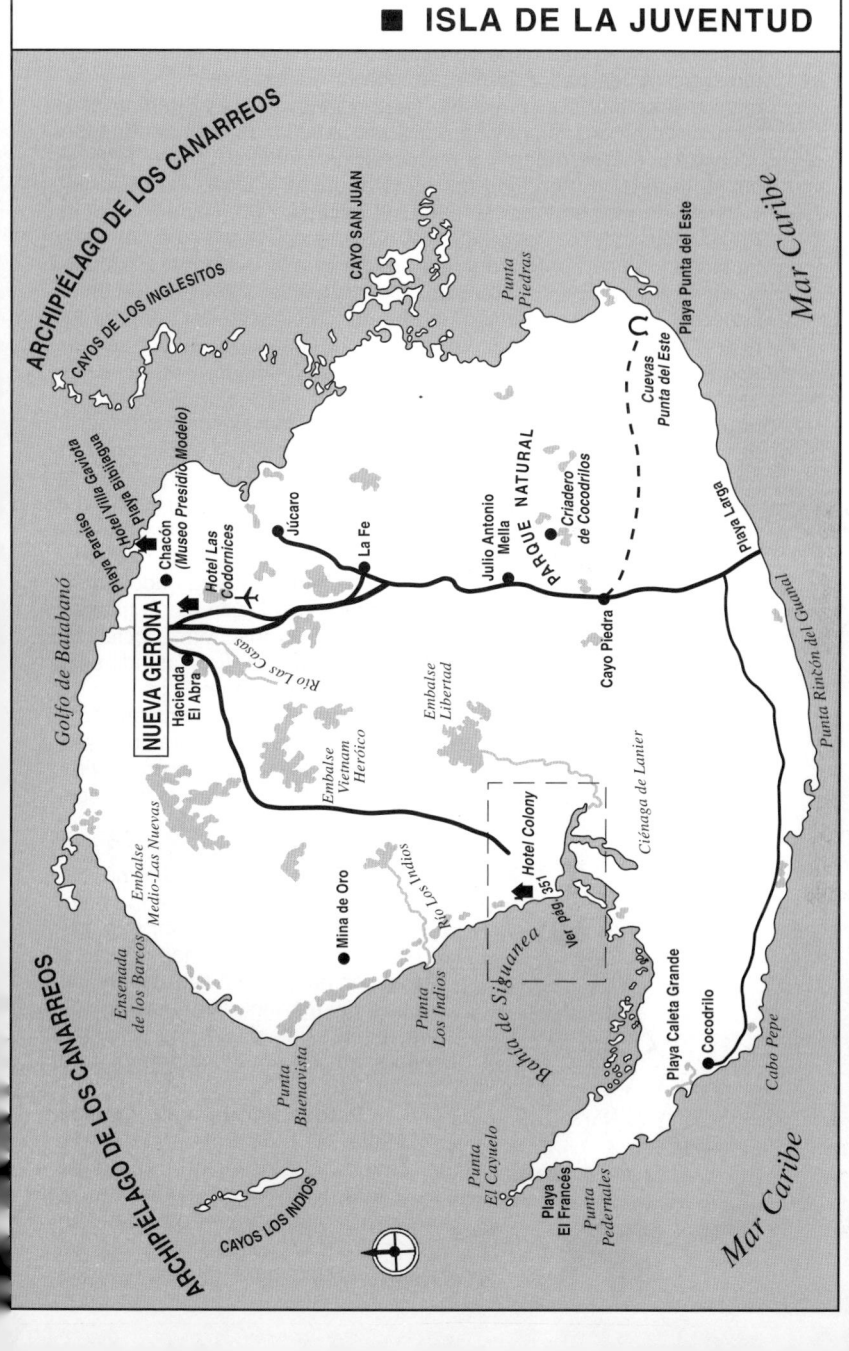

americana de Joliet, en el estado de Illinois. Inaugurada en 1928, la penitenciaría se compone de cuatro enormes edificios circulares de varios pisos, cada uno de ellos con una centena de celdas. En el centro de los patios interiores, una torrecilla, a la cual los guardianes accedían por un pasillo subterráneo. Estos no tenían contacto directo con los prisioneros. Otros pabellones eran destinados a cantina, a enfermería y a los servicios administrativos. Todo el conjunto estaba protegido por altas murallas y torres de observación de forma que nadie pudiese escapar. En vísperas de la Revolución estaban penando 4.000 presos. Hoy la cárcel está desierta y únicamente los guías muestran a los visitantes las partes más entrañables, como las celdas de Fidel Castro y sus compañeros. Fidel fue confinado en uno de los cuartos del hospital de la prisión (a la izquierda en el vestíbulo de entrada). Se conservan actualmente la cama que ocupara, un hornillo, una banqueta y varios libros. Sus compañeros fueron destinados a un pabellón del propio hospital, donde están expuestas las camas con las fotografías y el nombre de cada uno de ellos y otros objetos. El conjunto ha sido declarado Monumento Nacional.

- **Hacienda El Abra**. *Crta. Siguanea, Km 2. Visita de 9 a 17 horas, cierra los lunes*. Después de que en 1826 el gobierno español decidiese colonizar la isla, ésta se convirtió en lugar de destierro al que fueron enviados por igual delincuentes y patriotas opositores al régimen colonial. Entre las decenas de revolucionarios cubanos que sufrieron destierro en isla de Pinos estuvo José Martí, quien en 1870 fue confinado allí por sus ideas independentistas cuando sólo contaba 17 años, antes de partir para su destierro en España.

En aquella ocasión José Martí vivió varios meses de prisión domiciliaria en la finca El Abra, propiedad del hacendado catalán Josep Maria Sardá Gironella. Una parte de la mansión ha sido convertida en **museo** donde se muestran pertenencias de Martí, así como documentos y testimonios gráficos de su presencia en la isla.

- **Playas Paraíso** y **Bibijagua**. *A 5 y 8 kilómetros hacia el noreste de Nueva Gerona respectivamente*. La primera es de arena blanca y la de Bibijagua es célebre por sus arenas de color negro, tonalidad debida a la acción erosiva del agua sobre las rocas de mármol. Ambas son las playas de Nueva Gerona y están conectadas con un servicio regular de autobuses.

- **Parque Natural Julio Antonio Mella**. *A 7 kilómetros de Nueva Gerona*. Su extensión total es de 1.300 hectáreas. Dispone de 12 áreas distintas, recorridas en parte por un ferrocarril de vía estrecha, un estadio para rodeos, parque de juegos para niños, un área de juegos acuáticos, un canal de canotaje con medidas olímpicas, césped, un mesón de comidas típicas, un anfiteatro circular con capacidad para 3.500 personas, pistas de baile, minizoo, etcétera. En el momento de redactar estas líneas está «hecho leña».

- **Criadero de cocodrilos.** *A 30 kilómetros de Nueva Gerona, los cinco últimos por una carretera sin asfaltar. Visita de 9 a 20 horas, si hay suerte, diario.* La isla de la Juventud cuenta con el segundo criadero de este tipo más importante de Cuba. Al igual que en Guamá (p. 124), el objeto de nuestra atención son los cocodrilos en cautiverio, pero mientras Guamá está dedicado plenamente al turismo, en el de Pinos diríamos que, por lo mal señalizado y atendido que está, se pasa del turista.
- **Cuevas de Punta del Este.** *Al sudeste de la isla. Desde Nueva Gerona por autopista hasta La Fe, luego carretera hasta Cayo Piedra, y desde esta localidad 20 kilómetros de carretera sin asfaltar.* Antes de la llegada de los españoles, se asentaron en la isla indios procedentes del resto del archipiélago cubano y de otras partes del Caribe. Como ya se ha dicho, los indios conocían la isla con diferentes nombres dependiendo de la etnia a la que pertenecían. De su paso por el lugar se localizó y se conservan en Punta del Este, en unas cuevas, imperecederos testimonios.

Declaradas Monumento Nacional por su valor histórico y sus pinturas, las cuevas de Punta del Este están consideradas las más importantes de las Antillas por su estilo, no visto en otra parte de la región. En algún prospecto publicitario se definen como la «capilla sixtina» del arte rupestre del Caribe.

Son siete cuevas en total, descubiertas en 1910 por el náufrago francés de origen sajón Freeman P. Lane. La cueva principal tiene en sus paredes 253 figuras en las que sobresale el motivo central, compuesto por 28 círculos concéntricos en rojo y 28 en negro, intercalados con una doble flecha roja que señala hacia el este.

- Desde la **Playa de Punta del Este**, una de las más bonitas de esta isla, hasta **Punta Francés**, en el otro extremo sur de la isla, existen una serie de playas desiertas, en su mayoría inaccesibles desde tierra, que son lo más parecido a un paraíso: **Playa Larga**, **Punta Rincón del Guanal**, **cabo Pepe** y **Caleta Grande**.
- En la parte oeste de la isla, la bahía de Siguanea tiene en su parte norte la **playa Buenavista** y el **Refugio de Fauna Los Indios-San Felipe** y en su parte sur, **Punta Francés** y **Punta Pedernales**, dos áreas de gran belleza.

DATOS ÚTILES

Información turística. En las afueras de Nueva Gerona, en el hotel Villa Gaviota.

Aeropuerto Rafael Cabrera Mustelier. T. 2 2300/2 2690/2 2184. Vuelos desde La Habana, aproximadamente de 20 minutos; varios servicios diarios. También desde Pinar del Río en **Aerotaxi** (Cayo Largo del Sur, T. 79 3255) y desde Varadero con **Aerogaviota** (T. 29 4990, La Habana).

Cubana de Aviación. Calle 39 nº 1415 # 16 y 18, Nueva Gerona. T. 2 2531/2 4259.

Por **vía marítima** existe una flotilla de hidrodeslizadores que, con dos salidas diarias desde el puerto de Batabanó (a 60 km al sur de La Habana), cubren el viaje hasta Nueva Gerona en 2 horas. Hay, además, un ferry que hace el mismo trayecto en 6 horas. A este viaje hay que añadir 1 hora más del viaje desde La Habana hasta Batabanó.

Cambio de moneda. Hay una sucursal del **Banco Nacional** en la calle 39 # 18 de Nueva Gerona. También es posible cambiar en la calle.

Alquiler de coches. Havanautos, en los hoteles Colony (T. 33 5212) y Las Codornices (T. 2 4432/2 4981) y Villa Gaviota (en este último también bicicletas).

Gasolinera. Calles 39 y 30, T. 23554.

Buceo. Ver apartado correspondiente, p. 347.

Sanidad. Hospital Héroes de Baire, calles 18 y 41; también farmacia.

FIESTAS Y DIVERSIONES

Festival de la Toronja. Esta festividad tiene lugar en Navidades; durante una semana se efectúan diversas actividades recreativas, musicales y bailes. Es como un carnaval colorista, con paseos, desfiles y actuación de destacadas orquestas. En los últimos años y por motivos económicos el festival ha ido decayendo.

El sucusucu. Uno de los más altos exponentes del folclore de la isla. Más que un baile es la fiesta típica de las zonas rurales y con ese nombre se define tanto a la música como al baile y a la reunión familiar que da lugar a comidas, danzas y abundante bebida; el jolgorio comienza al anochecer y se prolonga hasta bien entrada la madrugada.

Round dance + son montuno = **Sucu-sucu**

A finales de siglo XIX y principios del XX, con el asentamiento de pescadores provenientes de Gran Caimán llegaron también a la isla de Pinos varios ritmos, entre ellos el *round dance,* un baile colectivo donde un danzarín improvisa en medio de un corro que palmea sus puntos de baile. Los caimaneros organizaban fiestas en los asentamientos que fundaron en el sur de la isla. A estas fiestas acostumbraban a asistir y a participar trabajadores y jornaleros cubanos procedentes en su mayoría de la región oriental de Cuba, empleados en distintas obras en isla de Pinos, quienes cantaban y bailaban el son montuno, alternando ambos ritmos en la misma fiesta. El resultado fue la fusión de los dos, dando origen a un ritmo distinto con elementos del son montuno y del *round dance*. A esta mezcla resultante se le dio el nombre onomatopéyico de *sucusucu* (alude al sonido que produce el roce de las suelas de los zapatos sobre el piso). Luego se fue depurando y perfeccionando hasta llegar a ser el ritmo que se conoce actualmente, y que Eliseo Grenet divulgó en los años cuarenta, junto con la conga, en Nueva York y en otras ciudades menos destacadas musicalmente.

Las noches en Nueva Gerona son bastante animadas; hay una serie de locales con música en directo: **Centro Municipal de la Música** (calle 18 # calle 39), que a semejanza de las Casas de la Trova ofrece música local y en especial el sucu-sucu; **Café Nuevo** (calle 39 # calle 22) y **Pachanga Pinalera** (calle 24 # calle 35).

Además hay dos cabarets: **El Patio** y **Los Luceros** (calle 22 # calle 33), y una disco, **Club Juvenil** (calle 37 # calles 26 y 28).

COMPRAS

Fondo Cubano de Bienes Culturales. Calle 39. Es el lugar para adquirir cerámica y artesanía. El principal motivo de inspiración de la artesanía pinera es la piratería. Muy famosa es en la isla la colección de botellas y vasos de cerámica con temas de piratas. Se trata de una botella para guardar ron que es la imagen de un gordo pirata con todos sus atributos: parche en el ojo, sombrero de tres picos, ancho cinturón, camiseta a rayas, pistola al cinto, pata de palo, etcétera, acompañada de seis vasos, réplica en miniatura de las jarras que acostumbraban a usar los piratas para beber. Esta colección se ha convertido en un recuerdo obligado para cuantos visitan isla de la Juventud. También son interesantes las reproducciones tanto en cerámica como en tallas de madera de los componentes de la flora y la fauna pinera, en especial las cotorras.

Existen otras dos tiendas de artesanía, en la calle 34 # calle 55, y calle 41 # calles 18 y 20.

ALOJAMIENTO

Colony. Crta. de Siguanea, Km 46. T. 98282, fax 98181. Un establecimiento frecuentado por buceadores. Ver también p. 350.
Isla de la Juventud – Villa Gaviota. T. 23290. Km 1.5 de la autopista. A orillas del mar, cuenta con restaurante y piscina.
Las Codornices. T. 24981. A 5 km de Nueva Gerona, en el interior, a orillas de un lago y próximo al aeropuerto. Cuenta con restaurante y piscina.
Rancho del Tesoro. A 3 km de Nueva Gerona, en un bosque a orillas del río Las Casas. Un hotel antiguo que está en proceso de restauración.

En la mera ciudad no hay hoteles para turistas, pero sí para cubanos: **La Cubanita** y **Bamboo**, y aunque no pueden alquilarse habitaciones a los turistas, a veces, y con suerte, se consigue. Son menos confortables y mucho más baratos.
Lo mismo pasa con el **cámping Villa Paraíso**, a 2 kilómetros de Nueva Gerona y a orillas del mar.

RESTAURANTES

Los hoteles citados tienen servicio de restaurante, además:
El Cochinito. C/ 39 # calle 24, Nueva Gerona. Especialidad en carne de cerdo.
El Corderito. C/ 39 # calle 22, Nueva Gerona. Especialidad en cordero.
El Río. C/ 32 # calle 35, Nueva Gerona. T. 23217. Cocina criolla y pescado.
Casa de los Vinos. C/ 20 # calle 41, Nueva Gerona. T. 24889. Lo que su nombre indica, vinos y embutidos.
El Jagüey. C/ 11, La Fe. T. 97182. Cocina criolla.
El Ranchón. C/ 9, La Fe. Cocina criolla y china. Especialidad en sopa china.
Coppelia. En la esquina de las calles 37 y 32. El lugar para degustar un helado, en pleno ambiente cubano.

■ LA GÜIRA, Parque Nacional

Parque Nacional de la provincia de Pinar del Río. A 46 kilómetros de Pinar del Río y a 9 de San Diego de los Baños.

Este Parque Nacional ocupa sólo una parte de la **Hacienda Cortina**, hoy museo, que fue la finca más grande de la provincia de Pinar del Río y una de las más extensas de todo Cuba. El parque tiene en la actualidad una superficie de 22.000 hectáreas y en sus bosques abundan ejemplares poco vistos de la flora y la fauna cubana. Numerosas son las variedades de plantas y flores silvestres, helechos, lianas trepadoras, orquídeas y curujeyes. Entre las aves las hay oriundas de la región, como el Aparecido de San Diego, de color azul intenso con la cabeza de color olivo; otra de las aves raras de esta reserva es una especie de pájaro carpintero, más pequeño que el resto de sus congéneres, dotado de un pico tan poderoso que puede taladrar la durísima corteza del coco para beber su ración de agua.

En las cercanías de la mansión que presidía la finca se levantan pagodas que guardan colecciones de artesanía china y japonesa. Es aconsejable la visita de estas pagodas y de los tres jardines que han dado nombre a La Güira: el japonés, situado junto a un riachuelo cuajado de nenúfares, con glorietas de bambú, musgosas rocas y puentecitos de gráciles arcadas; el inglés, de verde césped, está sembrado de esculturas y fuentes, y el cubano, con sus arriates tradicionales, las siempre presentes enredaderas y profusión de mariposas, la bella y delicada flor nacional. Completan el conjunto fuentes con ninfas de mármol, faunos, sátiros y gran cantidad de figuras mitológicas.

Los aficionados a la pesca pueden, en los cercanos embalses de **La Juventud** (p. 225), **Tenería** y **El Patate**, practicar su deporte favorito y conseguir buenos ejemplares de truchas y carpas.

ALOJAMIENTO

Villas rústicas. Un conjunto turístico integrado por 23 cabañas rústicas construidas en las copas de los árboles, rodeadas de un primitivismo subyugante no exento de comodidad. Se comunican unas con otras con pasarelas de madera y poseen baño, habitación única y amplios balcones de madera.
Mirador de San Diego. En San Diego de los Baños. T. 335410. A orillas del río San Diego, este hotel, que es balneario, ofrece curas medicinales. 33 habitaciones. Está bastante abandonado. Cuenta con servicio de restaurante y piscina (ver p. 225).

ALREDEDORES

• **Cueva de Los Portales**. *Al noreste del Parque de La Güira*. En la zona de San Andrés, el río Caiguanabo, también llamado San Diego, en una paciente labor de milenios logró perforar la cordillera de Guaniguanico para formar la frontera natural entre las sierras del Rosario y de los Órganos. El río formó dos cavernas adyacentes que se conocen con el nombre de Los Portales. A este singular sitio el destacado novelista cubano del siglo XIX, Cirilo Villaverde, llamó «maravilla de la naturaleza».

Descubierta en 1800 por un español que le dio su apellido, la cueva no fue habilitada hasta 1947 por el hacendado Manuel Cortina, quien, aprovechando las atractivas condiciones naturales, la utilizó para su recreo particular. Años después, en octubre de 1961, durante la Crisis de los Misiles, el «Che» eligió este lugar como sede del Estado Mayor del Ejército Occidental. En la actualidad la cueva está considerada «lugar de interés histórico».

■ LA HABANA

Capital de Cuba. A 140 kilómetros de Varadero, a 232 de Cienfuegos, a 860 de Santiago de Cuba, y a 147 de Pinar del Río. 2.200.000 habitantes. CT. 7.

No me digas que a tí
no te gusta La Habana
El santo de tía Juliana
cantada por BENNY MORÉ

HISTORIA

La región de La Habana, habitada por indios siboney, taíno y guanacahibe bajo el cacicazgo de Habaguanex, fue explorada por primera vez por Sebastián Ocampo en 1508, quien bautizó la actual bahía de La Habana con el nombre de Carenas después de carenar en ella sus barcos tras un accidentado viaje. Una segunda expedición, entre finales de 1513 y principios de 1514, con Pánfilo de Narváez, en la que viajaba Bartolomé de las Casas, sometió al cacique indígena y fundó en la costa sur de la isla, siguiendo las órdenes de Diego de Velázquez, la población de San Cristóbal de

La Habana. Por la insalubridad de la zona y por las mejores condiciones que ofrecía la costa norte, hacia 1519 sus habitantes se trasladaron hasta allí y se establecieron finalmente en el lugar que Ocampo denominara Punta Carenas, hoy bahía de La Habana.

Pronto se convirtió La Habana (nombre que proviene del cacicazgo Habana), gracias a las excelentes condiciones portuarias de su bahía, en el principal punto de enlace con la América continental. Escala obligada del tráfico entre la metrópoli y sus colonias, sustituyó a Santo Domingo como primer puerto del Caribe, y se convirtió en centro de reunión del galeón de Indias. Este hecho atrajo a nuevos colonos (de unos sesenta vecinos a la constitución del asentamiento pasó a 4.000 habitantes a mediados del siglo XVI) que en la comarca habanera iniciaron una extensa explotación agropecuaria, en la que destacaban la producción de carne y cueros. La Habana fue absorbiendo progresivamente la capitalidad efectiva de la isla y finalmente, el 14 de febrero de 1553, la Audiencia de Santo Domingo dispuso que la residencia oficial del gobernador se trasladara de Santiago a La Habana.

Desde la creación de la ciudad menudearon los acosos de piratas y corsarios, pero los ataques de los años 1537 y 1538 evidenciaron la necesidad de fortificar la ciudad, fortificaciones que levantadas en 1540 resultaron insuficientes ante el ataque de Jacques de Sores, en 1555, quien tras ocupar la ciudad durante casi un mes, del 10 de julio al 5 de agosto, la saqueó e incendió antes de abandonarla. Para defenderse ante futuros ataques, se emprendió un vasto plan de fortificaciones que se inició con la construcción de las fortalezas de la Real Fuerza, en 1558, Salvador de La Punta y los Tres Reyes del Morro, entre 1590 y 1602, que junto con los torreones de Santa Dorotea de Luna de La Chorrera, Cojímar y San Lázaro, a mediados del siglo XVII, no impidieron que en 1672 las tropas inglesas tomaran la ciudad y permanecieran en ella durante casi un año. Las autoridades españolas, tras recuperar la capital, continuaron con su plan de proteger la ciudad y emprendieron, en 1674, la construcción de unas murallas que rodearan su perímetro, y de las fortalezas de San Carlos de la Cabaña, El Príncipe, en la loma de Aróstegui, y Santo Domingo de Atarés.

A lo largo del siglo XVII La Habana experimentó un crecimiento ininterrumpido, acelerado por la expansión del cultivo del tabaco, a pesar de las epidemias de 1648 (que redujo la población a un tercio) y 1654. Pero el mayor crecimiento tuvo lugar a lo largo del siglo XVIII. Al incremento del comercio, estimulado por la constitución de compañías monopolísticas, como la Real Compañía de Comercio de La Habana, se sumaron los beneficios derivados de la construcción de buques para la Armada Española que, autorizada por José Patiño en 1725, se emprendió en 1747 y, sobre todo, por la introducción del cultivo de la caña de azúcar. Sin embargo, este progreso no redundó en favor del pequeño propietario criollo, sino en el de la clase comerciante, de la que aquel dependía por la escasez de capital y lo reducido de sus explotaciones. El puerto de La Habana se convirtió en ese siglo en el mayor centro de distribución de las rutas comerciales que desde sus muelles se repartían en abanico hacia los puertos del golfo de México y Cartagena de Indias, y en nudo, además, del servicio de correos de la metrópoli.

A raíz de la guerra de los Siete Años, La Habana fue sitiada por las fuerzas británicas (junio de 1762), en un momento en que las defensas de la ciudad se hallaban descuidadas y la epidemia del vómito negro que había asolado la capital el año anterior hacía todavía estragos entre la tropa. Tras la toma del castillo del Morro, La Habana, el 12 de agosto de 1762, se rindió. La ocupación inglesa duró hasta el 6 de julio de 1763; tras la firma del Tratado de Versalles volvió a someterse a la soberanía española. En este breve lapso de tiempo, un año, la economía habanera conoció un régimen de libertad comercial, a la vez que se incrementaba notablemente la llegada de esclavos; el resultado fue más crecimiento económico.

De nuevo bajo la soberanía española, la «forma» en las relaciones comerciales cambió; el régimen prohibicionista de la Corona española ya no pudo ser restaurado con su anterior rigor y, finalmente, los reales decretos de 1778 sobre la libertad de comercio, autorizaron el tráfico directo entre Cuba y los EE UU, país, este último, embarcado en aquellos años en una contienda por su independencia. El proceso se consumó cuando, en 1808, se permitió la entrada en el puerto habanero de buques de todas las nacionalidades.

La independencia de la América española tuvo escasa resonancia en La Habana. En primer lugar, existía una estrecha vinculación entre la clase comerciante y la metrópoli, y, por otra parte, la población blanca (tanto peninsulares como criollos) no habían olvidado los acontecimientos de Haití y se enfrentaron con temor a una pequeña rebelión de negros libertos en 1812 (ver también p. 42). Además, en el primer cuarto del siglo XIX aconteció la crisis azucarera de las Antillas Británicas, con el consiguiente repunte de la economía habanera; todos esos factores ayudaron a conjurar los peligros de un hipotético movimiento independentista en el que las clases altas de La Habana valoraron que tenían más a perder que a ganar. Expresión del clima expansivo de la época fue un nuevo crecimiento demográfico de la ciudad.

En 1863 se inició el derribo de las murallas que rodeaban la ciudad, incorporando los arrabales que desde mediados del siglo XVII y todo el XVIII habían crecido extramuros.

El 15 de febrero de 1898 explotó en la bahía de La Habana el acorazado *Maine* de la Armada de los EE UU, un suceso oscuro que sirvió de pretexto a ese país para declarar la guerra a España, y que significó en definitiva la independencia de Cuba (ver también p. 45).

Desde comienzos del siglo XX se inició el desarrollo industrial de La Habana, el más destacado del país a lo largo de la presente centuria, que cambió la fisonomía urbana, determinada hasta entonces por el carácter primordialmente comercial de la ciudad, al tiempo que originó la formación de importantes concentraciones proletarias, que en la huelga general de 1933 constituyeron un elemento decisivo en la caída del presidente Machado. Por otra parte, La Habana constituyó uno de los principales centros de atracción del turismo estadounidense hasta la instauración del régimen castrista en 1959.

Desde el triunfo de la Revolución, La Habana ha sufrido pocas modificaciones; las nuevas construcciones han sido pocas, pero de una estética dudosa; sirva como ejemplo la embajada de Rusia. El hecho de que durante cuarenta años se hayan efectuado pocas reformas, convierte a La Habana en una ciudad atractiva para el turista y en una descubierta continua para el viajero; así lo ha entendido la ONU declarando el barrio de La Habana Vieja, Patrimonio de la Humanidad.

Hoy, La Habana está en un proceso acelerado de restauración, en el que participa activamente España, entre otros países.

VISITAS DE INTERÉS

Nuestra descripción y visita de La Habana está dividida en seis itinerarios, y éstos a su vez en paseos (por ejemplo, el primer itinerario es La Habana Vieja en cinco paseos: plaza de Armas y alrededores, plaza de la Catedral y alrededores, etcétera).

I ITINERARIO

LA HABANA VIEJA – PLAZA DE ARMAS Y ALREDEDORES

La Habana Vieja, núcleo primario de la ciudad, la última de las siete primeras villas fundadas en Cuba por los conquistadores españoles, con el nombre de San Cristóbal de La Habana, fue declarada por la UNESCO en 1982 Patrimonio Cultural de la Humanidad. Desde esa declaración La Habana Vieja está siendo remodelada a partir de los criterios de Eusebio Leal Splenger, el Historiador de la Ciudad.

Nuestro primer paseo por la ciudad lo iniciaremos en la plaza de Armas: Calles Obispo, O'Reilly, Tacón y Baratillo.

– La **plaza de Armas**, o plaza Manuel de Céspedes, es la más antigua de la ciudad; en un principio se la conocía como plaza de la Iglesia por la parroquial allí ubicada. Al igual que las otras plazas mayores que los españoles construyeron en sus colonias, recibió este nombre porque era el lugar elegido por las tropas coloniales para realizar sus prácticas militares y demás exhibiciones. En 1833 se embelleció el recinto con la colocación en su centro de una estatua, del entonces rey de España, Fernando VII, y plantando varios tipos de árboles. En 1955, se cambió dicha efigie, que actualmente se encuentra en los portales de los Capitanes Generales, por una de Carlos Manuel de Céspedes, el primer presidente de la Cuba independentista.

En la plaza, ocasionalmente, tienen lugar diversas actuaciones, ya sea de bailarines, cantantes, o conciertos de la Orquesta Municipal de la Ciudad; unas bellas habaneras, vestidas a la usanza colonial, pasean por la plaza y se brindan a ser fotografiadas, bien solas o acompañadas; aunque es una gentileza del Ayuntamiento, no deberá sorprendernos que nos pidan un dólar.

Rodean la plaza: el Templete, el castillo de la Real Fuerza (museo de Armas), palacio del Segundo Cabo, palacio de los Capitanes Generales (museo de la Ciudad), y la casa del conde Santovenia (hoy, hotel Santa Isabel).

- **El Templete**. *En el costado este de la plaza de Armas, en el ángulo formado por las calles Baratillo y O'Reilly.* A la sombra de una inmensa ceiba se celebró, el 16 de noviembre de 1515, la primera misa de la ciudad, y se constituyó el primer cabildo. Muchos años después, y siendo gobernador Francisco Cagigal, se levantó, en 1754, una columna de tres caras coronada con la imagen de la Virgen del Pilar. Los tres lados de la columna representaban la división de la isla en aquellos años: occidente, centro y oriente.

En 1827 se construyó El Templete, un edificio de estilo neoclásico, se erigió un busto a Cristóbal Colón, y se rodeó el monumento con una verja. En su interior se guardan tres lienzos del pintor francés Jean-Baptiste Vermay, establecido en La Habana desde 1816 y fundador y director de la Academia de Pintura y Dibujo de San Alejandro. Los cuadros reproducen la primera misa, el primer cabildo y la inauguración del Templete. También, en una urna, se conservan las cenizas del pintor y su esposa.

- **Castillo de la Real Fuerza**. *Visita de 9 a 17 horas, cierra los lunes.* En la parte norte de la plaza tenemos, en el lado oriental, el castillo de la Real Fuerza, y en el lado occidental, el palacio del Segundo Cabo. Desde poco después del asentamiento de los españoles, los ataques de piratas y corsarios de todas las nacionalidades fue constante, lo que obligó al gobernador Hernando de Soto, en 1538, a la construcción de la primera fortaleza de la ciudad, el castillo de la Fuerza Vieja, a unos 300 metros al noroeste de su posición actual. Pero esta defensa añadida no evitó que el corsario francés Jacques de Sores atacara y saqueara, en 1555, La Habana, que en aquellos años apenas sobrepasaba los 3.000 habitantes.

Tras el saqueo, tres años después, Felipe II ordenó la construcción del actual castillo de la Real Fuerza, cuyas obras finalizaron en 1577. A pesar del puente levadizo, diseñado por Bautista Antonelli, que acentúa el aire aislacionista de la fortaleza, con los años se vio que su ubicación, desde el punto de vista militar, era un desacierto; se trasladó la estrategia defensiva a los castillos de los Tres Reyes del Morro y de San Salvador de la Punta, empleándose el de la Real Fuerza como residencia de los gobernadores, cuartel, Casa del Tesoro, Archivo General, Biblioteca, sucesivamente, y desde 1977, como **museo de Armas** *(mismo horario que la fortaleza)*, de escaso interés artístico e histórico.

Lo más interesante del castillo de la Real es la giralda que corona la torre, que durante años sirvió de guía a los barcos que entraban en el puerto. La Giraldilla, una estatua de bronce de 108 centímetros de altura, que porta en su mano izquierda la Cruz de Calatrava, fue realizada por el maestro fundidor Gerónimo Martín Pinzón en 1631, como homenaje a doña Inés de Bobadilla, esposa de Hernando de Soto, el «afiebrado» explorador que, al igual que Ponce de León, intentó descubrir en la península de Florida la misteriosa Fuente de la Juventud, y murió en la empresa. Su esposa doña Inés lo sustituyó al frente del gobierno y se convirtió así en la primera mujer gobernadora de la historia de Cuba. La Giraldilla que corona la torre es una copia, la auténtica está en el cercano museo de la Ciudad.

Actualmente la imagen de la Giraldilla ha dado la vuelta al mundo impresa en la etiqueta que lucen las botellas de ron Havana Club, del que también se ha convertido en símbolo y sello de legitimidad.

En la parte superior del castillo hay un restaurante, La Misión, que al coincidir con el horario de visita no ofrece cenas, una tienda de artesanías y un estanco donde se pueden adquirir tabaco y habanos con garantía.

• **Palacio del Segundo Cabo.** *En el lado norte de la plaza de Armas, en la calle O'Reilly, junto al castillo de la Real Fuerza.* En 1772, Felipe de Fonsdeviela, marqués de la Torre, gobernador de la isla, ordenó la estructuración de la plaza de Armas con la construcción de cuatro grandes edificios que la cerraran. De su proyecto original sólo vieron la luz los palacios de Gobierno (museo de la Ciudad) y del Segundo Cabo; las obras fueron dirigidas por el coronel ingeniero Antonio Fernández de Trevejos. El palacio del Segundo Cabo fue desde un principio un edificio que albergó varias dependencias oficiales y, a partir de la independencia, la Casa de Correos, el palacio de Intendencia, el Senado hasta la construcción del Capitolio –el traslado se efectuó en 1929–, y el Tribunal Supremo de Justicia. Actualmente alberga el **Instituto del Libro Cubano** y en la planta baja una tienda de artesanía y la librería **La Bella Habana**.

• **Palacio de los Capitanes Generales (Museo de la Ciudad de La Habana).** *Lado este de la plaza de Armas, entre las calles O'Reilly y Obispo. Visita de 8.30 a 17.30 horas, diario. Visita del museo de 9.30 a 18 horas, también diario. T. 612876 y 615062.* Este edificio es un buen ejemplo de la arquitectura civil colonial del siglo XVIII: una edificación de sillares, un patio columnado, arcadas en la fachada, altos puntales y un rico pavimento, muestra todo ello del desarrollo económico y arquitectónico de las colonias. El palacio de los Capitanes Generales, igual que el vecino del Segundo Cabo, es obra del coronel habanero Antonio Fernández de Trevejos. Desde su inauguración en 1791, fue sede del gobierno colonial español hasta 1898, del gobierno estadounidense hasta 1902, y de la República de Cuba hasta 1920; durante sus primeros cuarenta años albergó, en el ala oeste, la cárcel pública, y desde 1800 hasta 1967, el Ayuntamiento. Desde 1968 acoge el museo de la Ciudad de La Habana.

Su patio interior es un claro ejemplo de las construcciones civiles españolas en Latinoamérica. De doble planta y columnas, tiene en el centro un jardín de plantas tropicales entre las que destacan yagrumas (el antiguo árbol nacional) y palmas reales (el actual árbol nacional), y una estatua en mármol blanco de Cristóbal Colón, realizada en 1826 por el escultor italiano J. Cuchiari; por el patio pasean pavos reales.

El museo tiene tres plantas: baja, entresuelo y alta.

– En la planta baja destacan la Sala Parroquial, con una lápida funeraria, el monumento artístico más antiguo que se conserva en Cuba en recuerdo a la iglesia parroquial Mayor; también conserva sagrarios, candelabros, esculturas en madera policromada, maderas talladas y pinturas de algunos religiosos. Al otro lado del patio están las cocheras, con variados carruajes, entre los que llama la atención el *quitrín* (un carruaje de dos ruedas, abierto, muy usado en Cuba a lo largo del siglo XIX), y las salas con maquetas de un ingenio azucarero y del ferrocarril (la primera línea férrea española partió de La Habana y fue inaugurada el 19 de noviembre de 1837, coincidiendo con el santo de Isabel II; es anterior a la línea Barcelona-Mataró, el primer trazado peninsular); un abanico decorado con el motivo de la entrada del tren cierra las curiosades que resaltamos en la planta baja.

– En el entresuelo tenemos la Sala de Estatuaria y Lapidaria, la Sala del Cementerio de Espada (muestras de arte funerario y una rememoración del primer cementerio de la ciudad), la Sala de la Metalurgia (muestras de cántaros, baterías de cocina, recipientes, etcétera, de cobre, bronce y hierro, legados la mayoría por el artista forjador catalán, Ricardo Soler), la biblioteca y el archivo con las actas del Ayuntamiento completan el interés museístico de esta planta.

– En la planta alta: las salas de las Banderas, del Armamento y de los Uniformes Españoles. En la Sala del Cabildo, las Mazas del Cabildo, realizadas en plata por Juan Díaz, en 1631, y el crucifijo de juramento de cargos del Cabildo; en la de Banderas, el estandarte original enarbolado, el 19 de mayo de 1850, en Cárdenas y también la bandera original de Carlos Manuel de Céspedes, con la que inició su levantamiento en su ingenio La Demajagua, en 1868; en la del Armamento, los machetes de combate de los generales Antonio Maceo y Máximo Gómez; en la de los Uniformes, pertenencias personales de Céspedes, José Martí, Ignacio Agramonte, Calixto García y otros destacados patriotas; anexa a ellas está la Sala de Cuba Heroica.

Siguiendo nuestro recorrido por la planta alta, tenemos la Sala de la Intervención Norteamericana, la Sala de la República (llamada por los militantes comunistas como «el basurero de la historia»), la Sala de Trinchante, el Comedor, la Sala del Café (un rincón que habla del aprecio del café y de las tertulias de los ciudadanos coloniales), y del Baño (con dos bañeras de mármol de Carrara, del más puro estilo *kitch*).

De esta planta destacamos el Salón Blanco, el Salón de los Espejos y el Salón del Trono. En los dos primeros tenemos el blasón de la España borbónica y el escudo de la ciudad de La Habana, un salón de bailes, en el que España firmó la transferencia de la soberanía de la isla a EE UU. En el Salón del Trono, imitación en pequeño del palacio de Oriente en Madrid, está la silla que esperó durante años las posaderas del rey de España; en las paredes de este salón cuelgan pinturas de Federico Madrazo (óleo de Isabel II) y de Casado de Alisal, entre otros pintores del siglo XIX.

– En la planta baja hay una tienda de recuerdos, y en el arranque de la escalera de acceso a las plantas superiores, una bello piano de cola.

En el museo se exhiben exposiciones itinerantes y suelen ofrecerse conciertos.

Algunas curiosidades

La calle que transcurre enfrente de la fachada de este palacio está asfaltada de madera. Se cuenta que el capitán general Miguel Tacón solía hacer cada día la siesta en una habitación que daba a esta calle. Molesto por el continuo traqueteo de los carruajes, mandó cambiar el adoquinado por otro de madera y así poder dormir tranquilo su siesta.

Y en la entrada, bajo los portales hay unas enormes campanas que recuerdan el uso que de ellas se hacía en la época colonial. De la misma manera que las campanas marcaban el ritmo de la vida en los conventos medievales, las campanas en los ingenios azucareros tocaban para las actividades de los esclavos: cuando debían levantarse y acostarse, los inicios y fines del trabajo, etcétera. La vida en el ingenio se hacía a toque de campana.

La campana en Cuba también es símbolo de libertad. Cuando Carlos Manuel de Céspedes se levantó contra el gobierno español tocó las campanas de su finca La Demajagua a rebato anunciando el inicio de la lucha contra el dominio español y el fin de la esclavitud en su finca.

• **Palacio del conde de Santovenia**. *En el lado este de la plaza*. Construcción del siglo XVII a la que se agregaron una arcada y los portales a finales del siglo XVIII. Fue durante varias décadas residencia de los condes de Santovenia hasta que un norteamericano compró el edificio, en 1867, y lo convirtió en hotel –el Santa Isabel–, el primer establecimiento de este tipo de Cuba, con innovaciones sorprendentes para aquellos años como el baño en las habitaciones y mujeres en el personal de servicio. Con el tiempo cerró y se convirtió en un almacén. La labor de restauración que desde hace años se está llevando a cabo en Cuba, ha propiciado que el edificio cumpla su función original: vuelve a ser un hotel, hermoso, y con el mismo nombre.

• Cerca del Santa Isabel, y paralela a la calle Oficios, corre la **calle Baratillo**, conocida con este nombre por albergar, hace ya tiempo, pequeños comercios de baratijas; recuerdo de aquellos comercios, y tras dos grandes portaladas de madera (dan la impresión de estar cerrados; no sean tímidos, empujen o llamen), hay dos agradables locales: la **Casa del Café** y la **Casa del Ron**.

1. Maestranza de Artillería
2. Palacio Pedroso/Palacio de la Artesanía
3. Seminario de San Carlos
4. Catedral de La Habana
5. Palacio de los marqueses de Aguas Claras/Rte. El Patio
6. La Bodeguita del Medio
7. Palacio de los condes de la Reunión/Casa Cultural Alejo Carpentier
8. Antigua Casa de Baños
9. Palacio de los condes de Casa Bayona/Museo de Arte Colonial
10. Palacio del marqués de Arcos/Taller de Grabado
11. Casa de Lombillo/Museo de Pedagogía Cubana
12. Rte. Don Giovanni
13. Palacio del Segundo Cabo/Instituto del Libro Cubano
14. Castillo de la Real Fuerza/Museo de Armas
15. El Templete
16. Plaza de Armas/Monumento a Céspedes
17. Palacio de los Capitanes Generales/Museo de la Ciudad de La Habana
18. Monumento a la Universidad de San Jerónimo
19. Café O'Reilly
20. Café París
21. Hotel Ambos Mundos
22. Sala del Tabaco
23. Tienda náutica El Navegante
24. Casa de México
25. Rte. La Torre del Marfil
26. Columnata Egipcia/Casa de la Infusiones
27. Oficina del Historiador de la Ciudad
28. Museo de la Platería
29. Dulcería Doña Teresa
30. Rte. La Mina y Casa del Agua La Tinaja
31. Museo Numismático
32. Casa de los árabes/Rte. Al Medina
33. Museo de Autos Antiguos
34. Antigua casa del marqués de Jústiz
35. Palacio del conde de Santovenia/Hotel Santa Isabel
36. Casa del Ron
37. Casa del Café
38. Hostal Valencia
39. Antigua Armería
40. Casa de África
41. Fuente de Los Leones
42. Iglesia de San Francisco de Asís
43. Museo Histórico de Ciencias Carlos J. Finlay
44. Convento de San Agustín y/o San Francisco el Nuevo
45. Iglesia de Santa Teresa de Jesús
46. Casa de las Beatas Cárdenas
47. Palacio del conde de San Juan de Jaruco
48. Casa de Alexander von Humboldt
49. Bar Two Brothers
50. Casa del Joven Creador
51. Antiguo palacio del conde de Casa Barreto/Galería Provincial de Artes Gráficas y Diseño
52. Convento de Santa Clara de Asís

• En la esquina de la calle Baratillo con la calleja de Justiz se encuentra la **antigua residencia del marqués de Justiz**, una de las más antiguas de la ciudad.

– **Calle Obispo**. Nuestro paseo por los alrededores de la plaza de Armas lo podemos iniciar en la calle Obispo, en la que se ha comenzado el plan de remodelación y restauración del casco histórico de La Habana Vieja, y más exactamente en el tramo comprendido entre las calles Oficios y Mercaderes, en el lado sur del

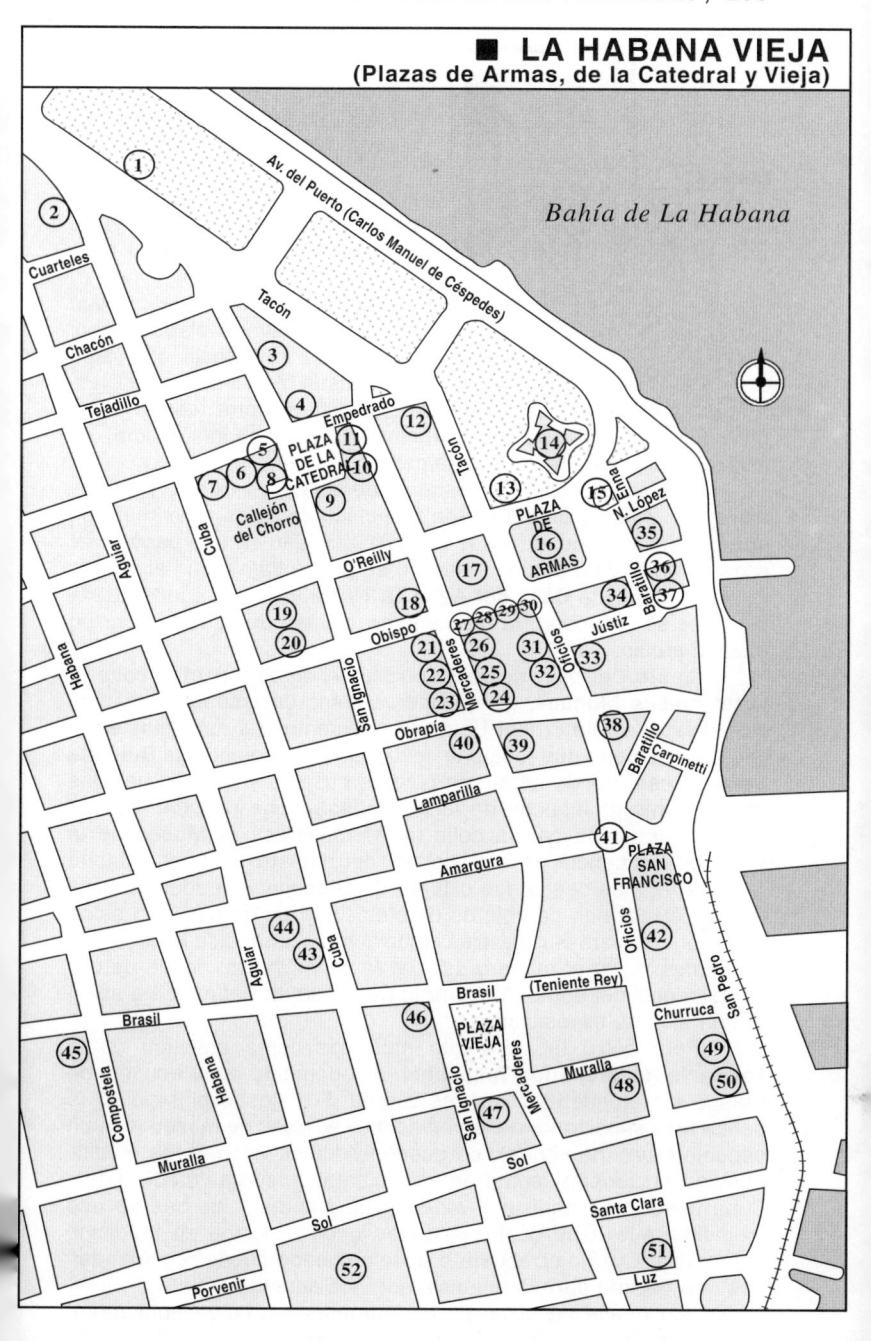

LA HABANA VIEJA
(Plazas de Armas, de la Catedral y Vieja)

Bahía de La Habana

palacio de los Capitanes Generales (museo de la Ciudad). En el proceso de restauración emprendido, se ha procurado recrear el ambiente de siglos atrás, reconstruyendo el adoquinado, las fachadas y los balcones, y usando el color azul, el más común en la época colonial.

Hay dos versiones del por qué la calle se llama Obispo. La primera hace referencia al obispo Pedro Agustín Morell de Santa Cruz, a quien parece le gustaba pasear por ella; y la otra tendría como protagonista al obispo fray Jerónimo de Lara, quien residió, en 1641, en algún edificio de esta calle.

• La casa situada *en la esquina de las calles Obispo y Oficios* albergó el **colegio de niñas San Francisco de Sales**, el primero de su tipo en Cuba, desde 1699 hasta 1925, año en que pasó a ser casa de viviendas; actualmente, en su planta baja están el restaurante La Mina y la **Casa del Agua La Tinaja**, con una curiosa tradición que se mantiene: la de comprar un vaso de agua fría por un módico precio.

• Dentro del plan de restauración tenemos, en esta calle el **hotel Ambos Mundos**, que conserva como casi-museo la habitación donde residía Ernest Hemingway durante sus estancias en la isla, una barbería que funciona desde la época colonial; la **Dulcería Doña Teresa**, donde se sirven postres caseros y algunas bebidas típicas como el «ponche de leche Habana»; una panadería y una mercería (esquina con la calle de Mercaderes), el **Museo de la Platería**, residencia en el siglo XVIII del maestro platero Gregorio Tabares, el más destacado orfebre de la época y creador de excelentes colecciones de objetos de plata; hoy, en un pequeño salón se exponen diversas muestras de orfebrería cubana de los tiempos coloniales; y, *en el número 119 de la calle Obispo*, donde estuvo la residencia del primer Mayorazgo de la Isla de Cuba, se ha abierto una sala de exposiciones.

• Pero quizá la casa que más nos llama atención es la **Farmacia Homeopática Taquechel** (anteriormente en la esquina de Obispo y Mercaderes) bien restaurada. Fue desde el siglo XIX la botica más importante de la ciudad, hoy además de museo (con un esqueleto en una vitrina), se pueden adquirir, además de medicinas convencionales, como antaño, plantas y hierbas medicinales. Cuba posee una riquísima variedad de plantas y hierbas de uso medicinal que hace de los cubanos unos expertos en medicina alternativa. Cualquier abuela o abuelo cubano puede recomendarnos una pócima para la dolencia que nos aqueja.

En esta calle se localizan restaurantes (La Luz, Gentiluomo), paladares (La Perla del Obispo), bares (París, esquina con c/ San Ignacio) y heladerías (El Naranjal); al final, esquina con la c/ Montserrate, se encuentra el bar-restaurante Floridita.

– Desde la plaza de Armas y en sentido vertical a la calle Obispo parte la **calle de Oficios**, una de las más antiguas de la ciudad, en la que se congregaban los escribanos, y hoy en ella han abierto sus puertas varios museos.

• **Museo Numismático**. *C/ Oficios 8, entre las calles Obispo y Obrapía. T. 615857. Visita de 10.30 a 17 horas (los sábados cierra a las 16); domingos de 9 a 13 horas. Cierra los lunes.* En un edificio que fue sucesivamente palacio Episcopal, oficina y archivo Episcopal, Intendencia General de Hacienda, Monte de Piedad, y desde 1984 alberga este museo que exhibe numismática y monedas cubanas desde el siglo XVI hasta nuestros días.

• **Casa de los árabes**. *C/ Oficios 10. T. 615868. Visita de 9.30 a 18.30 horas, diario.* En el antiguo colegio de San Ambrosio para niños; en su arquitectura conserva algunos elementos moriscos originales. Exhibe una Rosa del Desierto y tiene un espacio cultural. Acoge el restaurante Al Medina.

• **Museo de Autos Antiguos**. *C/ Oficios 12. Visita de 9 a 18 horas, diario.* Ubicado en una antigua casa-almacén de finales del siglo XIX, con un interior espacioso de columnas de hierro. Entre los autos que exhibe están los de Benny Moré, Ernesto «Che» Guevara y Camilo Cienfuegos.

• Al otro lado de la acera, y en la esquina con la calle Obrapía, está el **Hostal Valencia**, en la antigua casa del regidor Sotolongo, quien donó los terrenos de La Cabaña para la construcción de la fortaleza de San Carlos de la Cabaña. El hostal ha sido rehabilitado con la colaboración económica de la Generalitat de Valencia.

– Paralelamente a la calle de Oficios corre la **calle Mercaderes**, que desde la calle del Obispo nos lleva, en dirección norte, a la plaza de la Catedral, y en dirección sur a diversos locales de cierto interés.

• *Detrás del museo de la Ciudad de La Habana* está el **monumento** que recuerda a la **Universidad de San Jerónimo**, la primera de Cuba, fundada en 1728 en la construcción existente en la esquina con la calle Obispo. Cuando la Universidad se trasladó, en 1902, al lugar que ocupa actualmente en el barrio del Vedado, la antigua sede fue demolida y en su lugar se construyó un edificio moderno, actual sede del Ministerio de Educación. La gran campana de bronce, que forma parte del monumento, es la misma que utilizaba la Universidad para las convocatorias de otorgamientos de las licenciaturas de los estudiantes.

• A continuación, en el edificio que fue residencia de procuradores y tesoreros del rey, y que anteriormente albergaba la Casa de Infusiones, tenemos hoy la **Columnata Egipcia**, donde se continúa saboreando una variada gama de infusiones, cubanas y extranjeras, desde el tradicional té o café, hasta las criollísimas infusiones de hojas de naranja, de manzanilla, de caña santa, etcétera, sin dejar de lado las distintas variedades de café con ron, canela y clavo.

Acto seguido se encuentra el restaurante Torre de Marfil, especializado en comida china.

• *En el número 115 de Mercaderes* está la tienda **El Navegante, Mapas y Cartas Náuticas** (T. 613625 y 623466), un bonito comercio especializado en la venta de mapas, planos de ciudad y de carreteras.

• *En la confluencia con la calle Obrapía*, y en una antigua casona colonial, también restaurada, está el **Museo del Benemérito de las Américas, Benito Juárez**, conocido como la **Casa de México** (T. 618166), destinada a fomentar la amistad entre este país y Cuba.

• *Al otro lado de la calle, en la misma esquina, pero con entrada por la calle Obrapía*, un palacio del siglo XVII, conocido como Casa de la Obrapía (T. 613097), sede de la **Casa de Protocolo de la Alcaldía de La Habana**. El palacio, claro ejemplo del barroco cubano, expone piezas de arte decorativo en un ambiente del siglo XIX.

• En la misma calle están: la **Casa de África** (T. 615798), una sala-museo que cuenta con una importante colección de arte africano, fondo en parte cedido por Fernando Ortiz y en parte por Fidel Castro; en este último caso se trata de obsequios de distintos gobiernos africanos al jefe del Estado; la **Casa-Museo Simón Bolívar** (T. 613988), sala-museo también, con exposiciones y temas alegóricos de Bolívar; y ahí, pero *en la calle Obrapía*, se localiza la **Casa Oswaldo Guayasamín** (T. 613843), con obras del pintor ecuatoriano y fotos de sus actividades. En la parte superior está su vivienda, pues Guayasamín es un ferviente defensor de la Revolución Cubana, y un mes al año se lo dedica a Cuba.

• *Y también en Mercaderes, entre las calles Obispo y Oficios* está la **Sala del Tabaco**, destinada a mostrar la historia del tabaco y su desarrollo en Cuba; se puede comprar, con confianza, habanos.

LA HABANA VIEJA – PLAZA DE LA CATEDRAL Y ALREDEDORES

En la plaza de la Catedral y en sus alrededores, al igual que en la cercana plaza de Armas, se apiñan las edificaciones de mayor interés histórico y artístico de toda Cuba. Está considerada como uno de los mejores espacios arquitectónicos coloniales de América Latina. *Calles Empedrado, San Ignacio y Mercaderes. Desde la plaza de Armas caminar por Obispo hasta Mercaderes, y doblar por esa última calle a la derecha.*

– **Plaza de la Catedral**. Conocida como la «plaza de la Ciénaga» por los estanques de agua que se formaban cuando llovía, las autoridades decidieron, en 1587, construir una cisterna para recoger aquellos caudales y abastecer así a los vecinos de la villa. Cinco años después, en 1592 se inauguraba el primer acueducto de La Habana, la **Zanja Real**, que tras recorrer once kilómetros desde el río de la Chorrera, al noroeste de la ciudad, llenaba la cisterna, en el callejón del Chorro, y los depósitos de los barcos fondeados en el muelle de la Luz. En la esquina de la calle San Ignacio y la plaza hay una placa conmemorativa.

A finales del siglo XVII se dio luz verde al primer plan urbanístico de la explanada, que incluía la construcción de la catedral, la casa de Lombillo y los palacios del marqués de Arcos, de los condes de Bayona y del marqués de Aguas Claras.

• **Catedral**. *Situada en el lado norte de la plaza*, su arranque se inicia en 1704 con la construcción de una ermita, sobre la que, en 1748, Felipe José de Res Palacios, un rico obispo español oriundo de Salamanca, decidió construir una iglesia dedicada a la Virgen, de la que se conserva la imagen sobre el altar principal. Durante unos años fue una escuela de misioneros jesuitas. En 1788, con la división de la isla en dos jurisdicciones eclesiásticas, Santiago de Cuba para Oriente, y La Habana para Occidente, esta iglesia pasó a ser catedral y albergó el obispado de La Habana.

La catedral de La Habana es el más bello edificio religioso de Cuba, y uno de los mejor conservados de todo Latinoamérica. Su fachada es barroca, con dos torres de tres cuerpos –más estrecha la de la izquierda–. Su interior, de tres cuerpos y ocho capillas laterales, está más cerca del estilo neoclásico que del barroco europeo.

De construcción cuadrada, 34 por 35 metros, se supone que el pórtico es obra del arquitecto habanero Lorenzo Camacho, y que las reformas realizadas en el último tercio del siglo XVIII se deben a Pedro Medina, también arquitecto y artífice de otros destacados edificios habaneros, como el palacio Municipal.

Durante los primeros treinta años del siglo XIX, otro obispo de La Habana, Juan José Díaz de Espada y Fernández de Landa, emprendió importantes trabajos para agrandar y a la vez embellecer la catedral. Se sustituyeron las primitivas esculturas talladas en madera por simples pinturas al óleo, copias en su mayoría de obras de Rubens, Murillo y otros artistas famosos, debidas al pincel del francés Jean-Baptiste Vermay, el autor de las pinturas del Templete.

Las esculturas y los trabajos de orfebrería del altar mayor, así como el tabernáculo de mármol y metales preciosos, son casi todos obras del artista italiano Bianchini, realizadas en Roma en 1820, bajo la dirección del escultor español Antonio Solá. Detrás del altar mayor se pueden apreciar tres grandes frescos del pintor italiano Giuseppe Perovani, el primer artista que impartió cursos de pintura en La Habana.

Hasta el final de la colonización española hubo en el lateral izquierdo del altar mayor un monumento funerario en memoria a Cristóbal Colón, obra del artista español Arturo Mélida, que guardaba sus cenizas, traídas de Santo Domingo en 1796; en 1898 se trasladaron a la catedral de Sevilla. Se conservan otras tumbas, como la del obispo de La Habana Apolimar Serrano, y diversos cuadros; uno de ellos despierta la curiosidad: pintado en Roma a finales del siglo XV, unos años antes del descubrimiento de América, representa al papa Alejandro VI disponiéndose a oficiar la misa. Nadie sabe, hasta el momento, cómo llegó a Cuba ni quién fue el autor.

- **Casa de Lombillo**. *Al lado (izquierdo) de la catedral*. Un palacio de la primera mitad del siglo XVIII que durante la década de los años treinta del siglo XX fue Secretaría de Defensa y Ministerio de Sanidad. Hoy alberga el **Museo de Pedagogía Cubana**.

- **Palacio del marqués de Arcos**. *Colindante con el museo de Pedagogía Cubana*. Fue construido en 1741 por el tesorero de la Real Hacienda, Diego Peñalver Angulo, padre del marqués de Arcos. Desde 1825 fue sede de la casa de Correos y del Liceo Artístico y Literario, punto de reunión de los jóvenes aristócratas de La Habana, donde, podemos imaginar, sostuvieron no pocas discusiones sobre la conveniencia de la independencia de Cuba. Actualmente alberga el **Taller de Grabado** (*T. 620979; abierto de 14 a 21 horas, sábado de 14 a 17 horas, cierra domingo*), una prestigiosa institución cultural que ha formado a destacados grabadores. Se pueden adquirir aguafuertes, calcografías, aguatintas y litografías.

- **Palacio de los condes de Casa Bayona**. *Enfrente de la catedral*. Fue en sus orígenes la residencia del gobernador Luis Chacón, quien construyó el edificio en 1720. A principios del siglo XIX fue adquirido por el Real Colegio de Escribanos, colectivo que, a principios del XX, editaba la revista *La Discusión*. Actualmente acoge el **Museo de Arte Colonial** (*T. 626440. Visita de 10 a 17.45, de martes a sábado, domingo de 9 a 13 horas; cierra el lunes*), destinado a mostrar la vida y costumbres de la burguesía colonial cubana en siete salas especialmente acondicionadas para tal efecto. Exhibe muebles, cristalerías, porcelanas, rejas, puertas, etcétera. La colección más interesante es la de vitrales.

- Entre este palacio y el de los marqueses de Aguas Claras está el **callejón del Chorro**, una callejuela sin salida pero animada por unos «paladares» muy concurridos: El Rincón de Pepe y Doña Eutimia.
- **Palacio de los marqueses de Aguas Claras**. Construido en 1760, está considerado como uno de los más bellos edificos coloniales, belleza que realza su frondoso patio central, con una fuente de mármol, vitrales y artesonados de maderas preciosas. Fue durante años sede del Banco Industrial, y hoy acoge uno de los restaurantes más frecuentados de la ciudad, El Patio.
- Anexa a este palacio está la **Galería Victor Manuel** *(abierta todo el día)*, antes Galería de la Plaza, y antaño Casa de Baños. La fachada fue reconstruida a finales del XIX en estilo neobarroco, ligeramente discordante con el conjunto de la plaza de la Catedral. Se pueden adquirir artesanías, libros y discos.
- En la misma plaza y en la cercana calle de San Ignacio se instalan cada día unos tenderetes donde artesanos y vendedores ofrecen sus productos: artesanía, discos, libros de segunda y tercera mano, recuerdos, etcétera. Suele estar muy concurrido.

– **Seminario de San Carlos**. *Muy cerca de la catedral, entre las calles Tacón y Empedrado*. Este edificio fue construido por los jesuitas en el siglo XVIII. Su porche recuerda al de la Universidad de Valladolid. Es también interesante el patio interior, único en su género durante la época colonial, así como la monumental escalera. Destacan las elaboradas fornituras de caoba.

- *Tomando la calle Empedrado desde la plaza de la Catedral* nos encontramos con **La Bodeguita del Medio**, uno de los dos bares-restaurantes más emblemáticos de La Habana (el otro es El Floridita) y uno de los más famosos del mundo. Su nombre, del Medio, se debe a su situación –ni al principio ni al final de una calle, en la mitad– situación extraña si tenemos en cuenta que los bares en Cuba solían ocupar las esquinas. Un local pequeño, con un mostrador de madera en el estilo de las antiguas tiendas de ultramarinos, con las paredes llenas de firmas de personalidades y anónimos ciudadanos. De Ernest Hemingway es la frase de: «El daiquiri en El Floridita y el mojito en La Bodeguita». Detrás del bar está el restaurante, no tan pequeño como el bar pero igualmente muy concurrido. Una visita recomendable, aunque, quizá, por la aglomeración de la clientela, no podamos tomar el mojito u otro combinado.

- **Casa Cultural Alejo Carpentier**. *En la misma c/ Empedrado, a pocos pasos de La Bodeguita del Medio*. En una construcción de principios del siglo XIX, propiedad de los condes de la Reunión y un claro ejemplo de la transición, en Cuba, del estilo barroco al neoclásico: dos plantas, patio central y una balconera exterior con tejadillo. Los personajes de la espléndida novela de Alejo Carpentier, *El Siglo las Luces*, deambulan por el edificio. Hoy, en este centro, se investiga y promueve la obra artística de Carpentier y es punto de reunión de intelectuales. El vestíbulo de entrada está decorado con objetos personales y fotografías de Carpentier; se utiliza también como sala de exposiciones.

- *En la próxima esquina, tomando la calle Cuba (conocida antaño como «de La Fundición») hacia la derecha, entre las calles Chacón y Cuarteles*, se ubicaba la **Maestranza de Artillería**, en el mismo lugar donde se levantó la primera fortaleza: la Fuerza Nueva que el corsario francés Jacques de Sores arrasó en 1555. Tres años después, y sobre las ruinas de la fortaleza, se construyó la primera fundición de artillería de la ciudad. Tras varias vicisitudes, la Maestranza desapareció en 1898, cuando los EE UU consideraron innecesaria, y peligrosa, la existencia de una fábrica de artillería en medio de la población; el edificio, condenado a muerte por su inutilidad pública, fue demolido en 1938. Años después, y sobre el solar, se construyó un edificio en forma de fortaleza que, actualmente, alberga la jefatura de policía y la Dirección de Tránsito de la Provincia Ciudad de La Habana, con acceso por la calle Tacón.

- *Siguiendo la calle Tacón* nos encontramos con el **palacio de la Artesanía**, en el antiguo palacio Pedroso, construcción y residencia de Mateo Pedroso, alcalde de La Habana, y posteriormente sede de la Audiencia de La Habana.

Entre la calle Tacón y la Avenida del Puerto, conocida como Avenida de Carlos M. de Céspedes, hay una zona ajardinada y una bella ceiba.

LA HABANA VIEJA – PLAZA DE SAN FRANCISCO Y ALREDEDORES
Entre las calles Oficios, Churruca, San Pedro y el puerto.
– La construcción de la **plaza de San Francisco** se inició a finales del siglo XVI, con las obras del convento e iglesia de San Francisco de Asís, y no se terminó, tras un siglo y medio de trabajo continuo, hasta 1738.

La plaza, de trazado irregular, fue durante años un centro bullicioso, lugar de encuentro, de venta, de intercambio, de llegada de emigrantes y mercancías, y donde se celebraban las Ferias de San Francisco, cada 3 de octubre, las más afamadas durante el siglo XVIII.

- Una de las primeras órdenes religiosas que se instalaron en la isla fue la de los franciscanos, y la **iglesia de San Francisco** responde al gusto arquitéctonico de la época y al criterio de los franciscanos. La iglesia contaba con veintidós altares y una sillería de caoba, dos claustros, con celdas para los monjes, y un refectorio. Su torre, de cuatro cuerpos rematada con una escultura de san

■ **LA HABANA** (fotos de C. Miret y E. Suárez)
Arriba: **Entre el Museo de la Revolución y el Memorial Granma**
Abajo (I y D): **Monumento a José Martí en la plaza de la Revolución y vista del Capitolio**

■ **LA HABANA** (fotos de C. Miret y E. Suárez)
Arriba (I y D): **Plaza de Armas. Mercadillo de libros** y **ciudadano leyendo apaciblemente en la calle asfaltada en madera por Miguel Tacón**
Abajo: **Vista de la explanada del castillo de San Carlos de la Cabaña**

■ LA HABANA

Arriba: **Un atardecer desde el castillo del Morro** (foto de Toni Vives)
Abajo (I y D): **Convento de Santa Clara de Asís** y **vista de La Habana desde el Morro** (fotos de C. Miret y E. Suárez)

■ **ALGUNOS RINCONES CURIOSOS EN LA HABANA VIEJA** (fotos de C. Miret y E. Suárez

Arriba (I y D): **Estatua de Colón** y **coche de bomberos en el patio del Museo de la Ciudad.** Abajo (I y D): **Reclamo de una carnicería** y **Monumento al indio, obra de Guayasamín**

Francisco –que el huracán de 1846 derribó–, fue hasta la construcción de la torre de Iznaga en Trinidad (ver p. 272), la más alta de Cuba. Anexa se levantó la **capilla del Cristo de la Vera-Cruz**. En 1841 se cerró el convento y la iglesia, se destruyeron los altares y los religiosos pasaron al convento de San Agustín unos, y al convento de Guanabacoa los otros. El local se destinó a almacén para, en los años siguientes, ser sede sucesivamente del Archivo General de la Isla de Cuba, de la Dirección General de Correos y Telégrafos y del Ministerio de Comunicaciones. Hoy el templo es monumento nacional y desde 1994 conservatorio de música y sala de conciertos.

En la misma plaza tenemos la **casa de la familia Aróstegui**, donde los capitanes generales residieron, de 1763 a 1794, hasta que finalizaron las obras del palacio destinado a ellos en la plaza de Armas (ver p. 149); y la Aduana, obrada en 1914 sobre la antigua de 1576.

También en la plaza de San Francisco estuvo la primera fuente pública de la ciudad; hoy, en su centro está la **fuente de Los Leones**, obra del escultor italiano Guiseppe Gaggini. De mármol blanco de Carrara y con cuatro leones en cada punto cardinal, se inauguró en 1836. Con cariño, diríamos que es un caudal inestable: durante años, la fuente estuvo en el paseo del Prado –no tenemos constancia de que manara agua–, y tras las obras de restauración llevadas a cabo en La Habana Vieja, regresó a su lugar de origen.

• *Tomando la calle Amargura nos encontraremos, entre las calles Cuba y Aguiar*, el **convento de San Agustín** (conocido también como convento de San Francisco), fundado en 1602, aunque los trabajos y las reconstrucciones no finalizaron hasta principios del siglo XIX; el resultado, una iglesia de tres amplias naves y un convento con claustro y patio. En 1842 ocuparon el edificio los franciscanos de la cercana iglesia de San Francisco de Asís, y se trajeron consigo diversas imágenes, entre ellas la del Cristo de la Vera-Cruz. En su fachada hay claras influencias del barroco mexicano.

• *Al lado del convento de San Agustín, en la calle Cuba* está el **Museo Histórico de Ciencias Carlos J. Finlay** *(T. 634823 y 634841. Visita de 8 a 17, sábado de 9 a 15 horas; cierra domingo)* dedicado a las ciencias cubanas (médicas, físicas y naturales). Carlos J. Finlay fue el descubridor de la transmisión de la fiebre amarilla (ver en Camagüey, p. 96).

• *Por la calle Teniente Rey, paralela a Amargura, esquina con la calle Habana*, nos encontramos con el **convento de Santa Teresa de Jesús**, una edificación del siglo XVIII hoy muy deteriorada.

– **Plaza Vieja**. *Entre las calles Muralla, Mercaderes, Teniente Rey y San Ignacio*. Con la construcción de este espacio se inaugura un nuevo concepto en la arquitectura urbana de Latinoamérica: el rincón de la ciudad dedicado a la vida social. Años antes se había instituido la plaza de Armas como espacio habitual para el despliegue de tropas y la práctica de ejercicios militares que, inevitablemente, interrumpía el paseo, encuentro y charla de los habaneros. Como no hay mal que por bien no venga –como dice el refrán–, aquella parafernalia bélica obligó al Cabildo a remodelar otro espacio, esta vez destinado en verdad a usos sociales, y se eligió lo que hasta entonces era una laguna. Se le conoció como plaza Nueva –era el segundo espacio destinado a uso público–. En el siglo XVIII se la conocerá como plaza Vieja.

La plaza Vieja, que fue el centro cultural de la ciudad hasta el siglo XIX, está enmarcada por edificios con portalones-galería encolumnados, con balcones y algunos con galerías cerradas por persianas. Las casas, en diversos estilos arquitectónicos –barroco, neoclásico, *art nouveau*–, en el más puro eclecticismo caribeño, fueron residencia de acaudaladas familias.

Muchos nombres para una plaza

Como curiosidad, señalamos que la hoy plaza Vieja ha recibido a lo largo de los tiempos tantos nombres, que es una paradoja que aún podamos ubicarla: plaza Real, plaza Mayor, plaza de Roque Gil (por un vecino), plaza de la Verdura (cuando fue mercado de verduras), plaza de Fernando VII (por el rey español), plaza de la Constitución, parque de Juan Bruno Zayas y, durante los últimos años, parque de Julián Grimau.

• El **palacio del conde de San Juan de Jaruco**, *situado en la esquina de la plaza que forman las calles Muralla y San Ignacio*, es una bella muestra del esplendor arquitectónico e histórico de la glorieta; la construcción primitiva se remonta al siglo XVII, pero sufrió remodelaciones y fue agrandada en 1750 por su propietario, Gabriel Beltrán de Santa Cruz y Aranda, cuando recibió el título de conde de San Juan de Jaruco por su defensa de La Habana durante el asedio y la ocupación por los ingleses.

La condesa de Merlín

Una de las descendientes del conde de Jaruco, María de las Mercedes Santa Cruz y Montalvo, casada con un noble francés, fue, con el nombre de condesa de Merlín, una de las primeras escritoras cubanas.

Esforzada partidaria de la abolición de la esclavitud fue, tanto por su belleza como por sus dotes artísticas y literarias, un personaje muy estimado en la alta sociedad parisina.

En los bajos del palacio, hoy abre sus puertas la Galería Diago, donde se pueden adquirir obras plásticas y artesanales.

• Otro de los edificios de interés situados en la plaza Vieja es la **Casa del capitán general Laureano Torres de Ayala**, marqués de

Casa-Torres, también conocida como **Casa de las Beatas Cárdenas**, *en el nº 70 de la calle San Ignacio, esquina con Teniente Rey*. A principios del siglo XIX fue la sede de la Sociedad Filarmónica, cuyos conciertos atrajeron en aquella época a «toda» La Habana. Hoy alberga en su planta baja la Galería Centro de Desarrollo de las Artes Visuales (T. 63 3533).

• *Regresando a la plaza de San Francisco, en la calle de Oficios nos encontramos, entre las calles Muralla y Sol*, con la **Casa de Alexander von Humboldt**, que recuerda las breves estadías del científico alemán en la isla (del 19 de diciembre de 1800 al 15 de marzo de 1801, al inicio de su expedición a Latinoamérica con Aimé Bonpland, y al regreso de la misma, del 19 de marzo al 29 de abril de 1804); exhibe instrumentos científicos, libros y mapas entre otros objetos. También ofrece exposiciones itinerantes.

• *En la misma calle Oficios esquina con calle Luz* está la **Galería Centro Provincial de Artes Plásticas y Diseño**, en el antiguo palacio del conde de Casa Barreto, tan bella edificación del siglo XVIII como siniestra es la figura de su propietario, y no tanto por su colaboración con los ingleses durante la ocupación de La Habana, sino por su ferocidad en la persecución de los esclavos negros que intentaban huir.

LA HABANA VIEJA – CONVENTO DE SANTA CLARA Y ALREDEDORES

Situado entre las calles Cuba, Sol, Habana y Luz, el **convento de Santa Clara de Asís** fue el primer cenobio de monjas en La Habana.

Un ejemplo de amor paterno

La preocupación de los conquistadores españoles en procurarles a sus hijas una educación religiosa, y la posterior posibilidad de protegerlas de los peligros mundanos si no encontraban un buen marido, hizo que los vecinos pudientes de La Habana, como ocurrió en el resto de ciudades coloniales, presionaran a la Corona en la creación de un convento de monjas. En las actas del Cabildo de 1610 aparece la solicitud y «... la necesidad de crear un convento donde puedan entrar nuestras hijas como estudiantes y si no pudieran casarlas conforme a la calidad de sus personas, éstas entraran a servir a Dios».

Pasaron años y se cursaron distintas solicitudes, pero no fue hasta 1638 que se iniciaron las obras del monasterio; en 1643 se abrió al culto la iglesia y un año después se inauguró el convento con monjas franciscanas.

La iglesia y el convento ocupan cuatro manzanas. Su fachada principal da a la calle Cuba. En el interior del recinto se conservan aún los tres claustros originales y el área dedicada a la huerta. El primer claustro se extiende alrededor de un patio con fuente y pozo, y una galería porticada. Los techos artesonados ocupan la mayor parte de su planta alta y destacan, entre ellos, los de la nave de la iglesia y el coro.

El segundo claustro ocupa un espacio rectangular de menores proporciones. Se le conoce con el nombre de «Casa del Marino» ya

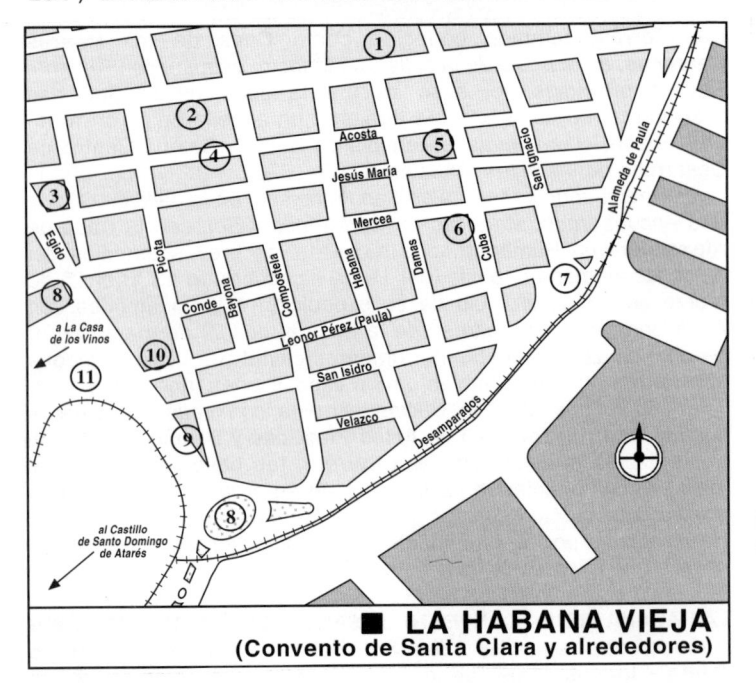

LA HABANA VIEJA
(Convento de Santa Clara y alrededores)

1. Convento de Santa Clara de Asís
2. Iglesia de Ntra. Sra. de Belén/Observatorio Meteorológico
3. Rte. Puerto de Sagua
4. Arco de Belén
5. Iglesia del Espíritu Santo
6. Convento de Nrta. Sra. de la Merced
7. Iglesia de San Francisco de Paula
8. Restos de murallas
9. Restos de la puerta de La Tenaza
10. Casa natal de José Martí
11. Estación Central del ferrocarril

que en su centro se encuentra un curioso edificio de dos plantas cuya ejecución se atribuye a la piedad de un marino habanero; hoy acoge un bar y un restaurante. En cuanto al tercer claustro, es de amplias proporciones y en su crujía sur hay una serie de pequeñas viviendas que quedaron incluidas en el recinto con las sucesivas ampliaciones de que fue objeto; hoy acoge el Hotel del Marino.

Durante su construcción, las obras fueron dirigidas por el maestro mayor José Hidalgo, mientras que al maestro carpintero Juan de Salas, autor y donante del altar mayor con imágenes de la Purísima Concepción, se le atribuyen los valiosos techos artesonados que adornan la planta alta del claustro primitivo. Con relación a la torre de la iglesia, ésta no fue construida hasta finales del siglo XVII por el maestro arquitecto Pedro Hernández de Santiago.

Los trabajos de carpintería evidencian el empleo de una considerable cantidad de madera –cada viga se hacía con el corazón del tronco de un árbol–, y la solidez de la misma utilizada en las tablas de los techos, puertas, ventanas y rejas.

Como resultado de una serie de investigaciones se ha localizado una cripta funeraria debajo del coro. También se ha encontrado un enterramiento delante del altar mayor; por los restos se supone de un varón, quizá se trate del maestro carpintero Juan de Salas.

Además de acoger el bar, restaurante y hotel mencionados, el convento es la sede del Centro de Conservación y Restauración.

• Después de esta visita, *si tomamos la calle Luz, entre las calles Compostela y Picota* localizamos la **iglesia de Nuestra Señora de Belén**, con acceso por la calle Acosta, edificada sobre el huerto que el obispo Diego Evelino de Compostela cedió a tal fin. En 1704 se instalaron en ella los betlemitas, dedicados a la curación de enfermos y a la enseñanza. En un principio fueron seis camas y unos cuantos pupitres. La iglesia es de una sola nave con crucero y bóveda; lo más significativo es el arco –el único que existe en la ciudad– y el campanario. En 1842 se suprime la orden de Belén y en su lugar se instalan los jesuitas. Hoy alberga el Observatorio Metereológico.

• *Bajando por la calle Acosta y girando en la calle Cuba* tenemos la **iglesia del Espíritu Santo**, de 1632, el segundo templo que se construyó en la ciudad. En su origen era pequeña y pobre (sin ornamentos), destinada primordialmente a los negros libres, que empezaban a ser ya numerosos; con el tiempo dejó de ser pequeña y pobre, se construyó una capilla mayor y una cripta para enterramientos y se enriqueció el techo. Se le añadió la torre de tres pisos que fue, después de la iglesia de San Francisco de Asís, la más alta de la ciudad.

• *Cerca de esta iglesia, siguiendo la calle Cuba y en la calle Merced* está el **convento de Nuestra Señora de la Merced**, iniciado en 1755 bajo los auspicios del monarca Fernando VI, y a partir de un proyecto del siglo anterior; no fue terminado hasta 1792. La iglesia es de cruz latina cubierta con bóvedas, y sobre el crucero hay una pequeña cúpula. La ornamentación es de pintores y escultores cubanos de mediados del siglo XIX.

• *Paralela a la calle Merced corre la calle de Paula (Leonor Pérez)* que nos conduce a la **iglesia de San Francisco de Paula**, construida sobre una antigua ermita conocida como El Humilladero; proyectada en un principio como hospital de mujeres e iglesia, del hospital planteado con cuatro camas para «mujeres pobres y desvalidas» no queda nada, un temporal en 1730 se llevó por delante hospital e iglesia; pero ésta fue reconstruida y quince años después se reinauguró con una de las mejores fachadas religiosas habaneras: con tres esculturas de san Francisco de Paula, san Pedro y san Pablo en unas hornacinas de piedra. En 1907 la iglesia cerró sus puertas y el edificio fue vendido como almacén a una empresa portuaria, que para ganar espacio derribó el interior. Hoy, el antiguo templo-hospital ha sido incluido en los proyectos de rehabilitación de La Habana Vieja.

• **Alameda de Paula**. Es el paseo más antiguo de La Habana y debe su existencia al capitán general Felipe Fonsdeviela, marqués de la Torre, considerado el primer urbanista de La Habana por la cantidad de trabajos que impulsó. Construido en la segunda mitad del siglo XVIII por el ingeniero Antonio Fernández de Trevejos, el paseo de la Alameda fue embellecido en varias ocasiones durante el siglo XIX y llegó a ser la avenida por excelencia de la aristocracia habanera. En el transcurso del siglo XX sufrió un serio deterioro con el desarrollo del puerto y la implantación en sus proximidades de hangares; actualmente la Alameda está en proceso de restauración y se espera que en breve tiempo vuelva a ser el paseo preferido de los habaneros.

• *Si volvemos sobre nuestro pasos y recorremos la calle Leonor Pérez (Paula), nos encontramos entre las la calles Egido y Picota* con la **Casa natal de José Martí** *(visita de 9 a 17 horas, los domingos de 9 a 13 horas; cierra el lunes)*. Se trata de un edificio modesto, pequeño, donde nació el 28 de enero de 1853 José Martí y Pérez, héroe nacional del pueblo cubano, prócer de su independencia, fundador del Partido Revolucionario Cubano, una de las figuras más notables de la literatura hispanoamericana del siglo XIX, sensible poeta y agudo periodista. Obligado a abandonar Cuba, José Martí recorrió varios países de América Latina, España y EE UU (ver también p. 57). El museo muestra diversos manuscritos, testimonios, libros y otras pertenencias personales.

• *Enfrente de la casa de Martí* se conservan **restos de las murallas** que protegían La Habana de los ataques de corsarios y piratas; también a un costado de la Estación Central *(calles Factoría y Egido)*. Estas murallas se esbozaron y proyectaron en 1633, pero las obras no principiaron hasta 1674 y duraron muchos años; se dieron por terminadas en 1797. Tenían 1.40 metros de ancho y en algunos tramos alcanzaban los 10 metros de altura; en su elaboración se utilizó piedra de sillería. Se concibieron originalmente dos puertas de paso, aunque al final se abrieron un total de nueve (La Punta, Colón, Arsenal, San José, La Muralla, Montserrat, La Tenaza y Jesús María). El crecimiento de la ciudad obligó, en 1863, al derribo de las murallas; una construcción de casi 100 años, para un uso de apenas 60. Actualmente se conservan, además de los tramos que están enfrente de la casa natal de José Martí, los de mayor interés, otros tres fragmentos, dos provistos de garitas (en la avenida del Puerto y frente al antiguo palacio Presidencial), y el otro al costado del Instituto Preuniversitario de La Habana, cerca del parque Central.

ITINERARIO II
DE LA FORTALEZA DE LA PUNTA AL MUSEO NACIONAL DE BELLAS ARTES Y REGRESO POR EL PASEO DEL PRADO (PASEO JOSÉ MARTÍ)

• En el **parque de La Punta**, un amplio espacio urbanístico, se ubica la **fortaleza de San Salvador de la Punta**, en el lugar donde se construyeron unas trincheras para resistir los ataques de corsarios y piratas. En 1582 el gobernador de La Habana planteó a Felipe II «... la necesidad de hacerse un torreón para la guardia y seguridad» de la población. Seis años más tarde las autoridades consintieron en construir «... un fuertecillo que se ha de llamar del Salvador».

Se iniciaron las obras, en 1590, bajo las órdenes del ingeniero de origen italiano Bautista Antonelli, que tuvo a bien señalar que esta fortaleza sería poco eficaz sin el apoyo de la del Morro, cuya construcción se inició al mismo tiempo. Se supone que Antonelli, ante la escasa dotación económica al presupuesto –tampoco las arcas de la ciudad estaban a rebosar–, intentara cubrirse las espaldas y desengañar al gobernador, convencido de que se trataría de una fortaleza inconquistable. Inconquistable nunca lo fue, y su fragilidad quedó en evidencia enseguida; en agosto de 1595 un huracán casi acabó con ella. Reconstruida con muros más gruesos, fue inaugurada en 1602; los años demostraron que Antonelli llevaba razón, la Punta por sí sola nunca fue un valladar en la defensa de la ciudad. Al inicio de la República fue sede del Estado Mayor de la Marina Nacional.

El parque erigido frente a la entrada del canal de acceso a la bahía habanera tiene en su centro el monumento a Máximo Gómez, una estatua de bronce sobre un pedestal de mármol, obra del italiano Aldo Gamba.

Máximo Gómez

Nacido en 1836 en la población de Baní, en la República Dominicana, Máximo Gómez llegó en 1865 a Santiago de Cuba como oficial del ejército español. Desencantado de las labores militares, abandonó el ejército para dedicarse a la labranza. Ya en 1868, y junto con otros agricultores orientales, participó como insurrecto con el grado de sargento en la Primera Guerra de Independencia, en la que terminaría con los cargos de jefe de todos los ejércitos insurrectos y secretario de guerra.

Tras la firma en 1878 de la Paz de Zanjón (ver p. 43) Máximo Gómez se exilió a Honduras, donde se ocupó como miembro del ejército hondureño. Durante los años siguientes no perdió contacto con Antonio Maceo y José Martí, en un intento común de organizar una nueva insurrección. En 1895, después de su nombramiento como general en jefe la República de Cuba en Armas, firmó el manifiesto de Montecristi por el que se ordenaba el levantamiento contra las fuerzas españolas.

Tras la renuncia de España a la soberanía de Cuba, el 10 de diciembre de 1898, se le ofreció la presidencia de Cuba, cargo que no aceptó. Pero sí aceptó la oferta de los EE UU de 3.000.000 $USA destinados a los soldados cubanos para que pudieran retornar a sus actividades civiles. La Asamblea, ante su negativa y por su decisión de aceptar oferta estadounidense, lo cesó como jefe militar a pesar de la abierta oposición de los generales cubanos. Dolido, Gómez tras declarar su apoyo al presidente Estrada Palma se retiró de la política. Morirá en 1905 en La Habana.

También en el parque, algún recuerdo de la **cárcel de Tacón**, construida en 1834 por el capitán general Miguel Tacón. En este presidio estuvo encerrado, entre 1869 y 1870, José Martí. Fue derribado en 1939, pero en memoria de Martí y de otros patriotas se conservan un par de celdas.

Otra obra pública del parque es el **monumento a los Estudiantes de Medicina**, levantado en 1921, un templete octogonal con lápidas de mármol con el nombre de los ochos estudiantes fusilados el 27 de noviembre de 1871, acusados por las autoridades coloniales de la profanación de la tumba de un periodista español, partidario y defensor de la Corona. Detrás de la cárcel está la **calle Capdevila**, llamada así en honor del militar español que defendió en consejo de guerra a los estudiantes fusilados.

• *En la misma calle Capdevila y al otro lado del parque* está el **Museo Nacional de la Música** *(calle Capdevila 1. T. 619846. Visita de 9 a 17 horas, cierra el domingo).* Dedicado a los instrumentos musicales propios de Cuba y a su historia musical.

• *Dos manzanas más arriba, sobre una pequeña elevación* («Peña Pobre», más tarde «Loma del Ángel»), se levanta la **iglesia del Santo Ángel Custodio**, de 1630, que el huracán de 1846 destrozó. Reconstruida en el más feo estilo neogótico, está consagrada al ángel san Rafael y a Nuestra Señora de Guadalupe; en este templo bautizaron a José Martí y a Félix Varela. Enfrente de la iglesia hay un espacio a modo de plaza en el que sobresale un busto dedicado a Cirilo Villaverde, el novelista cubano más destacado del siglo XIX; esta iglesia es un escenario importante en su novela *Cecilia Valdés*.

Félix Varela

Nacido en La Habana en 1788, Félix Varela y Morales fue uno de los primeros cubanos manifiestamente partidario de la independencia de la isla. Sacerdote (1811), catedrático de filosofía y diputado por La Habana (1822), presentó en las Cortes dos mociones: una a favor de la autonomía de la colonia y otra pidiendo la abolición de la esclavitud. En 1824 se exilió a los Estados Unidos donde ejerció de vicario en la diócesis neoyorquina. Falleció en 1853 en San Agustín de la Florida.

• *Subiendo por la avenida de Las Misiones, en la calle Refugio 1 entre Montserrate y Zulueta,* nos encontramos con el palacio Presidencial, hoy **Museo de la Revolución** *(T. 624091. Visita de 10 a 17 horas, cierra el lunes),* obra de los arquitectos Aurelio Maruri y Jean Beleu, cubano y belga respectivamente. El edificio es del típico estilo ecléctico cubano. Desde su apertura en 1920 hasta la toma de poder de Fidel Castro fue la residencia oficial de los presidentes de la República.

El 13 de marzo de 1957, un grupo de estudiantes revolucionarios asaltaron el palacio con la intención de derrocar a Batista. El asalto fracasó y en él perdió la vida José Antonio Echevarría, presidente de la Federación Estudiantil Universitaria.

El museo presenta una panorámica completa de las luchas revolucionarias desde mediados del siglo XIX hasta el primero de enero de 1959. Documentos, armas, fotografías, mapas, maquetas y otros testimonios ilustran al visitante sobre los principales acontecimientos en las diferentes guerras del pueblo cubano por su independencia y soberanía nacional.

- *En la parte posterior del museo* se encuentra una plaza-jardín en la que se ha erigido el **Memorial Granma**, un museo donde están expuestos el yate que condujo desde Tuxpán, en México, a las costas cubanas a Fidel Castro, «Che» Guevara y demás revolucionarios; tambien exhibe coches y avionetas.
- **Museo Nacional de Bellas Artes.** *Calle Trocadero entre las calles Zulueta y Montserrate. Visita de 10 a 17 horas; cierra el lunes.* Frente al Memorial Granma se levanta el palacio de Bellas Artes cuyas líneas modernas compiten con las construcciones del entorno. Este museo se creó el 23 de febrero de 1913 y se ubicó en un edificio de la calle Concordia (esquina Lucena). En 1955 las colecciones se trasladaron a este palacio. El museo exhibe diversas muestras de arte antiguo, cubano y europeo. Al redactar estas líneas el edificio está en obras y se pretende reestructurar todo el museo.

El día antes de su cierre provisional la distribución y su contenido era el siguiente: en la primera planta estaban las salas llamadas Didáctica y Transitoria. La primera, como su nombre indica, destinada a la enseñanza de la apreciación artística en los museos –las esculturas del patio inferior forman parte de las exposiciones permanentes–. En la Sala Transitoria se exponían periódicamente obras destacadas del arte universal y de pintores cubanos.

La segunda planta estaba dedicada al Arte Antiguo y pintura europea. Más allá de quinientas piezas procedentes de Egipto, Grecia y Roma se exhibían en la sala de Arte Antiguo. La colección está considerada por los expertos como la más valiosa de América Latina, fundamentalmente por el gran número de piezas de cerámica griega, en muy buen estado de conservación, así como por la variedad de estilos que muestran en su conjunto. A destacar los retratos de El Fayún, nueve en total, que datan de los siglos II al IV.

En las salas de pintura europea colgaban lienzos de Hans Memling, Rubens, Murillo, Zurbarán, Goya, Velázquez, Scott, Reynolds, Gainsborough, Lawrence, Turner, Steen, Van Miers, Sorolla, entre otros.

En la tercera planta estaban las salas dedicadas al arte plástico cubano, con muestras de pinturas, esculturas y grabados desde el siglo XVII hasta nuestros días, creados por los más destacados artistas cubanos: Jean-Baptiste Vermay, Victor Manuel, Wifredo Lam, René Portocarrero, Amelia Peláez, etcétera.

Giraremos en la calle San Juan de Dios para buscar el paseo del Prado (paseo José Martí), dejando a nuestra izquierda el parque Central y el Capitolio para otro paseo.

– El **paseo del Prado** o **paseo de José Martí** es junto con el Malecón la avenida más famosa de La Habana. Construido en 1772 bajo el gobierno del marqués de la Torre, fue desde su inauguración el principal punto de reunión de la sociedad habanera. A finales del siglo XIX y a principios del XX, el Prado, llamado más tarde paseo de José Martí, era la avenida aristocrática de La Habana, un siglo después sigue siendo una de las más pintores-

1	Castillo de San Salvador de la Punta		Presidencial/Museo de la Revolución
2	Monumento a los Estudiantes de Medicina	9	Iglesia del Santo Ángel Custodio
3	Monumento a Máximo Gómez	10	Memorial Granma
4	Museo de la Música	11	Hotel Sevilla
5	Embajada de España	12	Hotel Lido
6	Antigua cárcel de La Habana	13	Museo Nacional de Bellas Artes
7	Hotel Caribbean		
8	Antiguo palacio	14	Hotel Plaza

cas de la capital. Aunque se construyó tomando como modelo el paseo del Prado de Madrid, no podemos por menos que citar a un personaje de la novela *Máscaras* de Leonardo Padura, quien dice que el paseo del Prado es igual que Las Ramblas de Barcelona, con la diferencia de que en Barcelona los pájaros están en jaulas y en La Habana vuelan sueltos por los árboles.

De un kilómetro de longitud, bordeado por ambos lados con portales y casas antaño señoriales, el paseo, no excesivamente amplio, se adorna con laureles, bancos de mármol y farolas de hierro y bronce.

En las intersecciones de las calles se observan unos leones de bronce que contemplan a los transeúntes desde dos siglos de distancia.

Los bustos de mármol que se encuentran en el paseo del Prado perpetúan la memoria de dos destacadas figuras cubanas: el primero, en la confluencia de la calle Neptuno y a pocos metros del parque Central, es de Manuel de la Cruz (1861-1896), escritor, historiador, patriota y revolucionario que participó y colaboró con José Martí en los preparativos de la guerra de la Independencia de 1895; el segundo, al final del paseo, en la confluencia de ese con la calle San Lázaro, justo enfrente del parque de La Punta, en honor de Juan Clemente Zenea (1832-1871), destacado poeta y revolucionario, fusilado el 25 de agosto de 1871 por su participación en la primera guerra de la Independencia.

La leyenda negra del paseo del Prado

En este paseo tuvieron lugar dos acontecimientos sangrientos. En 1913, el general Armando de Riva, jefe de policía de La Habana, el más joven general de las guerras de independencia, paseaba con su coche en compañía de dos niños, uno de ellos su hijo, cuando otro general que también había luchado en las mismas guerras, Ernesto Asbert, gobernador de la provincia de La Habana, se acercó a él y le disparó a quemarropa hiriéndole mortalmente en la cabeza y en el vientre.

Según el historiador de la ciudad, Emilio Roig de Leuchsenring, autor de notables obras sobre La Habana, el asesinato tuvo mucha resonancia en cuanto que asesino y asesinado eran héroes de la independencia, y más cuando se conoció la posible causa del crimen: parece que Riva estaba echando a perder pingües negocios del general Asbert cerrando sistemáticamente las casas de juego.

El segundo episodio sangriento tuvo lugar en 1957, bajo la dictadura de Batista, cuando un coronel disparó sobre varios jóvenes que se manifestaban en el Prado, matando a uno de ellos.

La Habana – Desde La Punta al Paseo del Prado / 171

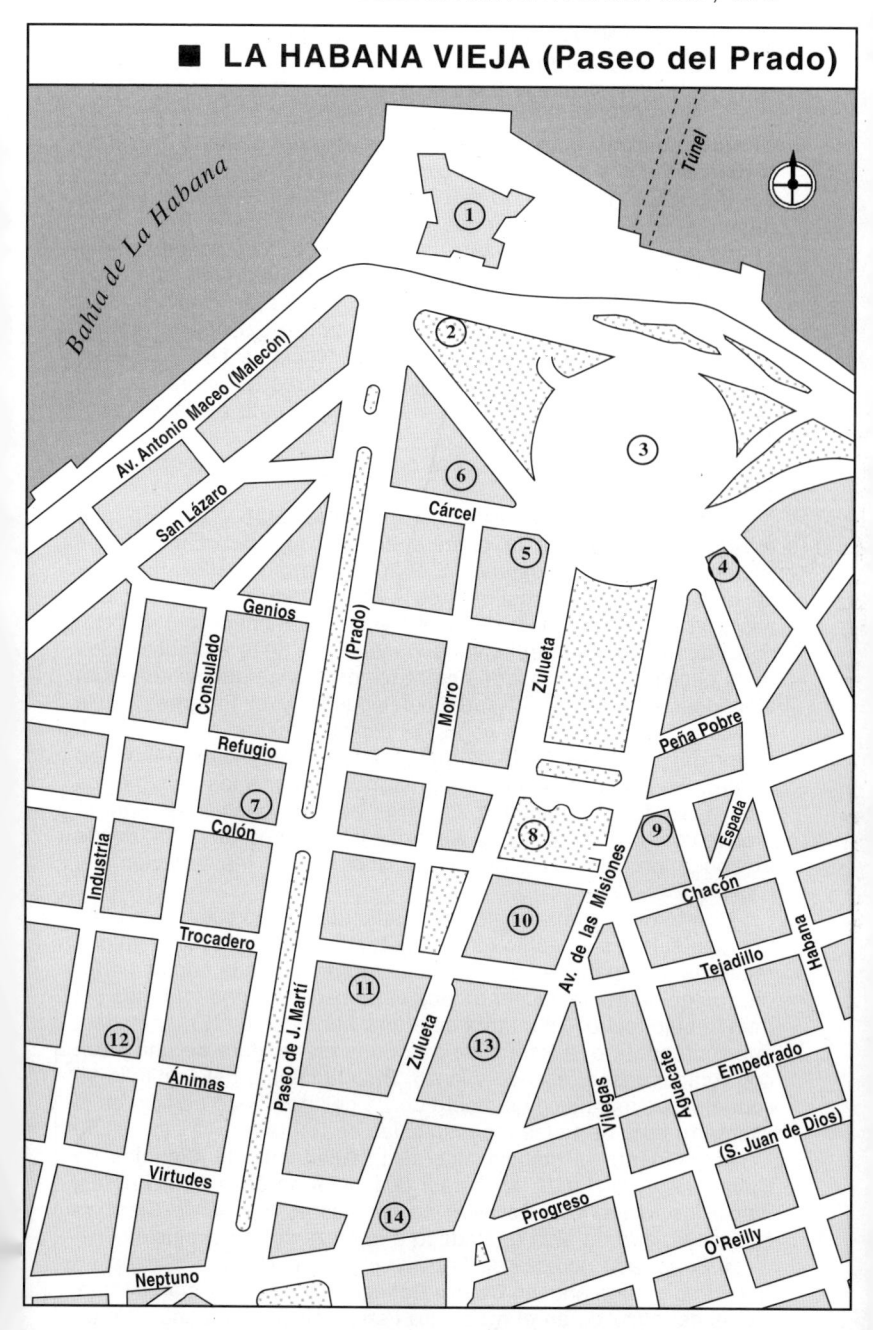

LA HABANA VIEJA (Paseo del Prado)

EL PARQUE CENTRAL, EL CAPITOLIO Y ALREDEDORES

Desde el paseo del Prado nos dirigimos hacia el parque Central, entre las calles Neptuno, Zulueta, San José y Prado.

– **Parque Central**. Construido en el siglo XIX y remodelado en 1907, el parque Central fue, y es, el centro de La Habana. De dimensiones pequeñas, unos 1.000 m^2, marca la línea divisoria de las dos Habanas, la Vieja y la Moderna.

• En su centro se levanta la **estatua de José Martí**, primer monumento escultórico erigido en Cuba en honor de su héroe nacional. Obra del artista cubano Juan Villalta de Saavedra, se inauguró el 24 de febrero de 1905 con motivo del décimo aniversario del inicio de la guerra de la Independencia de 1895. La estatua pesa 36 toneladas y alcanza los 10 metros de altura. Las 28 palmas del parque recuerdan el día del nacimiento de José Martí: el 28 de enero de 1853.

Rodeando el parque Central se encuentran edificaciones de valor histórico y artístico.

• **Capitolio Nacional**. Se construyó entre 1925 y 1929, en los terrenos que ocupara la primera estación de ferrocarril de La Habana. Desde su inauguración, el 20 de mayo de 1929, fue sede de la Cámara de Representantes y del Senado de la República, hasta la llegada al poder de Fidel Castro. La fachada del edificio, copia descarada del Capitolio de Washington, tiene a ambos lados de la escalinata principal dos estatuas de bronce que representan alegóricamente la Virtud Tutelar del pueblo y el Progreso de la Actividad Humana, ambas obras del escultor italiano Angelo Zanelli (autor del Altar a la Patria del monumento al rey Víctor Manuel en Roma); las esculturas tienen una altura superior a los seis metros y un peso de 15 toneladas. Las tres puertas principales son de bronce con bajorrelieves con alegorías a la historia de Cuba, desde la época precolombina hasta los años de la inauguración del Capitolio.

El interior es el paradigma del estilo decorativo cubano: se dan la mano salones de estilo renacentista, de estilo Luis XIV, algo que recuerda a un patio andaluz y mucho mármol; bajo la cúpula de 92 metros de altura se encuentra una estatua de las más enormes del mundo bajo techo, 14 metros de altura y un peso de 30 toneladas, que representa a la República a la Cuba en la figura de una joven con túnica, casco, escudo y lanza. Bajo la cúpula del Capitolio se conserva un magnífico diamante de 24 quilates. Este edificio en el kilómetro cero de todas las distancias de Cuba.

Actualmente el edificio alberga la **Academia de Ciencias de Cuba** *(visita de 8 a 15.45 horas, domingos de 10 a 13.45 horas, cierra los lunes)* y hasta hace pocos días el Museo de Ciencias Naturales, que ha sido trasladado a la plaza de la Revolución.

• *En el lado noreste de la plaza y en la esquina con el paseo del Prado* está el antiguo **Centro Gallego**, una construcción de principios del siglo XX, en el más puro estilo ecléctico cubano, con un

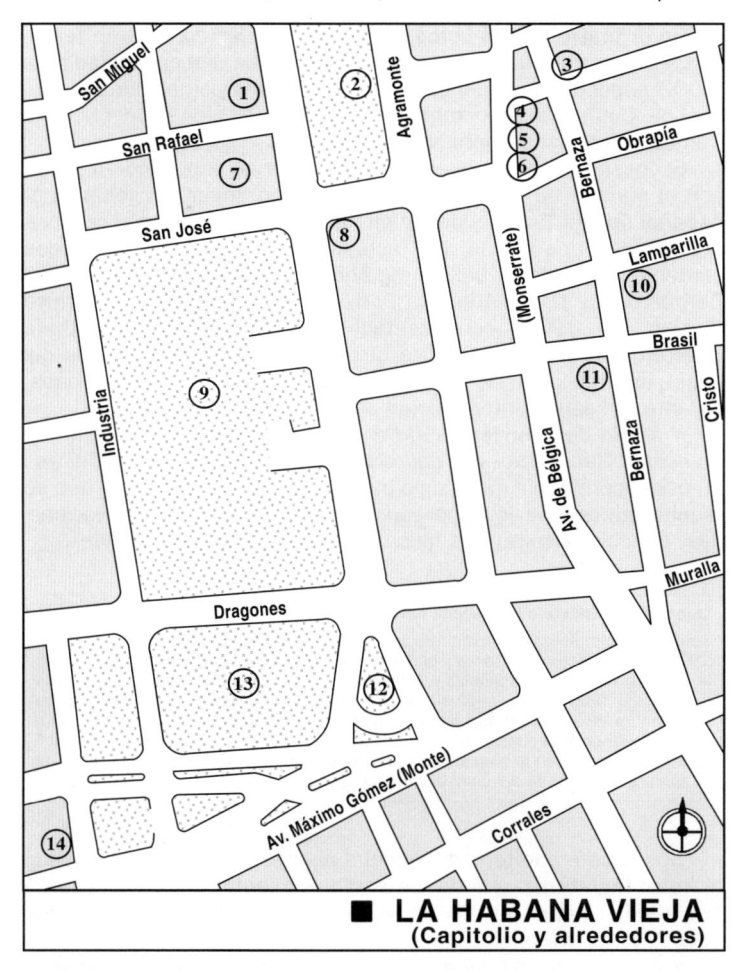

La Habana – Parque Central, el Capitolio y alrededores / 173

■ LA HABANA VIEJA
(Capitolio y alrededores)

1 Hotel Inglaterra y Acera del Louvre	9 Antiguo Capitolio
2 Monumento a José Martí	10 Iglesia del Santo Cristo del Buen Viaje
3 Librería La Moderna Poesía	11 Rte. Hanoi
4 Rte. El Floridita	12 Fuente de la India
5 Rte. La Zaragozana	13 Árbol de la Fraternidad Americana
6 Rte. El Castillo de Farnés	14 Palacio Aldana
7 Teatro García Lorca	
8 Cine Payret	

portal sostenido por sólidas columnas de piedra de cantería; obra de gallegos emigrantes, hoy alberga el Liceo de La Habana Vieja, y el Teatro García Lorca.

En el **Teatro García Lorca**, conocido también como Gran Teatro de La Habana, en la planta baja del Liceo y con una capacidad para 2.000 espectadores, tienen lugar las mejores actuaciones artísticas de Cuba; es sede también del Ballet Nacional de Cuba, la Comedia Lírica y la Ópera Nacional.

El coliseo tiene su origen en el que se abrió al público en 1837, con el nombre de Gran Teatro de Tacón, en honor del gobernador español Miguel Tacón, y desde su inauguración primaron las representaciones operísticas, con actuaciones de los más afamados cantantes, músicos y bailarines: Adelaida Ristori, en 1867, Sarah Bernhard, en 1887, Adelaida Pati, en 1855 y sobre todo Enrico Caruso, en 1920 (con atentado terrorista incluido) y María Guerrero y Ana Pavlova, entre otros. En la actualidad figuras del ballet internacional se dan cita en este teatro cada dos años, durante el Festival Internacional de Ballet de La Habana.

• **Acera del Louvre**, *en el tramo del paseo del Prado, entre el boulevard San Rafael y la calle Neptuno, frente al parque Central.* En esta acera había en el siglo pasado el café Louvre, en el que se reunían grupos de jóvenes con ideas progresistas y revolucionarias, conocidos como «los muchachos de la acera del Louvre».

La acera del Louvre o la «espada del Louvre»

Se cuenta otra historia también relacionada con este lugar: el 27 de noviembre de 1871, Nicolás Estévanez, en aquella fecha militar y más tarde escritor, político de la primera República española, y gobernador civil de Madrid, rompió su espada delante del café del Louvre al oír las detonaciones del fusilamiento de los ocho estudiantes de medicina que luchaban por la independencia de Cuba. Indignado Nicolás Estévanez renunció allí mismo a su carrera militar exclamando: «Por encima de la patria están la humanidad y la justicia.» En recuerdo de este hecho se da el nombre de «Espada del Louvre» a la puerta del café.

Hoy el café con terraza continúa abierto y sigue perteneciendo al **hotel Inglaterra**, uno de los establecimientos más antiguos de la ciudad, fundado en 1875; su fachada neoclásica justifica que esté declarado Monumento Nacional.

• *Al otro extremo del parque, en la calle Zulueta*, llama la atención otro edificio de estilo neoclásico, monolítico, con torres desiguales, sede en otra época del **Centro Asturiano de La Habana**, construido en 1928 sobre los terrenos que antiguamente ocupara el palacio del marqués de la Vega de Anzo; está destinado a ser una dependencia del Museo de Bellas Artes. *En el lado oeste del parque* tenemos el **Payret**, cine de estreno, donde también ofrecen actuaciones teatrales y musicales. Su entrada es por el paseo del Prado.

• **Manzana de Gómez**, *enfrente del parque Central*, es un destacado edificio construido en La Habana en la primera mitad del siglo XIX. Se debe al arquitecto español Pedro Tomé y Verecruisse, artífice de varias construcciones madrileñas. Julián de Zulueta, marqués de Álava, fue quien impulsó la obra pero por problemas económicos no la pudo ver terminada; el edificio fue adquirido por un rico comerciante, José Gómez Mena, y su familia modificó la estructura de la casa a principios del siglo xx, añadiendo dos teatros en la azotea, los Politeama; años más la familia volvió a agrandarla y le añadió cuatro pisos. La casa es apreciable por la diversidad de la composición neoclásica de su fachada. En los bajos está La Exposición, una tienda donde se pueden adquirir reproducciones de arte y artesanía local.

– **Parque de la Fraternidad Latinoamericana**. *Calles Prado, Reina, Amistad y Dragones, a continuación del Capitolio*. Se construyó en 1928, en el mismo lugar donde estaba la plaza de Marte, en honor de la fraternidad americana; en su centro crece una ceiba a cuyo alrededor se depositó tierra procedente de cada uno de los países americanos. En la plaza hay unos bustos que representan a los grandes próceres de la independencia americana: Simón Bolívar (Venezuela), José de San Martín (Argentina), Benito Juárez (México), José Gervasio Artigas (Uruguay), Francisco Morazán (Honduras), Alejandro Petión (Haití) y Abraham Lincoln (Estados Unidos).

• *En el lado oeste, en las calles Amistad y Reina*, se encuentra el **palacio Aldama**, construido en 1840 por el arquitecto e ingeniero dominicano Manuel José Carrera –constructor del ferrocarril de Matanzas– por cuenta de Domingo Aldama y Arréchaga. El edificio se compone de dos casas contiguas que forman un conjunto arquitectónico: en una de ellas residía el propietario y en la otra su hija Rosa Aldama y Alfonso y su marido, Domingo del Monte, un venezolano con fuertes convicciones independentistas. El estilo es neoclásico de influencia italiana. La fachada es una de las más bellas de su género en La Habana, en la que destaca la puerta de entrada, de una altura de dos pisos. En los años veinte del siglo xx se vendió el palacio y se ubicó la fábrica de tabacos «La Corona». El edificio está declarado Monumento Nacional.

Domingo del Monte

Domingo del Monte llegó a Cuba siendo muy joven. Ejerció gran influencia en las letras cubanas, organizando tertulias en su casa, financiando conferencias, y participando en debates sobre la abolición de la esclavitud. Su cuñado, Miguel Aldama y Alfonso, segundo propietario de la casa, continuó su obra y se unió a la lucha por la independencia de Cuba, rechazando el título de marqués de Aldama que el rey de España le ofreció en 1864. Cuatro años más tarde rechazó también el título de gobernador y capitán general de la isla que le ofrecía el pretendiente carlista al trono de España si le apoyaba en sus pretensiones.

Cuando empezó la guerra de los Diez Años, en la región oriental, hubo disturbios en La Habana. Los voluntarios españoles, conociendo las preferencias políticas de la familia Aldama, saquearon su palacio y destruyeron todo lo que en él encontraron: armas, cortinajes, cuadros, porcelanas, lámparas y puertas. Después quemaron en una plaza de la ciudad los muebles y las tapicerías. Las familias Aldama y del Monte escaparon de la muerte gracias a que se encontraban en su propiedad de Santa Rosa. Tuvieron el tiempo justo de huir a EE UU, donde Miguel Aldama encabezó la junta revolucionaria que representaba a la República en Armas. Patriota de pies a cabeza murió en el exilio.

El palacio Aldama es en la actualidad sede del Instituto de Historia del Movimiento Obrero de Cuba.

• **Fuente de la India**. *En el extremo este de la plaza de la Fraternidad (paseo del Prado y Dragones)*, se alza una de las más bonitas estatuas coloniales de La Habana, que con la Giraldilla y el castillo del Morro, es un símbolo de la ciudad: la fuente de la India o de Estatua de la Noble Habana. De 1837, es obra del escultor italiano Giuseppe Gaggini. La estatua, de mármol blanco de Carrara, representa a una joven india y se inspira en una leyenda de la época de la conquista española.

La leyenda de la fuente

Un grupo de marineros españoles, al llegar a las costas de La Habana se encontraron con una hermosa india quien, al referirse al lugar a donde ellos habían llegado, movió sus brazos circularmente mientras pronunciaba la palabra «habana», dándoles a entender que habían arribado al cacicazgo indio de Habana. Es otra leyenda, de las muchas que hemos oído, pero ésta es la base de esta estatua.

Después de recorrer el parque Central y sus alrededores, volvemos a La Habana Vieja tomando la calle Teniente Rey para visitar la cercana iglesia del Santo Cristo del Buen Viaje.

• **Plaza del Cristo**. *Calle Teniente Rey, entre las calles Villegas y Bernaza*. Este espacio se construyó a mediados del siglo XVII sobre donde antiguamente estaba un calvario, que señalaba el final de las catorce cruces de la Pasión. Se levantó entonces la **iglesia del Santo Cristo del Buen Viaje**, con una fachada con dos torres iguales. La iglesia esta dedicada a Cristo, a quien devocionan viajeros y navegantes.

En la plaza radicó durante el último tercio del siglo XVIII el pala-

Mapa en p. 178-9

1 Banco Financiero Internacional	19 Fundación Francisco Ortiz y Hotel Colina
2 Bar El Gato Tuerto	
3 Monumento al Maine	20 Universidad de La Habana
4 Hotel Capri	21 Museo Antropológico Montané
5 Rte. Monseigneur	22 Memorial Mella
6 Hotel Nacional	23 Museo Napoleónico
7 Compañías de aviación	24 Quinta de los Molinos
8 Centro de Prensa Internacional	25 Iglesia de Ntra. Sra. del Carmen
	26 Rte. El Colmao
9 Rte. Praga	27 Casa de Cultura Municipal
10 Rte. Mandarín	28 Torreón de San Lázaro
11 Hotel Habana Libre Tryp	29 Monumento a Antonio Maceo
12 Club La Zorra y el Cuero	30 Correos
13 Rte. Sofía	31 Iglesia del Sagrado Corazón de Jesús
14 Cine La Rampa	
15 Infotur (información turística)	32 Rte. La Muralla
16 Gasolinera	33 Rte. Toledo
17 Hotel St. John's	34 Hotel Lincoln
18 Hotel Vedado	35 Hotel Deauville

cio Episcopal de La Habana; años después, en 1814, acogió las casillas de madera y los puestos ambulantes de un mercado; 22 años más tarde se levantó el **mercado del Cristo** de mampostería. En la esquina de la plaza está el restaurante Hanoi, que recuerda los viejos lazos político-amistosos de Cuba y Vietnam.

Nuestro paseo podemos (deberíamos) terminarlo tomando una copa en el cercano **El Floridita**, situado en la *calle Montserrate*, apenas a dos manzanas, en una acera donde están además los restaurantes La Zaragozana y El Castillo de Farnés.

ITINERARIO III

CENTRO HABANA

Como Centro Habana se conoce el espacio urbano que queda entre Habana Vieja y el barrio del Vedado. Es la barriada peor conservada y la más castigada por la crisis económica; está superpoblada. Hay solares –una casa con un patio interior– con 29 viviendas y en alguna de ellas viven más de una familia («Abierto en Canal», Canal+, 24 de enero de 1998). Pasear por la zona permite observar la dura realidad cubana a finales del siglo xx.

Nuestro paseo lo iniciamos recorriendo en bicicleta de alquiler, o paseando, *el Malecón desde el parque de la Punta hasta los pies del hotel Nacional.*

• El paseo marítimo que lleva del castillo de San Salvador de la Punta, en el parque de la Punta, hasta la fortaleza del Torreón de la Chorrera, en la desembocadura del río Almendares, es el conocido **Malecón**, otro de los lugares emblemáticos de La Habana. Mas que un paseo, es un rompeolas, más que un lugar para pasear es un lugar para estar (pescando, enamorándose, matando el tiempo, etcétera), más que un lugar lozano (flores, árboles, bancos) es un lugar seco, baldío (un puro muro de cemento), y más que un paseo de día, es un paseo de noche (en las calurosas noches estivales suele estar muy concurrido). Es la apertura (o introducción) de cualquier documental que se ruede sobre Cuba.

Paseando bien a pie o en bicicleta por el Malecón (en el tramo conocido como avenida Maceo) nos encontramos con el hotel Deauville, luego con el parque, el monumento de Antonio Maceo, y con el torreón de San Lázaro.

Antonio Maceo

Hijo de guajiro de origen venezolano y madre de raza negra, Antonio Maceo Grajales es junto con José Martí uno de los padres de la patria cubana.

Nacido en Santiago de Cuba en 1845 en el seno de una familia muy humilde con once hijos, nada más estallar la Primera Guerra de Independencia Maceo junto con su padre y sus hermanos se unió a las fuerzas insurrectas. Desde un principio destacó por su audacia y valentía en distintas batallas contra el ejército colonial español.

178 / LA HABANA – CENTRO HABANA

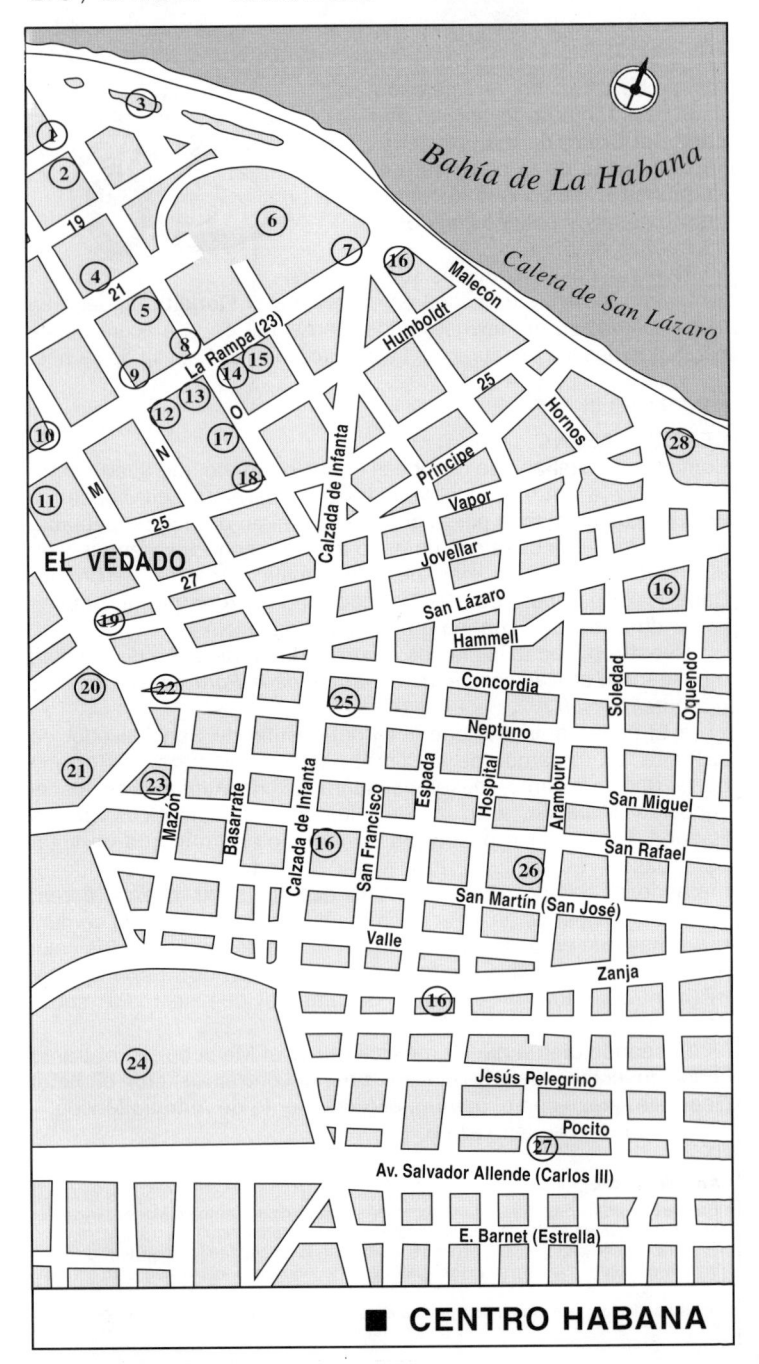

CENTRO HABANA

LA HABANA – CENTRO HABANA / 179

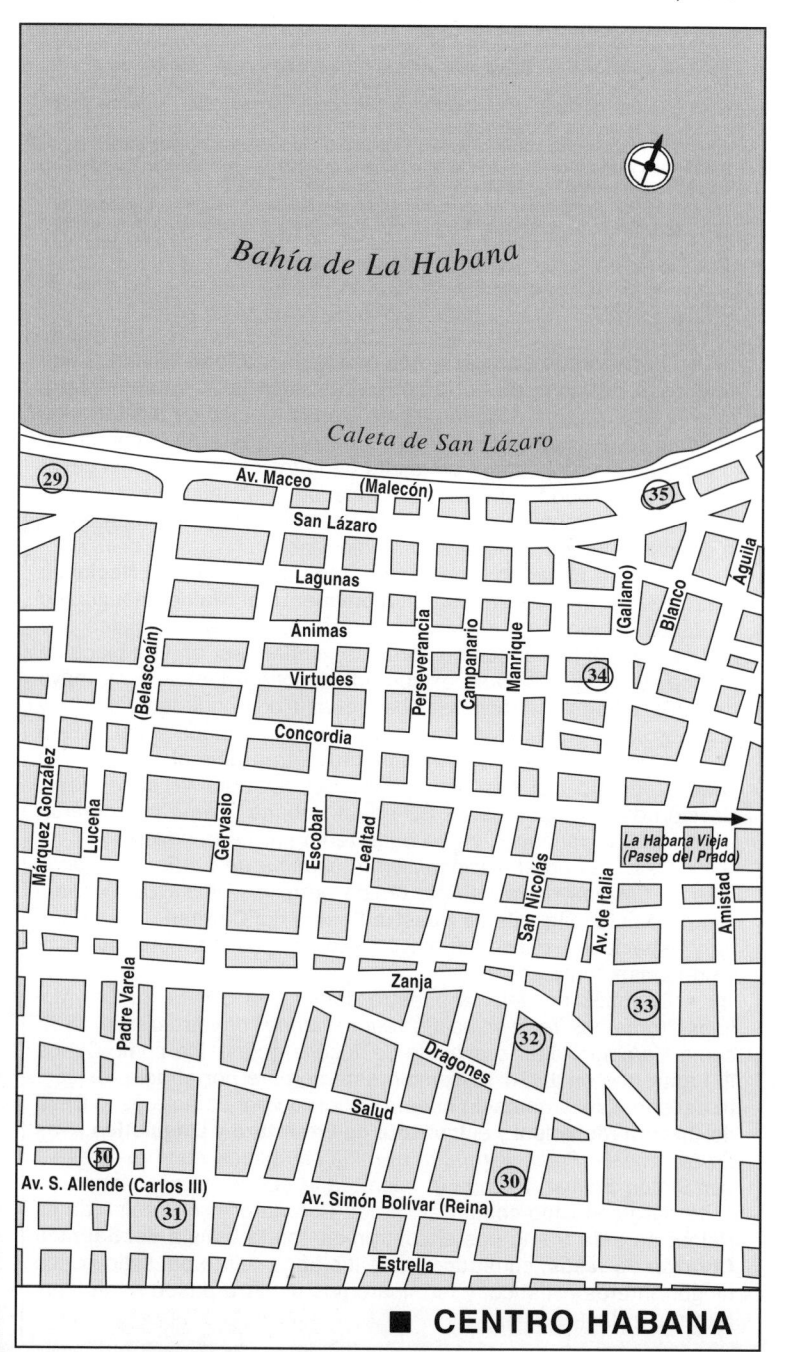

CENTRO HABANA

> No aceptó la firma de la Paz de Zanjón (10 de febrero de 1878) en la que se ponía fin a los diez años de guerra independentista, pero, tras permanecer desterrado por voluntad propia en Jamaica y Haití, al año siguiente, junto con Calixto García y otros independentistas entre los que se encontraban sus hermanos José y Justo, participó en un nuevo levantamiento que fracasó en menos de un año. Se conoce esta intentona como la Guerra Chiquita. Exiliado recorrió varios países centroamericanos participando con Máximo Gómez y Martí en reuniones en las que se hablaba y se proyectaba la independencia de Cuba.
> En 1895, al iniciarse la guerra de Independencia, se le asignó el mando de la zona de Oriente, pero sus acciones guerreras le llevaron a recorrer, con su ejército, Cuba de oeste a este alcanzando Pinar del Río. Hombre audaz y valiente, un héroe mundial, cayó en combate a finales de 1896.
> Su progenitora, Mariana Grajales, es conocida como la Madre de la Patria.

- El **torreón de San Lázaro** es una pequeña torre cilíndrica que sorprende por no estar en las orillas del mar. La torre se construyó en 1664, en una pequeña caleta, con la función de alertar a los vecinos de la ciudad de la llegada de naves piratas o corsarias, encendiendo una hoguera en el alto de la torre y tocando sin cesar el tambor. La pequeña caleta fue rellenada parcialmente a finales del siglo XIX durante la construcción del malecón, y totalmente con la construcción del parque de Antonio Maceo.
- Nuestro paseo lo terminamos a los pies del **Hotel Nacional**; más allá, *hacia el oeste*, está el **monumento al Maine**, inaugurado en 1926 en recuerdo de los 254 marineros y los 2 oficiales que murieron en el navío; sus nombres se pueden leer en una placa de bronce. El monumento se exhibe hoy descabezado; el 1 de mayo de 1961 una grúa arrancó de cuajo el aguilucho que lo coronaba y que hoy se exhibe sin cabeza en la Sala de la República del Museo de la Ciudad; el resto del monumento pétreo animal, es decir, la cabeza, preside el bar del edificio que alberga la sede de la Sección de Intereses de EE UU en La Habana ¿cómo recuperaron la cabeza los yanquis?, es un buen tema para una novela.
- *Desde el hotel Nacional, en la esquina de La Rampa, tomamos la Calzada de la Infanta, donde entre las calles Concordia y Neptuno* está la **iglesia de Nuestra Señora del Carmen**, una moderna y espaciosa basílica sin ningún interés artístico, pero muy activa religiosamente.
- Después de dejar a nuestra derecha la Quinta de Los Molinos, *tomamos la avenida Salvador Allende*, construida en 1835 como Camino Militar o avenida de Tacón, y conocida como Carlos III hasta que en 1974 se cambió este nombre por el del presidente chileno. Cruzaremos en nuestro recorrido por delante de la **Casa de Cultura Municipal** y el **Instituto de Literatura y Lingüística**. *Tras cruzar la calle Padre Varela, la avenida cambia de nombre y pasa a ser Simón Bolívar*, trazada el mismo año que el anterior tramo de calle pero conocido como Camino de San Antonio o Camino de La Reina; en este tramo nos encontramos con la **iglesia del Sagrado Corazón de Jesús**, construcción de los años veinte del siglo XX, sin ningún interés artístico, y terminaremos nuestro paseo en la fuente de la India (p. 176).

Excepto el recorrido por el Malecón, éste es un paseo del que se puede prescindir; no obstante, los amantes de las rarezas (cubanas) tienen cerca **La casa del Tango** *(c/ Neptuno 305, entre las calles Águila y Galiano)*, un lugar dedicado al tango y en especial a Carlos Gardel, decorado con las nueve banderas de los nueve países que visitó Gardel y con fotos de las distintas personalidades que lo han visitado. Cuando pueden, hay actividades tangueras.

ITINERARIO IV
EL VEDADO, UNIVERSIDAD DE LA HABANA Y PLAZA DE LA REVOLUCIÓN
– Como **El Vedado** se conoce a la amplia barriada comprendida entre Centro Habana y el río Almendares. Después de la primera ampliación de la ciudad que se produjo con el derribo del muro que cerraba lo que hoy conocemos como La Habana Vieja, la ciudad fue creciendo hasta la Calzada de la Infanta; más allá había campos donde se asentaron los españoles que querían vivir fuera del bullicio de la ciudad y se prohibió («queda vedado») que se instalaran las familias negras.

Las primeras casas que construyeron, alrededor de 1870, eran de madera en el estilo *grand-carré* de Nueva Orleans; un tranvía tirado con mulas que cruzaba la calle Línea comunicaba esta barriada con el centro de la ciudad.

Los estadounidenses, en los años (1899-1902) que permanecieron en Cuba, parcelaron este área e iniciaron la construcción de casas en otros estilos más lujosos, mientras que los cubanos continuaron levantando palacetes, palacios y mansiones con fachadas que se pretendían fastuosas. La barriada ya no fue tan sólo vedada a las familias negras sino que tambien a las familias cubanas de ingresos modestos.

El Vedado tiene tres puntos importantes: la continuación del Malecón desde los pies del hotel Nacional hasta el torreón de Santa Dorotea de Luna de la Chorrera, La Rampa y sus alrededores, y la plaza de la Revolución, además de unas decenas de lugares de interés.

• Desde los pies del hotel Nacional el Malecón, que se inicia en el castillo de San Salvador de la Punta, continúa, y en nuestro paseo cruzaremos por delante del **monumento a Calixto García**, los hoteles Meliá Cohiba y Riviera Habana, un par de campos de deportes hasta llegar al torreón de Santa Dorotea. En total son 7 kilómetros de paseo.

• Detrás del monumento a Calixto García está la **Casa de las Américas** *(c/ G, esq. 5ª)*, la institución cultural cubana más conocida en el mundo. Fundada en abril de 1959 por «Che» Guevara y Haydée Santamaría, ha contribuido a la difusión de la cultura y muy especialmente de la literatura latinoamericana y caribeña con la

■ LA HABANA (El Vedado Este)

1 Monumento a Calixto García
2 Ministerio de Turismo
3 Casa de las Américas
4 Hotel Presidente
5 Hotel Morro
6 Hotel Riviera Habana
7 Hotel Meliá Cohiba
8 Rte. Centro Vasco
9 Bar Los Violines
10 Bar Imágenes
11 Teatro Hubert de Blanck
12 Teatro Mella
13 Museo de Artes Decorativas
14 Bar Sayonara

otorgación del premio «Casa de las Américas», en sus variantes de literatura, poesía y ensayo. Dentro del edificio tienen sus sedes además de la Editorial del mismo nombre, la Biblioteca José Antonio Echevarría, con una amplia colección bibliográfica especializada en temas latinoamericanos, un departamento de teatro y otro de artes plásticas, la **Galería Haydée Santamaría** *(T. 324653; visita de 10 a 17 horas de lunes a viernes)*, con interesantes exposiciones plásticas, y la librería Casa de las Américas.

• El **torreón de Santa Dorotea de Luna de la Chorrera** se construyó en la desembocadura del río Almendares entre los años 1639 y 1643, con la contribución de los vecinos de la ciudad y bajo la dirección del ingeniero Bautista Antonelli. El proyecto contemplaba una fortificación de ochenta pies cuadrados de base por cuarenta de altura y con sus cañones dispuestos de forma que cinco disparasen desde una altura de veinte pies y otros cinco desde los cuarenta pies. Antonelli proyectó que «dos tercias (del torreón) fueran macizas y el otro tercio hueco para el alojamiento de unos seis u ocho soldados», y que para mayor protección «se subirá con escala de cuerda para mayor seguridad de todos».

• **La Rampa**. La 23 es una de las principales y más concurridas calles de la ciudad. Desde el Malecón, a pies del hotel Nacional, y durante los primeros quinientos metros se asciende por una suave pendiente hasta llegar a la bulliciosa esquina con la calle L. Aunque La Rampa es sólo una calle, a toda la zona que la envuelve se la conoce popularmente como La Rampa y es una de las «calientes» de La Habana.

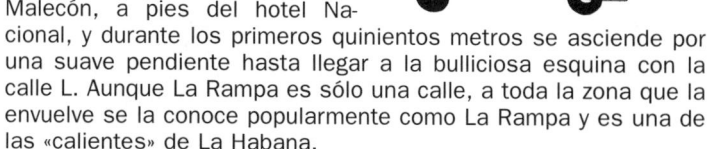

En La Rampa están algunos de los principales hoteles, restaurantes, bares, la heladería Coppelia, y un buen número de oficinas de organismos oficiales. En fin tránsito de turistas, bullicio y otros «pecados».

En un lado de la esquina citada (c/23 # L) está el hotel Habana Libre Tryp, y en los otros dos lados, en uno el cine Yara, y en otro la heladería Coppelia, en la que se pueden degustar helados con un oferta variable de hasta 27 sabores. Coppelia ha saltado a la fama por la película *Fresa y chocolate* y, quizá, debido a que uno de los protagonistas (¿o son los dos?) es homosexual, al anochecer la heladería es punto de encuentro de homosexuales y lesbianas.

• *Dejando atrás esta esquina (23 con L) y dirigiéndonos hacia el Malecón* nos encontramos con el Instituto Cubano de Radio y Televisión, los estudios de televisión, una farmacia de turno permanente, el Centro de Prensa Internacional, los restaurantes Mandarín, Praga, Moscú y Sofía, un pequeño parque donde se suele montar una feria de artesanía a modo de mercadillo ambulante, los ministerios de Salud Pública, Asuntos Exteriores y Azúcar, las oficinas de la Agencia de Prensa Latina, el Pabellón de Cuba, destinado al montaje de grandes exposiciones, las cafeterías Karabali, y La Zorra y el Cuervo, esta última con actuaciones de jazz, tiendas, oficinas de agencias turísticas y compañías aéreas, el cine La Rampa, etcétera.

• *Desde la citada esquina (23 con L) y en dirección contraria al Malecón*, tenemos el **parque Don Quijote de América**, un modesto espacio, no más de un cuarto de manzana, con la estatua ecuestre, hecha en hierro y alambrón, de Don Quijote de La Mancha. Más allá, y siguiendo en la calle 23, están los restaurantes El Cochinito, el 23 y El Castillo de Jagua.

• *Desde la calle L y en dirección Centro Habana*, tras cruzar por delante de una casa bonita, representativa de las construcciones del Vedado, la **Fundación Fernando Ortiz**, *en la esquina con calle 27*, dedicada al estudio y personalidad del eminente etnólogo, autor de un definitivo estudio sobre el azúcar y el tabaco (*Contrapunto cubano*), se accede a la Universidad de La Habana.

1 Fortaleza El Príncipe	21 Compañías de aviación
2 Quinta de los Molinos	22 Centro de Prensa
3 Museo Napoleónico	Internacional
4 Museo Antropológico Montané	23 Rte. Praga
	24 Rte. Mandarín
5 Universidad de La Habana	25 Cine Yara
6 Rte. Castillo de Jagua	26 Heladería Coppelia
7 Rte. El Cochinito	27 Rte. La Carreta
8 Parque Don Quijote de América	28 Rte. La Roca
	29 Hotel Capri
9 Memorial Mella	30 Rte. Monseigneur
10 Iglesia de Ntra. Sra. del Carmen	31 Hotel Nacional
	32 Bar El Gato Tuerto
11 Fundación Fernando Ortiz y Hotel Colina	33 Teatro Nacional de Guiñol
	34 Hotel Victoria
12 Rte. Las Bulerías	35 Club Karachi
13 Hotel Habana Libre Tryp	36 Rte. El Conejito
14 Hotel Vedado	37 Rte. La Torre
15 Hotel St. John's	38 Rte. El Emperador
16 Club La Zorra y el Cuervo	39 Rte. Don Agamenón
17 Rte. Sofía	40 Banco Financiero Internacional
18 Cine La Rampa	
19 Infotur (información turística)	41 Bar Amanecer
20 Gasolinera	42 Monumento al *Maine*

– **Universidad de La Habana**. Fundada a principios del mes de enero de 1728 con el nombre de Real y Pontificia Universidad de San Jerónimo de La Habana. Siete años antes, el 12 de setiembre de 1721, el papa Inocencio XIII ordenó la construcción de una universidad mediante un Breve Apostólico conferido a los religiosos de la orden de Predicadores, quienes tenían su sede en el convento de San Juan de Letrán.

El 23 de setiembre de 1728 el rey de España, Felipe V, aprobó y confirmó el auto de fundación por Real Cédula. En un principio la Universidad sólo constaba de cinco facultades: Teología, Cánones, Leyes, Medicina y Artes o Filosofía. Originalmente funcionaba en una construcción situada en la calle Mercaderes esquina Obispo, en La Habana Vieja (ver p. 155). Con la independencia, en 1902 se le cambia el nombre por el de Universidad de La Habana y se traslada al conjunto de edificaciones que ocupa en la actualidad, en lo alto del cerro Aróstegui.

La Universidad de La Habana es una de las protagonistas de la historia de Cuba y sus luchas revolucionarias. Durante la Revolución de 1930, los estudiantes se sumaron a la lucha contra la dictadura del general Gerardo Machado y en 1933 consiguieron la autonomía universitaria. La gran escalinata de acceso, coronada por la estatua de *Alma Mater*, fue el principal escenario de las protestas estudiantiles, así como la calle San Lázaro, que desemboca en la escalinata, donde en reiteradas ocasiones los universitarios, con los dirigentes de la FEU (Federación Estudiantil Univer-

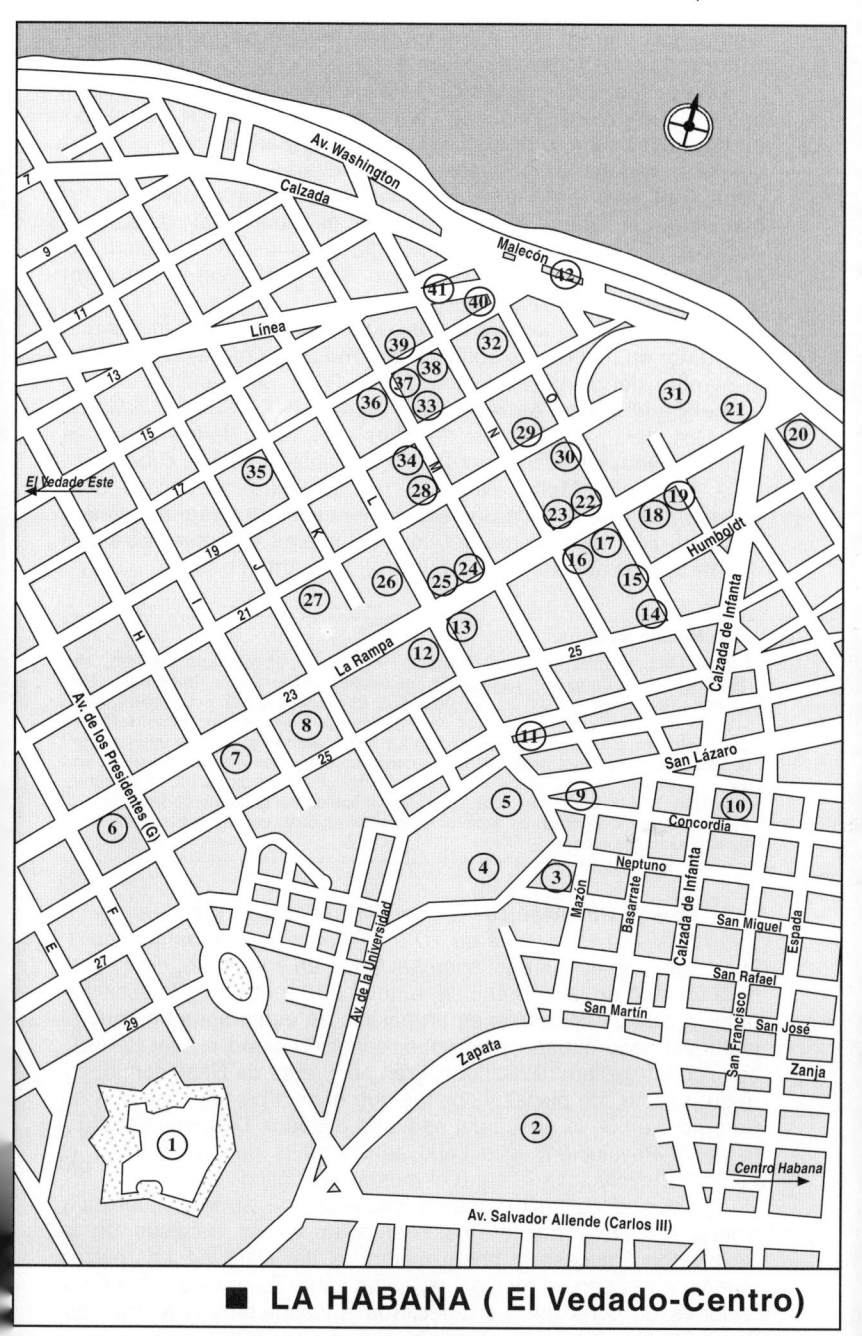

LA HABANA – EL VEDADO, UNIVERSIDAD Y PZA. DE LA REVOLUCIÓN / 185

LA HABANA (El Vedado-Centro)

sitaria), se enfrentaron a las fuerzas represivas de Machado y sobre todo a la dictadura de Batista.

Una de las pretensiones de la Revolución cubana era conseguir una enseñanza obligatoria y gratuita para todos, lo que se tradujo en un mayor número de estudiantes universitarios hasta el punto que el recinto se hizo pequeño y fue necesario construir locales en otras barriadas para albergar nuevas facultades, como la de Medicina, que se encuentra en el barrio de Siboney, al oeste de La Habana, y las facultades de Tecnología, para las que se construyó la Ciudad Universitaria José Antonio Echevarría, cerca del aeropuerto internacional José Martí.

• La plaza Ignacio Agromonte ocupa el centro del *campus* universitario; en uno de los edificios que rodean la plaza, el que lleva el nombre del científico cubano Felipe Poey, en la planta alta se encuentra el **Museo Antropológico Montané** *(T. 793488; visita de 9 a 12 y de 13 a 16 horas, de lunes a viernes)*, dedicado al arte precolombino, mexicano, peruano y fundamentalmente cubano.

• **Memorial Mella**. *Frente a la escalinata de acceso a la Universidad y en la calle San Lázaro*, se encuentra este monumento construido en recuerdo del líder estudiantil y primer secretario del partido comunista de Cuba (PCC), Julio Antonio Mella.

Julio Antonio Mella

Siendo Mella presidente de la Federación Estudiantil Universitaria organizó, en 1923, el Primer Congreso Nacional de Estudiantes Universitarios; entre sus resoluciones, la declaración de los estudiantes de emprender la lucha antiimperialista. Un año después, junto con Carlos Baliño, Mella fundó el Partido Comunista de Cuba y fue expulsado de la Universidad. En 1926, ante el peligro de muerte que pesaba sobre él, y tras participar en un congreso antiimperialista en Bruselas, se exilió a México, desde donde continuó la lucha contra la dictadura de Gerardo Machado. El 1 de enero de 1929, criminales a sueldo del gobierno de Machado lo asesinaron en México. En un nicho del Memorial reposan las cenizas de este destacado luchador cubano.

• **Museo Napoleónico**. *C/ San Miguel 1.159, esq. Ronda. T. 791460 y 791412. Visita de 10 a 17 horas, cierra los domingos.* El museo, uno de los más sobresalientes en su género, está situado a un lado de la Universidad, a unos 200 metros de la escalinata de acceso, e instalado en un palacio de estilo florentino que el multimillonario cubano Julio Lobo, conocido como el «zar del azúcar», construyó en 1928. Lobo, gran admirador de Napoleón, decoró su palacio con piezas y objetos que habían pertenecido al Gran Corso o bien de la época del pequeño dictador. Después del triunfo de la Revolución, Julio Lobo abandonó el país y en 1961 el gobierno revolucionario abrió el museo al público.

En sus salas se exponen colecciones de armas, muebles y diversos objetos desde fines del siglo XVIII al estallido de la Revolución Francesa, y hasta mediados del siglo XIX. Las piezas más valiosas son un fusil de caza y un sable de bronce con incrustaciones de coral que pertenecieron a Napoleón y a Murat, respectivamente. Otras piezas de valor son una pareja de faunos, candelabros franceses estilo Luis XV, tapices franceses del siglo XVIII, un biombo de Coromandel de 12 hojas del XVII y una colección de porcelanas chinas.

- Tras visitar la Universidad y los edificios que la rodean nos podemos dirigir a la plaza de la Revolución, pero antes de llegar cruzaremos la **Quinta de los Molinos**, un espacio donde antaño había grandes molinos de piedra negra que se usaban para moler el tabaco aprovechando las aguas de un desvío cercano de la Zanja Real. Miguel Tacón ordenó, en 1837, la construcción en el lugar de un edificio que serviría como casa de descanso y palacio de verano de los capitanes generales. Estos la usaron poco, así como los estudiantes de medicina en ella encarcelados en 1871 antes de ser fusilados. Durante los días siguientes a la victoria estadounidense, en 1898 alojó a Máximo Gómez, a quien hoy se conmemora una vez convertida en museo.

- **Fortaleza El Príncipe**. La conquista de La Habana por los ingleses en 1672 puso en evidencia el sistema defensivo de la ciudad, y en especial la ineficacia del torreón de la Chorrera. La construcción de la fortaleza El Príncipe, a unas «dos mil varas al este del fondeadero», en la loma de Aróstegui, respondió a las necesidades de «cubrir la parte más expuesta de la plaza y proteger a las tropas que hubieren de oponerse a un desembarco».

El castillo es de forma pentagonal y está rematado por dos baluartes. Fue obrado por el ingeniero alemán Agustín Crame sobre los planos de Silverio Abarca.

– **Plaza de la Revolución**. *Calles Paseo y Av. de Rancho Boyeros.* Toda visita organizada a La Habana pasa inevitablemente por la visita a la plaza de la Revolución. Es más grande que la plaza de la Concordia de París y dicen que puede acoger a un millón de personas (dicen). Fidel Castro la ha hecho célebre al elegirla para pronunciar sus ardientes e interminables discursos contra los enemigos de Cuba, y exponer los problemas económicos del país. En enero de 1998, el papa Juan Pablo II ofició una misa multitudinaria (¿otro millón de personas?).

Fue un arquitecto y urbanista francés, Jean-Claude Forestier, quien propuso en 1926, bajo la tiranía de Machado, hacer de este lugar el centro de La Habana. En aquella época la colina se llamaba Ermita de Montserrat o Ermita de los Catalanes, por la iglesia que había construido allí la colonia catalana de Cuba; aunque pensada para embellecer la ciudad y modernizarla, el proyecto de Forestier hecho en colaboración con otro urbanista francés, Jean Labatut y dos arquitectos cubanos, Enrique Varela y Raúl Otero, fue abandonado en un cajón. En 1935 el gobierno lanzó una convocatoria para erigir un monumento a José Martí para lo que se asignó un presupuesto de medio millón de pesos, pero el proyecto tampoco llegó a buen término. Seis años después, en 1941, la idea se puso nuevamente sobre el tapete y se convocó un nuevo concurso para el diseño urbanístico de la futura plaza. Resultó vencedor el proyecto presentado por el escultor Juan José Sicre y el arquitecto Aquiles Maza. Aunque esta vez la obra se inició, los trabajos se interrumpieron antes de finalizarla. En los años posteriores se levantaron varias edificaciones particulares en algunos de los terrenos y se redujo considerablemente el espacio destinado a la plaza pública. Finalmente, en 1953, se inició de nuevo la construcción que dio como resultado el espacio y el monumento que hoy pueden verse. Después del triunfo de la Revolución concluyeron las obras y todo el conjunto pasó a llamarse plaza de la Revolución. La arquitectura es sobria.

• En el centro de la plaza se levanta el **Monumento a (Héroe Nacional) José Martí**, una estatua de mármol blanco de 18 metros de altura y 700 toneladas de peso; tras la estatua se levanta un obelisco de hormigón recubierto con mármol de la isla de la Juventud. Un elevador, o si se quiere hacer ejercicio, más de 500 escalones, nos lleva a lo alto del monumento. En la base del obelisco hay cuatro salas en las que se exhiben escritos y objetos personales de José Martí; hay también una sala dedicada a exposiciones itinerantes, conciertos y conferencias.

• Alrededor de la plaza pueden verse el **Palacio de Justicia**, diferentes ministerios, la **Biblioteca Nacional José Martí** y la sede del Comité Central del Partido Comunista Cubano. En la fachada del edificio que alberga al Ministerio del Interior, el conocido por muchas veces reproducido gigantesco retrato de Ernesto «Che» Guevara, el Comandante. Un solo monumento ha sido construido en su memoria en el archipiélago cubano: en Santiago de Cuba, donde algunas piedras blancas reunidas en forma de figura geométrica evocan su epopeya. Pero en La Habana como en el resto del país, no hay ministerio, oficina, escuela, fábrica, alcaldía, etcétera, que no tenga su retrato. Al lado del Ministerio del Interior se alzan las antenas del Ministerio de Comunicaciones (con entrada por la av. de Rancho Boyeros). Al sur, al otro extremo de la Biblioteca, se encuentra el Teatro Nacional de Cuba.

• **Biblioteca Nacional José Martí**. Forma parte del entorno de la plaza de la Revolución y está ubicada en un edificio construido para tales fines en 1958 por la Sociedad de Amigos de la Biblioteca, que financió el proyecto. La primera biblioteca nacional abrió sus puertas el 18 de octubre de 1901 en el castillo de la Real Fuerza y el fondo bibliográfico de que disponía eran donaciones de la Sociedad Amigos de la Iluminación. Después del triunfo de la Revolución, la Biblioteca Nacional José Martí pasó a depender, vía subvención, del estado y enriquece considerablemente su fondo bibliográfico; en la actualidad alcanza más de un millón de volúmenes, entre ellos una pieza de valor histórico, un Códex del año 1433.

• **Museo Postal**. *Av. Independencia, entre las calles 19 de Mayo y 20 de Mayo. T. 815551 y 705043. Visita de 10 a 17 horas, cierra los domingos.* Situado a unos 50 metros de la plaza de la

Revolución, en la planta baja del Ministerio de Comunicaciones, es el único existente en el país y muestra la más completa colección filatélica de Cuba. Además de sellos también se exponen sobres timbrados de origen antiguo, cartas, canceladoras de sellos, cubiertas con marcas postales, franqueos de agencias francesas, trozos del primer cable submarino entre Europa y América, un álbum de sellos editado por Walter Scott en 1827. La pieza fundamental es el primer cohete postal del mundo fabricado en Cuba en 1939, y un sello conmemorativo del hecho. A la entrada del museo hay un pequeño establecimiento destinado a la venta de sellos.

• Otro espacio destacado del Vedado, y relativamente accesible desde la plaza de la Revolución, es el **Cementerio Colón** *(calles Zapata y 12).* Inaugurado en 1872, según un proyecto de 1854, concebido por los arquitectos Calixto de Loira y Eugenio Reynere, el cementerio guarda algunas obras escultóricas de gran belleza que justifican la visita. Ya desde el principio, el portón principal, obra de Loira, un conjunto escultórico tallado en mármol blanco de Carrara, rematado con figuras de José Villata Saavedra que representan las virtudes teologales (fe, esperanza y caridad), adivinamos que estamos ante un museo escultórico.

Tras dejar atrás el portón tomaremos la avenida Cristóbal Colón que nos lleva a la capilla situada en el centro del cementerio, en la que debemos admirar una de las obras pictóricas más interesantes del siglo XIX cubano, un fresco titulado *El Purgatorio*, del pintor Miguel Melero. A nuestra derecha destacan las esculturas de las tumbas de Máximo Gómez (1905), Martha Abreu (1909), Álvaro Barba Machado (1962), una répica de *La Piedad* de Miguel Ángel, el mausoleo dedicado a unas víctimas civiles, obra del arquitecto español Agustín Querol, y los panteones de las familias Falla-Bonet, Conde Rivero y el del cardenal Manuel Arteaga.

A nuestra izquierda destacan, asimismo, los panteones del conde de la Mortera, de la familia Baró (con la capilla en su interior dedicada a Catalina Laza, la primera muer que se divorció en Cuba), el de un pariente de la familia real española, y un conjunto conocido como «La Milagrosa».

Además de estos monumentos, hay otros de menor interés artístico, pero de interés histórico como son las tumbas de Leonor Pérez, la madre de José Martí, los ocho estudiantes de medicina, Calixto García, Alejo Carpentier, José Raúl Capablanca, entre otros.

• Otros puntos de interés en esta barriada son: la **avenida de los Presidentes** que desde la plaza Calixto García cruza El Vedado; se trata de una chocante arteria adornada con pedestales ¡sin bustos!; éstos están depositados en el Museo de la Ciudad, y el **Museo de Artes Decorativas** *(c/ 17, 502 entre las calles D y E; T. 320924; visita de 9.30 a 16.45 horas, cierra los lunes y martes).* El museo, ubicado en una mansión con marcado estilo ecléctico, muestra colecciones de muebles, porcelanas, cristalería, orfebrería y otros elementos de las artes decorativas de diferentes países y siglos. Entre las piezas más importantes se encuentran unos

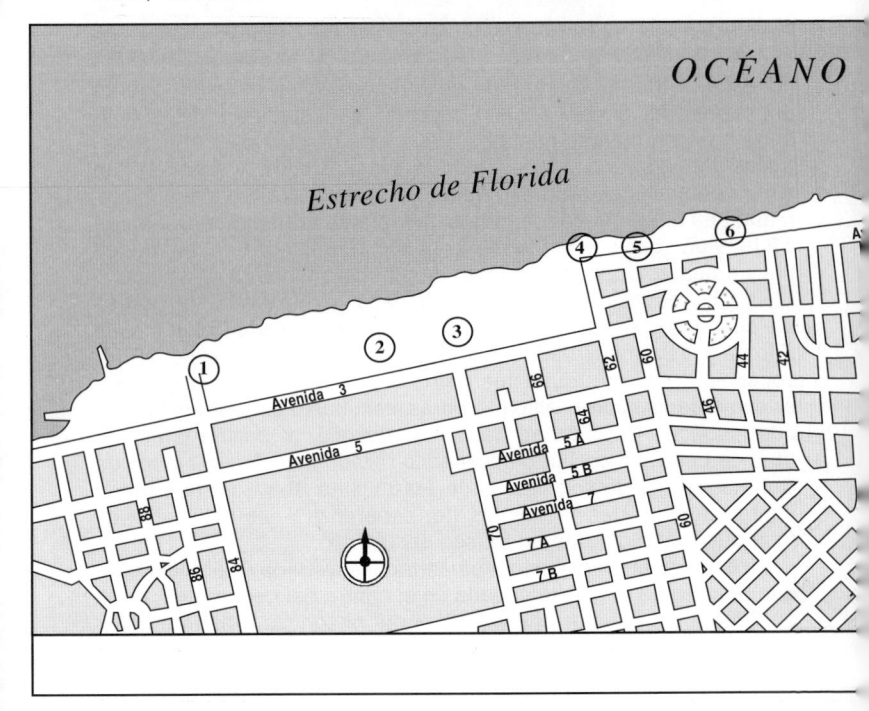

190 / La Habana – Más allá del río Almendares

1 Hotel Comodoro	11 Farmacia Internacional
2 Hotel Tritón	12 Rte. La Maison
3 Hotel Neptuno	13 Rte. El Ranchón
4 Château Miramar	14 Rte. Tocororo
5 Acuario Nacional	15. Teatro Karl Marx
6 Hotel Copacabana	16 Taxis Ok
7 Maqueta de La Habana	17 Havanatur
8 Rte. Dos Gardenias	18 Rte. Pavo Real
9 Rte. El Aljibe	19 Rte. Club 1830
10 Casa de la Música	

vasos de porcelana japonesa del siglo XVII, cuadros del pintor francés Hubert Robert (1753-1808), marquetería confeccionada en maderas preciosas y elementos de marfil y una valiosa alfombra de estilo regencia, confeccionada en Francia en el siglo XVII por el tejedor Carolus de Frachis Romanus.

ITINERARIO V
MÁS ALLÁ DEL RÍO ALMENDARES
– **Miramar**. Durante años el río Almendares marcó los límites de las afueras de La Habana. Después de la urbanización del Vedado, se desarrolló otro proyecto urbanístico más ambicioso desde el punto

HABANA (Miramar)

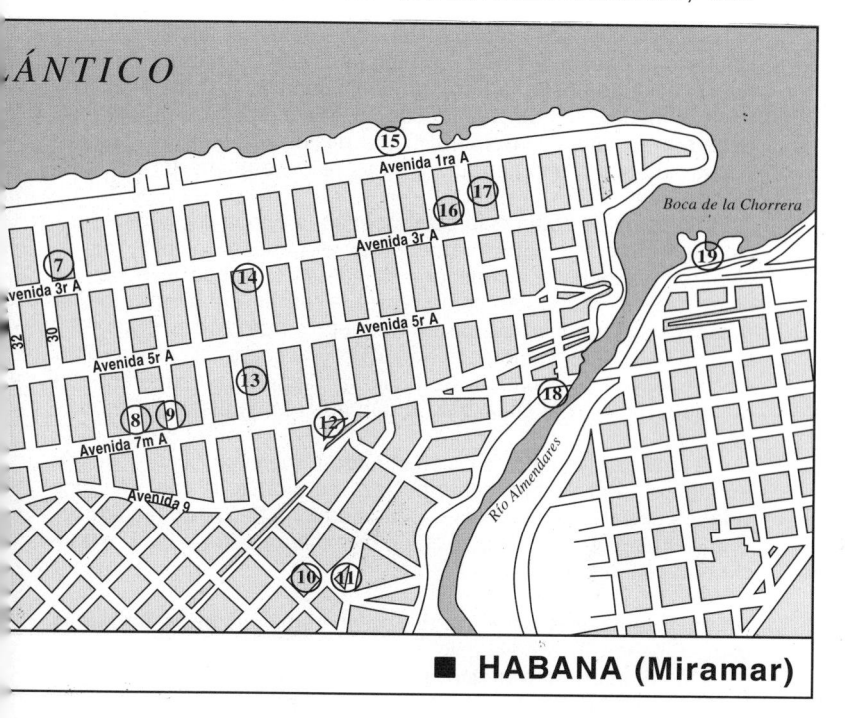

de vista arquitectónico y de distribución del espacio; las casas se construyeron más lujosas, más ajardinadas y en calles arboladas. Hoy Miramar, que es la primera barriada que nos encontramos después del río Almendares –le siguen Cubanacán Kohly, Almendares, etcétera–, aparece a nuestros ojos como una Habana diferente, sin edificios interesantes, con playas, con restaurantes lujosos, con embajadas, consulados y oficinas mixtas. En fin, nos recuerda a un Miami descuidado.

A Miramar, si no se está alojado en uno de sus hoteles (Copacabana, Neptuno-Tritón, Comodoro), se va a cenar en alguno de los restaurantes lujosos, para asistir a una velada en el teatro Karl Marx o a visitar los siguientes lugares:

• **Acuario Nacional**. *C/ 1ª, 6.002 esq. calle 60. T. 236401/06. Visita todos los días de 10 a 17.45 horas*. El acuario muestra una gran variedad de peces, desde los más pequeños a los mayores ejemplares que habitan en las aguas de Cuba. La gran atracción del acuario, sobre todo para los niños, es una foca amaestrada, protagonista de un simpático espectáculo, así como los delfines que realizan, a la orden del cuidador, saltos de altura.

• **Maqueta de La Habana**. *C/ 28, 113, entre la 1ª y 3ª. T. 227322/227303, fax 332661. Visita de 9.30 a 5.30 hora, cierra los domingos y lunes*. «La Habana a sus pies» es el subtítulo de este pabellón-museo en el que podemos observar la ciudad de La Habana en escala 1/1000. La maqueta, con 22 metros de largo (reproduciendo desde la barriada de Cubanacán a la de Alamar) y unos 8 metros de ancho (desde el Malecón a la barriada de Boyeros) es, entre las urbanas, una de las mayores del mundo; construida sobre una estructura móvil permite la abertura en secciones.

Los edificios están coloreados según la época de su construcción: los de color marrón representan el período colonial, los de color ocre desde la independencia hasta el acceso al poder de Fidel Castro, y los de color marfil a partir del triunfo de la Revolución. La superficie de la maqueta es de 144 m^2 (los 144 km^2 de la ciudad) distribuidos en 118 m^2 de superficie urbana y 26 m^2 de superficie acuática. Se observa parcialmente volteando la maqueta o desde el altillo-balcón que nos ofrece distintos ángulos de visión.

El pabellón-museo se complementa con un jardín (Jardín Sonriente), una sala de conferencias –en ambos se celebran actividades sociales y culturales–, y una pequeña tienda de recuerdos. Una visita recomentable al iniciar o terminar nuestra visita o estancia en La Habana.

– Los lugares citados a continuación están en **otras barriadas** como Siboney, Arroyo Naranjo ...
• **Palacio de Convenciones**. *Calle 146 entre 11 y 13, Siboney.* Está ubicado en la barriada Siboney, *a unos 10 kilómetros del centro*, en un barrio destinado a residencias diplomáticas y de protocolo. Lo primero que llama la atención es el original diseño arquitectónico, que logra una armónica relación entre los elementos más significativos de la arquitectura colonial cubana y las modernas líneas horizontales. Grandes techos de tejas rojas y entradas semejantes a los zaguanes de las mansiones coloniales constituyen la nota distinta de este palacio, cuya estructura principal consta de un gran bloque de 200 metros de largo por 60 metros de ancho y dos cuerpos laterales unidos por puentes y patios techados, para formar en conjunto una sólida construcción de 38.000 m^2. Fue inaugurado en 1979 con motivo de la séptima Cumbre de Países No Aliados.

El palacio cuenta con un auditorio para 1.750 personas ampliable a 2.200, además de varias salas (dos con 408 plazas, una con 150, dos con 120, una con 100, otra con 90, dos con 80 y dos más pequeñas para 40 personas). Todas las salas están dotadas con artilugios para la traducción simultánea de los discursos de los oradores en siete idiomas, circuito cerrado de televisión, proyector de diapositivas y cine en 16 y 35 mm, aire acondicionado y equipos de grabación. Cuenta con servicios de restaurantes.
• **Parque Lenin**. *Calle 100 y Cortina de la Presa. T. 443026, Arroyo Naranjo. Visita 10 a 18 horas, cierra los lunes y martes.* Alejado del centro, en la barriada de Arroyo Naranjo, el parque

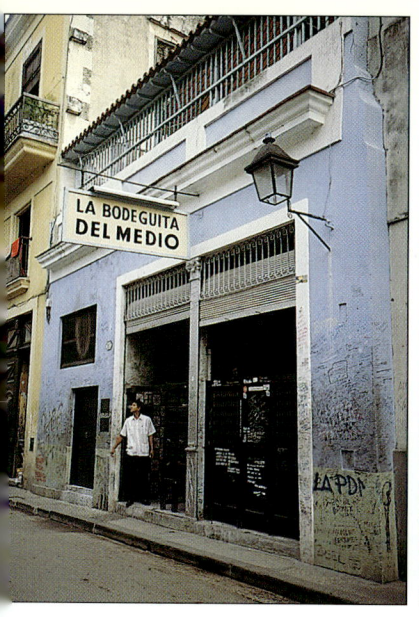

■ **LA HABANA. VISITAS INDISPENSABLES**
(fotos de C. Miret y E. Suárez)
Arriba (I y D): **La Bodeguita del Medio** y **Catedral**
Abajo: **Recuerdo al "Che" Guevara en la plaza de la Revolución**

■ **EN TORNO A LA HABANA** (fotos de C. Miret y E. Suárez)
Arriba: **Cojímar. Monumento a Ernest Hemingway**
Abajo: **Regla. Al fondo, La Habana**

■ **LAS TERRAZAS** (fotos de C. Miret y E. Suárez)
Arriga y abajo: **Cafetal Buenavista. Molino** y **secadero de café**

■ **LA TIERRA DEL TABACO** (fotos de C. Miret y E. Suárez)
Arriba: **Mogotes de Pinar del Río**
Abajo (I y D): **Fragmentos del Mural de la Prehistoria**

■ LA GRAN HABANA

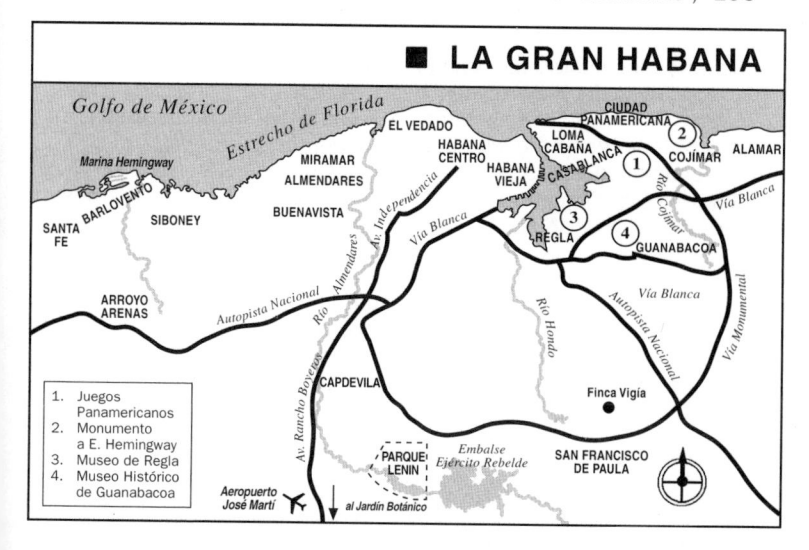

Mapa de La Gran Habana

1. Juegos Panamericanos
2. Monumento a E. Hemingway
3. Museo de Regla
4. Museo Histórico de Guanabacoa

Lenin es con sus 670 hectáreas uno de los más grandes de Cuba. Recorrerlo a pie en un solo día resulta casi imposible, pero vale la pena intentarlo. Si no apetece caminar podemos visitarlo con el pequeño tren de vía estrecha, cuyo recorrido dura una hora.

El parque ofrece al visitante una amplia gama de distracciones: parque con anfiteatro, galería de arte, taller de cerámica, peña literaria (los domingos se reúnen en ella poetas y pintores), acuario, cine al aire libre, pista de motocrós, rodeo, teatro infantil, casa de infusiones, parque de atracciones, monta a caballo, cafetería, y el restaurante Las Ruinas, con acceso desde el exterior.

• **Parque Zoológico Nacional**. *Carretera de Varona, Km 2.5, T. 447602, Capdevila, Boyeros. Visita de 9 a 15.15 horas, cierra los lunes.* Los animales viven en espacios abiertos sin rejas, al estilo «safaripark». El zoológico fue construido en un área boscosa y con praderías, en las afueras de la capital, cerca del aeropuerto internacional José Martí y del parque Lenin. En la pradera conviven jirafas, hipopótamos, antílopes, rinocerontes y otros animales y aves propias del continente africano. El foso de los leones, donde se concentra la totalidad de los felinos, es uno de los lugares más interesantes.

• **Jardín Botánico Nacional**. *Carretera de Expocuba, Km 3.5, T. 442611/16. Calabazar, Arroyo Naranjo. Visita de 9 a 16.30 horas, abierto todos los días.* Se encuentra cerca del parque Lenin y dispone de 600 hectáreas de superficie con tres áreas principales: vegetación cubana, vegetación de América, Asia, África y Oceanía, oleaginosas, frutales y otras plantas. Está considerado como uno de los mayores del mundo, con 140.000 ejemplares de 4.000 especies. Muy atractivas resultan las orquídeas, de las que se cultivan unas 500 variedades. También llaman la atención los cactos de los cuales se exhiben centenares de variedades.

- **Marina de Hemingway**. *Calle 48 con av. Santa Fe, Playa. Horario de 9 a 23 horas.* Situada al oeste del litoral habanero, a unos 20 minutos en coche desde la zona de La Rampa. Su posición geográfica es 23° 5' 30'', con longitud 82° 29' 36''. El faro situado a 0.5 kilómetros al este de la entrada del canal, con 7 destellos de grupo, con luz blanca visible a 17 millas de distancia (29 km), indica a los navegantes que se encuentran a pocos minutos de la Marina.

La Marina de Hemingway, la mayor de Cuba, cuenta con cuatro canales de 1 km de largo cada uno, 15 metros de ancho y 6 metros de profundidad, en los que pueden recalar yates de cualquier tamaño. Cada canal tiene capacidad para 100 barcos.

Ernest Hemingway

Ernest Hemingway, gran aficionado a la pesca, fue quien descubrió una de las mayores riquezas de Cuba, la pesca de la aguja en la corriente del golfo de México, el Gran Río Azul, como él lo llamó. Y es que la corriente del golfo se acerca a la costa a la altura del litoral habanero y facilita que en primavera las agujas acudan a a desovar. Su afición a la pesca de la aguja y su debilidad por el ron le llevaron a fijar su residencia en Cuba, donde pasaba largas temporadas escribiendo, pescando y bebiendo en El Floridita y La Bodeguita del Medio, hoy bares emblemáticos que le deben parte de su fama. En muchas de sus novelas de tema marinero deambulan personajes cubanos y la acción transcurre en Cuba.

En 1950 Ernest Hemingway creó un torneo de pesca de la aguja al que dio su nombre y que se celebra anualmente. En 1960 Fidel Castro ganó el primer premio. Hoy aquel torneo está organizado por el Club Náutico Internacional Hemingway, uno de los más sobresalientes del circuito mundial de pesca. Desde 1997 se ha implantado en los torneos que organiza la norma *Tag and Release* (marcar y soltar) con el fin de preservar las especies marinas.

La Marina de Hemingway cuenta con los hoteles Residencial Turístico Marina Hemingway y Villa Marina Hemingway, con todos los servicios propios para practicar la pesca y gozar de un lugar agradable; y con los restaurantes Fiesta y Papa's (remitimos a los interesados en la práctica del buceo a la p. 303).

- **Río Cristal**. *Av. de Rancho Boyeros, Km 8. Desde la zona de La Rampa hay unos 15 minutos en taxi.* Centro turístico próximo a La Habana con instalaciones para pasar un agradable fin de semana. Hay restaurante, piscina, bar, cafetería, centro nocturno, etcétera; se alquilan además bicicletas y botes de remos.

ITINERARIO VI

AL OTRO LADO DE LA BAHÍA: EL MORRO, LA CABAÑA, COJÍMAR

Este itinerario es imprescindible en cualquier visita a la ciudad para admirar el castillo de los Tres Reyes del Morro y la fortaleza San Carlos de la Cabaña, considerados en su globalidad como la mayor fortaleza defensiva española en el Caribe; y llegarnos a recorrer el puerto pesquero de Cojímar, donde Ernest Hemingway amarraba

su barco. *Se accede en coche por la Vía Monumental que atraviesa por debajo la bahía.*
- **Castillo de los Tres Reyes del Morro.** *Visita desde las 9 horas hasta la puesta del sol.* Ya Hernando de Soto, siendo gobernador de Cuba en 1538, hablaba de las ventajas defensivas que ofrecía el pétreo promontorio o morro que se alzaba al otro lado de la bahía. Años después se destacaron vigías al lugar y se construyó una casilla de tejas. En una Real Orden de 1556 dirigida al entonces gobernador se le recuerda que La Habana es la principal escala de los buques que van y vuelven de Nueva España, y por consiguiente es necesario fortificar el Morro.

Siete años despues, 1563, las autoridades informaron a la Corona que habían levantado «una torre de cal y canto a la boca del puerto sobre una roca conocida como el Morro... desde la que se ven ocho lenguas en la mar y sirve de atalaya...» En diciembre de 1588, Felipe II nombró a Alonso Sánchez de Torquemada alcalde de La Habana y le encargó la construcción de un castillo en el Morro «que se ha de llamar de los Tres Reyes». El nombramiento del alcalde coincidió con la llegada a Cuba del maestro de campo Tejeda y del arquitecto militar Bautista Antonelli, quienes contaron con la ayuda de Cristóbal de Roda, sobrino de Antonelli, en la construcción del castillo de los Tres Reyes. En un informe al Presidente del Consejo de Indias se detallaba que el Morro era el mejor fuerte hasta entonces visto. No obstante, Francisco Coloma, capitán de la Armada Española, después de una inspección, encontró el Morro «muy fuerte para lo que toca a la mar» pero débil «por la parte de tierra», debido a que el foso tenía poca profundidad y poca altura las murallas. Estas advertencias obligaron a mejorar las defensas, destacando la construcción de una plataforma con una batería de media luna con doce cañones, conocidos como «Los doce apóstoles» y unos metros hacia el sudeste otra batería de doce cañones que se conocerá como «La Divina Pastora».

La proximidad entre el castillo de San Salvador de la Punta y el Morro es tal que permitía, en momentos de silencio, que los guardianes de ambas fortalezas entablaran conversación; ante tal hecho las autoridades consideraron la posibilidad de cerrar la entrada de la bahía con una cadena, que ya aparece tendida en algunos grabados de mediados del siglo XVII.

El castillo del Morro, como popularmente se le conoce, fue un bastión inexpugnable durante muchas décadas hasta que el 6 de junio de 1762 los ingleses iniciaron el ataque de La Habana. La toma de la ciudad no se produjo hasta días después, el 30 de julio de 1762, y tras abrir una brecha en la fortaleza del Morro. Las tropas que mandaba *sir* Georges Pocock tardaron 54 días en apoderarse de la plaza.

En el Tratado de Versalles de febrero de 1763, el rey de Inglaterra, Jorge III se comprometió a devolver a España La Habana, lo que se hizo efectivo el 6 de julio de 1763. Tras más de once meses de ocupación volvió a izarse la bandera española en el Morro.

La conquista de La Habana, y la posterior ocupación de los ingleses, planteó a las autoridades españolas la necesidad de reformar el sistema defensivo. Con el nuevo gobernador, Ambrosio Torres de Villalpando, viajó el ingeniero director de los reales ejércitos, Silvestre Abarca, encargado de redactar un nuevo proyecto de defensa de La Habana, en el que se contemplaba la construcción de tres nuevas fortalezas en las lomas de la Cabaña, Aróstegui y Soto, el fin de la construcción de la muralla que cerraba la ciudad y otras obras menores.

- **Fortaleza de San Carlos de la Cabaña.** *Visita de 10 a 10 horas.* Ya Antonelli durante la construcción del Morro señaló la importancia estratégica que tenían las lomas de la Cabaña, afirmado que quien fuera dueño de ellas lo sería de La Habana.

Propiedad de Agustín de Sotolongo, las lomas de la Cabaña, llamadas así por unas cabañas dispersas que poblaban la zona, se consideraron el lugar idóneo para la construcción de una nueva fortaleza desde la que era posible proteger con más contundencia la ciudad. Sotolongo donó los terrenos para la construcción de la fortaleza que con prisas se inició en noviembre de 1763, pocos meses después de la marcha de los ingleses.

La construcción de la fortaleza de San Carlos de la Cabaña respondió a los nuevos conceptos del arte militar y teniendo muy presente la debilidad del castillo del Morro. Se construyó de cara a la bahía con una sólida barrera vertical de setecientos metros mientras que los baluartes posteriores, también sólidos, se protegieron con grandes fosos al tiempo que se construía un túnel de comunicación con el castillo del Morro. La Cabaña ocupa una superficie de diez hectáreas. Su costo fue tal que Carlos III (a quien está dedicada la fortaleza) pidió unos prismáticos para poder admirarla, argumentando que una obra de tal envergadura debería poder verse desde Madrid. Un chascarrillo que ya hemos oído sobre el castillo de San Juan de Ulúa en Veracruz (México). En cualquier caso es la fortaleza más grande de todo el continente americano.

En la muralla oeste se levanta un obelisco de ladrillo en memoria de los soldados españoles caídos en Cárdenas en el combate contra las fuerzas del general Narciso López, el primer independentista y el primero que blandió la bandera cubana, en 1855. En su interior se encuentra el **Museo de Armas** con la mayor colección de armas existentes en Cuba y la Comandancia del «Che» Guevara. Cada día a las 9 de la noche tiene lugar la «ceremonia del cañonazo», que recuerda la época en la que el disparo del cañón recordaba a los vecinos de La Habana la hora de recogerse.

El Parque Morro-Cabaña que es como se conoce el área de estas dos fortificaciones contempla los restaurantes Rincón del Morro, Los Doce Apóstoles y La Divina Pastora, los bares El Mirador y la Batería de Velasco; tiendas de recuerdos, vendedores ambulantes y músicos que en formaciones de duos, tríos o cuartetos nos esperarán a las entradas.

- **Cojímar.** *Localizada a 9 kilómetros del centro de La Habana* *y en dirección a las Playas del Este* esta población marinera sin playas y con unas rocas cortantes, conocidas como «diente de perro», no tiene más interés que el recuerdo presente de Ernest Hemingway. El personaje y el lugar de la acción de su novela *El viejo y el mar* es y pasa en este pueblo. En Cojímar vive el centenario Gregorio Fuentes, el patrón del yate *Pilar*, quien amable y simpáticamente tras un acuerdo (económico que deberemos haber pactado con su sobrino y representante, por aquello de «que es mayor, necesita medicinas, estamos en período especial») nos explicará anécdotas personales.

Gregorio Fuentes, el patrón

Gregorio Fuentes, canario, nacido en Lanzarote, emigró a los seis años con su familia. Durante el viaje y en Río de Oro su padre murió. Huérfano, el acento de los habaneros que le recordaba a Canarias hizo que se escapara y fuera recogido por una familia de la barriada de Casablanca –eso en cuanto a sus orígenes–. Posteriormente, pescador en las costas de México pasó aventuras varias.

Una visita agradable, divertida y si el señor Fuentes continúa tan joven como cuando nosotros le visitamos, instructiva. El rato pasa rápido oyéndole hablar de su aventuresca vida y de Hemingway (un ser muy humano); acompaña la charla con un cohiba gigantesco que encenderá para demostrarnos su excelente salud, lo que no es necesario, se le ve muy bien.

Según el acuerdo nos fotografiaremos con él. Una visita imprescindible para los amantes de Hemingway.

En la glorieta situada frente al puerto de Cojímar puede verse un busto de Hemingway, homenaje al escritor de todos los vecinos del pueblo, que no tiene otros servicios hoteleros que el restaurante Las Terrazas especializado en mariscos y pescado, donde también está presente su recuerdo.

OTROS ITINERARIOS U OTRAS VISITAS DE INTERÉS

Además de los itinerarios y paseos citados hay otros lugares en La Habana que de disponer de tiempo merecen una visita.

• **Museo Ernest Hemingway.** *Finca la Vigía. T. 910809, San Francisco de Paula. Visita 9 a 16 horas; los domingos de 9 a 12.3 horas, cierra los martes.* En 1939, Hemingway adquirió la finca La Vigía en la barriada de San Francisco de Paula, en las afueras de La Habana, donde pasó largas temporadas escribiendo sus novelas, dos de ellas, *El viejo y el mar* publicada en 1952, e *Islas en el golfo*, póstuma, de 1970, transcurren en Cuba. Después de su muerte en 1961 en Ketchum, en el estado de Idaho,

EE UU, su cuarta mujer, Mary Welsh, cedió la casa al gobierno cubano con la condición que su destino fuera el de museo memorial.

Permanece tal y como él la dejó cuando emprendió el que sería su último viaje. Nada ha cambiado de lugar; la correspondencia sin abrir, la hoja que dejó puesta en la máquina de escribir, el libro abierto en la última página que leyó, sus zapatos y su ropa, la biblioteca, las armas que usaba en sus cacerías africanas, cabezas disecadas de los animales que cazó, las cañas que usaba para la pesca, el atril donde escribía de pie sus novelas y decenas de objetos más se amontonan como recuerdo de este escritor que con su novela *El viejo y el mar* ganó el Pulitzer de 1953 y, el Nobel de 1954 por el conjunto de su obra literaria. El yate *Pilar*, y las tumbas de sus perros en el jardín de la finca ponen las notas histórica y sentimental.

- **Asunción de Guanabacoa**. *Situada al otro lado de la bahía y a 5 kilómetros del centro*, esta localidad, antaño ciudad independiente y hoy englobada dentro de la Gran Habana, fue poblada por inmigrantes canarios y por esclavos negros liberados. Guanabacoa al igual que la vecina población de Regla tiene fama de ser cuna de músicos (Bola de Nieve y Ernesto Lecuona son naturales de esta barriada; a finales de noviembre se celebra el Festival de las Raíces Africanas) y santeros. El mayor interés está en la visita al **Museo Histórico de Guanabacoa** *(c/ Martí 108, entre Versalles y San Antonio. T. 979117. Guanabacoa. Visita de 10.30 a 18 horas, los domingos de 9 a 13 horas; cierra los lunes)*. Dedicado a las religiones y a los orígenes africanos, este museo posee una completa colección etnográfica relacionada con los cultos religiosos afrocubanos. Muestra el origen de la llamada Casa del Babalao (sacerdote oráculo de una de las religiones africanas de más arraigo en Cuba: la santería), así como máscaras, tambores, objetos diversos, ofrendas, símbolos religiosos y otros elementos característicos de los ñáñigos, una sociedad secreta dentro de la cultura negra cubana con sus propias liturgias religiosas.

El otro punto de cierto interés en Guanabacoa es la visita al **manantial La Cotorra**, un vetusto conjunto de edificios y manantiales de agua mineral, no carente de atractivo.

- **Regla**, al igual que la cercana Guanabacoa fue ciudad antaño y hoy es barriada de la Gran Habana. Está situada al otro lado de la bahía y enfrente de La Habana Vieja. Muchas de sus casas son de madera lo que le da un aire de fuera de época en un país que todo él ya produce esa sensación. Su iglesia, con entrada por el lateral (la principal tiene unas verjas cerradas que impiden el acceso), está dedicada a la Virgen de Regla, patrona de la ciudad. El interior es sencillo, del que destacan la Virgen Negra (en la santería Yemayá, la madre de la vida) del altar y los nichos laterales de la nave central con vírgenes, santos, cristos y banderas. Desde la explanada exterior, con un solitario cañón que alguien debió olvidar y una bella ceiba, se ve una buena vista de La Habana Vieja.

De Regla, tierra de santeros como Guanabacoa, salen las mejores comparsas de los Carnavales de La Habana.

- **Cristo de La Habana**. Estatua de mármol blanco de Carrara, obra de la escultora cubana Gilma Madera, quien la construyó en Italia antes del triunfo de la Revolución. Sobre la colina del pueblo pesquero de **Casablanca**, con sus 15 metros de altura domina la bahía de La Habana. Es una estatua sin ningún interés artístico; a sus pies hay un mirador, pero lo díficil del acceso no compensa desplazarse para disfrutar de las vistas.
- **Castillo de Santo Domingo de Atarés**. *Al sudoeste de La Habana Vieja, entre la estación de tren y el puerto pesquero.* Es una fortaleza englobada en el plan de construcciones redactado tras la entrega de las tropas inglesas de la ciudad. Concluida en 1767, se pretendía dominar el fondo de la bahía e impedir que las futuras tropas enemigas accedieran a la ciudad. En el castillo hay un obelisco erigido en 1914 en memoria del fusilamiento de cincuenta hombres del general Narciso López, uno de los primeros generales independentistas, que tuvo lugar el 6 de agosto de 1851 en el foso de este castillo.

DATOS ÚTILES

Información turística. En Cuba la mayor parte de las oficinas de turismo (llamadas Buró de Turismo) se encuentran instaladas en los hoteles internacionales de alta categoría. En ellas se pueden contratar cuantas excursiones se deseen y solicitar toda la información necesaria.

Infotur, la agencia oficial, opera en el aeropuerto (T. 453542) y la oficina principal está en la av. 3ª # calle 28, Miramar (T. 338383, fax 338164); también en El Vedado, La Rampa # calle 0 y en Habana Centro (Zulueta # Neptuno; T. 636360).

Embajada de España. C/Cárcel 51 # Zulueta, La Habana Vieja. T. 338025/26/93 y fax 338006.

Asistencia al turista. C/ Prado 254, La Habana Vieja. T. 338527/625519.

Aeropuerto Internacional José Martí. A 17 kilómetros. T. 453486 y 453133.

Aeropuerto Playa de Baracoa. A 30 kilómetros en dirección este. Antiguo aeropuerto militar que hoy se usa para vuelos chárter.

Compañías de aviación. **Cubana de Aviación** (c/ Infanta # Humboldt, Plaza; T. 705961/334949/783590, para vuelos nacionales. C/ 23 nº 61, El Vedado; T. 784961/33494, para vuelos internacionales, en La Habana. C/ Princesa 25, Edificio Exágono, 28008 Madrid. T. 915422923/(aeropuerto)912058448, fax 915416642). **Iberia** (c/ 23 # calle P, El Vedado, plaza de la Revolución, T. 335041/335042, fax 335961. En el aeropuerto José Martí, T. 335234/335063). **Aerogaviota** (Edificio La Marina, 3er piso, av. del Puerto 102, La Habana Vieja; T. 330812, fax 331879. También en c/ 47 nº 2814, T. 33261). **Aeroméxico** (en el aeropuerto, T. 707701), **Viasa** (en el hotel Habana Libre, T. 333130, fax 333611). **Aerocaribbean** (T. 334543). **AeroVaradero** (T. 334949, ext. 2320). **Aerovías Caribe** (T. 333621). **AOM** (T. 333997). **COPA** (T. 331757). **TAAG** (T. 333527). **Mexicana de Aviación** (T. 333531; aeropuerto José Martí, T. 335051). **Avianca** (en la planta baja del hotel Nacional, T. 334700). **Lacsa Tikal** (en la planta baja del hotel Habana Libre Tryp, T. 333187).

Terminal de ómnibus. La Estación Central de Omnibuses Nacionales se encuentra a 100 metros de la plaza de la Revolución, en la av. Rancho Boyeros. Diariamente salen autobuses con destino a múltiples ciudades de todo el país. Existen dos servicios de autobuses para viajes nacionales, el «regular» y el «especial», este último dotado de aire acondicionado y música. El precio es el doble de un servicio regular. El peso máximo autorizado en equipaje y por persona es de 20 kilos más un bolso de mano. Si el billete se saca con antelación (muy aconsejable) hay que efectuar una reconfirmación una hora antes de la salida oficial.

200 / LA HABANA — ALOJAMIENTO

Buró de reservas en las calles 21 y 4, El Vedado, T. de información 709401.

Estación de tren. En las calles Factoría y Eguido, T. 612807/618382. A unos 400 metros de la plaza de la Fraternidad. Trenes con destino a todas las capitales de provincia. Hay dos tipos de trenes, los «especiales», dotados con aire acondicionado y con preferencia de paso y los «regulares».
Los trenes con destino a Pinar del Río y a las ciudades de la provincia de La Habana parten de la Estación 19 de Noviembre (c/ Tulipán # Hidalgo, T. 709900).
Hay una tercera central, Estación Cristina (av. de México # Arroyo), de la que parten trenes con destino a los alrededores, el Parque Lenín y Playas del Este; en este último caso, sólo en temporada.
Para reservas en la agencia estatal Ladis, en la calle Arsenal # Cienfuegos, T. 621770.

Taxis. Las compañías **Panataxis** (T. 813311/810153), **Transgaviota** (T. 237000/ 810357/331730), **Cubalse** (T. 336558), y **Turistaxi** (T. 335539/40-2) tienen servicio de taxis, además en los alrededores de los hoteles hay *piqueras*, es decir paradas de taxis (ver en Consejos prácticos, p. 386).

Cambio de moneda. Los hoteles cambian moneda, además **Bancel** (Banco Financiero Internacional; 3º # 18, Miramar; c/ L # calles 23 y 25, Hotel Habana Libre, El Vedado; c/ Línea nº 1 # calle 0) canjea cheques de viajeros, cambia moneda y efectúa adelantos sobre tarjetas (ver en Consejos prácticos, p. 388).

Correos y comunicaciones. **Cubacel Telefonía Celular** (c/ 28, 510 # 5ª y 7ª avenidas, Miramar; T. 242222), **Cubanacan Express** (5ª Avenida, 8.210, # calles 82 y 84, Playa; T. 242331), **CubaPost** (c/ 21, 1009 # calles 10 y 12, El Vedado; T. 336097), **Etecsa** (avenida 33ª, 1.427 # calles 14 y 18, Miramar; T. 242486), **Mensajería DHL** (avenida 1ª # calle 42, Miramar; T. 241876), **Ministerio de Comunicaciones** (av. Rancho Boyeros, plaza de la Revolución; T. 820087/88).

Alquiler de coches. **Cubacar** (5ª Av. y 248, Santa Fe, Playa, T. 241707; aeropuerto José Martí, T. 335546/96; además tiene oficina de atención al público en los hoteles Comodoro, Chateau Miramar, Marina Hemingway y Meliá Cohiba de La Habana). **Havanautos** (c/ 36 # 5ª y 5ªA, Miramar; T. 240646 y fax 241416; aeropuerto José Martí, T. 335197 y 335215; además atiende a los clientes en los hoteles Habana Libre Tryp, Nacional, Riviera, Sevilla, Tritón de La Habana, y en el Aparthotel Atlántico de Playas del Este). **Transgaviota** (atienden en el hotel Kolhy, T. 224837/331730), **Transauto** (c/ 21, muy cerca del hotel Nacional; también en los hoteles Capri, Deauville, Nacional, Plaza, Presidente, Sevilla, Neptuno y en la calle 21. En el aeropuerto, T. 335177/79). **Horizontes** ofrece un interesante *fly & Drive* (ver en Consejos prácticos, p. 384).

Información metereológica. T. 621051/58.

Buceo. Ver el apartado correspondiente, p. 303.

Policía. T. 820116.

ALOJAMIENTO

– En La Habana Vieja
Santa Isabel. Plaza de Armas (plaza Carlos Manuel de Céspedes). T. 338201, fax 338391. Hoy restaurado es uno de los hoteles más atractivos de la ciudad por su ubicación y modernidad. Muy agradable su patio interior donde podemos beber y descansar tras nuestro recorrido por La Habana Vieja.
Del Marino. En el interior del convento de Santa Clara de Asís. T. 5043 y 2877, ext. 23; fax 335696. Las habitaciones sencillas eran las antiguas habitaciones de las internas; un lugar de descanso distinto, concurrido por profesores y estudiantes extranjeros. Suele estar lleno, imprescindible efectuar reserva.
Valencia. C/ Oficio 53 # Obrapía. T. 623801. En una antigua casa habanera, con un bello patio y balcones exteriores e interiores; restaurado con la ayuda económica de la Generalitat de Valencia, sus habitaciones tienen los nombres de las comarcas valencianas. Cuenta con el restaurante La Paella, el bar Nostalgia y la Casa del Tabaco.
Ambos Mundos. C/ Obispo 153 # Mercaderes. T. 669529, fax 669532. Recién restaurado, tiene un excelente vestíbulo y una buena barra donde tomar una copa. Fue el hotel donde residía Ernest Hemingway, la habitación 511 era donde se alojaba y es un pequeño museo en su memoria.
Sevilla. C/ Trocadero 55 # paseo del Prado y Zulueta. T. 338560/66, fax 338582.

Fundado en 1908, y actualmente restaurado. Fachada con influencia mudéjar y un acogedor patio sevillano donde concertar una cita o tomar una copa. Cuenta con el restaurante Roof Garden.
Plaza. C/ Ignacio Agramonte 267. T. 338583, fax 338591. De principios de siglo, hoy restaurado luce bonito con su fachada triangular; *solarium* en la terraza; patio con fuente, plantas y tragaluces que acentúan el aire colonial. Cuenta con los restaurantes Real Plaza y Los Portales.
Lido. C/ Consulado 210 # Ánimas y Trocadero. T. 338814. Sencillo y económico.

– En Centro Habana
Inglaterra. Paseo del Prado 416 # boulevard San Rafael y calle Neptuno. T. 338593/97 y fax 338254. Uno de los hoteles más antiguos de La Habana. Hoy restaurado, conserva mosaicos, símbolos heráldicos, techos adornados, vitrales y un tragaluz que acentúan la solera del local, discutible cuando menos es su patio sevillano, con la escultura de una sevillana.
Deauville. Av. Malecón y Galiano. T. 338812 y 628051, fax 338148. Frente al malecón, agradable, cuenta con un piscina en la terraza; en su vestíbulo hay un ambiente «especial».
Lincoln. C/ Virtudes 164 # Galiano. T. 338209. Fundado en 1926, hoy restaurado es un hotel sencillo. Patrocina la Copa Juan Manuel Fangio de carreras de automóviles, en recuerdo de la estancia en el establecimiento, en 1957, del campeón argentino. Cuenta con el restaurante Colonial.

– El Vedado
Habana Libre Tryp. C/ L # calles 22 y 23. T. 334011, fax 333141. El antiguo Habana Hilton, hoy restaurado, y manejado por un grupo hotelero español, es uno de los mejores establecimientos de la ciudad en cuanto servicio y desde las habitaciones superiores se disfruta de una impresionante vista de La Habana. Su servicio de bufé está en consonancia con el hotel. Cuenta con los restaurantes Polinesio, Caribe y la cafetería La Rampa, además de la sala de fiesta Turquino (procuren evitar que les den una habitación en la planta 24, pues está justo debajo de la sala de fiestas y la insonorización no es muy buena). En su vestíbulo hay representaciones de los mayoristas cubanos (excursiones, alquiler de coches, etcétera), tiendas y una Casa de Tabaco.
Nacional. C/ O # calle 21. T. 333564/67, fax 335054. Para muchos el mejor hotel de La Habana, por su ubicación, su historia (inaugurado el último día del año 1930), sus jardines, sus vistas y sus clientes (Winston Churchill, Frank Sinatra, Ava Gardner y Alexander Fleming), entre otros. No lo vamos a discutir. Cuenta con piscina, con el restaurante de lujo Comedor de Aguiar y el cabaret Parisien.
Habana Riviera. Avenida Paseo y Malecón. T. 334051/334225, fax 333738. De mediados de los años cincuenta, de los que ha recuperado su atmósfera. Desde cualquiera de sus habitaciones se puede ver al mar. En un edificio anexo está El Palacio de la Salsa.
Meliá Cohiba. Av. Paseo # calles 1ª y 3ª. T. 333636, fax 334555. Inaugurado en 1995, es el hotel más moderno de cinco estrellas. Confortable y con todos los servicios propios de los hoteles Meliá. Cuenta con los restaurantes Abanico de Cristal, El Cedrano y La Brasa.
El único inconveniente de los dos hoteles citados anteriormente, Habana Rivera y Meliá Cohiba es que quedan apartados del centro.
Capri. C/ 21 # calles N y O. T. 333747 y 320511, fax 333750. Famoso por ser lugar de encuentro de los gángsters estadounidenses. Algunas secuencias de la película *El Padrino II* se supone que pasan en este establecimiento. Cuenta con piscina en su terraza y con el restaurante La Terraza Florentina. Agradable y confortable.
Presidente. Calzada # av. de los Presidentes. T. 334074/76 y fax 333753. Este hotel fue desde su inauguración a finales de los años veinte, el lugar elegido del turismo europeo debido quizás a su fachada de ladrillo visto y a sus diez pisos; aún no había llegado la época de los hoteles de más de veinte plantas. Cuenta con el restaurante Chez Merito, y con un bar en el piso décimo donde se puede disfrutar de una buena vista.
Colina. C/ L # Jovellar y 27. T. 323535. Sencillo y económico.
St John's. C/ O # 23 y 25. T. 333740 y 329531, fax 333561. Sencillo y económico. En su último piso está el bar Pico Blanco, donde interpretan boleros y canciones de los años dorados.
Vedado. C/ O nº 244 # calles Humboldt y 25. T. 326501, fax 334186. Cuenta con piscina y con el restaurante El Corsario.

Morro. Calle 3ª # calles C y D. Sencillo y pequeño, con sólo veinte habitaciones.
Caribbean. Paseo del Prado 164 # calles Colón y Refugio. T. 338233 y 338210. Lo mejor su ubicación en lado oeste del paseo del Prado. Sencillo y económico.
Victoria. C/ 19 # M. T. 333510/333625, fax 333109. Un hotel medio, con sólo 30 habitaciones. Correcto, «para hombres de negocios». Cuenta con el restaurante Varsovia.

– Más allá del río Almendares
Chateau Miramar. Calle 1ª # calle 62, Miramar. T. 241952/57.
Comodoro. Av. 3ª y 84, Miramar. T. 245551/242703, fax 242028. Es el mayor hotel de la ciudad (tanto que acoge la Escuela de Hostelería), con más de 1.000 habitaciones, sin contar los bungalós que se han construido enfrente. Cuenta con playa propia, y con el restaurante Pampa. Su sala de fiestas, Habana Club, es uno de los «puntos calientes» de la noche habanera.
Tritón Neptuno. Avenida 3ª y c/ 74, Miramar. T. 241606, fax 240042. El hotel tiene dos edificios (de ahí el nombre) y es uno de los mayores de la ciudad, más de 500 habitaciones. Canchas de tenis. Da a la playa, aunque no es de las más atractivas de Cuba. Cuenta con el restaurante Coral Negro.
Copacabana. Avenida 1ª y calle 44, Miramar. T. 241037/241283, fax 513004. Cuenta con el restaurante Itapoa.
Kohly. Av. 49 y 36, Reparto Kohly. T. 330240/330250, fax 331733. Cuenta con el restaurante Rincón el Tío Lara.
El Bosque. C/ 28-A # 49A y 49B, Reparto Kohly. Para hombres de negocios. No cuenta con servicio de restaurante. En este hotel se alojó el papa Juan Pablo II en su visita de enero de 1998.
Palco. Avenida 146 # calles 11 y 13, Siboney. T. 247235. Próximo al Palacio de las Convenciones.
Residencial Turístico Marina Hemingway y **Villa Marina Hemingway**. 5ª Avenida # 248. T. 241150/56, fax 241149. Habitaciones y cabañas. Lujoso. Desde aquí parte cada año el concurso de pesca «Ernest Hemingway».
El Viejo y el Mar. C/ 248 y 5ª Avenida. Santa Fe. T. 331150.
Biocaribe. C/ 158 # calle 31, Playa. T. 336123. Cerca del aeropuerto José Martí y del Palacio de Convenciones, ideal para visitas rápidas y cortas.
Mariposa. Autopista del Mediodía, Km 6.5, Arroyo Arenas. T. 336131.

– Cojímar
Panamericano Resort. C/ A y Avenida Central. T. 338810, fax 338001. Un complejo compuesto por un hotel y dos bloques de apartamentos, rodeado de instalaciones deportivas. Construido con motivo de los Juegos Panamericanos. Su incoveniente es que queda al otro lado de la bahía.
Aparthotel Visita al Mar. Calle A y Avenida Central. T. 338811. Apartamentos.
Aparthotel Las Brisas. Calle A y Avenida Central. T. 338545. Apartamentos.

Una alternativa al posible hotel en La Habana es alquilar una habitación a un ciudadano, suelen costar alrededor de unos 25/30 $USA día y ofrecen aire acondicionado y baño; también se pueden alquilar casas o pisos que suelen costar alrededor de los 50 $USA. Muchas de estas ofertas se anuncian en las mismas fachadas, otras las ofrecen los habaneros por la calle e incluso los mismos trabajadores de los hoteles las ofrecen. Es cuestión de ver la habitación o la casa o piso y decidir.

RESTAURANTES

– Habana Vieja
La Mina. C/ Obispo # Oficios. T. 620216. Un buen restaurante de cocina cubana e internacional. Su nombre se debe a que su propietario «ganaba más dinero que si tuviera una mina». Un bello entorno, un patio arboleado por el que andan pavos reales y pollitos; todo animado por un grupo musical muy marchoso; la última vez que estuvimos comiendo salimos bailando el «vacilón, que rico vacilón».
El Patio. Plaza de Armas. En los bajos y en los portales del palacio del marqués de Aguas Claras. Un bello patio y una mejor terraza, con música en directo; se suele, si se quiere, bailar entre las mesas. Cocina criolla e internacional.
Al Medina. C/ Oficios 12 # Obispo y Obrapía. T. 630862. Un restaurante árabe en pleno corazón habanero, en lugar de salsas y sones, comino y música árabe.
Torre de Marfil. C/ Mercaderes # Obispo y Obrapía. T. 623466. Cocina china.
Palacio de la Artesanía. En el patio interior del mismo, hay un restaurante rápido; tam-

bién se puede tomar un copa. El local está amenizado por Carmen Flores, una cantante con un vozarrón que aprovecha la sonoridad del palacio para cantar sin altavoz.
La Bodeguita del Medio. C/ Empedrado 207, a 50 metros de la plaza de la Catedral. T. 624498 y 618442. Cocina criolla, ambientada con un trío musical. Casi imprescindible en temporada efectuar reserva.
Casa del Marino. En el interior del convento de Santa Clara de Asís. Cocina cercana a la austeridad conventual, pero correcta.
La Paella. C/ Oficios 53 # Obrapía. T. 628301. En la planta baja del hostal Valencia. Cocina cubano-española en un bello patio y amenizada por un trío/cuarteto que lamentablemente les da por cantar pasodobles (inevitablemente *Valencia*).
Hanoi. C/ Bernaza # Teniente Rey, en la plaza del Cristo. T. 631681. Cocina criolla. Mesas de madera y un lugar para preguntarnos qué fue de la amistad vietnamita-cubana.
La Misión. Terraza del castillo de la Real Fuerza. Su especialidad son las pizzas. No ofrece cenas al coincidir su horario con el del museo de Armas. Un lugar aconsejable para hacer un alto en nuestra visita de la ciudad y disfrutar de buenas vistas de la bahía.
Gentiluomo. C/ Obispo # Bernaza. T. 631111. Cocina italiana.
La Marina. C/ Teniente Rey # Oficios. Pescado y marisco; decoración de azulejos y el canto de tres periquitos.
El Floridita. C/ Monserrate 557 # Obispo. T. 631060/631063. El lugar es conocido como bar pero tiene un excelente (y caro) servicio de restauración. Pescados y mariscos.
La Casa de los Vinos. C/ Esperanza 1 # Factoría. Junto a la Estación Central. T. 610073.
La Zaragozana. C/ Monserrate # Obispo (al lado del Floridita). T. 631062/618350. Cocina criolla-española. Especialidad en pescados y mariscos.
Puerto de Sagua. C/ Eguido # Jesús María y Acosta. T. 620881. Pescados y mariscos.
Cabañas. C/ Cuba 12 # Peña Pobre. T. 335670. Cocina criolla.
Castillo de Farnés. C/ Monserrate # Obrapía. T. 531260. Cocina española.
Don Giovanni. C/ Tacón 4. T. 612183. Cocina italiana e internacional.
Paladar El Rincón de Pepe. Callejón del Chorro. T. 612590. Uno de los más exitosos paladares habaneros. Hay que cruzar un patio para encontrarnos un salón pequeño e incómodo.
Paladar Doña Eutimia. Callejón del Chorro. T. 619489. Funciona como un restaurante; tiene una carta en un atril en la calle y su decoración es como una casa familiar. Mismo precio que un restaurante pero con más calidad que en la mayoría de ellos.

– Centro Habana
En esta barriada hay pocos restaurantes y no están modernizados: **La Muralla**, **Toledo**, **El Colmao** (c/ Aramburu # San Rafael y San José, T. 701113, el más aceptable, con cocina española), y **Colonial** (hotel Lincoln).
Quizá el lugar más exitoso sea el **Paladar La Guarida**, en la calle Concordia 418 # calles Gervasio y Escobar. Se presenta como cocina francesa y el lugar recuerda a la película *Fresa y chocolate*.

– El Vedado
La mayoría de los hoteles, Habana Libre Tryp, Nacional, Habana Rivera, Meliá Cohiba y Capri, cuentan con un buen servicio de restaurante, además:
1830. Calzada 1.252, junto al torreón de Santa Dorotea. T. 34504, 39963 y 39907. Con vistas al mar. Cocina internacional. A partir de las 10 de la noche se convierte, además, en cabaret.
Castillo de Jagua. C/ 23 # G. T. 704165. Especialidad en mariscos.
El Cochinito. C/ 23 # calles H e I. T. 404501. Especialidad en carne de cerdo a la criolla.
Monseigneur. C/ O nº 120 # calle 21. T. 329884. Un restaurante emblemático. Aquí actuaba Bola de Nieve («yo soy negro social»), y de sus actuaciones queda el piano. Para cenar a la luz de las velas. Cocina internacional. Si no se quiere cenar en la barra se pueden tomar cócteles, lástima que los taburetes sean incómodos.
Centro Vasco. 3ª Avenida # calle 4. Cocina española.
Los Andes. C/ 21 nº 52 # calle M. T. 320383. Cocina cubana.
Las Bulerías. C/ L # calles 23 y 25. T. 323283. Enfrente del hotel Habana Libre Tryp. Cocina española. Abierto todo el día.
La Carreta. C/ 21 y c/ K. T. 324485. Cocina cubana.

El Conejito. C/ M nº 206 # calle 17. T. 324671. Como su nombre indica, especialidad en carne de conejo.
El Emperador. C/ 17 nº 55 # calles M y N. En el edificio Manuel Fajardo. T. 324948. Sólo sirve cenas. Cocina internacional. Piden una vestimenta convencional. Exitoso.
Mandarín. C/ 23 # calles M y N. T. 320677. Cocina asiática.
Moscú. C/ P # calles 23 y Humboldt. T. 303078. Cocina rusa.
La Roca. C/ 21 nº 102 # calle M. T. 328698. Cocina internacional. Elegante.
Sofía. C/ O # calle 23. T. 320740. Cocina búlgara.
La Torre. C/ 17 nº 55 # calle M. T. 324630. En el último piso del edificio Manuel Fajardo. Buenas vista de la ciudad. Cocina internacional.
Don Agamenón. C/ 17 nº 60 # calles M y N. T. 334529. Cocina criolla e internacional.
YangTse. C/ 23 # calle 26. Cocina asiática. Apartado del centro.

Hay unos paladares bastantes aceptables en la zona: **La Kakatua** (T. 311082. En la c/ 15 nº 1211 # calles 18 y 20, cierra los domingos); **Doña Nieves** (T. 306282. En la c/ 19 nº 812 # calles 2 y 4, cierra los lunes).

– Más allá del río Almendares
Los hoteles ya mencionados anteriormente en esta zona cuentan con servicio de restaurante, salvo si se indica lo contrario; además:
Dos Gardenias. Avenida 7ª y 26, Miramar. T. 242353. Son varios restaurantes. Hasta su fallecimiento en 1997, Isolina Carrilo, autora de *Dos Gardenias*, amenizaba las veladas.
El Rancho. Av. 19 y c/ 140. T. 226011, ext. 809/810. De la cadena Cubanacán. Frente al Palacio de Convenciones. Cocina criolla e internacional.
La Cecilia. 5ª Avenida # calles 110 y 112, Miramar. T. 241562. Cocina criolla. Buena calidad.
La Fermina. 5ª Avenida nº 18.107 # 182 y 184, Miramar. Cocina internacional.
Pavo Real. Av. 7ª nº 205 # calles 2 y 4, Miramar. T. 242315. Cocina asiática.
Tocororo. C/ 18 y calle 3. T. 242209/224530. Terraza, jardín tropical, una cocina de marisco y pescado, en fin, aconsejable. Caro.
La Maison. C/ 16 nº 701, Miramar. No se sabe si los pases de moda acompañan la comida o si la comida se acompaña con pases de moda. Agradable y caro.
El Bucan. Cocina internacional. En el Palacio de Convenciones. C/ 140 # calles 11 y 15. T. 225511, Siboney.
La Torre de Mangia. Av. 5ª # calles 40 y 42, Miramar. Cocina italiana e internacional.

Hay un paladar en Miramar, **El Aljibe** (7ª Avenida # calles 24 y 26, T. 241584, Miramar), con cocina sencilla, domina el pollo. Correcto y con un rústico techo de paja.

– Al otro lado de la bahía
La Divina Pastora. Parque Histórico Militar Morro-Cabaña. T. 338341. Pescados y mariscos. Con vistas a la bahía y a la ciudad.
Los Doce Apóstoles. Parque Histórico Militar Morro-Cabaña. T. 638295. Cocina criolla.
El Rincón del Morro. Parque Histórico Militar Morro-Cabaña. Cocina internacional, especialidad parrilladas.
Criollo. Complejo turístico Panamericano. C/ A y avenida Central. T. 338545. Cocina criolla.
Terraza de Cojímar. Real 161, Cojímar. T. 338702. Pescados y mariscos.

DÓNDE TOMAR UNA COPA

– Habana Vieja
El Floridita. C/ Monserrate 557 # Obispo. El bar más famoso de La Habana. Ernest Hemingway lo llenó de referencias literarias y ciertos detalles lo diferencian de otros bares habaneros: tiene una larga barra (con taburetes incómodos), en lugar de un trío/cuarteto o quinteto sonero la música la ofrece un trío de contrabajo, acordeón y violín que inicia su actuación con el tema de *Casablanca*, las chaquetillas rojas y cortas de mangas de los camareros son irrepetibles y sus daiquiris excelentes. Un bar mundialmente emblemático.
Columnata Egipcia. C/ Mercaderes 109 # Obispo y Obrapía. Antigua «Casa de las Infusiones», fundada en 1835. Se pueden tomar infusiones, cafés y copas, tiene un pequeño patio y un pianista que ameniza con música de Lecuona y clásica europea. Un buen lugar para descansar en nuestro recorrido por La Habana Vieja.

La Bodeguita del Medio. C/ Empredado 207, a 50 metros de la plaza de la Catedral. T. 624498 y 618442. Otro lugar emblemático, donde debemos tomarnos un mojito, u otro combinado cualquiera; el bar suele estar muy concurrido y amenizado por un trío que intenta hacerse un nombre como antaño se lo hicieron el genial Ñico Saquito y Carlos Puebla. Imprescindible su visita.

Casa del Marino. En el interior del convento de Santa Clara de Asís. Un bar ideal para hacer un alto en el camino, lejos de vendedores y buscavidas. Un entorno agradable: cómodas sillas y pinturas de época. Un inconveniente, no sirven alcohol.

Bar Nostalgia. C/ Oficios 53 # Obrapía. En un altillo del entresuelo del hostal Valencia. Un lugar agradable, donde la última vez que estuvimos cantaba César Portillo de la Luz *(Contigo en la distancia, Noche cubana)*.

Café O'Reilly. C/ O'Reilly # San Ignacio y Cuba. Dos plantas unidas por una escalera de caracol. Desde los balcones de la planta alta se disfruta del bullicio de la calle. Si tiene el día el barman, podemos beber los mejores mojitos de La Habana. Otra rareza, ante la continua música salsera y sonera de los otros bares, aquí podemos escuchar boleros. También ofrecen comidas.

París. C/ Obispo # San Ignacio. Quizá uno de los bares más feos de la ciudad, sus sillas parecen salidas de una película de Hammer, la productora inglesa especializada en films de serie B. Situado en pleno corazón caliente habanero, a partir de las 9 de la noche, con el ir y venir del más variado personal se consigue un clima agradable, lleno de confusión. A los músicos (no sabemos si fijos), un quinteto, les va el *feeling*, no les pidan boleros, a pesar que el vocalista (de poca estatura y con escaso chorro de voz) afirma muy serio ser sobrino de César Portillo de la Luz.

Café Habana. C/ Amargura # Mercaderes. Un bar con sabor local, tanto que se puede pagar en pesos cubanos.

Bar Cafetería Monserrate. C/ Monserrate # Obispo y Obrapía. Cerca del Floridita. Con un aire español, por sus tapas y por sus mesas.

La Taberna del Galeón. C/ Baratillo # Obispo. Son dos locales, la casa del café y la casa del ron; podemos degustar buen café y buen ron, en distintas variedades; ambos locales son agradables. Abiertos sólo de 9 a 17 horas, de lunes a sábado, y de 9 a 15 horas, los domingos.

Two Brothers. C/ San Pedro 304 # Sol, frente al muelle. Fue durante años un almacén, hoy restaurado se adjetiviza como el lugar que frecuentó García Lorca durante su estancia en 1930 en La Habana. Unas puertas batibles dan un aire de taberna portuaria. Todo el día está abierto.

– El Vedado
Los hoteles de esta barriada cuentan con servicio de bar, cafetería y sala de fiestas, además tenemos los bares **El Saturno** (c/ 10 y Línea), **Los Violines** (5ª Avenida), **Imágenes** (7ª Avenida y C), **El Gato Tuerto** (un lugar emblemático y literario que ha vuelto a abrir sus puertas recientemente; c/ O # calles 17 y 19), **Sayonara** (c/ 17 # calles B y C) y **Amanecer** (c/ 15 # calle N y O) que además es discoteca.

COMPRAS

En la **plaza de la Catedral** y en el tramo adyacente de la calle San Ignacio se instalan tenderetes donde podemos adquirir artesanía, discos, libros de segunda y tercera mano, recuerdos, etcétera.

Los **mercados** de la calle Infantes y San Lázaro, en El Vedado, y de la calle 19 # calle B, en el Cerro (plaza de la Revolución), son populares y tienen cierta gracia, más por la gente que por los productos expuestos.

Palacio de la Artesanía. En el palacio Pedroso, en las calles Cuba y Tacón. Venta de recuerdos y artesanía. Si se viaja en circuito turístico inevitablemente se termina o se empieza el recorrido visitándolo. Hay servicio de restaurante y de bar.

Taller del Grabado. Plaza de la Catedral. Se pueden adquirir obras de artistas cubanos: pinturas, grabados, etcétera. Abierto de 14 a 21 horas de lunes a viernes, y de 14 a 19 horas los sábados, cierra los domingos.

La Exposición. C/ San Rafael, en la Manzana de Gómez, enfrente del parque Central. Reproducciones de obras arte y pinturas y grabados de artistas cubanos.

Tiendas Caracol. Una cadena de venta de recuerdos y presentes. En hoteles y distintos puntos de la ciudad.

La Maison. C/ 16 nº 701 # calle 7, Miramar. Restaurante, tienda de modas y *boutique* de ropa, discos, ...

Publifoto. Edificio Focsa o Manuel Fajardo. C/ M # calles 17 y 19, El Vedado. Carretes y películas.

Fotoservicio. C/ 23 # calle P, El Vedado. T. 335031. Además de vender carretes y películas, reparan las cámaras fotográficas.
Bazar Guanabacoa. En Guanabacoa. Indispensable la visita para los santeros y brujos.
La Casa de la Música. C/ 20 # calle 35, Miramar. Oferta variada de compactos y casetes de música y músicos cubanos.

LIBRERÍAS

Uno de los logros de la Revolución castrista fue la escolarización obligatoria del pueblo cubano. Pero lamentablemente no hay una relación directa entre alfabetización y lectura. Las librerías están desabastecidas, y los pocos libros que se pueden encontrar son de temática marxista y en ediciones pésimas. No obstante quien quiera probar tiene:
La Moderna Poesía. C/ Obispo # Bernaza. T. 622189. En la misma calle Obispo hay otras librerías.
La Bella Habana. C/ O'Reilly 4 y Tacón. En los bajos del palacio del Segundo Cabo. Dirigida al turista.
Casa de las América. C/ G y 3ª Avenida, El Vedado. T. 323587.
Y un delicioso mercado del libro de segunda mano bajo los portales del palacio de los Capitanes Generales.

TABACOS

Casa del Tabaco. En el hostal Valencia, calle Oficios 53 # Obrapía.
Hoteles Habana Libre Tryp, **Nacional** y **Meliá Cohiba**. En la planta baja de estos hoteles.
La Maison. C/ 16 nº 701 # 7ª avenida, Miramar.
Tienda del castillo de la Real Fuerza.
Casa de los habanos. C/ Mercaderes 120 # Obispo y Obrapía.
Todas estas tiendas están homologadas para la venta de habanos y cigarrillos.

FIESTAS Y DIVERSIONES

– Teatros
Gran Teatro de La Habana o Teatro García Lorca. Prado nº 458 # calles San José y San Rafael. T. 613078, Centro Habana. Sede del Ballet Nacional de Cuba, la Ópera Nacional y la Comedia Lírica.
Payret. Prado # San José. T. 633163, La Habana Vieja. Cine, teatro y sala de actuaciones.
Teatro Nacional de Cuba. Paseo # calle 39, plaza de la Revolución, El Vedado. T. 796011. Teatro y obras nacionales e internacionales. En la cuarta planta hay un espacio musical, **Delirio Habanero**, donde se pueda oír buena música y esperar que nos sorprendan con cantantes conocidos.
Hubert de Blanck. Calzada # calles A y B, El Vedado. T. 301011. Obras clásicas y modernas. Sólo hay actuaciones los fines de semana.
Karl Marx. Av. 1ª # calles 8 y 10, Miramar. T. 234651. Es el mayor teatro de Cuba, suelen actuar y llenar los artistas comprometidos socialmente. Tiene una buena audición.
Mella. Línea # calles A y B, El Vedado.
Teatro Nacional de Guiñol. C/ M # calle 19, El Vedado. T. 326262. Para niños y no tan niños.
Sede del Conjunto Folclórico Nacional. C/ 4 nº 103 # Calzada y Línea, El Vedado. T. 303939. Ver el inmediato, Sábados de la Rumba.
Sábados de la Rumba. Los organiza el conjunto Folclórico Nacional en su sede de la calle 4 # Calzada y Línea, en El Vedado, todos los sábados a partir de las tres de la tarde. La actividad comienza con un breve parloteo de las características de la música cubana en general y de la rumba en particular, le sigue una demostración por los bailarines del conjunto folclórico con especial acento sobre los ritos religiosos afrocubanos y concluye con un baile participativo.

– Cabarets
Tropicana. Calle 72 nº 4.505, Marianao. T. 337507 y 330109. Tropicana es el mayor cabaret de La Habana y el más conocido internacionalmente. Se divide en dos salas, «Bajo las Estrellas» la principal y «Arcos de Cristal», donde está el restaurante. Este cabaret destaca por el montaje de sus espectáculos, con decenas de artistas en el escenario y con una coreografía muy vistosa. Hay tres clases de entradas y por tanto tres precios. Las entradas más caras y mejores corresponden a las primeras mesas;

las mesas posteriores son las de segunda categoría, que no están mal siempre y cuando no nos toque una de las muchas palmeras que caen justo enfrente del escenario, y las de tercera corresponden a las mesas más alejadas del escenario. Con la entrada no va incluida la consumición. La botella de ron, que es lo habitual que pide un grupo de cubanos, o en el que haya un cubano, es cara y más teniendo presente que la misma botella vale en la tienda como quince veces menos. Imprescindible hacer reserva. Horario de 8 de la tarde a 2 de la madrugada; cierra los lunes.
Tropibosque. En la barriada de San Francisco de Paula, muy cerca del museo de Ernest Hemingway. La versión popular y habanera del Tropicana. Atrévase, infórmese y gózela. Una clara manifestación del cubaneo.
Nacional. C/ San Rafael # Prado. Un Tropicana en chiquito, con dos pases del espectáculo; cierra los lunes.
Los hoteles más importantes de la ciudad tienen servicio de cabaret: Habana Libre Tryp (**El Turquino**, en la última planta, con excelentes vistas), Nacional (**Parisien**, T. 223564), Capri (**Capri**).

– Salas de fiesta
El Palacio de la Salsa. T. 334051, junto al hotel Habana Riviera. Hoy, el lugar más concurrido de La Habana. Salsa y lo que el cuerpo aguante. Cierra los miércoles.
Aché. Hotel Meliá-Cohiba. En relación con el hotel, lujosa y «punto caliente» de la noche habanera.
Amanecer. C/ 15 # calles N y O, El Vedado.
La Pampa. Marina y Malecón. Ambiente sandunguero.
Los Caneyes del Papa's. En la Marina Hemingway. Suelen cerrar al amanecer, y éstos son bonitos.
1830. C/ Calzada 1.252, El Vedado. En los jardines del restaurante, se pone sabrosón, bajo las estrellas y frente al mar.
Maxim Club. C/ 10, El Vedado. T. 33981. A partir de las 9 de la noche se puede disfrutar de la mejor música cubana no salsera ni sonera, es decir jazz.
La Casa de la Música. C/ 20 # calle 35, Miramar. A partir de las 10 de la noche. Buena música, buenos bailarines y buen ambiente.
Club Karachi. C/ K # calle 17, El Vedado.
La Tropical. Entre las calles 41 y 46, Playa. Conocido también como Salón Rosado. Queda en las afueras y no suelen ir los turistas, conserva un cierto aire de autenticidad.
La Zorra y el Cuervo. Calle 23 (La Rampa) # calles N y O, El Vedado. No hace mucho Chao Feliciano se dejó caer por allí y alegró a los clientes con una buena actuación. No es lo frecuente, pero suelen darse actuaciones no programadas. Por lo demás un buen lugar para oír jazz en directo.
Salón Rojo. En los bajos del hotel Capri. Un sala de fiestas, llena de referencias literarias. Suelen actuar buenos boleristas.
Rincón del Feeling. En el hotel St. John's. Un rincón para bailar «suavecito».
La Casa de la Trova. C/ San Lázaro # Belascoan y Gervasio. No es una sala de fiestas, pero sí el lugar donde oír a los troveros, soneros y si lo pide el ambiente pegarse un bailongo.

– Cines
Acapulco. C/ 26 # calles 35 y 37, Nuevo Vedado.
Charles Chaplin. C/ 23 (La Rampa) # calles 10 y 12, El Vedado. Sede del Festival Internacional del Nuevo Cine Americano.
Payret. Ver en teatro.
La Rampa. C/ 23 (La Rampa) # calles O y P, El Vedado. Cine de arte y ensayo.
Yara. C/ 23 (La Rampa) # calle L, El Vedado. El más famoso.

– Galerías de arte
Galería Diago. Plaza Vieja, c/ Muralla 107. Venden artesanía y grabados.
Galería Galiano. C/ Galiano 258 # Concordia, Centro Habana.
Galería Haydée Santamaría. En la Casa de las Américas. C/ G # 3ª Avenida, El Vedado.
Galería de La Habana. Calle Línea y F, El Vedado.
Galería Juan David. C/ 23 (La Rampa) # L, El Vedado.
Fundación Ludwig. C/ 13 nº 509 # calles D y E, El Vedado. Exposiciones y conferencias. De moda.

RAREZAS HABANERAS

Casa de Agua La Tinaja. C/ Obispo, enfrente la plaza de Armas. Un lugar que con-

serva la tradición del siglo XIX de vender agua fresca. Por una cantidad insignificante se puede beber una vaso de agua fresca.
Los habaneros tienen dos referencias horarias. Las 3 de tarde, «La hora que mataron a Lola» (¿y por qué? ¡Ah!) y las 9 de la noche, «la hora del **cañonazo**» (¿y ...? como recuerdo de cuando se disparaba para cerrar las puertas de la muralla que rodeada la ciudad).

ALREDEDORES

- **Alamar**. *A 18 kilómetros*. Ciudad satélite situada al este de La Habana, en dirección a Matanzas. Acoge a 130.000 personas, 30 escuelas primarias, numerosos colegios secundarios, centros comerciales y culturales, etcétera. Situada al borde del mar, fue construida por minibrigadistas; es uno de los orgullos de la Revolución castrista (ver también p. 227).
- **Playas del Este**. *A continuación de Alamar*. Conjunto de siete playas (Bacuranao, Mégano, Santa María del Mar, Boca Ciega, Guanabo, Jibacoa y Trópico) situadas al este de La Habana, de ahí su nombre. Ver p. 227.
- **Santa María del Rosario**. *A 16 kilómetros al sudeste de La Habana*. Fundada en 1732, la población conserva una iglesia barroca, la **catedral del Campo**, del siglo XVIII.
- **Escuela Lenin**. *A 20 kilómetros de La Habana*. Escuela secundaria inaugurada en 1974, en su momento una de las más modernas de Cuba. La enseñanza se imparte según el principio establecido por José Martí: «Que los estudiantes manejen la azada por la mañana y la pluma por la tarde.» El conjunto es notable; más de 20 edificios destinados a acoger a unos 4.500 estudiantes, cine de 450 plazas, dos anfiteatros, un museo, trece talleres, un circuito cerrado de televisión, 72 laboratorios abastecidos por la extinta URSS hasta finales de la década de los ochenta, 20 campos de deportes, 3 gimnasios, 2 piscinas olímpicas, etcétera. Para visitarla hay que solicitar el correspondiente permiso en el Buró de Turismo.
- **Bejucal**. *A 21 kilómetros hacia el sur*. Fundada en 1714 por el propietario de una plantación que recibió el título de marqués de San Felipe y Santiago, la ciudad de Bejucal celebra cada año unas fiestas charangueras que son de las más antiguas de Cuba. Durante el carnaval, un concurso de carros llenos de flores tiene lugar en la plaza de la iglesia, entre dos grandes conjuntos folclóricos: «La Espina de Oro» y «La Ceiba de Plata». En otros tiempos el primero representaba a los «rojos», a los españoles y sus aliados, y el segundo a los «azules», a los esclavos y criollos. En la antigua tabaquería de esta población, Antonio Leal leyó a los trabajadores el primer libro en voz alta acompañándoles en su trabajo. Esta costumbre se extendería en dos años por todas las tabaquerías de la isla.
- **San Antonio de los Baños**. *A 10 kilómetros de Bejucal y a 30 de La Habana*. Una población conocida por su Escuela Internacional de Cine, presidida por Gabriel García Márquez, donde estudian cineastas provenientes de países del Tercer Mundo; tam-

bién cuenta con otros dos curiosos y pequeños centros culturales: el **Museo de Historia** y el **Museo del Humor**.

■ LAS TERRAZAS

Complejo turístico. A 60 kilómetros de La Habana, a 145 de Viñales y a 16 de Soroa.

Situado en el corazón de la Reserva de la Biosfera de la sierra del Rosario, Las Terrazas es un complejo turístico inteligente y bien resuelto en medio de una comunidad rural de 850 habitantes, plenamente integrados en este proyecto turístico y agrícola.

La Reserva («un bosque siempre verde»), reconocida como tal por UNESCO en 1985, comprende unas 25.000 hectáreas de las cuales 5.000 están dedicadas a actividades turísticas pero dirigidas ecológicamente. En el poblado, construido en 1971, situado a orillas del lago San Juan, hay talleres de serigrafía, de tejidos de fibras vegetales, artesanales y los viernes por la noche se celebra una fiesta con música tradicional cubana, conocida como *canturrias*, en la que los vecinos invitan a los turistas a participar cantando y bailando; también hay un rodeo donde tienen lugar fiestas camperas.

El senderismo es una de las principales actividades que se pueden practicar. Son varias las rutas que podemos recorrer:

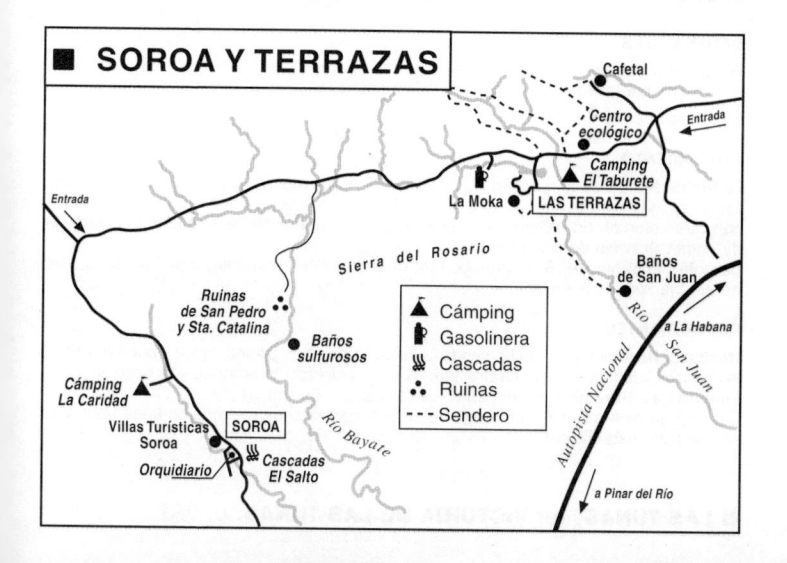

• **Visita al cafetal Buenavista**. Se asciende por la loma de Las Delicias hasta llegar, al cabo de 2 kilómetros, a la hacienda Buenavista, que tuvo sus mejores momentos a principios del siglo XIX; parcialmente restaurada conserva los utensilios y las características de las fincas cafeteras, destacando una taona, donde se ponía el café a secar. Se divisa en un día claro el Atlántico y el Caribe (la anchura aquí en la isla es la más estrecha, 31 kilómetros). Tiene un restaurante.

- **Recorrido por el valle del río San Juan**. Se desciende por el valle del río San Juan, y a lo largo de tres kilómetros, entre las lomas del Salón y El Taburete, cruzaremos por delante del cafetal La Victoria, y manatiales de aguas sulfurosas y naturales hasta llegar a los Baños de San Juan, donde la naturaleza ha cavado tres peculiares piscinas naturales.
- **Ruta de la Cañada del Infierno**. Durante 3 kilómetros se recorren unos parajes de gran belleza en los que se pueden observar aves hasta llegar a las haciendas cafeteras de San Pedro y Santa Catalina, ambas del siglo XIX.
- **Sendero Las Delicias**. Se disfruta de una bella vista de Las Terrazas y pueden observarse aves entre las que destacan el negrito y el gavilán, y plantas medicinales como la salvia y el platanillo. El recorrido termina en el cafetal Buenavista.
- **Sendero La Serafina**. Es el recorrido más largo, unos 4 kilómetros, durante el que podemos observar aves como el tocororo (el ave nacional), el pájaro carpintero y la cartacuba, entre las 73 especies catalogadas en la Reserva. También es muy interesante su flora. La hacienda cafetera Santa Serafina, también del siglo XIX y que da nombre al sendero, se visita durante la ruta.
- **Sendero El Taburete**. Es el más corto de los recorridos, apenas 2 kilómetros; está dedicado a la observación de la construcción de las terrazas que rescataron la flora del lugar. En el denso bosquedal destacan la majagua, la teca y el nogal.

La oferta de actividades culturales contempla también los paseos en bicicleta, a caballo y por el lago.

DATOS ÚTILES

Desde la autopista, tomar el desvío al norte después de Candelaria (está indicado). Se accede por una pista en bastante buen estado y debe cruzarse una barrera.

Gasolinera. En la carretera principal.

ALOJAMIENTO

La Moka. Km 51 de la autopista La Habana-Pinar del Río, Candelaria. T. y fax 335516. Un hotel muy bien pequeño, sólo tiene 26 habitaciones, en medio de la naturaleza y con aire colonial. En temporada alta hay que efectuar reserva si queremos disfrutar del lugar. Servicio de restaurante.
Cámping El Taburete. Son 54 cabañas; el entorno es agradable, muy frondoso, pero no así las construcciones.

RESTAURANTES

Hacienda Buenavista. En la hacienda del mismo nombre, cocina criolla y buenas vistas. Su especialidad es el pollo embrujado, dice el cocinero: «te embruja y te hace volver».
Fondita Las Mercedes. En el centro del complejo. Cocina criolla.
Las cafeterías **María** y **El Almácigo** en la localidad ofrecen además de unos tragos un servicio de restaurante.

■ **LAS TUNAS**, ver **VICTORIA DE LAS TUNAS**, p. 281

■ MANZANILLO

Ciudad de la provincia de Granma. A 71 kilómetros de Bayamo. 100.000 habitantes. CT. 24.

Manzanillo es la principal ciudad de la provincia de Granma, y su puerto uno de los más activos de Cuba; es una ciudad portuaria y marinera. Su bahía ocupa el arco más profundo al este del golfo de Guacanayabo, entre Punta de Caimanera por el este y la Boca del Yura por el extremo opuesto, y está protegida por varios cayos. A sus espaldas tiene la sierra Maestra.

Manzanillo como buena ciudad oriental se disputa con otras ciudades orientales, Guantánamo, Baracoa y Santiago, el honor de ser la ciudad-cuna del son. Lo que no se debe discutir es que de Manzanillo es el órgano que usan algunos conjuntos soneros, de la misma manera que el tres cubano es de Baracoa.

El municipio abarca un área de 221 km^2 y los edificios de su centro muestran una arquitectura ecléctica con marcada influencia morisca, sin ningún interés artístico, como tampoco lo tiene la ciudad, apartada de los circuitos turísticos. Sólo resulta interesante el **parque Masó** y la **Glorieta del parque Carlos Manuel de Céspedes**, verdadero símbolo de la ciudad, convertida, desde su inauguración el 24 de junio de 1924, en el habitual escenario de los conciertos y actuaciones de la banda de música municipal. De Manzanillo es una de las orquestas charangueras más celebradas del país, Orquesta Original de Manzanillo; el compositor Julio Gutiérrez y el cantante Carlos Puebla nacieron en esta ciudad.

DATOS ÚTILES

Aeropuerto Sierra Maestra, a 10 kilómetros al sur de la ciudad. T. 54984, reservas al T. 52800.

Cubana de Aviación. C/ Maceo 70 # Merchan y Villiemdas, T. 52800.

Terminal de ónmibus. Reservas al T. 52221.

Alquiler de vehículos. Muy cerca de la gasolinera (Cupet Cimex) hay una oficina de **Havanautos**, T. 52056.

Gasolinera. Carretera Central y Cincunvalación.

ALOJAMIENTO

Guacanayabo. Av. Camilo Cienfuegos s/n. T. 54012/46975. Frente al mar, es el único hotel de la ciudad.

ALREDEDORES

• **Hacienda La Demajagua**. *A 20 kilómetros, en el municipio de Yara, en dirección este.* En esta hacienda su propietario, Carlos Manuel de Céspedes dio el primer paso en la lucha por la independencia. Céspedes, que había estudiado en la universidades de La Habana, Madrid y Barcelona, y había sido amigo y colaborador de Prim, el 10 de octubre de 1868 concedió la libertad a sus esclavos al grito de «Viva Cuba Libre», que ha pasado a la historia como «El grito de Yara».

En las instalaciones de la hacienda se visita el **Museo Histórico** en el que se muestran objetos arqueológicos encontrados en el lugar y alrededores; fotos y documentos relacionados con Céspedes y utensilios empleados en los trabajos de la hacienda y posteriormente en la guerra. La pieza con más connotaciones sentimentales es la campana con la que Céspedes llamó a sus esclavos para darles la libertad e incluirlos como soldados en la contienda.

• **Playa de Las Coloradas**. *A 79 kilómetros en dirección sudoeste, en el cabo Cruz.* Tras dejar atrás el pueblo de Niquero se accede a esta playa larga y angosta cubierta de mangle. A diferencia de las otras playas naturales que se avistan desde la carretera –en muy mal estado–, Las Coloradas posee una pequeña franja de arena que contrasta con la tupida vegetación de la zona. La playa es un lugar histórico de Cuba; en ella desembarcaron Fidel Castro y sus compañeros del yate *Granma*, el 2 de diciembre de 1956, para iniciar la lucha guerrillera en las cercanas montañas de sierra Maestra. En la playa hay una mole de hormigón, como monumento conmemorativo del desembarco, en una plaza con capacidad para 15.000 personas. Desde el monumento una escalinata nos conduce hasta la entrada de la zona del desembarco, un áera de manglares y pantanos de difícil acceso por donde tuvieron que abrirse paso los revolucionarios.

• **Bartolomé Masó**. *A 34 kilómetros tras cruzar Yara.* Un poblado a los pies de sierra Maestra desde el que se pueden hacer excursiones al Parque Natural Turquino; estas descubiertas las organiza el sencillo hotel Villa Santo Domingo *(T. 5180)*.

• **Marea del Portillo**. *A 102 km por Niquero y a 84 por Yara y Bartolomé Masó.* Uno de los parajes más bonitos y menos conocido de la isla. Está apartado y los accesos son pésimos; además de los ya indicados, desde Santiago se accede por la carretera de Chivirico, pero son casi 200 km por una pista muy mala.

Marea del Portillo, una bahía cerrada con barreras coralinas, es uno de los lugares ideales para practicar la pesca y el submarinismo; para ello remitimos al lector al apartado correspondiente, Buceo, p. 334.

Como alternativas a una larga estancia de sol, playa y descanso se pueden hacer excursiones al cercano Parque Nacional Turquino, e intentar escalar el pico Turquino. También, y ocasionalmente, se organizan excursiones en aerotaxi o helicóptero a los arrecifes coralinos del archipiélago Jardines de la Reina. Se organizan desde el hotel Farallón del Caribe y salen del aeródromo militar en la cercana población de Pilón.

ALOJAMIENTO

Farallón del Caribe. Crta. de Pilón, Km 15. T. 335301. Situado en una elevación sobre la bahía; excelentes vistas. Ofrece servicios adecuados para una larga estancia. Cuenta con pista de tenis.
Marea del Portillo. Crta. de Pilón. T. 594201 y fax 4134. Algo inferior al anterior, ofrece los mismos servicios, excepto el de discoteca.
Punta Piedra. Crta. de Pilón, Km 9. T. 24421. Fuera de la bahía de Marea del Portillo y cerca de la población de Pilón. Son pocas cabañas, pero acogedoras.

■ MARÍA LA GORDA

Población de la provincia de Pinar del Río. A 159 kilómetros de Pinar del Río, y a 316 de La Habana.

Centro de buceo, un lugar para descansar, tomar el sol, leer y bañarse, situado en la bahía de Corrientes, muy cerca del cabo Corrientes, en la península de Guanahacabibes.

Para información práctica y alojamiento remitimos al lector al apartado de Buceo, p. 352.

■ MATANZAS

Capital de la provincia del mismo nombre. A 87 kilómetros de La Habana, a 34 de Varadero, y a 177 de Cienfuegos. 110.000 habitantes. CT. 52.

HISTORIA

Sobre el antiguo asentamiento nativo de *Yucayo*, en el centro de la bahía de Matanzas, los españoles establecieron en los primeros años de la colonización, un depósito y también matadero de cerdos y reses con cuya carne se abastecía a los galeones de la ruta colonia-metrópoli.

Consta el 19 de octubre de 1693 como el día oficial de fundación de la ciudad de San Carlos de Matanzas, la actual Matanzas; aquellos protagonistas fueron el general Severino de Manzaneda a la cabeza de un grupo de colonos (una treintena de familias procedentes de las islas Canarias). Algunas voces reclaman el origen catalán de los colonos y otras el tóponimo de San Carlos y San Severino (por el general conductor) de Matanzas como nombre primigenio.

Quizá por su proximidad a La Habana, Matanzas no ha crecido ni humana ni comercialmente y en consecuencia apenas ofrece servicios turísticos; no obstante floreció en ella la inquietud y actividad cultural que le valió el sobrenombre de «Atenas de Cuba». De aquellos años de esplendor han pasado a la historia de la música popular algunos nombres como: Nilo Menéndez *(Aquellos ojos verdes)*, Frank Domínguez *(Tú me acostumbraste)*, Dámaso Pérez Prado (el Rey del Mambo), Arsenio Rodríguez y «La Sonora Matancera» (una de las mejores orquestas mundiales de los años cincuenta y sesenta del siglo xx), entre otros varios compositores y cantantes no tan célebres.

Matanzas es conocida también con el nombre de «La Ciudad de los Puentes». Cinco son los puentes (Canima, La Plaza, Tirri, San Juan y Yumurí) que cruzan los ríos Yumurí y San Juan, y que dividen la ciudad en tres barrios, Matanzas, Pueblo Nuevo y Versalles.

VISITAS DE INTERÉS

• **Catedral de San Carlos** *(al este de la plaza de la Libertad, por debajo de la calle Milanés).* La iglesia más antigua de la ciudad, construida en 1730, fue nominada catedral en 1915; su arquitectura muestra influencias de distintos estilos entre los que sobresale el barroco.

• **Museo de Farmacia**. *Calle Milanés 4.951 # Ayuntamiento. Visitas de lunes a sábado de 10 a 18 horas, domingos de 9 a 13 horas*. Un curioso museo farmacia abierta en el siglo pasado (xix) por un francés. Fue hasta la abertura de la Farmacia Taquechel de La Habana (p. 154) el único en su género de Cuba. Exhibe una amplia muestra de medicamentos, probetas, tarros de porcelana, etcétera.

• **Teatro Sauto**. *Plaza de la Vigía*. Bajo la dirección del arquitecto y escenógrafo italiano Daniel del Aglio, se inició la construcción de este teatro, el 29 de mayo de 1860, quien además pintó los frescos que lo adornan; las obras terminaron el 6 de abril de 1862. En sus primeros años se le conoció como Teatro Esteban en honor del gobernador español Pedro Esteban y Arranz, hasta que a principios del siglo xx se le cambió el nombre por el actual en homenaje a un insigne matancero, Ambrosio de la Concepción Sauto y Noda, eminente farmacéutico y hombre público de la ciudad.

• **Plaza de la Libertad**. Antigua plaza de Armas, lugar de encuentro y paseo de los matanceros. En su centro se levanta una explícita escultura de José Martí. Rodean la plaza edificios de los últimos años coloniales, entre los que destaca el Casino Español, hoy Biblioteca Popular, el hotel Velasco y la Sala Güay, donde ensaya la Orquesta Municipal de Matanzas; en el jardín interior de la Sala Güay se ubica la Casa de la Trova.

• **Ermita de Nuestra Señora de Montserrat**. *Ya en las afueras, en un cerro cercano a la ciudad*. Construida el pasado siglo, a semejanza de la ermita catalana y consagrada a la Virgen catalana, lleva años en reconstrucción; desde el lugar se pueden disfrutar de buenas vistas del valle de Yumurí y de la bahía de Matanzas.

• **Cueva de Bellamar**. *En la Finca La Alcancia*. Una estrecha carretera nos conduce (tras pasar la vía férrea) a la explanada de

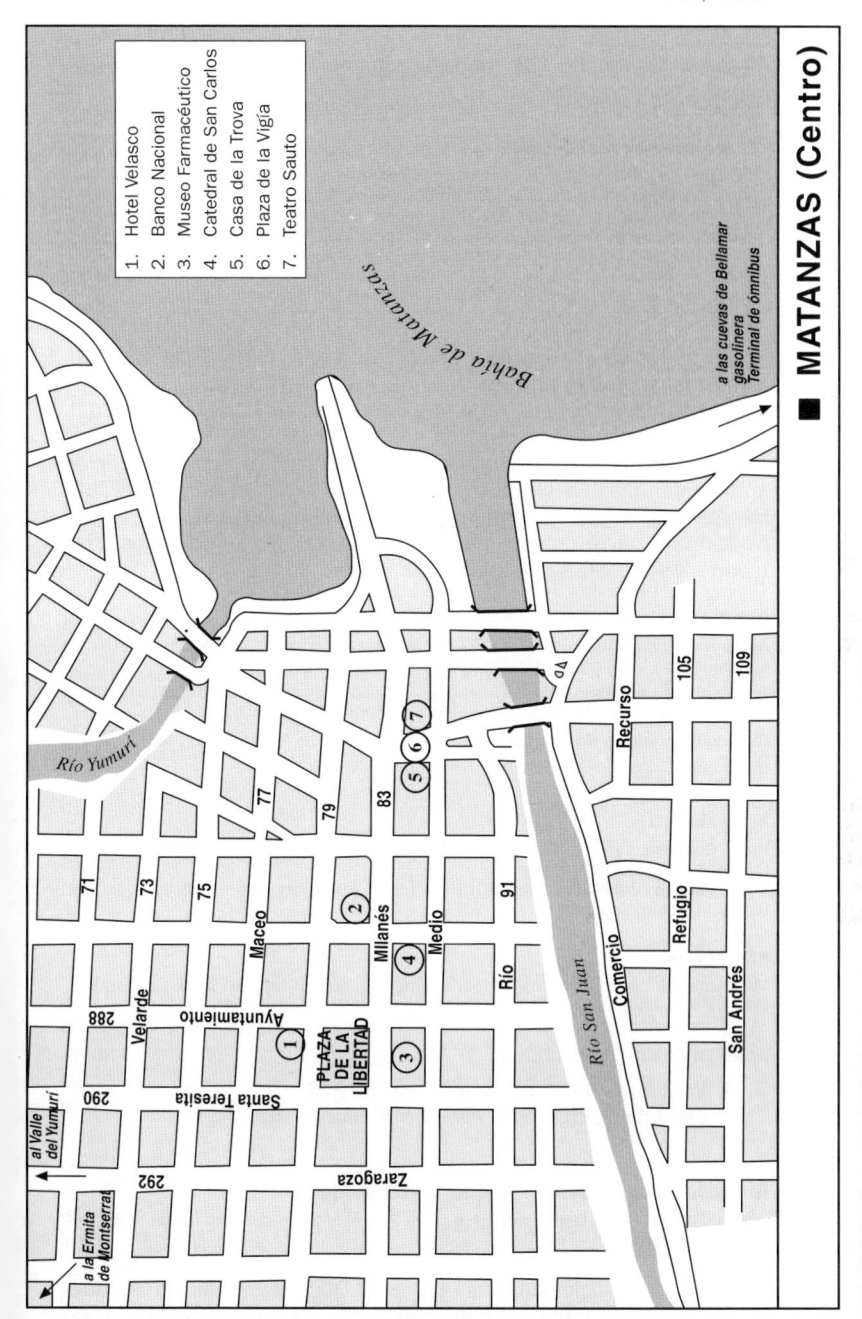

MATANZAS (Centro)

1. Hotel Velasco
2. Banco Nacional
3. Museo Farmacéutico
4. Catedral de San Carlos
5. Casa de la Trova
6. Plaza de la Vigía
7. Teatro Sauto

acceso a la cueva. Junto a ella hay un pabellón que exhibe fotos y mapas y un ranchón de madera y guano donde se sirve comida criolla y buenos cócteles.

> **El descubrimiento de la cueva**
>
> La cueva de Bellamar fue descubierta casualmente en 1861. Según cuentan, a un negro esclavo se le escapó el pico con el que perforaba el terreno por una abertura. No se sabe con certeza si fue la curiosidad o el temor al látigo del amo por la pérdida de la herramienta, lo que le impulsó a ensanchar el agujero. Maravillado por el extraño y bello panorama que se abría ante sus ojos, el atemorizado esclavo dio noticia de su hallazgo y a partir de entonces la cueva de Bellamar fue poco a poco explorada y más tarde acondicionada para las visitas turísticas.

La cueva se encuentra a 16 metros sobre el nivel del mar y la zona más profunda se localiza a 46 metros bajo tierra. Sus paredes gotean agua constantemente, lo que provoca una humedad del cien por cien y una temperatura entre 25 y 27 ºC.

Aunque han sido explorados 3 kilómetros, el recorrido oficial sólo contempla 1.5 km, que para el visitante se convierten en 750 metros debido a la dificultad del acceso y a un cierto riesgo de destrucción de parte de este patrimonio natural, de formaciones cristalinas, estalactitas y estalagmitas.

DATOS ÚTILES

Aeropuerto Juan Gualberto Gómez. Aeropuerto internacional, a 12 kilómetros; es el aeropuerto de Varadero. T. 62010/63016.
Terminal de ómnibus. En la antigua estación de tren, calle 131 # 127. Comunicaciones frecuentes a La Habana, Varadero y Cárdenas.
Cambio de moneda. Banco Financiero Internacional, calle Medio # 2 de Mayo.
Gasolinera. A las afueras de la ciudad; crta. Vía Blanca Km 31.

ALOJAMIENTO

Hotel Canimao. Crta. Varadero, Km 3.5. T. 61014. En las afueras y a orillas del río Canímar. Con piscina y cabaret.
Hotel Velasco. Plaza de la Libertad. Un hotel de 1902, restaurado, pensado para el turismo cubano. Económico.

RESTAURANTE

Matanzas cuenta con escasos servicios turísticos, los dos hoteles citados tienen servicio de restaurante, además hay una cafetería de la cadena El Rápido.

ALREDEDORES

- **Varadero**. *A 34 kilómetros.* Ver p. 272.
- **Valle de Yumurí**. *A 5 kilómetros.* Ver p. 286.

■ MONTEMAR, Gran Parque Natural de

Parque Natural que engloba la península de Zapata y parte del sudeste de la provincia de Matanzas.

Con una superficie superior a las 70.000 hectáreas, el Parque Montemar es el humedal más destacado de Cuba y de todas las

MONTEMAR (GRAN PARQUE NATURAL) / 217

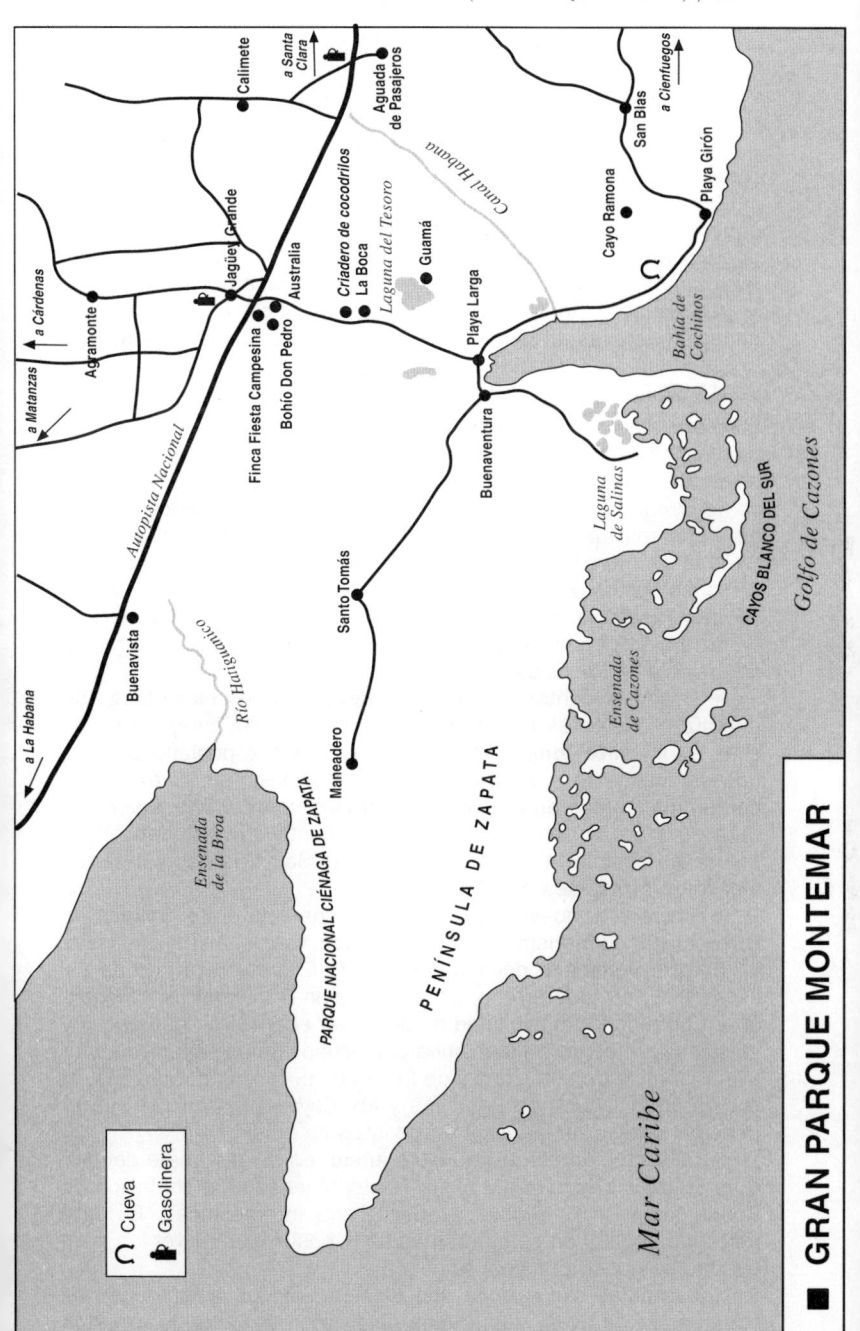

islas del Caribe, y por su vegetación y hábitat el más sobresaliente de la isla.

La vegetación de Montemar está compuesta de amplias extensiones de bosques, manglares, herbazal de ciénaga y manigua costera. Los naturistas cifran en más de 900 las especies de flora que crecen en este área.

De su hábitat destacan el cocodrilo *(Crocodylus rhombifer,* endémico de la isla), el manatí, el carpintero jabado *(Melanerpes supercilialis),* la ferminia *(Ferminia cerverai),* la cotorra *(Amazona leucocephala),* el cabrerito de la Ciénaga *(Torreornis inexpectada)* y la gallinuela de Santo Tomás; en total se habla de más de 170 especies de aves, más de 30 de reptiles y 12 de mamíferos.

VISITA DE PARQUE

El recorrido en coche del parque se puede hacer desde el sudeste, de Cienfuegos hacia el norte (Australia), o al revés. Si el punto de partida es Cienfuegos nos encontraremos, tras atravesar una zona arrocera y cruzado los pueblos de Bermejas y Helechal, desde los que parten senderos turísticos, con **Playa Girón** (ver p. 226). Desde Playa Girón la carretera bordea la bahía de Cochinos y se cruza por delante de varios puntos de buceo: **El Brinco**, **Los Cocos**, **Las Canas**, **Jaruco** y **Punta Perdiz** (ver p. 342) y por las cuevas **El Brinco** y **El Cenote**. A treinta y tres kilómetros se encuentra **Playa Larga**, en el mero centro de la bahía de Cochinos.

• Desde el Centro Internacional del parque en Playa Larga se organizan diferentes excursiones al centro de la Ciénaga. Una de ellas es a **Santo Tomás**, al noroeste, un antiguo poblado de colonos dedicados a la explotación del carbón vegetal. La excursión contempla un recorrido de 30 kilómetros en todoterreno, una caminata de 1 km, y navegación en bote durante otro kilómetro. Con suerte es posible atisbar la gallinuela de Santo Tomás y la ferminia, entre otras aves acuáticas.

• Hacia el sudoeste otra excursión nos lleva a las **Salinas de Brito**, cruzando marismas y contemplando, ya casi al final del viaje, un paisaje dominado por los manglares. En este recorrido de 21 kilómetros, en todoterreno, se contemplan 3 kilómetros navegando en bote con la posibilidad de observar además de flamencos y gavilanes, el tocororo y la exótica Cartacuba *(Todus multicolor),* una ave endémica de esta zona y de la isla de la Juventud. Más allá, al sur están la laguna de Palmillas y los Cayos Blancos del Sur, el principal refugio de las aves emigrantes en la isla.

• La excursión por el **río Hatiguanico**, en el lado oeste del parque, se hace desde la autopista Nacional y desde la población de Buena Vista (a 52 kilómetros del Centro Internacional). En este recorrido, todo él en bote, además de la posibilidad de ver las aves citadas se puede practicar la pesca.

Todas estas excursiones son ideales para los amantes de «la observación de aves»; los grupos salen acompañados de expertos guías, conocedores de la fauna y flora de la zona y exigen poco esfuerzo ya que gran parte de los recorridos se realizan en todoterreno.

A finales de noviembre y principios de diciembre de 1998 tuvo lugar el primer «Concurso Internacional de fotografía de aves», y se espera poder repetir. Una buena ocasión para los amantes de este paciente arte.

• Desde Playa Larga, hacia el norte y dirección Australia se cruza, tras 12 kilómetros, por delante de **Guamá** (ver p. 124), uno de los destinos turísticos más interesantes de Cuba.

• Antes de llegar a Australia, una población importante por su refinadora azucarera y por que en ella Fidel Castro instaló su cuartel general, el 15 de abril de 1961, durante la fallida invasión en bahía de Cochinos de las tropas contrarrevolucionarias, se pasa por delante de la Estación de Reproducción de Ictofauna y de la Estación de Reproducción de Fauna Silvestre.

• Y antes de llegar al entronque de la autopista Nacional y de dejar el Parque Montemar se localiza la **Casa Campesina**. Este espacio reproduce la flora y fauna criolla y representativa de la vida guajira. Distribuida la flora con criterio, unos caminitos entre cafetales –una muestra de los distintos tipos de café que se dan en la isla–, nos conducen a un bar diminuto donde podremos degustar una taza de esta excelente bebida. Distintas variedades de árboles y frutales sombrean el jardín-huerto.

En la entrada nos invitan a apostar. En un pequeño ruedo un curiel, un conejillo de indias, está rodeado de casillas donde hay un número; adivine en qué casilla entrará el curiel y se llevará una botella de ron. Suerte. El muestrario de animales contempla además de los animales domésticos (gallos, venados, etcétera) otros nada domésticos como la maja, una serpiente de agua que no es venenosa. Fotografiarse con el cebú cuesta 0.5 dólar.

El Bohío de Don Pedro, en el mismo complejo, es un restaurante criollo con suelo de madera y techo de guano, puro sabor, como la comida criolla. No ofrece cenas. Y si queremos pernoctar en el lugar hay 10 cabañas de alquiler.

Detrás del restaurante hay un pequeño palenque donde se realizan peleas de gallos, suelen durar 3 minutos y no se apuesta, se paga por ver la pelea. Las peleas de gallos a muerte están prohibidas, aunque nos tememos que ante un cliente sobrado de dinero y poco escrupuloso puede tener lugar tan lamentable evento.

DATOS ÚTILES. Para alojamiento y restaurantes, además de los ya mencionados en este capítulo, les remitimos a los de Playa Girón (p. 226), Playa Larga (p. 227) y Guamá (p. 125).

■ PENÍNSULA DE GUANAHACABIBES, Parque Nacional de la
Provincia de Pinar del Río.

Este parque, declarado Reserva Natural de la Biosfera por la UNESCO, ocupa la península de Guanahacabibes en el extremo occidental de Cuba; es un inmenso bosque en el que abundan plantas desconocidas en otros lugares de la isla y especies animales que, al estar prohibida la caza, se desarrollan sin el acoso del hombre.

Con el golfo de Guanahacabibes en su lado norte y la bahía de Corrientes en su lado sur, esta península fue refugio de los últimos aborígenes cubanos después del descubrimiento y conquista de Cuba, de ahí que frecuentemente las expediciones arqueológicas encuentren vestigios de asentamientos indios, como el de **Cayo Redondo**, considerado como uno de los más ricos del país. Es una zona con abundantes yacimientos minerales no explotados y su riqueza forestal se incrementa constantemente con nuevas siembras en los lugares que fueron sometidos décadas atrás a una tala indiscriminada. La mayor reserva de venados y jabalíes se encuentra en estos bosques.

En la bahía de Corrientes se encuentran parajes únicos y playas solitarias de blanca arena: **La Barca**, **Perjurio**, **Agua Muerta** y **María La Gorda** (ver p. 213), que parecen extraídas de los más sofisticados prospectos turísticos.

El **faro Roncali**, situado en el cabo de San Antonio, marca el límite oeste de Cuba y la entrada al golfo de México.

ALREDEDORES

• Antes de entrar en la península de Guanahacabibes se localiza el **embalse Laguna Grande** donde se practica la pesca de la trucha, la observación de aves y se pueden realizar relajantes paseos. A pocos kilómetros, **Punta Colorada**, otra playa solitaria de blanca arena, que cierra la bahía de Guadiana en la parte noreste de la Reserva Natural de la Biosfera de Guanahacabibes.

ALOJAMIENTO
Villa Laguna Grande. Granja Simón Bolívar, Sandino. T. 2303 y 3202 de Pinar del Río. 12 cabañas; cuenta con servicio de restaurante y piscina.

■ PINAR DEL RÍO
Capital de la provincia del mismo nombre. A 147 kilómetros de La Habana, a 244 de Matanzas, a 1.004 de Santiago de Cuba, a 88 de Soroa, y a 159 de María La Gorda. 125.000 habitantes. 48 metros de altitud. CT.82.

Capital de la provincia del mismo nombre, Pinar del Río se encuentra al pie de la sierra de los Órganos, a 27 kilómetros del litoral

(Puerto La Coloma) y en el margen derecho del río Guamá. Es un importante centro productor de tabaco, materiales para la construcción e industrias químicas, éstas en las afueras de la ciudad. Pero el tabaco, que se recolecta en las vegas de los alrededores, es lo que le ha dado una dimensión internacional a esta ciudad, como, en menor medida, también se la ha dado la palma corcho (o barrigona, como la conocen los lugareños). El nombre científico de esta palmera es *Microcyas calacoma* y aunque se conservan en algunos países unos pocos ejemplares, éstos se han obtenido a partir de plantas cubanas. Los botánicos la consideran un tesoro, pues según estudios realizados su origen data de miilones de años, un fósil vegetal viviente. Suele alcanzar una altura superior a los 8 metros. En el museo de ciencias naturales de Pinar del Río se pueden observar algunos ejemplares.

Para terminar diremos que nadie debe irse de Pinar del Río, además de haber visto las vegas de tabaco, sin probar una *guayabita,* licor exclusivo de esta región. Se obtiene a partir de una minúscula fruta llamada guayabita que sólo se cosecha en las montañas de esta provincia. Es una bebida fuerte, de dos sabores, dulce y seco, muy agradable al paladar y digestiva, que requiere un maceramiento mínimo de un año. Los campesinos la elaboran para su uso desde hace más de 200 años y no comenzó a producirse con fines comerciales hasta finales del siglo XIX, pero en cantidades muy limitadas que rara vez traspasaban los límites de la provincia. Originalmente, al jugo obtenido de la maceración le agregaban reseda, toronjil, uvas pasas, hierbabuena, vainilla y cáscara de limón. Al comercializarse se cambiaron algunos de estos ingredientes.

HISTORIA

La localidad fue fundada en 1544, en medio de la región conocida durante años como Nueva Filipina, aunque no sería hasta 1773, y ocho años después de la construcción de la primera factoría de tabaco, que Felipe Fondesviela, marqués de la Torre, uno de los capitanes generales de Cuba, le daría el rango de ciudad. En sus inmediaciones, como en toda la provincia, se libraron, durante la guerra de la Independencia, importantes batallas entre las fuerzas independentistas encabezadas por Maceo y las fuerzas españolas mandadas por el general Valeriano Weyler. De todas las acciones militares que tuvieron lugar sólo se recuerdan como «lugar de interés histórico», las batallas de Las Taironas (17 de enero de 1896) y San Francisco y Ceja del Negro (3 y 4 de octubre de 1896).

La población, con estilos coloniales antiguos y modernos, es conocida como «La ciudad de las columnas».

VISITAS DE INTERÉS

• **Casa de la Cultura**. *Calle Martí 125, # González Coro y San Juan.* Agrupa aficionados a las distintas manifestaciones del arte.

1 Rte. La Taberna	10 Fábrica de bebidas "Guayabita del Pinar"
2 Fábrica de Tabacos Francisco Donatién	11 Rte. Doce Plantas
3 Hotel Vuelta Abajo	12 Casa de la Cultura
4 Banco Nacional	13 Terminal de ómnibus
5 Fondo de Bienes Culturales	14 Museo de Ciencias Naturales Tanquilino Sandalio de Noda
6 Teléfonos	15 Hotel Pinar del Río
7 Correos	16 Estación de tren
8 Museo Histórico Provincial	
9 Teatro José Jacinto Milanés	

Es interesante acercarse allí por las noches pues hay actividades de lo más variado.

• **Casa de la Trova**. *Calle Vélez Caviedes # Yagruma y Retiro*. Es el punto de reunión para los aficionados a la música. Aunque la fama de tierra de músicos y bailadores la tienen las provincias de Oriente, con Santiago a la cabeza, Pinar ha dado excelentes músicos. Pedro Junco, el autor del bolero *Nosotros*, Enrique Jorrín, el creador del chachachá, el sonero Miguel Cuní; Jacobo Rubalcaba, que aunque habanero de nacimiento, en Pinar desarrolló sus aptitudes, y la orquesta Cumbre, no tan conocida como Irakere o Van Van, pero de una calidad y fuerza interpretativa inigualables, todos ellos son pinareños. Un rincón para gozarla.

• **Museo de Ciencias Naturales Tranquilino Sandalio de Noda**. *C/ Martí 202, # av. Comandante Pinares. Visitas de martes a sábados de 14 a 18 horas; los domingos de 9 a 13 horas*. Dispone de seis salas que recogen una apretada síntesis del proceso de desarrollo de las especies desde el surgimiento de la vida hasta el origen del hombre. Las principal piezas son el plesiosaurio, un animal marino que habitó las aguas que hace millones de años cubrían esta parte de territorio cubano, y las trigonías, los fósiles más antiguos de Cuba.

• **Museo Provincial de Historia**. *Calle Martí 58, # Isabel Rubio y Colón. Visitas de martes a sábado de 14 a 18 horas; los domingos de 9 a 13 horas*. Sus salas muestran una panorámica general de la historia de Pinar del Río, desde el inicio de los descubrimientos arqueológicos en los asentamientos aborígenes hasta los principales acontecimientos que han tenido lugar en épocas recientes.

• **Teatro José Jacinto Milanés**. *Calle Martí # Colón*. Construido en 1838, este singular teatro de madera y tejas de barro, presenta un agradable contraste estético y constituye una de las principales curiosidades arquitectónicas de la ciudad.

• **Fábrica de Tabaco Francisco Donatién**. *C/ Antigua cárcel # Ajete. T. 3424. Visita de 8 a 19 horas*. Muy probable que si va en un circuito organizado recorriendo la isla le lleven a visitar esta fábrica de tabaco. Si no es así, le aconsejamos que lo haga por su cuenta. El personal es muy amable y no duda en contestar a todas las preguntas que formulemos.

La fábrica lleva el nombre de Donatién, un mulato tabaquero,

PINAR DEL RÍO / 223

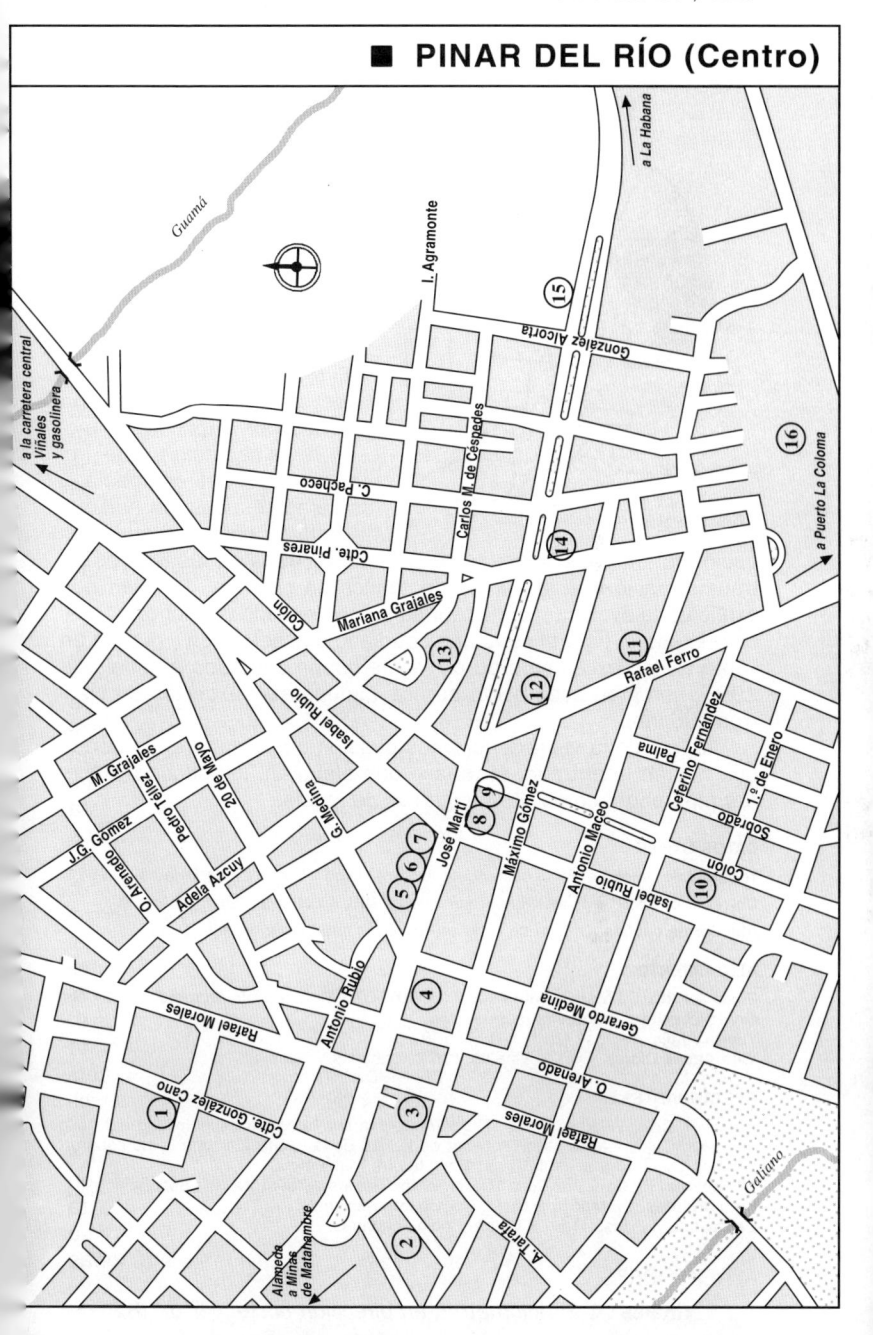

■ PINAR DEL RÍO (Centro)

luchador por los derechos de los trabajadores que fue tiroteado y asesinado por las fuerzas de Batista.

El recorrido por la fábrica se hace acompañado de una guía que nos explicará el proceso de elaboración, que iremos viendo en su compañía, y las características del edificio, una antigua cárcel, y su distribución interior, las antiguas celdas, convertidas en los lugares de transformación de las hojas de tabaco en cigarros. También nos explicará la evolución de la fábrica que ha pasado de elaborar tabaco en general para el consumo cotidiano a la selección y puesta en venta de los excelentes puros *Vegueros*, presentados a finales de 1997, con gran aceptación por los fumadores y expertos en cigarros cubanos.

Al final de la visita tendremos ocasión de comprar en la tienda que hay en la entrada, el tabaco que elaboran, los citados vegueros pinareños, como otros cigarros de la isla.

DATOS ÚTILES

Terminal de ómnibus. En la calle Adela Azcuy # Colón y Comandante Pinares, T. 2571.
Correos. C/ Martí # Isabel Rubio; servicio de **DHL** en el hotel Pinar del Río.
Alquiler de coches. Oficina de **Havanautos** en el hotel Pinar del Río. T. 5071.

ALOJAMIENTO

Pinar del Río. C/ Martí y autopista. T. 5070/5075. Con servicio de restaurante y piscina. Necesita a gritos una restauración.
Vuelta Abajo. C/ José Martí 101. T. 5363.
Villa Aguas Claras. Crta. a Viñales, Km 7. Cabañas y cámping.

RESTAURANTES

Rumayor. Crta. Viñales, Km 1. T. 3507. Cocina criolla con la especialidad del pollo ahumado y caldosa Rumayor. A partir de las 10 de la noche funciona como cabaret, con dos salas, una al estilo Tropicana y la otra más íntima.
La Taberna. C/ González Coro 101 # Solano Ramos y Retiro. Cocina española.
Doce Plantas. C/ Maceo # Ferro. Cocina internacional.
La Casona. C/ José Martí # Colón. Cocina cubana.

ALREDEDORES

- **Viñales**. *A 25 kilómetros en dirección norte*. Ver p. 282.

SANTIAGO DE CUBA. CALLE PADRE PICO DESDE EL TÍVOLI

(foto de C. Miret y E. Suárez)

■ **SANTIAGO DE CUBA** (fotos de C. Miret y E. Suárez)
Arriba: **Monumento a Antonio Maceo en la plaza de la Revolución**
Abajo: **Museo de la Lucha Clandestina en el barrio de Tívoli**

- **María la Gorda.** *A 159 km en dirección oeste.* Ver p. 213.
- **Hoyos de Pinar del Río.** También llamados *poljas, dolinas* o pequeños valles, los «hoyos» (nombre local) son sin duda, junto a los mogotes de Viñales, los accidentes geográficos más originales de Pinar del Río. Tienen aproximadamente 500 metros de diámetro y a muchos de ellos no se puede entrar si no es a través de unas cavernas abiertas por los ríos, como en el caso del **Hoyo de Potrerito,** situado en el punto donde se unen las sierras del Sumidero y del Resolladero.

Durante las grandes lluvias provocadas por los ciclones, la **caverna del Resolladero** resulta insuficiente para dar cabida al enorme caudal de agua que recibe del río Cuyaguateje, el mayor de la provincia. En esas ocasiones, todo el hoyo se inunda, el nivel de las aguas alcanza hasta 20 metros de altura y al circular a gran velocidad realizan una activa erosión en las paredes de los mogotes que rodean el valle, de ahí la rara forma que van adquiriendo con el tiempo. Uno de los más famosos es el **Hoyo de Monterrey** donde se cultivan los cigarros de la conocida marca de puros habanos.

- **San Diego de los Baños.** *A 55 kilómetros en dirección La Habana, tras tomar el desvío en Paso Real de San Diego.* Creemos que el balneario más antiguo de Cuba y uno de los más conocidos de la isla por sus aguas mineromedicinales, muy eficaces para el tratamiento del reumatismo. Alexander von Humbolt y el médico personal de Napoleón –el que con sus recuerdos y objetos dio pie al museo napoleónico de La Habana (p. 186)– se cuentan entre los pacientes que tomaron sus aguas.

ALOJAMIENTO. El Mirador, T. 335410; en La Habana, Servimed, c/ 18, 4304 # 43 y 47, Miramar; T. 332658, fax 331630; 30 habitaciones, piscina y jardín. Curiosa decoración.

- **Maspotón.** Coto de caza. *A 80 kilómetros de Pinar del Río y a 135 de La Habana.* Para acceder a este coto de caza debemos desviarnos en la población de Los Palacios en la autopista de La Habana a Pinar del Río, y en dirección sur recorrer 25 kilómetros, de los cuales 10 están asfaltados hasta la población de Sierra Maestra y los 15 siguientes son de terracería. Maspotón, con una extensión de 1.000 hectáreas, está ubicado en una zona arrocera de tierras bajas y cenagosas. Abundan en toda la región pequeños bosques y la vegetación típica de las lagunas cenagosas. Durante el período de caza, de octubre a febrero, el agua baja hasta alcanzar una altura de 3 a 5 cm lo que brinda condiciones excepcionales para el desarrollo de las especies que allí abundan: patos migratorios, palomas rabiche y aliblanca, codornices, gallinas de guinea y faisanes.

El coto tiene 64 puestos de tiro para la caza del pato, 5 comederos de palomas, 3 de guineas, 4 de faisanes y 5 de becasinas.

Aquellos cazadores también aficionados a la pesca están de suerte; en la zona se encuentran truchas, sábalos y róbalos de excepcional tamaño en el embalse de **La Juventud** (volver a la población de Los Palacios y 8 kilómetros en dirección a Pinar del Río, girando a la derecha se localiza). También se pueden capturar truchas en los cercanos ríos de Los Palacios y San Diego, que desembocan en la ensenada Daniguas, desierta y protegida por Punta Carraguao (hacia el este) y Punta El Convento (hacia el oeste).

- Con una oferta parecida a la de Maspotón tenemos el **Club de Cazadores Alonso Rojas**, a orillas del río Honda. Las presas a conseguir son palomas rabiche y aliblanca, codornices, gallinas de Guinea y faisanes.

ALOJAMIENTO
Villa Maspotón. Granja arrocera La Cubana. Los Palacios. T. 855914. Cabañas. Cuenta con restaurante y piscina.

■ PINOS, Isla de. Ver ISLA DE LA JUVENTUD, p. 135.

■ PLAYA GIRÓN

Destino turístico dentro del Gran Parque Montemar (p. 216), en la provincia de Matanzas. A 205 kilómetros de La Habana, a 88 de Cienfuegos y a 45 de Guamá. CT 59.

En los alrededores de esta playa desembarcaron las tropas contrarrevolucionarias, formadas en gran parte por mercenarios, para derrocar al gobierno revolucionario de Fidel Castro, en abril de 1961. Durante tres días se libraron cruentas batallas que terminaron con la derrota de las fuerzas procedentes de Florida (EE UU) y Guatemala. El **Museo Playa Girón** *(visita de 9 a 17 horas, cierra los lunes)* recoge escenas del desembarco de los invasores y de los esfuerzos para repelerlo del ejército republicano apoyado por el cuerpo de voluntarios; a la entrada se exhibe un avión «caza» utilizado en la contienda.

Desde Playa Girón y por una carretera hacia el este que bordea el mar se accede a las **caletas Buena** y **El Toro** donde se puede practicar el submarinismo (remitimos al lector interesado al apartado de Buceo, p. 342).

En dirección Playa Larga la carretera bordea la bahía de Cochinos; en el recorrido observaremos diversas lápidas que recuerdan a los muertos, milicianos y soldados, del intento de invasión de bahía de Cochinos. Cruzaremos además por delante de unos interesantes puntos donde realizar inmersiones marinas o donde los menos atrevidos pueden refrescarse nadando en cuevas naturales rodeados de peces multicolores (ver también el apartado Buceo, p. 342).

ALOJAMIENTO
Playa Girón. Playa Girón. T. 4118, 4110 y 4195. Casi 300 habitaciones repartidas entre cabañas. Cuenta con servicio de restaurante, cancha de tenis y piscina. Frente al hotel hay una oficina de **Transautos** (alquiler de coches y bicicletas).

■ PLAYA LARGA

Destino turístico dentro del Gran Parque Montemar en la provincia de Matanzas. A 172 kilómetros de La Habana, a 121 de Cienfuegos y a 12 de Guamá. CT. 59.

Situada en el centro de la bahía de Cochinos, esta playa fue una de las dos cabezas de puente (la otra fue Playa Girón) que establecieron las tropas contrarrevolucionarias procendentes de Miami (EE UU) en su intento de invasión de Cuba en abril de 1961. Hoy, con recordatorios de aquellos tristes sucesos, el lugar cuenta con una de las playas más bonitas de Cuba. Larga, de ahí su nombre, con casi 4 kilómetros de arena blanca, palmeras y aguas transparentes.

En esta localidad se ha instalado un centro de atención al visitante que aconsejamos tener en cuenta si se desea recorrer el Parque Montemar y/o la ciénaga de Zapata. Desde este centro se organizan las excursiones a Santo Tomás y a las Salinas de Brito (ver Parque Natural de Montemar, p. 216).

ALOJAMIENTO

Playa Larga. Gran Parque Montemar. T. 7225 y 7294. Cuenta con servicios de restaurante, cancha de tenis y piscina. Los mismo servicios que el cercano hotel Playa Girón, pero con menos habitaciones.

■ PLAYAS DEL ESTE

Conjunto de siete pueblos pesqueros y playeros al este de La Habana: Bucaranao, El Mégano, Santa María del Mar, Boca Ciega, Guanabo (CT. 687), Jibacoa y Trópico (CT. 692).

Se accede a ellos por la Vía Blanca, avenida costera que une La Habana con Matanzas. Desde La Habana salen autobuses desde la Terminal Central de Ómnibus (Av. Rancho Boyeros); en coche el trayecto no pasa de los treinta minutos. En el recorrido se pasa frente a la ciudad de **Alamar,** fruto de los intentos del gobierno, allá por los años setenta, por resolver el problema de la escasez de vivienda. Los centenares de edificios que allí se levantan fueron construidos por miles de obreros que se agruparon voluntariamente en microbrigadas, conocidas como «tupamaros» en homenaje al movimiento revolucionario Tupac Amarú de Uruguay. Estas microbrigadas fueron el origen de una idea de construcción que se puso en marcha, con mayor o menor fortuna, en todo el país; así, barrios, barriadas y ciudades con las características de Alamar se encuentran a lo largo y ancho de toda la geografía cubana.

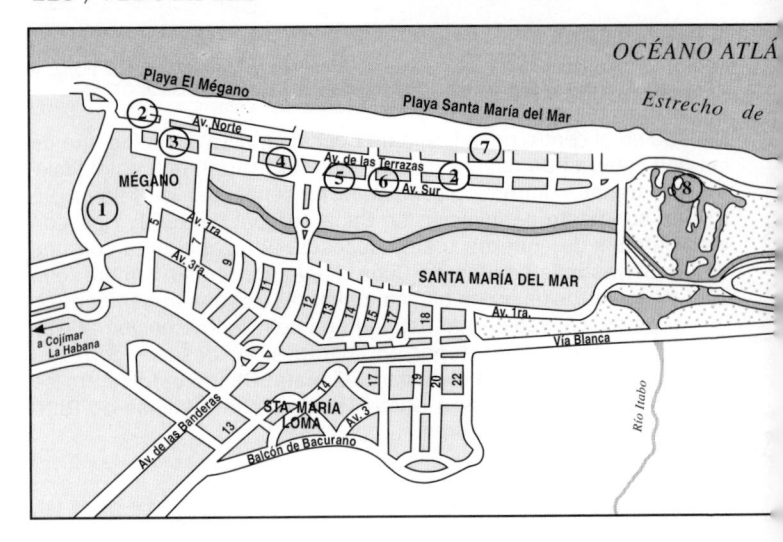

1 Hotel Villa Mégano	7 Aparhotel Atlántico
2 Alquiler de vehículos (Transautos)	8 Alquiler de botes
	9 Hotel Itabo
3 Hotel Villa Los Pinos	10 Rte. Casa del Pescador
4 Hotel Tropicoco Beach Club	11 Correos
5 Clínica Internacional	12 Gasolinera
6 Hotel Las Terrazas	13 Hotel Miramar

Las Playas del Este son uno de los lugares escogidos por los «corazones solitarios», mayoritariamente por ahora italianos y españoles; afortunadamente los numerosos «asistentes sociales» de ambos sexos les ayudan a combatir su soledad y melancolía. Quizá, un malpensado, tenga la sensación de encontrarse en una mancebía, y un bienpensado diga que lo de las 11 de la mañana (por decir una hora) de cualquier mañana de cualquier semana en el cabaret El Caney, en Santa María del Mar (por citar un lugar) sea cubaneo. Ya se sabe.

El lector interesado en practicar el submarinismo en la zona encontrará información valiosa en el apartado correspondiente, p. 307.

RECORRIDO POR PLAYAS DEL ESTE

• Después de la ciudad de Alamar aparece la primera población del «Circuito Azul». **Bacuranao**, *a tan sólo 15 kilómetros de La Habana, el centro playero más cercano a la capital*, se ubica en una pequeña ensenada cuyo nombre nos transporta en el tiempo a antiguas leyendas de las tribus indias que habitaban en la isla, con una playa no muy extensa y separada de la siguiente por unos 5 km de arrecifes.

■ PLAYAS DEL ESTE

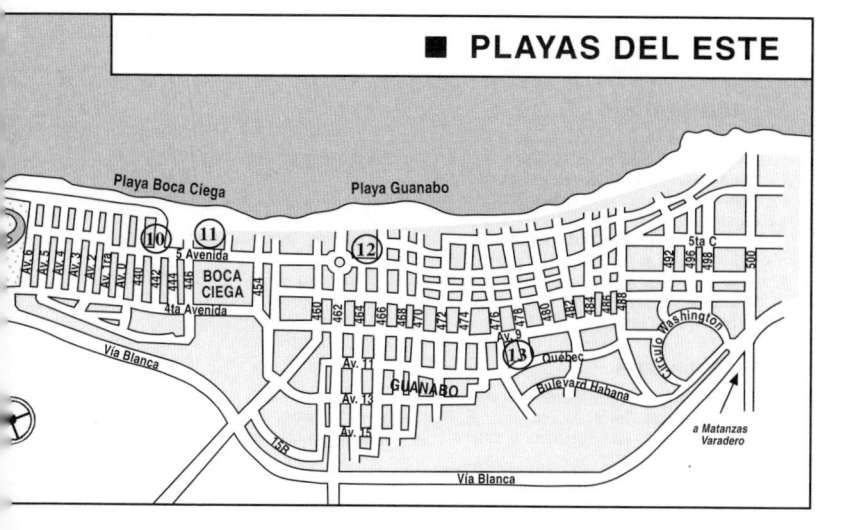

Bacuranao es también una pequeña cala que podemos abarcar de un vistazo en su totalidad; rodeada de cocoteros, aguas tranquilas y poco profundas aseguran una agradable estancia.

ALOJAMIENTO

Villa Bacuranao. Vía Blanca, Km 15.5. Celimar. T. 656332. Un grupo de bungalós, junto al mar. Una estancia alternativa a La Habana, siempre que se disponga de coche.

- Después de Bacuranao y antes de llegar a El Mégano, está la **Ciudad de los Pioneros José Martí**, en la playa Tarará, que antes de la Revolución era de uso exclusivo de la burguesía. A las casas existentes se agregaron edificios y otras instalaciones que albergan por períodos de siete a quince días a miles de estudiantes de Enseñanza Primaria y Secundaria.
- Una vez rebasada Ciudad de los Pioneros hay que abandonar la Vía Blanca y tomar una carretera que baja hacia el litoral. La Vía Blanca se aleja de la costa unos kilómetros hasta cruzarse con una sinuosa carretera que serpenteando entre la naturaleza nos deja al mismo lado de la playa **El Mégano**. Aguas de color opalino que acarician las doradas arenas.

ALOJAMIENTO

Villa El Mégano. Km 22. T. 4441. Cabañas.

- A continuación se abre **Santa María del Mar**, el mayor complejo y el más descollante de la franja conocida como Playas del Este junto con Guanabo, que se extiende desde El Mégano hasta el río Itabo. Completos servicios hoteleros. Además de las distracciones propias del lugar, unos canales bordeados por el mangle invitan a pasear en bote y otras muchas cosas que dejamos a gusto del lector.

ALOJAMIENTO

Atlántico. Av. de las Terrazas # calles 11 y 12. T. 2560/69 y 2510. Cuenta con el restaurante La Aguja, de cocina cubana e internacional, y con el cabaret Atlántico.
Aparhotel Atlántico. Av. de las Terrazas 21. T. 2188 y 2496. Apartamentos.
Villa Los Pinos. Av. de las Terrazas # calles 5 y 7. T. 2591/96, fax 802144. Con el restaurante Bonanza.
Tropicoco Beach Club (antiguo Mar Azul). Av. de las Terrazas y Avenida del Sur. T. 2531/39, fax 335158. Restaurante Marabana.
Las Terrazas. Av. de Las Terrazas # calles 10 y Rotonda. T. 3829 y 3859, fax 802396.
Mirador del Mar. C/ 11 # avenidas 1ª y 3ª. T. 2469 y 3384, fax 802397. En una loma y alejado de la playa.

RESTAURANTES

Los hoteles citados tienen servicio de restaurante; además:
Mi Casita de Coral. Av. Sur # c/ 8. Pescados y mariscos.
Caribe. Av. de Las Terrazas # calles 13 y 14. Cocina cubana.

- Pasado el río Itabo y a continuación se ubica **Boca Ciega**, una playa sombreada por abundante vegetación y aguas transparentes y limpias.

ALOJAMIENTO

Itabo. Laguna Itabo. T. 2581/89 y 2575/79, fax 335156. De los más modernos y confortables de toda la zona.

RESTAURANTES

Casa del Pescador. Av. Quinta # calles 440 y 442. Marisco y pescado. No sirve cenas. Caro.
Bodegón del Este. Calle 1ª. T. 3089. Pescados, marisco y cocina criolla.
Vistalmar. 5ª Avenida # calle 438. Cocina asiática.

- Tras Boca Ciega encontramos la playa de **Guanabo**, que es algo más que una playa. Guanabo es una pequeña ciudad marinera que encierra el tipismo y la alegría de todo lo cubano. Cuenta con pequeños hoteles, sencillos.

ALOJAMIENTO

Villa Playa Hermosa. 5ª Avenida. T. 2774. Apartamentos.
Miramar. C/ 7ª B # calle 478. T. 2507 y 2508. Chiquito, 24 habitaciones, sencillo y tranquilo. Cuenta con el restaurante Belic.

RESTAURANTES

La Barca. Domicilio conocido.
Guanabo Club. C/ 468 # calles 13 y 15. T. 2884. Cocina internacional. Discoteca y los fines de semana cabaret. Cierra los lunes.

- Durante los cuarenta kilómetros que separan Guanabo de Jibacoa se cruzan playas, colinas, pero sobre todo pozos de petróleo, antiguos, de martilleo continuo, que afean el paisaje; es la zona petrolífera. Entre ambas poblaciones y justo en medio de las provincias de Ciudad de La Habana y La Habana está el pueblo de **Santa Cruz del Norte**, donde tiene su sede la fábrica que elabora el ron

Havana Club. Muy cerca de Jibacoa se encuentra la base de campismo El Abra, en un accidente geográfico muy cerca del mar, destinada fundamentalmente al turismo juvenil. La integran nueve campamentos diseminados a lo largo de 22 kilómetros de costa; siete poseen cabañas rústicas y los dos restantes tiendas de campaña.

• Seguimos camino desde Guanabo hasta la playa **Trópico**, la más alejada y, junto con Jibacoa, la más tranquila y la que cuenta con los mejores fondos coralinos. A tan sólo 2 kilómetros de Jibacoa, Trópico es la última playa del «Circuito Azul». La naturaleza y la lejanía han convertido a este lugar en un punto y aparte para quienes buscan la paz y el sosiego en contacto con la naturaleza. Un mundo sereno donde las boscosas colinas ocultan una maravillosa playa asentada en sus laderas, lejos de La Habana, pero en los alrededores.

ALOJAMIENTO
Villa Trópico. Autopista Vía Blanca. T. 83555. Cuenta con restaurante.

• **Jibacoa.** Después de Guanabo y tras pasar por Santa Cruz del Norte de pronto el mar se acerca a nuestros pies, estamos en playa Jibacoa, con el encanto de su aislamiento, una pequeña playa abierta a la falda de una colina cuyas transparentes aguas encierran fondos coralinos. En los alrededores está la cueva de la Monja.

ALOJAMIENTO
Villa Loma. Playa Jibacoa, zona 6. T. 83612 y 83694. Casas independientes a modo de apartamentos.
Cámping Jibacoa. En la playa. T. 64081. Cabañas y la posibilidad de instalar la tienda.

■ SANCTI SPÍRITUS

Capital de la provincia del mismo nombre. A 92 kilómetros de Santa Clara, a 360 de La Habana, a 70 de Trinidad, a 86 de Topes de Collantes, y a 487 de Santiago de Cuba. 70.000 habitantes. CT. 41.

HISTORIA

Sancti Spíritus fue la primera ciudad fundada en el interior de Cuba por el conquistador Diego de Velázquez. Originalmente se situó en el cacicazgo indio de Magón, a orillas del río Tuinicú, pero ocho años después, en 1524, fue trasladada al lugar donde se asienta en la actualidad, a orillas del río Yayabo. Aún estando en el interior de la isla no evitó diversos ataques de los corsarios, en los años 1586, 1667 y 1719.

En Sancti Spíritus, al igual que en Trinidad, la otra ciudad destacada de la provincia, la historia sale al paso del visitante; está presente en sus adoquinadas y estrechas calles, en el típico y rocoso puente sobre el río Yayabo, en su iglesia mayor con los techos ennegrecidos por el paso de los años, en sus patios interiores, en sus plazuelas, en sus balcones y rejerías. Una ciudad repleta de leyendas y tradiciones.

VISITAS DE INTERÉS

• **Iglesia Mayor**. Cuando en 1524 los vecinos de Sancti Spíritus, atraídos por las fértiles y ricas sabanas atravesadas por el río Yayabo, decidieron mudar la ciudad desde el río Tuinicú hasta el Yayabo, a la par que comenzaron a construir nuevamente sus viviendas emprendieron la edificación de la iglesia Mayor, en el mismo sitio en que hoy se ubica. Originalmente se levantó en madera y no fue hasta 1612, casi un siglo después, que se edificó otra mayor, también en madera y con techo de paja. Con el crecimiento de la ciudad las autoridades eclesiásticas creyeron conveniente engrandecer la iglesia; la original fue derribada y en su lugar se construyó otra de cal y canto; las obras finalizaron en 1680.

La iglesia Mayor de Sancti Spíritus es el templo más antiguo de Cuba que aún conserva su construcción original: de tres cuerpos interiores, su fachada tiene en su lado izquierdo una torre de tres cuerpos rematada con una torreta triangular y con dos relojes, uno que da al frente y otro a la plaza Honorato; el cuerpo central de la fachada está rematado en forma triangular y en el lado derecho hay una capilla-ábside.

• Al lado de la iglesia Mayor, la plaza Honorato, con la escultura de un «insigne desconocido» y unos pinos muy olorosos; flanqueando la iglesia, a la izquierda, y bajo unas arcadas hay una campana de 1835, apoyada en el suelo a la espera de buscarle emplazamiento en el **Archivo Provincial de Historia,** s*ito en la misma plaza.*

• **Museo de Arte Colonial**. *C/ Plácido 64 (sur). Visita de martes a sábados de 12 a 18 horas; los domingos de 10 a 14 horas; cierra los lunes.* Ubicado en un palacio del siglo XVII, medianamente conservado su interior pero con una interesante fachada, exhibe muebles, cerámicas, mármoles y pinturas de la época de la colonia.

• El bullicio y la actividad de esta tranquila ciudad se dan cita en la **plaza Mayor** (o Sánchez), un espacio bordeado de edificios coloniales y con una glorieta en el centro.

• **Puente Yayabo**. *Saliendo de la ciudad, dirección Trinidad, por la calle Jesús Menéndez.* Es junto con la iglesia Mayor el reclamo turístico-histórico de la ciudad. Iniciado a principios del siglo XVII fue destruido por los corsarios y por incendios y reconstruido varias veces hasta el definitivo final de obras en 1817; fue oficialmente inaugurado en 1825. Enteramente de piedra de cantería, semeja por su diseño y arcos un puente medieval. Se le conoce también como el puente de los Enamorados. Junto al puente y orillas del río Yayabo, en un merendero se sirven comidas y cenas, y quizá alguien puede ofrecernos un corto recorrido en bote por el río, ¡si lleva agua!

DATOS ÚTILES

Aeropuerto local, a 5 kilómetros dirección Santa Clara.
Terminal de ómnibus. Al este de la ciudad, en Circunvalación # Masó. T. 24142.

ALOJAMIENTO

En la plaza Mayor, **Hotel Plaza**, el mejor de la ciudad, en un edificio colonial restaurado y pintada la fachada de un bonito color azul, y **Perla de Cuba**.

En las afueras:
Rancho Hatuey. Crta. Central, Km 383. T. 26015. Un hotel chiquito, con habitaciones, bungalós y piscina.
Motel La Playa. Crta. Central, en dirección Ciego de Ávila. Ideal para los que están en tránsito.

RESTAURANTES

El hotel Rancho Hatuey ofrece servicio de restaurante, además:
Mesón de La Piazza. En la plaza Honorato. Especializado en carne y pizzas.
El Conquistador. C/ Agramonte, junto a la iglesia Mayor. Durante la semana sólo dan cenas y sirven todo el sábado y domingo.

ALREDEDORES

• **Lago Zaza**. *A 13 kilómetros*. El mayor del país con una capacidad superior a los 1.000 millones de m^3 de agua; considerado, asimismo, como uno de los mejores para la práctica de la pesca de la trucha, tanto por la abundancia como por el peso promedio de las capturas (hasta los 3.5 kilos). El mayor registro está en un ejemplar de trucha que alcanzó los 7 kilos.

ALOJAMIENTO

En la **Finca San José**, a orillas del lago, T. 4126012/25334, fax 668001; posibilidad de alquilar barcas y avíos de pesca.

• **Jíbaro**. *A 61 kilómetros hacia el sudeste*. En los alrededores de esta población está el coto de caza Sur de Jíbaro; Entre las piezas a cobrar se cuentan patos, faisanes, codornices, palomas rabiches, palomas aliblanca y gallinas de Guinea.

ALOJAMIENTO. En la Finca San José, en el lago Zaza, antes mencionada.

• A unos 15 kilómetros de Jíbaro, y por una carretera de terracería, que corre paralela al río Jatibonico del Sur, se accede a las ensenadas de Juan Hernández y de las Canarias, lugares solitarios y vírgenes.

• **Banao**. *A 20 kilómetros en dirección Trinidad*, se localizan las cuevas de sierra de Banao. En los alrededores de esta población, en las Alturas de Banao y en estas grutas se encontraron restos arqueológicos de los antiguos pobladores de la isla.

• **El Taje**. *A 36 kilómetros de Banao y a 56 de Sancti Spíritus*. Desde la población de Caracusey hay que tomar una carretera con

RESTAURANTES

Los tres hoteles citados ofrecen servicio de restaurante, además están los **restaurantes 1878** (c/ Máximo Gómez. T. 22428) y **Los Vitrales** (autopista Central, Km 298) que además cuenta con un animado cabaret.

ALREDEDORES

- **Presa Minerva**. *En el Km 23 de la carretera a Caibarién y dos kilómetros antes de llegar a Camajuaní* se encuentra uno de los lagos artificiales de esta provincia donde se puede practicar la pesca.
- **Remedios**. *A 40 kilómetros de Santa Clara*. La población más antigua de la provincia. Conocida como «la ciudad de las bembas» porque gran parte de su ciudadanía es de raza negra. Se debe visitar la **iglesia de San Juan Bautista** y un curioso **Museo de Música** donde se exhiben instrumentos musicales raros y antiguos; y pocos días antes de Navidad tienen lugar unas fiestas conocidas como las *Parrandas Remedianas* que se remontan hacia el año 1820. En ellas los vecinos de esta ciudad, divididos en bandos formados por los barrios de El Carmen y San Salvador, compiten en desfilar y organizar fiestas y otras diversiones. Es una festividad que casi había desaparecido y se está recuperando con el crecimiento turístico.

ALOJAMIENTO

Remedios sólo cuenta con un hotel, **Mascotte**, con pocas habitaciones. Se trata de un local con historia: fue uno de los lugares de negociación entre los independentistas cubanos y los mandos estadounidense durante la guerra de Independencia.

- **Caibarién**. *9 kilómetros (y a 49 de Santa Clara)*. Una pequeña ciudad pescadora y marinera desde la que se puede acceder a los **cayos Conuco** y **Fragoso**, que están llamados a ser con el tiempo puntos atractivos para el turismo; hoy hay que alquilar una barca o canoa para llegar hasta ellos y disfrutar de playas solitarias y vírgenes.

ALOJAMIENTO

En Caibarién está el **Hotel España**, y en los cayos unas cabañas rústicas.

- Hacia el oeste están las poblaciones de **Isabela de Sagua**, *a 68 kilómetros y tras cruzar las poblaciones de Cifuentes y Sagua la Grande,* una villa marinera lejos de cualquier actividad turística, y **Corralillo**, *a 96 kilómetros y tras desviarnos en Santo Domingo en la autopista,* cerca de la provincia de Matanzas, con una plaza solitaria y el **balneario de Elguea**, famoso por sus aguas sulfurosas medicinales que brotan de manantiales naturales en una zona presumiblemente volcánica; son especialmente indicadas para el reumatismo.

ALOJAMIENTO

Elguea. Corralillo. T. 686297/8. Un hotel confortable, que ofrece unas cuantas cabañas.

- **Lago Hanabanilla**. *A 54 kilómetros, hacia el sur y tras cruzar la población de Manicaragua.*

2 Hotel Villa Tararacos	7 Rte. Bonsai
3 Hotel Mayanabo	8 Rte. Las Brisas
4 Hotel Villa Caracol	9 Banco Nacional
5 Hotel Club Santa Lucía	10 Clínica Internacional
6 Hotel Cuatro Vientos	11 Rte. Amigos del mar

■ SANTA LUCÍA , Playa de

Destino turístico de la provincia de Camagüey. A 128 kilómetros de Camagüey.

La playa de Santa Lucía, con sus 20 kilómetros de longitud, es una de las más bonitas de Cuba, que ya es decir; abierta, libre, sin rocas ni acantilados pero protegida por una extensa barrera coralina que se abre no muy lejos de la costa, permitiendo la práctica de todas las actividades deportivas relacionadas con el mar, en especial el buceo (remitimos al lector interesado al apartado correspondiente, p. 318).

Al este, y al final de la playa se encuentra el **Cayo Sabinal**, donde anidan bandadas de flamencos rosas, y si tranquilas son las playas de Santa Lucía, las playas de Cayo Sabinal, son más que tranquilas: treinta y tres kilómetros de solitaria arena blanca y un mar de aguas transparentes. Desde los hoteles de Santa Lucía se organizan excursiones de un día para recorrer Sabinal.

A las diez de la mañana una guaga recorre los hoteles para recoger a quienes quieran bañarse en algún lugar de la larga playa o llegarse hasta La Boca (la entrada a la bahía de Nuevitas); a las tres de la tarde inicia el regreso y devuelve a los excursionistas a su hotel. Su coste, un dólar USA.

DATOS ÚTILES

Aeropuerto internacional Ignacio Agramonte. A 121 kilómetros, cerca de la ciudad de Camagüey.
Terminal de ómnibus. Los autobuses paran cerca del hotel Villa Tararacos.
Taxis. Veracuba (T.36464/36184) y **Transautos** (T. 365260).
Alquiler de vehículos. Los hoteles ofrecen el servicio de alquiler de coches, bicicletas y también pequeñas motos. **Havanautos** tiene abierta una oficina frente al hotel Villa Tararacos.
Gasolinera. Al este, a la salida de Santa Lucía.
Agencia de viajes. Cubatur (T. 36291) y **Viajes Fantástico** (T. 36226).
Sanidad. Clínica Internacional. T. 36203.

FIESTAS Y DIVERSIONES

Carpa Flamingo. Como su nombre indica, una carpa donde bailar.
Hola Ola, en el hotel Mayanabo, un club sobre pilotes en el mar; para tomar una copa y/o bailar una guaracha con el acompañamiento de las olas.
La Jungla, en el hotel Club Santa Lucía. Una *boîte* nocturna.

ALOJAMIENTO

Cuatro Vientos. Playa de Santa Lucía. T. 36317, fax 365142. Un hotel moderno, con magnífica piscina y todo tipo de servicios y centro de buceo.
Mayanabo. Playa de Santa Lucía. T. 36184/5, fax 365176. Un hotel con el sistema «todo incluido». Cuenta con club nocturno (Hola Ola). Club de Salud (fangoterapia, masajes).
Villa Caracol. Playa de Santa Lucía. T. 36303, fax 365153.
Club Santa Lucía (antes Villa Coral). Playa de Santa Lucía. T. 36265, fax 365153. Algunos bungalós.
Villa Coral. Playa de Santa Lucía. T. 36429, fax 365153. Todo tipo de servicios.
Villa Tararaco. Playa de Santa Lucía. T. 36262, fax 365126. Pequeño, sólo 32 habitaciones y una suite.
Todos estos hoteles están frente a la playa, tienen servicio de alquiler de coches, bicicletas y motos, y todos los servicios propios para pasar unos días de descanso.

RESTAURANTES

Los cuatros hoteles citados ofrecen servicio de restaurante, además:
Bonsai. Cocina oriental.
Las Brisas. Cocina criolla y marisco.
Amigos del mar. Cocina criolla y marisco.

■ SANTIAGO DE CUBA

Capital de la provincia de Santiago. A 860 kilómetros de La Habana, a 86 de Guantánamo, a 127 de Bayamo, y a 134 de Holguín. 500.000 habitantes. CT. 226.

*Cuando llegue la luna llena
iré a Santiago de Cuba*

GARCÍA LORCA

«Serán de Santiago, tierra soberana», se contestan el Trío Matamoros en su bella canción *Son de la loma* sobre «de dónde son los cantantes, mamá». Tierra de cantantes (y de músicos) es Santiago: el mismo Miguel Matamoros, pero también, Sindo Garay, uno de los creadores de la canción trovadoresca cubana, la bolerista Olga Guillot, el posteriormente famoso actor de la TV estadounidense, Desi(derio) Arnaz, el genial Ñico Saquito (Antonio Fernández), el duo Los Compadres, con Segundo Compay, y, aunque habanero de nacimiento, Esteban Salas y Castro, maestro de capilla de la catedral de Santiago, uno de los mejores compositores del imperio (español) durante el siglo XVIII, entre otros menos conocidos; la ciudad hierve de agrupaciones folclóricas, entre las que sobresale la Carabalí Izuamá, y de decenas de músicos que nos alegrarán y amenizarán las tardes-noches.

Y si Miguel Matamoros dice de Santiago que es «tierra soberana», en una de las numerosas frases que están pintadas en las paredes se puede leer que es «la cuna de la Revolución», y los santiagueros guasones, añaden «sí, pero el Niño (Fidel) está en La Habana».

Tierra de música y de alegría, Santiago es una ciudad acogedora, llena de historia, fascinante (el pintor Winslow Homer, Federico García Lorca e Italo Calvino, entre otros quedaron fascinados por la ciudad), calurosa y cariñosa.

La ciudad, hermanada con las poblaciones gallega de Santiago de Compostela y grancanaria de San Bartolomé de Tirajana, es bonita, calurosa e interesante por sí misma y por las excursiones que debemos hacer por sus alrededores: Basílica de Nuestra Señora de la Caridad del Cobre, patrona de Cuba, la Gran Piedra, un impresionante monolito rocoso en medio de un paisaje natural, el parque Baconao, parcialmente Reserva Natural de la Biosfera, el valle del Caney, y las desiertas playas que están al oeste de la ciudad, en dirección a la provincia de Granma. Aunque no brille la luna llena hay que ir a Santiago de Cuba.

HISTORIA

Fundada por Diego de Velázquez en 1514 cerca de la desembocadura del río Paradas, fue trasladada al lugar que hoy ocupa en 1545, año en que sustituyó a Baracoa como capital de la isla. Desde Santiago partieron las primeras expediciones a México

(1518-20) y a Florida (1538). En 1553 fue conquistada por el francés Jacques de Sores, quien permaneció, al frente de sus tropas, durante treinta días en la ciudad. Esta conquista fue aprovechada para trasladar la capitalidad a La Habana, en la que ya residía desde hacía unos meses el gobernador.

En 1622 Santiago fue incendiada por los ingleses y en la segunda mitad del siglo XVII sufrió dos importantes terremotos (1675 y 1679), que acentuaron la decadencia de la población. No es hasta finales del siglo XVIII que se inicia un nuevo proceso de desarrollo con la llegada de los franceses que escapaban de la revueltas de la cercana Haití, y a pesar de los nuevos e intensos terremotos que tuvieron lugar en 1766 y en 1777.

La proclamación del Reglamento de Libre Comercio (1778) acrecentó la actividad comercial, a la que no fueron ajenos los nuevos colonos franceses, que aplicaron las técnicas agrícolas que utilizaban en su tierra en la mejora de los campos, y también se revitalizó la actividad militar con el inicio de las obras para la fortificación de la ciudad y la construcción del castillo del Morro. Durante el siglo XIX Santiago pasó a ser un destacado centro de construcciones navales.

Foco de resistencia contra la administración española, debido en parte al escaso número de españoles que residían en la ciudad, tuvo una sobresaliente intervención en las guerras de los Diez Años y de la Independencia.

El 3 de julio de 1898 la escuadra española anclada en el puerto de Santiago, compuesta por los acorazados *Cristóbal Colón*, *Vizcaya*, *Almirante Oquendo* e *Infanta María Teresa* y los contratorpederos *Furor* y *Plutón*, al mando del almirante Pascual Cervera, intentó salir a mar abierto para enfrentarse a la flota de los EE UU, que comandada por el almirante Sampson la esperaba en forma de media luna a la salida de la bahía. El combate desigual, por estrategia y el mayor tonelaje y armamento de los barcos estadounidenses terminó con el hundimiento de los barcos españoles, la muerte de más de 600 marinos españoles y la capitulación de Santiago de Cuba 13 días más tarde.

Aunque nunca dejó la ciudad de mostrarse sensible a las injusticias sociales, no reanudó su tradición revolucionaria hasta los primeros años de la década de los cincuenta a raíz del asalto perpetrado el 26 de julio de 1953 al cuartel Moncada por Fidel Castro, su hermano Raúl, Abel Santamaría y otros revolucionarios. Fidel Castro fue capturado y en el juicio que siguió a su captura dijo su archiconocida frase: «La historia me absolverá». Tras el intento insurreccional que acaudilló Frank País, en noviembre de 1956, Fidel Castro ocupó la ciudad en diciembre 1958.

VISITAS DE INTERÉS

• La visita a la ciudad debemos hacerla paseando y podemos iniciarla en el **parque Céspedes** *(Calles Aguilera, Heredia, Félix*

Pena y Gral. Lacret), antigua plaza de Armas, en el centro de la ciudad; es el lugar más concurrido y bullicioso de la población. Al atardecer acuden los ciudadanos a descansar, hablar, pasear y ver pasear, a comprar maní, y los sábados y domingos a las 8 de la noche a escuchar a la Banda Municipal de Santiago. Lo rodean la catedral Metropolitana, el Museo de Ambiente Histórico, el Palacio Provincial y el hotel Casa Granda.

• La **Catedral Metropolitana** *(parque Céspedes)*, una construcción religiosa sin ningún interés artístico, se levanta sobre el lugar donde se inauguró en 1522 la primera iglesia, ocho años después de la fundación de la ciudad; destruida por terremotos y corsarios franceses e ingleses repetidamente, la que hoy tenemos ante nosotros es una reconstrucción de 1932, que nos llama la atención por tener en sus bajos y frente al parque Céspedes, unos locales comerciales. La catedral alberga en su interior el **Museo Eclesiástico Santa Iglesia Catedral** *(visita de lunes a sábado de 9 a 18 horas, cierra los domingos)*. Es el único museo religioso existente en Cuba. Muestra algunas reliquias y objetos pertenecientes al cabildo y a la Santa Iglesia Catedral Metropolitana. Hay una completa colección de manuscritos de música religiosa en la capilla, entre los que sobresalen las partituras del maestro de capilla, Esteban Salas y Castro, autor de misas, salve, salmos, himnos, villancicos y autos sacramentales, alguna de ellas de las mejores del barroco español. En el coro de la catedral, y gracias a Salas, se interpretó por primera a Haydn en América.

• Siguiendo las agujas de un reloj y en el parque Céspedes, a continuación está el hotel **Casa Granda**, ubicado en un edificio de principios de siglo (ver más adelante en Alojamiento).

• Al otro lado de la plaza está el **Ayuntamiento**, un edificio moderno de estilo neocolonial, con sus fachadas pintadas de blanco y sus barandas y ventanales de azul, rematado con tejas rojas. Conocido también como el **Palacio de los Matrimonios** por ser donde se celebran los matrimonios civiles.

• Cerrando el parque Céspedes se alza la casa que fuera vivienda, en su planta alta, de Diego de Velázquez, y Casa de Contratación y Fundición del Oro en la planta baja. Construida en 1518 por Hernán Cortés, cuando era alcalde de la ciudad, es la segunda casa más vieja que se conserva en todo América; la primera está en Santo Domingo. Cortés apenas pudo habitarla pues partió pocos días antes de su inauguración a la conquista de México. Llama la atención por sus grandes balcones de estilo morisco confeccionados con maderas preciosas, proyectados directamente sobre la calle. Aloja en su interior el **Museo de Ambiente Histórico Cubano** *(calle Félix 612 # Heredia y Aguilera; visitas de 9 a 21 horas, los domingos de 9 a 13 horas)*, destinado a recrear el ambiente colonial de las viviendas cubanas. Muestra cerámicas, muebles, ropas, tapices, cofres, cuadros, reclinatorios, banderas, armas, escudos, espejos y otros elementos decorativos relacionados con la cultura colonial; y el horno donde se fundía el oro.

1 Fábrica de tabaco César Escalante	15 Casa de la Trova
2 Museo de la Lucha Clandestina	16 Museo casa natal de José Mª Heredia
3 Loma del Intendente	17 Museo Emilio Bacardí
4 Barrio de Tívoli	18 Museo del Carnaval
5 Museo del Ambiente Histórico Cubano	19 Café La Isabelica
	20 Rte. y Café Matamoros
6 Catedral Metropolitana/Museo Eclesiástico	21 Casa natal de Frank País
	22 Rte. Don Antonio
7 Parque Céspedes	23 Rte. La Taberna de Dolores
8 Ayuntamiento/Palacio de los Matrimonios	24 Información cultural
	25 Banco Nacional
9 Iglesia del Carmen	26 Hotel Libertad
10 Casa natal de Antonio Maceo	27 Club La Iris
11 Casa de Frank y Josué País	28 Tienda La Amistad
12 Hotel Casa Granda	29 Hotel Rex
13 Casa del Estudiante	30 Museo Abel Santamaría
14 Rte. 1900	31 Cuartel Moncada/Museo Histórico 26 de Julio

- Tras pasear y descansar en el parque Céspedes podemos tomar la **calle Heredia**, repleta de locales culturales y artísticos que en las noches de los sábados y domingos se convierte en un lugar jaranero, en una gran fiesta al aire libre. Tras dejar a nuestra izquierda el hotel Casa Granda, el primer local que nos encontramos es la **Casa del Estudiante**, a continuación está la **Casa de la Trova Pepe Sánchez** *(Heredia 208 # San Félix y San Pedro)*, en recuerdo del compositor santiaguero, José Sánchez (1856-1913), padre de la trova; un ambiente bohemio, donde se reúnen los viejos y jóvenes trovadores.

- Unas casas mas allá está el **Museo casa natal de José María Heredia** *(c/ Heredia # Carnicería y San Félix; visita de 9 a 21 horas, cierra los domingos por la tarde y los lunes por la mañana)*. En esta casa nació José Mª Heredia (1803-1839), el primer poeta de la literatura cubana y uno de los primeros independistas; vivió la mayor parte de su vida exiliado en EE UU y México. Hoy, en su casa natal convertida en museo se exhiben objetos, pertenencias y testimonios sobre la vida del insigne poeta. Las vajillas que observaremos pertenecieron a la familia, pero no así los muebles que son de la época y cedidos por el Patrimonio Nacional. En su patio colonial y austero, se ofrecen diversas actividades culturales, conferencias y recitales poéticos: dos veces al mes tienen lugar las «Tardes del naranjo», que organiza la Casa de los Poetas, y coincidiendo con el Festival Caribeño tiene lugar un festival poético.

- En la misma acera, y unas casas más arriba está el **Patio Peña de la Trova** *(c/ Heredia 304, T. 27037; cierra los martes)*, sede de la Unión de Escritores y Artistas (UNEAC), con un patio con pozo artificial donde a partir de las 6 de la tarde y hasta la 1 de la madrugada actúan grupos musicales. Un explicador nos cuenta el qué y el cómo de la música santiaguera, es decir el son, y un grupo

SANTIAGO DE CUBA / 243

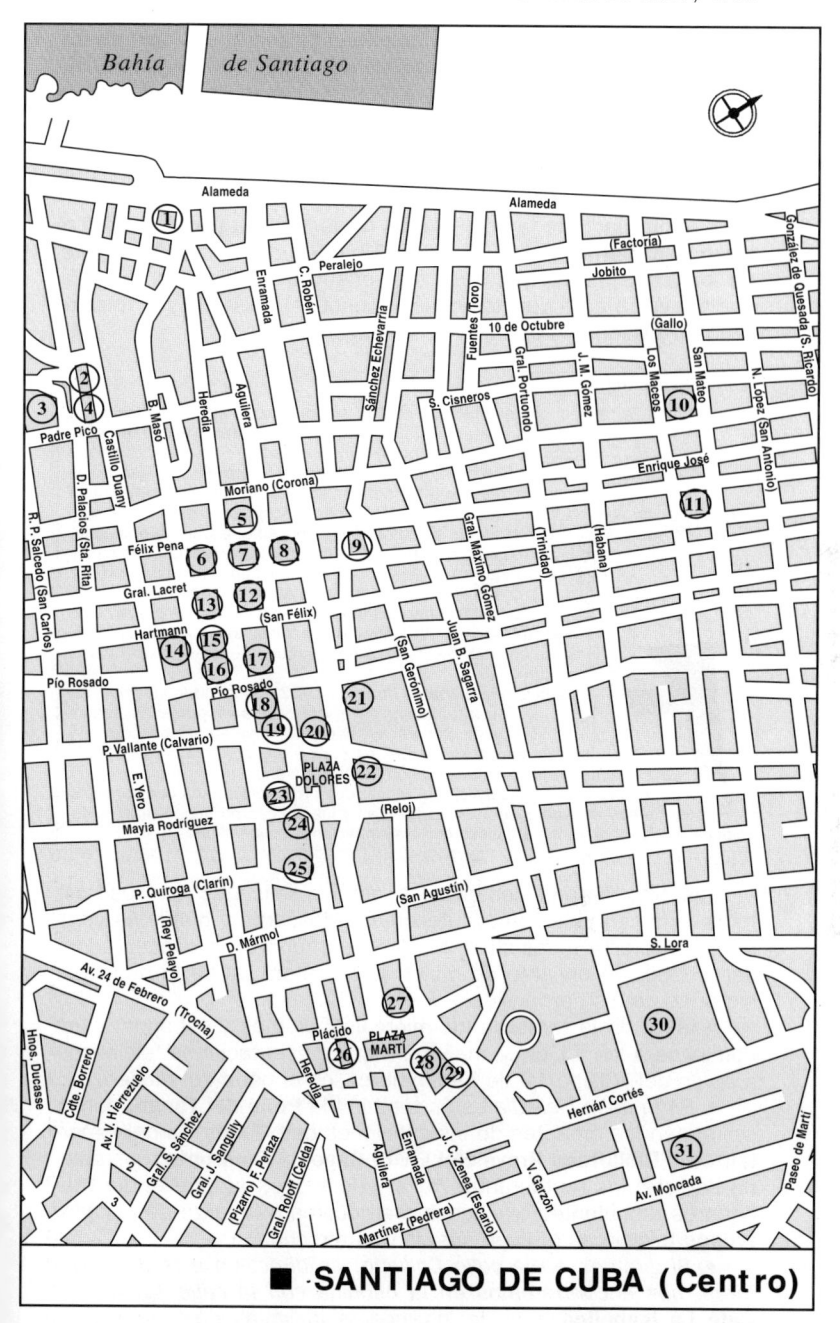

■ SANTIAGO DE CUBA (Centro)

(nosotros la gozamos con la Estudiantina Invasora, un conjunto formado por músicos con una media de edad de 70 años) nos deleita y sólo es cuestión de juntar las mesas y bailar. Raúl Vega Torres es el relaciones públicas del local, un tipo marchoso que organiza actos y excursiones. En la sala anterior al patio se celebran tertulias literarias, se exponen pinturas y se pueden adquirir compactos de música cubana.

• Al otro lado de la acera y más hacia la plaza Dolores, está el **Museo del Carnaval** *(c/ Heredia 303; visita de 9 a 17 horas, cierra los lunes)*, único por sus características en Cuba, de imprescindible visita para quienes deseen conocer la historia y el folclore de los tradicionales carnavales santiagueros.

Los orígenes del Carnaval

El museo contempla tres etapas sociopolíticas en la tradición del Carnaval. La primera, la época colonial, cuando las fiestas eran patronales, que coincide con la llegada de los franceses que escapaban de la revolución de Haití (la novela *El Siglo de las Luces*, de Alejo Carpentier, lo cuenta literariamente). Los franceses trajeron consigo sus técnicas agrícolas, que aplicaron en las tierras que les concedió la Corona española, su música, el minué y el danzón, y unos hábitos; los esclavos negros que les acompañaban popularizaron a su vez sus costumbres, como la de seguir el final de las procesiones, remedándolas y burlándose; se conoce esta etapa como «Fiestas de mamarrachos» o «de mascaradas» *(mascarade)*. Hasta mediados del siglo XIX no aparece la expresión de Fiestas del Carnaval.

La segunda etapa se inicia en 1902 con la independencia, en la que se introducen, por parte de los empresarios santiagueros y de Bacardí en concreto, elementos, conceptos y expresiones comerciales, es decir el concepto publicitario está por encima de la espontaneidad de las comparsas.

La tercera etapa empieza con el triunfo de la Revolución. Los componentes publicitarios desaparecen y las comparsas y las congas no tienen más limitaciones a sus expresiones artísticas que las limitaciones económicas.

Las tres etapas comentadas están explicadas en cuadros, fotos y, lamentablemente, fotocopias. Máscaras y disfraces completan la oferta museística. Marlene Hernández, la conservadora del museo, un encanto de mujer, nos contará, si se lo pedimos, historias de los carnavales.

A las 4 de la tarde de los miércoles, viernes y sábados, y los domingos a las 11 de la mañana hay representaciones folclóricas a cargo del «Grupo 19 de Septiembre», en el patio del museo.

• *En la calle Heredia* están también la **Peña del Tango,** donde se reúnen los amantes de las canciones que Carlos Gardel inmortalizó; la **Biblioteca Provincial Elvira Cape**; la **Confronta**, una galería de arte; los restaurantes Yulla y Holandés; durante el día vendedores ambulantes, y algunos atardeceres a lo largo de la calle, grupos folclóricos ofrecen sus danzas afrocubanas.

• *Si giramos en la calle Calvario, en dirección a la plaza Dolores, nos encontraremos en la esquina con la calle Aguilera* el **Café La Isabelica**, uno de los lugares insignias de Santiago de

Cuba. La región oriental es la tierra del café, como Pinar del Río es la tierra del tabaco. No podía faltar entonces en la principal ciudad de la tierra del café, un establecimiento dedicado a la degustación del preparado. Un local con rústicas mesas de madera, una barra también de madera que recuerda las tiendas de abarrotes, con amplios ventanales, donde nos ofrecen una amplia variedad de combinaciones de café: café con ron cubano y nicaragüense (el excelente Flor de Caña), con vodka, a la canela, a la roca (con hielo), etcétera. El nombre del local hace referencia a un cafetal que existe en los alrededores de la Gran Piedra (ver p. 255), cuyo origen se remonta a finales del siglo XVIII, una explotación de los colonos franceses que huyeron de Haití.

• Ya en la **plaza Dolores**, un pequeño espacio triangular con una amplia oferta gastronómica; en la esquina de enfrente de La Isabelica están el bar Matamoros, que ofrece servicio de restaurante al igual que los locales Don Antonio, La Perla del Dragón y la Taberna de Dolores, la cafetería Las Enramadas, una sala de concierto y una oficina de información turística.

• Dos calles más arriba está la **plaza Marte**, amplia, arbolada y con una columna alta rematada con un gorro frigio (de lejos parece un monumento a los «Pitufos»). Un par de hoteles sencillos, Libertad y Rex, para turismo cubano, una Casa de Cultura y una sala de baile, La Iris, la rodean.

• Desde la plaza Marte podemos tomar bien la calle Aguilera o la calle Enramada que corren parelelas a la calle Heredia y volver al parque Céspedes. De regreso, por la *calle Aguilera* pasaremos por delante del **Palacio del Gobierno Provincial**, un edificio de estilo ecléctico pompier.

• **Museo Emilio Bacardí**. *C/ Pío Rosado # calles Heredia y Aguilera. Visita de 9 a 21 horas, cierra los lunes por la mañana y los domingos por la tarde.* Construido en 1899 por el escritor e investigador santiaguero Emilio Bacardí Moureau, primer alcalde republicano de Santiago, fue el primer museo de Cuba; por problemas económicos y de expansión la construcción no se terminó hasta 1928. Es un museo generalista que recoge las obras de arte que estaban repartidas por distintas instituciones santiagueras y las donaciones de diversos próceres republicanos; está dividido en tres secciones: arqueología, historia y arte. En la sala de arqueología destacan una momia egipcia y dos peruanas, de la cultura de Paracas, y muestras de arqueología egipcia. En sala de historia hay objetos de la conquista española, la colonización (con una imagen de Santiago) y de la independencia (un torpedo mambí). La sala de arte guarda una importante colección de pintura europea proveniente en su mayoría del Museo del Prado, donada en 1897 con la intención de demostrar a la opinión pública mundial de que en Cuba no pasaba nada, y buena prueba de ello era que el gobierno español inauguraba en una de sus provincias un museo. La sala de arte se completa con pinturas y esculturas de autores cubanos contemporáneos, entre los que sobresalen Victor Manuel y Amelia Peláez.

Pero lo mejor del museo es la reconstrucción de una calle santiaguera en el terreno baldío que hay al lado del edificio; reproduce tres fachadas distintas que representan períodos históricos de la ciudad y un patio colonial al final.

El museo ofrece los sábados por la tarde, a las 5, actuaciones líricas.

• La *calle Enramada* está repleta de instituciones culturales: la sede del Teatro Experimental en el **Teatro Oriente** *(entre c/ Padre Pico y Gallo)* y la **Sala Van Troi** *(entre c/ Carnicería y Calvario)*, que presentan obras de teatro, espectáculos de guiñol y actuaciones folclóricas; de tiendas que conservan de épocas mejores embaldosados de mármol y marquetería y que eran el lugar de deseo de muchos santiagueros (hay una divertida canción del dúo Los Compadres, *El Paraná*, que hoy cincuenta años después, en pleno «período especial», su letra tiene plena vigencia, la música, por descontado, nunca la ha perdido).

Los sábados al atardecer se celebran «Las noches de Enramada», bulliciosas, de gente paseando; se asan lechones, que se sortean, se instalan mesas en la calle donde la gente come, se juega al dominó, se venden y se compran las cosas más variopintas, en fin, se trata de pasar el sábado.

• *Desde la c/ Enremada y tomando la calle Félix Pena* se llega a la **iglesia del Carmen**, sin ningún interés artístico y sí el interés de estar enterrado en su interior, Esteban Salas Montes de Oca (o Castro, no está claro cual era su segundo apellido), como nos indica una lápida de la fachada. Esteban Salas, ya se ha dicho, fue maestro de capilla de la catedral de Santiago y uno de los mejores compositores barrocos del Imperio español.

Unas pocas calles hacia el norte están las casas natales de dos héroes nacionales: el independentista Antonio Maceo y el castrista Frank País.

• **Casa natal del mayor general Antonio Maceo**. *C/ Los Maceos 207 # Corona y Rastro. Visita de 8 a 12 horas y de 14 a 18 horas; los domingos, de 8 a 13 horas.* En esta casa nacieron, en el pasado siglo (XIX), los hermanos Maceo, once en total. Dos de ellos, Antonio y José, destacaron en la guerra de los Diez Años.

1 Monumento a Maceo	11 Correos
2 Teatro Heredia	12 Gasolinera
3 Terminal de ómnibus (interprovincial)	13 Terminal de ómnibus (intermunicipal)
4 Bosque de los Héroes	14 Fábrica de ron Caney
5 Hotel Santiago	15 Tumba Francesa
6 Hotel Las Américas	16 Cuartel Moncada
7 Rte. La Maison	17 Antigua estación de tren
8 Zoológico	18 Fábrica de tabaco César Escalante
9 Loma de San Juan	
10 Parque de Diversiones 26 de Julio	

SANTIAGO DE CUBA / 247

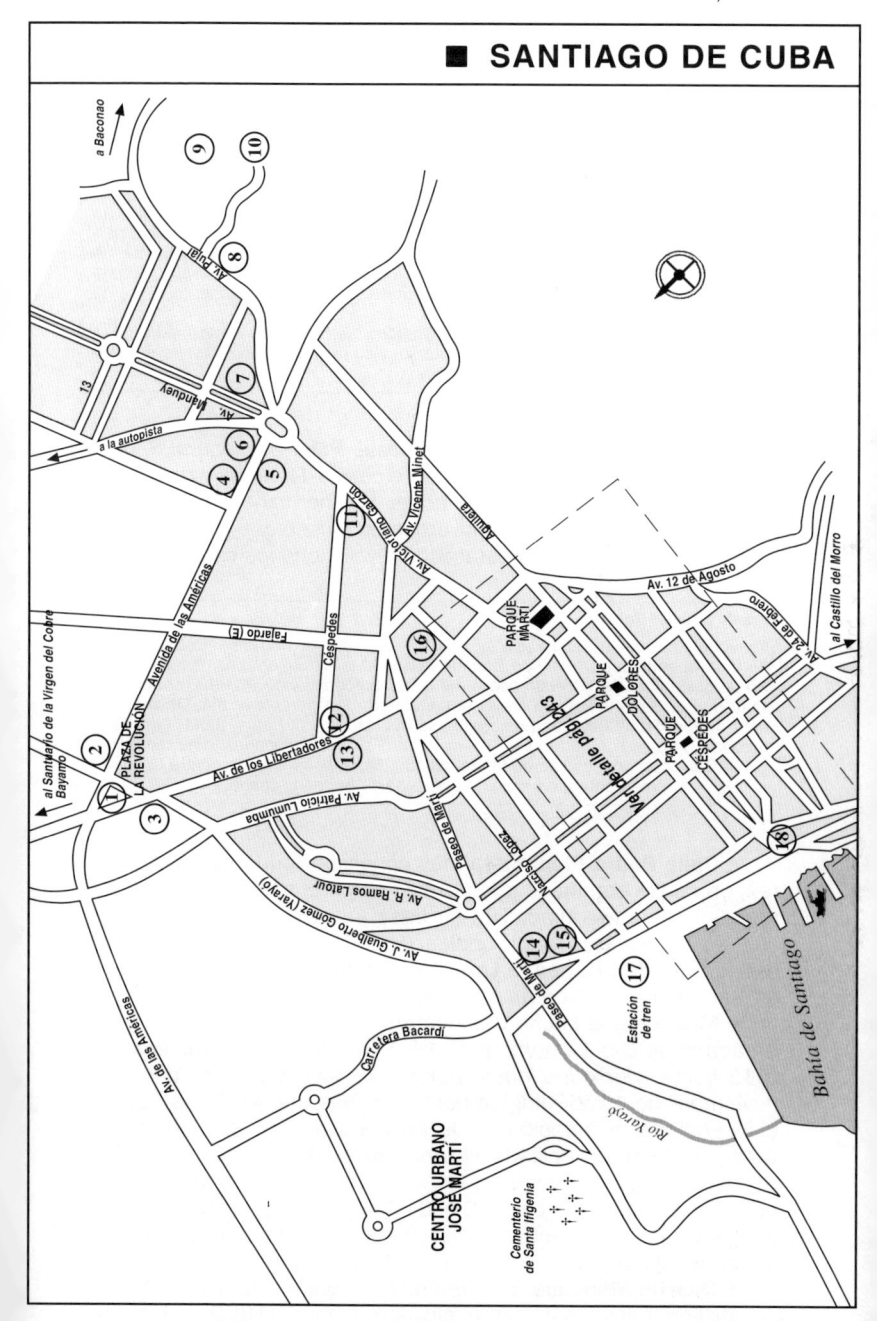

■ SANTIAGO DE CUBA

> **Los hermanos Maceo**
>
> Antonio Maceo, el mayor de los once hermanos, fue uno de los más brillantes jefes militares, héroe en importantes batallas, y alcanzó el grado de Mayor General. Cuando en 1878 las tropas independentistas cubanas firmaron en El Zanjón la paz que ponía fin a los diez años de guerra, Antonio Maceo y un grupo de oficiales y combatientes firmaron en la población de Mangos de Baraguá, en el noroeste de la provincia de Santiago, una protesta por el hecho, que calificaron de bochornoso, y manifestaron su disposición a continuar la guerra, lo que no les fue posible. Maceo se exilió a Jamaica y Haití. Un año después participó en la guerra Chiquita que fracasó, y durante los años siguientes se dedicó a difundir las ideas independentistas. Se unió a José Martí y a otro veterano de la primera guerra, Máximo Gómez, firmando los tres el Manifiesto de Montecristi (Santo Domingo) comprometiéndose a iniciar la guerra contra España, que estalló nuevamente el 24 de febrero de 1895.
>
> A la madre de los Maceo, Mariana Grajales, se la conoce como madre de la Patria; ocho de sus hijos, entre ellos Antonio, y su marido murieron en su propósito de conseguir la independencia de Cuba.

- **Museo casa natal de Frank y Josué País.** C/ *General Bandera 226 # Habana y Los Maceo. Visita de de 8 a 12 horas y de 14 a 18 horas; los domingos de 8 a 13 horas.* Los hermanos Frank y Josué País nacieron en esta casa convertida en museo que guarda objetos y pertenencias de estos destacados revolucionarios castristas.

> **Frank y Josué País**
>
> Frank País fue organizador y jefe de acción y sabotaje del «Movimiento 26 de julio» en toda la antigua provincia de Oriente. Dirigió el levantamiento revolucionario del 30 de noviembre de 1956 en apoyo del desembarco del yate *Granma*; estaba previsto que el *Granma* llegase a las costas del sur de Oriente ese día. Después de esta acción, Frank País fue nombrado jefe del «Movimiento en el llano» (guerrillas urbanas) y se dedicó no tan sólo a dirigir guerrillas revolucionarias, sino también a garantizar el apoyo logístico en las montañas. Murió combatiendo contra la policía en 1957. Un mes antes, en junio, había caído su hermano Josué.

- **Calle Padre Pico.** Es la más conocida de las vías santiagueras, una calle empinada que termina con una escalinata, una calle fotogénica y fotografiada. En su base se abre el **barrio de Tívoli**, uno de los lugares tradicionales de los festejos del carnaval, y desde la parte alta, en la **Loma del Intendente**, se divisa la bahía de Santiago y también un panorama de la ciudad.

- **Museo de la Lucha Clandestina.** C/ *Rabí 1. Visita de martes a sábado de 8 a 12 horas y de 14 a 18 horas; los domingos de 8 a 13 horas, cierra los lunes.* Durante la acción golpista del 30 de noviembre de 1956, dirigida por Frank País, fue asaltada, tomada e incendiada la estación de la Policía Marítima de Santiago de Cuba, que estaba ubicada en una mansión del siglo XIX, antigua residencia del intendente en los años coloniales. En la actualidad acoge el Museo de la Lucha Clandestina, que expone documentos, imágenes y objetos sobre la historia de la etapa revolucionaria de los años cincuenta.

- **Cuartel Moncada.** C/ *General Portuondo y Moncada.* Aunque construido hace casi ciento cincuenta años (1859), el cuartel

Moncada entró en la historia el 26 de julio de 1953 al ser asaltado por un comando revolucionario al mando de Fidel Castro, quien pretendía tras apoderarse del cuartel, armar al pueblo de Santiago de Cuba y sublevar a la ciudad para iniciar una revolución que derribara al dictador Fulgencio Batista. El cuartel no pudo ser tomado y gran número de asaltantes murieron en la acción; en realidad la mayoría de ellos fueron asesinados tras ser hechos prisioneros y sus cuerpos se mostraron a la opinión pública como caídos en combate. Tres fueron las acciones revolucionarias que se llevaron a cabo ese día: el asalto al cuartel, la toma del Palacio de Justicia (situado al lado de la fortaleza), acción dirigida por Raúl Castro, y el asalto y toma del hospital provincial Saturnino Lora (también cercano al cuartel) por un grupo comandado por Abel Santamaría, segundo jefe del movimiento revolucionario, acción en la que tomaron parte Haydée Santamaría y Melba Hernández, las dos únicas mujeres participantes. Días después de esta acción, Fidel Castro y otros sobrevivientes fueron detenidos y juzgados.

El 28 de enero de 1960, un año después del triunfo de la Revolución, el cuartel Moncada fue convertido en la Ciudad Escolar 26 de Julio, función que desempeña en la actualidad. Algunos edificios conservan en sus paredes los impactos de bala ocasionados durante el combate.

También acoge el **Museo Histórico 26 de Julio** *(visita de 8 a 18 horas, los domingos de 8 a 13 horas)*. El museo ha sido estructurado en 10 salas donde mediante fotografías y objetos diversos, se va mostrando el desarrollo de las luchas independentistas y libertadoras de Cuba, desde la rebeldía de los primeros nativos hasta la revolución de sierra Maestra.

• **Museo Abel Santamaría**. *General Portuondo y Carretera Central, en el parque Histórico Abel Santamaría. Visita de 8 a 12 horas y de 14 a 18 horas; los domingos de 8 a 13 horas.* El local que ocupa este museo es el antiguo hospital provincial Saturnino Lora. Cobró importancia histórica por dos acciones: la primera, el 26 de julio de 1953, Abel Santamaría, segundo jefe del grupo asaltante, tomó el hospital para prestar apoyo a la acción de asalto del cuartel de Moncada, como ya se ha explicado antes; la segunda, semanas más tarde, en el Centro de Estudios del Colegio de Enfermeras del propio hospital fue juzgado Fidel Castro junto con sus compañeros sobrevivientes del asalto.

El museo muestra fotos históricas y textos del programa revolucionario expresado por Fidel en su autodefensa. Abel Santamaría, organizador junto con Fidel del asalto, fue detenido durante la acción, torturado y después asesinado junto con otros compañeros.

• Cerca de este museo está el puerto, un puerto comercial sin ningún interés turístico; paralelamente al mismo está la Alameda Michelson, que había sido en años pretéritos un lugar de paseo de sociedad santiaguera; de aquellos tiempos quedan trozos de calle adoquinados que señalan el lugar por donde pasaba el tranvía y como era la alameda. En la alameda están la **Fábrica de Tabaco César Escalante** y una **fábrica de ron** (donde antaño estaba Bacardí); en ambas tiendas se puede adquirir tabaco y ron.

OTROS PUNTOS DE INTERÉS

Fuera del mero centro tenemos como lugares de cierto interés: la plaza de la Revolución y el Reparto Vista Alegre, y de total interés la Loma de San Juan, el castillo de San Pedro de la Roca del Morro y el cementerio de Santa Ifigenia.

• La **plaza de la Revolución**, *entre las avenidas de las Américas y de Libertadores*, cuenta con un impresionante monumento de hierro dedicado a Antonio Maceo; en esta plaza el papa Juan Pablo II ofició, en enero de 1998, una multitudinaria misa a la que asistieron 150.000 personas entre creyentes y curiosos.

• El **Reparto Vista Alegre** es una barriada en la que podemos apreciar como vivían las clases altas santiagueras antes de la Revolución; hoy además de apreciar aquellas casas con jardines en calles espaciosas y arboladas, encontraremos hoteles, restaurantes elegantes, tiendas y agencias turísticas.

• **Castillo de San Pedro de la Roca del Morro**. *A 8 kilómetros del centro de la ciudad. Visita de 9 a 18 horas, cierra los lunes.* Situado en un promotorio que domina el acceso a la bahía de Santiago de Cuba, la construcción del castillo del Morro (como se le conoce) se proyectó a finales del siglo XVI para preservar la ciudad de los ataques de los corsarios ingleses y franceses; no sería hasta muchos años después, y tras un ataque y saqueo de la ciudad por parte de las tropas inglesas, que en 1663 se consideró inaugurado este castillo. La fortaleza tenía todos los componentes que la ingeniería militar entendía que debían tener las fortalezas defensivas: puentes elevadizos y baterías de cañones apuntando a varios puntos cardinales. Hoy, cuando ciertos valores militares ya hace años que han quedado obsoletos, el castillo del Morro sirve como destino turístico desde el que se disfrutan buenas vistas de la bahía y del mar Caribe. En su interior está el **Museo de la Piratería** *(mismo horario de visita que la del castillo)*, visita recomendable para quienes tengan interés en conocer y estudiar la historia de la piratería en el Caribe.

• Desde el castillo se puede regresar al centro de la ciudad por una carretera en no muy buen estado que bordea la bahía y cruza por delante del **parque Frank País**, o por la carretera principal de la que nos desviaremos para acceder a la **Loma de San Juan**, un lugar histórico en el centro de un espacio público donde se encuentra el **parque de Diversiones 26 de Julio**, el **Zoológico**, y el **Jardín Botánico**.

En la Loma de San Juan se libró una dura batalla entre las fuerzas españolas y las estadounidenses apoyadas por los independentistas cubanos. Un cañón, y unas placas a los pies de una ceiba, recuerdan la firma de la rendición de las tropas españolas y las condiciones de la entrega de Santiago de Cuba a las fuerzas estadounidenses. Del hecho que se excluyera a las tropas mambises (independentistas) en el desfile de entrada a Santiago existen dos versiones: una cuenta que se tenía miedo de las represalias de los mambises, la otra dice que había sido una victoria estadounidense y no cubana.

• **Cementerio de Santa Ifigenia**. *Al final de la av. Crombel, en el Reparto Agüero. Visita de 9 a 18 horas.* Fundado en 1868, este cementerio, considerado monumento nacional, tiene esculturas y mausoleos que son obras del arte de la estatuaria; en él descansan José Martí, en un mausoleo rodeado por unos monolitos que representan las provincias cubanas; Carlos María de Céspedes, el primer presidente de la Cuba independentista; Emilio Bacardí, primer alcalde cubano de Santiago; María Cabrales y Mariana Grajales, esposa y madre de Antonio Maceo; Frank País; un total de 27 generales de las guerras de Independencia y 37 combatientes del asalto al cuartel Moncada, cuyos nombres aparecen en lápidas en la carretera a Baconao, en los lugares que se supone fueron fusilados; y como nota internacional, también está enterrado Francisco Antomarchi Mettei, el último médico de Napoleón Bonaparte.

DATOS ÚTILES

Información turística. **Islazul** (San Francisco 153 # Santo Tomás y Corona, T. 23248/ 21049). **Rumbos** (frente a la entrada del hotel Casa Granda). **Carpeta Central** (General Lacret # Heredia y Bartolomé Masó). Para reservas en los cámpings de las playas al este de la ciudad, **Oficina de Reservaciones de Turismo Parque Baconao** (Sacó nº 455). Y en la recepción de gran parte de los hoteles para turismo.

Aeropuerto internacional Antonio Maceo. A 9 kilómetros del centro de la ciudad. T. 91410.

Cubana de Aviación. Calle Santo Tomás # San Basilio y Heredia, T. 22290/24156.

Terminal de ómnibus. Av. de los Libertadores # calle 9.

Estación de ferrocarril. Puerto Guillermón Moncada, T. 51243.

Puerto marítimo. Marina Marlin, en Punta Gorda, ver p. 120. Punto de atraque del crucero *Meliá Don Juan*.

Alquiler de coches. **Transautos** (en los hoteles Las Américas, Casa Granda, y Santiago). **Cubatur** (av. de Garzón # calle 4, T. 41181). **Transgaviota** (Villa Santiago, T. 41368).

Taxis. En las puertas de los hoteles principales hay «piqueras»; también en el parque Céspedes y alrededores. **Turitaxi**, T. 91012/31398.

Cambio de moneda. **Banco Financiero Internacional** (Santo Tomás 565 # Enramada y Aguilera). **Banco Nacional** (c/ Lacret # Aguilera). En **Cadeca**, en el parque Ferreiro frente el Mercado Agropecuario, se cambian dólares por pesos cubanos y no suele haber colas.

Agencias de viajes. También facilitan información turística. **Viajes Fantástico** (av. de Las Américas # calle M, Rpto. Terraza; T. 41517 y 41606, fax 86209). **Rumbos** (General Lacret 701 # parque Céspedes; T. 24823, fax 86033). **Havanatur** (c/ 8 nº 54 # Primera y Tercera, Rpto. Vista Alegre; T. 43603, fax 86281).

Asistencia al turista (Asistur). En los hoteles Santiago y Casa Granda; facilitan contactos ante problemas médicos, legales y otros que puedan afectar al viajero.

Atención médica. La ciudad cuenta con 11 hospitales y 17 policlínicos que pueden atender cualquier urgencia. **Clínica Internacional**, frente al hotel San Juan (T. 42589).

ALOJAMIENTO

Santiago de Cuba. Av. de las Américas # calle M. T. 42634, fax 41756. El hotel más lujoso y más moderno de la ciudad. Ofrece todos los servicios de un hotel de cinco estrellas: tres piscinas, dos restaurantes y una discoteca en la última planta desde la que se divisa una bella panorámica de la ciudad.
Casa Granda. C/ Heredia 201 # calles San Pedro y San Félix. T. 86600, fax 6603558. Inaugurado en 1914, el hotel fue durante años el preferido de las personalidades y artistas que visitaron la ciudad: Jorge Negrete, Pedro Vargas, Imperio Argentina, Libertad Lamarque, Alicia Alonso, etcétera. Abandonado y «hecho leña» durante años, ha sido restaurado y ha abierto sus puertas ya renovado a mediados de los noventa. Tanto la sala-comedor como las habitaciones mantienen su aire decadente, tan atractivo como incómodo. La gran virtud del hotel: sus dos terrazas, la del primer piso abierta a la plaza (un mirador inmejorable tanto del exterior como de lo que se cuece en el interior; como diría un amigo: ¡palabrita del Niño Jesús!), y la terraza superior, en el 5º piso, con excelentes vistas de la ciudad y de la bahía; ambos espacios están muy concurridos.
Balcón del Caribe. Carretera del Morro, Km 7.5 (alejado del centro). T. 91011. Situado en un alcantilado sobre el mar Caribe, ofrece unas buenas vistas, y bañarse en su piscina da la sensación bañarse sobre el mar.
Las Américas. Av. de Las Américas # General Cebreco. T. 42011. Correcto aunque los años le pesan. Cuenta con la discoteca Havana Club.
Motel Rancho Club. Crta. Central, Km 4.5, Rpto. Altos de Quintero (alejado del centro). T. 33202 y 33280. Cuenta con un ranchón donde sirven buena vianda y con una discoteca/cabaret.
Versalles. Crta. del Morro, Km 3. T. 91016 y 91504. Cerca del aeropuerto y lejos del centro de la ciudad. Cuenta con 14 bungalós y una villa.
Villa Santiago (antes Villa Gaviota). Av. Manduley 502, Rpto. Vista Alegre. T. 41598.
Villa San Juan (antes Motel Leningrado). Crta. Siboney, Km 1. T. 42478, fax 86137, en la Loma de San Juan. Además de su nombre original, la arquitectura del edificio y el diseño de su interior evocan, ¡sin lugar a dudas!, las estrechas relaciones entre cubanos y soviéticos.
Venus. C/ San Félix # Heredia y Aguilera. Un hotel para trotamundos. Exótico vestíbulo con una sugerente estatua de Venus y un bar «canalla» al lado, separado por una celosía; escasa luz. Económico. En principio no aceptan extranjeros.
Económicos son los hoteles **Libertad** y **Rex** (en la plaza de Marte), **Imperial**, **Gran Hotel** y **Bayamo** (en la calle Enramada) y el **Aparthotel Villa Trópico** (en el Reparto 30 de Noviembre).

RESTAURANTES

Todos los hoteles citados, excepto los económicos, tiene restaurante, además:
La Maison. Av. Manduey, Rpto. Vista Alegre. Elegante y caro, el sueño del cubano de a pie. Hay pases de modas.
Zun Zun. Av. Manduey, Vista Alegre. También elegante y caro. Cocina criolla e internacional.
Don Antonio. Plaza Dolores. En un antiguo palacio. Balconeras y ventanales a la plaza; ofrecen comida criolla y marisco.
La Perla del Dragón. Plaza Dolores, junto al restaurante Don Antonio. Ambiente y cocina china.
La Taberna de Dolores. Plaza Dolores. Ambiente y cocina española, y criolla.
Matamoros. Plaza Dolores. Una cafetería con servicio de restaurante y música del Trío Matamoros; a pesar de la escasa luz, no dejar de contemplar el cuadro del famoso trío santiaguero.
El Baturro. C/ Aguilera # San Félix. Cocina española; un local con carácter, es decir poca luz y clientela cubana.
Taberna del Morro. Crta. del Morro y junto al castillo de San Pedro de la Roca del Morro. Cocina criolla y una terraza con excelentes vistas al mar Caribe.
1.900. C/ San Basilio # San Félix y Carnicería. Cocina internacional y criolla.

Ya hemos comentado que los «paladares» tienen problemas económicos, y por eso abren y cierran con suma facilidad; es difícil relacionarlos cuando su continuidad es dudosa, no obstante por probar tenemos: **Mireya** (Padre Pico 368 # Santa Lucía y San Basilio, a pie de escalinata) y **Mayito y Juana** (Heredia # Paraíso y Varanda).

DÓNDE TOMAR UNA COPA

Casa de la Trova Pepe Sánchez. Heredia 208 # San Félix y San Pedro. Punto de encuentro de los amantes de la música trovera; aunque hay sillas, la gente suele apartarlas para echarse un baile. En la antesala, y aparte, está el **bar Virgilio**, un establecimiento chiquito con una terraza no tan chiquita en la que suele actuar un trío compuesto por un guitarrista, una cantante maracarera y un cantante quedón; son casi sensacionales, o sin el casi. La copa es barata y un dólar es lo que tienes que poner en el vaso que el cantante paseará ante nosotros. Imprescindible.

Café La Isabelica. C/ Aguilera # Calvario. Por un día, exageremos (pero menos): las mejores combinaciones de café del mundo. Su especialidad, café Rocío de Gallo solo o con ron santiaguero (Caney, Matusalem y Paticruzado), nacional (Havana Club) o nicaragüense (Flor de Caña); con vodka; o café a la canela, con naranja, etcétera. Cierra sólo dos jueves alternos al mes. El local sólo tenía y tiene un inconveniente, un cliente asiduo, Enrique El Cojo, que paseando entre las mesas intenta explicar al paciente de turno su teoría de la prueba del 9. «¿Qué dices, hermano?». Vayan, no se lo pierdan.

Las Enramadas. Una cafetería entre la plaza Dolores y la calle Enramada; con una terraza muy agradable.

Alondra. Av. Victoriano Garzón. Más que un lugar donde tomar una copa un lugar donde degustar un helado.

FIESTAS Y DIVERSIONES

Carnaval. La fiesta (y diversión) por ontonomasia y también la más interesante de Santiago es el carnaval, que se celebra en julio. Por razones políticas en Santiago se cambiaron las fechas del festejo (la coincidencia con la recogida de la caña de azúcar, la zafra, ya saben), y mientras La Habana y Varadero, donde los carnavales son también «la fiesta», han recuperado, con variantes, las fechas convencionales (febrero-marzo), la ciudadanía de Santiago ha mantenido las fechas de julio para celebrar su carnaval. Aunque no llega a la popularidad de los de Barranquilla, Veracruz, Río de Janeiro o Salvador de Bahía, sus comparsas y congas tienen la suficiente personalidad para ponerse a nivel de aquellos, y con el guiño añadido de por que no disfrutar de un carnaval fuera de temporada.

A lo largo del año las comparsas (llamadas *caravalíes*) preparan el Carnaval, lo que nos permite, si no podemos asistir a la fiesta, ver los ensayos, las confecciones de los vestuarios, las coreografías y las construcciones de las carrozas. La comparsa más famosa es el Carabalí Izuamá, y también la más antigua; se remonta a principios del siglo XIX.

Dos aclaraciones, que no por sabidas, no está de más anotar: una, las congas son agrupaciones de músicos y bailarines que salen a desfilar sin orden ni concierto, se juntan y deciden «carnavalear», y dos, el carnaval no tiene nada que ver con la santería.

Focos culturales. Santiago es la ciudad más caribeña de Cuba. Allí, como en un crisol, se mezclaron las razas y culturas más que en ninguna otra región de la isla. Los esclavos africanos trajeron su música y sus costumbres, cuya máxima expresión son los bailes colectivos, que lograron mantener en Cuba contra viento y marea y por encima del dolor del látigo y también como paliativo de éste.

Hoy, ese aspecto tan importante del folclor cubano se mantiene vivo en los carnavales, las fiestas mayores y los festivales donde participan los santiagueros. Pero no hay que esperar al mes de julio cuando se celebran los carnavales para admirar esas manifestaciones folclóricas, sólo hay que visitar los Focos Culturales o *Carabalíes*, las casas donde ensayan los distintos grupos folclóricos que desfilan en los carnavales y participan en las fiestas populares. Entre ellos: **La Tumba Francesa** (c/ Los Maceo 501 # San Bartolomé. Ensayos los martes y viernes a partir de las 20.30 horas. Esta asociación fue fundada en 1852, aunque sus orígenes se remontan a la llegada a esta región de los emigrantes franceses que huían de la revolución en la cercana Haití, a finales del siglo XVIII. Esta sociedad mantiene vigentes los ritmos yubá, masón, cobrero y tahona, caracterizados por la elegancia de los bailarines y el ritmo cadencioso. Tienen reinas y reyes cantores. Un gran número de sus integrantes sobrepasan los 80 años, que participan con el mismo entusiasmo que sus descendientes que los acompañan). **Carabalí Izuama** (c/ Pío Rosado # Maceo y San Antonio. Ensayos los martes y viernes a partir de las 20.30 horas. La Carabalí Izuama es la más antigua de la ciudad y fue fundada por los hermanos Nápoles. De esta comparsa se salieron algunos miembros y fundaron la Carabalí Olumo). **Carabalí Olumo** (c/ Trocha 496. Ensayos martes y viernes a partir de las 20.30 horas). Estas dos últimas comparsas son imprescindibles en los carnavales santiagueros a los que dan inicio desde el siglo XIX. Cada comparsa tiene 31 integrantes; sus reinas y su corte y van seguidos por 100 vasallos. Las coreografías son de espectacular belleza. El toque de las *carabalí* es inconfundible, producido por el trabalenguas (tambor mayor), el bombo, el requinto, el fondo (una tumbadora pequeña) y la *maruga* o *chachá*. Estas comparsas imitan el vestuario de la corte española del siglo xix, contrastando con sus danzas e instrumentos enteramente africanos.

Otros focos culturales que podemos visitar si queremos ampliar nuestros conocimientos sobre el folclor santiaguero son: **Conga de los Hoyos** (c/ Martí # Moncada. Ensayos los viernes a las 21 horas; sábados a las 10 y a las 15 horas; domingos a las 10 horas. Es una de las más famosas y queridas de Santiago de Cuba; cuando desfila arrastra detrás de sí al pueblo bailando al son de su contagiosa música). **El Tívoli** (c/ Santa Rosa # Rabí y Padre Pico. Ensayos: lunes, martes, miércoles y viernes desde las 20 horas). **Paso Franco** (c/ San Pedro y Trocha. Ensayos viernes desde las 20.30 horas). **La Placita** (c/ Corona # Los Maceo y Habana. Ensayos de lunes a viernes desde las 20.30 horas. Pertenece a uno de los barrios más conocidos de Santiago, La Plación, y ofrece uno de los espectáculos más bellos del carnaval santiaguero tanto por su colorido como por lo impactante de sus ritmos). **El Comercio** (plaza de Marte 5. Ensayos de lunes a viernes de 20.30 horas en adelante; representa al Sindicato del Comercio y la Gastronomía).

Festival de la Cultura Caribeña. Durante el mes de julio, y coincidiendo con el Carnaval, tiene lugar este festival que convocado en un principio con propósitos políticos, hoy se ha convertido en el principal encuentro cultural del Caribe. Recitales poéticos, actuaciones musicales y folclóricas, y encuentros literarios, donde la poesía está muy presente, hacen de Santiago durante esos días la capital cultural del Caribe.

Cabaret Tropicana Santiago. Autopista Nacional, Km 1.5. T. 43036 y 43610. Igual que su homónimo habanero es a cielo abierto y sus espectáculos son más caribeños. Hay una discoteca anexa para aquellos que no gustan de la música «científica». Abierto de 10 de la noche a 3 horas de la madrugada.

Cabaret San Pedro del Mar. Cerca del hotel Balcón del Caribe. Uno de los mejores de Santiago.

Rancho Club. En el Motel Rancho Club.

Discoteca Espantasueños. En el hotel Santiago de Cuba. La más moderna y más de moda. Las vistas lo justifican.

Discoteca Havana Club. En el hotel Las Américas.

Roof Garden. En la última planta del hotel Casa Granda. Una terraza ideal para pasar la noche, viendo el cielo estrellado y la bahía.

COMPRAS

Ron y **tabaco**. En la ciudad podemos comprar ron santiaguero: Caney, Santiago, Matusalem o Paticruzado en la antigua **fábrica Bacardí**, en el puerto; y tabaco en la **fábrica de tabaco César Escalante**, también en el puerto.

Música. Compactos en la tienda **Egrem**, en la calle Enramada, y en la tienda **Artex** del Patio Peña de la Trova, en la calle Heredia, y casetes propios a los muchos músicos que amenizan los locales.

Libros. En la tienda que está en los bajos de la catedral, y en las tiendas de viejo que hay en la calle Heredia.

Artesanía. En la calle Heredia hay durante el día artesanos que venden su creaciones: maracas, güiros, pinturas *naïfs*, y recuerdos varios; también en la misma calle Heredia hay tiendas de anticuarios.

ALREDEDORES

Si vas al Cobre quiero que me traigas,
una virgencita de la Caridad,
yo no quiero flores,
quiero una virgencita para mi mamá

• **Basílica de Nuestra Señora de la Caridad del Cobre**. *Situada a 20 kilómetros de Santiago* y construida en 1927, en el pueblo minero de El Cobre –localidad por la que se presenta Fidel Castro como candidato al gobierno–, la basílica del Cobre es lugar de peregrinaje de los creyentes cubanos y de visita turística. Patrona de Cuba desde mayo de 1910, celebra su festividad el día 8 de setiembre.

La iglesia, sin ningún interés arquitectónico, está situada en un montículo que domina el valle a sus pies; la imagen de la «virgencita» está en una ornacina de vidrio que gira cuando hay misa hacia la misma iglesia, y cuando no hacia el oratorio donde en reclinatorios con dedicatorias los creyentes oran; desde las ventanas del oratorio se divisan las explotaciones mineras de cobre a cielo abierto. En la parte inferior del oratorio y en el acceso al templo están expuestas numerosas y curiosas ofrendas (exvotos): bastones y piezas ortopédicas, relojes, collares, y dos disquetes con la leyenda «para que la empresa no cierre». Se hechan en falta dos ofrendas: la estatuilla del Premio Nobel que le concedieron a Ernest Hemingway y éste donó a la Virgen de la Caridad –le dirán que está en la casa-museo de La Habana (Finca La Vigía, p. 197) y en ésta le dirán que está en El Cobre– y la cadena de oro que la madre de Fidel Castro ofrendó a la Virgen cuando Fidel estaba luchando en sierra Maestra –se preguntarán «... hasta hace poco estaba aquí»–. No dejen de reparar en algunos detalles curiosos como el agua bendita procedente de un bidón grandote de plástico, y un televisor encima de un bello altar/sagrario en madera en una pequeña habitación que comunica con la iglesia (es posiblemente anecdótico, pero puede servirles de pista para mantener los ojos bien abiertos).

La gente vende ramos de flores en los accesos, algunos preciosos, y en las mismas puertas del templo se ofrecen estampas, reproducciones en madera de la Virgen y trozos de cobre.

Las leyendas

Sobre la Virgen del Cobre hay, como era de esperar, algunas leyendas. Una de ellas hace referencia a la misteriosa aparición de la imagen. Según esta versión, hacia el año 1600 la estatua de la Virgen, que flotaba sobre un tablón de madera a la deriva, fue rescatada del empuje de las aguas por la/s gente/s (desconocemos la autoría de la hazaña).

Otra versión, algo más jaranera y no por ello menos creíble, relata los apuros (y añadimos nosotros, el descrédito) de la población ante las continuas fugas de la Virgen, guardada entonces en una sencilla iglesia de guano. Tras de varias virginales huídas, se decidió la construcción de una sólida basílica para su resguardo; por ahora parece que la «virgencita» está cómoda; no hay constancia de nuevas fugas.

Para los santeros la Virgen del Cobre es Ochún, la diosa que rige los ríos y las aguas.

Hacia el este y desde el entronque de Las Guásimas, una carretera nos lleva a la Gran Piedra tras pasar por el cafetal La Isabelica; por la otra carretera, la que bordea la costa, recorremos el **Parque de Baconao**, considerado parcialmente Reserva de la Biosfera.

• **Cafetal La Isabelica**. *A 4 kilómetros de Las Guásimas. Visita de 9 a 17 horas, domingos de 9 a 13 horas; cierra los lunes.* Esta

plantación cafetera fue creada a principios del siglo XVIII por Víctor Constantín, colono francés oriundo de Haití. Comprendía 13 haciendas y daba trabajo a 700 esclavos. Seferina de Lys, la última esclava de La Isabelica, murió en 1974 a la edad de 132 años. El edificio principal, hoy museo, exhibe entre otros objetos, muebles y aperos de labranza.

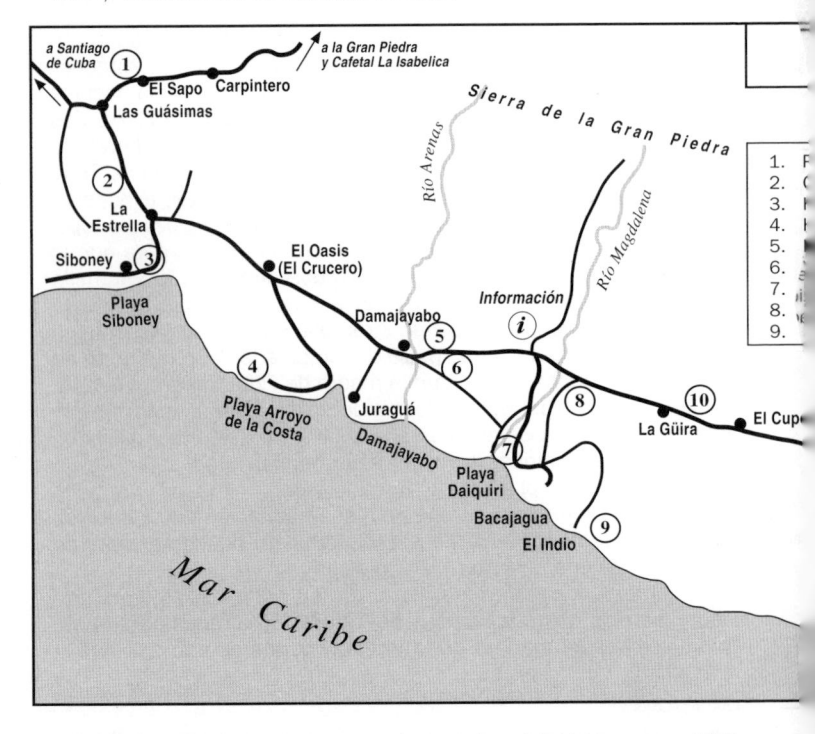

• **Gran Piedra**. *A 27 kilómetros de Santiago*. Es junto con El Cobre el lugar turístico más visitado e interesante de los alrededores de Santiago. En la sierra de la Gran Piedra se alza un mirador natural, con una altura de 1.225 metros sobre una enorme roca de unos 50 m de longitud por 25 m de alto. Para acceder al mirador, desde el que se divisa un grandioso y bello paisaje natural (la llamada sierra de la Gran Piedra abarca una superficie estimada en 10.000 km^2), hay que subir 452 escalones. En los aledaños y en el camino de ascenso al mirador de la Gran Piedra crecen llamativas variedades de helechos arborescentes –de las 21 que hay en la isla, 15 se localizan aquí y de éstas, 5 son endémicas–, orquídeas silvestres, rosas gigantescas de un color rojo intenso y frutales, no tan llamativos, como manzanos y perales. La fauna: tocororos (no conseguimos ver ninguno), ruiseñores, zunzuncitos y gran variedad de mariposas.

En los días claros y desde lo alto se puede divisar Haití y

RESERVA DE LA BIOSFERA DE BACONAO

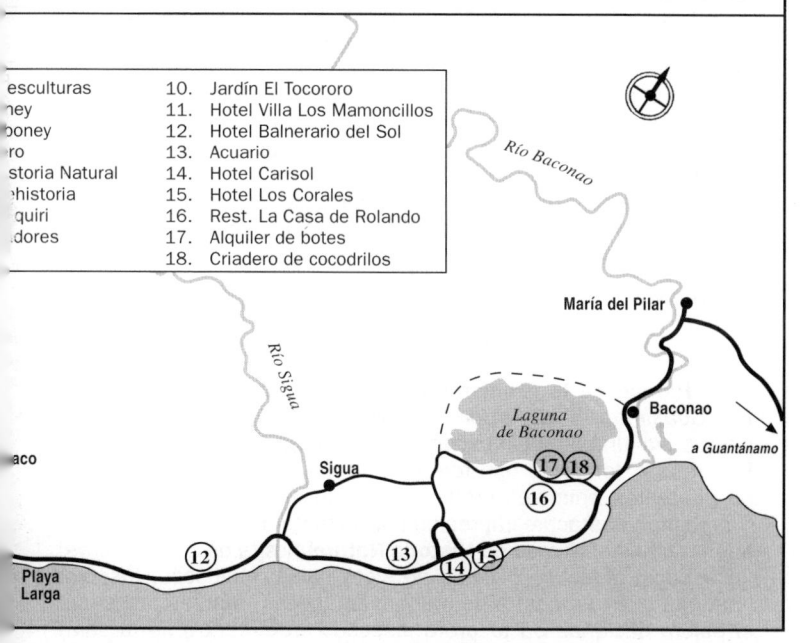

- esculturas
- ney
- boney
- ro
- storia Natural
- historia
- quiri
- dores

10. Jardín El Tocororo
11. Hotel Villa Los Mamoncillos
12. Hotel Balnerario del Sol
13. Acuario
14. Hotel Carisol
15. Hotel Los Corales
16. Rest. La Casa de Rolando
17. Alquiler de botes
18. Criadero de cocodrilos

Jamaica, y las noches de luna llena, si optamos por pernoctar en el lugar, pueden ser maravillosas. Para la excursión nocturna hasta el mirador no olvidar la linterna; los escalones de subida son un poco traicioneros a la luz del día y más deben serlo por la noche y sin luz.

En los alrededores de la Gran Piedra se localizan la estación sísmica **Río Carpintero** y la **cueva Atabey** (camino mal señalizado; imprescindible recabar los servicios de terceros, ya sea agente de viajes ó lugareño).

En las escalinatas de subida al mirador los artesanos ofrecen recuerdos y artesanías en improvisados tenderetes.

ALOJAMIENTO

La Gran Piedra. T. 51154 y 51203. Un hotel con 27 cabañas provistas de chimenea. Un lugar distinto y para romper las calurosas noches del verano santiaguero. Restaurante.

• **Granjita Siboney**. *A 14 kilómetros en dirección Baconao. Visita de 9 a 17 horas; cierra los lunes.* Estrechamente vinculada a la reciente historia cubana; en esta granja los asaltantes del Moncada tenían su cuartel general, donde realizaban ejercicios militares, prácticas de tiro y donde ultimaron los detalles del asalto, que llevaron a la práctica en la madrugada del 26 de julio de 1953 bajo el mando de Fidel Castro. Convertida en museo, se exhiben armas, uniformes, fotografías y diversos objetos utilizados en aquel asalto.

En la carretera que conduce desde Santiago a Siboney observaremos a ambos lados, como un «via crucis», lápidas que recuerdan a los combatientes caídos en el asalto al cuartel Moncada; señalan el lugar donde más o menos aparecieron los cadáveres.

• **Playa Siboney**. *A 15 kilómetros de Santiago y a uno de la carretera a Baconao.* Frecuentada por los habitantes de Santiago, está fuera del circuito turístico.

• Las playas **Arroyo de la Costa**, **Juraguá** y **Damajayabo** son las que siguen a Playa Siboney continuando por la misma carretera a Baconao y tomando las desviaciones indicadas.

ALOJAMIENTO
En Arroyo de la Costa, el **Hotel Bucanero**, T. 28130/54596, fax 86070, de 200 habitaciones y cámping. Excursiones, restaurante y alquiler de coches.

• **Parque de la Prehistoria**. *A 8 kilómetros del entronque de Las Guásimas, a 22 km de Santiago. Visita de 8 a 18 horas.* Un parque en una amplia explanada que engloba el Prado de las Esculturas, donde se han reproducido en piedra y a medida natural diferentes animales prehistóricos. Un descomunal hombre de Cromagnon destaca e impresiona al visitante. En el interior del parque tenemos el **Museo de Historia Natural** *(visita de 8 a 16 horas)*, un espacio didáctico dividido en siete salas: moluscos, insectos (con una buena muestra de mariposas), peces, reptiles, aves (con el pájaro nacional, un tocororo disecado en el centro de la sala), mamíferos y minerales.

DATOS ÚTILES
En el complejo hay un restaurante con comida criolla y también un local de la cadena El Rápido; un centro de información, una gasolinera y una oficina de Havanautos en la que «dicen» es posible alquilar un coche (no contrastado).

• Desde la carretera principal y desviándonos por vías sin asfaltar, aunque generalmente señalizadas, se llega a las ruinas de los cafetales franceses **Magdalena**, **La Prudencia** y **San Paul** *(a la izquierda de la carretera principal en dirección Baconao); a la derecha y a 30 kilómetros de Santiago* está **Playa Daiquiri**. Esta pequeña playa da nombre al célebre cóctel (recuerde: ron, zumo de limón, una cucharita de azúcar, hielo). Se cuenta que cuando el desembarco de las tropas estadounidenses en esta playa alguien, un cubano anónimo o un soldado heroico, ofreció esta bebida a la hija del secretario de la Armada, y futuro presidente de los EE UU, Theodore Roosevelt. Verdad o mentira (más lo segundo que lo primero) el hecho es que el cóctel lleva este nombre.

ALOJAMIENTO
Villa Daiquiri. T. 24849; casi 100 habitaciones y más de 60 bungalós.

• A pocos kilómetros de Playa Daiquiri siguiendo la misma

carretera encontraremos las playas de **Bacajagua,** un agradable arenal rodeado de montaña y con dos piscinas de obra en medio que la afean, y **El Indio**. A pocos kilómetros de esta última playa está el coto de caza del mismo nombre.

ALOJAMIENTO

En Bacajagua existe un ranchón típico, **Villa Colibrí**, donde no se come mal, a pie de playa; además y en el mismo complejo, **Hotel El Colibrí** (T. 86213, con 12 habitaciones y servicio de restaurante).
En El Indio, **Hotel Coto de Caza El Indio** (T. 86213, con 7 rústicas habitaciones, bar y restaurante).

• De regreso a la carretera principal y siguiendo la dirección Baconao encontramos las playas **Verraco** y **Larga** antes de llegar a una de las más conocidas, **Playa de Sigua,** que cuenta en sus alrededores con una piscina natural que forma el mar entre las rocas, con esculturas en su fondo, un parque con reproducciones de deidades prehispánicas, un jardín de cactáceas, un acuario y un parque de atracciones. Remitimos a los amantes del buceo al apartado correspondiente, p. 326.

ALOJAMIENTO

Los Mamoncillos en playa Verraco, y **Balneario del Sol** (T. 26005 y 26894; servicio «todo incluido») a pie de playa Larga.

• Al final de la carretera se llega a **Playa Baconao** *(a 44 kilómetros de Santiago)*, junto a la desembocadura del río Baconao, caudal hasta hace unos años navegable y utilizado para transportar madera y carbón. Al otro lado del río está la **playa de Caletoncito**, a la que se llega en lancha. Desde la desembocadura del río y por una carretera sin asfaltar que lo bordea se accede a la aldea de **María del Pilar**.

Podemos recorrer la laguna de Baconao en bote o canoa de alquiler o visitar el criadero de cocodrilos, que suponemos vivió tiempos mejores.

ALOJAMIENTO

Carisol. Crta. Baconao, Km 29. T. 28519. Un hotel con 166 habitaciones. Concurrido mayoritariamente por turistas alemanes.
Los Corales. Crta. Baconao, Km 30. T. 27304 y 27191. Cuenta con el restaurante Los Corales, que ofrece cocina criolla y buenas vistas.

RESTAURANTES

Taberna de Pedro el Cojo. En la Playa de Sigua, frente al acuario, una casa típica del campo cubano. Es un restaurante muy celebrado.
La Casa de Rolando. Cocina criolla y hermosas vistas del lago.
El Caimán. En la laguna Baconao.

• **Mayarí Arriba**. *En la sierra Cristal y a 58 kilómetros al noreste de Santiago por una carretera asfaltada.* Raúl, hermano menor de Fidel Castro, estableció en esta población el segundo frente de operaciones militares contra las tropas de Batista en julio de 1958; allí instaló su cuartel general. La carretera hasta Mayarí Arriba cruza una espléndida región montañosa; en el recorrido podremos observar árboles propios de la región como el anón (que da un fruto dulce como la miel), el mamoncillo, el cañandón (con buen sabor aunque con olor a pies), el zapote (mamey, en La Habana), aguacates, papayas, buganvillas, mangos, cunungüey (muy utilizado por los santeros) y muchos otros. La localidad cuenta con el **Mausoleo a los Mártires del 2º Frente Oriental Frank País**.

ALOJAMIENTO

Muy precario; campismo en la sierra y un cámping, más o menos convencional en la localidad de Loma Blanca.

• **Valle del Caney**. *A 5 kilómetros al noroeste de Santiago.* El valle que se extiende alrededor de la población de El Caney es famoso en toda la isla y parte del mundo por la dulzura de sus frutas. Podemos asegurar que el mango, seguro, es dulcísimo.

• **Puerto Boniato**. *A 10 kilómetros de Santiago por la carretera en dirección Holguín.* Un punto en la carretera desde el que se puede disfrutar de una excelente panorámica de la ciudad y de la bahía. En el poblado de Boniato y en su cárcel fueron recluidos los asaltantes del cuartel Moncada.

• **Parque Nacional Turquino**. *Al oeste de Santiago* y en los límites de la provincia se encuentra el Parque Nacional Turquino, en plena sierra Maestra, con los picos Real de Turquino (1.972 metros, el de mayor altura de Cuba), Suecia (1.954 m) y Cuba (1.810 m). El viaje hasta los pies del monte Turquino transcurre por una carretera que bordea el mar, entre manglares y playas solitarias y con la sierra Maestra al otro lado.

• *Tras alejarnos pocos kilómetros al oeste de Santiago*, nos encontramos con las playas **Mar Verde** y **Bueycabón**, muy concu-

rridas por los santiagueros, en especial los días festivos; tras pasar por las playas **Caletón Blanco, Hicacal** y **El Francés**, todas ellas solitarias, se llega a Chivirico.
- **Chivirico**. *A 68 kilómetros de Santiago*. Tras dejar atrás la bahía del Mazo empieza la zona turística (unos veinte kilómetros) de Chivirico, comprendida desde el río Sevilla hasta el río Guamá, llamada a ser con el tiempo otro centro destacado. Alrededor del pequeño pueblo de Chivirico y de las bonitas y bellas playas y calas que hay en los alrededores, se han construido, y se están construyendo, varios complejos turísticos donde se puede descansar y disfrutar de los deportes y actividades propias del sol y la playa. Remitimos a los aficionados al submarinismo al apartado correspondiente, Buceo, p. 334. Las playas son **Sevilla, Blanca, Virginia, Chivirico, Chiviriquito** y **Papayo**, todas ellas, y a pesar del turismo alemán y canadiense, casi solitarias; un paisaje «de película»: enfrente el Caribe y a nuestras espaldas sierra Maestra.

ALOJAMIENTO

Sierra Mar. Crta. Chivirico, Km 61. T. 0226337 y 02229110. En los márgenes del río Sevilla. Cuenta con todos los servicios para una estancia larga.
Los Galeones. Crta. Chivirico 72. T. 26160/26435, correo electrónico: galeones@smar.scu.cyt.cub. Igual que el anterior, pero más acogedor; sólo cuenta con 34 habitaciones.
Motel Guamá. Crta. Chivirico s/n. Inferior en categoría a los anteriores. Turismo nacional.

- **Ocujal**. *A 33 kilómetros de Chivirico*. Siguiendo por la carretera que bordea el mar y tras cruzar por delante del **Monumento Nacional El Uvero** en recuerdo de las luchas revolucionarias, se llega a Ocujal, población enclavada en la sierra Maestra, y campamento base ideal para intentar escalar el pico Turquino; el inconveniente es que no cuenta con servicios hoteleros (sólo hay un cámping en la cercana población de La Mula, a orillas del río del mismo nombre), hay que pernoctar en casas particulares, y la ventaja es que sus habitantes son buenos conocedores de los accesos al Turquino.

Hacia el oeste la carretera, en mal estado, nos lleva a la población de Pilón y desde allí a Marea del Portillo y a la playa Las Coloradas, dos importantes centros turísticos en la provincia de Granma (ver p. 212).
- **El Saltón**. *A 74 kilómetros de Santiago*. Hay que ir hasta Cruce de Baños, a 69 km al noroeste, y desde ahí desviarse 5 km. La carretera está como dicen cariñosamente los cubanos «hecha leña». En plena sierra Maestra aparece un salto de agua y un embalse natural, en medio de un bello paisaje. Es un lugar ideal para pasar una jornada o un par de días, como alternancia a unas vacaciones de sol y playa. La tranquilidad y la paz están aseguradas.

DATOS ÚTILES

La agencia **Viajes Fantástico** programa, por si queremos evitar el viaje en coche, excursiones de uno o días en helicóptero Av. de Las Américas # c/ M, Santiago de

Cuba. T. 335209/43445, fax 335209. En La Habana, c/160 # 9ª, Playa. T. 336044/336031, fax 336233).
Alojamiento en el **hotel El Saltón**, Municipio Tercer Frente, T. 42589, con 22 habitaciones.

■ SOROA

Balneario del municipio de Candelaria en la provincia de Pinar del Río. A 69 kilómetros de La Habana, a 88 de Pinar del Río, y a 16 de Las Terrazas.

Durante años fue el lugar ideal (y deseado) para pasar la luna de miel de miles de cubanos. Manuel, un pinareño revolucionario convencido nos lo recordaba en el vacío restaurante del balneario. Hoy los lugares de playa y los nuevos aires han dejado en segundo lugar a Soroa.

Situado en la sierra del Rosario, Reserva de la Biosfera, el complejo está rodeado de una multicolor vegetación con una arboleda de ceibas y algarrobos que en algunos ejemplares sobrepasan los 30 metros de altura. En el núcleo urbano está el Orquideario Soroa y en los alrededores la cascada del Arco Iris. Los dos lugares justifican por sí mismos el desplazamiento a esta localidad.

• El **Orquideario Soroa** *(visitas de 8.30 a 3.30 horas de la tarde, todos los días; la visita se hace acompañado de una guía y por un recorrido dirigido)*, único en Cuba y de los mejores que podemos encontrar en cualquier otro rincón del planeta, ocupa una superficie de 35.000 m^2 con unas 11.000 plantas, entre ellas 700 variedades de orquídeas, 250 propiamente cubanas, destacando la conocida como *zapatilla de la reina* por su forma, y la rareza de la *bomba coricia cubense*, que crece entre rocas. Entre las otras plantas destacan bellas begonias, mimosas (con la *mimosa púdica*, tan recatada que se encoge al tocarla), crotos de variada coloración, y un algarrobo de 200 años que es el abuelo del jardín.

Este espacio fue creado en 1943 por el canario Tomás Felipe Camacho en memoria de su hija fallecida en un parto; y como su hija era una amante y coleccionista de orquídeas, el padre empezó a plantar en orquídeas hasta convertirse el jardín en el excelente orquideario que hoy es.

• No obstante, la imagen más conocida de Soroa es su salto, la **cascada del Arco Iris** (algunos prospectos publicitarios añaden, de Cuba). Desde un ranchón, donde se aparca el coche en una explanada, se parte por un camino formado por pasarelas de piedras y escalones, en medio de un espeso bosquedal, que corre paralelo al río (quizá mejor riachuelo). Manantiales, hasta llegar a una caída de agua de una altura media (22 metros), al final de la cual hay una poza en la que podemos bañarnos. La caída de aguas a ciertas horas del día forma un arco iris. Durante el trayecto hay miradores para contemplar el paisaje y según la época del año (verano) muchos mosquitos.

DATOS ÚTILES
Excursiones organizadas. Desde La Habana, con **Rumbos** (calle Línea 60 # calle M,

Vedado, T. 662113 al 18) y **Horizontes** (calle 23 Nº 156 # calles N y O, Vedado, T. 334142).

Si viajamos en coche particular, el acceso es por la autovía dirección Pinar del Río, tomando un desvío al norte después de Candelaria.

ALOJAMIENTO

Villa Soroa. Crta. de Soroa, Km 8, Candelaria. T. 852122 y 852041. Un conjunto hotelero con cabañas alrededor de una piscina bastante grande.

RESTAURANTES

El Castillo de las Nubes. Situado en lo alto del montículo que domina Soroa. Buenas vistas y pobre cocina.
El Centro. En el hotel Villa Soroa. Cocina internacional y criolla. Una pianista, a veces, ameniza las comidas.
Ranchón. Al inicio de la visita a la cascada del Arco Iris. Cocina criolla y un conjunto cubano para amenizarla. Se exponen y se venden artesanías y grabados de artistas locales.

ALREDEDORES

- **Las Terrazas**. Ver p. 209.
- **Bahía Honda**. *A 30 kilómetros de Soroa, hacia el norte*, y tras atravesar una zona cafetera. Ensenada con una extensa playa, de unos 3 kilómetros, en su parte este; arena blanca y pinos a pie de agua. Una inmensa empresa de reciclaje de chatarrería impide por ahora que la bahía, de grandes posibilidades, se desarrolle turísticamente aunque es fecuentada por el turismo nacional.

DATOS ÚTILES

Desde la Terminal de ómnibus de La Habana salen guaguas regularmente. Hay un pequeño motel.

- **La Víbora**. *A 46 kilómetros, hacia el sur y después de desviarnos en la población de San Cristóbal en la autopista de La Habana a Pinar del Río*. Un coto de caza donde además se puede practicar la pesca en la **laguna La Víbora**; cercana está la playa de **Punta La Capitana**, solitaria y de blanca arena.

ALOJAMIENTO

Nos podemos hospedar en la **Hacienda Las Lagunas**.

■ TOPES DE COLLANTES, Parque Nacional

Complejo hotelero en la provincia de Sancti Spíritus. A 16 kilómetros de Trinidad, a 86 de Sancti Spíritus. 800 metros de altitud.

En la sierra de Escambray y a orillas del río Vega Grande se localiza este complejo cuyo corazón lo constituye el Centro de Salud y Descanso Topes de Collantes (Hotel Escambray), un hotel-sanatorio con una construcción más propia de las que hay en países fríos como Rumania y Bulgaria, que no en países cálidos. Y ni la altura y ni el fresco clima justifican el diseño, rarezas de la Revolución.

■ TOPES DE COLLANTES

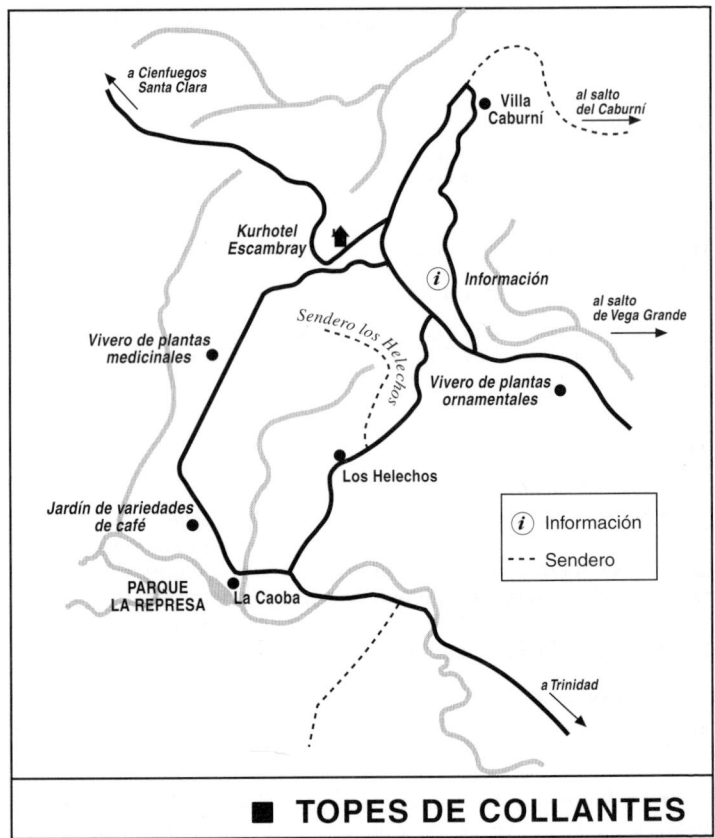

Desde Trinidad se accede por una carretera bordeada de gigantescos bambúes y matojos de margaritas también gigantescas; antes habremos dejado atrás un mirador sobre una plataforma de hormigón sin pulir, desde el que se disfrutan de excelentes vistas. Hacia el sur, la ciudad de Trinidad y el mar Caribe, y hacia el norte, la sierra de Escambray; bajo la plataforma hay una cafetería y en las escaleras de acceso artesanía en venta.

Topes («pelea de gallos») de Collantes, una zona que ha merecido la categoría de Parque Nacional Protegido, abarca una superficie de 12.494 hectáreas. Rodean el centro de salud desmesurados árboles: eucaliptus, sauces, abedules y un clima fresco en contraste de la calor que se soporta en Trinidad; una alternativa y una variedad a una estancia larga de sol y playa.

En nuestra visita podemos recorrer, a pie de carretera y sin señalizaciones claras, un centro de variedades del café y un jardín de plantas ornamentales; en el primero veremos 18 variedades de cafés (entre éstas las plantas cubanas de café, bomborro y caturza) procedentes de 18 países; a pesar de que no había indicadores del país de origen y estaba bastante abandonado, es una visita que aconsejamos; no así la del jardín de plantas, que están a la venta, pero la oferta es tan mínima que... En los bosquedales habitan más de veinte variedades de mariposas.

DATOS ÚTILES

Desde el hotel Las Cuevas de Trinidad salen algunos autobuses a Topes (no recomendamos la opción). Por otra parte, la carretera que desde Trinidad sube hasta Topes está en muy mal estado, por tanto: mucha precaución.
También en el hotel Las Cuevas de Trinidad nos pueden informar si se organiza alguna excursión conveniente.

ALOJAMIENTO

Kurhotel Escambray. T. 42 40117/40330. Un balneario tan feo por fuera como práctico y efectivo por dentro: piscina térmica, saunas, masajes, baños de vapor y tratamientos médicos. Más la posibilidad de hacer excursiones a los alrededores, tanto a pie como a caballo. Cuenta con servicio de restaurante.
Los Helechos. T. 42 40117/40330. Igual que el anterior, tienen los mismos teléfonos, pero más chiquito.

RESTAURANTES

Además de la posibilidad de comer en los dos hoteles citados, tenemos en los alrededores y con comida criolla:
La Caoba. Parque de la Represa. T. 40206.
Casa de la Gallega. Domicilio conocido.
El Cubano. Domicilio conocido
Hacienda Codina. Guanayara. T. 40117. En un cafetal; se organizan caminatas que parten desde el hotel Los Helechos (7 kilómetros).

ALREDEDORES

• **Salto de Caburní**. *A 12 kilómetros en carretera de terracería, y después de casi 3 de caminata* se encuentra en medio de un frondoso campo este salto de agua de 75 metros de altura, que justifica la excursión.

■ TRINIDAD

Ciudad de la provincia de Sancti Spíritus. A 74 kilómetros de Cienfuegos, a 70 de Sancti Spíritus, a 16 de Topes de Collantes y a 379 de La Habana. 48.000 habitantes. CT. 419.

HISTORIA

Aunque una placa en la ciudad recuerda que se ofició una misa en la Navidad de 1513, la villa de la Santísima Trinidad para la historia fue fundada por Diego de Velázquez en 1514. Trinidad, que es la tercera ciudad que levantaron los españoles en la isla de Cuba, conserva de la época colonial iglesias, casas y palacios con amplios y frescos patios, calles empedradas con cantos rodados, pero sobre todo un aire colonial, tranquilo. La UNESCO la declaró, en 1988, Patrimonio Cultural de la Humanidad, siendo con La Habana Vieja, las dos únicas localidades cubanas que tienen dicho galardón.

Situada a los pies de la sierra del Escambray y a pocos kilómetros, tierra adentro, del mar Caribe, Trinidad es un lugar tranquilo en un país tranquilo, pero no siempre lo fue. Durante años por su puerto, Casilda, entraron miles de esclavos negros en Cuba; Trinidad y Jamaica fueron durante muchísimas décadas las principales entradas de esclavos de todo el Caribe. Los esclavos se repartían por la isla, pero muchos se quedaban en los ingenios azucareros de la provincia. De la riqueza de aquellos años, producida por la venta de esclavos y por la explotación de la caña de azúcar, han quedado los palacios y casonas que se pueden ver por toda la ciudad, especialmente en los alrededores de la plaza Mayor. La prosperidad económica permitió a sus vecinos cursar una invitación al célebre naturalista alemán Alexander von Humboldt (1769-1859) en su expedición a Centro y Sudamérica para que pasara una temporada en la ciudad.

Hacia la tercera década del siglo XIX, la ciudad de Cienfuegos por su puerto, con mayor capacidad y sus comunicaciones, apartó a Trinidad de las preferencias del tráfico de esclavos y la ciudad languideció, quedando al margen del desarrollo y crecimiento económico y humano de Cuba. Afortunadamente esa marginalidad le ha permitido conservar el aire colonial del siglo XVIII, haciéndola una ciudad agradable y muy atractiva para el viajero.

VISITAS DE INTERÉS

- Podemos iniciar la visita en la **plaza Mayor**, en el centro de la ciudad vieja; por su diseño y elementos ornamentales constituye un claro ejemplo de estos espacios públicos que se construyeron durante los años coloniales. Rodean a la plaza por el norte el palacio Brunet, que alberga el Museo Romántico, la iglesia

1 Cabildo de San Antonio
2 Ermita de Ntra. Sra. de la Candelaria de la Popa
3 Museo de la Lucha contra los Bandidos
4 La Canchánchara
5 Plazuela Real del Jigüe
6 Rte. El Jigüe
7 Terminal de ómnibus
8 Museo Municipal de Historia
9 Museo de Arqueología y Ciencias Naturales (Palacio de Ortiz de Zúñiga)
10 Archivo Municipal de Historia
11 Museo Romántico (Palacio del conde Brunet)
12 Catedral de la Santísima Trinidad
13 Museo de Arquitectura (Palacio de Sánchez Iznaga)
14 Galería de Arte Universal
15 Rte. Mesón del Regidor
16 Fondo de Bienes Culturales Amelia Peláez
17 Palacio Iznaga
18 Casa del Tabaco
19 Agencia de viajes Rumbos
20 Tiendas Artex
21 Fábrica de Tabacos
22 Hotel La Ronda
23 Tiendas Caribe
24 Rte. El Colonial
25 Correos
26 Casa de la Trova
27 Casa de la Música
28 Hotel Las Cuevas
29 Iglesia de Santa Ana
30 Antigua cárcel Real

TRINIDAD (Centro)

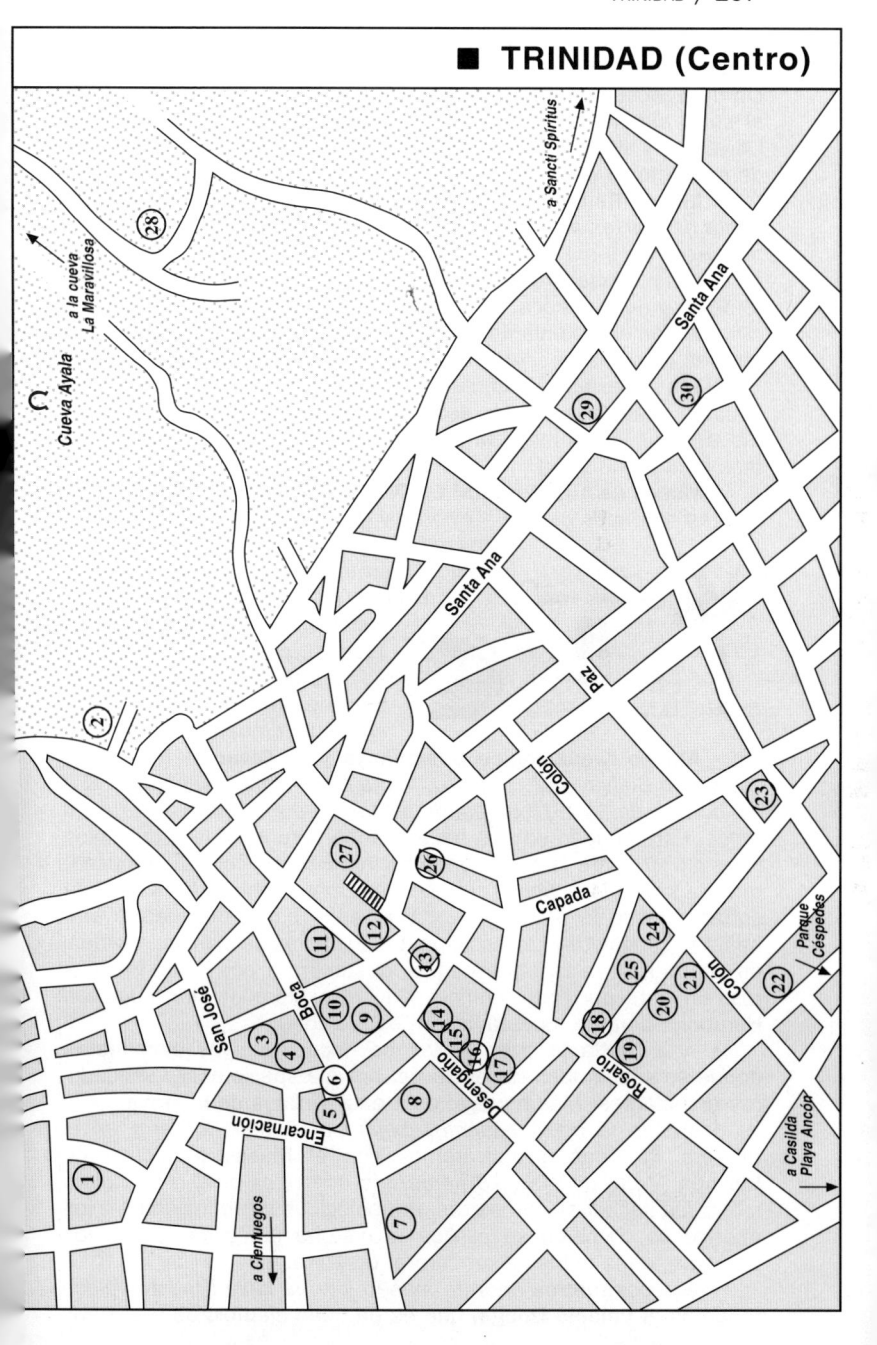

Cueva Ayala
a la cueva La Maravillosa

a Sancti Spiritus

Santa Ana

Santa Ana

Paz

Colón

Capada

Colón

Parque Céspedes

San José

Boca

Encarnación

Desengaño

Rosario

a Cienfuegos

a Casilda Playa Ancón

Parroquial Mayor de la Santísima Trinidad, la más sobresaliente de la villa, construida en el siglo XVIII; a su lado este tenemos el palacio de Sánchez Iznaga, hoy sede del Museo de la Arquitectura, en el sur y esquina a la calle Simón Bolívar está la Galería de Arte Universal, y al oeste, el palacio de Ortiz de Zúñiga, sede del Museo de Arqueología y Ciencia Naturales.

• **Museo Romántico**. *C/ Fernando Fernández Echemendía 52. Visita de martes a sábado de 9 a 12 horas y de 14 a 18 horas; los domingos de 9 a 13 horas; cierra los lunes.* Ubicado en el antiguo palacio del conde Brunet, este curioso museo recrea el ambiente romántico de su época. Fue residencia de Nicolás Brunet, propietario de numerosas plantaciones de caña de azúcar, dueño de centenares de esclavos y ennoblecido por el rey de España en 1836.

El museo exhibe joyas, muebles (muchos son los originales de la casa), platería, pinturas, esculturas y otros objetos pertenecientes a la familia Brunet. Su patio interior se tiene por uno de los más bonitos de Cuba.

• **Museo de Arquitectura**. *C/ Desengaño 83. T. 3208. Visita de martes a sábado de 9 a 12 horas y de 14 a 18 horas; los domingos de 9 a 13 horas; cierra los lunes.* Ubicado en la antigua **casa de Sánchez Iznaga**, exhibe el desarrollo arquitectónico y urbanístico de la ciudad, con curiosidades como la muestra de la construcción de paredes según la técnica del embarrado.

• **Museo Arqueológico Guamuhaya y de Ciencias Naturales**. *C/ Simón Bolívar 457. T. 3420. Visita de martes a sábado de 9 a 12 horas y de 14 a 18 horas; domingos de 9 a 13 horas; cierra los lunes.* Está situado en una bella casona reconstruida a principios del siglo XIX sobre la casa donde residió Hernán Cortés. El museo, que da a la plaza Mayor, ofrece una panorámica de la historia cubana desde la prehistoria, 3.500 años antes de nuestra era, hasta la conquista y colonización. En sus salas se exhiben, siguiendo el orden de la escala evolutiva, desde protozoos hasta mamíferos. En esta parte del edificio vivió el explorador Alexander von Humboldt durante su estancia en esta ciudad.

• Al este de la plaza Mayor se encuentran las **escalinatas** donde se subastaban los esclavos, hoy el espacio acoge vendedores ambulantes. Más hacia el este está la **Casa de la Trova**.

• *Desde la plaza podemos bajar por Simón Bolívar y en el número 423* nos encontraremos con el **Museo Municipal de Historia** *(visita de 10 a 18 horas; los domingos de 9 a 13 horas; cierra los sábados)*, con piezas arqueológicas pertenecientes a los aborígenes; también se explica la historia del comercio de los esclavos, de la industria azucarera, etcétera.

• *A pocos metros de este museo y en la calle Ernesto Valdés* tenemos el **Palacio Iznaga,** que es un buen ejemplo de estos edificios trinitarios. Perteneció a la familia Iznaga, propietaria de la Hacienda Iznaga (ver p. 272) en la que está el famoso campanario de 45 metros de altura, una de las imágenes frecuentes en los carteles turísticos de Cuba.

- **Iglesia de Santa Ana.** *Situada a unos 200 metros de la plaza Mayor, hacia el este;* construcción del siglo XVIII, siendo lo más notable su fachada y su torre, de estilo colonial.

- Hacia el otro lado, *al noroeste, de la plaza Mayor*, se encuentra el **antiguo Convento de San Francisco de Asís**, con una bonita torre, desde la que se disfruta de una bella vista de la ciudad. El convento alberga el **Museo Nacional de la Lucha contra los Bandidos** *(c/ Cristo –o F. Hernández Echerri– # Boca –o Piro Guitart–. T. 4121. Visita de 9 a 17 horas, los domingos de 9 a 13 horas, cierra los lunes)*, que ofrece una panorámica de los combates de las fuerzas revolucionarias contra las guerrillas contrarrevolucionarias que actuaban en la cercana sierra de Escambray en la década de los años sesenta. Entre las que curiosidades que exhibe hay una canoa y un camión; el museo ofrece exposiciones itinerantes.

- En la misma calle y una manzana más abajo de donde está el museo tenemos la **Plazuela Real del Jigüe**, en la que hay una placa dedicada a la primera misa que se celebró en este lugar en la Navidad de 1513 y que ofició fray Bartolomé de las Casas. En la plazuela hay un bello calambuco o árbol de María *(Crescentia cujete)*, que algún guía mal informado nos puede decir que es el árbol bajo el que se ofició la misa; no es cierto, este calambuco es de principios de siglo.

- Más hacia el sur de la plaza Mayor está el **parque Céspedes**, el punto bullicioso de la ciudad, donde los trinitarios se citan y pasan la tarde. Cerca se encuentra la **Fábrica de Tabaco** *(c/ Antonio Maceo –Gutiérrez– # Colón)*.

- **Ermita de la Popa.** *En las afueras de la ciudad, al norte, al final de Boca (Piro Guitart).* Es la iglesia más antigua que se conserva de Trinidad; fue construida a principios del siglo XVIII y su torre campanario es una de las imágenes más difundidas de la ciudad. La basílica debe su nombre a un hecho cotidiano: cuando los barcos se alejaban de la ciudad, desde la popa de los mismos se podía divisar el campanario.

- **Península Ancón.** Cerrando la ensenada de Casilda. En un principio la península se llamaba María Aguilar, pero su forma de anca de caballo hizo que popularmente se la conociera como «ancón» y así se ha quedado. En la península, una de las playas con arena fina y blanca más bellas de la costa sur, **Playa Ancón**. En estos podríamos decir «arrabales» de Trinidad, hay varios hoteles (Costa Sur y Ancón, el Cámping Guayabero y la Marina Cayo Blanco). Un buen lugar para la práctica del buceo; ver también p. 338.

DATOS ÚTILES

Información turística. No hay, que sepamos, ninguna oficina de información al uso; sin embargo, en los hoteles Las Cuevas y Ancón, este último en la península del mismo nombre, pueden ayudarnos.

PENÍNSULA DE ANCÓN

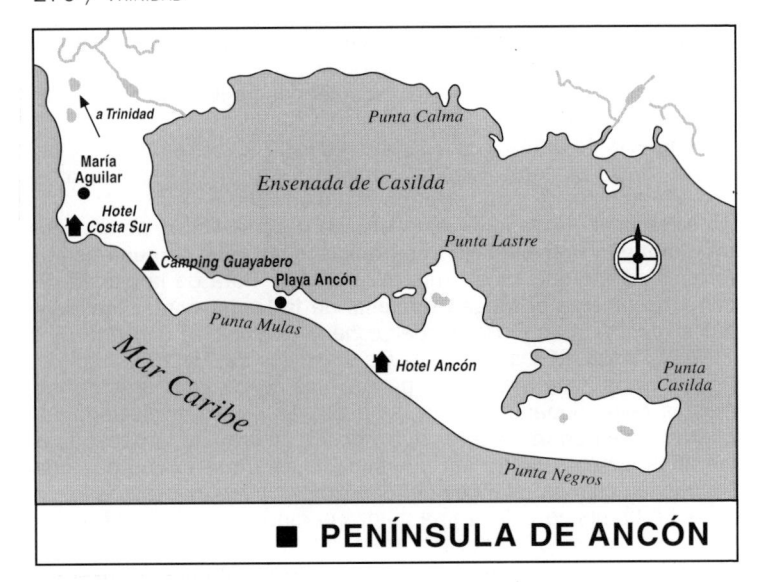

Terminal de ómnibus. Boca # Gutiérrez. T. 94448; servicio muy escaso.

Correos y teléfonos. En el parque Céspedes, uno al lado del otro.

Cambio de moneda. Se puede intentar en la oficina de Fintur, en la c/ Gloria antes de llegar a Boca.

Alquiler de vehículos. En el hotel Las Cuevas hay una oficina de **Transautos** (coches con y sin conductor).

Gasolinera. Frank País –o Carmen– # Rosario.

Excursiones organizadas. Rumbos (T. 942404/92264/94414) ofrece varios recorridos desde Trinidad, como por ejemplo, a la sierra de Escambray.

FIESTAS Y DIVERSIONES

Semana de la Cultura Trinitaria. Durante la primera semana del año, con fiesta grande los días 2 y 3 enero; diversos eventos culturales y folclóricos.
Fiesta del Cabildo de Santa Bárbara (Changó). El 3 de diciembre. Una fiesta llena de reminiscencias africanas.
Fiesta del Cabildo de San Antonio de los Congos Reales. El 13 de junio, día de san Antonio de Padua tiene lugar una colorida fiesta donde los elementos santeros están presentes; la fiesta empieza en la noche del día 12. El local de reunión del cabildo está en la c/ Isidro Armenteros 168. Un lugar curioso, recomendable para creyentes de Ochún y Changó.
Discoteca Las Cuevas. En el hotel del mismo nombre, pero con acceso independiente, lo que permite que los trinitarios puedan bailar con los turistas o viajeros.
La Casa de la Trova. Una manzana al sudeste de la plaza Mayor. El lugar para oír a los troveros, pero lejos de la atmósfera que se consigue en otras trovas, p.e. Santiago de Cuba.
La Canchánchara. C/ Rubén Martínez. T. 4345. A media manzana de la plaza Real del Jigüe está este local, restaurado, donde sirve la *canchánchara*, una bebida compuesta de miel de abeja, agua, un tinte de limón y ron a discreción (o al gusto); era la bebida de los mambises, que era como los españoles llamaban despectivamente a los guerrilleros independentistas. El lugar ha recuperado el sabor de antaño y es punto de encuentro de músicos y literatos trinitarios.

COMPRAS

Fondo de Bienes Culturales (c/ Ernesto Valdés), **Galería de Arte Universal** (en el lado sudoeste de la plaza Mayor) y la **Casa Santander** (domicilio muy conocido), son tiendas donde podemos adquirir cerámica y artesanía típica de Trinidad; también hay pinturas *naïf*, interesantes.

ALOJAMIENTO

Ancón. Crta. María Aguilar, Playa Ancón. T. 4011/31556 y fax 67424. Cuenta con piscina, pistas de tenis, servicio de restaurante y discoteca. Lo mejor es la playa de arena blanca y fina a la que se accede directamente desde el hotel.
Costa Sur. Playa María Aguilar. T 6100 y 6190. Las mismas cualidades que el Ancón, pero con algunos bungalós y la mitad de habitaciones.
Las Cuevas. Finca Santa Ana. T. 4013/19 y fax 2302. De categoría inferior a los dos anteriores, este hotel está sobre una colina que domina la ciudad. La finca donde se ubican las cabañas que forman el hotel perteneció primeramente a un hermano del presidente Machado, luego a un hermano del presidente Batista, y siempre combinó el servicio de hotel con la existencia de un casino. Algunas de sus cabañas tienen excelentes vistas sobre la ciudad y el mar. En el mismo recinto del hotel hay una cueva llena de historia, cuya visita es aconsejable. A pesar de que algunas de sus habitaciones piden a gritos un reforma casi siempre está lleno, por lo que es aconsejable efectuar reserva. Cuenta con piscina, servicio de restaurante y discoteca.
La Ronda. C/ Martí 238. T. 2676. De hecho es el único hotel que está en la propia ciudad, es chiquito, sencillo y suele usarlo el turismo cubano.
Cámping El Guayabero. En la península Ancón, entre los hoteles Costa Sur y Ancón; suele estar ocupado por los cubanos, especialmente los habaneros.

En Trinidad abundan las casas particulares que ofrecen habitaciones, algunas ya empiezan a tener forma de pensión, hemos seleccionado dos:
Hostal Cristina. T. 3054. Situado entre la Casa de la Trova y la iglesia Santísima Trinidad, es una casa particular con una amplia entrada, un amplio recibidor, donde cuelgan pinturas antiguas y un bello patio con muebles antiguos. Tienen una pequeña biblioteca. Si le gusta conocer a la gente, éste es su lugar; la familia que lleva el negocio es muy simpática y amable.
El Rintintín. C/ Simón Bolívar 553. Cuenta con tres habitaciones, con bonitas vistas sobre el pueblo y el mar.

RESTAURANTES

Los hoteles citados tienen servicio de restaurante, además:
El Jigüe. C/ Rubén Martínez Villena 70. T. 4315. En la plaza Real del Jigüe. Carne de aves. Buena cocina y un lugar agradable.
Trinidad Colonial. C/ Maceo 402. T. 3873. Cocina internacional.
Mesón del Regidor. C/ Desengaño (Simón Bolívar). Cocina internacional y criolla. Tiene un agradable patio. Algunas noches hay baile, y todas música en directo.
Santa Ana. Plaza Santa Ana. T. 3523. Cocina internacional.

Los paladares abundan, al igual que las casas que ofrecen habitaciones, entre otros:
Casa Estela. C/ Desengaño.
Las Delicias. C/ Martí 409.

ALREDEDORES

- **Cayo Blanco.** *A 40 minutos en lancha fuera borda y a 1 hora en un barquito desde la península Ancón.* Este cayo es ideal para pasar un día de sol y playa y, si apetece, practicar la pesca o el buceo (ver también p. 338). Hay un bellos fondos coralinos. Desde el hotel Ancón se organizan excursiones.

- **Valle de San Luis** o **Valle de los Ingenios**. *A 12 kilómetros en dirección a Sancti Spíritus.* En este valle, en los momentos de máximo desarrollo económico, finales del siglo XVIII y principios del XIX, se construyeron casi 50 ingenios azucareros que hicieron de Trinidad una de las ciudades más prósperas de Cuba. Aún perduran en el valle ruinas y restos de estos ingenios, entre los que destaca el de **Manaca-Iznaga**, con su torre de 45 metros de altura, que servía para que los propietarios pudieran ver en su totalidad la extensión de su hacienda y de paso, y como quién no quiere la cosa, comprobar si sus esclavos trabajaban. La imagen de la torre está tan difundida que se ha convertido en símbolo de la isla. Si queremos subir a lo alto de la torre para contemplar el paisaje, debemos tomar precauciones pues el suelo de las distintas plantas hace desnivel y las barandillas son bajas.

La leyenda de la torre

El lugar no escapa a la leyenda. El hacendado Iznaga era para su época un «humanista», y mantenía a los esclavos agrupados en familia, cuando lo habitual era separar a los esclavos de sus seres queridos (según una explicación comunista: «porque al estar juntos rendían más»). Pero sigamos con la leyenda. Se dice que Iznaga tuvo dos hijos. Uno de ellos construyó la torre por los motivos que más nos plazcan, y el otro, se le supone un poco envidiosillo, un pozo para suministrar agua a la ciudad que resultó tener la misma profundidad que altura la torre.

Este valle, junto con la ciudad de Trinidad, ha sido declarado Patrimonio Cultural de la Humanidad por la UNESCO.

RESTAURANTE

En el ingenio azucarero, en la casa-hacienda, hay un restaurante en la terraza posterior con cocina criolla; el entorno, con vistas parciales sobre el valle, es agradable.

- **Sancti Spíritus**. *A 70 kilómetros.* Ver p. 231.
- **Tope de Collantes**. *A 16 kilómetros.* Ver p. 263.

■ VARADERO

Centro veraniego de la provincia de Matanzas. A 142 kilómetros de La Habana, a 34 de Matanzas. CT. 5.

> *Fulgor de Varadero desde la costa eléctrica,*
> *cuando despedazándose,*
> *recibe en la cadera la Antilla,*
> *el mayor golpe de luciérnaga y agua,*
> *el sinfín fulgurario del fósforo y la luna...*
>
> Varadero de Cuba
> PABLO NERUDA

Situado en la península de Hicacos, en el noreste de la provincia de Matanzas, Varadero posee una larga playa de 20 kilómetros de arena blanca y fina. Es junto con Acapulco, Cancún, Río de Janeiro, uno de los destinos emblemáticos y más populares del turismo de sol y playa.

La península de Hicacos es una lengua estrecha de tierra firme que se adentra en el mar del golfo de México, formando la bahía de Cárdenas; la península se ensancha al final en unas salinas y con el cayo Buda forma las ensenadas de Punta Hicacos y Marín.

HISTORIA

El hallazgo de restos de aborígenes en las cavernas de la península (cuevas Viscaino, Musulmanes, Ambrosio), nos permite suponer que la estrecha y prolongada tierra, rica en pesca, estuvo habitada por los primeros pobladores de la isla. En un viejo mapa fechado en 1555 aparecen citadas las salinas de Punta Hicacos, famosas entre los navíos que surcaban aquellas aguas por su calidad y por su facilidad de carga. La explotación por la Armada Real Española a mediados del siglo XVII de la zona forestal aledaña a la playa y la construcción de un varadero donde reparar los barcos, prueban que no pasó inadvertida la riqueza y situación estratégica de la península a los españoles.

No obstante no se levantaron las primeras casas hasta la segunda mitad el siglo XIX, cuando los ricos comerciantes del tabaco y del azúcar eligieron Varadero como centro de veraneo. Primeramente serían familias de Cárdenas, la ciudad más cercana, las que adquirirían en propiedad terrenos junto a la playa, les siguieron las familias matanceras. Pero fueron los estadounidenses quienes durante los tres años (1899-1902) ocuparon la isla y vieron las posibilidades turísticas que ofrecía la península; así millonarios como Johnson e Irenée Du Pont de Nemours compraron extensos terrenos y construyeron casas poniendo de moda el lugar; que años después de la Primera Guerra Mundial ya figura como uno de los destinos turísticos preferidos de los veraneantes de entreguerras. Hoy, cuando el turismo no es exclusivo de elites sociales y se ha convertido en una industria importante, Varadero es uno de los destinos más elegidos en todo el mundo.

VISITAS DE INTERÉS

Los lugares de interés de Varadero son las playas de blanca y fina arena, y las actividades deportivas que queramos practicar o simplemente tomar el sol. La población se articula alrededor de una calle larga (avenida 1ra seguida de Las Américas) que atraviesa la población, al norte está la playa y al sur la bahía de Cárdenas. Las calles están ornamentadas con estatuas situadas frente a algunos hoteles y restaurantes, cerca del anfiteatro, y en la intersección de algunas calles. Son una serie de esculturas talladas especialmente para esta playa por un equipo de artistas internacionales quienes concluyeron sus obras en 1983.

- **Anfiteatro.** Una estructura movible, a la entrada de Varadero, muy cerca del puente levadizo sobre el canal de Mal Paso, desde el que se asiste como espectador a los celebrados festivales interna-

Estrecho de Florida

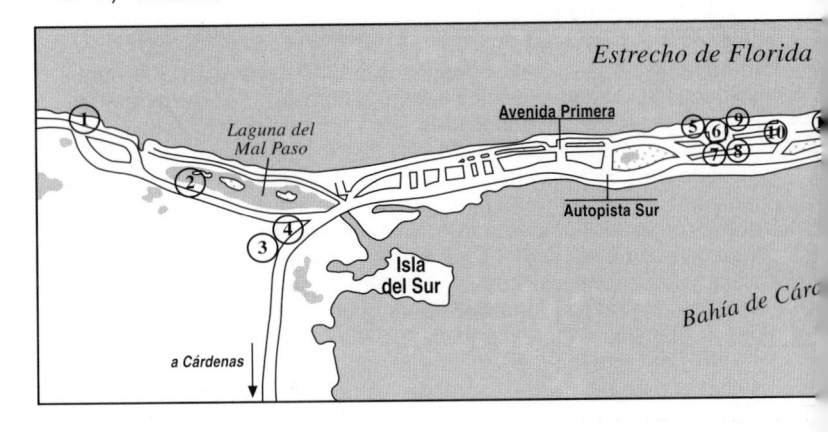

Laguna del Mal Paso

Avenida Primera

Autopista Sur

Isla del Sur

Bahía de Cárd

a Cárdenas

1 Hotel Oasis Tennis Centre	13 Hotel Bella Costa
2 Marina Acua	14 Rte. Las Américas
3 Centro de paracaidismo	15 Hotel Meliá Las Américas
4 Anfiteatro	16 Hotel Meliá Varadero
5 Hotel Internacional	17 Hotel Sol Palmeras
6 Hotel Riu Las Morlas	18 Cabaret La Cueva del Pirata
7 DHL/Correos	19 Marina Chapelín
8 Rte. El Mesón del Quijote	20 Delfinario
9 Hotel Villa Cuba	21 Hotel El Caney
10 Hotel Coral	22 Cámping Rincón del Francés
11 Hotel Club Varadero	23 Cueva de Ambrosio
12 Hotel LTI Tuxpán	24 Marina Gaviota Varadero

cionales de música que cada año, en el mes de noviembre, se celebran en Varadero con presencia de figuras internacionales. Desde finales de enero a finales de febrero, los fines de semana y coincidiendo con las fechas del Carnaval, el anfiteatro se convierte en un cabaret al aire libre con capacidad para miles de personas. Se presenta allí el mayor espectáculo musical de Varadero a base de música cubana y con actuaciones de ballet, danza moderna, grupos folclóricos, charangas típicas, orquestas y solistas.

• **Cactos gigantes de Varadero**. Una curiosidad botánica que sólo se puede admirar en Cuba. Crecen en los jardines Du Pont, cerca del restaurante Las Américas. Pertenecen a un género aislado, *Dendrocerus,* endémico de Cuba, que encuentra su hábitat en las playas y bosques cercanos a los litorales cubanos. La única especie viviente, como afirma el notable botánico cubano Alberto Areces, es la *Dendrocerus nudiflorus,* que es la de los gigantes de Varadero, una de las más primitivas de las cactáceas neotropicales. Aunque es endémica de Cuba, también crece en los montes costeros de Haití una variedad con características parecidas, la *Neoabbottia,* exclusiva de ese país.

Su antigüedad se calcula en unos 10.000.000 de años, en

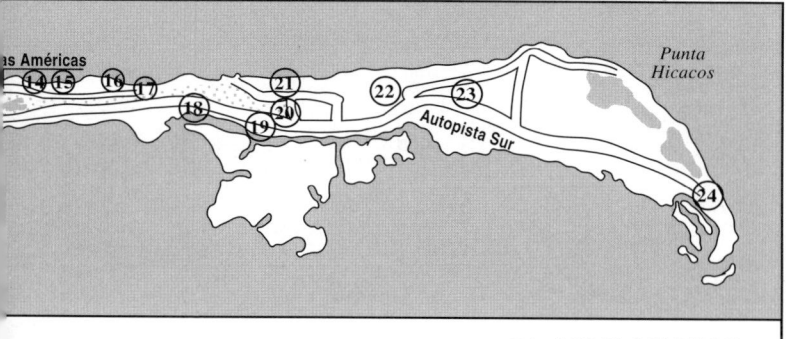

VARADERO

época del Mioceno Superior. Estudios realizados apuntan en el sentido que esta especie llegó a colonizar toda Cuba, hasta que empezó a declinar en el período del Plioceno. Hoy sólo es posible encontrarla en las costas más áridas de Cuba y en la playa de Varadero. Una característica peculiar de estos cactos es que cualquiera de ellos posee más de 200 años. Y hay uno, situado en la Punta del Rincón Francés, al final de la península, cuya edad se calcula en 500 años. Otra curiosidad de esta especie es que sólo florece de noche, en primavera, con flores de gran belleza y muy efímeras, pues se abren al anochecer y mueren antes de que salga el sol.

• **Centro Internacional de Convenciones**. *Autopista Sur, Km 1. T. 667895, fax 668160.* Cuenta con los más avanzados sistemas de comunicación, con varios salones, uno con capacidad para 500 personas y siete más con distintas aforos.

• **Museo Municipal de Varadero**. *Calle 57 # av. de la Playa. T. 613189. Visita de 9 a 19 horas, los domingos de 9 a 12 horas; cierra los lunes.* Una construcción de dos plantas que conjuga maderas y tejas, con portal corrido de 1920 en el estilo de las casas del sur de los EE UU. En la planta baja se encuentra una sala dedicada a la campaña de alfabetización de 1961; en las otras tres se muestra el desarrollo histórico de Varadero, aspectos de la ciencia en general y de la deportiva en particular.

• **Galería de Arte**. *Av. 1ra # calle 13. T. 667554. Visita de 9 a 19 horas.* Exhibición y exposición de pinturas, esculturas, serigrafías y grabados de pintores cubanos contemporáneos.

• **Taller de Cerámica Artística**. Av. 1ra # calle 60. T. 667829. Cerámica de artistas cubanos contemporáneos.

• **Cueva de Ambrosio**. *Autopista Sur, Km 17.* Una de las cuevas de la época prehispánica que se puede visitar. Se accede tras un recorrido por un sendero de 300 metros entre cactos arborescentes y mangles. En la cueva se cuentan hasta 72 dibujos rupestres.

1 Hotel Club Kawama	17 Asistur (asistencia al turista)
2 Anfiteatro	18 Hotel Caribe
3 Alquiler de vehículos (Havanautos)	19 Banco Financiero Internacional
4 Hotel Tortuga	20 Banco Nacional
5 Hotel Iberostar Barlovento	21 Banco Popular
6 Rte. Mi Casita	22 Havanatur (excursiones)
7 Hotel Acuazul	23 Terminal de ómnibus
8 Gasolinera	24 Correos
9 Hotel Bellamar	25 Hotel Villa El Caney
10 Rte. Lai Lai	26 Librería Hanoi
11 Alquiler de vehículos (Transautos)	27 Heladería Coppelia
12 Centro del información turística	28 Hotel Pullman
13 Gaviotatours (excursiones)	29 Hotel Dos Mares
14 Teléfonos	30 Rte. El Mesón del Quijote
15 Alquiler de bicicletas	31 Clínica Internacional
16 Apartamentos Mar del Sur	32 Centro Comercial Caimán
	33 Hotel Cuatro Palmas
	34 Hotel Copey Resort

• **Buceo**. Varadero está considerado como el principal centro de iniciación al buceo de Cuba y uno de los primeros del mundo. De este a oeste toda la península de Hicacos y sus 20 kilómetros de playa poseen atractivas zonas dedicadas a este espectacular deporte. Remitimos al lector interesado al apartado correspondiente, p. 310.

DATOS ÚTILES

Información turística. **Centro de Información para el turismo** (av. 1ra # calle 23, T. 666666; abierto de 8 a 23 horas). **Asistur** (Asistencia al turista, calle 23 nº 101 # avenidas 1ra y 3ra y c/ 31 y 1ra Av.; T. 667277; abierto de 9 a 12 y de 13 a 16 horas, cierra los sábados tarde y domingos todo el día). Y en las recepciones de los numerosos hoteles.

Aeropuerto internacional Juan Gualberto Gómez. T. 613016. A 23 kilómetros al oeste de Varadero.

Oficinas aviación en el aeropuerto. Entre otras, **Air Europa** (T. 667317), **Cubana de**

VARADERO (Centro)

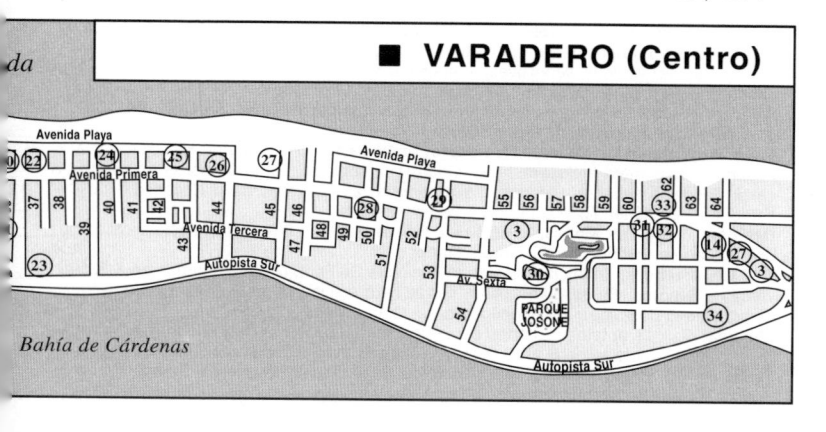

Aviación (T. 5667593), **Aerogaviota** y **Aerocaribbean** (T. 667096), **Aerovaradero** (T. 53623).

Terminal de ómnibus. C/ 36 y autopista. T. 612626.

Taxis. En las puertas de los hoteles suelen haber taxis esperando. También: **Taxi OK** (T. 667089), **Transgaviota** (T. 612620/612968), **Turistaxi** (Transtur; T. 613763/613566).

Cambio de moneda. En los hoteles y además: **Banco Financiero Internacional** (c/ 32 # Av. Playa 3202, T. 667002/667069). **Banco Nacional de Cuba** (1ra Av. nº 3.501 # calles 35 y 36; efectúan también operaciones propias de los bancos: adelantos sobre tarjetas de crédito, transferencias, etcétera; abierto de 8.30 a 15 horas, cierra los sábados y domingos. **Banco Popular** (c/ 36, muy cerca, al sur, del BNC). **Casa de cambio** (av. Las Américas # calle C).

Correos. Av. Playa 3.904 # calles 39 y 40. T. 613324. Abierto de 8 a 18 horas, cierra sábados y domingos. Para enviar paquetes: **DHL** (c/ 10 # Camino del Mar 319, y 1ra Av. # calle 64; abierto de 8 a 17.30 horas, sábados de 8 a 12 horas, cierra los domingos).

Teléfonos. C/ 30 # 1ra Av. T. 612222. Abierto de 8 a 17 horas, cierra sábados y domingos. Hay un servicio de urgencias de 8 a 23 horas todos los días.

Alquiler de coches. Oficinas de: **Cubacar**, frente del hotel Sol Palmeras (T. 667539), en el hotel Meliá Varadero (T. 667013) y en el hotel Tuxpán (T. 667639). **Havanautos** (oficina principal, 1ra Av, # calles 55 y 56, T. 667094; en el hotel Kawama, T. 613015; y en el aeropuerto, T. 667300). **Cubanacán** (c/ 31 # 1ra y 2ª avenidas, T. 63450).

Alquiler de motos y bicicletas. C/ 38 y 1ra Av., T. 613370/613714; abierto de 9 a 21 horas, y en varios establecimientos de la 1ra Av.

Excursiones organizadas. Hay muchísimas agencias que organizan excursiones por los alrededores y a otros puntos de la isla; entre ellas: **Viajes Fantástico** (c/ 24 # Playa, T. 337061, fax 337062). **Tour & Travel** (Playa nº 3606 # calles 36 y 37, T. 663713, fax 667036). Para excursiones de buceo, ver el apartado correspondiente, p. 310. **Rumbos** (c/ 32 # 1ra Av., T. 62506, fax 337034). **Playazul Travel** (Cubanacán; 1ra Av. # calle 13, T. 62384, fax 337034). **Cubavip** (en La Habana: T. 246827/802411, fax 246494; ofrecen también el servicio de alquiler de coches y yates).

Sanidad. **Policlínico Internacional** (1ra Av. # c/ 61. T. 667710/11 y 667689). Los hoteles Meliá Varadero y Sol Palmeras cuentan con consultorio médico las 24 horas del día.

Farmacias. En el Policlínico Internacional (ver más arriba). Óptica Varadero (1ra Av. # calle 42. T. 667525. Horario de 10 a 17 horas).

Policía. T. 115.

DIVERSIONES

Varadero como centro turístico de sol y playa, ofrece todas las diversiones posibles que el mar nos depara: buceo, *snorkel*, natación, paseos por las playas, en barca, pesca, etcétera; la posibilidad de distraernos jugando al tenis, golf, pasear a caballo entre otras actividades deportivas, y disfrutar de sus noches en sus discotecas y cabarets, o simplemente tomar una copa solo o acompañado bajo el cielo estrellado. Varadero celebra un carnaval bastante movido y que cada año va tomando más entidad (para más información, ver p. 363).

Marinas de Chapelín y **Dársena Varadero**. Ambas en la península de Hicacos, en la ensenada; la primera al final de la península, y la segunda, la más importante, al principio; desde la Dársena Varadero se organizan las «Regatas Cayo Hueso (EE UU)-Varadero» que tienen lugar a principios de noviembre.

Delfinario. Crta. Las Morlas. T. 668031. Visitas de 9 a 17 horas. Espectáculos con delfines amaestrados; tres funciones diarias.

Golf Las Américas. En los jardines de la hacienda Du Pont, con un recorrido de 3.239 yardas y 9 hoyos. En el momento de cerrar esta edición se está construyendo otro nuevo campo de golf en los alrededores del Gran Hotel.

Minigolf. Algunos hoteles disponen de minis mini-golfs, además hay uno mayor en 1ra Av. # calle 42 (abierto de 8 a 23 horas); 18 hoyos con muchos obstáculos.

Tenis. Hay canchas de tenis en los hoteles Oasis Tennis Centre (5 pistas), Copey Resort, Coral, Sotavento, Internacional, Meliá Las Américas, Meliá Varadero, Bella Costa, Sol Palmeras, LTI Tuxpán, Club Varadero, y Caribe. El horario oficial de las canchas es desde las 9 a 17 horas; en algunos hoteles están abiertas de noche.

Centro de paracaidismo. Vía Blanca, Km 3.5. T. 667260. Abierto de 8 a 17 horas, cierra los lunes. Para aprender y practicar el paracaidismo. El centro organiza competiciones internacionales.

Parque de atracciones. Calle 30 # 1ra y 2ª avenidas. Abierto de 12 a 22 horas.

COMPRAS

Centro Comercial Caimán. 1ra Av. # calles 62 y 63. T. 667692. Abierto de 9 a 19 horas.
Centro Comercial Copey. C/ 63 # 3ª Av. T. 667690. Abierto de 9 a 19 horas.
Boutique La Casona. 1ra Av. # calle 29. T. 667707. Abierto de 9 a 19 horas.
Floristería Varadero. Av. Playa # calle 42. T. 612738. Oferta de plantas autóctonas y ornamentales. Abierta de 8 a 12 y de 13 a 17 horas, los sábados de 8 a 12 horas; cierra los domingos.
Casa del Habano. C/ 63 # 1ra Av. T. 667843. Venta de habanos. Tienda homologada.

Para la adquisición de artesanía o recuerdos:
Tienda del Fondo Cubano y Bienes Culturales. Autopista Sur. T. 667895. Artesanía nacional como tallas de madera, objetos de cerámica, compactos, casetes, instrumentos musicales, etcétera.
Casa de la Artesanía Latinoamericana y **Casa del Artesano**. Ambas en la 1ra Av. y una casi al lado de la otra. Artesanía y objetos musicales.
En los bazares **Varadero** e **Hicacos**, en la 1ra Av. y también muy cercanos, reproducciones artísticas, grabados, pinturas, textiles y cerámicas de artistas cubanos.
Vídeo Centro. 1ra Av. # calle 28. T. 667706. Películas cubanas en vídeo de ficción y de carácter histórico, documentales, fotos y compactos. Abierto de 10 a 22 horas, los domingos cierra a 18 horas.
Joyería Coral Negro. Calle 63 # 3ª Av.
Librería Hanoi. 1ra Av. # calle 42. Amplio surtido en libros de diferentes temáticas. Interesante para los amantes del papel impreso y otras excentricidades.

ALOJAMIENTO

Contra lo usual en esta guía, relacionamos a continuación los hoteles por categorías. La relación no es exhaustiva pero sí representativa de una oferta para todos los gustos y bolsillos.

Entre los de cinco estrellas
Meliá Las Américas. Autopista Sur. T 667600, fax 667012. 225 habitaciones y 25 suites. Todos los servicios que usted pueda precisar.
Meliá Varadero. Autopista Sur. T. 667013, fax 667012. 483 habitaciones y 7 suites.
Club Varadero. Av. Las Américas Km 3. T. 337030, fax 337005. 270 habitaciones.
LTI Bella Costa. Av. Las Américas. T. 337010, fax 337205. 306 habitaciones. Jardín con plantas autóctonas y cartelitos que las identifican.

Entre los de cuatro estrellas
Paradiso Puntarena Tryp. Av. Kawama y Final. T. 667120, fax 667074. Cuenta con dos salones para convenciones.
Caribe. Calle G, Reparto La Torre. T. 667280/84.
Cascada. Calle K, Rpto. La Torre. T. 66 7280/84.
Caracol. Calle K, Rpto. La Torre. T. 66 7290/84.
Coral. Av. Las Américas # calles H y K, Rpto. La Torre. T. 667240/44. Cuenta con sala de convenciones y cancha de tenis.
Sol Palmeras. Del grupo español Sol. Autopista Sur. T. 557009, fax 667008. 375 habitaciones, 32 suites y 200 bungalós.
LTI Tuxpán. Crta. de Las Américas, Km 3.5. T. 667560, fax 667561. 235 habitaciones.
Club Las Sirenas. Av. Las Américas # calle K, Rpto. La Torre.
Club Tropical. 1ra Av. # calles 21 y 22. T. 667145.
Oasis Tennis Centre. Via Blanca, Km 130. T. 667380. En las afueras. Cuenta con 5 pistas de tenis.
Copey Resort. 2ª Av. # calle 64. T. 63012/3. Comprende los hoteles Atabey y Siboney y el centro Comercial Copey. Un oferta global.
Internacional. Crta. de Las Américas. T. 667038/39, fax 667246. En el mismo complejo y bajo la misma gestión, **Cabañas del Sol** (***), 66 chalés de una o dos habitaciones.
Gran Hotel. Crta. Las Morlas. T. 668243, fax 668202. Casi al final de la península, alejado.
Iberostar Barlovento. 1ra Av. # calle 10. T. 667140, fax 337218. 171 habitaciones.
Riu Las Morlas. Crta. de Las Américas, Rpto. La Torre. T. 613913, fax 667007. De la cadena española Riu.
Cuatro Palmas. 1ra Av. # calles 61 y 62. T. 667040, fax 667208. 222 habitaciones.
Punta Blanca. Av. Kawama. T. 668053, fax 667004.
Brisas del Caribe. Crta. Las Morlas. T. 668030, fax 667489.
Villa Cuba. Ctra. de Las Américas. T. 612975, fax 667207.

Entre los de tres estrellas
Villa Caleta. Calle 20 y Av. Playa. T. 667080/663914
Villa El Caney. Autopista Sur. T. 52519. Chiquito, seis habitaciones y directamente en la playa.
Bellamar. C/ 17 # calles 1ª y 2ª. T. 667490. Casi 300 habitaciones, piscina y discoteca.
Acuazul. 1ra Av. # calle 13. T. 667132/34.
Varazul. 1ra Av. # calles 14 y 15. T. 667132. No cuenta con servicio de restaurante.
Tortuga. C/ 9 # Bulevar y Av. Kawama. T. 662243.
Dos Mares. C/ 53 # 1ra Av. T. 662702. Un hotel chiquito, frente a la playa.
Apartamentos Mar del Sur. 3ª Av. # calle 30. T. 662426. De una o dos habitaciones; indicado para grupos.
Caribe. 1ra Av. # calle 30. T. 663310.
Herradura. Av. Playa # calles 35 y 36. T. 663703. El edificio en forma de herradura se abre al mar, aunque un feo muro nos separa de él.
Sotavento. C/ 13 # 1ª Av. y Camino del Mar. T. 667132. Casas tipo apartamento; no tiene servicio de restaurante.
Los Delfines. Av. Playa # calle 39. T. 667720. Un hotel chiquito, agradable, en la misma playa.
Villa La Mar. C/ 3 # calles 28 y 29. T. 663130. Atiende generalmente a clientes cubanos.
Club Kawama. 1ra Av. # calle 0. T. 613015, fax 667334.

Entre los de dos estrellas
Pullman. 1ra Av. # calles 49 y 50. T. 662575. Sólo 15 habitaciones.
Ledo. Av. Playa nº 4.302 # calles 43 y 44. T. 663206. Sólo 20 habitaciones, barato, pero con el inconveniente de que enfrente hay un bar ruidoso sin horario.

Cámping Rincón Francés. Al final de la península, en la Punta del Rincón Francés, a 30 minutos en coche del centro.

RESTAURANTES

Todos los hoteles tienen servicio de restaurante, ademas tenemos:
El Galeón. En la Marina Varadero. Autopista Sur. T. 66296. Cocina internacional, especialidad en pescados y mariscos.

Coral Negro. En el yate homónimo.
Las Américas. Ctra. de Las Américas. T. 667750. En la casa que fue del millonario Du Pont. Cocina internacional. Lujoso y caro.
Albaroca. Calle 59 # 1ra Av. # Camino del Mar. T. 613650. Especialidad en pescados y mariscos.
Bodegón Criollo. Av. Playa # calle 40. T. 667784. Cocina criolla.
La Cabañita. Camino del Mar # calle 10. Cocina internacional.
L'Altro Castel Nuovo. 1ra Av. # calle 11. T. 667786. Especialidades italianas. Su snack **Bonna Sera** está abierto las 24 horas del día.
Lai Lai. 1ra Av. # calle 18. T. 667793. Cocina oriental.
Mesón del Quijote. Ctra. de Las Américas, Rpto. La Torre. T. 667796. Cocina española.
Mi Casita. Camino del Mar # calles 11 y 13. T. 613787. Cocina internacional.
Retiro Joson. 1ra Av. # calles 56 y 58. T. 667224. Cocina criolla.
Pizzería Capri. C/ 43 # Av. Playa. T. 612117. Pizzas, económico.
La Barbacoa. C/ 64 # 1ra Av. T. 667795. Especialidad en carne.
La Vicaría. En la plaza central. Ecónomico, para los trotamundos.
Mediterráneo. C/ 54 # 1ra Av. T. 662460. Un restaurante con ambiente cubano. Cocina criolla en las noches cubanas y mariscos en las noches marineras. Los martes, espectáculo de cabaret.
Heladería Coppelia. 1ra Av. # calle 46. Helados y refrescos.
Casa de la Miel La Colmena. C/ 1ra Av. # c/ 26 y 27. En el mero centro, un lugar donde tomar refrescos, cocteles, infusiones y muchos dulces y miel.

CABARETS Y DISCOTECAS

Gran parte de los hoteles ofrecen discoteca propia (Bella Costa, Meliá Varadero, Tuxpán, Oasis, Bellamar, Kawama, Sol Palmeras, Riu Las Morlas); otros, cabaret (Continental). Además:
Mediterráneo. Ver en restaurantes.
Cueva del Pirata. Crta. Las Mortas, Km 11. T. 667130. En una cueva natural donde se ocultaba un pirata. Cabaret y discoteca.
Cabaret Varadero. Vía Blanca, en dirección Cárdenas. T. 667130.
Jardines Mediterráneo. 1ra Av. # calles 54 y 55. T. 612460. Cabaret
La Rada. Vía Blanca, Km 31. En la Marina Dársena de Varadero. Discoteca rockera.
Discoteca La Patana. Canal de Mal Paso. T. 612894.
Discoteca Kastillito. Av. Playa # calle 49. T. 613888.

ALREDEDORES

- **Cárdenas.** *A 16 kilómetros de Varadero.* Ciudad agrícola de la provincia de Matanzas que conserva cierto aire provinciano. Fue la primera población donde ondeó la bandera cubana. El mayo de 1850, el general Narciso López, al frente de una tropa compuesta de cubanos independentistas –los menos–, esclavos negros y mercenarios estadounidenses –los más–, tomó la ciudad de Cárdenas en un primer intento de desencadenar la batalla por la independencia de Cuba, pero tuvo que retirarse ante el inminente ataque de las tropas realistas y la indiferencia de la población de Cárdenas. Se adelantó casi veinte años a los acontecimientos históricos. La visita a la ciudad sólo se justifica si estando de vacaciones en Varadero, queremos ver algo de la Cuba que no tiene nada que ver con el centro de veraneo.

> **Narciso López, un adelantado**
>
> Narciso López, militar español y patriota cubano, nació en Caracas en 1798 y luchó en Venezuela con las fuerzas realistas en Carabobo. Tras la derrota viajó a España y participó en las guerras carlistas. Nombrado gobernador de Trinidad, se integró en la vida criolla cubana hasta el punto que fue destituido. Abiertamente convertido en independentista tuvo que huir a EE UU donde organizó una expedición mixta de cubanos y mercenarios con la pretensión de invadir la isla. Desembarcó en la

bahía de Cárdenas y tomó la ciudad en la que izó la bandera cubana. Ante la indiferencia de la población y el inminente ataque de las tropas españolas se retiró, pero volvió a intentarlo al año siguiente: desembarcó en Las Pozas, en la provincia del Pinar del Río. Fracasó de nuevo y fue hecho prisionero junto con sus tropas, mayoritariamente estadounidenses, y ejecutado a garrote vil el 1 de setiembre de 1851; días antes, el 6 de agosto de 1851, algunos de los miembros de su expedición, con el coronel de artillería Williams Crittenden al frente, fueron fusilados en los fosos de la fortaleza de Santo Domingo de Atarés, en La Habana.

La vida de la ciudad se desarrolla alrededor del **parque Colón**, dominado por la **iglesia de la Inmaculada Concepción**. Frente a la fachada de la basílica (1846), una estatua de Cristóbal Colón con el mundo a sus pies. En la calle Calzada nº 4, el **Museo Óscar María de Roja**, en una casa colonial restaurada. Todo un popurrí: historia de la ciudad, de las guerras de Independencia y de la Revolución en documentos y fotografías; fósiles, mariposas, etcétera.

DATOS ÚTILES
Alojamiento en el hotel **La Dominica** (parque Colón, T. 521502); destinado al turismo cubano al igual que el **Europa** (también en el parque Colón). Al lado del hotel Europa está la **Casa de las Infusiones**, apropiada para tomar un desayuno o merienda. Para una comida más potente: **El Rápido** (calle 12 # av. 3 Oeste) o el **Café La Cubanita** (en los alrededores de la plaza Molokoff, 5ª Avenida).

- **Matanzas**. *A 32 kilómetros de Cárdenas*. Ver p. 213.

■ VICTORIA DE LAS TUNAS
Capital de la provincia de Las Tunas. A 657 kilómetros de La Habana, a 203 de Santiago de Cuba, a 125 de Camagüey y a 77 de Holguín. CT 31.

Pocos viajeros se detienen en Victoria de las Tunas y realmente su interés turístico es escaso y el calor muy agobiante en pleno verano. Pero es una ciudad tranquila, lenta y con su poquita de historia. Durante las guerras de Independencia fue quemada dos veces, primero por el general Vicente García González, natural del municipio, y años más tarde por el general holguinero Calixto García Íñiguez.

Como resultado de tanto pirómano por metro cuadrado, de la ciudad colonial no queda nada (y ya no digamos de la precolonial), y como recuerdo de los dos héroes-incendiarios unas estatuas en su honor, además de decenas de otras con la esfinge de otros héroes independentistas y personalidades contemporáneas. De ahí que a Victoria de la Tunas se la conozca como «La ciudad de las esculturas».

El punto neurálgico de Las Tunas es el **parque Vicente García** desde el que parte la arteria principal de la ciudad, la **avenida Vicente García**. En ella podemos visitar (si vamos sobrados de tiempo) la **Casa de Vicente García**, ahora un museo y por donde el general empezó la quema de la ciudad, por su propia casa.

282 / VIÑALES

DATOS ÚTILES

Aeropuerto Hermanos Almeijeiras. Aeropuerto local al norte de la ciudad. T. 42900/42484/43266.

Cubana de Aviación. C/ Lucas Ortiz. T. 42702.

Terminal de ómnibus. A un kilómetro del hotel Las Tunas. T. 42444/43801. Las principales ciudad   de la provincia están conectadas con Victoria Las Tunas gracias al ferro-ómnibus (una mixtura entre tren y tranvía); los convoyes parten y llegan desde la estación adjunta a la del tren (calle Terry Alomá # calles Lucas Ortiz y Ángel de la Guardia).

Teléfono. En la calle Ángel de la Guardia, al este del parque Calixto García.

Cambio de moneda. Oficina del Banco Nacional en la av. 30 de Noviembre.

Gasolinera. C/ Francisco Varona # Lora y Menocal.

ALOJAMIENTO

Bayamo. Calle Lorenzo Ortiz, por debajo del parque Calixto García. T. 44296. Renovado y con un pequeño restaurante.
Las Tunas. Av. 2 de Diciembre. T. 45169. Cuenta con servicio de restaurante.
Ferroviajero. Frente a la estación del ferro-ómnibus. Muy sencillo.

ALREDEDORES

- **Puerto Padre y su bahía**. *A 50 kilómetros, hacia el noreste y tras cruzar la población de Vázquez*. En la bahía de Puerto Padre desembarcó por segunda vez Colón tras su llegada a la bahía de Bariay (p. 134), y antes de quedar impresionado ante la visión del Yunque de Baracoa (p. 92). Puerto Padre es una pequeña población alejada de los desarrollos turísticos afeada por una gran central azucarera en la bahía; tranquila y con bellas playas en su entorno: Chapaleta, La Boca, La Herradura y Covarrubias (difícil acceso).

DATOS ÚTILES

Alojamiento en el **Motel Balcón de Oriente** (carretera Central, Km 4) y **gasolinera**.

- **Bahía de Manatí**. *El pueblo de Manatí está a 45 kilómetros hacia el noroeste de Victoria Las Tunas, y Puerto Manatí, en la bahía, 18 km después*. Al igual que la bahía de Puerto Padre, un lugar tranquilo, desierto, de playas blancas por explotar. Otra central azucarera.

DATOS ÚTILES. Cuenta con escasos (por no decir ninguno) servicios turísticos.

■ VIÑALES

Población de la provincia de Pinar del Río, en el valle de Viñales. A 25 kilómetros de Pinar del Río y a 182 de La Habana. CT. 8.

La población de Viñales es Monumento Nacional y su valle (*el completo valle* como lo versificó José Lezama Lima) es Parque Nacional. Ambos, son uno de los destinos turísticos más interesantes de Cuba. Totalmente recomendable su vista.

La carretera de Pinar a Viñales, abundante en curvas y cambios de rasante, es temida por los chóferes cubanos que la tienen por una de las más peligrosas de la región. Pero eso no debe servirnos de excusa para no visitar el valle, cuyo principal atractivo son los mogotes, alturas aisladas con cimas planas y cubiertas de vegetación, que sobresalen sobre el llano valle. Formados en el jurásico superior, los mogotes de Viñales presentan formas muy curiosas, como «El Elefante» así denominado por su similitud con dicho paquidermo.

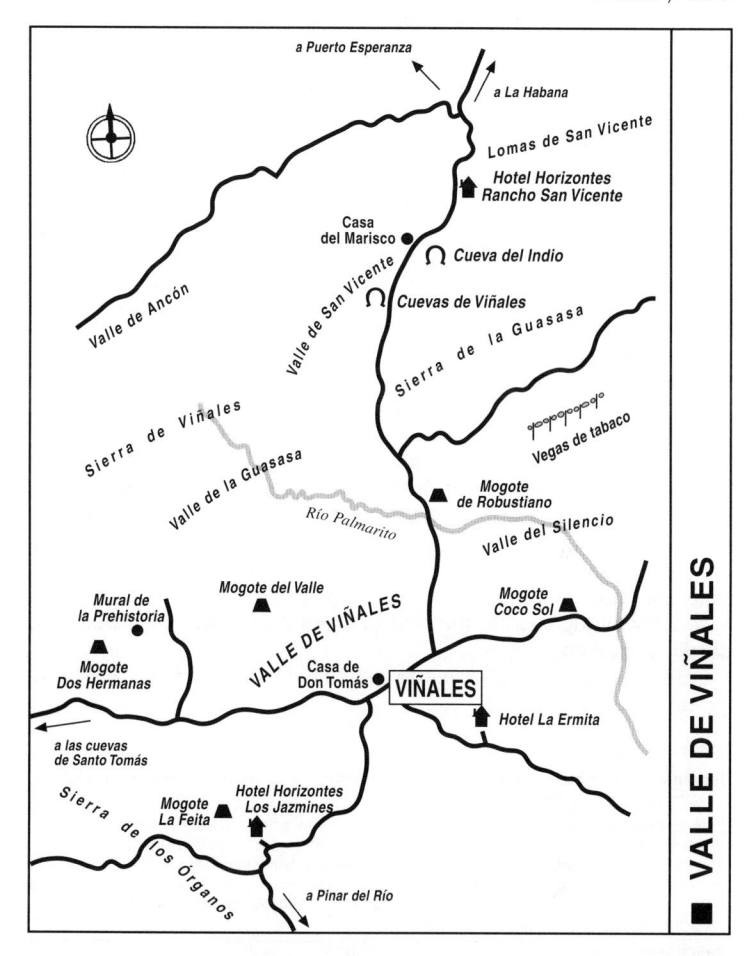

El origen de este valle se pierde en la noche de los tiempos. Sus mogotes son pródigos en cavernas, muchas ellas surcadas por ríos y con manantiales subterráneos.

• Dos son los lugares más visitados de la zona. El primero, la **cueva del Indio** *(abierta de 9 a 17 horas)*, de 4 kilómetros de largo, *se encuentra en el valle de San Vicente (dentro de lo que enten-*

demos como valle de Viñales) y en dirección Puerto Esperanza. Es posible recorrer la estrecha caverna del Indio en lancha con motor fuera borda. Se navega un largo tramo iluminado entre rocas, algunas tan salientes que obligan a agacharse, hasta llegar a un río de aguas frías que atraviesa el interior de la cueva. El lanchero va indicando e interpretando las curiosas estalactitas y estalagmitas que durante millones de años ha esculpido el agua. Cuestión de imaginación. La lancha nos deja al otro lado de la cueva.

• El **Mural de la Prehistoria** *se encuentra, tras cruzar la población de Viñales, en dirección sudoeste, en el valle de Dos Hermanas*. Este mural impresiona no tanto por sus cualidades artísticas como por su superficie de 120 metros de alto por 180 de ancho; obra del pintor cubano Leovigildo González, discípulo de Diego Rivera, muestra la evolución geológica de la sierra de Órganos, el más antiguo accidente geográfico de Cuba.

Entre los fósiles que se representan en el mural están los *ammonites* (se han encontrado miles de ellos), el *plesiosaurio,* el *megalocnus rodens,* mamífero que habitó en estas latitudes durante el pleistoceno, y el *homo sapiens*.

Viñales, a pesar del continuo trasiego de autocares que la cruzan, es una población tranquila, con sus casas pintadas de vivos colores, unos gallos preciosos y chulos paseando entre las casas, y con pocos lugares de interés: la **Casa de Cultura** y un pequeño **Jardín Botánico**.

Sólo los letreros ofreciendo habitaciones indican que estamos en un lugar turístico.

DATOS ÚTILES

Terminal de ómnibus. Los autobuses provinentes de La Habana tienen su parada en la calle principal de Viñales, T. 38129.

Excursiones organizadas. El mayorista **Cubanacán** ofrece un programa de 8 días, «Ruta Caminantes», en el que haciendo campismo se recorren diversos puntos de la provincia de Pinar del Río (Parque Nacional La Güira, San Diego de los Baños) además del valle de Viñales. **Horizontes** ofrece también una excursión de ocho días con visita a La Habana, Soroa, Guamá y Viñales. **Rumbos** y **Tour & Travel** (Havanatur) ofrecen excursiones de un día desde La Habana.

Gasolinera. A 10 km al norte de Viñales, en San Cayetano.

ALOJAMIENTO

Los Jazmines. Crta. de Viñales, Km 25. T. 93205/6 y 33404, fax 33 5042. Desde la terraza de la piscina y los balcones de sus habitaciones se disfruta de una bella panorámica del valle de Viñales con los mogotes. Impresionantes los amaneceres. Tienen discoteca y servicio de restaurante, aunque la cocina es un poco floja.
La Ermita. Crta. La Ermita, Km 2. T. 93204/08, fax 936091. También con vistas al valle. Cuenta con piscina y servicio de restaurante.
Rancho de San Vicente. Crta. de Puerto Esperanza, Km 38. T. 93200/1, fax 335042. A 5 km de Viñales, este hotel está estructurado en cabañas independientes. Cuenta con un manatial de aguas sulfurosas y servicio de restaurante. En la entrada al hotel hay una estalactita en una especie de caverna, con todas las interpretaciones que le queramos dar, desde un santo a una Virgen. El hotel ha sido reformado recientemente.
Casa Dago. Es una casa particular en medio de la población que se anuncia como hospedaje y restaurante (paladar)
En la población de Viñales hay varias casas particulares que ofrecen habitaciones.

EXCURSIONES DESDE VIÑALES

RESTAURANTES

Además del servicio de restaurante de los hoteles citados, tenemos:
Casa de Don Tomás. En la población de Viñales y en un edificio de 1822 restaurado. T. 93114. Cocina criolla.
Casa del Marisco. Enfrente de la cueva del Indio. Como su nombre indica pescado y marisco, traído del próximo Puerto Esperanza.
Ranchón Mural de la Prehistoria. Enfrente del Mural de la Prehistoria. Especialidad el lechón, no hay servicio de cenas.

DIVERSIONES

La población y el valle de Viñales son dos lugares muy tranquilos, no obstante quienes quieran bailar pueden hacerlo en las discotecas de los hoteles Los Jazmines y El Ranchón San Vicente y sobre todo en la discoteca **Cuevas del Viñales**, en el interior de la cueva del mismo nombre, donde desde la ocho de la tarde se puede bailar con estridencia y rayos láser hasta la madrugada.

ALREDEDORES

- **Pinar del Río**. *A 25 kilómetros*. Ver p. 220.
- **Gran Caverna de Santo Tomás**. *A 15 kilómetros de Viñales, en la localidad de El Moncada*. La caverna de Santo Tomás está considerada como el sistema más grande de galerías subterráneas de todo América. Unas 25 cuevas integran este complejo del que se han explorado y cartografiado más de 15 kilómetros. Hasta la fecha se desconoce su extensión total. Las galerías, que comunican el valle de Santo Tomás con el valle de Quemados, son monumentales y de gran riqueza espeleológica. Una de las cuevas que más sobresale es la «del Salón», de 1 kilómetro de largo. Se le denomina así por haber sido utilizada durante años por los campesinos para celebrar allí sus fiestas y reuniones.
- **Cayo Levisa, Puerto Esperanza** y **Cayo Jutías**. *Situados al norte de Viñales y pertenecientes, los cayos, al archipiélago de Los Colorados*, estos tres emplazamientos tienen el interés de estar

fuera de los circuitos turísticos, pero ya en primera línea de los futuros desarrollos turísticos. En Cayo Levisa, cercano a **Cayo Paraíso**, lugares paradisíacos ambos, ya se ofrece el servicio de cabañas (Villa Cayo Levisa) que se contratan desde Viñales.

Puerto Esperanza es un puerto pesquero bastante activo y sin ningún interés para el turista, pero muy próximo está el Cayo Inés de Soto, al que se puede acceder alquilando una lancha y un lanchero. El lugar es algo más que solitario.

Y por último, **Cayo Jutías**, que junto con la bahía de Santa Lucía es otro lugar con inmensas posibilidades, y en ello están los responsables de turismo del país. Hoy desde el cruce de San Cayetano al norte de Viñales y después de 22 kilómetros se accede a este lugar donde se puede practicar el submarinismo.

■ YUMURÍ, Valle del

Valle de la provincia Matanzas. A 5 kilómetros de Matanzas, a 82 de La Habana, y a 42 de Varadero.

Otro de los muchos valles preciosos de Cuba, superado en fama por el de Viñales, es el del Yumurí, cercado por los ríos Yumurí y Bacunayagua, que desembocan en la bahía de Matanzas y al oeste de esta ciudad.

Forma el valle un círculo de verdes colinas que, a manera de barrera natural, bordea la planicie interior de la hermosa hondonada, donde pueden verse pequeñas fincas, entre éstas un centro de salud. Gracias a su vegetación y clima es desde hace años un centro turístico para matanceros, habaneros y últimamente extranjeros. Como buen lugar cubano tiene sus leyendas, tan literarias como fabulosas.

Las leyendas del valle

La leyenda moderna se remonta al 3 de febrero de 1861. Se cuenta que en aquella fecha el acróbata francés De Lave cruzó el valle (¿parte? ¿todo?) sobre un cable tendido a 180 metros de altura.

La leyenda clásica narra que en el valle de Yumurí vivía una comunidad aborigen, cuya princesa, una bella india llamada Coalina, fue encerrada en casa por su padre ante el temor de que se cumpliera una profecía según la cual, si ella se enamoraba, ocurriría una desgracia en el poblado. El cacique camagüeyano Nerey, enterado de la belleza de Coalina, decidió conocerla y tras vencer numerosos obstáculos logró su propósito. Inmediatamente surgió el amor entre ambos y ese día, para asombro de todos, tembló la tierra, se abrieron las colinas y se formó El Abra, por donde el río Yumurí, en loca carrera hacia el mar, arrastró a los amantes.

ALOJAMIENTO

Motel Horizontel Casa del Valle. Carretera de Chirino, Km 2. T. 5264584, fax 5263118. Una hermosa casa-quinta que perteneció a un mandatario local de la época del gobierno de Batista. Hoy con unas 40 habitaciones ofrece todos los servicios turísticos necesarios y excursiones a los alrededores para pasar unos días de descanso; también programas de salud muy completos.

■ ZAPATA, Ciénaga de

Humedales de la provincia de Matanzas.

Situada en la península de Zapata, en la provincia de Matanzas, esta área fue durante años un cenagal insano en el que abundaban los cocodrilos y donde la malaria era endémica. La Corona española ni siquiera intentó la explotación de la zona y ni mucho menos su repoblación. Siempre ha sido un área poco poblada y toda actividad económica se reducía a la labor de los carboneros. Tras el triunfo de la Revolución la ciénaga acoge el **Gran Parque Natural de Montemar** (ver p. 216), con diversos puntos interesantes abiertos al turismo, entre otros: **Guamá** (ver p. 124), **Playa Girón** (p. 226) y **Playa Larga** (p. 227).

NOTAS

■ **EN LAS AFUERAS DE SANTIAGO DE CUBA**
(fotos de C. Miret y E. Suárez)
Arriba: **Ceiba de la firma de la Paz, en la Loma de San Juan**
Abajo (I y D): **Mausoleo de J. Martí en el cementerio de Santa Ifigenia** y **vista desde el castillo de la Roca del Morro**

EL VALLE DE LA PREHISTORIA (SANTIAGO DE CUBA), UNA CURIOSA REPRESENTACIÓN DE AÑOS PASADOS

(fotos de C. Miret y E. Suárez)

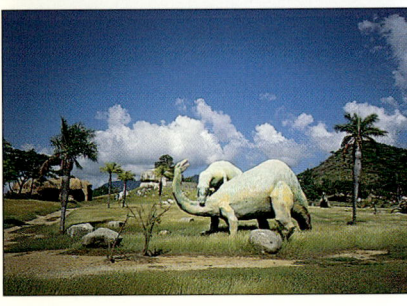

BUCEO ✹ EN
CUBA

Toni Vives

INTRODUCCIÓN

Cuba, la isla Grande del Caribe, se ufana de ser un paraíso, pero bajo sus aguas esconde un segundo paraíso. Es el Edén sumergido, un universo prodigioso dispuesto a descubrir sus secretos a los buceadores más exigentes.

Jacques Cousteau, el más popular de los divulgadores del submarinismo, dijo que Cuba ofrece algunos de los mejores buceos del planeta. Jacques Dumas, otro de los pioneros del buceo en escafandra, no escatimó elogios de los fondos cubanos. El gran escritor Ernerst Hemingway no pudo saborear la inmersión, puesto que en la época que frecuentó Cuba todavía no se había inventado la escafandra autónoma, pero a pesar de ello ya intuyó que bajo «el gran río azul» había un mundo fascinante.

Las condiciones geográficas de la isla son excepcionales. La orientación este-oeste, el efecto de las brisas marinas y los vientos alisios y los muy breves frentes fríos invernales, convierten a Cuba en una zona privilegiada para el buceo deportivo. La temperatura de las aguas que no baja de los 24º C y su sensacional transparencia invitan a la inmersión. A ello hemos de sumar la ventaja de contar con 5.000 kilómetros de costas y la existencia de la segunda barrera coralina más extensa del mundo, con 850 kilómetros de arrecife, que ha hecho emerger cientos de pequeños y solitarios cayos.

Los fondos son de una variedad inimaginable. Sus formaciones semejan castillos, valles y montañas... Las paredes verticales que se precipitan hacia un abismo azul intenso son otro de los atractivos sumergidos y escondidos a los ojos del turista.

Y para que el visitante que acude a Cuba pueda también gozar de las bellezas misteriosas de sus mares, se han establecido 15 zonas de inmersión que por el momento son explotadas por 26 centros de buceo.*

---

* Al cierre de esta guía, se está trabajando a buen ritmo en la construcción de nuevos centros de buceo.

Otra de las grandes ventajas de acudir a Cuba para bucear es poder contar con un amplio grupo de instructores de la Federación Cubana de Actividades Subacuáticas, reconocidos por la CMAS (Confederación Mundial de Actividades Subacuáticas).

En cualquier centro de la isla aceptan todas las titulaciones internacionales: SSI, PADI, NAUI, CMAS, ACUC, y si se carece de titulación, es posible realizar en Cuba un curso introductorio, un bautismo submarino, o, si se desea, un curso completo. Debido a problemas derivados del bloqueo económico y político que soporta la isla, los centros de buceo, en su mayoría, están adheridos a ACUC (American and Canadian Underwater Certification Inc), pudiendo de esta manera impartir clases y otorgar certificados internacionales de buceo y licencias homologables en todo el mundo.

Bucear en Cuba es además muy seguro pues, hasta el momento, cuentan con 5 cámaras hiperbáricas, que permanecen en servicio las 24 horas del día y siempre se encuentran bajo la supervisión de médicos especialistas en medicina subacuática.

Y, ya en los fondos, podremos admirar más de 50 clases de corales entre blandos y duros; 200 clases de esponjas tubulares, con una coloración propia de un artista fauvista. Los peces están representados por unas 500 especies, la mayoría exóticas.

También tendremos oportunidad de visitar muchos pecios. Entre la multitud de barcos hundidos algunos lo han sido recientemente y adrede, para que formen arrecifes artificiales y sirvan como hábitat de peces y motivo de visita de los buceadores. Otras naves se fueron a pique cuando seguían las principales rutas de navegación: paso de los Vientos, canal Viejo de las Bahamas, canal de Yucatán. A veces se hundieron de manera fortuita o a causa de accidentes, guerras, asaltos de piratas o galernas y ahora todos ellos son ya historia submarina que los buceadores podremos seguir al contemplar sus restos.

FAUNA MARINA DE CUBA

Especies coralinas	Profundidad (metros)
Acropora cervicornis	1 - 40
Acropora palmata	1 - 20
Agaricia agaricites f. bifaciata	1 - 45
Agaricia agaricites f. indeterm.	1 - 70
Agaricia agaricites f. massiva	2 - 30
Agaricia agaricites f. unificaciata	1 - 70
Astangia solitaria	1 - 45
Caryophyllia smithi	30 - 70
Coenocyathus bartschi	3 - 70
Colpohylia natans	1 - 70
Dentrogyra cylindrus	2 - 15
Dichocoenia stokesi	2 - 55
Diploria	1 - 35
Eusmilia fastigiata f. typica	1 - 70
Favia fragum	2 - 40
Gardineria minor	3 - 70
Helioseris cucullata	1 - 70
Isophyllia sinuosa f. indeterm.	1 - 35
Isophyllia sinuosa f. rigida	1 - 48
Isophyllia sinuosa f. typica	1 - 35
Madracis decactris f. mirabilis	1 - 55
Madracis decactris f. typica	1 - 70
Madracis formosa	10 - 70
Manicina aerolata	1 - 48
Meandrina meandrites meandrites f. memorialis	5 - 70
Meandrina meandrites meandrites f. typica	2 - 55
Meandrina meandrites subsp. indeterm.	3 - 70
Millepora complarata	3 - 50
Montastraea annularis	1 - 70
Montastraea cavernosa	1 - 55
Mussa angulosa	2 - 48
Mycetophyllia lamarckiana f. aliciae	10 - 55
Mycetophyllia lamarckiana f. ferox	1 - 3
Mycetophyllia lamarckiana f. hydnophoroida	15 - 48
Mycetophyllia lamarckiana f. indeterm.	2 - 45
Mycetophyllia reesi	10 - 70
Porites astreoides	1 - 70
Porites porites f. divaricata	1 - 40
Porites porites f. typica	1 - 55
Salenastraea bournoni	1 - 13
Salenastraea hyades	1 - 5
Scolymia lacera lacera f. cubensis	5 - 70
Scolymia lacera lacera f. typica	3 - 45
Scolymia lacera wellsi	1 - 70
Siderastraea radians f. radians	1 - 35
Siderastraea radians f. siderea	1 - 70
Stephanocoenia intersepta	1 - 55

Nombre común en Cuba	Especie	Habitat	Profundidad (en metros)
Sargento mayor, pintano	*Abudefduf saxatilis*	Arrecide coralino y arenoso	De 0 a –15
Barbero azul	*Acanthurus coeruleus*	Arrecife coralino	Aguas someras
Chucho, obispo	*Aetobatis narinari*	Canto del arrecife, fondos arenosos	De –3 a –40
Lija trompa	*Alutera scripta*	Arrecife coralino y fondo rocoso	De –3 a –20
Catalineta	*Anisotremus virginicus*	Arrecife coralino	Aguas someras
Sobaco	*Balistes capriscus*	Arrecife coralino y fondo rocoso	Aguas someras
Cochino	*Balistes vetula*	Fondo rocoso y coralino	Hasta –100
Pez perro español	*Bodianus pulchellus*	Arrecife coralino y fondo rocoso	De –15 a –120
Bajonado	*Calamus pennatula*	Arrecife coralino	Hasta –85
Civil amarillo	*Caranx bartholomaei*	Pelágico	De –3 a –60
Civil carbonero	*Caranx ruber*	Arrecife coralino	De –3 a –60
Cabra mora	*Cephlopholis cruentata*	Arrecife coralino	De 0 a –70
Guativeri	*Cephlopholis fulva*	Arrecife coralino y fondo rocoso	De 0 a –40
Paguara, isabelita	*Chaetodipterus faber*	Pelágicos	De –3 a –30
Parche rayado	*Chaetodon humeralis*	Arrecife coralino	De –3 a –30
Chromis gris	*Chromis multilineata*	A media agua en arrecife coralino	Aguas someras
Raya	*Dasyatis americana*	Fondos arenosos y fangosos	Aguas someras
Cabrilla	*Epinephelus adscensionis*	Arrecife coralino y fondo rocoso	Aguas someras, hasta –50
Enjambre	*Epinephelus guttatus*	Arrecife coralino y fondo rocoso	Aguas someras, hasta –30
Guasa	*Epinephelus itajara*	Fondo rocoso, coralino y fangoso	Aguas someras
Cherna americana	*Epinephelus morio*	Fondo rocoso	De –5 a –150
Cherna criolla	*Epinephelus striatus*	Arrecife coralino	De 0 a –90
Cruceta rayada	*Equetus acuminatus*	Fondo coralino y rocoso, aguas claras	Fondos someros
Cruceta listada	*Equetus lanceolatus*	Arrecife coralino	Fondos someros, hasta –60
Cruceta punteada	*Equetus punctuatus*	Fondo coralino y rocoso, aguas claras	Fondos someros
Mojarritas	*Eucinostomus jonesi, gula, havana.*	Fondos arenosos y fangosos	De –10 a –45

BUCEO – ESPECIES PISCÍCOLAS / 295

Nombre común en Cuba	Especie	Habitat	Profundidad (en metros)
Pez trompeta	*Fistularia petimba*	Fondos blandos	Hasta –200
Mojarra de casta	*Gerres cinereus*	Fondos arenosos y fangosos	Aguas someras
Tiburón gata	*Ginglymostoma cirratum*	Aguas costeras insulares y pelágico.	De 0 a –70
Morena negra	*Gymnothorax nigricans*	Arrecife coralino	Fondos someros, hasta –15
Ronco jiníguano	*Haemulon aurolineatum*	Fondo arenoso	Aguas someras, hasta –20
Ronco prieto	*Haemulon carbonarium*	Arrecife coralino	De 0 a –25
Jeniguano amarillo	*Haemulon flavolineatum*	Arrecife coralino	De 0 a –25
Ronco	*Haemulon melanurum*	Arrecife coralino, aguas claras	Aguas someras, hasta –50
Ronco arará	*Haemulon plumieri*	Arrecife coralino	De 0 a –40
Ronco amarillo	*Haemulon sciurus*	Arrecife coralino	Aguas someras, hasta –30
Jeniguano rayado	*Haemulon striatum*	Fondos semiduros	Hasta –100
Caballito de mar	*Hippocampus zosterae*	Aguas tranquilas y vegetación de *Thalassia*	De 0 a –30
Angelote reina	*Holacanthus ciliaris*	Arrecife coralino	Aguas someras claras
Isabelita, vaqueta dos colores	*Holacanthus isabelita*	Arrecife coralino	Aguas someras claras
Carajuelo	*Holocentrus ascensionis*	Arrecife coralino y mar afuera	Aguas someras y hasta –90
Chopa amarilla	*Kyphosus incisor*	Arrecife coralino y fondos rocosos	Aguas someras claras
Chopa blanca	*Kyphosus sectratix*	Fondo coralino, rocoso y vegetación de *Thalassia*	Aguas someras claras
Pez perro	*Lachnolaimus maximus*	Corales córneos y pétreos	Aguas someras claras
Pez cofre	*Lactophrys bicaudalis*	Arrecife coralino	Aguas someras claras, hasta –30
Torito	*Lactophrys polygonius*	Arrecife coralino	Aguas someras claras
Pargo	*Lutjanus analis*,	Fondo coralino, rocoso y vegetación de *Thalassia*	Hasta –75
Pargo cají	*Lutjanus apodus*	Arrecife corales duros	De 0 a –60
Cubera	*Lutjanus cyanopterus*	Fondo rocoso y coralino	Aguas someras y hasta –40
Caballerote	*Lutjanus griseus*	Fondo rocoso, coralino, aguas salobres y dulces	Fondo somero hasta –50
Jocú	*Lutjanus jocu, caballerote*	Fondo rocoso y coralino	Aguas someras
Morena verde	*Lycodontis funebris*	Arrecife coralino	Aguas someras
Morena pintada	*Lycodontis moringa*	Arrecife coralino	Aguas someras, hasta –50

Nombre común en Cuba	Especie	Habitat	Profundidad (en metros)
Lisa blanca	Mugil curema	Estuarios, aguas turbias	Aguas someras
Lisa de abanico	Mugil trichodon Poey	Aguas marinas costeras, estuarios	Aguas someras
Salmonete amarillo	Mulloidichthys martinicus	Fondo arenoso y coralino	Aguas someras
Aguají, arigua, bonaci cardenal	Mycteroperca bonaci	Fondo arenoso o rocoso	Jóvenes, aguas someras; adultos a partir de –20
Aguají gato	Mycteroperca tigris	Arrecife coralino	Hasta –30
Arigua	Mycteroperca venenosa	Arrecife coralino, aguas claras	Hasta –80
Candil	Myripristis jacobus	Arrecife coralino	Aguas someras y hasta –90
Rabirrubia	Ocyurus chrysurus	Pelágico y vegetación de Thalassia	De 0 a –70
Angelote gris, chivirica	Pomacanthus arcuatus	Arrecife coralino pétreo y corales blandos	Aguas someras
Angelote francés, chivirica	Pomacanthus paru	Arrecife coralino pétreo y corales blandos	Aguas someras claras
Catalufa cobriza	Priacanthus arenatus	Fondos blandos	Entre –10 y –50
Catalufa	Priacanthus cruentatus	Formaciones coralinas	Aguas someras
Salmonete colorado	Pseudupeneus maculatus	Fondo arenoso	Aguas someras
Loro policía	Scarus coelestinus	Arrecife coralino	Aguas someras
Loro trombú	Scarus coeruleus	Arrecife coralino	Aguas someras
Loro	Scarus croicensis	Arrecife coralino	Aguas someras
Loro verde	Sparisoma chrysopterum	Arrecife coralino	Aguas someras
Viejalora	Sparisoma viride	Arrecife coralino	Aguas someras
Barracuda, picua	Sphyraena barracuda	Proximidad arrecife o aguas afuera	De –3 a –30
Copita cola amarilla	Stegastes arcifrons	Bloques rocosos	De –1 a –18
Sábalo	Tarpon atlanticus	Pelágico	Cerca superficie
Doncella cabeza azul	Thalassoma bifasciatum	Arrecife coralino	Aguas someras
Palometa común	Trachinotus carolinus	Playas arenosas	Hasta –40
Aguijón de costa	Tylosurus raphidoma	Pelágico costero	Cerca superficie
Mojarrita	Ulaema lefroyi	Fondos arenosos, playas abiertas	Aguas someras

Los tiburones cubanos

Una de las especies que, a priori, casi todos los buceadores ansían divisar son los tiburones. Muchos buzos pagarían a gusto un paquete de inmersiones si tuvieran la seguridad de ver pasar cerca alguno de estos imponentes animales. Todo hay que decirlo, son muchos aquellos que sólo vislumbrar la silueta del escualo, salen nadando en dirección contraria como empujados por un fuera borda de 60 cv.

En Cuba, durante cualquier buceo puede presentarse el tiburón. Una descarga de adrenalina se produce en el buceador al localizar el inconfundible contorno que se dibuja a lo lejos. Mientras tratamos rápidamente de averiguar la clase de tiburón que se nos acerca, por nuestras mentes, aunque no queramos, pasan imágenes subliminales y es que el tiburón ha tenido muy mala prensa, se le ha temido sin mucho fundamento y pocas veces ha sido valorado como lo que realmente es: un bello depredador de peces, no de hombres.

- **Pez dama, damero** o **tiburón ballena** *(Rhincodon typus)*. El pez más grande del planeta, llega a medir hasta 12 metros. Los ejemplares que podemos observar en Cuba pueden alcanzar entre 7 y 10 metros. Especie pelágica, de aguas oceánicas y presencia frecuente en la costa cubana del mar Caribe, en especial en las zonas donde la plataforma es muy estrecha, junto al canto (Cienfuegos, Playa Girón, Marea de Portillo, Baconao, isla de la Juventud, Jardines de la Reina). Los días de mar muy llana es más fácil de localizar, lo encontraremos casi a ras de superficie. Nos contaron un caso en que un tiburón ballena fue observado justo frente al acuarium de La Habana, a muy pocos metros de la orilla. Este animal se alimenta sólo de plancton y es completamente inofensivo para el buceador. Cuando come es de movimiento lento y pausado, dejándose incluso acariciar.
- **Tiburón gata, tiburón nodriza** *(Ginglymostoma cirratum)*. Lo podemos encontrar durante cualquier buceo en un arrecife coralino. Suele esconderse en oquedades, no hay que buscarlo en el canto. Muy frecuente en profundidades entre 1 a 30 metros. Los mejores lugares para verlo: Cayo Largo del Sur, isla de la Juventud, archipiélago de los Jardines de la Reina. Completamente inofensivo para el buceador; incluso es posible acariciarlo. Fáciles de identificar por unos barbillones que cuelgan junto a sus orificios nasales. Tamaño entre 1 a 4.30 metros, aunque los más comunes rondan los 2.5 metros.
- **Tiburón de arrecife** *(Carcharhinus perezi)*. Vive en el arrecife coralino de aguas costeras. Suele encontrarse en el canto hasta unos 30 metros de profundidad. Movimientos lentos. Completamente inofensivo para los buceadores. Tamaño máximo 2.50 m; los ejemplares comunes rondan los 1.50 metros.
- **Tiburón de puntas negras** *(Carcharhinus limbatus)*. Su hábitat son las aguas costeras y aguas abiertas a nivel de superficie,

entre los 3 y 30 metros. Su nado es rápido. Suele vivir en grupos de hasta 6 individuos. Muy tímido con los buceadores, suele ignorarlos o simplemente observarlos a distancia cuando se cruzan con ellos. Inofensivo para los buceadores. Puede causar problemas a los pescadores submarinos si arrastran piezas sangrado pues tratarán de comerse la pesca. El tamaño común es de 1.50 m y como máximo 2.40 metros.

- **Tiburón tigre** *(Galeocerdo cuvier)*. Hábitat en aguas costeras y oceánicas e incluso áreas estuarias de aguas salobres, en profundidades situadas entre los 15 y 40 metros. Muy voraz. Los grandes ejemplares oceánicos pueden ser peligrosos para los humanos desprotegidos (náufragos con heridas, *windsurfers* perdidos en mar abierto). Inofensivos para los buceadores que se encuentren con los ejemplares que habitan en aguas costeras ya que están bien alimentados. Al igual que el tiburón de puntas negras, puede causar problemas a los pescadores submarinos si arrastran piezas sangrado. Recientemente los tiburones tigre han diezmado la población de pastinacas, una de las atracciones del centro de buceo de Guardalavaca. Es una especie escasa y de cualquier modo se la divisa de lejos, no se acerca nunca al submarinista. La talla común es de unos 4 metros aunque los más grandes pueden alcanzar los 6.50 metros.

- **Tiburón cabeza de batea** o **tiburón toro** *(Carcharhinus leucas)*. Lo encontramos en aguas costeras, bahías y estuarios de aguas salobres, aunque tolera bien los cambios de salinidad. En todo tipo de fondo, entre los 3 y 40 metros. Su cuerpo grueso le hace fácil de identificar. Curioso, se acerca para ver a los buceadores. Es el tiburón del espectáculo de Santa Lucía. Su presencia es ocasional, excepto en Santa Lucía, en el canal de Nuevitas, junto al pecio Mortera; allí los tiburones toro acuden a comer de la mano de los instructores de Shark's Friend. En épocas de celo se retiran a aguas más profundas. La talla máxima es de 3.50 m y la común de 2.50 metros.

- **Tiburón martillo** o **cornuda** *(Sphyrna lewini, mokarran, tiburo, zygaena)*. En Cuba encontramos diferentes subespecies: *Lewini* (talla, hasta los 4 metros, común 3 m), *Mokarran* (talla máxima hasta 6 m, común 4.50 metros), *Tiburo* (talla máxima 1.50 metros, común 80 cm), *Zygaena* (talla máxima hasta los 3.70 metros, común 2.50 m). Este curioso animal luce en la cabeza dos prolongaciones laterales en cuyos extremos se hallan dispuestos los ojos. Habita en las aguas cercanas a la plataforma insular, en cualquier fondo, arrecife coralino o pared del canto. En aguas abiertas suele estar cerca de la superficie. Los ejemplares jóvenes suelen nadar en cardúmenes, los adultos van en parejas o son solitarios. Inofensivo para los buceadores. Puede causar problemas a los pescadores submarinos si arrastran piezas sangrado pues tratarán de comerse la pesca.

- **Tiburón gris** o **cazón de playa** *(Rhizoprionodon porosus)*. Si tenemos la suerte de toparnos con él será en bahías y estuarios.

Llega a penetrar en los ríos. Suele encontrarse en una profundidad comprendida entre los 10 y 40 metros. Es curioso y pacífico. La talla máxima es de 1.10 metros y la más común de 80 cm.

Animales potencialmente peligrosos
Contrariamente a lo que pueda parecer, los animales que pueden herir o dañar al buceador no son los grandes tiburones. Tendremos que vigilar la presencia de otro tipo de fauna, algunas veces con la apariencia de un inofensivo coral, y en otras ocasiones nuestro enemigo potencial será tan pequeño que casi nos resultará difícil apreciarlo a simple vista. Ante según qué presencia sólo deberemos guardar unas lógicas precauciones.

• **El caribe.** Se trata de un microplancton muy urticante; no ataca a todo el mundo igual, depende de la sensibilidad de cada cual. Después del contacto con el caribe se presenta una acuciante necesidad de rascarse y enseguida aparecen ronchas en las partes descubiertas que han estado en contacto con él. Es mucho más frecuente en el mar Caribe y sólo en los dos metros más superficiales. Aparece sobre todo en los meses de abril, mayo y junio. Durante las inmersiones nocturnas es preferible no encender los focos y linternas hasta haber sobrepasado los dos primeros metros. Cuando ya ha picado el remedio es aplicar amoníaco o vinagre sobre la piel afectada. Las personas alérgicas al caribe deberán tratarse con corticoides (mejor bajo prescripción médica).

• **Coral de fuego** *(Millepora complarata)*. Lo primero que harán los instructores cubanos es mostrar cuál es el coral de fuego. Es bastante abundante y lo encontraremos en casi todos los fondos. De color claro, poco espectacular y forma algo distinta entre los ejemplares jóvenes y los adultos. Sólo con rozarlo sentiremos como si nos hubiesen quemado con un cigarro. El dolor, bastante agudo, puede durar horas e incluso más de un día. Si el contacto ha sido intenso pueden quedar marcas que desaparecerán con el tiempo. Para evitarlo, nada tan sencillo como no tocarlo, usando guantes y cubrirse el cuerpo con un neopreno fino o una licra. El tratamiento para mitigar el dolor es aplicar cremas antiinflamatorias a base de cortisona; si el daño persiste, mejor acudir al médico.

• **Medusas.** Si son muy abundantes, mejor evitar el baño cerca de ellas. Su contacto produce irritaciones más o menos fuertes. El traje de neopreno previene al cien por cien los efectos dañinos de este animal. En aguas abiertas del golfo de México hay un ejemplar de medusa llamada Carabela Portuguesa cuyo contacto puede resultar mortal, de todas formas el buceador no debe temer por ello ya que nunca aparece cerca de la costa.

• **Morenas** *(muraenidae)*. Son inofensivas, pero algunas veces los buceadores sobrepasamos la distancia de seguridad que deberíamos guardar con cualquier pez bien armado de dientes. Si jugando o dándoles de comer nos muerden, lo mejor es salir lo más rápido del agua y acudir al hospital más cercano pues casi seguro que necesitaremos algún punto de sutura.

- **Barracudas** *(Sphyraena barracuda)*. Sirve lo mismo que hemos señalado para las morenas: hay que guardar la distancia.
- **Peces espinosos** (genero *scorpaena*). Son animales completamente inofensivos, pero el atrevimiento de algún buceador puede llegar al punto de tocar sus espinas a manos descubiertas. Algunas de las espinas son armas defensivas y al contacto inoculan veneno. Si esto acontece, lo mejor es acudir al médico.

Normas para el buceo en Cuba

Si queremos descubrir lo que se esconde en este mundo de silencio que se abre tras cruzar la primera capa de agua deberemos ceñirnos a unas pocas normas, algunas estrictas, que tienen que ver con nuestra propia seguridad, a la conservación del medio ambiente y en fin, para que podamos disfrutar de bellas y seguras inmersiones.

PROFUNDIDADES SEGÚN CALIFICACIÓN DEL CERTIFICADO

Certificación	Profundidad máxima	Buceo en cuevas	Buceo nocturno
Open water o 1 estrella	25 m	No	No
Advanced Divers o 2 estrellas	30 m	Sí	Sí
Master o 3 estrellas	40 m	Sí	Sí

- Hay que evitar siempre entrar en descompresión. De hecho, todos los centros aplican la técnica de buceo «no deco».
- Al subir a superficie realizaremos siempre una parada de seguridad de tres minutos a cinco metros de profundidad.
- Deberemos mantener el control de la flotabilidad y evitar el exceso de lastre. Una buena flotabilidad evita daños a los corales y otros seres vivos que tapizan los fondos.
- Los fotógrafos submarinos deberán extremar su atención para no dañar los fondos del arrecife.
- En caso de corriente deberemos prestar atención al pateo y en qué nos agarramos.
- Debemos recordar que es peligroso viajar en avión si hemos estado buceando varios días seguidos. Es preciso dejar transcurrir 24 horas sin bucear, como norma de seguridad, antes de volar.
- Seguir todas las pautas de seguridad que hemos aprendido en los cursos (uso de tablas y computadoras, velocidad de ascenso, evitar consumo de alcohol, no bucear si nos sentimos mal, etcétera).
- Y sobre todo, muy importante, que tras nuestro paso nada se

altere en el fondo marino. No dejemos nada en el agua excepto las burbujas y si queremos llevarnos algo que sólo sean las fotos submarinas.

Durante la etapa conocida como «período especial», en Cuba se ha levantado la prohibición que existía sobre la pesca submarina. En concreto no se podía practicar la caza submarina, con o sin escafandra, en todas las costas que rodean la isla; esta norma ha estado vigente durante dieciocho años, hasta 1996. Con la pesca libre proliferaron las personas dedicadas a este menester, ahora de forma legal (siempre había habido unos pocos furtivos); ello significó un rápido empobrecimiento de muchas especies, sobre todo de ejemplares grandes.

Muy recientemente se está procediendo a proteger de los pescadores submarinos las principales zonas de buceo, con la prohibición expresa de practicar la caza submarina dentro de los límites de las áreas donde suelen acudir a realizar las inmersiones los centros de buceo.

SERVICIOS

Gaviota Tours. Casa matriz, calle 16 nº 508 # 5ª y 7ª Av. Miramar, La Habana. T. 227670, fax 339470.
Horizontes Hoteles. Calle 23 nº 156 # N y O, El Vedado, La Habana. Central reservas T. 334238 y 334361.
Cubanacan Hoteles. 1ª avenida nº 15611 # 156A y 158, T. 537 339080, fax 336308.
Marina Marlin, S.A (casa matriz). Calle 184 nº 123, Reparto Flores, Playa, La Habana, T. 336675, fax 331629.
Marinas Puertosol (casa matriz). Calle 17 # M. Edificio Focsa, Apto. 1 H, El Vedado, Plaza de la Revolución, La Habana, T. 334705, fax 334703.
Centro de Medicina Subacuática. Carretera de Cárdenas Km 2, Cárdenas (Matanzas), T. 214.

VIAJES DE BUCEO

Rada Dive, S.L. C/ Padilla 228, 5º 1ª, 08013 Barcelona (España), T. 93 2479950. Representa al Centro de Buceo La Aguja (La Habana).
Muztag. C/Ramón y Cajal 85, T. 93 2850261, fax 93 2844972, correo electrónico: muztag@mx2.redestb.es. Son especialistas en programas de buceo en Cuba.
Komkal Tours. C/Casp 30, pral 1ª, 08010 Barcelona. T. 93 4127378, fax 93 4127419, correo electrónico: karelia@arrakis.es. Son especialistas en Cuba.
Subexplor. Vía Augusta 127, 08006 Barcelona, T. 93 4142787, fax 93 4736476.
Best Dive. Diputació 241, 08007 Barcelona, T. 93 4878580, fax 93 4875758.

Travel Factory. C/Perellades 39, 08870 Sitges (Barcelona), T. 93 8947409, fax 93 8946960.
CGM Club Gente de Mundo. Especialistas en Cuba. Gran Vía 59, 4º izq., 28013 Madrid. T. 902100108, fax 915473427. Correo electrónico: e7800152@tsai.es

ZONAS DE BUCEO

■ LA HABANA, BARLOVENTO

En la costa atlántica. La zona de buceo más próxima a La Habana es conocida como Barlovento. Los puntos de inmersión empiezan enfrente mismo del puerto de la capital cubana y se extienden hacia el oeste hasta la bahía Boca del Mariel, en un frente de unos 28 kilómetros. El mejor punto de embarque para los buzos es desde la Marina Hemingway, situada unos 7 km al oeste del centro de La Habana.

Particularidades

El frente marino, entre la bahía de La Habana hasta la bahía del Mariel, es rocoso y sólo encontramos una playa en Baracoa, situada unos 4 kilómetros al oeste de la Marina Hemingway.

Las costas próximas a La Habana han sido a lo largo de los siglos escenario de innumerables batallas marinas, muchos accidentes navales y otros infortunios. No nos ha de extrañar que durante nuestros buceos veamos bastantes restos de embarcaciones de todas las épocas, mudo testimonio de tragedias del pasado.

La brisa marina, generalmente presente, evita la presencia de mosquitos.

Fauna

La proximidad al núcleo urbano ha propiciado la presencia de pescadores submarinos, con lo que la fauna piscícola de la zona adolece de ejemplares grandes. Por el contrario son abundantes los peces de arrecife de talla mediana y pequeña, con amplia variedad de especies. Son frecuentes la mantarrayas y las morenas.

Abundan las esponjas, algunas bastante espectaculares. Gorgonias, corales duros y blandos se alternan, pudiendo observarse en las inmersiones profundas agrupaciones de coral negro.

Inmersiones

Los 24 puntos de buceo se acceden en barca; los recorridos (las 21 zonas de inmersión más habituales), en su mayor parte, ocupan entre 10 y 30 minutos de navegación.

Los buceos se desarrollan en profundidades que van de los 5 a los 35 metros.

Los fondos se caracterizan por presentar un relieve formado por un primer canto paralelo y no muy lejano de la costa. Esta primera pared coralina se encuentra entre los 5 y 15/20 metros de profundidad. La plataforma que nace al pie de este primer canto es arenosa con mogotes de coral y desemboca en un segundo canto que cae suavemente hasta los –30 metros. A partir de esta profundidad la pendiente se pierde gradualmente hacia el abismo.

La visibilidad horizontal de las aguas es de entre 15 y 30 metros, siendo la época con peor transparencia los meses de abril, mayo y junio. Los meses de enero y febrero gozan de aguas muy claras, aunque en esta época es cuando se suceden los frentes fríos (es muy relativo lo de «frente frío», pues son de muy corta duración, la temperatura ambiente sigue siendo templada y el estado de la mar se altera por pocas horas).

La temperatura del agua varía de los 25/26º C de invierno a los más de 29º C en verano.

El buceo acostumbra a ser en aguas tranquilas, aunque en profundidad pueden encontrarse algunos puntos donde se notan las corrientes.

Durante las inmersiones no faltan atractivos como algún barco hundido de forma intencionada para servir de arrecife artificial, restos de naufragios, pequeñas cuevas repletas de vida, canales arenosos abiertos entre jardines de coral, y, de vez en cuando, destacando, alguna gran y vistosa esponja.

LAS MEJORES INMERSIONES

• **Canto de la Marina Hemingway**, profundidad: entre 15 y 20 metros. Uno de los buceos que requiere menos navegación ya que se encuentra a muy pocos minutos de la bocana de la marina. La inmersión sigue la pared del primer escalón, forrada de corales y esponjas. En la base encontramos grandes mogotes coralinos, formado amplias oquedades habitadas por grupos de roncos y jeníguanos. Los fondos arenosos son frecuentados por varias especies de rayas.

• **Comodoro**, profundidad: entre 20 y 24 metros. En la inmersión se visita un arrecife artificial, formado en torno a un viejo barco de pesca del camarón, hundido adrede en 1979. El casco metálico descansa sobre un fondo arenoso en el primer escalón del canto. El pecio se ha convertido en el hábitat permanente de gran cantidad de roncos, cabrillas y loros. En los alrededores encontramos coral «ramillete de novia» y corales «cerebro».

• **Canto de Viriato**, profundidad: entre 15 y 30 metros. Uno de los mejores paisajes submarinos de la zona. El nivel más superficial (hasta –15 metros), situado entre el arrecife costero y el primer canto, está formado por mogotes rocosos no muy grandes, cubiertos por corales de diferentes especies; alrededor de estos

BUCEO – LA HABANA, BARLOVENTO / 305

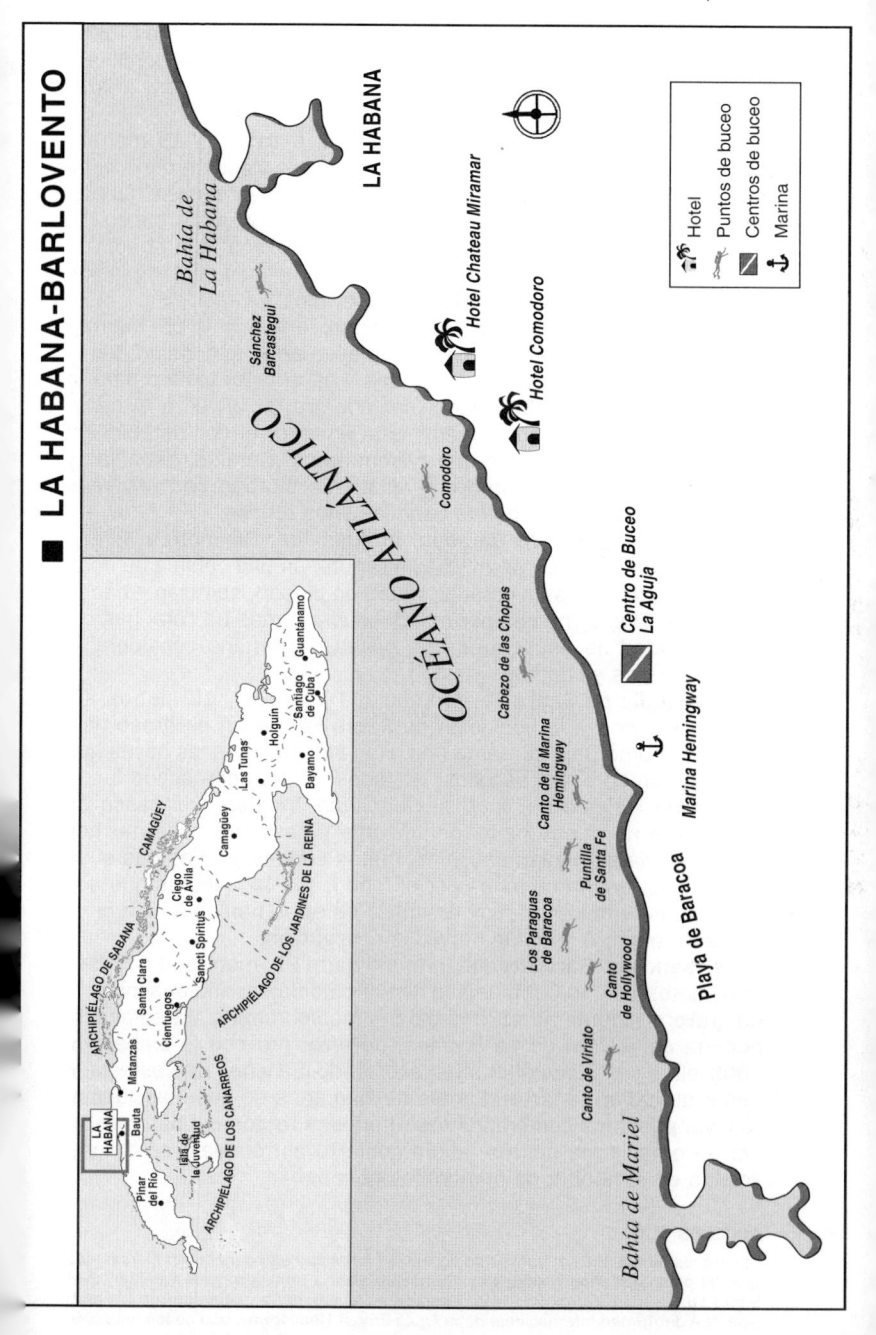

LA HABANA-BARLOVENTO

LA HABANA

Bahía de La Habana

Sánchez Barcastegui

OCÉANO ATLÁNTICO

Hotel Chateau Miramar
Hotel Comodoro

Comodoro

Cabezo de las Chopas

Centro de Buceo La Aguja

Canto de la Marina Hemingway

Marina Hemingway

Puntilla de Santa Fe

Los Paraguas de Baracoa

Playa de Baracoa

Canto de Hollywood

Canto de Viriato

Bahía de Mariel

- Hotel
- Puntos de buceo
- Centros de buceo
- Marina

ARCHIPIÉLAGO DE SABANA

CAMAGÜEY

Pinar del Río · Bauta · LA HABANA · Matanzas · Santa Clara · Cienfuegos · Sancti Spíritus · Ciego de Ávila · Camagüey · Las Tunas · Holguín · Bayamo · Santiago de Cuba · Guantánamo

Isla de la Juventud

ARCHIPIÉLAGO DE LOS CANARREOS

ARCHIPIÉLAGO DE LOS JARDINES DE LA REINA

montículos se mueven bancos de peces juveniles. Entre los –20 y –30 metros encontramos una sucesión de prominencias coralinas, con gorgonias, esponjas y corales. Es un buen lugar para avistar peces de tamaño considerable.

- **Cabezo de las Chopas**, profundidad: entre 10 y 15 metros. Las chopas, peces que nadan en cardúmenes y gustan de la compañía de los buceadores, son las estrellas de la inmersión. Su presencia y proximidad es uno de los atractivos de este buceo. El fondo es arenoso salpicado por mogotes coralinos, con atractivas esponjas «cesto de Venus» y corales de columna. La contemplación de una pequeña cueva completa el recorrido.
- **Canto de Hollywood**, profundidad: entre 5 y 15 metros. Frente a Baracoa se encuentra un atractivo arrecife coralino, parte del cual está a muy poca profundidad y es el lugar idóneo para la práctica del *snorkel*. Siguiendo mar adentro, se alcanza el canto del primer escalón. Aquí la gracia está en recorrer con detenimiento las cuevas y pasadizos que encontramos. Corales, esponjas y gorgonias cubren las paredes y sirven de biótopo para diversas especies piscícolas como las cabrillas y los roncos.
- **Los Paraguas de Baracoa**, profundidad: 35 metros. Inmersión considerable que permite admirar una amplia colonia de corales *Montastraea*. Estos corales, vistos en picado, semejan grandes paraguas. El entorno nos permite descubrir ramas de coral negro y la posibilidad de encuentros con peces de tamaño considerable como aguajíes y chernas.
- **Puntilla de Santa Fe**, profundidad: entre 5 y 15 metros. En aguas cercanas a la población de Santa Fe hay un peligroso bajo conocido como Bajo de Santa Ana. Han sido muchas las naves que naufragaron en estos escollos; de todos, el más destacado fue el del buque insignia español, el *Santísima Trinidad*. Del casco de madera ya no queda nada identificable y hasta no hace muchos años todavía se podían encontrar restos cerámicos. Las que sí se pueden ver, desparramadas por el fondo, son las piedras que servían de lastre del navío. Los despojos de otros barcos dan fe de lo inseguro que era este lugar para la navegación.
- **Sánchez Barcastegui**, profundidad: 25 metros. En 1895, poco antes de que Cuba dejase de ser colonia española, aconteció un grave accidente naval. Dos barcos maniobraban para enfocar la bocana del puerto de La Habana, un error provocó la embestida entre ellos y el hundimiento del acorazado *Sánchez Barcastegui*. A pesar de haber transcurrido más de cien años de aquel accidente, todavía podemos contemplar los retorcidos restos del barco español. El amasijo de hierros, ahora cubierto por corales, se ha convertido en el hábitat de numerosos peces.

ACCESOS

Uno de los puntos más atractivos de acceso a La Habana es por la mayor marina turística del país, la **Marina Hemingway** (Compañía Marina Hemingway, 5ª Avenida y 248, Santa Fe, T. 331150, fax 331149). Desde los canales de la marina parten los participantes del Torneo Internacional de la Aguja Ernest Hemingway, uno de los más pres-

tigiosos del Caribe. Otros eventos de importancia son el Torneo Internacional «Blue Marlin» y varias regatas de categoría internacional. 100 puntos de amarre. Todo tipo de servicios.
El aeropuerto más cercano es el internacional José Martí, sólo a unos 20 minutos en automóvil.
Para los turistas que estén alojados en La Habana, el taxi es el mejor medio de transporte para trasladarse hasta Marina Hemingway.

ALOJAMIENTO

Villa Jardín del Edén. 5ª Avenida y 248, Santa Fe, La Habana. T. 247628, fax 244379. 314 habitaciones con todo tipo de servicios. Restaurante, 2 bares, piscina con hidromasaje. Grupo hotelero Cubanacán.
El Viejo y El Mar. 5ª Avenida y 248, Santa Fe, La Habana. T. 336336, fax 336823. 186 habitaciones con todo tipo de servicios. Restaurante, bares, piscina. Grupo hotelero Cubanacán-Delta Hotels & Resort.
Cocomar. Carretera Panamericana Km 23.5 Caimito, La Habana. T. 8290, fax 805089. Grupo hotelero Cubanacán. En la playa El Salado. Restaurante y bar. Centro de buceo Blue Reef

CENTROS DE BUCEO

Blue Reef. En el hotel Cocomar, T./fax 805089. Dependiente de Marina Marlin. 2 instructores ACUC. 1 barca-taxi de 8 plazas, 1 compresor. Alquiler de material. Cursos de iniciación. Las mismas zonas de inmersión que trabajan los centros ubicados al oeste de La Habana.
Centro de Buceo La Aguja. En el Residencial Turístico Marina Hemingway, calle 248 y 5ª Ave. Santa Fe. T. 245088. (Representación en España en Rada Dive, S.L. c/Padilla, 228, 5º 1ª, 08013 Barcelona. T. 932479950.) Pertenece al grupo Marinas y Náuticas Marlin. Encontramos el centro entre el canal nº 1 y el canal nº 2, frente al hotel El Jardín del Edén. 3 instructores. Cursos ACUC y SSI. 1 compresor. Los tanques son de acero, de 12 litros y todos admiten rosca DIN. Se alquila material y pronto habrá tienda de venta de equipo de buceo. 1 barco de 12 plazas, 1 zodiac de 8 plazas y 1 taxi para 8 plazas. Dispone de armarios y duchas. Disponen de un minibús para trasladarse a bucear a la costa caribe.
La seguridad del buceador está garantizada por dos cámaras hiperbáricas cercanas. Una de ellas está en el CIMEQ, sólo a 2 kilómetros del centro de buceo La Aguja; la otra a unos 10 km, en el hospital Hermanos Ameijeiras.

OTRAS ACTIVIDADES. Motos acuáticas, pesca de altura, esquí acuático, paseos por el litoral habanero.

■ PLAYAS DEL ESTE

En los 3 kilómetros que separan la población de Santa María del Mar del núcleo urbano de Guanabo es donde se concentra la mayor oferta hotelera de la zona. Santa María del Mar se encuentra a 24 kilómetros al este de La Habana.

Particularidades

El frente marino es muy amplio, de unos 60 kilómetros, y abarca desde la ensenada de Cojímar, casi a tocar la ciudad de La Habana, hasta Puerto Escondido.

La plataforma insular es amplia y de forma general gana profundidad con dos sucesivos escalones coralinos, lugares donde se acumula la vida submarina.

Estas aguas han sido, a lo largo de siglos, mudo testimonio de batallas navales, ataques piratas y otras épicas gestas que fueron sembrando los fondos de reliquias históricas. Ahora, con el paso del tiempo, poco es lo que queda de aquellos barcos de madera, pero es posible, en alguna inmersión, encontrarnos con vestigios de lo que debía haber sido una nave. La costa atlántica es tranquila, pero en invierno es atacada de vez en cuando por frentes fríos procedentes del norte. Estos embates no suelen impedir el buceo, y raro es que se tenga que desistir de salir al mar por más de tres días consecutivos.

Fauna
El arrecife de las Playas del Este muestra una amplia variedad de corales (se han catalogado cerca de 40 especies). La proximidad con la gran urbe ha propiciado la recolección del coral negro, el cual hay que localizarlo cada vez a mayores profundidades. La fauna piscícola también está afectada por la vecindad de La Habana. La presión ejercida por los pescadores submarinos ha provocado una drástica disminución de las piezas grandes. A pesar de la acción depredadora del hombre, los ejemplares de tamaño medio y sobre todo pequeño, siguen poblando y dando color a los bajos fondos del lugar. Para encontrar peces de mayor magnitud hay que buscar las máximas profundidades que permite el buceo deportivo. Las especies que más abundan son los roncos, los pargos y los civiles. Las langostas siguen encontrándose en cantidad, pero siempre por debajo la cota –20 metros.

Inmersiones
La larga línea del arrecife costero permite que sean infinidad los puntos donde el buceo es interesante. La mayoría de las inmersiones han de realizarse desde una barca, en especial aquellas que se lleven a cabo en el segundo canto; en otros casos el arrecife empieza a pocos metros de las playas y costas, con lo que lo más práctico es el acceso a nado desde la orilla.

La visibilidad es de entre 15 y 30 metros, en invierno es cuando se goza de una mayor transparencia de las aguas. La temperatura del agua varía de los 25/26º C de invierno a los más de 29º C en verano.

Los fondos son generalmente suaves, con una primera plataforma arenosa con mogotes dispersos. En esta zona más cercana a la costa podemos bucear a muy poca profundidad ya que los corales se encuentran a partir de los 4 o 5 metros. El primer canto suele presentar una leve depresión y le sigue una nueva área formada por jardines coralinos entre los que se abren canales arenosos. Es aquí donde se encuentra la mayoría de puntos de buceo. Encontramos esta zona situada alrededor de los 17/20 metros.

LAS MEJORES INMERSIONES

Hemos agrupado los mejores parajes de buceo siguiendo un recorrido de este a oeste.

• **Puerto Escondido**, buceos poco profundos. Barrera coralina muy bien formada, en la que encontramos distintas especies de coral y gorgonias. La fauna piscícola es variada, pudiendo verse langostas, cabrillas, civiles y roncos. El acceso a los puntos de buceo puede realizarse desde la misma playa.

BUCEO – PLAYAS DEL ESTE / 309

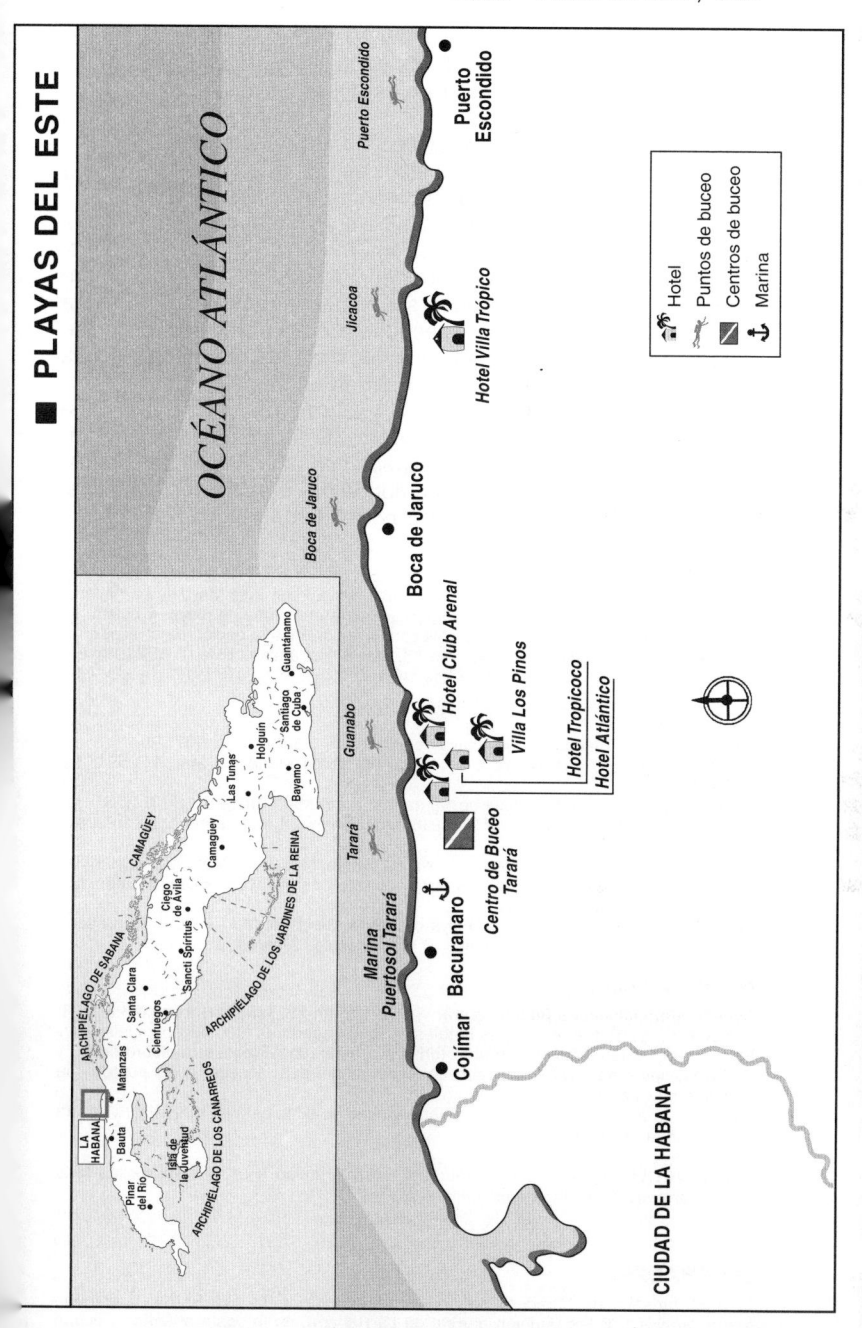

- **Jibacoa**, profundidad: entre 5 y 20 metros. La zona de interés para los buceadores abarca más de cinco kilómetros. Algunas de las mejores inmersiones son accesibles desde la misma playa. Gran variedad de corales, gorgonias y esponjas. Abundan las langostas. Ideal para los practicantes del buceo sin escafandra (snorkel).
- **Boca de Jaruco**, profundidad: de 12 a 20 metros. Fondos rocosos forrados por corales y gorgonias. Jardines coralinos.
- **Guanabo**, profundidad: entre los 4 y 20 metros. Cerca de una veintena de kilómetros de costa, comprendidos entre la zona petrolífera y Santa María del Mar, permiten infinidad de buceos, siempre interesantes ya que los fondos son variados, con bastante fauna piscícola de tamaño medio y pequeño. Corales de varias especies y grandes esponjas. También se encuentran los restos de algunas embarcaciones. Los accesos se realizan en barca.
- **Tarará**, profundidad: entre 5 y 20 metros. Barrera coralina que abarca desde la bocana del puerto de Tarará hasta la playa de Bacuranao. Paisaje submarino variado con abundancia de corales, esponjas y gorgonias. Es la zona donde hay más barcos hundidos, aunque son difíciles de reconocer por el deterioro que han sufrido.

ACCESOS

Por vía aérea el aeropuerto más cercano es el internacional José Martí de La Habana. La autopista Vía Blanca es la ruta que nos acerca a esta zona de playas y buceo.
Si se quiere llegar a Playas del Este navegando, tendremos la opción de atracar en la **Marina Puertosol Tarará** (Vía Blanca Km 18, Tarará, Habana del Este. T. 652498), con 50 amarres.

ALOJAMIENTO

Villa Trópico. Vía Blanca Km 60, Playa de Jibacoa. T. 338040, fax 667585.
Villa Los Pinos. Av. Las Terrazas 21, Playa de Santa María del Mar. T. 2591, fax 802174.
Club Arenal. Laguna Itabo, Playa de Santa María del Mar y Boca Ciega. T. 2581, fax 335156. Cadena Horizontes Hoteles. 198 habitaciones. 4 restaurantes, 2 bares, discoteca, piscina.
Tropicoco. Av. Sur y Las Terrazas, Playa de Santa María del Mar. T. 802355, fax 335158. Cadena Horizontes Hoteles. 188 habitaciones. 4 restaurantes, 4 bares, discoteca, piscina, pistas de tenis.
Atlántico. Av. Sur y Las Terrazas, Playa de Santa María del Mar. T. 802560. Cadena Horizontes Hoteles. 104 habitaciones. 2 restaurantes, 3 bares, piscina.

CENTRO DE BUCEO

Centro Internacional de Buceo Tarará. Vía Blanca Km 18, Tarará, Habana del Este. T. 335501. El centro trabaja con los hoteles de los alrededores. Los buceos suelen contratarse en los respectivos burós de turismo. Compresor. Tanques de acero de 10 y 12 litros, aptos para DIN. Disponen de embarcación para acceder a los puntos que precisan navegación.
Hay dos cámaras hiperbáricas en La Habana, una de ellas está en el CIMEQ, y la otra en el hospital Hermanos Ameijeiras.

OTRAS ACTIVIDADES. Deportes náuticos. La proximidad a La Habana facilita todo tipo de diversiones y actividades culturales.

■ VARADERO

El área turística de Varadero se encuentra situada a 35 kilómetros al este de Matanzas y a 140 km también al este de La Habana, en la costa atlántica y ocupa unos 20 km del sector litoral norte de la estrecha península de Hicacos. Para los buceadores la zona de interés abarca una amplia franja que va desde el frente de Matanzas hasta los cayos situados al este de Punta de Morlas, el extremo oriental de la península de Hicacos.

Particularidades

El frente marino entre la bahía de Matanzas hasta Punta de Morlas es rocoso y accidentado, pero los 20 kilómetros de la península de Hicacos son de playa de arenas finas y blancas. La orilla sur de la península está dominada por el manglar.

Fauna

Los fondos son ricos en especies coralinas. Cuanto más alejadas de la costa sean las inmersiones, mayores posibilidades tendremos de contemplar ejemplares de gran tamaño como barracudas, morenas, chernas y aguajíes. Las langostas son fáciles de observar.

Inmersiones

Se han catalogado más de 30 puntos de buceo, aunque suelen explotarse unos 22. Cinco de los puntos son fácilmente accesibles desde la playa, para el resto de inmersiones se precisa de una barca. Para algunas inmersiones que empiezan desde la orilla necesitaremos transporte terrestre, para unos recorridos de entre 15 y 25 minutos. En el caso de puntos en los que haya que acceder navegando, el tiempo de travesía va de los 5 minutos a las dos horas*.

Los buceos se desarrollan en profundidades que van de los 5 a los 40 metros.

La variedad de buceos permite descubrir barcos hundidos, cuevas marinas, cenotes, cabezos de coral y arrecifes coralinos.

La visibilidad horizontal de las aguas está entre los 15 y 35 metros. La temperatura del agua varía de los 25/26º C de invierno a los 30º C o más en verano. El buceo acostumbra a ser en aguas tranquilas, con poca presencia de corrientes.

LAS MEJORES INMERSIONES

- **Playa Coral**, profundidad: entre 1 y 20 metros. Accesible desde tierra en 25 minutos de recorrido. Barrera coralina que ha conformado un paraíso submarino; este delicado paisaje lo componen corales de más de 30 especies. El buceo nos permite circular por un intrincado laberinto de túneles, pasadizos y canales que se abre entre los corales. Fauna menuda muy variada.
- **Cueva de Saturno**, profundidad: entre 2 y 20 metros. Acceso desde tierra en 25 minutos de recorrido. Buceo en cueva, donde se encuentran niveles ocupados por agua dulce y salada. Antigua-

---

(*) Los tiempos terrestres están tomados desde el centro de buceo Barracuda y los tiempos marinos desde la playa del mismo centro. Los buceos que precisan más de 1.5 horas de navegación se han calculado desde la Marina Marlin Chapelín.

mente la caverna debía estar totalmente en tierra firme, pues está repleta de estalactitas y estalagmitas. Existe un lago con cámara de aire. Algunas especies piscícolas se han adaptado a la oscuridad y son ciegos.

• **Las Mandarinas**, profundidad: entre 9 y 13 metros. 15 minutos de navegación. Cabezos de coral que recuerdan a los cítricos y donde acuden los peces a comer de la mano de los buceadores, en especial los jeníguanos. Abundan las morenas, las chernas y las cabrillas.

• **Caribe Wreck**, profundidad: entre 3 y 10 metros. Son precisas algo más de un par de horas (2 h 10 minutos) de navegación entre ida y vuelta para llegar a las cercanías de Cayo Mono. La atracción de la inmersión es la visita a un barco mercante alemán hundido durante la Segunda Guerra Mundial. Los amantes de la foto submarina gozarán con los grupos de angelotes franceses, uno de los peces más fotogénicos del Caribe. Otro de los atractivos es contemplar como las grandes morenas verdes se dejan acariciar por los instructores cubanos.

• **Cañonera**, profundidad: entre 12 y 20 metros. A principios de 1998 fue hundido un barco de guerra ruso para convertirlo en un arrecife artificial. Dado el poco tiempo que lleva bajo las aguas todavía no presenta la pátina con que diminutos seres vivos suelen colonizar y recubrir los pecios. Por el momento el máximo interés está en visitar el interior de la cañonera, y contemplar su fantasmagórica estampa. En pocos años esta inmersión ganará interés puesto que los peces no tardarán de hacer del lugar un seguro refugio y hogar.

• **Neptuno Wreck**, profundidad: de 4 a 12 metros. Dos horas y quince minutos de navegación. Inmersión en el *Neptuno*, barco de acero hundido. Excelentes oportunidades para los fotógrafos submarinos.

• **La Carbonera**, profundidad: entre 2 y 11 metros. Se accede desde tierra; son precisos 20 minutos de autobús. Buceo en barrera coralina.

• **Damusi Wreck**, profundidad: entre 2 y 12 metros. 15 minutos de autobús. Buceo en barco hundido.

• Para inmersiones entre mogotes de coral: **Mangle Prieto** (profundidad: de 18 a 36 metros; diez minutos de navegación), **Los Manchones** (de 16 a 22 metros; diez minutos de navegación), **El Museo** (de 21 a 35 metros; ocho minutos de navegación), **El Martillo** (de 15 a 21 metros; cinco minutos de navegación), **Cangilones** (de 9 a 14 metros; cuatro minutos de navegación), **El Lenguazo** (de 21 a 36 metros; doce minutos de navegación), **Internacional** (de 16 a 24 metros; diez minutos de navegación), **Las Catalinetas** (de 12 a 17 metros; quince minutos de navegación), **Coral Negro** (de 27 a 36 metros; dieciocho minutos de navegación), **Las Américas** (de 27 a 36 metros; veinte minutos de navegación), **Meliá** (de 4 a 7 metros; veinte minutos de navegación), **Las Claraboyas** (de 10 a 21 metros; treinta minutos de navegación), **El Pionero** (de 18

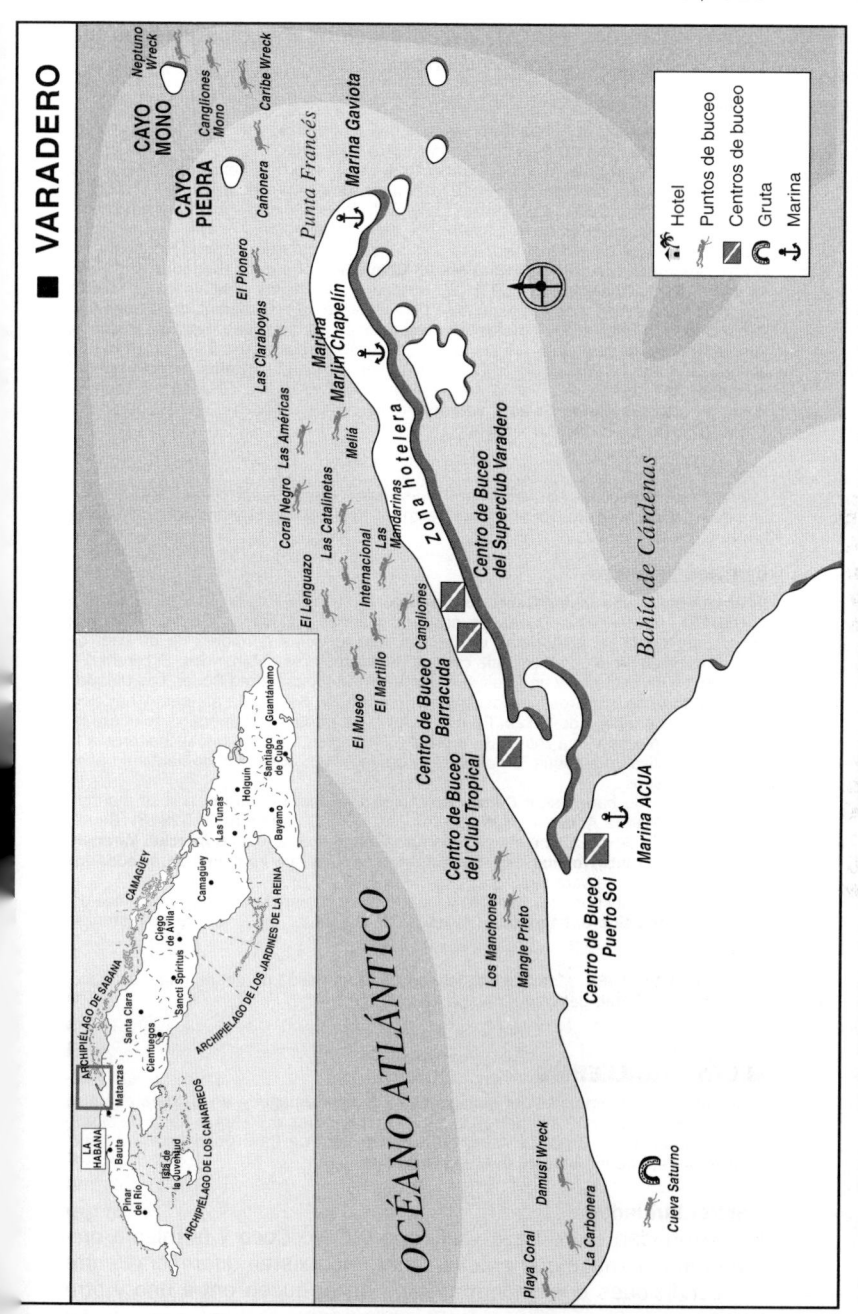

VARADERO

BUCEO – VARADERO / 313

a 35 metros; diez minutos de navegación), **Cangilones Mono** (de 15 a 26 metros; dos horas de navegación).

ACCESOS

Desde La Habana por la autopista Vía Blanca hasta Matanzas y desde aquí por la autopista de peaje, única forma de ingreso por tierra a Varadero.

Por vía aérea: aeropuerto Juan Gualberto Gómez, a 26 kilómetros al oeste de Varadero. En sus pistas aterrizan tanto los vuelos locales procedentes de La Habana, Santiago de Cuba, Cayo Largo y otros puntos de la isla, como vuelos chárter procedentes principalmente de Italia, España, Alemania y Canadá.

Los visitantes que dispongan de velero o yate, pueden amarrar su barco en alguna de las tres marinas existentes: **Marina Marlin Chapelín** (carretera Las Morlas Km 12.5, Varadero. T. 667550, fax 667093). 20 atraques. Desde los muelles de la marina salen los barcos, con fondo transparente para observar la vida marina, de la Capitaine Duval Cruises (T. 667800), con excursiones a los cayos próximos. También desde la misma marina, la compañía Jungle Tour (T. 668440) organiza excursiones en motos acuáticas. Punto de embarque del centro de buceo Barracuda. **Marina Acua Puertosol** (dársena de Varadero, Vía Blanca Km 31, Varadero. T. 63730). 70 amarres. Club de Buceo Puertosol. **Marina Gaviota Varadero** (península de Hicacos, Km 21, Varadero. T. 667755, fax 667756). 10 amarres.

ALOJAMIENTO

El complejo turístico de Varadero es el más importante y desarrollado de Cuba con una gran oferta hotelera. Remitimos al lector al apartado correspondiente del capítulo Cuba, de la A a la Z, p. 278.

CENTROS DE BUCEO

International Scuba Diving Center Barracuda, 1ª avenida # calle 58 y 59, Varadero. T. 613481, fax 667072. Pertenece al grupo Marinas y Náuticas Marlin. Es el más importante de la zona. Además de facilitar los servicios normales de un club de buceo, también sirve como escuela cubana de instructores submarinos. El centro dispone de 11 instructores y un fotosub. Cuenta con 2 compresores Bauer. Los tanques son de acero, de 12 litros y todos admiten rosca DIN. Se alquila material y hay tienda de venta de equipo de buceo. Para acceder a los puntos de inmersión se utiliza un barco de 40 plazas y una zodiac de 8 plazas. Para el traslado de los buceadores a la marina se utiliza un autobús. Se departen cursos ACUC, desde los de bautismo a los más adelantados.

Otros centros de buceo son: **Centro de Buceo Puertosol** (opera desde su marina). **Club Buceo Marina Acua** (Av. Kawama, nº 201 # 2 y 3, Varadero. T. 62818). Centro ACUC. También de ACUC son los centros ubicados en los hoteles **Superclub Varadero** (T. 667030) y **Club Tropical.** Los puntos de inmersión son comunes para todos los centros de buceo de Varadero.

A 12 kilómetros del núcleo urbano de Varadero se encuentra la cámara hiperbárica del **Centro de Medicina Subacuática** (carretera de Cárdenas Km 2, Cárdenas-Matanzas T. 214).

OTRAS ACTIVIDADES. Motos acuáticas, *parasailing*, pesca de altura, esquí acuático, paseos por el litoral, delfinario, campo de golf.

■ CAYO GUILLERMO

Cayo Guillermo forma parte del archipiélago Sabana-Camagüey, en la costa atlántica de Cuba. Se halla a 542 kilómetros al este de La Habana, a 90 km al norte de Morón y a 129 al norte de Ciego de Ávila. La zona hotelera de Cayo Coco está a 34 kilómetros al este de los hoteles de Cayo Guillermo.

Particularidades

La proximidad entre Cayo Guillermo y Cayo Coco y la misma orografía marina hace que prácticamente no existan diferencias entre las condiciones que encontraremos en el buceo entre uno y otro cayo.

Cayo Guillermo aparece descrito en la novela de Ernest Hemingway *El viejo y el mar*, y cita el lugar como «... se puede lograr la mejor y más abundante pesca que uno haya visto en su vida...»

Fauna

La vida animal submarina está representada por las mismas especies que podemos encontrar en el vecino Cayo Coco. Ver más adelante.

Inmersiones

Cayo Guillermo se ha incorporado muy recientemente a la oferta del buceo deportivo. Es bien seguro que en poco tiempo se habrán consolidado una serie de puntos de buceo

ACCESOS

Por vía aérea, el aeropuerto más cercano es el de Ciego de Ávila Máximo Gómez, 107 kilómetros al sur de Cayo Guillermo. Vuelos domésticos y chárter procedentes principalmente de Alemania, Canadá y España.
Hay un aeródromo que dista 15 km. Vuelos en pequeños aviones charter.
En automóvil, la única entrada al cayo es a través del *pedraplén* de peaje de 27 kilómeros que conduce de Morón a Cayo Coco y después un nuevo y corto *pedraplén* cruza las aguas que separan ambos cayos.

ALOJAMIENTO

Villa Cojímar. T. 335221, fax 335554. 458 habitaciones con todo tipo de servicios. 12 suites. 7 restaurantes, 5 bares, sala de fiestas, discoteca, piscina de agua dulce y piscina de agua salada, pistas deportivas y campos de tenis. Grupo hotelero Gran Caribe-Venta Club.
Villa Vigía. T. 301760, fax 301748. Hotel grupo Gran Caribe. 264 habitaciones con todo tipo de servicios. Restaurantes, bares, piscina, pistas deportivas.

CENTRO DE BUCEO

Diving Center Cayo Guillermo, en el hotel Villa Cojímar. T. 335221, fax 335554 (extensión base de buceo). De reciente inauguración, por el momento su infraestructura permite de forma suficiente el buceo, dispone de compresor, barco, alquiler de equipos, todo ello tutelado por cuatro instructores. Cursos de bautismo.
Las cámaras hiperbáricas más cercanas están en Morón (sólo es de 2 atmósferas) y otra en Cárdenas.

OTRAS ACTIVIDADES. Deportes náuticos. Recorridos por el Parque Nacional Cayo Guillermo, con una flora y fauna muy similar a la de Bahamas. Áreas de anidamiento del flamenco rosa.

■ CAYO COCO

Cayo Coco forma parte del archipiélago Sabana-Camagüey, en la costa atlántica de Cuba. Está separado de la isla grande por la bahía de Perros. Se halla a 508 kilómetros al este de La Habana, a 62 al norte de Morón y a 90 al norte de Ciego de Ávila.

Particularidades

Con una extensión de 370 km^2, Cayo Coco es el cuarto en superficie del archipiélago Sabana-Camagüey.

La especial ubicación de Cayo Coco permite gozar de un arrecife coralino con una longitud superior a los diez kilómetros. La zona de buceo empieza en el extremo occidental del cayo y sigue por todo el frente del canal de Bahamas hasta los cayos Romano y Paredón. La costa norte del cayo presenta el frente con playas y el sur lo ocupa en gran parte el manglar. La plataforma insular es muy ancha, por lo que los buceos son en su mayoría poco profundos.

Fauna

La lejanía de Cayo Coco a cualquier núcleo urbano es un impedimento para que se acerquen los pescadores submarinos, en consecuencia la fauna piscícola es abundante y aquí en especial podremos encontrar ejemplares de tamaño considerable. Abundan las langostas, los pargos, las barracudas, las rayas y son fáciles de observar los tiburones de arrecife y los tiburones gata. No es extraño ver aparecer tortugas y ocasionalmente grupos de delfines.

Inmersiones

Veinte puntos de inmersión, todos con acceso desde una barca; la duración de los recorridos varía entre los diez minutos y la media hora de navegación.

La visibilidad media horizontal de las aguas está entre 25 y 30 metros. La temperatura del agua varía de los 23/24º C de invierno a los 29/30º C en verano.

Como la zona de buceo es muy amplia, los instructores de Cayo Coco han podido elegir unos puntos de inmersión variados y atractivos para el visitante. Aquí encontramos la gama de buceos que busca cualquiera que llega atraído por descubrir las interioridades de un mar tropical. Arrecifes de coral, llanuras arenosas sembradas de mogotes llenos de vida e incluso hay una inmersión en *blue hole* reservada a buzos expertos. Lo único que echamos en falta es el buceo en barcos hundidos.

Las profundidades varían entre los 10 y 30 metros.

LAS MEJORES INMERSIONES

- **Los Tiburones**, profundidad: 16 metros. Siempre es emocionante ir al encuentro de los escualos, aunque sean los mansos tiburones de arrecife. En este buceo, además de poder observar a los tiburones, tendremos ocasión de sumergirnos en un paisaje marino sugerente, entre grandes construcciones coralinas, estrechos pasadizos y túneles, siempre rodeados por multitud de peces.
- **La Jaula**, profundidad: 30 metros. Buceo espectacular entre corales, gorgonias y sobre todo esponjas. Es frecuente la presencia de tiburones gata y de arrecife. Mucha vida piscícola. La amplitud de la zona de inmersión permite que La Jaula comprenda cuatro puntos distintos de buceo.
- **Las Coloradas**, profundidad: 12 metros. Intrincado fondo en el que el buceo es una constante descubierta. Cada cueva y túnel nos enseña su secreto en forma de multitud de peces que allí han establecido su hogar. Bellísimas gorgonias.

CAYO COCO - CAYO GUILLERMO

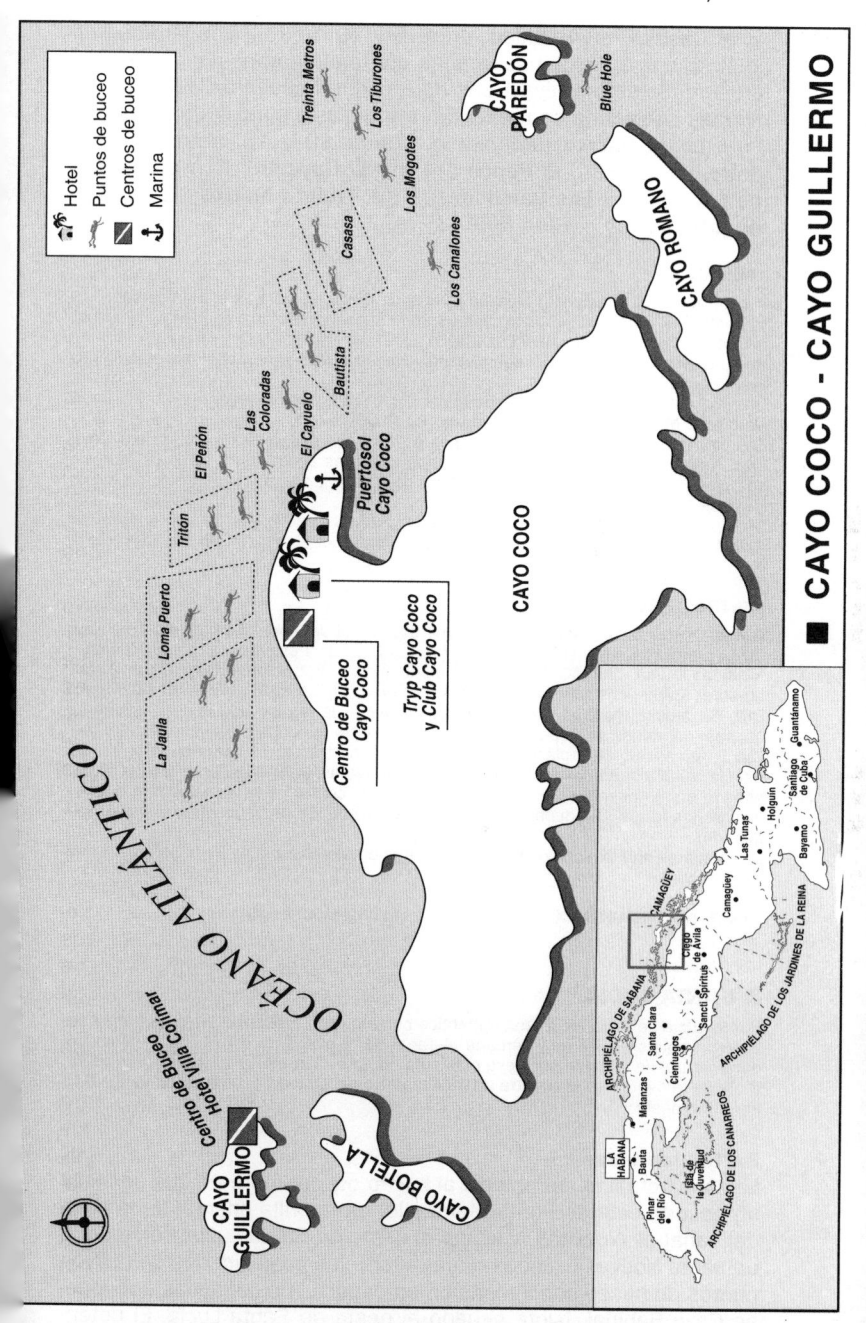

- **Casasa**, profundidad: entre 5 y 10 metros. Los jardines de coral se nos aparecen separados por fondos arenosos donde suelen camuflarse las rayas. Las barracudas frecuentan el lugar y en muchas ocasiones se presentan tranquilas y curiosas tortugas.
- **Loma Puerto** (profundidad: entre 10 y 15 metros), **Tritón** (entre 10 y 27 m), **El Peñón** (24 m), **El Cayuelo** (30 m), **Bautista** (de 16 a 30 m), **Los Canalones** (7 m), **Treinta Metros** (13 m), **Los Mogotes** (17 m) y **Blue Hole** (37 m).

ACCESOS

Por vía aérea, el aeropuerto Máximo Gómez de Ciego de Ávila es el más cercano, 79 kilómetros al sur de Cayo Coco. Vuelos domésticos y chárter procedentes principalmente de Alemania, Canadá y España.
Hay un aeródromo a 15 km (equidistante con Cayo Guillermo). Vuelos en pequeños aviones chárter.
Quienes dispongan del privilegio de viajar por Cuba en yate pueden utilizar los servicios de la **Marina Puertosol Cayo Coco** (T. 2352), con 10 amarres.
En automóvil, la única entrada al cayo es a través del *pedraplén*, una carretera elevada construida sobre bloques de piedra que cruza las aguas de la bahía de Perros y que comunica con la carretera procedente de Morón. En la actualidad este enlace es de peaje.

ALOJAMIENTO. Ver en el capítulo correspondiente del apartado Cuba de la A a la Z, p. 106.

CENTRO DE BUCEO

Diving Center Cayo Coco, en el extremo occidental del complejo hotelero Tryp Cayo Coco, junto a la playa (T. 33301323, fax 33301376). Pertenece al grupo Marinas y Náuticas Marlin. Club ACUC. El centro dispone de 4 instructores. Cuenta con 2 compresores Bauer. Los tanques son de acero, de 10 y 12 litros y todos admiten rosca DIN. Se alquila material. No hay tienda de venta de equipo de buceo. Dispone de duchas y armarios para los clientes. Para acceder a los puntos de inmersión se utilizan 2 barcas-taxi de 8 plazas y un barco de 25 plazas; se embarca en la playa, sin muelle, a un minuto del centro o desde Marina Aguas Tranquilas, un pequeño puerto situado en la ensenada Bautista (en este caso el centro pone un autobús a disposición de los buzos). Se departen cursos ACUC, desde los de bautismo a los más adelantados.
Las cámaras hiperbáricas más cercanas están en Morón (sólo de 2 atmósferas) y otra en Cárdenas.

OTRAS ACTIVIDADES. Deportes náuticos: catamaranes, esquí acuático.

■ SANTA LUCÍA

Santa Lucía se halla en la costa atlántica cubana, frente al canal Viejo de Bahamas. La zona hotelera está muy cercana al canal de Nuevitas, al este de la desembocadura natural de la bahía que lleva el mismo nombre. Camagüey, la ciudad más importante de la región, se encuentra a 128 kilómetros al sudoeste. La Habana está a 643 km al noroeste.

Particularidades

La zona actualmente abierta al buceo ocupa un frente que se inicia un poco al este de Punta Maternillo, en la orilla oriental de la boca del canal de Nuevitas, y acaba al oeste de Santa Lucía, cerca de la bahía de Nuevas Grandes. En el futuro, las posibilidades de nuevos puntos de buceo son inmensas, en especial en las aguas que rodean Cayo Sabinal, islote situado al oeste de Santa Lucía. El potencial del centro de buceo está en una costa que presenta 20 kilómetros de playas y donde la barrera coralina alcanza los 47 km.

Junto al centro Shark's Friends podemos observar una reliquia del buceo. Se trata de la bomba manual utilizada por el buzo Francisco Fraga en 1928, que utilizaba para recuperar objetos en los barcos hundidos en los alrededores. De aquellas exploraciones queda un cañón que perteneció al galeón español *Fernando de la Estela*.

Fauna

Las aguas cercanas a Santa Lucía son una caja de sorpresas. La fauna piscícola es en líneas generales muy similar a la que podemos encontrar en cualquier zona de buceo de la costa atlántica cubana, pero hay que hacer dos excepciones, todas ellas de singular importancia.

El plato fuerte lo constituyen los tiburones toro, los cuales frecuentan la desembocadura de la bahía de Nuevitas. La otra especie que es habitual e incluso abundante es la pastinaca *(Dasyatis americana)*. Otro animal, en este caso un mamífero sirénido, muy raro y que en el ámbito mundial se halla al borde de la extinción, tiene una comunidad estable en la bahía de Nuevitas, se trata del manatí *(Trichechus manatus)*. Recientemente un grupo de investigadores italianos y con patrocinio de las escuelas de buceo SSI, estuvieron estudiando una familia de nueve individuos. Es muy difícil que durante un buceo podamos observar alguno de estos ejemplares, ya que son animales tímidos y huidizos, y ahora todavía más ya que después de la visita de los científicos, parece que algunos furtivos dieron muerte a varios ejemplares de estos singulares mamíferos para comerciar con su carne.

Inmersiones

La variedad de los buceos (35 puntos) es una de las características del lugar, todos son interesantes, pero quedan en parte eclipsados por el que sin duda alguna es la estrella de las inmersiones. Caso único en Cuba y rarísimo en el mundo, es el espectáculo que ofrecen los instructores de Shark's Friends cuando dan de comer a los tiburones toro (en el Caribe conocidos como tiburones cabeza de batea). Aparte de esta inmersión fuera de lo común, en Santa Lucía, podemos bucear en el arrecife coralino, en barcos hundidos, entre restos arqueológicos, en canto y en pared.

Casi todas las inmersiones son desde una barca y los recorridos relativamente cortos, entre los diez y veinte minutos de navegación.

Los buceos en la barrera suelen ser plácidos, normalmente sin corrientes y si las hay ayudan más que molestan. Las inmersiones que se desarrollan en la boca del canal de Nuevitas y en especial las de su interior, se ven afectadas por fuertes corrientes, debidas a las mareas y al efecto embudo del canal. En estos buceos es importante conocer la hora del cambio de la marea, puesto que justo durante el corto período de calma entre marea y marea es cuando se puede descender sin temor a ser arrastrados.

La visibilidad horizontal de las aguas está entre 15 y 35 metros. La temperatura del agua varía de los 24/25º C de invierno a los más de 30º C en verano.

LAS MEJORES INMERSIONES

• **Shark's Point**, profundidad: 28 metros. El más excitante de los buceos del lugar y también de los mejores de Cuba. La inmersión ha de ser planificada en función de las mareas ya que se desarrolla en aguas del canal de Nuevitas. Unos cinco minutos antes de que acabe la marea, los buceadores han de sumergirse, directos al fondo y una vez allí permanecer quietos. Los instructores llaman la atención de los tiburones toro golpeando los tanques. Cuando aparecen los escualos (normalmente acuden unos 4 o 5, de hasta 3 metros de largo) empiezan a girar frente al grupo de buceadores y entonces es cuando los buzos cubanos ofrecen de su mano algún trozo de pescado que rápidamente es devorado. Con este magnífico espectáculo, el tiempo pasa volando y hay que salir rápidos del fondo, básicamente por dos razones: una, porque es fácil entrar en descompresión absortos con el espectáculo y la otra porque ya se inicia el cambio de marea y si nos coge la corriente, no es de extrañar que acabemos la inmersión agarrándonos a todo cuanto podamos.

La entrada al punto de buceo es desde tierra.

El espectáculo con los tiburones sólo se ve interrumpido cuando es época de reproducción, entonces los escualos pasan una temporada sin aparecer y si aparecen no suelen comer.

• **La Manta**, profundidad: 22 metros. Este punto cercano a la entrada del canal de Nuevitas ha sido bautizado con un nombre que nos puede confundir. Los animales que vemos son del género *Dasyatis*, pero en Cuba hay quien les llama manta-rayas *(Manta birostris)*. La raya de Santa Lucía es la patinaca *(Dasyatis americana)* y no la manta-raya *(Manta birostris)*.

Al bajar, cuando se alcanzan los 15 metros, nos encontramos un intrincado sistema formado por pasillos, túneles y pequeñas cuevas. El fondo es un arenazo donde suelen descansar las pastinacas. Es frecuente observar tiburones gata.

• **Nuestra Señora de Altagracia**, profundidad: entre 12 y 27 metros. Completo buceo que compagina la exploración de un barco hundido con el paseo por pequeños cantos y jardines coralinos. El pecio *Nuestra Señora de Altagracia* es un antiguo remolcador de estructura metálica, hundido en 1973, y que ahora es un excelente hábitat para una fauna muy variada. El barco se halla varado en el extremo del canto, de manera que semeja una gran escultura resaltando sobre el «gran azul». Las barracudas son frecuentes en los alrededores del naufragio.

• **Mortera Wreck**, profundidad: entre 10 y 27 metros. Impre-

TRINIDAD. PATRIMONIO DE LA HUMANIDAD

(fotos de C. Miret y E. Suárez)

■ **TRINIDAD**
(fotos de C. Miret y E. Suárez)
Arriba: **Escalinata de los esclavos**
Abajo (I y D): **Vista de la plaza Mayor** y **tranquila calle adyacente**

ENCUENTRO DURANTE UNA INMERSIÓN EN CAYO COCO

(foto de Toni Vives)

■ **DESCUBRIENDO LAS PROFUNDIDADES MARINAS**
(fotos de Toni Vives)
Arriba: **Pecio de Nuestra Señora de Altagracia (Santa Lucía**
Abajo: **Cardumen de catalinetas**

BUCEO – SANTA LUCÍA / 321

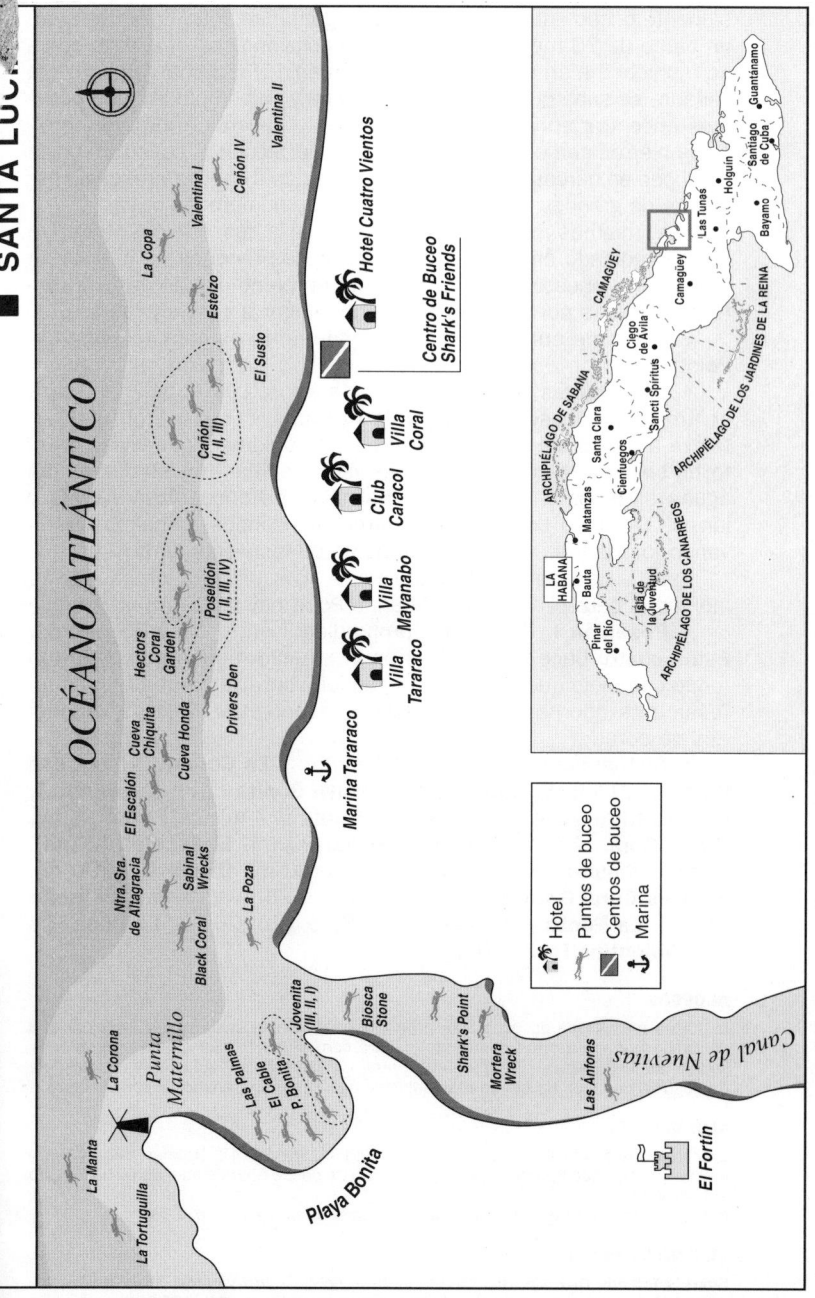

sionante buceo entre los restos de un gran mercante. El *Mortera* era un barco de 70 metros de eslora que colisionó con otra nave cuando maniobraba en el canal de Nuevitas en 1896. El cargamento era variado, se sabe que cargaba vacas, vino y carbón piedra; aún podemos encontrar en el fondo restos de este mineral. Ahora, los retorcidos hierros son el lugar perfecto para perfeccionar nuestra técnica de buceo en barcos hundidos. La vida piscícola es rica; presencia frecuente de grandes chernas, peces ángel y numerosos civiles.

Las mismas precauciones respecto a las mareas, que ya hemos indicado en Shark's Point, debemos tenerlas en cuenta en el Mortera, puesto que también está en pleno canal y las corrientes generadas por las mareas pueden llegar a ser muy fuertes.

El punto de entrada al buceo desde tierra es común a Shark's Point.

• **Las Ánforas**, profundidad: 17 metros. Los españoles, para controlar el acceso a la bahía de Nuevitas, construyeron una fortaleza a orillas del canal. Parece que los soldados que vivían en el fortín solían arrojar los recipientes vacíos al mar. Hoy en día, en las aguas situadas a los pies del baluarte, se encuentran vasijas y jarras. El buceo consiste en rastrear los fondos cercanos observando los restos, ahora ya históricos, de las viejas cerámicas.

Este buceo se inicia desde tierra. Las mismas precauciones indicadas para el Mortera y Shark's Point hay que aplicarlas aquí.

• **Poseidón I, II, III** y **IV**, profundidad: entre 18 y 30 metros. Estos cuatro buceos, situados en el arrecife, tienen en común un fondo complejo que semeja una pequeña cordillera submarina, profusamente adornada con gorgonias, esponjas y diversas variedades de coral.

• **Tortuguilla** (profundidad: 25 metros), **La Corona** (27 m), **Las Palmas** (27 m), **El Cable** (28 m), **Playa Bonita** (22 m), **Jovenita I, II** y **III** (entre 22 y 28 m), **Biosca Stone** (27 m), **La Poza** (11 m), **Black Coral** (22 m), **Sabinal Wrecks** (27 m), **El Escalón** (20 m), **Cueva Chiquita** (30 m), **Cueva Honda** (30 m), **Divers Den** (30 m), **Hectors Coral Garden** (30 m), **Cañón I, II, III** y **IV** (30 m), **El Susto** (27 m), **La Punta** (de 12 a 40 m), **Este 120** (26 m), **La Copa** (28 m) y **Valentina I** y **II** (30 m).

ACCESOS

La forma más lógica de acercarse a las playas de Santa Lucía es en avión, ya sea desde La Habana u otros puntos del país, o con vuelos chárter desde diversas procedencias extranjeras. El aeropuerto más cercano es el Ignacio Agramonte de Camagüey; después no queda más solución que tomar un transporte por carretera.

ALOJAMIENTO

Cuatro Vientos. Playa de Santa Lucía. T. 36160, fax 36142. Hoteles Cubanacán y Raytur Caribe. Todo tipo de servicios. El centro de buceo Shark's Friends se halla justo al lado del hotel.
Para más información, ver en el apartado Cuba, de la A a la Z, p. 238.

CENTRO DE BUCEO

Shark's Friends Dive Center, situado junto al hotel Cuatro Vientos (T. 3236335, fax 32365262). Pertenece al grupo Marinas y Náuticas Marlin. Club ACUC. El centro dispone de 6 instructores; 2 compresores Bauer K-15. Tanques de acero de 10 y 12 litros, todos admiten rosca DIN. Médico especialista en medicina subacuática. 3 lanchas-taxi para 8 personas cada una y un barco de 25 plazas. Se alquila material, no hay tienda de venta de equipo de buceo. Dispone de duchas y cajas plásticas para que los clientes guarden sus equipos. Los cursos son ACUC, desde los de bautismo a los más adelantados.

La marina más cercana es la de Tararaco, a sólo 1 kilómetro del centro de buceo.

El Shark's Friends Dive Center colabora con la organización SSI en la protección de los manatíes que habitan en la cercana bahía de Nuevitas.

La cámara hiperbárica más cercanas es la de Santiago de Cuba (a unos 300 kilómeros al sudeste, que en caso de urgencia se recorrerían en helicóptero en vuelo rasante). Está prevista la instalación de una cámara hiperbárica rusa en el hospital de Santa Lucía.

OTRAS ACTIVIDADES. Excursiones por las orillas de las lagunas próximas. Observación de colonias de flamencos.

GUARDALAVACA

Guardalavaca se encuentra en la costa norte cubana, a 800 kilómetros al este de La Habana y a sólo 112 al noreste de Holguín. El área turística se concentra en la playa. La zona de buceo es amplia y abarca desde la boca de bahía de Vita hasta el extremo oriental de la playa de Guardalavaca.

Particularidades

La historia de esta playa está ligada a la piratería, tanto, que el topónimo Guardalavaca hace referencia al lugar donde temporalmente se escondían las reses destinadas al contrabando. Otra versión, indica que el nombre dado por los corsarios al lugar era Guardalabarca, en alusión a las posibilidades que tenía esta costa para ocultar sus naves cuando las circunstancias les eran adversas.

La fachada marítima de este fragmento del norte oriental tiene como rasgo la ausencia de cayos y una costa en la que se alternan playas y bahías. Precisamente es en estas cerradas ensenadas, en las que crece el manglar, donde pueden reproducirse las especies piscícolas, relativamente protegidas de sus depredadores naturales.

El arrecife es intrincado, con pequeñas cordilleras submarinas, valles y cuevas. La estrecha plataforma provoca que el canto esté bastante próximo a la costa.

El clima favorece el buceo, ya que a pesar de encontrarnos en la costa atlántica, casi nunca llegan los frentes fríos procedentes del norte.

Fauna

Los fondos son muy ricos y variados en corales (unas 50 especies). Abundan los crustáceos, en particular las langostas. Un animal distintivo del lugar es el obispo *(Eagle Ray)*, que da nombre al centro de buceo. El motivo está en los grandes grupos de estas rayas que suelen reunirse en los fondos arenosos que salpican el arrecife coralino.

Los buzos que gustan de los encuentros con escualos pueden

tener ocasión de ver tiburones de arrecife. Otra especie de tiburón que alguna vez merodea por las costas de Guardalavaca es el tigre. Es raro que los buceadores puedan contemplarlo ya que su presencia sólo se da ocasionalmente, y además no le gusta la cercanía de la gente y se mantiene a bastante distancia. Quienes no desean para nada la aparición del tiburón tigre son las rayas obispo, ya que este escualo es su enemigo más peligroso.

Inmersiones

Se han catalogado más de 22 puntos de buceo, aunque sólo suelen explotarse 14, el resto, por su lejanía, reciben muchas menos visitas. Se precisa la barca para todas las inmersiones, para unos recorridos, en su mayoría, de entre 15 minutos y 1 hora. Los buceos se desarrollan en profundidades que van desde los 6 a los 40 metros.

La variedad de buceos permite descubrir cuevas, cabezos de coral, arrecifes coralinos y pared.

La visibilidad media de las aguas es de 20/25 metros. La temperatura del agua varía de los 25º C de invierno a los 28/29º C en verano. El buceo acostumbra a ser en aguas tranquilas, no son habituales las corrientes.

LAS MEJORES INMERSIONES

- **Casa Coral**, profundidad: 10 metros. Barrera coralina que ha conformado un delicado paisaje compuesto por corales de varias especies e impresionantes gorgonias. Fauna menuda muy variada.
- **La Corona**, profundidad: entre 20 y 40 metros. Los corales forman un gran anillo que semeja una corona. Los laterales están forrados también de corales además de gorgonias y bastantes esponjas. El centro del círculo es un arenazo en el que suelen agruparse las rayas obispo.
- **Canto Federico**, profundidad: entre 10 y 30 metros. El borde del canto aparece cubierto de abanicos de mar y gorgonias; la pared del canto ha sido colonizada por esponjas y corales.
- **Canto Bonito**, profundidad: entre 15 y 35 metros. Salto abrupto con una caída de unos 15 metros. Los agujeros y oquedades de la pared están habitados por langostas.
- **Pesquero**, profundidad: entre 25 y 40 metros. La inmersión se enmarca en un paisaje subacuático parecido a una terraza con profusión de esponjas, gorgonias y corales, estos últimos representados por distintas variedades como el coral de cerebro, de hoja, de ojo y en lo más profundo alguna pequeña colonia de coral negro. La fauna piscícola es abundante y de diversos tamaños.
- **Cueva I y II**, profundidad: entre 22 y 35 metros en la primera, y entre 24 y 40 metros en la segunda. Dos inmersiones reservadas a buceadores expertos. En ambos casos la salida de las cuevas es en el canto del veríl.
- **Aquarium** (profundidad: 10 metros), **Cueva III** (entre 22 a 25 m), **Canto Azul** (de 17 a 30 m), **Coral Negro** (de 14 a 35 m; ocho

BUCEO – GUARDALAVACA / 325

minutos de navegación; inmersión entre mogotes de coral), **Punta Inglés** (de 10 a 20 m), **Pesquero Sponges** (de 17 a 40 m), **Canto Chiquito** (de 15 a 20 m), **La Llanita** (de 10 a 20 m), **Corona de Vita** (de 30 a 40 m), **Cadena** (de 30 a 40 m), **Sirena** (de 18 a 40 m), **Coral Garden** (de 6 a 15 m), **Canto Izzi** (de 10 a 30 m), **Loma Jorge** (de 10 a 25 m), **Canto Gottfreid** (de 19 a 35 m).

ACCESOS

La manera más práctica de llegar es en avión. El aeropuerto más cercano es el Frank País en Holguín, situado a 70 kilómetros al sudeste.
La aproximación desde La Habana por vía terrestre habría que descartarla a menos que se disponga de mucho tiempo.

ALOJAMIENTO. Ver información en el apartado Cuba, de la A a la Z, p. 127.

CENTROS DE BUCEO

Eagle Ray Diving Center (playa de Guardalavaca, Banes, Holguín. T. 53336702/53 336041, fax 53306323). Pertenece al grupo Marinas y Náuticas Marlin. Es el más importante de la zona. El centro dispone de 4 instructores. Para rellenar los tanques cuentan con 2 compresores Bauer. Los tanques son de acero, de 12 litros y todos admiten rosca DIN. Se alquila material y no hay tienda de venta de equipo de buceo. Hay duchas y vestuario. Para los desplazamientos utilizan 3 lanchas-taxi de 8 plazas cada una. El embarque se realiza en la playa situada frente al centro de buceo. Se departen cursos ACUC y CMAS desde los de bautismo a los de instructor.
En playa Esmeralda y sirviendo en exclusiva a la clientela de los hoteles Sol Meliá opera un buceador italiano con un barco.
La cámara hiperbárica más próxima es la de Santiago de Cuba, a 45 minutos en helicóptero.

OTRAS ACTIVIDADES. Acuario de bahía Naranjo (carretera a Guardalavaca, T. 25395). Delfinario, acuario natural, espectáculo con león marino, paseos por la costa (ver p. 85). Museo Aborigen Chorro de Maita. Excursiones en barco a las playas salvajes de Guayacanes, pesca de altura, esquí acuático, catamaranes, *windsurf*, motos acuáticas y otros deportes náuticos.

■ BACONAO (SANTIAGO DE CUBA)

Las playas de Baconao se encuentran en la costa sur del oriente cubano, 42 kilómetros al este de Santiago de Cuba.

Particularidades

Los dominios submarinos situados en el extremo oriente cubano siguen la misma tónica iniciada en cabo Cruz (ver Marea del Portillo, p. 334), con la característica principal de una estrecha plataforma y una profunda fosa abisal.

La fachada marítima comprendida entre las bahías de Santiago y de Guantánamo tiene como rasgo común una costa baja y rocosa en la que se alternan pequeñas y acogedoras playas. El arrecife es intrincado con pequeños valles, mogotes, canales y cuevas. La estrechez de la plataforma provoca que el canto esté bastante próximo a la costa.

El clima es de los más calurosos de Cuba, por suerte las brisas marinas retraen la sensación de agobio que suelen provocar las temperaturas altas. El mismo viento (no debemos olvidar que estamos cerca del paso de los Vientos, el canal que separa las islas de Cuba y La Española –Haití y Rep. Dominicana–) evita la aparición de los molestos mosquitos. Por suerte, casi todo el año, el estado de la mar es llana y no acostumbra a alterarse por los vientos dominantes.

Fauna

La ubicación geográfica de Baconao facilita la profusión de vida marina. Los fondos son muy ricos y variados, tanto en corales, gorgonias y esponjas, como en fauna piscícola. Entre los grandes peces destacan las guasas, chernas y aguajíes, además, los buzos que gustan de los encuentros con escualos, pueden tener ocasión de ver tiburones como el gigantesco tiburón dama.

La proximidad de aguas abiertas muy profundas y la zona de confluencia entre el océano Atlántico y el mar Caribe, permite avistar ocasionalmente extraordinarios ejemplares pelágicos.

Inmersiones

Hay 24 puntos de buceo. Se precisa una barca para todas las inmersiones; los recorridos ocupan, en su mayor parte, entre los 5 y 25 minutos. Los buceos se desarrollan en profundidades que van desde los 4 a los 35 metros.

El buceo es variado, con posibilidad de admirar barcos hundidos, interesantes y variados paisajes, y también cuevas y la majestuosa pared.

La visibilidad media de las aguas es superior a los 25 metros y no es nada extraño que en largos períodos de bonanza se alcancen los 40 metros. La temperatura media del agua oscila entre los 27 y 29º C. El buceo acostumbra a realizarse en aguas tranquilas, no son habituales las corrientes excepto en la zona más oriental, próxima a Punta Morrillos.

LAS MEJORES INMERSIONES

- **Open Water**, profundidad: 10 metros. Barrera coralina que ha conformado un delicado paisaje compuesto por cabezos de coral forrados de impresionantes gorgonias. La fauna piscícola es menuda y muy variada.

- **Guarico**, profundidad: 15 metros. Un barco hundido se ha convertido en un próspero arrecife. Aunque el escollo sea artificial, la riqueza en vida marina es inusitada. Uno de los atractivos de la inmersión está en contemplar los aguajíes, algunos de tamaño considerable, cuando salen a comer de la mano de los instructores.

- **La Pared**, profundidad: 35 metros. Impresionante paraje situado en el canto, éste aparece cubierto de abanicos de mar y gorgonias; la pared cae hacia el «gran azul» de manera impresionante.

- **Spring Carol**, profundidad 25: metros. Buceo en la zona donde reposa un pecio. La visita al barco depara el encuentro con grandes peces que han hecho de él su hogar. Abundan los angelotes franceses y aguajíes.

328 / BUCEO – BACONAO (SANTIAGO DE CUBA)

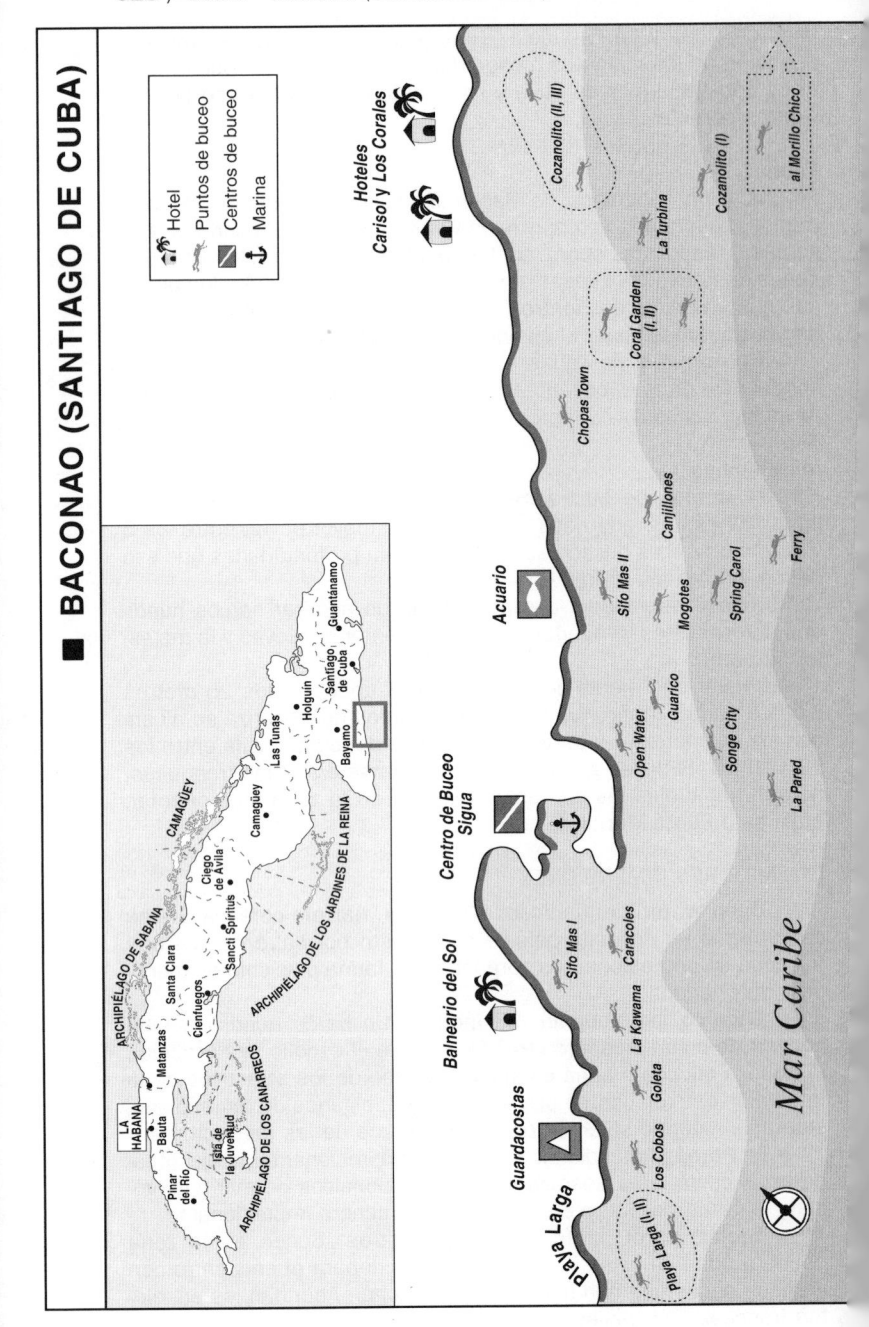

BACONAO (SANTIAGO DE CUBA)

- **Ferry**, profundidad: 32 metros. La inmersión se centra en recorrer los restos de un barco mercante que supera los 100 metros de eslora. Siempre bajo la supervisión de los instructores, se puede visitar parte del interior del navío, incluso entrar en el puente o en las bodegas. Una enorme guasa acude con regularidad a buscar la compañía y también la comida que le traen los buceadores.
- **Morrillo Chico**, profundidad: 18 metros. Una de las mejores inmersiones de Baconao, además, por su profundidad, es accesible a los buceadores novatos. El paisaje submarino es rico y variado al igual que la fauna.
- **Playa Larga** (profundidad: 14 metros), **Playa Larga II** (30 m), **Los Cobos** (30 m), **Goleta** (18 m), **La Kawama** (26 m), **Sifo Mas I** (7 m), **Caracoles** (12 m), **Sponge City** (24 m), **Sifo Mas II** (10 m), **Mogotes** (14 m), **Canjilones** (16 m), **Chopas Town** (12 m), **Coral Garden I** (12 m), **Coral Garden II** (25 m), **La Turbina** (20 m), **Cazanolito I** (30 m), **Cazanolito II** (15 m), **Cazanolito III** (15 m).

ACCESOS

El aeropuerto más cercano es el Antonio Maceo en Santiago de Cuba, a 48 kilómetros de la zona hotelera de Baconao. Vuelos internacionales regulares, domésticos y chárter.

La carretera que une la zona de buceo con Santiago de Cuba está en buen estado, además de discurrir por un paisaje paradisíaco.

ALOJAMIENTO

Balneario del Sol. Carretera de Baconao, Km 38.5 Sigua, Santiago de Cuba. T. 398113. Grupo hotelero Cubanacán-Delta Hotels & Resort.
Hotel Carisol. Carretera de Baconao, Playa de Cazonal. T. 356115, fax 356106. Grupo hotelero Cubanacán-LTI International Hotel. Restaurante, bar, piscina.
Hotel Los Corales. Carretera de Baconao, Playa de Cazonal. T. 356122, fax 356116. Grupo hotelero Cubanacán-LTI International Hotel. Restaurante, bar, piscina.

CENTROS DE BUCEO

Sigua Diving Center, carretera de Baconao, Km 25, Sigua. T. 0356165/2691446, fax 2686108. Pertenece al grupo Marinas y Náuticas Marlin. Es el más importante de la zona. El centro dispone de 3 instructores. Para rellenar los tanques cuentan con un compresor Bauer K 15. Los tanques son de acero, de 12 litros y todos admiten rosca DIN. Se alquila material y no hay tienda de venta de equipo de buceo. Hay duchas y vestuario. Para los desplazamientos utilizan 2 lanchas-taxi de 8 plazas cada una y un yate de 15 plazas. El embarque se realiza en la playa situada frente al hotel Carisol o también desde el pequeño puerto de Sigua, junto al centro de buceo. Se departen cursos ACUC, desde los de bautismo a los más avanzados.

La cámara hiperbárica más próxima es la de Santiago de Cuba, a menos de una hora por carretera o a muy pocos minutos en helicóptero.

OTRAS ACTIVIDADES. Excursiones por el parque de Baconao (ver p. 255), considerado por UNESCO como Reserva de la Biosfera. Multitud de alternativas en las 80.000 hectáreas comprendidas entre sierra Maestra y el mar Caribe y entre las proximidades de Santiago de Cuba y la laguna de Baconao. Muy cerca de Sigua hay un acuario/delfinario, actualmente en restauración. Deportes náuticos.

■ BUCANERO (SANTIAGO DE CUBA)

El área de playas de Bucanero se encuentra en la costa sur del oriente cubano, a sólo 25 kilómetros al este de Santiago de Cuba. La Habana está a 886 kilómetros en línea recta, al noroeste.

Particularidades

Los dominios submarinos situados en el extremo oriente cubano siguen la misma tónica iniciada en cabo Cruz (ver Marea del Portillo, p. 334) y que finaliza en Punta Caleta, con la peculiaridad principal de una estrecha plataforma y una profunda fosa abisal.

La estrechez de la plataforma provoca que el canto esté muy próximo a la costa. Gracias a esta característica las aguas son extremadamente cristalinas.

Fauna

Los fondos son muy ricos y variados, tanto en corales, gorgonias y esponjas, como en fauna piscícola. Entre los grandes peces destacan las chernas, aguajíes, ariguas y ejemplares pelágicos. Ocasionalmente aparece el tiburón dama y grupos de tiburón martillo.

Inmersiones

Los puntos de buceo son 17. No siempre se necesita la barca para realizar las inmersiones; los recorridos más largos precisan entre 20 y 25 minutos de navegación. En varios puntos el canto lo encontramos a tan sólo 50 metros de la costa. Los buceos se desarrollan en profundidades que van desde los 10 a los 40 metros.

El aliciente del buceo está en la impresionante pared, además existe la posibilidad de admirar dos barcos hundidos.

La visibilidad media de las aguas es superior a los 25 metros y no es nada extraño que en largos períodos de bonanza se alcancen hasta los 40 metros. La temperatura media del agua oscila entre los 27 y 29º C. El buceo se realiza siempre en aguas tranquilas.

LAS MEJORES INMERSIONES

- **Piedra de las Ariguas**, profundidad: 27 metros. Durante el recorrido bajamos hasta encontrar una cueva en plena pared; es frecuente encontrar un grupo de ariguas en su interior.
- **La Pared**, profundidad: entre 17 y 40 metros. Lugar especialmente indicado para bucear inmerso en el «gran azul». La pared se pierde en el abismo y por ello habrá que vigilar de forma escrupulosa el profundímetro. Durante la inmersión veremos importantes colonias de coral negro. Ocasionalmente aparecen grupos de tiburones martillo.
- **La Cueva**, profundidad: 7 metros. El buceo en este lugar se aparta por completo del tipo de inmersiones al que estamos acostumbrados. Se trata de una cueva situada en tierra firme, pero que se comunica por medio de grietas con el mar. La profundidad no llega a los 8 metros y se puede recorrer un tramo de 17 metros. Hay que recorrer con detenimiento todos los rincones y así podremos descubrir las langostas que se esconden en las oquedades.
- **Fruit Cuba**, profundidad: 35 metros. Durante el buceo encontramos un barco hundido. La visita al pecio permite descubrir grandes peces que han hecho de él su hábitat.

- **Baconao**, profundidad: hasta 42 metros. Buceo profundo para visitar un barco hundido.
- El resto de inmersiones tienen por característica una corta plataforma poblada de mogotes y jardines coralinos y un repentino salto a las grandes profundidades. Estos lugares permiten el buceo entre los 10 y los 40 metros. Los principales puntos son: **La Gran Piedra**, el **Tanque**, los **Mogotes**, los **Jardines**, la **Piedra de los Pargos**, el **Canto Azul**, el **Ancla**, los **Cobos** y los **Altares**.

ACCESOS

El aeropuerto más cercano es el Antonio Maceo en Santiago de Cuba, a 31 kilómetros de Bucanero. Vuelos internacionales regulares, domésticos y chárter.
La carretera que une la zona de buceo con Santiago de Cuba está en buen estado, además de discurrir por un paisaje paradisíaco.

ALOJAMIENTO

Bucanero. Carretera de Baconao, Km 4, Arroyo de La Costa, Santiago de Cuba. Frente a la playa de Juraguá. T. 22628130, fax 22686070. Grupo hotelero Cubanacán. 200 habitaciones con todo tipo de servicios. Restaurante, 2 bares, piscina, zona deportiva, gimnasio.

CENTROS DE BUCEO

Bucanero Diving Center, carretera de Baconao, Km 4, Arroyo de La Costa, Santiago de Cuba. Frente a la playa de Juraguá. T. 22628130, fax 22686070. Pertenece al grupo Marinas y Náuticas Marlin. El centro dispone de dos instructores. Para rellenar los tanques cuentan con un compresor de fabricación jamaicana. Los tanques son de acero, de 12 litros y todos admiten rosca DIN. Se alquila material y no hay tienda de venta de equipo de buceo. Hay duchas y vestuario. Para los desplazamientos utilizan 1 lancha-taxi de 8 plazas. Se departen cursos ACUC.
La cámara hiperbárica más próxima es la de Santiago de Cuba.

OTRAS ACTIVIDADES. Visitas al parque de Baconao (ver p. 255), considerado por UNESCO como Reserva Natural de la Biosfera. Recomendamos la excursión hasta el parque de los dinosaurios (p. 258), muy cercano al centro de buceo Bucanero. Este lugar casi nos traslada al «Jurassic Park» de Steven Spielberg.

■ SIERRA MAR

A 128 kilómetros al oeste de Santiago de Cuba y a unos 950 de La Habana (por carretera). El hotel está en una zona muy poco poblada de la costa del mar Caribe.

Particularidades

El aspecto físico de la costa situada frente a Sierra Mar es muy similar al que podemos encontrar en toda la costa del mar Caribe comprendida entre cabo Cruz y Punta de Quemado (ver Albacora, p. 334).

El clima permite el buceo prácticamente todos los días del año. En el caso de viento fuerte de sudeste se produce una alteración del mar que comporta una ligera merma de visibilidad. Este fenómeno es poco frecuente y no dura más de tres días.

Fauna

En toda la zona es fácil el encuentro con chernas, aguajíes y barracudas de gran tamaño. Los pargos son también muy abundantes. Pese a encontrarnos en la costa sur, en la zona se hace difícil ver el tiburón dama. Tampoco suele ser un lugar frecuentado por otro tipo de tiburones.

Inmersiones
Se han catalogado 20 puntos de buceo. Para el acceso a estos lugares se precisa una barca. La mayoría de los recorridos náuticos son factibles en 5 y 20 minutos. Los buceos se desarrollan en profundidades que van desde los 6 a los 35 metros.

Los fondos se caracterizan por los mogotes de coral, canales y pasillos submarinos que se abren entre el arrecife.

La visibilidad media de las aguas es de 30 metros. La temperatura del agua varía de los 25º C de invierno a los 28/29º C en verano. Las corrientes son prácticamente inexistentes.

LAS MEJORES INMERSIONES

• **La Maze**, profundidad: entre 20 a 30 metros. Buceo entre pasadizos y canales; curiosamente las arenas del fondo son oscuras. Abundan peces de tamaño medio y de vez en cuando aparecen ejemplares grandes. Barracudas y aguajíes.

• **Los Mogotes**, profundidad: entre 12 y 35 metros. Agrupa siete puntos de buceo que se reparten por una amplia superficie. Mogotes coralinos de distintos tamaños y alturas configuran un espacio ideal para el buceo deportivo. Abundante fauna piscícola.

• **Conk Reef**, profundidad: entre 12 y 23 metros. El arrecife se nos descubre en toda su belleza, con el aliciente añadido de una variada fauna.

• **Pelícano** (profundidad: entre 17 y 20 metros), **Gorgonias** (entre 17 y 30 m), **Coloradas** (entre 12 y 23 m), **Caramelo** (entre 10 y 15 m), **Los Caracoles** (entre 15 y 27 m), **El Canal** (entre 8 y 12 m), **Canalito** (entre 6 y 8 m), **Roca Grande** (entre 17 y 33 m), **Gorgina Rocks** (entre 17 y 25 m; tres puntos de buceo), **La Montaña** (entre 17 y 25 m).

ACCESOS
El aeropuerto más cercano es el Antonio Maceo en Santiago de Cuba, a 135 kilómetros. Recibe vuelos domésticos, internacionales y chárter.

ALOJAMIENTO
Sierra Mar. Carretera a Chivirico Km 60, Guamá. T. 335011. Grupo hotelero Cubanacán-Delta Hotels & Resort.

CENTROS DE BUCEO
Sierra Mar International Diving Center, situado en la playa del hotel. T. 335011, extensión base náutica. Pertenece al grupo Marinas y Náuticas Marlin. Es el único de la zona. El centro dispone de 2 instructores. Cuenta con 1 compresor Bauer K-15. Los tanques son de acero, de 10 y 12 litros y todos admiten rosca DIN. Se alquila material y no hay tienda de venta de equipo de buceo. Hay duchas, pero no vestuarios, aunque la proximidad con el hotel los hace innecesarios. Para los desplazamientos utilizan dos lanchas-taxi de 8 plazas cada una. El embarque se realiza desde delante mismo del centro de buceo. La instrucción está limitada a cursos de bautismo de buceo y «Open Water», bajo el esquema ACUC.
La cámara hiperbárica más próxima está Santiago de Cuba, a muy pocos minutos en helicóptero.

SIERRA MAR

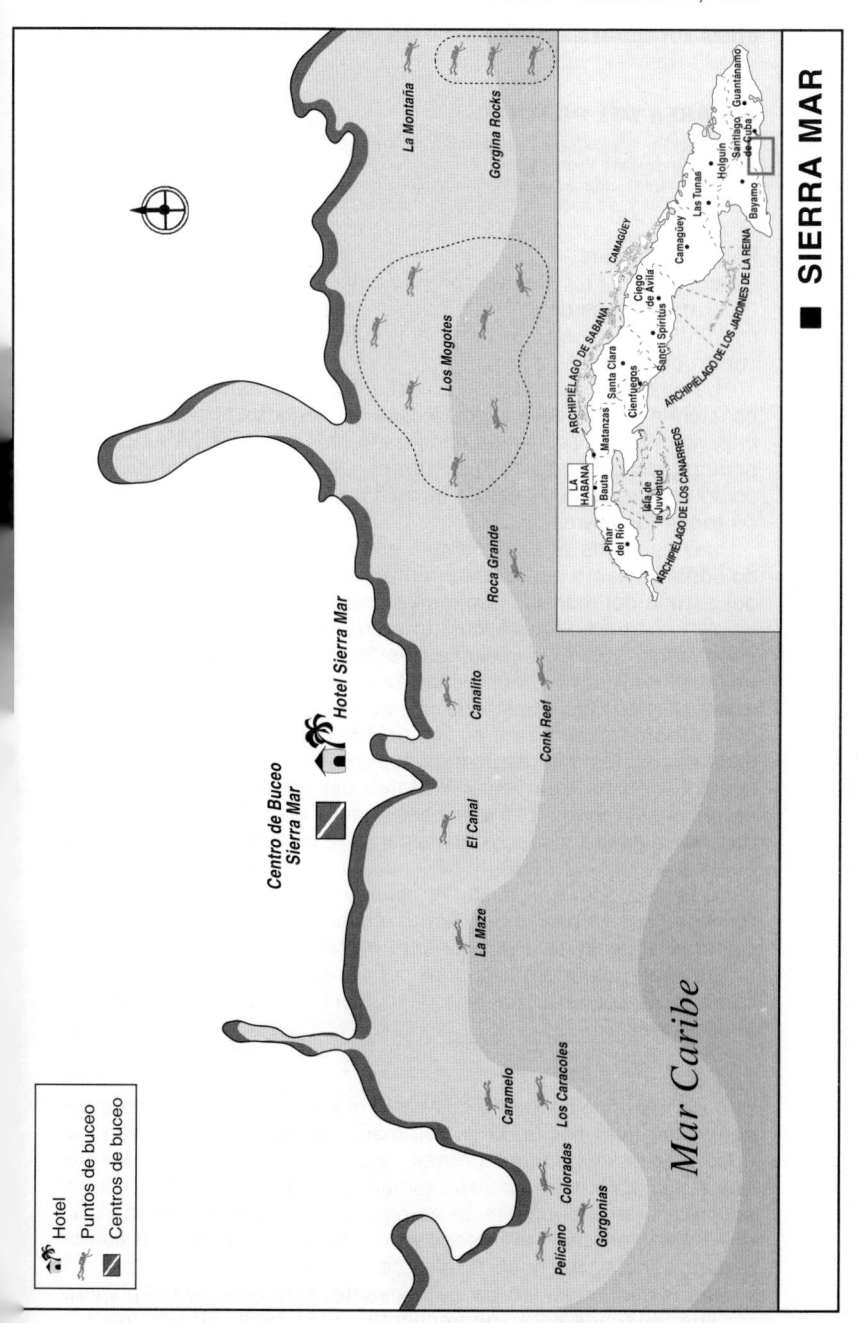

OTRAS ACTIVIDADES. Esquí acuático, motos acuáticas y otros deportes náuticos.

■ MAREA DEL PORTILLO

Marea del Portillo se ubica en la costa sur de Cuba, unos 40 kilómetros al este en línea recta de cabo Cruz, el extremo más meridional de la isla. Respecto a La Habana y por carretera, está a unos 900 km también al este y de Bayamo, la ciudad más importante de esta parte de Oriente, le separan 163 km dirección nordeste.

Particularidades

La costa del mar Caribe comprendida entre cabo Cruz y Punta Caleta, algo más de 300 kilómetros, presenta unas características comunes y que son por tanto aplicables al tramo donde opera el centro de buceo Albacora.

La plataforma insular es a veces bastante estrecha y en otras ocasiones sumamente angosta. Una vez llegados al canto del veril, la pared se precipita hacia uno de los abismos más profundos del planeta, en concreto la Fosa de los Caimanes, la cual presenta como cota mínima −7.680 metros. Es el decimosexto valor abisal de todos los mares.

Las aguas están casi siempre en calma, excepción hecha cuando sopla el viento del sudeste; entonces se produce una alteración del estado del mar que suele durar como máximo tres días.

Algunos hechos históricos tuvieron por escenario estas playas y ensenadas. Los más recientes están ligados a los inicios de la Revolución. Justo al doblar cabo Cruz se encuentra una playa, llamada de Las Coloradas, que fue donde desembarcó Fidel Castro con el barco *Granma* en el año 1956. Pero, generalmente, a los buceadores les interesan más los acontecimientos bélicos que acontecieron hace un siglo. Y Marea del Portillo no les defrauda: estas aguas contemplaron el descalabro de la Armada Española durante la guerra hispano-norteamericana en la batalla de Santiago. El día 3 de julio de 1898, la flota norteamericana destruyó por completo la escuadra que dirigía el almirante Cervera. Los barcos fueron hundidos y los supervivientes capturados. Todavía hoy puede visitarse el pecio de algún que otro barco de guerra.

La breve plataforma guarda suficientes alicientes submarinos como para convertir en una descubierta cada una de nuestras inmersiones.

Fauna

Uno de los principales deseos de la mayoría de buceadores suele ser contemplar peces de gran tamaño. En Marea del Portillo tendrán ocasión de admirar chernas, aguajíes y barracudas, entre otra fauna piscícola, que alcanzan tamaños considerables. Pero si hay suerte, durante la inmersión es posible encontrar el más apreciado «trofeo» del mar: el inofensivo y simpático pez dama o tiburón ballena. Las aguas superficiales cercanas al centro de buceo son visitadas con asiduidad por este gigante, el mayor pez del planeta.

Los tiburones gata son frecuentes en la zona. Otro animal que siempre es bien recibido en cualquier buceo es la tortuga, y aquí podemos encontrarla a menudo.

Inmersiones

Son 19 puntos de buceo. Para el acceso a la mayoría de ellos se precisa una barca. Para las inmersiones hacia el oeste se sale desde un amarradero que está frente a Cayo Blanco; para llegar hasta allí hay que sumar unos cinco minutos de carretera y un recorrido náutico que nos ocupará entre 10 y 20 minutos. Cuando el sitio a visitar es próximo a la zona hotelera o bien al este de la misma, el embarque se realiza en un muelle situado en la misma playa de Marea. Por cierto, una curiosidad de la playa de Marea del Portillo, de 1.5 kilómetros de longitud, son sus arenas oscuras.

Los buceos se desarrollan en profundidades que van desde los 10 a los 30 metros.

Durante los paseos submarinos quedaremos sorprendidos por la cantidad y variedad de esponjas que tapizan los fondos, siempre combinando con los corales blandos y duros. Además, las cuevas, mogotes de coral, arrecifes coralinos y el canto serán el paisaje que se nos irá descubriendo.

Los barcos hundidos son otro de los grandes atractivos marítimos del lugar, con los restos de dos pecios muy interesantes.

La visibilidad media de las aguas es de 20 y 25 metros. La temperatura del agua varía de los 25º C de invierno a los 28/29º C en verano.

LAS MEJORES INMERSIONES

• **Cristóbal Colón**, profundidad: entre 10 a 30 metros. El día 3 de julio de 1898 tuvo lugar el combate naval más cruento de la guerra hispano–norteamericana. El almirante Cervera había llegado a Cuba con los restos de la Armada Española después que la flota sufriera un grave revés en la bahía de Cavite (Filipinas). Consiguieron romper el cerco norteamericano y fondearon en Santiago de Cuba. La escuadra estadounidense rodeó la bahía y los barcos españoles forzaron la salida. Y entonces empezó el desastre. La más moderna y mejor armada flota del mundo acorraló contra la costa a los barcos españoles y los fue destruyendo uno a uno. El *U.S. Oregón* persiguió al *Cristóbal Colón* hasta hundirlo en las cercanías de Marea del Portillo. A pesar del transcurso de un centenar de años, todavía podemos ver buena parte de la infraestructura del crucero. El buceo entre los restos del viejo guerrero es sobrecogedor, son más de 100 metros de hierros retorcidos y a la vez llenos de nueva vida.

• **El Rial**, profundidad: entre 4 y 20 metros. Buceo en los restos de un galeón español hundido en el siglo XVIII. Como el buque era de madera apenas se encuentran rastros de su armazón. Podemos contemplar 36 cañones, seis anclas y bastantes balas de cañón.

• **Pared Negra**, profundidad: 35 metros. La pared del canto ha

sido colonizada mayoritariamente por el coral negro. En esta inmersión profunda son fáciles los encuentros con grandes barracudas.
- **Cabo Cruz**, profundidad: entre 20 y 27 metros. Arrecife coralino con mucha vida. Los agujeros y oquedades de las paredes están habitados por muchas langostas.
- **Bahía Toro**, profundidad: entre 18 y 30 metros. Paisaje subacuático con profusión de esponjas, gorgonias y corales. La fauna piscícola es abundante.
- **Punta Blanca**, profundidad: 30 metros. Dos puntos de buceo. La pared baja a pico hacia los –6.000 metros.
- **Vuelta Grande** (27 metros), **El Arco** (15 m), **Barracuda** (30 m), **Papaya** (25 m), **Patana** (12 m), **Las Morenas** (10 m), **Los Pargos** (27 m), **Tiburcio** (12 m), **Mota** (25 m; dos puntos de buceo), **Marea** (12 m), **Chivirico** (23 m).

ACCESOS

El aeropuerto más cercano es el Sierra Maestra en Manzanillo, situado a 103 kilómetros al noroeste. El Antonio Maceo en Santiago de Cuba está a unos 130 km al este de Marea del Portillo. En ambos aeropuertos se reciben tanto vuelos domésticos como chárter.
La aproximación desde La Habana por vía terrestre debería descartarse a menos que el tiempo disponible sea mucho.

ALOJAMIENTO

Farallón del Caribe. Carretera Granma Km 12.5, Pilón. T. 597081, fax 597081. 140 habitaciones con todo tipo de servicios. Restaurante, 2 bares, piscina agua salada. Grupo hotelero Cubanacán-Commonwealth Hospitality Ltd.
Marea del Portillo. Carretera Granma Km 12.5 , Pilón. T. 594201, fax 594201. 130 habitaciones con todo tipo de servicios. Restaurante, 2 bares, piscina agua salada. Grupo hotelero Cubanacán-Commonwealth Hospitality Ltd.

CENTROS DE BUCEO

Albacora, playa de Marea del Portillo, Pilón. T. 594039, fax 597034. Pertenece al grupo Marinas y Náuticas Marlin. Es el único de la zona. El centro dispone de dos instructores. Cuentan con 1 compresor Bauer K-15. Los tanques son de acero, de 10 litros y todos admiten rosca DIN. Se alquila material y no hay tienda de venta de equipo de buceo. No hay duchas ni vestuario, pero la proximidad con el hotel Marea del Portillo hace que en la práctica no sean necesarios. Para los desplazamientos utilizan dos lanchas-taxi de 8 plazas cada una. El embarque se realiza indistintamente bien desde un pequeño muelle muy cercano al centro de buceo o desde un muelle próximo a Pilón, todo depende del punto de buceo al que se desee acceder. La instrucción está limitada a cursos de bautismo de buceo; funciona bajo el esquema CMAS.
La cámara hiperbárica más próxima está en Santiago de Cuba, a muy pocos minutos en helicóptero.

OTRAS ACTIVIDADES. Excursiones en barco a las playas de Cayo Blanco, esquí acuático, motos acuáticas y otros deportes náuticos.

■ JARDINES DE LA REINA (Ciego de Ávila)

Archipiélago ubicado en el mar Caribe, 50 millas al sur de la provincia Ciego de Ávila.

Particularidades

El archipiélago está formado por centenares de pequeños cayos y su extensión total es de 150 km^2. Es uno de los cinco mayores arrecifes coralinos del planeta. En la zona hay muchos barcos hun-

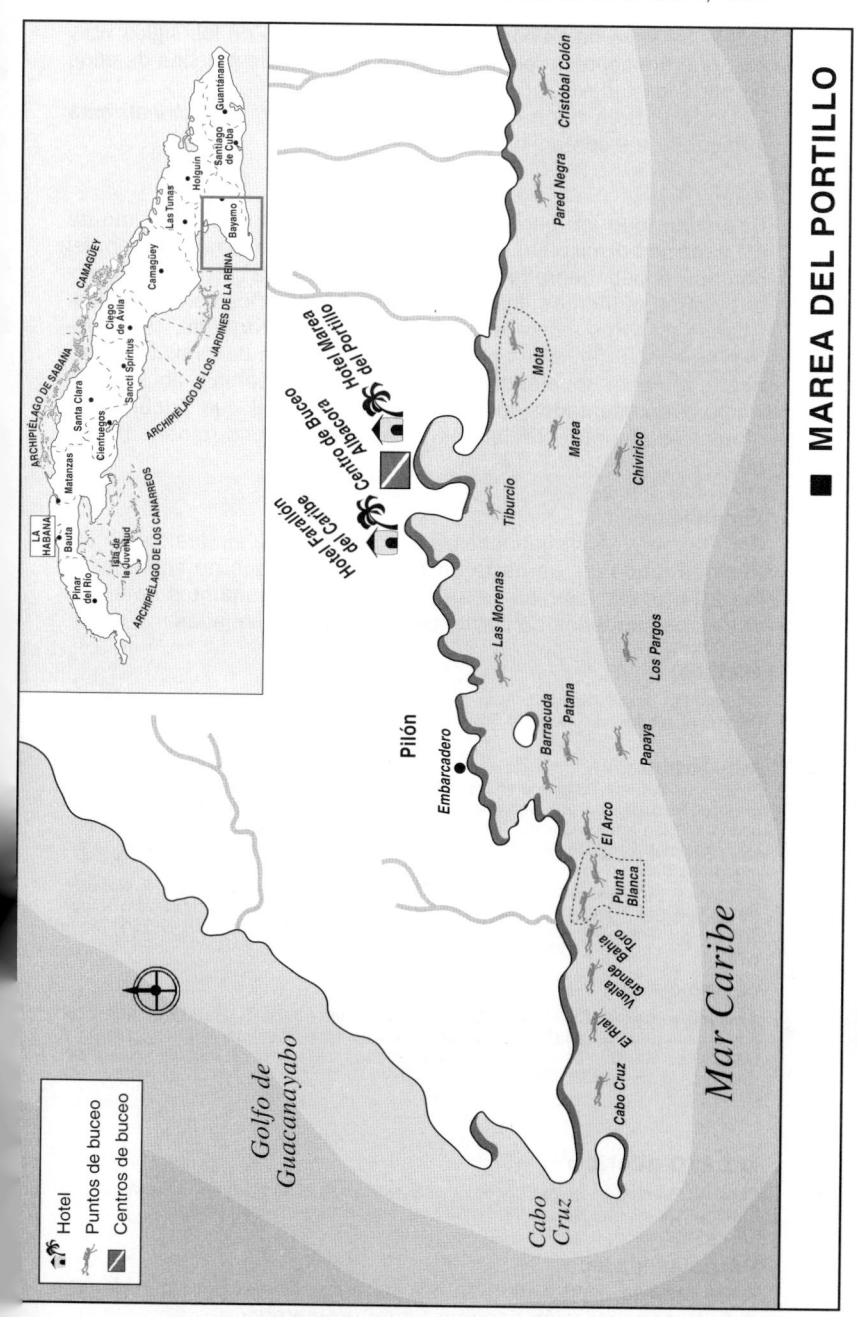

BUCEO – JARDINES DE LA REINA / 337

MAREA DEL PORTILLO

didos. Se sabe de galeones españoles, algunos de los siglos XVII y XVIII, que desaparecieron en estas aguas, aunque muchos de ellos no han sido todavía localizados.

Toda el área tiene la consideración de Parque Nacional; está inhabitado e incontaminado.

Fauna

Se estima que los buceadores pueden contemplar un mínimo de 60 especies piscícolas. Debido al aislamiento, a la nula acción del hombre, el peor depredador marino, y a una zona con mucho plancton y otros nutrientes, los peces alcanzan tamaños considerables. Guasas gigantes, chernas, rayas, barracudas, tortugas, caballerotes inmensos, tiburones de arrecife y el tiburón ballena. Toda esa rica fauna está esperando a los buceadores. Además, aquí encontramos representados todos los tipos de coral que pueblan los mares del planeta, con la sola excepción del coral rojo mediterráneo.

Inmersiones

Por el momento se han localizado 42 puntos de inmersión, en los mejores fondos, gran parte en profundidades que no sobrepasan los 20 metros. También se ha procurado que los puntos de buceo estén resguardados de corrientes y posibles marejadas.

ACCESOS

En avioneta desde Ciego de Ávila (una noche en el hotel Morón). Por mar: **Marina Puertosol Júcaro**, carretera Vía Júcaro s/n, Ciego de Ávila, T. 24657.

ALOJAMIENTO

En el hotel flotante Tortuga o en los yates *Explorador* y *Puerto Sol*.

El **hotel Tortuga**, con una superficie de 500 m², consta de 8 habitaciones con aire acondicionado y baño privado. La tripulación la componen 4 personas y 1 cocinero. Las estancias se contratan para 5 o 6 noches. El hotel flotante permite alcanzar los puntos de buceo en pocos minutos en las barcas del centro Avalon.

El sistema de buceo «vida a bordo» es posible en los barcos **Fantasía** y **Explorador**. Se alquilan en régimen chárter para 22 personas. Información y reservas: Filippo Invernizzi, Press Tours & Avalon Dive Center. CSO Peschiera 249, 10141 Turín (Italia 10141). T. y fax 39 113833926.

CENTRO BUCEO

Avalon Dive Center, CSO Peschiera 249, 10141 Turín (Italia). T. y fax 39 113833926. Por el momento tiene la exclusiva para el buceo en el santuario marino; realizan 3 buceos por día. Dos barcas, de 13.5 y 10 metros cada una, 52 tanques, compresores. Instructores CMAS y PADI.

■ CAYO BLANCO

Playa Ancón está en el mar Caribe, a 348 kilómetros al sudeste de La Habana, a 13 al sudoeste de Trinidad y a 83, también al sudoeste, de Sancti Spíritus.

Particularidades

Zona todavía poco explotada por los buceadores, pero que debido a su buena ubicación tiene un futuro prometedor.

Los buceos se realizan en la estrecha franja que permite la plataforma insular, antes de que los fondos se precipiten hacia el abismo.

ACCESOS

Por vía aérea, los aeropuertos más cercanos son el de Cienfuegos, situado a 60 km al noroeste (tres vuelos semanales con La Habana –miércoles, viernes y domingos–) y el Máximo Gómez de Ciego de Ávila, a 169 kilómetros.
Por mar: **Marina Puertosol Cayo Blanco**, Playa Ancón, Trinidad (Sancti Spíritus), T. 4414. Nueve amarres.
Lo más usual es realizar el recorrido desde La Habana por carretera, vía Santa Clara, por la autopista central.

ALOJAMIENTO

Ancón. Carretera María Aguilar, Playa Ancón, Trinidad, T. 31556, fax 67424. Grupo hotelero Gran Caribe. 279 habitaciones. 2 restaurantes, 7 bares, cabaret, piscina, pista de tenis.

CENTRO DE BUCEO

Centro Internacional de Buceo Ancón, Playa Ancón, Trinidad. T. 94011. Pertenece al grupo Puertosol. Centro ACUC. Sus prestaciones y los instructores permiten atender de forma básica a los buceadores. Alquiler de equipos, barco, compresor.
La cámara hiperbárica más cercana está en Cárdenas, aunque se espera que se instale una en Cienfuegos.

OTRAS ACTIVIDADES. Visitas a la ciudad colonial de Trinidad (ver p. 265).

■ CIENFUEGOS: FARO LUNA/RANCHO LUNA

Para llegar a Faro Luna y Rancho Luna hay que cruzar la ciudad de Cienfuegos, situada a 232 kilómetros al sudeste de La Habana, en el mar Caribe; desde Cienfuegos son 18 km por la carretera de Pasacaballo. Faro Luna dista unos 400 metros de Rancho Luna.

Particularidades

La zona de buceo empieza frente a Punta Sabanilla, en la orilla oriental de la bahía de Cienfuegos y acaba en Punta Itabo. Una característica de toda esta parte de costa es el frente rocoso, sólo roto en el tramo de la playa de Rancho Luna. La plataforma insular es bastante estrecha, por lo que los buceos quedan relativamente cercanos a la orilla.

Fauna

Los intrincados fondos cercanos a Cienfuegos son propicios para los crustáceos. Durante los buceos hay que prestar atención a las señales de los instructores ya que ellos saben descubrir los escondrijos de los grandes cangrejos y las langostas. En los canales arenosos es fácil descubrir preciosos moluscos. Las barracudas suelen nadar curiosas no lejos de los buceadores. Las chernas, aguajíes y otros grandes peces los iremos percibiendo en diversos lugares como entre los restos de los barcos hundidos o en los huecos de las construcciones coralinas. El pez dama o tiburón ballena acude regularmente a visitar esta costa; cuando el mar «está como un plato», como vulgarmente se dice, es más fácil observarlos. Son ocasionales los grupos de delfines.

Inmersiones

Todas las inmersiones se realizan desde una barca y los recorridos son cortos; la mayoría no llegan a los diez minutos de navegación.

La visibilidad horizontal de las aguas es de entre 15 y 35 metros. La temperatura del agua varía de los 25/26º C de invierno a los más de 30º C en verano.

La variedad de paisajes submarinos permite que una estancia en esta zona de buceo no sea para nada aburrida. Podemos optar por los barcos hundidos, actualmente son seis y uno de ellos supera los 50 metros de eslora; otra posibilidad es el buceo relajado a poca profundidad entre canales y jardines de corales. Muy vistosas son las inmersiones que realizan alguna incursión por el canto y descienden por la pared; también sobradamente interesantes son aquellos buceos que se adentran en el intrincado laberinto entre cerradas construcciones de coral.

Hay que prestar atención a las computadoras y profundímetros pues muchas de las inmersiones alcanzan profundidades ya respetables y no es cuestión de entrar en descompresión.

LAS MEJORES INMERSIONES

- **El Coral**, profundidad: entre 7 y 11 metros. El atractivo principal es la contemplación de una formación coralina llamada «La Dama del Caribe». Se trata de un inmenso coral de columna, quizás el más grande de Cuba y sin dudas el más fotografiado. Es accesible incluso a los más noveles buceadores.
- **El Laberinto**, profundidad: entre 11 y 42 metros. Buceo espectacular entre un profundo macizo de coral por el que se abren paso estrechos corredores acabados en arena blanca. Esta inmersión es muy divertida y es tan complejo el sistema de canales y pasadizos que puede bucearse diversas veces en el mismo punto sin repetir itinerario.
- **La Corona I y II**, profundidad: entre 16 y 42 metros. Dos hermosos buceos que discurren por canales y pasillos abiertos entre los corales. Uno de los lugares propicios para observar al pez dama o tiburón ballena.
- **Camaronero II**, profundidad: entre 20 y 40 metros. Otro de los atractivos de la zona de buceo de Cienfuegos son los barcos hundidos; en este caso es un pesquero, ahora convertido en hábitat de multitud de peces.
- **Boya del Recalo**, profundidad: entre 15 y 40 metros. Zona de bellos fondos, prácticamente recubiertos de corales y gorgonias. Entre los macizos coralinos podemos buscar itinerarios aprovechando estrechos canales.
- **Los Huecos** (profundidad: entre 16 y 40 metros), **Barco Arimao** (entre 15 y 40 m), **Cable Inglés** (8 a 12 m), **Rancho Club** (de 10 a 17 m), **Patana I** (de 18 a 40 m), **Los Palos**, también conocido como **Camaronero I** (10 m), **Canal Chico** (de 8 a 11 m), **Patana II** (11 m), **Camaronero III** (de 15 a 40 m), **La Patanita** (18 m), **Las**

BUCEO – FARO LUNA, RANCHO LUNA (CIENFUEGOS) / 341

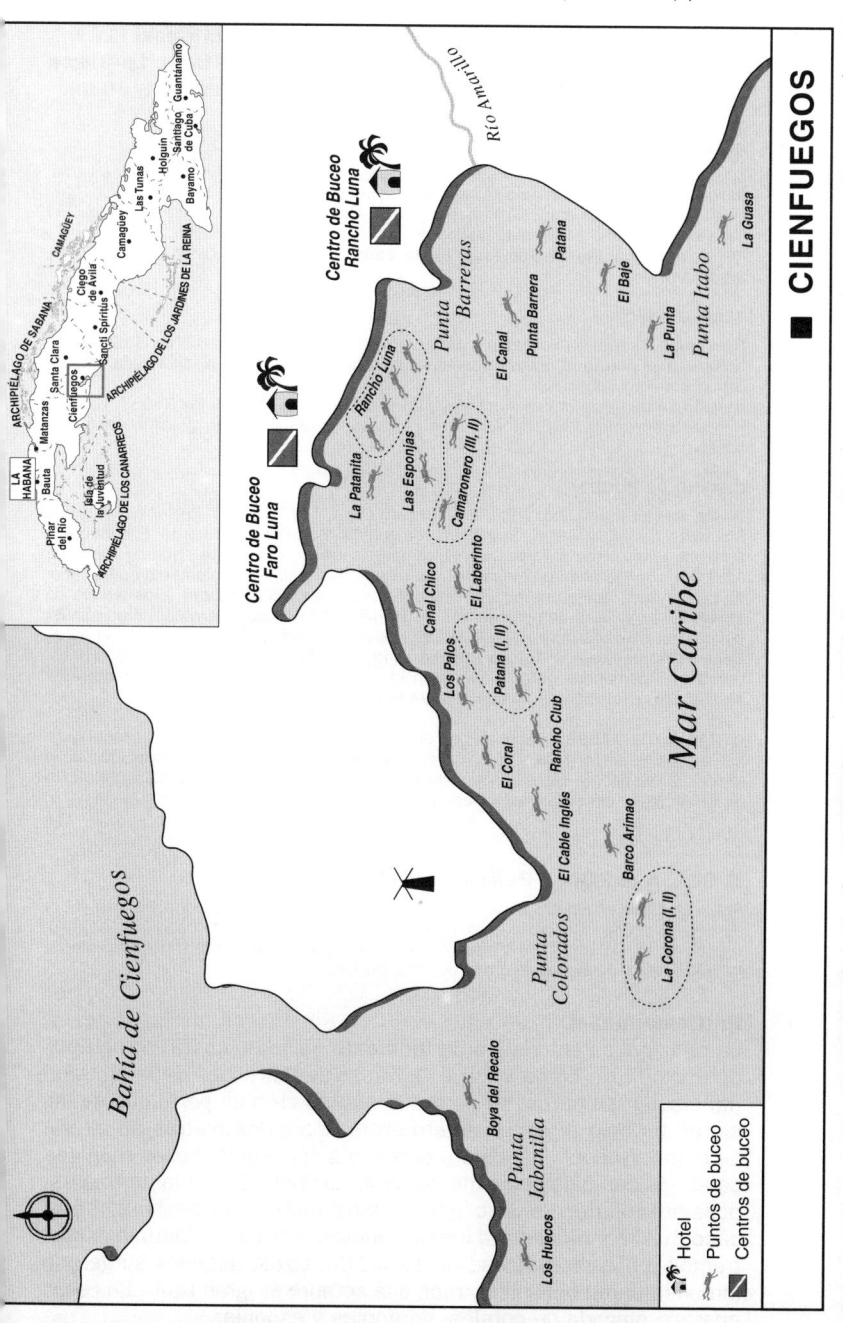

Esponjas (de 20 a 40 m), **Rancho Luna** (11 m), **El Canal** (15 m), **Punta Barrera** (de 10 a 40 m), **Patana** (de 12 a 15 m), **La Guasa** (de 15 a 40 m), **El Baje** (de 6 a 12 m), **La Punta** (de 12 a 40 m).

ACCESOS

En avión por el aeropuerto de Cienfuegos, situado 16 km al norte. Tres vuelos semanales con La Habana (miércoles, viernes y domingos).
La autopista central entre La Habana y Santa Clara es la mejor vía de comunicación para los que opten por ir motorizados.
Por vía marítima: **Marina Puertosol Jagua**, calle 35 s/n # 6 y 8, Cienfuegos, T. 5093. 30 amarres.

ALOJAMIENTO

Faro Luna. Carretera Pasacaballo Km 18, Playa Faro Luna. T. 48162, fax 335059. 42 habitaciones con todo tipo de servicios. Restaurante, 2 bares, piscina agua salada. Grupo hotelero Cubanacán.
Rancho Luna. Carretera de Rancho Luna, Cienfuegos, T. 48120, fax 35057. Cadena Hoteles Horizontes. 225 habitaciones. 2 restaurantes, 5 bares, piscina, centro de buceo.

CENTRO DE BUCEO

Diving Center Faro Luna, junto al hotel Faro Luna, T. 43251340. Pertenece al grupo Marinas y Náuticas Marlin. Club ACUC. Es el más importante de la zona. El centro dispone de 4 instructores. Cuenta con 1 compresor Bauer. Los tanques son de acero, de 12 litros, y todos admiten rosca DIN. Se alquila material. Por el momento no hay tienda de venta de equipo de buceo. Dispone de duchas. Para acceder a los puntos de inmersión se utilizan dos barcas-taxi de 10 plazas; el embarcadero está a un minuto del centro. Se departen cursos ACUC, desde los de bautismo a los más adelantados.
Centro Internacional de Buceo Rancho Luna, en el hotel del mismo nombre.
Cámaras hiperbáricas más cercanas en La Habana y Cárdenas. Próximamente está prevista la instalación de una cámara en el hospital de Cienfuegos.

OTRAS ACTIVIDADES. Ecoturismo en el macizo montañoso de Topes de Collantes, 20 kilómetros al norte. Jardín Botánico de Cienfuegos, Teatro de Cienfuegos, fortaleza española Castillo de Jagua. Excursiones por la montaña del Nicho, a 12 km al norte de Cienfuegos: cascadas, lago, vegetación y paisaje (ver p. 263, 115 y 122).

■ PLAYA GIRÓN / PLAYA LARGA

Playa Larga se encuentra a 172 kilómetros al sudoeste de La Habana y a 105 al sur de Varadero. Playa Girón está algo más al sur de Playa Larga, en concreto a 205 kilómetros de La Habana y a 139 de Varadero. La zona de buceo sigue la orilla este de la bahía de Cochinos, en la costa del mar Caribe.

Particularidades

La principal característica de toda esta parte de costa, comprendida entre Playa Larga y Playa Girón, es la estrechez de la plataforma insular. La particular orografía marina crea un perfil que se inicia en un bajo arrecife costero entre uno y dos metros de altura. La plataforma es una llanura arenosa salpicada de bellos mogotes coralinos que baja suavemente hasta el canto. Esta plataforma es, ocasionalmente, de sólo unos pocos metros de anchura; en el caso máximo, no alcanza los doscientos metros. El canto lo encontramos a una profundidad de 10 a 18 metros, después surge una inmensa pared oceánica y más allá se abre el «gran azul». La pared aparece plagada de corales, gorgonias y esponjas.

Otro rasgo del lugar es la posibilidad de poder bucear en cenotes (simas calizas que por su proximidad al mar y a través de grietas se hallan inundadas) y casimbas (cuevas anegadas también por la cercanía a la orilla marina). En ambos casos es posible la difícil especialidad del espeleobuceo.

Fauna
La misma orografía marina es la que condiciona el tipo de fauna existente. Debido a la poca plataforma, las especies de aguas someras no son muy abundantes, por el contrario es uno de los mejores lugares para avistar grandes peces pelágicos. A lo largo de esta costa es frecuente observar la presencia del pez dama o tiburón ballena, uno de los encuentros submarinos más deseados por los buzos. Otra de las coincidencias interesantes, aunque más difícil, es con los manatíes, los cuales tienen por hábitat la ciénaga Zapata.

Inmersiones
Debido al especial perfil de la costa, todas las inmersiones se realizan desde tierra. Quienes opten por bucear en cenotes o cuevas, deberán tener en cuenta todas las normas de seguridad que rigen para el espeleobuceo y además, en ningún caso, deberán intentar bucear sin la ayuda de un experto y conocedor de la zona. En los buceos en pared, se debe advertir a quienes nunca hayan practicado la modalidad, que es muy importante controlar en todo momento el profundímetro, pues es fácil sobrepasar la profundidad aconsejada para el buceo deportivo. También es posible verse afectado por una especie de vértigo ante la inmensidad del «gran azul».

La transparencia del agua es excepcional, llegando en invierno a sobrepasar los 40 metros. La temperatura varía de los 24º C en invierno hasta cerca de los 30º C en verano.

LAS MEJORES INMERSIONES

• **Cueva el Cenote**, profundidad: entre 25 y 70 metros. Esta inmersión es única en su género. Se trata de un lago situado muy cerca de la costa que se comunica a través de grietas con el mar. Agua muy transparente excepto en el caso de lluvias recientes. Para el buceo deportivo sólo es recomendable descender hasta los 35 metros; para el espeleobuceo son precisos conocimientos específicos y un equipo especial. Las galerías sumergidas que nacen del lago sólo han sido exploradas en parte. Abundantes peces coralinos acompañan al buceador en la inmersión. Para entrar al recinto donde está el cenote se debe pagar 1 $USA. Junto al lago hay un bar y un restaurante.

• **Punta Perdiz**, profundidad: entre 5 y 40 metros. Uno de los mejores buceos en pared de toda Cuba. Se parte desde la orilla, nadando sobre un fondo de arena blanca sobre la que destacan algunos mogotes de bellos corales. A unos diez metros de profundidad aparece una pronunciada rampa que en un instante nos conduce al canto y ante los ojos del buceador se abre una paisaje espectacular. La pared es un muestrario de corales, gorgonias y esponjas que se precipita en vertical varios centenares de metros.

• Con salida desde tierra y buceo en pared: **El Campismo** (profundidad: entre 4 y 40 metros), **El Cenote** (entre 4 y 40 m), **Los Cocos** (entre 10 y 40 m), **El Brinco** (entre 6 y 40 m).

• Con salida desde tierra y buceo en cueva: **El Brinco Cave** (45 m), **Laguna Larga** (45 m).

ACCESOS

El aeropuerto más cercano es el Juan Gualberto Gómez, en Varadero, a 131 km de Playa Larga y a 165 de Playa Girón.
Los grupos de buceo alojados en Varadero o en La Habana suelen trasladarse hasta esta parte de la isla siguiendo por la autopista central hasta Jagüey Grande, y desde aquí, seguir los treinta rectos kilómetros de carretera que discurren a través de la ciénaga Zapata hasta Playa Larga.

ALOJAMIENTO

Playa Girón. Playa Girón, Parque Natural Montemar (Matanzas), T. 4118 y 4110, fax 4117. Cadena Hoteles Horizontes. 292 habitaciones. Casetas independientes. 3 restaurantes, 3 bares, piscina, pista de tenis.
Playa Larga. Playa Larga, Parque Natural Montemar (Matanzas), T. 7225. Cadena Hoteles Horizontes. 57 habitaciones. Restaurante, 3 bares. Centro para la observación de aves.

CENTRO DE BUCEO

Villa Playa Girón Diving Center, en el Hotel Playa Girón, T. 4106. Es un centro ACUC.
Octopus Club, en el hotel Playa Larga, T. 7225. Grupo Horizontes.
La cámara hiperbárica más cercana está en La Habana.

OTRAS ACTIVIDADES. Recorridos naturalistas por el Parque Natural Montemar-Ciénaga de Zapata, Museo de Playa Girón, en el que se describen los sucesos del fallido desembarco organizado por la CIA en 1961 (ver p. 216 y 226).

■ CAYO LARGO DEL SUR

Cayo Largo del Sur se halla a 177 kilómetros al sur-sudeste de La Habana, en el mar Caribe. Es la más oriental de las islas que forman el archipiélago de Los Canarreos.

Particularidades

Cayo Largo del Sur tiene una superficie de 38 km^2 y 25 kilómetros de playas. Pertenece al archipiélago de Los Canarreos, conjunto formado por unos 300 cayos, con un total de 62 kilómetros de playas.

El viajero y geógrafo Alexander von Humbolt tuvo ocasión de visitar estos parajes a principios del siglo XIX y entonces escribió palabras de loa para este conglomerado de islas.

El intrincado territorio del archipiélago fue uno de los escondrijos favoritos de los piratas. Abundan las leyendas e historias sobre abordajes, naufragios y tesoros escondidos. Uno de estos relatos hace referencia al fabuloso tesoro del pirata Henry Morgan, aún hoy en paradero desconocido. Más cierto es que entre 1563 y

BUCEO – CAYO LARGO DEL SUR / 345

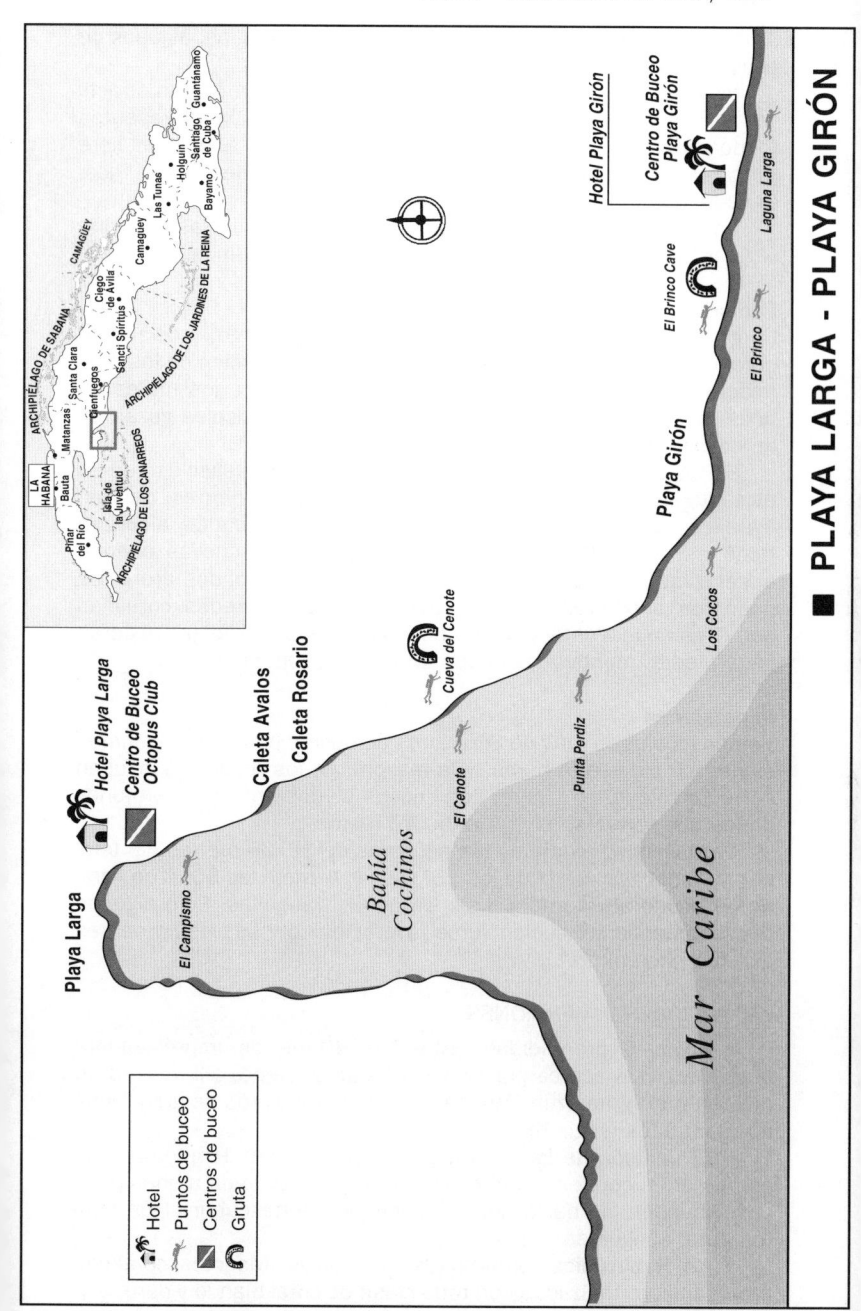

■ PLAYA LARGA - PLAYA GIRÓN

1784 se contabilizaron en estas aguas 200 naufragios, algunos de ellos todavía sin localizar.

Muy cerca de Cayo Largo hay otras islas que presentan atractivos paisajes, bellas playas de arena blanca y también interesantes fondos marinos, muy apropiados para el buceo a pulmón libre *(snorkel)*: Playa Sirena, Playa Blanca, Cayo Cantiles, Cayo Rico, Cayo Iguana (abundante población de iguanas).

En la zona de alojamientos se fumiga con insecticidas de forma regular, pero conviene proveerse de una loción antimosquitos.

Fauna

La gran suerte para la fauna marina de Cayo Largo, y de rebote para los buceadores, es la poca densidad de población de los alrededores; gracias a ello, el principal depredador de los mares, el hombre, ha actuado poco y las comunidades piscícolas gozan de una cierta tranquilidad.

En los arrecifes coralinos son abundantes las especies que en otros lugares de Cuba se han visto diezmadas. Chernas, pargos, aguajíes se dejan ver con facilidad. Las barracudas alcanzan tamaños considerables. En túneles y pequeñas cuevas pueden observarse los tiburones gata, mientras que en fondos arenosos podemos encontrar grandes pastinacas. Las paredes coralinas son ricas en langostas. Los corales, gorgonias y esponjas decoran cada piedra, montículo y rincón de este paisaje submarino.

Inmersiones

Se han localizado más de 30 puntos de buceo; para todas la inmersiones se precisa la barca, y la mayoría de los recorridos ocupan entre 15 minutos y 1 hora. Los buceos se desarrollan en profundidades que van desde los 5 a los 40 metros.

La visibilidad media de las aguas es de 30/35 metros. La temperatura del agua varía de los 25º C en invierno a los 30º C en verano. El buceo acostumbra a ser en aguas tranquilas. Sólo algunas pocas inmersiones suelen verse favorecidas por suaves corrientes que permiten el *drift diving*.

LAS MEJORES INMERSIONES

• **Boya - 6**, profundidad: entre 20 y 40 metros. Impresionante buceo que nos acerca por un valle hasta el canto, allí la vista se pierde en el «gran azul». Muchas esponjas tubulares de gran tamaño. Bastantes langostas.

• **El callejón de las Barracudas**, profundidad: 10 metros. Recorrido entre corales «cuerno de ciervo» y un fondo de arenas blancas. Abundan las barracudas. Posibilidad de descubrir algún tiburón gata. Langostas.

• **La Rabirrubias**, profundidad: 8 metros. Mogotes coralinos profusamente tapizados con toda clase de coral blando y duro, gorgonias y esponjas. Una zona excelente para los amantes de la fotografía submarina por los bellos efectos lumínicos y la gran cantidad y variedad piscícola. Cientos de rabirrubias acuden prestas al encuentro de los buceadores esperando algo de comida.

• **Acuario**, profundidad: 15 metros. Uno de los mejores lugares para comprobar que la fauna marina cubana es de las más variadas y ricas del planeta. El nombre dado a este punto de buceo es de lo más acertado pues produce todo el efecto de estar sumergido en el interior de una vitrina de acuario. La relación de especies que podemos admirar en una sola inmersión es larga: desde las morenas hasta los diferentes grupos de meros tropicales, pasando por los pequeños y coloreados peces de arrecife y terminando por los grandes cangrejos y las langostas.

• **Cueva del Negro**, profundidad: de 25 a 40 metros. Uno de los buceos más impresionantes de Cayo Largo, pero inmersión reservada a buceadores expertos. El fondo ofrece un panorama espectacular, con un valle arenoso encañonado que va ganado profundidad de forma progresiva. La inmersión finaliza al llegar a una pared que se pierde en el abismo. Muchas posibilidades de contemplar peces pelágicos de gran tamaño.

ACCESOS

Casi la totalidad de visitantes entran y salen de la isla por vía aérea, aprovechando las ventajas que ofrece el aeropuerto Cayo Largo del Sur, situado al norte de la isla. Vuelos domésticos desde La Habana (25/30 minutos) y Varadero (25/30 minutos). Chárter desde Canadá e Italia. Transporte regular desde el aeródromo hasta la zona de alojamientos por la única carretera que existe.
Por mar: **Marina Puertosol Cayo Largo del Sur**, T. 2204. El embarcadero de Cayo Largo es accesible a yates privados. 50 amarres. Se organizan torneos internacionales de pesca.
La compañía Sol Meliá, desde noviembre de 1996, ofrece un crucero en el buque *Meliá Don Juan* (motonave para 200 pasajeros) que toca varios puertos cubanos (Santiago de Cuba y Cienfuegos) y de otros países: Puerto Plata en la República Dominicana, Cayman Brac y Gran Caimán en las islas Caimán. Excursiones de 3, 4 y 7 días.

ALOJAMIENTO. Ver información en el apartado Cuba, de la A a la Z, p. 111.

CENTRO DE BUCEO
Cayo Largo del Sur, T. y fax 537666414, Centro ACUC. Pertenece al grupo Marinas Puertosol. Se imparten cursos. Alquiler de equipos; no hay venta de material de buceo. Disponen de compresores y varios barcos para acceder a los puntos de inmersión.
Las cámaras hiperbáricas más próximas son la de isla de la Juventud y las dos de La Habana; en cualquier caso, el traslado se efectúa en helicóptero en vuelo rasante.

OTRAS ACTIVIDADES. Deportes náuticos: catamaranes, esquí acuático. Observación de la naturaleza en cayos próximos: iguanas, cormoranes, pelícanos, fragatas, flamencos rosa y el colibrí de Cuba. Excursiones a Playa Sirena, donde hay un típico restaurante situado bajo la sombra de los cañizos. Son muy populares las langostas al grill (accesos en barca desde el puerto de Cayo Largo).

■ ISLA DE LA JUVENTUD

La mayor isla del archipiélago de Los Canarreos, es también la más grande del sudoeste cubano y segunda en superficie de toda Cuba, 3.061 km^2. La zona de buceo del Colony se encuentra unos 40 kilómetros al sudoeste de Nueva Gerona y a 175, también al sudoeste, de La Habana.

Particularidades

Historias y muchas leyendas han quedado tras el paso por la isla de la Juventud de piratas y corsarios tan renombrados como Francis Drake, Morgan o Jol, los cuales tenían algunas de sus principales bases en estos rincones; de ahí que una parte de la isla sea conocida también como Costa de los Piratas. Su situación estratégica permitía a los piratas establecer centros seguros desde donde poder atacar a los buques españoles cargados de tesoros que partían de México destino a España, especialmente vulnerables cuando navegaban por el estrecho de Yucatán.

La zona comprendida entre Punta Francés y Punta Pedernales, en el extremo sudoeste de la isla de la Juventud, ha sido cuna del buceo cubano. A partir de los años cincuenta escafandristas y pescadores submarinos acudieron a la llamada de las profundidades y sus tesoros. Hoy en día los arpones y escopetas de caza submarina han desaparecido, pero el incremento de buceadores ha sido constante. Ahora, una superficie de 17.924 hectáreas ha sido convertida en Parque Nacional Marino.

Fauna

Describir las especies marinas que pueden observarse en los fondos de la isla de la Juventud viene a ser como un compendio de toda la fauna cubana. Se calculan en más de 1.500 las especies animales que viven en la zona, sumando las piscícolas, coralinas, gorgonias, esponjas, moluscos y quelonios. Entre los corales encontramos grandes colonias de coral negro, visible a profundidades inusitadas dado que aquí no ha sufrido el exceso de recolección como ha sucedido en otras partes de Cuba.

Cada inmersión representa la oportunidad de avistar grandes chernas, pargos, cuberas o barracudas. También abundan los loros, pez perro, angelote francés, morenas, entre otros muchos peces de arrecife. Los tiburones se dejan ver; los más comunes son los tiburones gata y habituales los tiburones de arrecife. De vez en cuando, y para el máximo gozo de los buceadores, aparece el gran tiburón dama o tiburón ballena.

Uno de los mejores espectáculos submarinos es el que ofrecen los cardúmenes de algunas especies, como sucede con los sábalos, roncos o catalinetas.

Inmersiones

Los aproximadamente 6 kilómetros que separan Punta Francés de Punta Pedernales guardan el secreto submarino de la esencia de los fondos caribeños. Son alrededor de 60 puntos de buceo, entre ellos algunos de los más famosos de Cuba.

Las inmersiones se realizan a unas profundidades comprendidas entre los 7 y 40 metros. La temperatura del agua varía entre los 26º y 29º C, mientras que la transparencia alcanza hasta los 40 metros.

La especial disposición geográfica, con la pequeña península que forma el cabo Francés en dirección nordeste, evita la entrada de los vientos que podrían provocar marejadas y sirve de protección frente a las corrientes que podría causar la corriente del golfo.

Una de las características de la zona de buceo comprendida entre Punta Francés y Punta Pedernales es la suave pendiente, entre 12 y 18 metros, con mogotes de coral y arenas blancas, y el súbito canto que se precipita por una impresionante y vertical pared. Más al nordeste, en dirección a cabo Francés, la planicie entre la costa y el canto va bajando de manera paulatina hasta los 30 metros, después la inclinación se acentúa formando valles y cañones hasta más allá de los 50 metros donde empieza el canto. El lugar todavía depara otras áreas donde poder bucear, como en la ensenada de Siguanea, con algún que otro barco hundido, y en las proximidades de los cayos de los Indios donde se abren impresionantes abismos con una de las mejores paredes de la isla.

LAS MEJORES INMERSIONES

• **Los Indios**, profundidad: entre 12 y 40 metros. Justo cuando alcanzamos el canto encontramos un delicado paisaje. El marco son unas características elevaciones rocosas que se hallan revestidas por corales de varias especies, destacando grandes corales «cerebro». Después de las torres aparece el impresionante salto al vacío. De regreso a la superficie vale la pena detenerse en los arenazos que hay detrás de las rocas del canto, donde suelen descansar varias pastinacas. Fauna mediana y menuda muy variada y abundante.

• **La Cueva de los Sábalos**, profundidad: entre 12 y 40 metros. Los corales forman un gran anillo que semeja una corona. Los laterales están forrados de corales, gorgonias y bastantes esponjas. El centro del círculo es un arenazo en el que suelen agruparse las rayas obispo.

• **La Cueva Azul**, profundidad: entre 16 y 42 metros. Inmersión reservada a buceadores experimentados. El principal aliciente es entrar en una cueva que abre su boca a los 16 metros y descender buscando su salida inferior a 42 metros; otros agujeros permiten el escape en los 28 y 35 metros. El espectáculo al aparecer en medio de la pared, ingrávidos en el gran azul, es inolvidable. De retorno contemplamos la densa formación coralina salpicada de gorgonias que tapiza la pared.

• **El Cabezo de Coral**, profundidad: entre 15 y 32 metros. La inmersión descubre un paisaje subacuático único. Una terraza profusamente adornada de esponjas, gorgonias y corales, estos últimos representados por distintas variedades como el coral cerebro y de hoja, remata la parte superior del mogote. A los lados de la masa coralina se abren pequeños cañones que van ganando profundidad paulatinamente hasta que a los 32 metros aparece el canto. La fauna piscícola es abundante y de diversos tamaños, pero es singular la cantidad de peces pequeños que pueblan la zona alta del mogote.

- **Pared de Coral Negro**, profundidad: entre 18 y 35 metros. Al sumergirnos ya nos damos cuenta que va a ser una muy buena inmersión. Grandes esponjas destacan entre los corales, algunas de ellas son inmensas y cada una con colores vivos y distintos. El canto lo encontramos sobre los 20 metros y a partir de aquí asoma ya el coral negro, estando las mayores colonias entre los 30 y 35 metros. Los peces no dejan de acompañarnos y los angelotes franceses parece que salgan para posar para los fotógrafos.
- **El Escondite del Buzo**, profundidad: entre 15 y 32 metros. Paisaje variado que permite alternar el buceo en pared con una atractiva zona poblada de numerosas especies de coral. En la parte vertical encontramos agujeros que en su interior guardan mucha vida, reino de grandes chernas y otros tipos de meros tropicales.
- **Pecio Río Jibacoa**, profundidad: 8 metros. Un viejo carguero yace sobre el bajo fondo de arena. El casco no está solo ya que constantemente le cortejan cardúmenes de roncos, pargos y caballerotes. Excelente punto de buceo para novatos y también para fotógrafos submarinos.
- **Spartan**, profundidad: 10 metros. Barco de guerra hundido hace más de veinte años. Ahora se ha convertido en un arrecife artificial tumbado sobre el arenazo. Es uno de los mejores puntos para los que se inician en el buceo. Los restos de la nave, que aún muestra su armamento, se encuentran completamente cubiertos de esponjas y corales. Los peces de pequeño tamaño están por doquier, las grandes barracudas suelen nadar en círculo alrededor del pecio.
- **El Sitio de Todos** (profundidad: 15 metros), **El Valle de las Rubias** (de 10 a 12 m), **El Túnel del Amor** (30 m), **El Valle de los Guacamayos** (de 25 a 30 m), **Cueva del Misterio** (entre 13 y 30 m), **Paso Escondido** (32 m), **Cueva Negra** (entre 17 y 35 m), **Cueva Honda** (18 m), **Jardín del Sahara** (entre 15 y 30 m).

ACCESOS

Por vía aérea con llegada al aeropuerto de Siguanea. Vuelos domésticos desde varios puntos de Cuba.
Por mar: **Marina Siguanea del Centro Internacional de Buceo Puertosol**, carretera de Siguanea Km 41, T. 24657. 15 amarres.
La compañía italiana Costa Crociere ha puesto en funcionamiento el buque *Costa Playa*, un crucero para 450 pasajeros. Recorridos semanales con salida de La Habana - Punta Francés (Isla de la Juventud) - Montego Bay (Jamaica) - Cancún (México) - La Habana.

ALOJAMIENTO

Colony. Carretera de Siguanea, Km 46, Isla de la Juventud, T. 98282, fax 98181. Grupo Puertosol. 77 habitaciones y 10 bungalós. 2 restaurantes, 3 bares, piscina. Laboratorio fotográfico. El establecimiento es ya un clásico para los buceadores del mundo entero. Fue construido en la década de los años cincuenta aunque se ha ido renovando y está acondicionado con las más actuales comodidades. Se encuentra rodeado de una abundante foresta y goza de una playa de arenas blancas de 1 kilómetro de longitud. Las comidas en el restaurante El Ranchón, un establecimiento de madera situado sobre el mar y sostenido por pilares, son una tradición para los buceadores que frecuentan el hotel.

ISLA DE LA JUVENTUD

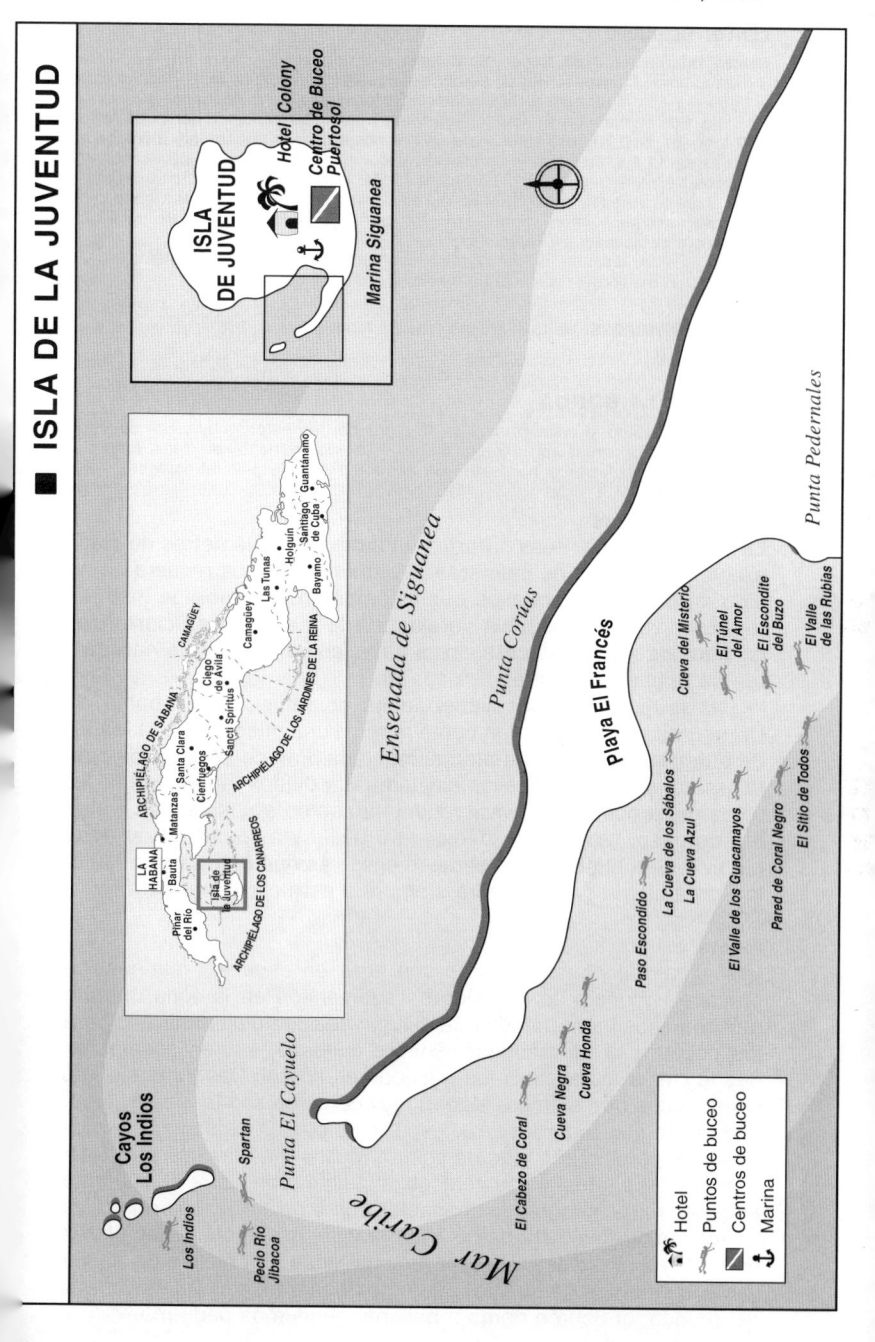

CENTRO DE BUCEO

Centro Internacional de Buceo El Colony, carretera de Siguanea Km 41, T./fax 335212. Grupo Puertosol. Hay un autobús que realiza el enlace de forma regular entre el hotel y el centro de buceo, un establecimiento pionero y uno de los mejor dotados de Cuba. Sus compresores sobredimensionados permiten atender la demanda de los 200 tanques de 12 litros, aptos para DIN. A pesar de que la corriente eléctrica en Cuba es de 110 V, aquí tienen un transformador a 220 V, ideal para poder recargar los focos de los submarinistas. 16 barcos de 12 plazas cada uno permiten acceder sin problemas a todos los puntos de buceo. Desde hace muchos años vienen celebrándose concursos internacionales de fotografía submarina. Cursos de buceo en todas las especialidades y categorías.

El mismo centro dispone de una cámara hiperbárica de dos plazas, atendida las 24 horas por un médico especialista en medicina subacuática.

OTRAS ACTIVIDADES. Visita al Museo Presidio Modelo (ver p. 138).

■ MARÍA LA GORDA

El centro de buceo lo encontramos en la bahía de Corrientes, muy cerca del cabo Corrientes, en la península Guanahacabibes, extremo occidental de Cuba. Pinar del Río está 159 kilómetros al nordeste y La Habana a 316, también al nordeste.

Particularidades

La bahía de Corrientes conforma un arco con 8 kilómetros de playa excelente rodeada de palmeras. A primera vista nos recuerda a un nido de piratas de aquellos que veíamos en los libros de historietas. Esta vez la apariencia se ajusta a la realidad y es cierto que en tiempos pretéritos esta costa sirvió como base a los navegantes de la bandera negra.

Un grupo de piratas venezolanos se refugió en la bahía de Corrientes; con ellos traían como rehén a una mujer llamada María, de buen ver y sobre todo bien alimentada. Parece ser que los piratas marcharon hacia nuevas singladuras y dejaron sola a María. La chica, para poder sobrevivir vendía su cuerpo a pescadores y gentes de paso, también se dedicaba a bailar y a comercializar agua potable. Sea historia o leyenda, lo cierto es que el topónimo María la Gorda quedó grabado para siempre a esta excelente playa.

Fauna

Las aguas de María la Gorda son ricas en especies marinas. La práctica ausencia de pescadores submarinos en la zona durante muchos años ha permitido que el lugar sea como un santuario para los peces. Las barracudas, siempre curiosas, suelen acompañar desde cierta distancia a los buceadores durante las inmersiones. Otros peces que siempre siguen muy de cerca son las rabirrubias, y lo hacen con todo descaro, esperando que en cualquier momento se les proporcione algo de comer. Mucho más tímidos se muestran los elegantes y fotogénicos angelote francés y el soberbio angelote reina. Además, incansables contemplaremos cardúmenes de roncos, civiles y chopas o a los grandes y solitarios ejemplares de chernas tropicales. Langostas y morenas son fáciles de observar, y si estamos de suerte, podremos nadar al lado del mayor pez del mundo, el tiburón dama o ballena. ¿Podemos pedir más?

■ **UN FONDO MARINO MUY ANIMADO** (fotos de Toni Vives)
Arriba: **Cardumen de barberos azules**
Abajo: **Cañonera rusa hundida en Varadero**

■ **TODO LISTO PARA RECIBIR AL VISITANTE** (fotos de Toni Vives)
Arriba: **Marina Hemingway (La Habana**
Abajo: **Pintor de peces**

Entre las formas de vida que permanecen fijadas al arrecife destacan las grandes gorgonias y en especial las esponjas tubulares amarillas y violetas. En profundidades superiores a los 30 metros empiezan las colonias de coral negro.

Inmersiones
Se contabilizan 38 puntos de buceo. Gran parte de las inmersiones se efectúa entre los 12 y 40 metros; el acceso al lugar se realiza mayoritariamente en barca y la navegación es muy breve. El canto del arrecife aparece a unos 150 metros de la orilla; el resto de los fondos se caracteriza por llanuras coralinas cruzadas por canales arenosos y arenazos salpicados por mogotes de coral. No faltan algunos restos de embarcaciones hundidas y los vestigios de algún que otro galeón español. Lugar excelente para las inmersiones nocturnas, siempre y cuando se tome la precaución de bajar a oscuras los 2 primeros metros para no atraer al plancton urticante llamado caribe (ver en el capítulo de fauna submarina cubana, el apartado: animales potencialmente peligrosos).

LAS MEJORES INMERSIONES
- **Cadena Misteriosa**, profundidad: entre 15 y 40 metros. Junto al canto y a unos 20 metros aparece una gran cadena que surge entre los corales de la pared del arrecife y se pierde por el canto hacia las profundidades. Se desciende por una chimenea hasta los 40 metros. Abundancia de coral negro. Regreso por otra chimenea hasta el borde del canto.
- **La Piedra Blanca**, profundidad: entre 18 y 40 metros. El fondo es una llanura arenosa salpicada con grandes mogotes de coral, más frecuentes conforme nos acercamos al canto. Cada montículo de coral merece un reconocimiento concienzudo pues están repletos de vida. Aquí podemos buscar diminutos crustáceos o divertirnos con los coloridos peces de arrecife. Cerca del canto hay que prestar atención al coral de fuego, bastante abundante. Si decidimos realizar el buceo más profundo, podemos bajar por la pared hasta la cota de seguridad de 40 metros. Aquí encontraremos grandes gorgonias, esponjas y también algo de coral negro.
- **Las Tetas de María**, profundidad: 25 metros. Dos marcados y atractivos salientes rocosos de un cercano arrecife señalan uno de los puntos de inmersión más característicos de María la Gorda. Prácticamente es el resumen de todos los buceos en la bahía de Corrientes. Aquí encontramos un fondo coralino surcado por sugestivos canales que invitan seguirlos. Durante el paseo submarino podemos contemplar la rica fauna, con grandes morenas, chernas, chiviricas y otras atractivas especies. Destacan grupos de esponjas de brillante color anaranjado.
- **El Ancla de François**, profundidad: 15 metros. ¿Qué pirata abandonó esta gran ancla en el fondo de la bahía? Quizás provenga de a un barco hundido por Drake o Morgan, lo cierto es que debía pertenecer a una nave de grandes dimensiones; se le ha calculado

al ancla un peso superior a las dos toneladas. Al contemplarla, ahora cubierta de vida marina, nos sugiere todo tipo de epopeyas y aventuras. Los fondos donde reposa son de una belleza serena, adornados por diferentes especies de corales, gorgonias y esponjas.

- **Salón de María**, profundidad: entre 18 y 25 metros. Está considerada como una de las mejores inmersiones de Cuba. La visita de esta cueva nos permite descubrir un escenario donde el color de las diferentes especies de coral y de las esponjas es el espectáculo principal. Podemos escoger cualquiera de los tres accesos para entrar a esta pequeña «capilla sixtina» del mar; desde cualquier ángulo el Salón es impresionante.
- **Los Jardines del Almirante**, profundidad: entre 25 y 30 metros. Buceo de canto y pared que nos lleva a contemplar la riqueza piscícola de la zona. Los sábalos acostumbran a formar apretados cardúmenes. Las chernas y los aguajíes alcanzan dimensiones considerables. La pared fascina a cualquiera y las esponjas son lo más llamativo por sus brillantes colores.
- **Paraíso Perdido**, profundidad: entre 18 y 35 metros. El nombre del punto de buceo refleja en parte lo que nos vamos a encontrar al sumergirnos. De existir el jardín del Edén bajo el mar, sería algo similar a este lugar. El amontonamiento de corales, gorgonias y esponjas semeja un caos dispuesto por un Neptuno abstracto. Hemos de recorrer con minuciosidad los canales arenosos que se abren paso entre la artística anarquía del arrecife, así iremos descubriendo la profusión de vida escondida en las grietas y pequeños agujeros.
- **El Faraón** (profundidad: entre 20 y 40 metros), **Yemaya** (entre 12 y 30 m), **Moby Dick** (28 m), **Las Cuevas de Pipo** (28 m), **Piedras Blancas** (28 m).

ACCESOS

Quienes lleguen en avión, lo más lógico es que lo hagan por el aeropuerto internacional José Martí en La Habana. Desde La Habana hay que tomar la autopista A1 hasta Pinar del Río y luego por carretera hasta La Bajada.
Por vía marítima: **Marina Puertosol María La Gorda**, Cabo San Antonio, Pinar del Río, T. 3121. 4 amarres.

ALOJAMIENTO

Villa María La Gorda. Cabo San Antonio, Pinar del Río, T. 53843121. Cadena Puertosol. 24 habitaciones. Restaurante.

CENTRO DE BUCEO

Centro Internacional de Buceo María La Gorda, Hotel María la Gorda, Península de Guanahacabibes, Pinar del Río. T. 53843121. Es del grupo Marinas Puertosol. Centro ACUC. Cuenta con varias barcas (un pequeño embarcadero sobre pilotes se encuentra frente el centro de buceo, sólo hay que cruzar la playa). Tanques de 12 y 15 litros, pueden aceptar DIN. Alquiler de equipos. Cursos desde bautismo a los de categoría más alta.
Las cámaras hiperbáricas más cercanas están en La Habana.

OTRAS ACTIVIDADES. Quienes acuden a María la Gorda suelen hacerlo casi al cien por cien para bucear. Pero no está de más hacer un poco de turismo por Pinar del Río y el Valle de Viñales (ver p. 220 y 282).

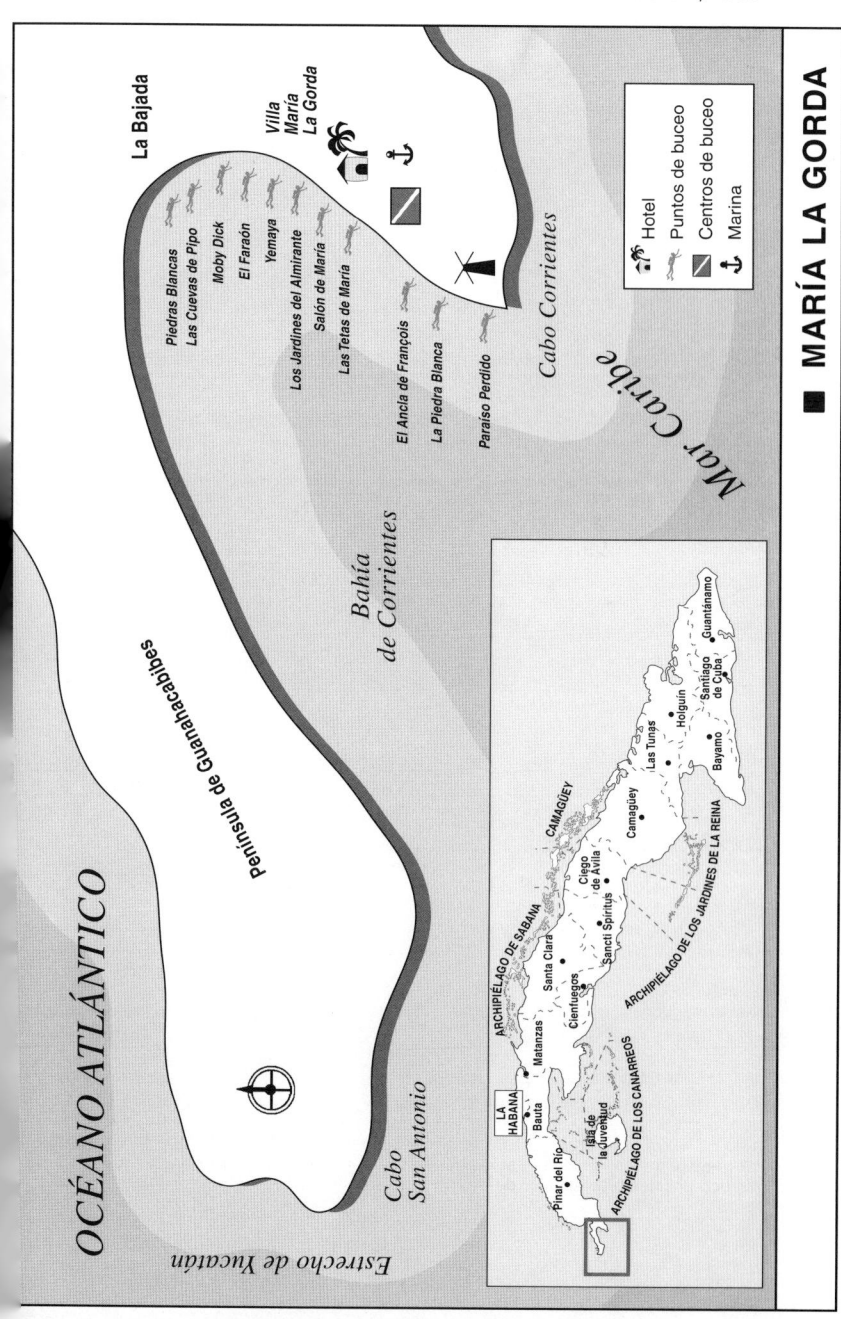

BUCEO – MARÍA LA GORDA / 355

MARÍA LA GORDA

NOTAS

QUÉ HACER EN CUBA

FESTIVIDADES

A los cuatro días feriados que se celebraban en toda Cuba desde 1969, hay que añadir la Navidad desde 1997, a partir de la visita del papa Juan Pablo II en enero de 1998.

1 de enero. Aniversario de la Revolución y día de la Liberación.
1 de mayo. Día internacional de los trabajadores.
26 de julio. Día de la Rebeldía Nacional.
10 de octubre. Inicio de las guerras de Independencia.
25 de diciembre. Navidad.

Durante estos cinco días cesan las actividades laborales en todo el país. Existen otras fiestas no laborables que se celebran escolarmente y van acompañadas de manifestaciones culturales y/o políticas:

28 de enero. Nacimiento de José Martí, el héroe nacional de Cuba.
24 de febrero. Inicio de la guerra de Independencia en 1895.
8 de marzo. Día internacional de la mujer.
19 de abril. Derrota de los mercenarios invasores de bahía de Cochinos en 1961.
30 de julio. Día de los mártires de la Revolución. En memoria de los combatientes de la dictadura de Fulgencio Batista.
8 de octubre. Aniversario del fallecimiento de Ernesto «Che» Guevara en 1967.
28 de octubre. Aniversario del fallecimiento de Camilo Cienfuegos en 1959.
27 de noviembre. Aniversario de la ejecución de ocho estudiantes de medicina por el gobierno español en 1871.
7 de diciembre. Aniversario del fallecimiento en combate de Antonio Maceo en 1896.

MUSEOS

Cuba no cuenta con museos sobresalientes ni tan siquiera interesantes. Los pocos museos que podríamos salvar es por su oferta histórica que no artística. Cuando las últimas tendencias en esta materia indican la ideoneidad de los museos especializados, en Cuba se ha mantenido la exposición generalista y la oferta exhibida es cuanto mínimo discutible. Más interesantes son los museos-casas natales de personalidades tanto históricas como artísticas; en ellos se exhiben recuerdos y rarezas del natural de la casa.

Las características y horarios de los distintos museos se indican en Visitas de interés de las poblaciones correspondientes, en el capítulo central de esta guía (Cuba, de la A a la Z).

DEPORTES

Antes del triunfo de la Revolución, en 1959, en Cuba prevalecía el profesionalismo. El deporte era exclusivo de una minoría y no se promovía ni existía la educación física.

En febrero de 1961 se creó el INDER (Instituto Nacional de Deportes, Educación Física y Recreación) con el mandato de promover y regir las actividades deportivas del país. Con su puesta en marcha se suprimió el profesionalismo y se convirtió el deporte en uno de los derechos del pueblo.

Se organizó la Escuela Superior de Educación Física Comandante Manuel Fajardo, seguida rápidamente de distintas escuelas provinciales, que cuentan en total y en la actualidad con miles de alumnos.

Surge, también, el Instituto de Medicina Deportiva, donde se capacitan a maestros para impartir clases de educación física y se marcan las directrices para la construcción de instalaciones deportivas. Una parte importante del presupuesto nacional se destina a educación física.

Cuba ha dejado de ser la pequeña isla del mar Caribe con una ínfima participación en el deporte mundial para convertirse en un fuerte adversario en lides internacionales. Ocupa con asiduidad un puesto de honor en los Juegos Centroamericanos y del Caribe, y suele quedar entre los primeros en los Juegos Olímpicos.

Si durante nuestra estancia en Cuba queremos asistir a algún evento deportivo, los más interesantes son: Campeonato nacional de béisbol, de diciembre a junio; los partidos tienen lugar tres o cuatro veces a la semana y en los principales estadios de las distintas ciudades. Torneos de esgrima «Ramón Font» y «6 de octubre», que tienen lugar en la Sala Polivalente Ramón Font, en la plaza de la Revolución de La Habana. Combates de boxeo en la Sala Polivalente Kid Chocolate, en el Prado de La Habana.

- **Béisbol**. El deporte más apreciado por los cubanos es el béisbol, modalidad en la que suelen ganar casi siempre a su oponentes, incluso a los EE UU. La televisión retransmite continuamente partidos de béisbol. Otros deportes, además del béisbol, en los que suelen destacar los deportistas cubanos en las competiciones internacionales son: atletismo, artes marciales, en especial la esgrima, y en boxeo. Como anécdota señalemos que no son amantes, ni lo practican, del fútbol.

- **Ajedrez**. Los cubanos son grandes aficionados al ajedrez. Lo practican y participan en competiciones internacionales. Si le gusta no deje de jugar alguna partida con algun cubano o cubana, puede llevarse una sorpresa.

El habanero José Raúl Capablanca fue campeón mundial de este deporte desde 1921 a 1927 y está considerado como uno de sus mejores jugadores del mundo; es autor de numerosos libros sobre el ajedrez.

- Otra actividad muy popular y no reconocida como juego es el **dómino** o **dominó**. La imagen de una mesa en la calle con cuatro personas jugando al dominó es muy frecuente en toda Cuba y en las calles de La Habana en especial. Si le gusta anímese y pida sitio, será bien recibido y es una buena experiencia.

- **Buceo**. Ver p. 291.

- **Pesca**. Los aficionados a la pesca tanto de altura, como de costa o de agua dulce deben saber que en Cuba son muchas las posibilidades para pescar deportivamente muchas especies, tanto marinas como fluviales.

– **Pesca de la Aguja**. El litoral habanero, desde hace años, es conocido como una de las mejores zonas de pesca de los llamados «peces pico» (agujas blancas, casteros, emperadores y agujas voladoras). Esto no es casual. Es precisamente frente al litoral de La Habana donde la corriente del golfo (el «gran río azul», como lo bautizara Hemingway) más se acerca a la costa. Ésta es la vía que siguen en primavera los peces aguja de alta mar en su viaje hacia el Atlántico. Vía que les proporciona alimentos y sales nutritivas esenciales para su existencia.

Por estas venturosas circunstancias en Cuba se efectúan anualmente varios torneos internacionales de pesca de los peces de pico: Torneo Currican o del Emperador (primera quincena de abril), Torneo Ernest Hemingway (última semana de mayo o primera de junio), y Torneo Castero o del Marlin Azul (segunda quincena de agosto o principios de setiembre).

Los tres torneos son por equipos y los pescadores pueden utilizar sus propios barcos o alquilarlos en Cuba. En estas competiciones, el reglamento se basa en el establecido por la International Game Fishing Asociation (IGFA). La sede de estos torneos es la Marina Hemingway, que reúne las condiciones requeridas internacionalmente para este tipo de competiciones. La zona de pesca se extiende desde la Marina Hemingway (al oeste de La Habana) hasta Santa Cruz del Norte (al este de la capital), donde el pez aguja abunda en temporada.

Torneo Ernest Hemingway

Este torneo lleva el nombre del famoso escritor norteamericano, quien lo creó en 1950 y por el que han desfilado en los últimos años los más famosos pescadores de peces aguja del mundo.

Durante los cinco días de competición, los avíos permanecen en el agua desde las 9 de la mañana hasta las 6 de la tarde, hora en que deben sacarse del agua (salvo que alguien haya capturado un pez antes de esa hora y lo comunique al jurado, que le otorga entonces un tiempo adicional).

El equipo que acumula mayor puntuación recibe la Copa Hemingway. También se conceden otros premios: Trofeo «El Viejo y el Mar» al pescador de mayor puntuación, Trofeo «INTUR» al pez aguja de mayor puntuación, Trofeo «Yate Pilar» (nombre de la embarcación de Hemingway) al mayor pez aguja; Trofeo «Barlovento», al mayor dorado, y medallas a los tres primeros equipos.

– **Pesca del macabí**. Si la aguja es la reina de los mares de Cuba, el macabí *(Albula conorhynchus)* es el rey. La pesca del macabí es una actividad reciente para el turismo internacional. Propio de las Antillas y México, el área con mayor abundancia de este esquivo pez se da en la «cayería» (conjunto de cayos), que es como se conoce al archipiélago de los Jardines de la Reina, en la parte caribeña de la provincia de Ciego de Ávila.

– **Pesca de la trucha**. Aunque quizá de todas las variedades de pesca deportiva de agua dulce, la de la trucha es la que atrae a un mayor número de aficionados. En EE UU, por ejemplo, este tipo de pesca es una de las capturas preferidas por los aficionados. En Cuba hay una gran abundancia de ellas y excelentes lugares donde pescarlas: embalse Zaza (Sancti Spíritus), lagunas de La Leche y Redonda (Camagüey), Yariguá (Cienfuegos). El interesado encontrará en el apartado de la A a la Z correspondiente noticia detallada de las características pesqueras de la zona.

• **Caza**. La caza con carácter turístico se ha empezado a explotar en Cuba en los últimos años. No hay en la fauna cubana grandes animales, pero sí un buen número de especies para la caza menor. Abundan las palomas torcaces cabeciblancas y aliblancas, yaguasines, patos migratorios, gallaretas de pico blanco, becasinas, faisanes, etcétera.

Aguachales de Falla y sur de Ciego de Ávila (provincia de Ciego de Ávila), Yariguá (Cienfuegos), Alonso de Rojas, La Víbora, Guanahacabibes y Maspotón (Pinar de Río), Cayo Saetía (Holguín), cerro de Caisimú (Granma), El Indio (Santiago), El Taje y Manatí (Sancti Spíritus), Florida (Camagüey) y Los Caneyes (Villa Clara) son los cotos de caza abiertos a los turistas que practican tal deporte. En todos ellos se capturan piezas menores. No obstante, en estos momentos se puede, en algunos de estos cotos, practicar la caza mayor: venados, jabalíes y puercos jíbaros; y en Cayo Saetía toros salvajes.

Las características de los cotos de caza aparecen relacionadas en el apartado correspondiente de la A a la Z.

La temporada de caza se extiende desde el 15 de octubre hasta el 30 de marzo para todas las aves que esté permitida su caza; con las excepciones del yaguasín mexicano, que puede cazarse entre el 20 de julio y el 30 de agosto, y de la paloma para la que no se ha fijado tiempo de veda.

Ningún turista puede cazar sin el correspondiente permiso de caza, que expide el INTUR, y generalmente es precisa la compañía de un miembro del Servicio Turístico de Caza. Las agencias de viajes españolas se encargan de acuerdo con los mayoristas cubanos del trámite de los permisos de caza, así como de la introducción de armas en el país. Las horas legales de caza son las comprendidas entre la salida y la puesta del sol. Se puede cazar cualquier día de la semana, pero no se pueden abatir más piezas de las permitidas.

• **Observación de aves.** Los aficionados a esta modalidad encontrarán un auténtico paraíso en esta isla. Los bosques tropicales sirven de refugio a una nutrida avifauna compuesta por casi 400 especies, de las cuales más de 20 son endémicas. Entre las aves más difíciles de observar se encuentran los pájaros carpinteros churroso *(Colaptes fernadinae)*, jabado *(Centurus superciliaris)* y verde *(Xiphidiopicus percussus)*, el tocororo *(Priotelus temnurus)*, el ave nacional que vive en terrenos boscosos de las sierras, el gavilán colilargo *(Accipiter gundlachi)*, el totí *(Dives atroviolaceus)* y, entre otros, el curioso zunzuncito *(Mellisuga elenae)*, más conocido con el nombre de pájaro mosca, el ave más pequeña del mundo. Una de las aves raras por el reducido número de ejemplares existentes es la fermina *(Fermina cerverai)*, localizada exclusivamente en la zona de Santo Tomás, en la ciénaga de Zapata, donde también se pueden observar el gavilán caguarero *(Chondrohierax wilson)*, la gallinuela de Santo Tomás *(Cyanolimnas cerverai)* y el cabrerito de la Ciénaga *(Torreornis inexpectada)*.

Los mejores rincones para la observación de aves se encuentran en el Parque Nacional La Güira, en Soroa (Pinar del Río), en la ciénaga de Zapata, en la isla de la Juventud y en las sierras de los Órganos y Maestra.

CRUCEROS

Al margen de los cruceros que recorriendo el Caribe hacen escala en Cuba, desde la ciudad de Cienfuegos se organizan tres cruceros: uno de lunes a viernes visitando las islas Caimán y Santiago de Cuba; otro de viernes a lunes, los lugares escogidos son las islas Caimán y Cayo Largo; y el tercero de lunes a lunes, en el que se hace escala en las islas Caimán, Santiago de Cuba y Cayo Largo. El barco es el *Meliá Don Juan*, renovado totalmente en 1994.

TURISMO DE SALUD

El alto desarrollo que ha tenido la sanidad en los últimos años, unido al clima excepcional de la isla y a su bajo índice de contaminación ambiental, han hecho que crezca la demanda de personas de diferentes países que desean recibir atención médica en Cuba. Este turismo combina la práctica de un tratamiento (antiestrés, obesidad, hipertensión, asma, etcétera) con visitas a los lugares de los alrededores.

El mayorista **Horizontes** (oficina central en c/ 23 nº 156 # N y Q, La Rampa, El Vedado, La Habana. T. 662004, fax 537334585) ofrece cuatro parajes ideales para la práctica del turismo de salud: Casa del Valle en el valle del Yumurí (ver p. 286), Soroa (ver p. 262), San Vicente, en el valle de Viñales (ver p. 282) y Elguea en Santa Clara (ver p. 234).

Otros lugares de gran tradición son el balneario de San Diego de Baños (ver p. 225) y de Topes de Collantes (p. 263).

LOS CARNAVALES

El carnaval se ha convertido para la mayoría de los cubanos en la fiesta nacional por excelencia. Los dirigentes de la Revolución trasladaron las fechas convencionales del carnaval de febrero o principios de marzo a finales de julio, haciendo coincidir su celebración con el final de la recogida de la caña de azúcar. Hoy en algunas ciudades se ha vuelto a recuperar las originales fechas carnavaleras.

Los carnavales más conocidos y animados de todos los que se celebran en Cuba son los de La Habana, Santiago de Cuba (que se ha quedado con los días de julio) y Varadero.

• **Carnaval de La Habana**. Hasta hace unos pocos años el desfile tenía lugar los fines de semana de la segunda quincena de julio y primera decena de agosto, coincidiendo con el fin de la zafra y aunque en los últimos años se había celebrado en las fechas originales (febrero-marzo), en 1998 y con razones económicas, el carnaval tuvo lugar durante tres fines de semana del mes de febrero.

El carnaval habanero está concebido más como espectáculo que como fiesta de participación. Aunque lo uno no excluye necesariamente lo otro.

El carnaval se compone de un desfile de carrozas engalanadas donde se sitúan bailarinas y orquestas populares; comparsas de bailadores con un gran derroche de colorido en sus vestidos de atrevidos diseños, quienes danzan incansables al son de la música cubana. Todos, participantes y público, se dan cita en el Malecón habanero. A ellos se añaden automóviles desvencijados, camiones repletos de gente, motocicletas disfrazadas para tal fin, etcétera. El público situado en gradas y palcos a un lado del Malecón disfruta del espectáculo carnavalesco. Después de los desfiles, la gente se lanza a la avenida para danzar al son de las orquestas que se sitúan a lo largo de la misma.

- **Carnaval de Santiago de Cuba**. El carnaval santiaguero tiene su máximo arraigo en los barrios populares. Se trata de una fiesta de participación popular que arde en el mes de julio al toque de tumbadoras, bombos y otros instrumentos de percusión que resuenan por toda la ciudad.

Lo más llamativo de estos carnavales son los cantos y bailes de procedencia dahomeyana que llegaron a través de Haití. Este ritmo africano, conocido como *cocoyé*, adquirió sello de cubanía en épocas coloniales.

No faltan las orquestas populares ni el tradicional órgano oriental, que siempre está presente en los días de carnaval, pero también en las charangas que tienen lugar en las provinciales orientales. Para disfrutar de este carnaval hay que tener el ánimo alto y estar dispuesto a bailar sin descanso desde la salida del sol hasta el ocaso.

El carnaval se celebra los últimos días del mes de julio, siendo el día principal el 26 del mismo mes cuando se celebra también el asalto al cuartel Moncada por Fidel Castro.

- **Carnaval de Varadero**. El carnaval de Varadero se celebra desde finales de enero hasta el finales de febrero coincidiendo con fechas propias del Carnaval. Se trata de un carnaval internacional (el único de su tipo en Cuba), con participación masiva de cubanos y turistas.

De lunes a jueves, el carnaval se celebra en todas las villas turísticas, para concluir en una multitudinaria fiesta en los céntricos parques de Coppelia y de Los Festejos.

En los hoteles, a fin de que todo el mundo pueda participar, se dan clases de bailes cubanos y se elige entre los turistas al rey y la reina del carnaval.

Comparsas cubanas tradicionales, orquestas y solistas, visitan y actúan en las instalaciones. También hay desembarcos de piratas y batallas marinas en las que participan los turistas de todos los hoteles, pues este carnaval persigue la participación de todos en una gran fiesta de alegría.

Los viernes de las semanas que dura este evento, comienza la fiesta con un gran desfile nocturno de más de un kilómetro. En él participan, en forma de comparsas creadas por los turistas, todos los reyes y las reinas que han sido elegidos en cada hotel a bordo de coches tirados por caballos o autos de principios de siglo. Detrás de las comparsas marchan los vecinos y turistas bailando al compás de la música.

Esa noche, en el parque de Coppelia, se elige entre los reyes y las reinas de cada instalación al «Papa Sol» y la «Mariposa», monarcas absolutos del carnaval (tradicionalmente se les regala como premio una semana de estancia en la isla gratuita).

Los domingos, en horas diurnas, se celebra el carnaval acuático que tiene como escenario la laguna de Mal Paso y el malecón que la bordea. Quien lo desee puede participar a bordo de barcos engalanados expresamente para el carnaval.

GASTRONOMÍA

Antes del arribo de los españoles, los nativos se alimentaban de verduras y frutas, de frutas dulcísimas como el mamoncillo, de animales como la iguana, la jutía y la tortuga, diversos pájaros y pescados; los animales los asaban en púas de madera. Todo se obtenía con facilidad; la isla apenas estaba poblada (ver p. 14) y era generosa con sus habitantes por la riqueza de su vegetación y su fauna.

Los españoles introdujeron en la isla el arroz, los fríjoles, los garbanzos, la remolacha, las zanahorias, el ajo, la cebolla, la col, el berro, la acelga, la berenjena, limones, naranjas y otras frutas, y la dieta carnívora: cerdo, terneras, ovejas, cabras, gallinas, y también el aceite y el vino y sus derivados, aguardiente, etcétera, o sea, todo lo que confeccionaba su dieta en la península y en aquellos años.

La llegada de esclavos africanos que trajeron consigo de su tierra natal alimentos como el ñame (tubérculo de la familia de las dioscoráceas), enriqueció aún mas la cocina cubana; así, obligados por la necesidad, confeccionaron platos con ingredientes hasta entonces ausentes del menú, propios de la isla pero desconocidos en Europa como la yuca, el quimbombó y el boniato.

También la llegada de individuos chinos, a partir de mediados del siglo XIX, aporta nuevos elementos a la cocina cubana.

Todo ello, los alimentos propios de la isla, más los que aportaron los españoles, junto con la forma de guisarlos de los esclavos negros y de los chinos, hacen que podamos hablar de una cocina cubana criolla diferente de la española y de la de los países cercanos en el Caribe. No obstante, las diversas visicitudes políticas y económicas han hecho que mientras en otros países turísticos se haya desarrollado una cocina autóctona imaginativa y de gran sabor, México sería el mejor ejemplo, en Cuba esta evolución no se ha producido. La oferta de la cocina cubana es, hoy por hoy, parca; así, los platos principales de los menúes suelen están compuestos de pollo, cerdo o pescado guisados sin demasiadas complicaciones; en el mejor de los casos el pescado puede ser langosta. No faltan las legumbres ni las frutas.

Los principales platos de la cocina cubana son:

• **Ajiaco**. El plato más antiguo. Los nativos cocinaban en unas cazuelas de barro las viandas sazonándolas con diversos y distintos vegetales. Los componentes del ajiaco son a criterio del cocinero, así como la sazón: la carne será pollo o puerco, con suerte ternera; y las legumbres: yuca, malanga, boniato, papa, plátanos verdes y maduros, maíz, algunas veces limones; y el guiso: aceite, cebolla, ajo, puré de tomate, sal y ají (de ahí el nombre) grande.

• **Ajiaco camagüeyano**. Aunque el ajiaco se cocina en todo el país, parece ser que el ajiaco camagüeyano es el más sabroso, ya que corresponde a esta ciudad la paternidad de tan gustado plato. Al menos esto es lo que afirman los camagüeyanos, cuando enumeran los componentes: tasajo, cabeza de cerdo, maíz tierno, malanga (blanca y amarilla), ñame, plátanos pintones picados en rodajas, yuca, boniato y calabaza; y el sofrito se elabora con ajo, cebolla, hojas de laurel y sal, y como detalle se prescinde del ají. Éste fue y sigue siendo en Camagüey el plato de las grandes ocasiones, estrechamente vinculado a las tradicionales noches de San Juan, antaño la principal fiesta de la ciudad. Hoy, en la víspera del 26 de julio (Día de la Revolución) en las calles camagüeyanas se instalan grandes cacerolas y con el aporte de todos los vecinos se prepara un suculento ajiaco que, a partir del atardecer, comen todos en fraternidad.

• **Arroz a la cubana**. Es un plato típico y uno de los más extendidos internacionalmente. Se compone de arroz, buey troceado, cebolla, huevos, plátanos, pan rallado, mantequilla, aceite, sal y pimienta.

• **Arroz con pollo**. Un plato de arroz con trozos de pollo y la imaginación de la cocinera: pollo cortado en trozos muy pequeños, guisantes, limón, perejil, ají, tomates, jamón, aceitunas rellenas con pimiento, pimienta, caldo de ave, ajo, cebolla, alcaparras, queso rallado, orégano, sal y pimienta, y vino si lo hay.

• **Camarones**. Nuestras gambas, pero sin su sabor. El Caribe no dan tan buen pescado como el Mediterráneo. Es un plato turístico y como tal lo ofrecen en todas sus variantes, pero en algunos casos con variantes cubanas, al mango, con piña, etcétera.

- **Congrí**. Es una mezcla de arroz y alubias pintas cocido todo junto. Es después del ajiaco el plato más popular de la cocina cubana. Fernando Ortiz cuenta que «congrí es una palabra haitiana donde a las pintas coloradas se las conocen como *congo*, y arroz en francés es *riz*; congrí es la contracción que usan los haitianos».
- **Coquimol**. Es un dulce de cocina cuya base es la nuez de coco. Se le añade crema fresca, azúcar, vainilla, yemas de huevo y licor de ron.
- **Chatinos**. Plato que trajeron los esclavos originarios del Congo, y que se ha extendido por todo el Caribe donde se conoce también con el nombre de «tostones». Es un plato con pocos componentes: platano verde, grasa y sal. Los plátanos verdes se cortan en trozos a discrección del cocinero, se fríen con grasa, se aplastan y se espolvorean con sal.
- **Langosta**. El alimento asociado a los restaurantes de playa caribeña; aquí la langosta es uno de los reclamos de los «paladares», que suelen ofrecerla cuando captan al cliente, ya que en principio la langosta sólo se puede comer en los restaurantes permitidos, es decir los de los hoteles y los oficiales, siempre más caros. La langosta es un pescado que tiene decenas de formas de prepararse, y los cubanos la ofrecen enchilada, al estilo mariposa, etcétera, en todos los estilos conocidos; pero la langosta caribeña es menos sabrosa que la mediterránea.
- **Lechón relleno con congrí**. El lechón se deshuesa, se rellena con congrí, se asa con lentitud al horno y se adoba con mojo criollo.
- **Moros y cristianos**. Es un plato popular en Cuba, y también en Venezuela y Brasil (aunque en estos países recibe otro nombre). Básicamente se compone de arroz y judías pintas, y a partir de ahí se le añade a criterio de la cocinera, tocino salado, cebolla, pimienta, ajo, sal, pimientos y aceite.
- **Picadillo criollo**. Es plato de ternera o buey cortado en dados pequeños a los que se añade tomate, pimientos rojos, huevos, tomates, cebolla, mantequilla, ajo, comino y vino.
- **Picadillo habanero**. Una variante del picadillo criollo en la que se añaden aceitunas, pasas y alcaparras.
- **Plátanos en tentación**. Se pueden servir con carne y arroz como segundo plato, o bien con plátanos fritos, mantequilla, azúcar en polvo, canela y vino tinto, como postre. Aconsejamos la última especialidad.
- **Pollo con salsa criolla**. Una de las muchas variantes del pollo al que se añaden mazorcas de maíz cocidas, tomates, cebollas, aceite, sal, pimienta y algunas veces naranja.
- **Pollo borracho**. Al pollo se le añade beicon, además de los sofritos que quiera añadir el cocinero y se riega con un ron cubano.
- **Ropa vieja**. Plato compuesto por carne de buey, cebolla, pimienta verde, pimientos rojos, zanahorias en rodajas, tomates, pimienta roja, alcaparras, canela, ajo, clavo, azafrán, laurel, aceite, sal y pimienta.

- **Sopa de camarones**. Se compone de camarones pelados, cebolla troceada, mantequilla, clavo, tomates, laurel, manzanas troceadas, leche, crema fresca y maíz en grano.
- **Sopa de yuca**. Se cuece la yuca, se hace puré y se le añade caldo de pollo; se sirve con costrones de pan frito.

Hay una amplia variedad de sopas: **plátanos verdes** (plátanos verdes fritos triturados), **fríjoles y maíz**, que se parecen a nuestras cremas naturales.

Los postres elaborados son muy dulces, como también lo es la fruta. El **boniatillo**, un tubérculo como la patata, picado al punto de puré y cocinado con almíbar y canela; el **majarete**, una mazorca de maíz, cocinada con leche, azúcar y canela, y el **cusubé**, yuca molida y mezclada con vino, huevo, azúcar y en algunos casos regado con ron, son tres postres típicos cubanos. Gustosas son sus mermeladas: de mango, de guayaba, etcétera, así como sus frutas: piña, mango, guayaba, coco, mamoncillo ...

Y no debemos de dejar de probar el **maní**, y en el mejor lugar: las plazas de Armas o Mayor de las ciudades interiores, donde vuelve a venderse como antaño en paperinas de papel, pero sin el agradable canto de la canción de Moisés Simons, *El manisero*.

Como tampoco dejar de degustar un helado en los locales Coppelia, que hay en La Habana, Santiago de Cuba y en otras ciudades. Son lugares de encuentro de los cubanos.

BEBIDAS

Esta riqueza y variedad de frutas antes citada, hacen de Cuba el paraíso de los amantes de los zumos, de los degustadores de cócteles y de los bebedores de ron.

Ciego Montero es la marca de agua mineral más conocida y de hecho la que nos ofrecerán en los restaurantes. El agua corriente suele ser buena; ya Cristóbal Colón escribió sobre las bondades del agua de esta isla.

De los refrescos el más conocido es el *Tropicola*, cuyo envase recuerda descaradamente a la Coca-Cola (refresco que junto con la Pepsi-Cola se puede beber en los hoteles). Los amantes de los zumos los tienen de mango, piña, fruta bomba (o guayaba), limón, naranja, etcétera. Cuando se le añade leche estamos tomando un batido y si se le añade agua es un licuado. Quien quiera otra variante y más fuerte, debe tener presente que los rones y sobre todo el ron blanco, combinan muy bien con los zumos de frutas.

Las marcas de cervezas más conocidas son *Hatuey* (aunque últimamente es difícil encontrarla), *Cristal* y *Lagarto*, luego hay una sin etiqueta que beben los cubanos y a la que llaman la *innombrable*, de menor calidad que las citadas.

El vino y el cava no se encuentran con facilidad. No obstante los restaurantes de los hoteles gerenciados o asociados a empresas españolas suelen tenerlos. Su precio, por descontado, mucho más caro que en España.

Los cubanos son grandes bebedores de ron. Suelen, cuando económicamente pueden, comprarse una botella de ron para acompañar los eventos y acontecimientos familiares. El ron cubano es muy gustoso aunque la falta de competencia de los últimos años ha hecho que no hayan avanzado en el perfeccionamiento del proceso de elaboración; el emblemático *Bacardí* ha emigrado y hoy es un ron portorriqueño-mexicano de gran consumo y correcta calidad pero lejos de los mejores rones, que se encuentran en Nicaragua (Flor de Caña), Jamaica y Venezuela. No obstante, el ron cubano tiene más que aceptables marcas: Havana Club, Caney, Matusalen, Paticruzado, etcétera.

El ron

Si bien se sabe que Cristóbal Colón introdujo la caña de azúcar en Cuba, nadie sabe con certeza dónde se fabricó el primer ron. Por no saber no se sabe siquiera de dónde procede el nombre de ron; desde la denominación más extendida, *rhum*, que viene del francés, hasta la más culta, *saccharum* del latín y que significa azúcar, hay una diversidad de palabras raíces. Cada metrópoli con colonia en el Caribe tenía su sistema de fabricación de ron; las características propias de cada lugar (suelo, lluvias y horas de sol) y sistemas de destilado distintos han dado como resultado una notable diferencia entre los distintos rones que podamos adquirir y degustar en el Caribe.

El ron se produce destilando directamente el zumo fermentado de la caña de azúcar triturada, o destilando la melaza, tras haberle extraído el azúcar. La duración de la fermentación también incide en el sabor del ron.

El ron no necesita un envejecimiento para ser consumido; al igual que el vino se envejece para darle más sabor, así los rones de 3, 7 o 15 años, madurados en barriles de roble quemado, no son necesariamente más fuertes pero sí más gustosos.

Los degustadores de cócteles tienen la oportunidad de probar en su lugar de origen los típicamente cubanos:*

• **Cuba Libre**. 1 copa de ron Havana Club, o cualquier otro ron cubano, una rodaja de limón, dos o tres piezas de hielo y acabar de llenar el vaso con Coca Cola u otro refresco de cola.

• **Daiquiri**. 1 cucharadita de azúcar, el zumo de medio limón, 1 copa de ron Havana Club blanco. Batir bien con hielo en la coctelera y servir bien frapeado en copa de cocktail. Este cóctel propio de Cuba se cuenta que nació en la playa de Daiquiri, en las cercanías de la ciudad de Santiago de Cuba (ver p. 258). En el bar Floridita de La Habana sirven una variante de este cóctel añadiéndole un ligero toque de marrasquino; en cualquier caso el daiquiri del Floridita es uno de los mejores que personalmente hemos tomado.

• **Daiquiri Frozen**. Una cucharadita de azúcar, el zumo de medio limón, 1/2 copa de ron Havana Club blanco y 1/2 copa de ron añejo. Batir en coctelera y servir en copa de champagne baja, con hielo troceado.

• **Mojito**. Una cucharadita de azúcar, 1 copa de ron Havana Club blanco, medio limón, una ramita de hierbabuena, un poco de

---

* Algunas de estas recetas han sido gentilmente facilitadas por Javier de las Muelas de Nick Havanna y Dry Martini de Barcelona.

soda e hielo troceado. Triturar la hierbabuena y remover bien junto con el azúcar y el limón. Adornar con hierbabuena. Es el combinado, junto con el daiquiri, más famoso y sinónimo de Cuba, y añadiremos, si tiene la suerte de encontrar un buen barman –que no es fácil–, un deleite para el espíritu.

• **Ron Collins**. Una cucharadita de azúcar, el zumo de medio limón, 1 copa de ron Havana Club blanco y soda. Servir en vaso largo con varios trozos de hielo. Decorar con una rodaja de limón y una guinda. Como el mojito pero sin hierbabuena (o menta).

• **Coco Loco**. Leche de coco, un chorrito de nata líquida y 1 copa de ron Havana Club blanco. Batir en coctelera y servirlo en copa de cóctel.

• **Cuba Punch**. 1/4 de zumo de piña, 1/4 de jugo de lima, 1 copa de ron Havana Club blanco y 1 chorrito de curaçao rojo. Batir en coctelera y servir todo el contenido incluyendo hielo, en un vaso de *long drink*. Adornarlo con una rodaja de limón, una rama de hierbabuena y una guinda verde.

• **Trinidad Coronel**. Zumo de naranja o piña, unas lágrimas de granadina, licor de coco, ron, curaçao y hielo. Adornado con hierbabuena (sin machacar) y media naranja en el borde del vaso. Este cóctel es una creación del señor Lázaro Beovides, gerente del Mesón Las Cuevas, en la ciudad de Trinidad.

• **Canchánchara**. 1 cuchara de miel, 1 limón, aguardiente de caña a discreción, agua mineral o soda y trozos de hielo. Era la bebida de los mambises (ver Trinidad, p. 270).

CAFÉ

El cafeto o árbol del café es originario de Abisinia, donde crece en estado silvestre y toma su nombre de la ciudad de Kaffa. Las caravanas lo llevaron a Arabia y al Yemen, donde ya se conocía a principios del siglo XIV. En Persia se tuesta la semilla y su infusión se utiliza como excitante de las funciones digestivas y nerviosas. Pronto se extendió por Turquía y Europa, y desde 1615 hay constancia de que se tomaba café en Venecia y otras ciudades del Danubio con las que comerciaban los turcos. Fue introducido en América por los franceses, y luego continuaron su cultivo los ingleses a principios del siglo XVIII. No se conoce con certeza la fecha de su llegada a Cuba.

El café, junto con el té *(tea sinensis)*, originario de China, y el chocolate descubierto a partir del cacao por los españoles en México, son tres bebidas calientes que tuvieron gran trascendescia social en Europa por varias razones además del placer de saborearlas, citemos sólo un par: redujo las borracheras y contribuyó a refinar las maneras toscas del carácter de los hombres europeos.

Pero mientras el chocolate fue moneda precolombina en México, y el té lo fue en pueblos de Asia, del café no sabemos.

El cafeto es un arbusto que puede alcanzar los 5 metros si se le deja sin podar. Tiene un eje principal y ramas laterales casi horizontales, de las que salen brotes pequeños que portan muchas flores blancas, que se abren temprano por la mañana y duran únicamente de uno a dos días. El fruto –de 19 a 20 mm de largo– es una drupa elipsoide que contiene dos semillas y es originalmente de color verde, se torna anaranjado y luego rojo al madurar (en el Jardín Botánico de Cienfuegos, p. 122 y Topes de Collantes, p. 263, podemos ver de cerca varios ejemplares de cafetos). La pulpa debe ser quitada y los granos secados en el *beneficio*, o planta procesadora, antes de su tueste o exportación. El despulpado, secado y pulido se hace mecánicamente en los grandes *beneficios*.

El café crece bien en climas tanto tropicales como subtropicales. Los mejores granos de las regiones tropicales crecen a altitudes entre los 800 y los 1.500 metros, y en zonas con una estación seca definida. La estación seca es vital para el crecimiento del grano de café, y es un claro ejemplo de la interacción de factores biológicos y económicos en la agricultura. La sequía sirve para sincronizar la floración a comienzos de la estación de lluvias, produciéndose la maduración del café en la estación seca siguiente.

Las plantaciones de café son a menudo pseudobosques con dos estratos: un estrato lo forma una capa casi continua de arbustos de café; el otro, los llamados «bosques de sombra», beneficiosos por proporcionar el ambiente umbrío necesario para algunas especies cafeteras y por retener en sus raíces bacterias mutualistas fijadoras de nitrógeno

Por las características de altitud y clima, las zonas cafeteras de Cuba son ideales para la producción del «grano de oro», comparándose por resultado con las mejores áreas cafeteras de Colombia, Guatemala y Costa Rica.

Las mejores zonas cafeteras de Cuba se encuentran en las laderas de sierra Maestra, de donde es el café *Turquino*, y de la sierra de Órganos entre las provincias de Pinar del Río y de La Habana. En estas dos áreas se localizan cafetales que están abiertos para recibir la visita de los turistas.

Cristal, *Serrano*, *Altura* y *Caracolillo* son otras marcas de café cubano de calidad.

«PALADARES»

Los «paladares» son otra rareza cubana. El gobierno cubano en su tímida y lenta liberación económica ha permitido una serie de negocios particulares, y de éstos el más exitoso son los «paladares».

Los «paladares» son casas particulares que ofrecen comidas o cenas a precios más baratos que los restaurantes. Sus limitaciones son el espacio, una habitación con unas mesas y unas sillas que no pueden exceder un número en relación al impuesto que pagan y la prohibición oficial que no real de ofrecer langosta. Deben estar atendidos por personas domiciliadas en el local, no pueden tener trabajadores asalariados.

Hay «paladares», los menos, que por sus características anuncian al restaurante que en un futuro no muy lejano se convertirán; son espaciosos, los muebles son armónicos y tienen cierto gusto en la presentación de la carta. La gran mayoría suelen ser habitaciones calurosas porque son interiores, con un ventilador más o menos apañado para aliviar el fuerte calor, y poco espacio, una habitación; en consecuencia los comensales están amontonados y las mesas muy juntas. Normalmente para acceder al comedor deberemos cruzar la casa y pasar por delante de la cocina donde se apilan las cacerolas y los platos. ¿Restaurante o «paladar»?, como una experiencia se pueden probar los «paladares».

En el apartado de la A a la Z y en las ciudades se relacionan una serie de «paladares», pero además de éstos, con muchas probabilidades paseando por las ciudades y los lugares turísticos nos ofrezcan un «paladar» donde podremos comer langosta a buen precio. Cuestión de acompañar al captador, ver el local y probar.

Terceras voces nos han contado que el nombre de «paladar» para designar a este tipo de establecimiento se adoptó en recuerdo de un muy seguido «culebrón» (¿radiofónico/televisivo?), que se retransmitía en Cuba hace años.

PERIÓDICOS Y REVISTAS

En los años anteriores a la independencia se publicaron interesantes revistas culturales y científicas. Destacan *Revista Cubana* (1885-1895, dirigida por E. J. Varona), *La Enciclopedia* (1885, fundada por Carlos de la Torre), *La Habana literaria* (1891-1892) y *Hojas literarias* (1893-1894).

También se publicaron diarios como *El País* (1885-1998, de tendencia autonomista) y *El Fígaro* (1885, que durará hasta 1929).

Después de la independencia se publican *Letras* (1905, una revista literaria), *La Política Cómica* (1906, un semanario satírico), *La Semana* (1908, semanario político), *Bohemia* (1910), *Cuba Contemporánea* (1913), *Social* (1916), *Martiana* (1921), *Pro Arte Musical* (1923), *Avance* (1927), *Ultra* (1936), *Juventud* (1937), *Espuela de plata* (1939, revista literaria), *Ahora* (1941), *Orígenes* (1944, la que más incidencia tuvo en el campo cultural).

De la misma manera que en años anteriores a la independencia aparecieron revistas clandestinas mofándose y criticando a los gobernantes españoles. Bajo el gobierno de Batista aparecieron revistas con el mismo tono: *Barricada* y *Respuestas* (1955), *El Campesino* e *Información Internacional* (1956), *Al Combate*, *Sierra Maestra*, *Cuba Libre* y *Revolución* (1957), *Azucarero* y *El Cubano Libre* (1958), que dejaran de publicarse tras la huida de Batista.

Después de la independencia, en el campo de la prensa diaria, no es hasta el año 1907 cuando salen a la calle tres periódicos: *Cuba*, *El Triunfo* y *Diario español*, y a partir de entonces regularmente se publicarán nuevos diarios, entre los que resaltan: *El Yucayo* (1909), *El Día* (1911, conservador), *Heraldo de Cuba* y *La*

Noche (ambos de 1913) y *Hoy* (1938, que sufrirá clausuras momentáneas en 1950 y 1953).

Tras el triunfo de la Revolución, en el campo de las revistas se significan *Cuba* (1962) y *Pensamiento Crítico y Revolución* (1967). En el de la prensa diaria *Granma* (1965, resultado de las fusiones de los periódicos *Hoy* y *Revolución*).

El periódico *Granma*, del que en los mejores momentos económicos se llegaron a tirar más de 500.000 ejemplares, es el único diario con distribución nacional y se agota en seguida. Otro periódico de amplia difusión local es *Sierra Maestra,* en Santiago de Cuba. Otros periódicos de menos tirada son *Vanguardia, Adelante, El Socialista* y *Juventud Rebelde.* Todos estos periódicos suelen ser muy partidistas y no reflejan en ningún modo la realidad social y cultural y adolecen de información puntual sobre hechos internacionales.

Granma edita una resumen semanal a modo de revista en español, francés e inglés que se regala en los hoteles.

No se puede conseguir prensa extranjera.

RADIO Y TELEVISIÓN

Todas las emisoras radiofónicas pertenecen al Estado. Hay cinco cadenas nacionales y tres provinciales que emiten programas divulgativos, educativos y musicales. Los divulgativos consisten en contar los logros de la Revolución, p.e. un hombre o una mujer definidos como *vanguardias* cuentan los logros de la fábrica donde trabaja que no son otros que haber cumplido el presupuesto anual de producción antes de tiempo; otro ejemplo, Sadam Hussein es descrito de forma distinta a como suele presentarlo la prensa occidental. Los educativos cuentan efemérides, recuerdan acontecimientos históricos y hablan de cultura, son con mucho lo mejor de la radio. La música no está mal, pero hay poca y la selección es muy cuestionable, sobre todo si tenemos presente lo bien que suena la música cubana. La mayoría de la gente escucha las emisoras de Miami, cargadas de mensajes apocalípticos y la de la base de Guantánamo, desde la que los EE UU emiten música e ideas capitalistas.

La televisión cubana tiene dos cadenas (Televisión Nacional y Canal Rebelde) que emiten en horario restringido, de media tarde hasta medianoche. Al igual que la radio sus programas son divulgativos, educativos, deportivos, musicales y cinematográficos. Los programas divulgativos y educativos ocupan menos espacio que en la radio. No obstante la explicación didáctica más clara que hemos oído sobre el funcionamiento de la Bolsa (mercado de valores) fue la de un profesor cubano en un programa nocturno de la televisión cubana.

Se retransmiten muchos partidos de béisbol y los programas de mayor audiencia son las telenovelas brasileñas, el país casi se paraliza durante su emisión. Se proyectan muchas películas españolas.

Por cable llegan sólo unos siete canales más, uno de ellos, Televisión Española Internacional (mejorable) es el más visto por los cubanos, que siguen con devoción los programas de concursos españoles.

Tanto la televisión como la radio cubana se olvidan de una de sus funciones principales, divertir a los telespectadores y radioyentes.

COMPRAS

Hay poca variedad en las compras que podemos hacer en Cuba. ¿Qué es lo que nos van a pedir nuestros familiares y amigos que les traigamos de Cuba? habanos, ¿no? Es básicamente lo más interesante que podemos comprar. Otras artículos son: ron, tallas de madera, música de autores cubanos en compactos y casetes, y si hay suerte alguna antigüedad en los mercados.

- **Los puros**, conocidos como habanos, son internacionalmente apreciados; las imágenes de Winston Churchill, Fidel Castro y Felipe González con un cigarro habano en la mano entre otras personalidades políticas han sido reproducidas en multitud de ocasiones. La principales marcas de estas hojas humeantes son: Cohiba, Quai d'Orsay, La Gloria cubana, Hoyo de Monterrey, Márquez, Partagás, Fonseca, Upmann, Monte Cristo, Quintero y Hno., Romeo y Julieta, Sancho Panza, Los Statos, Troya, El rey del mundo, Saint Luis Rey y Punch.

Últimamente se han incorporado los Vegueros, cigarros fabricados totalmente en las vegas de Pinar del Río, en la población de San Juan y Martínez, en Vueltabajo. Estos vegueros presentados en sociedad a finales de 1997 tienen 4 formatos: Seoane de 125 x 13.10 mm y cepo 33, Mareva de 129 x 16.67 mm y cepo de 42, Veguero 2 de 152 x 15.08 y cepo de 38 y Veguero 1 de 192 x 15.08 y cepo de 38. Los amantes de los cigarros habanos han celebrado la aparición de estos nuevos puros.

¿Dónde comprarlos? pues en la casas especializadas en venta de habanos, que suelen estar señalizadas. Aquí relacionamos unas cuantas expendedurías: hoteles Habana Libre, Nacional, Tritón, Valencia y Copacabana en la ciudad de La Habana, El estanco del Tabaco en la Fábrica Francisco Donatien de Pinar del Río, el hotel Punta Arena y la Casa del Habano en Varadero, el hotel Cayo Coco en Cayo Coco y el hotel Santa Lucía en Santa Lucía, además de las tiendas de los aeropuertos y de algunos otros hoteles. Estos locales nos aseguran la calidad de los cigarros que venden. Pues es sabido que los puros que nos ofrecen los venderos callejeros no ofrecen ninguna garantía.

En nuestros paseos por las calles de las ciudades y conversando con los lugareños, comprobaremos que éstos siempre tienen una «tío o primo que trabaja en la fábrica Cohiba» y que nos pueden conseguir muy buenos puros a buen precio, menos de la mitad de lo que cuesta oficialmente. La inventiva de estos vendedores es tal que incluso en zonas no tabacaleras se inventan fábricas productoras de tabacos, y en cuanto a cómo lo consiguen, la última que nos contaron fue que «el director de la fábrica era un poco tarugo con los estudios y que él (el vendedor) le ayudaba a pasar los exámenes». No conocemos a nadie que comprando puros a vendedores callejeros no se hubiera arrepentido. No obstante, al margen de que no son los que nos venden, sí son cigarros auténticos cubanos, y nos van a salir más baratos estos puros callejeros que los que podamos comprar en España. Resumiendo, no aconsejamos la compra de cigarros habanos fuera de las tiendas oficiales, pero si no podemos resistirnos al impulso compulsivo de comprar barato, debemos valorar que los puros aún no siendo auténticos habanos son mejores que los puros no habanos que podemos adquirir en España.

- **El ron.** Con esta bebida pasa lo mismo que con los puros. Nos ofrecerán ron (más barato) por la calle y asegurarán que tienen marcas añejas que no están a la venta. La última botella que compramos fue en Santiago de Cuba, era un ron de 15 años, un símil de Paticruzado; ver al vendedor como nos presentaba a la trabajadora de la destilería y ver a ésta como apartaba un armario para sacar una botella llena de polvo, justificaba los dólares que nos cobró por la botella. En fin picaresca. En las casa especializadas en la venta de puros también tienen botellas de ron.

- **Tallas de madera.** Una compra aconsejable siempre que la pieza sea de nuestro gusto. Las hay más o menos bonitas, más o menos caras. Las encontramos en las tiendas de artesanías, y en los tenderetes ambulantes extendidos a las entradas de los monumentos nacionales. No se debe regatear, no obstante si se compra más de una unidad podemos conseguir un pequeño descuento.

- **Música cubana en CD y casetes.** Los amantes de la música en general y de la música cubana en particular pueden aprovechar para conseguir música que en algunos casos no encontraría en España. Los compactos no suelen ser baratos, la mayoría de ellos están grabados en Canadá, México y España; su precio es como en España más o menos. En los mercadillos de La Rampa, detrás del hotel Habana Libre y en los mercadillos que se instalan en la c/ San Ignacio y la plaza de la Catedral se puede conseguir artesanías y ropas, y algunas antigüedades (las menos).

- **Ropa**. En nuestro recorrido por la isla nos encontraremos con un hecho realmente peculiar: en el vestíbulo de muchos hoteles, a ciertas horas, desfilan como en una pasarela unas modelos escuálidas, la antítesis de la mujer cubana, a veces acompañadas por bien formados muchachos. Se trata de un desfile de moda (¿cubana?). Sólo se entiende su compra por el precio, que es barato.
- **Libros**. Hasta hace algunos años se podían comprar libros de poca calidad técnica (mala impresión, papel amarillento y pésima encuadernación) pero de interesante contenido, pero desde la declaración del «período especial» es difícil encontrar libros interesantes. En la plaza de Armas de La Habana está el mejor mercadillo de libros de segunda mano.
- **PPG**. Antes de la aparición del Viagra, Cuba vendía, y vende, algo ligeramente parecido, el PPG, fármaco que según la voz popular da vigor sexual. El PPG es un producto medicinal derivado de la caña de azúcar que está indicado contra el colesterol y la diabetis, y lo que el vendedor quiera añadir.

NOTAS

CONSEJOS PRÁCTICOS

INFORMACIÓN TURÍSTICA

En España puede recabarse información general en la oficina turística de Cuba en el paseo de La Habana 28, 4º B, 28036 Madrid. T 914113097 y 914113245; en el Consulado de Cuba en (08007) Barcelona, passeig de Gràcia 34, 2º izq. T. 934878661 y 934876006; y en el Consulado de Cuba en (35005) Las Palmas, c/ León y Castillo 247. T. 928244642.

Una vez en Cuba los mayoristas Gran Caribe, Horizontes, Gaviota, Cubanacán e Islazul facilitan prospectos publicitarios de los hoteles, restaurantes y lugares varios de los que ellos mismos regentan. Suelen suplir a las oficinas turísticas; pero, lamentablemente sólo informan de sus servicios. De momento no hay oficinas turísticas, tal como las entendemos en España, en la isla.

CUBA EN LA *WEB*

www.housecuba.com
Informa sobre casas de alquiler en toda Cuba. En el barrio de El Vedado en La Habana ofrecen casas con una, dos y tres camas, y si se quiere con coche y chófer.
www.cubanacan.cu
Informa y ofrece todos los servicios del grupo mayorista Cubanacán; una agradable música acompaña la lectura.
www.caribmusic.com
Informa de los eventos musicales que tienen lugar en los países del área caribeña. En el apartado de Cuba da noticia puntual de las manifestaciones culturales que tienen lugar en la isla.
www.cubatravel.cu
Es la *web* del ministerio de cultura cubano.
www.cubacar.cu
Ofrece una flota de coches de alquiler de distintas marcas (Suburu, Suzuki, Mitsubishi, Hyundai) en diversas ciudades.

www.cubaweb.cu/viajes.htm
Información sobre mayoristas de viajes, alojamientos, alquiler de todo tipo de vehículos, posibles excursiones, etcétera.

DÓNDE IR

Si sólo se dispone de una semana pero ganas de moverse, les recomendamos una estancia en La Habana (p. 144) y un par de excursiones a los alrededores: Valle de Viñales (p. 282), Soroa (p. 262) y/o Parque Nacional de Montemar (p. 216), que son tres lugares de gran belleza natural. Por descontado que La Habana es suficiente para ocupar una semana a los viajeros más tranquilos.

Quien disponiendo de una semana viaje a Cuba y pretenda conseguir un merecido descanso, los lugares son Cayo Coco (p. 105), Guardalavaca (p. 127), isla de la Juventud (p. 135) y/o María la Gorda (p. 213).

Dos semanas nos permitirán hacer un rápido recorrido por la isla: breve estancia en La Habana, vuelo a Santiago de Cuba (p. 238), visitando Baracoa (p. 86), y de regreso en coche haciendo zig-zag visitaremos, a nuestra discreción, Cayo Saetía (p. 111), Guardalavaca (p. 127), Playa Santa Lucía (p. 237), Camagüey (p. 96), Sancti Spíritus (p. 231), Trinidad (p. 265), Cienfuegos (p. 115), Parque Nacional de Montemar, Varadero (p. 272) y Matanzas (p. 213).

Menos movido será distribuir el mismo tiempo en dos estancias, una semana en La Habana y alrededores y la otra en Santiago de Cuba y alrededores: Baracoa y/o Marea del Portillo (p. 212) a los pies de sierra Maestra y frente al Caribe.

Con tres semanas disponibles el viajero puede lograr una visión bastante aproximada del país, añadiendo al recorrido de dos semanas, antes citado, más tiempo para visitar los lugares mencionados y alcanzando la parte oeste de la isla, Valle de Viñales.

Un mes es suficiente para que el viajero conozca por encima Cuba, podrá con ese tiempo recorrer la isla y visitar además la isla de la Juventud.

CÓMO LLEGAR

La mayoría de los vuelos internacionales regulares aterrizan en el aeropuerto José Martí de La Habana y en menor medida en el

Antonio Maceo de Santiago de Cuba; otras ciudades como Holguín (aeropuerto Calixto García) han habilitado su aeropuerto para recibir vuelos chárter con destinos turísticos cercanos (Guardalava o Santa Lucía por ejemplo), o propios como Varadero (aeropuerto Juan Gualberto Gómez); desde los aeropuertos de otras ciudades se puede acceder a países cercanos (p.e. desde Cienfuegos a las islas Caimán).

Iberia y Cubana de Aviación vuelan regularmente desde Madrid a La Habana y Air Europa vuela irregularmente a La Habana, Varadero y Holguín.

LÍNEAS AÉREAS CON REPRESENTACIÓN EN CUBA
Cubana de Aviación. Para vuelos interiores: c/ Infanta # Humboldt, El Vedado, La Habana. Para vuelos internacionales: c/ 23 # Infanta, El Vedado, plaza de la Revolución, La Habana. T. 334949/334950. En Madrid, c/ Princesa 25, 1ª planta, Edificio Exágono, CP 28008. T. 915422923/5422924, fax 915416642.
Aero Caribbean. C/ 23 # P, El Vedado, La Habana. T. 334543, fax 335016. En el aeropuerto José Martí, T. 453013/451135.
Iberia. C/ 23 # P, El Vedado, La Habana. T. 335041/335042, fax 335061. En el aeropuerto José Martí, T. 335234/335063.
Mexicana de Aviación. C/ 23 # P, El Vedado, La Habana. T. 333531/335532, fax 333077. En el aeropuerto José Martí, T./fax 333077.
Aerovaradero. C/ 23 nº 64, El Vedado, La Habana. T. 334949, fax 334126.
Aerovías Caribe. C/ 23 nº 64, El Vedado, La Habana. T. 333621/334423, fax 333871.
Aom-French Airlines. C/ 23 nº 64 interior, El Vedado, La Habana. T. 334098/333997, fax 333783.
Copa. C/ 23 nº 64 interior # Infanta, El Vedado, La Habana. T. 331758/333657, fax 333951.
Taag. C/ 23 nº 64 # Infanta, El Vedado, La Habana. T. 333527, fax 333049.
Aerogaviota. Av. 47 nº 2814, Reparto Kohly, Playa, La Habana. T. 294990, fax 332621. En el aeropuerto de Varadero, T. 63018/62010.
Avianca. Hotel Nacional de Cuba, La Habana. T. 334700/334701, fax 334702.
Lacsa Tikal. C/ # 23 y 25 (Hotel La Habana Libre), El Vedado, La Habana. T. 333114/333187, fax 333728.
Viasa. C/ L # 23 (Hotel La Habana Libre), El Vedado, La Habana. T. 333130/333228, fax 333611. En el aeropuerto José Martí, T. 335068.

CUÁNDO IR

Cualquier época del año es apropiada para visitar Cuba. País subtropical, las lluvias dividen el año en dos estaciones, la seca o invierno, de noviembre a abril, y la lluviosa o verano, de mayo a octubre. La seca empieza con una ligera bajada de las temperaturas que hace que en la parte norte de la isla, los lugareños digan mirando al cielo nublado «ya ha llegado el invierno», ¡y nosotros en mangas de camisa! El verano, o la temporada de lluvias, es muy caluroso y los aguaceros irregulares se convierten a finales de los meses de setiembre y octubre algunas veces en tifones.

Por lo antes dicho, la temporada de altas temperaturas y lluvias coincide con las vacaciones de la mayoría de los españoles, pero eso no debe desanimarnos sino que simplemente debemos poner en nuestro equipaje chubasqueros y resignarnos a quizá no pasar todos los días bajo el sol.

Si viajamos fuera de la temporada de vacaciones de la mayoría de los españoles, es decir, en la temporada seca, pasaremos menos calor, estaremos mejor atendidos y lo único que hemos de temer son los días parcialmente nublados.

Resumiendo, vaya cuando quiera o pueda a Cuba, el clima no será un contratiempo.

EQUIPAJE

Cuba nos pide un vestuario ligero, tanto en verano como en invierno. Los vestidos de algodón y similares son los más apropiados. Durante el benigno invierno cubano no es necesario proveerse de gruesas prendas de abrigo, bastará con un traje de gabardina (pensando más en lucirlo en una cena o en una velada nocturna) o una chaqueta de lana fina. Pero en verano sí es imprescindible llevar un chubasquero o una capellina impermeable, pues en los meses de setiembre y octubre llueve mucho y en La Habana más. Un buen consejo es dejar en casa las pesadas prendas de abrigo. De todas maneras en el equipaje no debería faltar:

- Prendas de algodón, de color blanco a ser posible pues este color absorbe menos la radiación solar y ahuyenta a los insectos.
- Unas gafas de sol, imprescindibles para proteger los ojos del sol tropical.
- Cremas protectoras e hidratantes.
- Repelente e insecticida para mosquitos especialmente.
- Pomada para las picadas de mosquitos. Los alérgicos deberán tomar sus medidas.
- Llevar lleno el *neceser* (champú, colonia, crema de afeitar, etcétera), pues aunque no es como antaño, sigue habiendo poca oferta cosmética.
- Un sombrero o un gorro; muy útiles para pasear bajo el sol.
- Un botiquín básico es recomendable. Las personas que siguen algún tratamiento médico, deberán viajar con sus propias medicinas.

REQUISITOS DE ENTRADA

Documentación. Los ciudadanos españoles sólo necesitan exhibir el pasaporte vigente y el visado o tarjeta de turista que habrán tramitado en los consulados de Cuba en España; usualmente de esta gestión se encarga la agencia de viajes en la que se contrata el billete de avión. Los viajeros independientes pueden hacer los trámites del visado en el mismo aeropuerto a su llegada, en el mostrador de Cubatur; necesitarán igualmente tener su pasaporte en regla, y sobre todo armarse de paciencia, pues la espera puede ser larga.

Como larga es la espera para que los funcionarios de inmigración sellen el pasaporte. En nuestra última estancia, no fuimos demasiado hábiles en elegir cola de control de viajeros y el trámite nos llevó casi tres horas.

Los fotógrafos y periodistas deben registrarse en la oficina para ello habilitada (La Rampa, El Vedado); pagarán un suplemento y serán autorizados para trabajar como tales en Cuba.

Aduana. En Cuba es considerado turista todo quien llega con la intención de permanecer más de 24 horas (excepto en caso de tránsito o transbordo) y menos de 6 meses. El viajero puede traer consigo los efectos personales que pueda necesitar para la estancia en el país (con un máximo de 20 kilos), además de: joyas personales, una cámara fotográfica con doce placas y cinco rollos de películas (en la práctica este requisito no se cumple), un gramófono portátil con diez discos, una grabadora portátil, un ordenador portátil, un receptor de televisión, una tienda de campaña y el equipo necesario para acampar, artículos deportivos, enseres de pesca, canoa o *kayac* de menos de cinco metros de largo, dos raquetas de tenis y otros artículos similares, una bicicleta, una escopeta de caza con un permiso especial, etcétera.

Estos efectos están exentos del pago de los derechos de aduana, pero su entrada tiene un carácter temporal y tienen que ser reexportados a la salida.
– Para uso personal (exentos del pago de derechos de aduana): 200 cigarrillos o 50 cigarros, o 250 gramos de picadura, o un surtido de los tres, cuyo peso total no debe exceder de los 250 gr. Dos botellas de bebidas alcohólicas. 1/4 de litro de agua de colonia. Una cantidad razonable de perfume. Otra cantidad razonable de medicamentos.

En el supuesto que se adquieran recuerdos turísticos de cierto valor artístico tales como pinturas o esculturas, deberemos solicitar siempre el recibo de compra y tenerlo a mano en el momento de nuestra partida.
– Artículos de importación prohibida: armas de fuego, excepto las escopetas de caza, tras el correspondiente permiso, estupefacientes y psicotrópicos. Medicamentos que no sean de uso personal; para cierto número de medicamentos, sospechosos de ser psicotrópicos, es aconsejable llevar un certificado sobre la necesidad de los mismos y la cantidad estricta para la duración de la estancia. Drogas. Pornografía (revistas y vídeos).

CÓMO MOVERSE POR EL PAÍS

Los tiempos han cambiado y la Cuba de 1978, año de nuestra primera visita, se ha abierto; por aquel entonces, cualquier recorrido por la isla estaba decidido de antemano, sin posibilidad de salirse de ruta y visitar algo que no estuviera programado. Hoy se puede uno mover con más facilidad por el país.

• **Avión**. La manera más rápida de desplazarse por el país; es recomendable, siempre que se pueda, echar mano del avión. Los precios son razonables y el tiempo que se ahorra es mucho. Desde La Habana se vuela a las distintas ciudades con aeropuerto (Santiago de Cuba, Camagüey, Cienfuegos, Holguín, Ciego de Ávila, Las Tunas, Bayamo y la industrial Moa) y a los centros turísticos (Nueva Gerona en la isla de la Juventud, Cayo Largo y Cayo Coco). Algunos vuelos son regulares y otros chárter. Gran parte de los aviones que realizan estos vuelos interiores son viejos e incómodos; son los modelos rusos Tupolev y Antonov y algún Fokker-27; algunos tienen los asientos clavados al suelo, muchos de ellos sin ventanilla (lo que impide disfrutar del paisaje; en una isla de una belleza natural como Cuba es irritable), y en los menos, la puesta en marcha del aire acondicionado con el despegue puede provocar una subida de la tensión a causa de la fumareda que expulsan las rejillas; eso sí, todo a media luz.

Para informarse de la frecuencia de vuelos y los horarios lo mejor es dirigirse a las agencias de Cubana de Aviación, pues en función de la ocupación no es raro que haya modificaciones en las horas de salida.

• **Autobús**. Hay un servicio interurbano bastante aceptable, aunque sólo es comprensible su uso si se viaja en solitario, se va corto de bolsillo, y se desea conocer al pueblo cubano. La incomodidad de los autobuses se compensa con la amabilidad y locuacidad de los viajeros. Los boletos se venden directamente en las terminales de autobuses y se aconseja sacar los pasajes con antelación; y cruce los dedos para que el autobús no tenga una avería, pues puede pasar horas en la carretera.

• **Tren**. Cuba cuenta con una red de 5.000 kilómetros de ferrocarriles públicos, y casi 8.000 kilómetros más dedicados al transporte azucarero. Desde que se declaró el llamado «período especial», en 1989, el mantenimiento de los ferrocarriles pasó a segundo lugar en las prioridades del gobierno cubano, y se nota; se han suprimido frecuencias y algunos trayectos tardan más tiempo. No obstante, con el crecimiento turístico que está experimentando el país, el gobierno cubano ha empezado a invertir en la mejora de la red ferroviaria con la compra de ocho trenes completos de segunda mano a la Generalitat de Cataluña, y con la compra también su mantenimiento.

Pero mientras no llegan esas mejoras, el desplazarse en tren por Cuba podría ser considerado una rareza turística. Pero quien esté por la labor sepa que La Habana está comunicada con las principales ciudades como Matanzas, Santa Clara, Ciego de Ávila, Camagüey, Victoria las Tunas, Bayamo, Holguín, Santiago y Guantánamo.

Los trenes se dividen en «expresos», con aire acondicionado (al menos sobre el papel), y «regulares», más lentos que los primeros. Para los horarios consultar en las estaciones, y no a cualquier profesional del mundo del turismo porque nos desaconsejará invariablemente el uso del tren.

DISTANCIAS EN KILÓMETROS
(siguiendo las vías más cortas o en mejor estado)

	Baracoa	Bayamo	Camagüey	Cayo Coco	Ciego de Ávila	Cienfuegos	Guantánamo	Guardalavaca	Holguín	LA HABANA	Matanzas	Pinar del Río	Sancti Spíritus	Santa Clara	Santa Lucía	Santiago de Cuba	Trinidad	Varadero	V. de Las Tunas
Baracoa																			
Bayamo	287																		
Camagüey	459	210																	
Cayo Coco	654	405	209																
Ciego de Ávila	567	318	100	90															
Cienfuegos	789	590	330	299	222														
Guantánamo	158	161	371	566	479	701													
Guardalavaca	248	128	266	461	374	596	207												
Holguín	250	73	209	404	317	539	182	112											
LA HABANA	993	733	533	508	434	232	910	800	734										
Matanzas	933	684	474	449	366	177	845	740	683	87									
Pinar del Río	1155	906	696	670	588	415	1067	962	905	147	244								
Sancti Spíritus	643	394	184	177	74	151	555	450	393	360	294	516							
Santa Clara	722	473	263	232	155	61	634	529	472	270	199	438	92						
Santa Lucía	418	169	128	276	217	439	330	225	168	643	583	805	293	372					
Santiago de Cuba	244	127	328	327	442	634	86	174	134	860	801	1004	487	590	286				
Trinidad	713	464	254	247	146	74	625	520	463	379	275	497	70	88	363	581			
Varadero	904	655	445	414	337	181	816	711	654	142	34	302	265	182	554	772	262		
Victoria de Las Tunas	331	82	125	323	236	458	243	138	77	657	602	824	312	391	87	203	382	573	

- **Alquiler de coches.** Sin duda y si se dispone de presupuesto, alquilar un coche es el mejor sistema para desplazarse por el país. Los principales hoteles receptores de turismo internacional de La Habana, Playas del Este, Varadero, Santiago de Cuba, etcétera ofrecen un servicio de alquiler de coches. Havanautos, Cubacar, Transgaviota/Nacional Rent-a-Car y Transautos son algunas de las empresas comercializadoras del servicio.

Havanautos. La Habana, T. 332369/330648/332891, fax 331416.
Cubacar. C/ 5ta. B # 84, Playa, La Habana. T. 332104/332718, fax 336312.
Transgaviota/National Rent-a-Car. C/ 40 nº 4701 # 47, Rpto. Kohly, Playa, La Habana. T. 810357/339780/339781, fax 330742.
Transautos. Oficina principal en La Habana para Transtur, Transautos y Turistaxi, c/ L nº 456 # 25 y 27, El Vedado. T. 326271/338384, fax 669243. Central de reservas, T. 335532/334038, fax 334057.
Veracuba. C/ 17 # 269, Rpto. Roble, Santa Fe, Playa, La Habana. T. 331890/331891.

Los coches suelen alquilarse con kilometraje ilimitado y una vez terminado el periplo pueden entregarse en cualquiera de las oficinas de la agencia a la que hemos contratado el servicio. En principio, esta entrega fuera de origen no representa ningún cargo adicional, pero no estará de más dejarlo claro; tenemos noticias de más de una sorpresa desagradable al entregar el coche. Los precios de alquiler varían mucho de un modelo a otro y del tiempo; el seguro obligatorio no está incluido en el precio. La edad mínima del conductor son 21 años y se exige más de un año de experiencia como chófer.

El mayorista **Horizontes** (Central de reservas T. 334042 y fax 334361, La Habana) ofrece un interesante paquete *fly & drive* que se puede contratar en España (coche + hotel), alternativa que permite cierta agilidad en nuestra visita a Cuba. El mecanismo es el siguiente: a nuestra llegada a la ciudad de Cuba elegida como destino, debemos dirigirnos al hotel y presentar una copia del *voucher* que nos ha entregado nuestro agente de viajes. Allí, el representante de Horizontes nos proporcionará el coche, su documentación y una relación de los hoteles en los que podemos alojarnos; podemos optar por un solo hotel o por uno distinto cada noche. Ya sólo restará presentar en cada hotel elegido de cada ciudad que visitemos el *voucher* en recepción. Horizontes tiene una amplia y buena oferta hotelera. A veces, las menos, los hoteles elegidos están completos pero nos alojarán en otro hotel de característica y categoría iguales, seguro.

Saint John's. C/ O # 23 y 25, El Vedado, La Habana. T. 333740/329531, fax 333561.
Deauville. Av. Malecón y Galiano, Centro Habana. T. 338812/628051, fax 338148.
Acuazul. 1ra Av. # calle 13, Varadero. T. 667132/34.
Bellamar. C/ 17 # calles 1ª y 2ª, Varadero. T. 667490.
San Juan. Crta. Siboney, Km 1, Santiago de Cuba. T. 42478, fax 86137.
Las Américas. Av. de Las Américas # General Cebreco, Santiago de Cuba. T. 42011.
Pernik. Av. Jorge Dimitrov y Plaza de la Revolución, Holguín. T. 481011/81, fax 481371.

A tener en cuenta que la gasolina se paga en dólares. Debemos tener presente que las gasolineras no abundan, es más, en algunas zonas están excesivamente apartadas entre sí; hay que tenerlo presente y viajar con el depósito lo más lleno posible. Al alquilar el coche podemos pedir que nos den una relación de las gasolineras que están abiertas las 24 horas, la relación existe lo que no es tan seguro que la tengan disponible; no estará de más pedir también un mapa de carreteras.

Antes del conocido como «período especial», de toda América Latina, Cuba era el país que poseía la mejor red de carreteras; era uno de los logros que exhibía el gobierno cubano. Hoy esto ya no se puede decir porque otros países latinoamericanos han mejorado sensiblemente sus carreteras y Cuba no ha podido invertir en mejoras y conservación de sus vías, por no hablar de proyectos autoviarios que no ven su culminación. De aquellos años quedan tramos de carretera en buen estado que algunos conductores aprovechan para correr a velocidad de Fórmula I. En la mayoría de las carreteras hay baches, demasiados baches, tramos sin asfaltar, y lo que es peor, personas amontonadas en las orillas esperando el autobús o los camiones que han de trasladarlos de un punto a otro. Sorprende en la autopista de La Habana a Pinar del Río, donde los coches corren lo suyo, ver centenares de ciudadanos en los cruces esperando el transporte público, a todo esto añadamos animales y ciclistas.

Y no nos olvidemos de señalar que el cinturón de seguridad no es obligatorio y que en muchos tramos de carreteras las indicacione no es que sean deficientes e insuficientes, es que no hay. Resumiendo: prudencia.

Un complemento o alternativa al alquiler de un coche es alquilarlo con chófer, no es mucho más caro y nos evitaremos problemas. Cuestión de sopesarlo, pues el servicio se ofrece.

- **Haciendo «botella»**. Es lo que conocemos como *autostop* o hacer dedo. Muy practicado por los lugareños, con poco éxito para los varones y con mucho éxito para las hembras.

Mientras en según que país iberoamericano no recomendaríamos abiertamente que se atienda a los autostopistas, en Cuba lo recomendamos encarecidamente si se dispone de plaza en el coche, por dos razones, la primera porque las comunicaciones y los recursos económicos de los cubanos hacen del «a dedo» una necesidad, y la segunda, más egoísta, porque los nuevos pasajeros nos pueden ayudar a movernos por el país (las carreteras, recordamos, están muy mal señalizadas) y nos facilitarán información de primera mano.

DESPLAZAMIENTOS LOCALES

- **Autobuses urbanos.** La Habana y Santiago de Cuba disponen de una deficiente red de guaguas, autobuses que comunican el centro de las ciudades con los barrios de los alrededores. La frecuencia de las guaguas es insufienciente para recoger a los usuarios y por tanto a las horas puntas van a rebosar.

Los problemas económicos y el ingenio cubano han dado como resultado en La Habana, en materia de transporte, un autobús conocido popularmente como «el camello». Consta de tres cuerpos para el pasaje y la cabina de un trailer destinada al conductor; el cuerpo intermedio queda más bajo que los de los extremos, consiguiendo el conjunto el efecto visual de un camello; en un lateral el artefacto lleva dibujada la silueta de este animal. No obstante, los habaneros, en las largas esperas en las paradas, y con su característica guasa, han bautizado «el camello» como «la película del sábado», ¿y por qué, compay?, porque tiene lenguaje adulto, sexo y violencia.

Hay otros autobuses, convencionales, que hacen los servicios interiores de las ciudades, que también han merecido el honor de ser bautizados con diversos nombres por sus sufridos usuarios.

Si tenemos previsto movernos por las ciudades con autobús, hay que tener presente que el billete, muy barato, hay que pagarlo en pesos cubanos y no facilitan cambio; alerta con los carteristas, que los hay y son tan hábiles como en cualquier otra ciudad importante del mundo.

- **Taxis**. Hay varias clases de taxis: los *Panataxis*, que gestiona la empresa mayorista Cubanacán; están dedicados exclusivamente a los turistas; se contratan por un servicio puntual, horas, o días; se encuentran frente a los hoteles y restaurantes importantes, cabarets y salas de fiestas; las mismas prestaciones pero algo más caros son los *Turistaxis*.

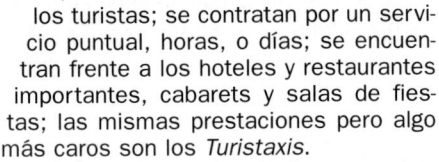

Los taxis convencionales que se toman en cualquier lugar, si es posible encontrarlos añadamos, por algo se conocen como «los incapturables», no son muy numerosos; aunque tienen taxímetro suelen no ponerlo y procuran pactar el precio.

Existen también los taxis para lugareños, los «colectivos»; en principio no pueden tomar pasaje foráneo pero generalmente no tienen inconveniente en hacerlo si ello significa algún que otro dólar. Por último están los taxis particulares, conocidos como «boteros»; son coches particulares sin licencia, pero que situados estratégicamente se nos ofrecen para llevarnos a cualquier lugar y trasladarnos por la ciudad. Son mucho más económicos que los otros tipos de taxi. Evidentemente no tienen taxímetro y se debe pactar el precio. Ventajas, además de la económica ya mencionada, suelen ser personas cultas (que se ganan el sueldo, aunque digan que un sobresueldo), de agradable conversación y que conocen rincones interesantes apartados de los circuitos turísticos. Desventajas, los coches, por puro viejos, a veces se quedan clavados, y en lugares apartados.

La empresa Transgaviota ofrece un servicio de taxis y microbuses con chófer.

Las paradas de los taxis se conocen como «piqueras».

En las ciudades importantes hay un servicio de bici-taxi. En La Habana (y en la mayoría de las ciudades) son de dos pasajeros, se ofrecen como un paseo, pero también es un modo de desplazamiento desde el centro (plaza de Armas o plaza de la Catedral, p.e.) a los hoteles de El Vedado, paseando por el Malecón. Un paseo agradable que además nos devolverá a nuestro hotel. Un consejo, si lleva bolso póngalo en la parte interior de la bicicleta, y así se evitará la posibilidad de que se lo arrebaten. Amablemente, el conductor de la bici-taxi le alertará sobre el peligro de los tirones.

En otras ciudades las bicicletas son de un sólo pasajero, como en Baracoa. Si se viaja acompañado los conductores procurarán circular parejos para que sea posible mantener la conversación; un detalle de amabilidad.

El precio de las bici-taxi suele pactarse antes del trayecto, pero es muy económico (p.e. desde la plaza de Armas hasta el pie de La Rampa, el La Habana, unos 3 o 4 $ USA).

- **A caballo o en calesa.** El «período especial» ha vuelto a poner en uso los carromatos o calesas tirados por un caballo. Es un paso al pasado, no carente de cierto encanto. Las ciudades interiores (Camagüey, Holguín, Báyamo, Guantánamo, y un largo etcétera) tienen un servicio de transporte tirado por un caballo.

> Un artículo de Nicolás Guillén, publicado a mediados de los años veinte en el diario de Camagüey, alertaba de la falta de higiene que representaba que no se protegieran las calles de los excrementos de los caballos. Setenta años después el artículo de Guillén está en plena vigencia pues los sacos de esparto que intentan impedir que caigan los excrementos a la calle no siempre lo consiguen, y ver las cagadas depositadas en el saco con sus moscas es un excesivo salto al pasado

- **Haciendo «botella».** Mayoritariamente en La Habana, y en algunos lugares muy puntuales (los cruces de las calles con el Malecón, la Quinta Avenida, p.e.) se amontona la gente, mayoritariamente guapas habaneras, probando suerte.

MAPAS

Cuba, de la serie «Pays et rilles du monde», del Institut Géographique National de Francia y Ediciones Geo; escala 1 250 000.

El mayorista Horizontes regala unos mapas aceptables de la isla, La Habana, Santiago de Cuba, Cayo Largo y Varadero.

MONEDA

La moneda de Cuba es el peso cubano. Existen billetes de 1, 5, 10, 20 y 50 pesos y monedas de 1 peso y monedas fraccionarias de distintos centavos de pesos. Es una moneda que está fuera del mercado cambiario.

Los pesos están divididos en dos clases, los corrientes y los convertibles o turísticos. Los pesos corrientes son los que usan los cubanos y son de circulación habitual. Los convertibles tienen la paridad del dólar USA, y los suelen dar con el cambio de un pago; aunque nos dirán que podemos cambiarlos a dólares al abandonar la isla, lo aconsejable es gastarlos antes de partir y no olvidarlos en el fondo del bolsillo, para evitarnos problemas.

- **Cambio**. La cotización del peso cubano es de 23 o 24 pesos por dólar al cierre de esta edición. Aunque se aceptan las monedas convertibles, especialmente el dólar canadiense, el franco francés y la peseta, la «moneda» es el dólar estadounidense

Pero olvidémonos de cambiar moneda. La mayoría de las cosas que podamos comprar y los servicios que podamos contratar los pagaremos en dólares; incluso los servicios extraturísticos los pagaremos en dólares. Además no es fácil cambiar dólares en pesos cubanos; suele haber unas largas colas de isleños en los bancos cambiando moneda, y como la moneda estadounidense es bienvenida en todos los lugares turísticos y casi en todos los otros... Una experiencia personal: cambiamos en Santiago de Cuba, en un agencia cambiaria donde no había que hacer cola, 50 $USA y 13 días después aún nos quedaban pesos cubanos en el bolsillo.

No obstante no está de más llevar algo de moneda cubana en el bolsillo: para comprar bolsitas de maní, algún helado, para tomar café en algún bar o cooperativa, etcétera.

Prácticamente, no existe mercado negro.

- **Tarjetas de crédito**. Todos los lugares turísticos de Cuba aceptan la mayoría de tarjetas de crédito (Eurocard, Eurocard Acces, Master Charge, Visa, Dinner Club, etcétera) siempre y cuando no estén emitidas por una entidad de EE UU. Esto es lo oficial, pero en algunos lugares (Marina Hemingway en La Habana, o centros turísticos aislados, como Marea del Potillo, p.e.) hacen la vista gorda y aceptan tarjetas de crédito expedidas en EE UU. Al contrario de algunos países turísticos, no cobran suplemento.

En los lugares turísticos no oficiales («paladares» por ejemplo) no aceptan tarjetas de crédito, hay que pagar en dólares; no aceptan ninguna otra moneda.

Si queremos conseguir adelantos efectivos contra nuestra tarjeta de crédito, debemos dirigirnos a **Bancel**, Banca Electrónica BFI (C/ 25 # calles I y M, El Vedado, T. 666196, La Habana), con un horario ininterrumpido de 9 de la mañana a 7 de la tarde, incluidos sábados y domingos. No todas las oficinas de Bancel ofrecen este servicio, pero en las principales ciudades y centros turísticos suele haber una oficina de esta entidad que lo da.

También los cheques de viajes se aceptan en todo el universo turístico.

Para cualquier problema con las tarjetas Visa o Master Card, dirigirse a: Av. 23 # L y M, El Vedado, La Habana. T. 334444, fax 334001.

ALOJAMIENTO

– **Hoteles**. Desde los primeros años de la década de los noventa se está procediendo a la reforma de antiguos hoteles y a la construcción de otros nuevos. Los reformados, en la mayoría de los casos, han recuperado el sabor de antaño (p.e. el Casa Granda de Santiago de Cuba), los de construcción reciente son como los hoteles de playa de los centros turísticos mundiales (p.e. Cancún, Isla Margarita, Cartagena de Indias, por no salirnos de modelos caribeños). Los que se construyeron en los primeros años de abertura turística hacia los países del Este y a viajeros a quien se les suponía cierta identificación con la causa revolucionaria cubana, han envejecido mal; ya en sus primeros años presentaban deficiencias que hoy la amplitud de oferta hotelera ha acentuado.

– **Casas o habitaciones particulares**. La otra alternativa a los hoteles. Las habitaciones suelen contratarse en el mismo país. En La Habana se empieza a ver anuncios de habitaciones de alquiler para turistas; y en Trinidad y Viñales se anuncian sin timidez. Paseando por las ciudades, al menos en las más turísticas, nos ofrecerán habitaciones, generalmente con aire acondicionado y cuarto de baño independiente; si se está por la labor, es cuestión de verificar lo que nos ofrecen.

Hay habitaciones muy agradables en un ambiente muy acogedor. Suelen costar entre la mitad y la cuarta parte de una habitación de hotel.

No hay tanta oferta de casas particulares como de habitaciones. Algunas agencias de viajes alquilan apartamentos en Playas del Este; pero la mayoría de la contratación de las casas tienen el mismo procedimiento que las habitaciones, nos la ofrecerán por la calle, con sus ventajas y desventajas.

HOSPITALIDAD

Los cubanos son muy amables y atentos. Si se pregunta por alguna dirección no es extraño que el interpelado nos acompañe hasta la misma puerta. Por el camino, seguramente, nos ofrecerá puros y ron a buen precio, y «paladares» donde «se come bien y barato». Son amables, pero también están necesitados de los ingresos económicos, que de nosotros, los turistas, puedan conseguir.

PROPINAS

«La propina no es obligatoria pero la gente la agradece», esto nos contó un empleado de Cubatur, y a otras preguntas nos respondió «al maletero se le suele dar un dólar». Añadamos que ciertamente la propina la agradecen muchísimo, y que el mismo criterio que aplicamos en nuestros viajes a otros países debemos aplicar en éste; un buen servicio, lo premiamos con un propina; y ¿qué tanto por ciento?, pues no inferior al 5% ni superior al 10%.

CORREOS

El servicio de correos cubano no es diligente, o dicho de otro modo, no funciona bien. Las postales y cartas que enviemos a España llegarán tarde; y si después de nuestra estancia en Cuba hacemos amistades y mantenemos correspondencia con ellas, las cartas que nos envíen llegarán algo más que tarde. De hecho, una de las maneras que tienen los cubanos para abordarnos en nuestro paseos por las poblaciones cubanas es que les enviemos sus cartas a sus familiares o amigos desde la propia España, «pues la censura nos retrasa el correo».

Las oficinas de correos están habitualmente abiertas de 10 a 17 horas de lunes a viernes, y de 8 a 15 horas los sábados; cierran los domingos. Gran parte de estas oficinas ofrecen también el servicio de fax.

En algunos hoteles venden sellos y tienen servicio de recogida de correspondencia.

Si necesitamos enviar o recibir algo que llegue y rápidamente a destino podemos usar los servicios de **DHL**, con oficinas en la Av. 1ra # c/ 42, en el barrio de Miramar y en el hotel Habana Libre, en La Habana, y también desde la recepción de la mayoría de los hoteles se pueden encargar de este servicio. **Cubapost** (5ª Av. # c/ 112, barrio Playa) y **Cubanacán Express** (5ª Av. # calles 82 y 84, barrio de Miramar) también ofrecen el servicio de envío rápido.

TELÉFONO Y TELÉGRAFO

Hasta hace unos años las llamadas telefónicas urbanas eran completamente gratuitas. En la actualidad, en pleno «período especial» todas las llamadas son de pago. En La Habana y en las principales ciudades existen cabinas desde donde se pueden efectuar las llamadas, pero las que funcionan siempre están ocupadas y con largas colas de espera. Para las llamadas internacionales lo mejor es solicitarlas en el hotel indicando perfectamente el teléfono, es decir con todos los códigos. Si no pasa nada la llamada es automática y si no, la demora no suele ser excesiva.

CORRIENTE ELÉCTRICA

La corriente eléctrica en Cuba es de 110 voltios y 60 ciclos. El sistema de enchufes es el americano, o sea, de clavija plana por lo cual si pensamos llevar máquina de afeitar, secador de pelo, plancha de viaje, etcétera, deberemos poner en la maleta un adaptador.

HORA LOCAL

Cuba se rige por la hora del meridiano de Greenwich (GMT 5). La diferencia horaria con España es de 6 horas, que se mantienen cuando en Europa, alrededor de los equinoccios de primavera y otoño, se adelanta una hora. Cuando en La Habana es mediodía en Madrid son las 6 de la tarde (GMT 17 h).

HORARIOS COMERCIALES

Las oficinas públicas tienen el siguiente horario: de lunes a viernes de 8.30 a 12.30 y de 13.30 a 17.30 horas, al igual que los sábados laborables (2 alternos al mes), lo que los cubanos llaman «la semana larga».

Las farmacias abren desde las 8 hasta las 17 horas, excepto las de turno permanente, que están abiertas las 24 horas.

Los bancos funcionan desde las 8.30 a 15 horas, excepto los que están dedicados a las gestiones turísticas que abren desde las 9 de la mañana hasta las 7 de la tarde, inclusive sábados y domingos.

Los horarios de los museos y de las casa natales, teatros, restaurantes y cabarets varían sustancialmente. El horario de los museos y de las casas natales viene indicado en el apartado correspondiente en la presente guía.

Las tiendas «de captación de divisas» donde se puede comprar de todo y pagarlo en dólares o tarjeta de crédito están abiertas, dependiendo de la ciudad, desde 8 o 9 de la mañana hasta las 8 o 9 de la noche, inclusive los domingos.

PROSTITUCIÓN

Antes del triunfo de la Revolución, Cuba era uno de los lugares elegidos por algunos estadounidenses «para ir de putas». Los dirigentes revolucionarios declararon ilegal la prostitución e incluso en algún discurso Fidel Castro dejó dicho que «Cuba ya no sería el prostíbulo de EE UU».

La educación socialista y las ideas revolucionarias erradicaron durante años la prostitución. Pero a finales de la década de los ochenta y principios de los noventa aparecen las *fleteras*, mujeres jóvenes o de mediana edad que ante la necesidad económica se ofrecían, como algo parecido a las asistentas sociales, para acompañar a los viajeros solitarios por lugares de la isla a cambio de una atención económica para solucionar sus problemas inmediatos.

Aquellas *fleteras* son hoy las famosas *jineteras*. Jinetera, al igual que fletera, es sinónimo de prostituta; con variantes, evidentemente. Sobre las jineteras hay varias definiciones; una que son jóvenes, con o sin formación universitaria, que para acceder a lugares en los que no pueden entrar se hacen acompañar de un turista, y una vez dentro del lugar (sala de fiestas, cabaret), como se trata de buscar pareja (que difícilmente será un cubano), ya les va bien quien les acompaña; a partir de aquí una relación como otra cualquiera, de una noche y si hay simpatía de más de una noche, como cualquier relación entre dos personas de sexo opuesto; ésta es la definición suave.

Otra definición: lo mismo pero ya desde un principio, abiertamente con la intención de pasar unos días acompañada y pagada; suelen ser jóvenes o mujeres de mediana edad, en algunos casos casadas, con la intención última de abandonar la isla. Éste sería el modelo más representativo de jinetera.

Y por último la mujer que ya en la barra del bar pide directamente, y sin rodeos, un precio por pasar la noche o parte de la noche. La definición dura.

Lo expuesto sirve igual para los *jineteros* que cada vez abundan más. Ha crecido la demanda en los últimos años.

La homosexualidad está prohibida y la prostitución homosexual es tan ilegal como la heterosexual. No obstante sólo hay que darse una vuelta a partir del atardecer por los alrededores del Coppelia de La Habana para constatar lo apuntado; y lo expuesto para las jineteras y los jineteros vale para los homosexuales.

En el mes de octubre de 1998 tuvieron lugar varias redadas y se clausuraron algunos locales. Leímos en la prensa española el comentario del portero de uno de estos locales cerrados: «No se preocupe, compañero, aquí todo es cuestión de dialéctica». Pues eso.

DELINCUENCIA

Cuba es quizá uno de los países más seguros de todo el planeta para los visitantes. Quienes han viajado por otros países latinoamericanos saben que ciertas capitales, sobre todo por la noche (Ciudad de México, Caracas, Río de Janeiro, etcétera) son muy peligrosas y lo mejor es quedarse en el hotel. Esa advertencia no debemos tenerla presente en La Habana.

No obstante, cierta prudencia no está de más. Evite las calles muy oscuras, y en Cuba debido a las restricciones de electricidad y a la falta de alumbrado hay más de un rincón oscuro como boca de lobo. Si vuelve al hotel en bici-taxi guarde el bolso en el regazo, no lo lleve colgando, puede sufrir un tirón.

Los tirones de bolsos es quizá el peaje que debemos pagar los visitantes, junto con los hurtos en algunos bares o locales públicos muy concurridos. Menudencias si las comparamos con las que sufren los turistas en los metros de Barcelona o Madrid.

Si le gusta viajar con el joyero, póngase las joyas para cenar en el restaurante del hotel, y si va a otro restaurante o sala de fiesta no las exhiba durante el trayecto. En la ciudad de Cienfuegos, un domingo por la tarde paseando por el centro de la ciudad, una niña de unos doce años nos amargó la tarde ante su insistencia para que escondiéramos una gargantilla pues hacía un rato que unos muchachos habían robado a un turista.

Últimamente, y el La Habana Vieja, han alertado sobre el aumento de hurtos; los objetivos: máquinas fotográficas y de vídeo.

DROGA

Cualquier droga está terminantemente prohibida en todo el territorio cubano, incluso la marihuana. Las autoridades cubanas son muy estrictas, no bromee y déjelo estar.

SANIDAD

Cuba cuenta con el mejor sistema sanitario de toda América Latina, y esto es quizás el mejor logro de la Revolución castrista. El sistema sanitario es totalmente gratuito para los cubanos, como también lo es la primera visita de los turistas y/o viajeros.

Antes de la llegada de Castro al poder los médicos cubanos apenas sobrepasan los 6.000, y el 70% de ellos tenían consulta en La Habana. Es decir, si apartamos de un manotazo La Habana, en todo Cuba había solamente unos 2.000 médicos. La Ley del Servicio Médico Rural y la construcción de más de 50 hospitales en las áreas rurales más apartadas, fueron las primeras medidas encaminadas a paliar esta escandalosa cifra. Además, se construyeron hospitales, clínicas estomatológicas, laboratorios de higiene y epidemiología, bancos de sangre y otras unidades en las capitales provinciales. Esto unido a la aplicación de medidas encaminadas a disminuir o erradicar las enfermedades infecciosas ha hecho que, actualmente en Cuba, se hayan erradicado la poliomelitis, el paludismo y la difteria; asimismo han disminuido el tétanos y la tuberculosis. Algunos de logros sanitarios que exhibe el gobierno cubano son los siguientes:

– Expectativas de vida de 73.9 años, la más alta de toda América Latina.
– La mejor relación médico/habitantes de toda América y no añadimos Latina pues la ratio es de un médico por cada 200 habitantes, la mitad de la ratio de los EE UU.
– Aquellos 6.000 y poco médicos de los últimos años de Batista son hoy 61.000 (datos de 1996).
 Cuba ofrece asistencia gratuita a los habitantes necesitados de los países del Tercer Mundo, incluso ahora en pleno «período especial».
– El universo médico cubano contempla cerca de 400 policlínicos y más de 60 hospitales rurales que cubren las áreas de salud existentes en toda la República. Cuenta además con 252 hospitales urbanos, 134 clínicas estomatológicas, 38 laboratorios de higiene, 21 bancos de sangre y 12 institutos de investigación.

Estos son algunos de los logros incuestionables, la crisis económica que afecta a Cuba no los ha hecho desaparecer; sin embargo sí ha afectado la crisis al suministro de medicamentos y a la oferta de servicios auxiliares (muchos enfermos han de acarrear sus propias toallas en algunos centros hospitalarios), también ha provocado que las operaciones no urgentes se retrasen (no más que en el sistema sanitario público español), y lo que es peor, algunas enfermedades que con el desarrollo de la Revolución habían erradicado: beri-beri, tifus, dengue y tuberculosis, han reaparecido, así como han hecho acto de presencia otras dolencias nuevas, como una neuritis que afecta a la vista y una alergia provocada por un indeterminado moho azul que al mismo tiempo que afecta al desarrollo de la caña de azúcar, causa un malestar general entre los habitantes que viven cerca de los cañaverales. Estas dos últimas incidencias, por increíble que puedan parecer, señalan a una guerra bacteriológica contra la Revolución llevada a cabo por la CIA.

- **El viajero y la salud.** No es necesario ninguna vacunación para visitar Cuba. Las molestias que podemos sufrir en Cuba son las habituales en los países subtropicales, como picaduras de mosquito y diarreas. El mejor tratamiento contra las picaduras de mosquito es evitarlas y nada mejor que usar cremas y lociones repelentes, sobre todo en Varadero, la ciénaga de Zapata, isla de la Juventud y en la mayoría de los cayos.

Durante la época de las lluvias, es cuando existe el mayor riesgo de contraer diarreas; estos son algunos consejos para evitarlas: No consumir bebidas extremadamente frías, no abusar de los zumos de frutas, principalmente después de una «sudada»; beber siempre agua embotellada fuera de las grandes ciudades, no exponerse durante mucho rato al sol, proteger la cabeza y los ojos, no comer picante, no beber alcohol si se va a estar expuesto mucho rato bajo el sol; en fin, todo aquello que aconseja el buen sentido.

Si la diarrea persiste, o se emiten deposiciones sanguinolientas, debe consultarse con el médico (los primeros auxilios y la primera consulta al médico, recordamos, son gratuitos en Cuba, no así los medicamentos prescritos) pues pudiera tratarse de una disentería amebiana, un proceso más serio y que pide más atención que una simple diarrea.

Aquellas viajeras que estén tomando anticonceptivos orales deben recordar que si tienen un vómito o episodio de diarrea dentro de las dos horas posteriores a la ingesta de la píldora, deberán tomarse otra, pues probablemente la primera no habrá sido absorvida; si los episodios de diarrea son frecuentes, probablemente el tratamiento no sea eficaz, por lo que habrá que tomar otras medicinas anticonceptivas. En las farmacias y en algunos hoteles se pueden adquirir preservativos.

Debe tenerse cuidado con el sol tanto en las costas como en el interior; puede producir graves quemaduras en personas de piel muy blanca o sensible, o sin suficiente protección.

FOTOGRAFÍA

Cuba es ideal, como la mayoría de los países subtropicales, para tomar fotos de playas desiertas, puestas de sol de gran belleza, paisajes de frondosa vegetación, etcétera. Para ello deberemos proveernos de película de baja sensibilidad, pues la radiación solar es alta (64, 50, 25 ASA) y ópticas de 17 a 35 mm en el terreno de los angulares y de 70210 mm en el terreno de la aproximación. Estas ópticas nos serán de gran utilidad a la hora de tomar grandes extensiones de paisaje o, en el segundo caso, para tomar primeros planos de animales. Para este caso específico serán también muy interesantes los teleobjetivos de 300 y 400 mm con películas rápidas de 100 y 200 ASA.

La gente no tan sólo se deja fotografiar amablemente, si no que te invitan a que los fotografíes, y por descontado que posan sonrientes. Algunos niños/as empiezan con timidez a pedir que se les pague por hacerles una foto.

Teniendo en cuenta el riesgo de que nos atrape una tormenta tropical y de la humedad que reina en algunas zonas del país, como por ejemplo en ciénaga de Zapata, es aconsejable proteger bien las cámaras en estuches o en bolsas para tal efecto.

Hay que tener mucho cuidado con los controles de rayos X de los aeropuertos. Las máquinas utilizadas no se parecen en nada a las de Europa. Son de fabricación soviética, parecen neveras, y si ya eran viejas cuando se importaron, ahora con «el período especial», no hablemos. La potencia de radiación es elevada y pueden fastidiarnos las películas. Como precaución, y a pesar de la segura oposición del aduanero, podemos pedir que nos inspección manualmente nuestro equipaje de mano.

NOTAS

BREVE DICCIONARIO DE CUBANISMOS

A

Abogado de manigua. Persona no jurista que alardea de profundos conocimientos en cuestiones jurídicas
Aciscada/o. Asustada/o
Achantá/ao. Perezosa/o
Acordeón. Autobús articulado. Chuleta para un examen
Adelantada/o. De piel más clara que sus progenitores (mestiza/o)
Adordi, afectado. Afeminado, amanerado
Afrijolar. Matar, asesinar
Agarrar. Meter mano, caricias sexuales; también apretar
Alforjas. Tetas
Alumbrar. Socorrer, ayudar
Amarillo. Controlador de los pasajeros de los autobuses. En La Habana se le conoce como «el domador de camellos» (ver Camello)
Ambia. Compañero, amigo; también **asere**
Ambientosa/o. Guapetona/ón
Ambrusia. Corruptela de la palabra hambre
Aplatanado. Extranjero que ha asimilado los hábitos y costumbres del cubano
Apretar. Meter mano; también agarrar
Arañar. Ser infiel a la pareja
Aretes. Pendientes
Argollar. Ligar definitivamente a una persona a un negocio o proyecto
Arrastre. Asignatura pendiente
Arrebatada/o. Loca/o, demente
Asere. v. Ambia
Aspirina. Pequeño microbús fabricado en Cuba
Atrasada/o. De piel más oscura que sus progenitores
Aura tiñosa. Gallinazo, ave carroñera
Aviador. Maricón
Azulejo. Policía (por alusión al color del uniforme)

B

Bacalao. Vulva, órgano genital femenino
Bacheche. Ser buena persona; también **cancha**
Bajichupa. Blusa sin tirantes
Bala, balín, balita. Pantalón/ Cigarro/ Hombre antipático, pesado
Barco. Persona informal, poco cumplidora
Baro. Peso cubano
Barcos. Pies grandes
Barquear. Holgazanear
Barra. Pene
Batear. Comer en demasía
Batear para quinientos. Hacer algo importante, relevante
Bayoyo. Persona pasada de peso, persona obesa
Bejuco. Pene. Teléfono
Bemba. Labio grueso
Beri. Prisión
Bericuto. Presidiario
Berocos. Testículos
Berreao. Estar enfadado, enojado
Biancamo. Pene
Bicha. Puta; también **carretilla** y **carretillera**
Bicho. Pene
Bisagras. Articulaciones del cuerpo
Bisne. Negocio, asunto
Bisnero. Individuo que vive de negocios ilícitos
Blanquita/o. Forma despectiva de referirse a la persona de raza blanca
Blumer. Bragas
Bocón. Persona provocadora; bocazas

Bohío. Cabaña, casa rústica
Bolá, bolaíta. Palabra comodín que se utiliza como cosa, tema, asunto. Ejemplo: **Asere**, ¿qué bolaíta? También **volá** y **onda**
Bolo. Originario de la antigua Unión Soviética. Ruso
Bollo. Vulva, genitales femeninos
Bolsa negra. Mercado negro
Bomba. Moneda de veinte centavos. También y refiriéndose a una fruta, la papaya, se adjudica a los genitales femeninos
Bombero. Lesbiana
Bombillo. Ojo. Encenderse el (...), se utiliza para expresar una idea brillante, genial
Bonchar. Burlarse de alguien, mofarse
Boquitoqui. Transceptor, aparato transmisor-receptor *(walkie-talkie)*
Botar. Tirar algo
Botella. Conseguir transporte haciendo dedo
Braule. Cien pesos
Breva. Cigarro
Broder. Hermano, compañero, amigo
Buche. Persona antipática, pedante
Bufa. Borrachera/borracha/o
Buga/Bugarrichi/Bugarrón. Homosexual activo
Burdajá. Gran cantidad
Burro. Tipo de plátano
Buzón. Boca

C

Caballito. Policía de tránsito
Cabia/cabilla. Pene
Cachinflo. Afeminado
Cagua. Sombrero
Caguaso. Conjunto de cañas de azúcar inservibles por su debilidad o pequeñez. Por extensión se aplica este término a todo lo despreciable y sin importancia
Caja ... de burda = caja de cigarros; **del pan** = estómago
Cajetilla. Dentadura
Calva (la). La muerte; también la pelona
Calzonzos. Calzoncillos
Camello. Nombre que se da en La Habana a unos enormes autobuses resultado de soldar la caja de un camión a 2/3 cuerpos de autobuses convencionales
Camilo. Billete de veinte pesos
Canilla. Pierna
Canina. Hambre
Cantar El Manisero. Morirse
Cantúa. Masturbación
Caña. Peso
Capirro. Mulato que quiere pasar por blanco
Carajo, caray. Interjección muy difundida que se emplea en innumerables contextos como comodín
Carga. Borrachera
Carga (la). Cuerpo de policía
Carmelita. Mulato
Carne de culo. Avaro
Carretero. Referido al café, muy fuerte, sin azúcar/café sin colar
Carretilla, carretillera. Puta; también bicha
Carro de la carne. Mujer maciza, hermosa pero algo gruesa
Casilla. Carnicería
Catalán. En las provincias orientales es sinónimo de español, por ser la gran mayoría de los emigrantes naturales de Cataluña, así como en La Habana se dice gallego a todo español
Catalina. Navaja; también espina
Cepillardo. Cepillo de dientes
Cerva. Cerveza
Chalupas. Zapatos
Chance. Oportunidad
Chanfle. Afeminado
Chantar. Sentarse
Chaperona/ón. «Carabina», persona que acompaña a los novios
Chatino. Plátano verde que se aplasta y se fríe; también **tachino**
Chavo, chavito. Peso. Dólar
Checkee. Bravucón, fanfarrón
Cherna. Afeminado
Chicle. Persona pesada, que se «pega» y no te suelta
Chícharo. Examen difícil
Chicharrita. Plátano verde frito cortado en rodajas muy finas; también **mariquita**
Chicharra/ón. Persona aduladora, pelota
Chinchín. Lluvia débil, chirimiri
Chincha/ú. Persona antipática, odiosa
Chiva. Chivato, delator
Chivo. Bicicleta. Cierto tipo de barba larga y puntiaguda. Chuleta en un examen
Chola. Cabeza
Chopin. Del inglés *shopping*, tienda habilitada para la compra de productos pagando con dólares
Chor, chorpán. Pantalón corto
Chorizo. Pene
Cinco Latinos (los). Los dedos de la mano
Clavar. Engañar, estafar
Coba. Ropa. Pararse en (...). Vestirse bien; también **cobearse**
Cochambre. Orgía, acto sexual colectivo; también **cuadro**
Cohete. Puta; también se llama así al pene
Cojonudo. Valiente
Col. Homosexual activo
Colero. Persona que acostumbra a hacer colas para otros a cambio de dinero

Colgar. Suspender un examen
Colirio. Así llaman las mujeres al hombre bien parecido
Combinado (el). Prisión de la ciudad de La Habana
Comecandela. Así llaman al cubano plenamente identificado con la Revolución
Concho. Interjección equivalente a ¡coño!
Condesa. Leche condensada
Condumio. Comida
Coneja. Vulva, genitales femeninos
Congrí. Arroz cocinado con fríjoles negros
Corbata. Lengua
Corneta. Nariz
Cortao. Maloliente, apestoso
Cortar leva. Criticar
Cortinas. Párpados
Cra. Estudiante inteligente.
Crica. Coño, genitales femeninos
Cruzao. Loco
Cuadrar. Acordar, convenir. Ejemplo: Ya cuadré con el jefe para salir de vacaciones el mes que viene
Cuadro. Orgía; también **cochambre**
Cuarentiña. Pequeño microbús que circula en La Habana al precio de cuarenta centavos
Cuatrocuarenta. Combinación de dos hamburguesas con dos refrescos
Cuatrojos. Denominación despectiva para la gente que usa gafas
Cucharón. Corazón
Cuchi-cuchi. Coito; también **cuchún**
Cuero. Puta
Cufón. Meublé, lugar donde se alquilan cuartos por horas a las parejas; también **posada**
Cuje. Persona muy delgada
Culo. Avaro, tacaño
Cúmbila. Amigo, compañero
Cundango. Afeminado
Curralar. Trabajar
Curralo. Trabajo

D

Dolores. Dólares
Duque. Calificación de menos de 2 puntos (suspenso) en la escala de 5

E

Embori. Delator, chivato
Empatar. Seducir
Encañarse. Emborracharse
Endumba. Mujer
Entriparse. Mojarse mucho por la lluvia
Escaparate con llavecita. Hombre corpulento con pene pequeño
Escupir. Eyacular
Espejuelos. Gafas

Espeldrún. Peinado tipo «afro»
Espina. En el lenguaje marginal navaja, cuchillo; también **catalina**

F

Facho. Robo
Fajada/o. Persona que tiene un gusto horrible para combinar su vestuario
Fambá, fambeco. Culo, trasero
Farol. Ojo
Fei. Cara
Feté. Salud
Fiana. Policía
Filmar. Fingir
Fiñe. Niño
Fleje. Mujer muy delgada; también **grillo**
Fletear. Coquetear
Fletera. Puta/Maricona, cartera pequeña de mano que usan tanto hombres como mujeres para portar documentos, dinero, etcétera
Flojo. Débil de carácter
Fondillo. Trasero
Fonil. Trasero
Foqui-foqui. Coito
Forrajear. Buscar insistentemente, por cualquier medio, los artículos necesarios para la vida cotidiana
Forro. Embuste, mentira
Fotingo. Automóvil viejo o en mal estado
Fotutazo. Chisme, chafardeo
Fría (la). Cerveza; también **láguer**
Fuca. Pistola, revólver
Fuetazo. Coito
Fula. Dólar americano

G

Gabinete. La casa, el domicilio. Ejemplo: Llégate al gabinete que tengo un asunto para tí
Gallo. Hombre
Galúa. Bofetón
Gamba. Cien pesos
Gangarrias. Adornos femeninos en general: pendientes, collares, pulseras, etcétera
Ganso. Afeminado
Gao (el). La casa
Gato. Ladrón
Gil, Gilberto, Gilbertón. Tonto, ingenuo, que se deja engañar con facilidad
Gorrión. Tristeza, aburrimiento, muermo
Grillo. Mujer muy delgada; también **fleje**
Guacha/o. Corrupción de guajiro, campesino
Guagua. Autobús
Guajira/o. Campesino
Guano (el). El dinero
Guapo. Chulo, buscarazones
Guarapera. Caña de azúcar molida que se vende como líquido

Guaricandilla. Puta
Guataca. Oreja
Güin. Ser muy delgado
Guindola. Pene
Güiro. Cabeza/Fiesta
Guman. Homosexual activo

H

Habichuela. Recluta de las Fuerzas Armadas Revolucionarias; esta metáfora hace alusión al color del uniforme
Hierro o **yerro.** Compañero, amigo
Hilo dental. Traje de baño femenino mucho más pequeño que la tanga; también **lambada**
Hormiga. De estatura pequeña
Hueleculo. Pelota, adulador
Huevón. Holgazán, perezoso; también **majá**

I

Inán. Trasero, culo

J

Jabao, jábica/o. Mestizo cuyos ojos, piel y pelo son de color claro
Jaiba. Boca
Jaladera, jalarse. Borrachera, emborracharse
Jama. Comida
Jamonear. Meter mano aprovechando las aglomeraciones
Janes. Pesos
Jaula. Coche policial que transporta detenidos
Jeta. Cara
Jeva/o. Mujer (hombre), novia (o), pareja, cónyuge
Jicotea. Tortuga. Ir a a paso de (...). Caminar lentamente, a paso de tortuga
Jinetear. Prostituirse a cambio de dinero o regalos, especialmente con los extranjeros. Vender artículos en el mercado negro. Traficar con divisas
Jinetera. Prostituta. Vendedor de artículos en el mercado negro
Jiña. Miedo
Jocico. Boca
Jolongo. Bolsa para guardar pertenencias
Juai. Persona de raza blanca
Juma, jumarse. Borrachera, emborracharse
Juraco. Hueco, agujero
Jutía. Cobarde

K

Kikos. Un tipo de calzado de plástico

L

Ladilla. Persona molesta, insistente
Lagarto. Cerveza
Lague, láguer. Cerveza; también **lagarto** y **la fría**
Lambada. Traje de baño femenino mucho más pequeño que la tanga; también **hilo dental**
Lanchas. Pies grandes
Lea. Puta
Lechero. Tren de segunda clase con paradas frecuentes
Lechuga. Dólar
Leva. Traje
Levantar. Robar
Lima. Camisa
Limones. Tetas
Litro. Botella de ron; también **rifle**
Llantas. Pies grandes
Loca de carroza. Maricón que hace ostentación de su condición
Lupas. Gafas; también **espejuelos**

M

Macho. Cerdo en algunas provincias orientales
Maceta, macetúo (ser un). Tener mucho dinero
Macri o **macrí.** Persona de raza blanca
Maíz. Dinero
Majá. Perezoso, holgazán; también **huevón**
Majasear. Holgazanear; no rascar bola
Maletero. Culo, trasero
Mambí. Insurrecto contra la soberanía española en las guerras de la independencia de Cuba y la República Dominicana. También se emplea como sinónimo de **manigüero**
Mamerto. Feo
Mami, mamita. Tratamiento cariñoso dado por los hombres a las mujeres, o bien utilizado para llamar la atención de la interlocutora
Manguá. Dinero
Manigua. Terreno húmedo y cubierto de malezas
Manigüero. Habitante de la manigua; también **mambí**
Manosuave. Ladrón, carterista
Mantecadito. Dulce muy común hecho con harina, azúcar, levadura, polvo de hornear y sal; también polvorón y tortica de Morón
Mariquita. Plátano verde frito en rodajas muy finas; también **chicharrita**

Matador, matao. Feo
Matapasión. Calzoncillos de pierna larga
Mayimbe. Jefe de alto rango, el que más manda
Mechar. Estudiar
Media raya. Cincuenta pesos
Mediotiempo. Hombre o mujer cuya edad ronda los 40 años; también **tembán**
Mendó. Pene
Merolica/o. Vendedor ambulante de baratijas
Meter peste. Vestir elegante, a la moda
Mija/o, mijita/o. Forma de tratamiento por «mi hija/o»
Mitin relámpago. Reunión breve e improvisada
Molopo, moropo. Cabeza
Molote. Tumulto, muchedumbre
Moni. Dinero
Monja (una). Cinco pesos
Morena/o. Persona de raza negra
Morrocollo. Bulto, montón/Persona muy gorda
Morrocota. Moneda metálica de un peso; también **peso macho**
Morronga, morrongón. Pene
Motivito. Fiesta entre amigos que se hace en casa
Múcara/o. Persona de raza blanca
Mulañé. Mulato
Mulata. Voz usada por los carteristas para referirse al bolsillo posterior del pantalón

N

Nagüe, negüe. Amigo, compañero
Narra. Chino, achinado
Nicharda/o, niche. Voz despectiva para referirse a los negros
Niupaque. Cosa nueva a estrenar. Del inglés *new packet*, literalmente paquete nuevo
Nota. Borrachera

Ñ

Ñampear. Matar, asesinar
Ñata. Nariz
Ñinga (una). Un poquito. Ejemplo: Sírveme una **ñinga** de ron/ Nimiedad, pequeñez

O

Ocamba/o. Persona vieja, anciana
Onda. Cosa, tema, asunto; también **bolá**
Orisha, oricha. Deidades del culto afrocubano procedente de la cultura yoruba de Nigeria, sincretizados la mayoría con los santos católicos

P

Paila. Estómago
Palestina/o. Llaman así en La Habana a las personas de las provincias orientales que emigran hacia la capital
Palillo. Persona muy delgada
Pan-con-pan. Lesbiana
Papa (la). Comida, en el argot infantil
Papaya. Coño. En la parte oriental del país se utiliza este vocablo sin prejuicio para referirse a la fruta del papayo. En la parte central y occidental, donde tiene connotaciones sexuales, se sustituye por fruta bomba
Papeleta, papo. Genitales femeninos
Papi, papito. Tratamiento cariñoso dado por las mujeres a los hombres y también para llamar la atención del interlocutor
Paquete. Mentira, embuste/Película, libro, obra de teatro etc. que no tiene aceptación por parte del público; rollo patatero
Paquetera/o. Una persona embustera, mentirosa
Parquear una tiñosa. Plantear un asunto difícil o desagradable para el interlocutor
Pasmar. Interrumpir a una pareja en su intimidad
Pasta. Entre los jóvenes, la novia o el novio. También se le llama así al dinero
Patatica/o. Persona pequeña, de baja estatura
Pecuña. Moneda de veinte centavos
Pelandruja. Puta
Pelotear. Remitir a una persona de un lugar a otro
Pepillo. Joven entre los 15 y 25 años, alegre. También se dice de la persona mayor que va de juvenil
Perromuerto. Conversación que causa hastío, aburrimiento
Perseguidora (la). Coche de la policía
Pescado. Diez pesos
Peso macho. Moneda metálica de un peso; también **morrocota**
Pestillo. Puta
Picá/o. Persona maloliente, que exhala fetidez
Pichidulce. Mujeriego; también **pinguidulce**
Piedra fina. Veinticinco pesos
Pilón/a. Comilón
Piloto (la). Lugar habilitado para el expendio de bebidas alcohólicas/ Farmacia u otro establecimiento de turno permanente
Pincho. Jefe
Pinga. Pene

Pinguidulce. Mujeriego; también **pichidulce**
Piñazo. Puñetazo
Piola/o. Persona de raza negra que gusta de los blancos
Pipa. Barriga grande
Piquera. Parada de taxis
Piruja. Puta
Pistear. Caminar sin rumbo fijo, pasear para distraerse
Pitazo. Delación, chivatazo
Pitusa. Pantalón vaquero, *jean*; también **yin**
Plancha. Prótesis dental
Policía (un). Cincuenta pesos
Polla/o. Mujer u hombre atractivos
Polvorón. Dulce muy común hecho con harina, azúcar, levadura, polvo de hornear y sal; también **mantecadito** y **tortica de Morón**
Poma (la). La ciudad. Ejemplo: ¿Hasta cuándo te quedas en la poma?
Ponchar. Suspender un examen
Popis. Zapatillas deportivas; también **tenis**
Portapicha. Riñonera, bolso pequeño que se lleva sujeto a la cintura
Posada. Meublé, lugar donde se alquilan cuartos por horas a las parejas; también **cufón**
Potaje. Situación complicada, embarazosa
Prajo. Cigarro
Prieta/o. Persona de raza negra
Pujón/a. Persona con poca gracia que intenta ser simpática
Pulso. Pulsera
Punto de leche. Lechería, establecimiento para el expendio de leche fresca y otros productos lácteos
Pura/o. Madre, padre

Q

Quemá/ao. Persona loca, demente
Querendanga/o. Concubina/o
Quilos. Centavos

R

Rallado. Granizado en algunas provincias orientales
Rastro. Lugar donde la población puede adquirir materiales de construcción
Rastrero. Conductor de camión con remolque
Raya. Cien pesos
Recortera/o. Imitadora, imitador
Reloj. Corazón
Remo. Brazo
Reparto. Distrito o división de una ciudad
Repelón. Echar una cabezada. Sueño corto

Resguardo. Amuleto que protege contra toda clase de peligros
Rifle. Botella de ron; también **litro**
Rucas. Manos

S

Sábado corto. Sábado no laborable. También se llama así a la botella de ron de medio litro
Sábado largo. Sábado laborable
Sahuaca. Genitales femeninos
Salación, salazón. Desgracia, mala suerte
Salá/ao. Persona desafortunada, con mala suerte
Sangrón/a. Antipático, impertinente
Santería. Forma de religión cubana producto del sincretismo entre antiguos ritos yorubas (de Nigeria) y elementos del catolicismo
Santero. Persona iniciada en los rituales de la santería
Sapa/o. Persona entrometida, inoportuna. También pájaro de mal agüero
Sata/o. Persona coqueta
Segurosa/o. Miembro de la Seguridad del Estado
Siete (el). Trasero, culo/Dar por el (...). Coito anal
Sietepesos. Recluta del servicio militar
Singao. Persona informal y mezquina
Singar. Fornicar
Sirigaña (una). Un poco, una minucia. Ejemplo: Me queda una sirigaña para acabar este libro
Síster. Hermana
Soga. Entre los jóvenes, expresión ¡Qué **soga**! de que algo les fastidia o les molesta

T

Tabaco. Puro habano
Tacos. Zapatos
Tacho. Pelo
Tareco. Pene
Tarro. Infidelidad
Tarrúa/o. Cornuda/o
Tembán/a, tembo/a. Cuarentón; también mediotiempo
Tenis. Zapatillas deportivas; también **popis**
Teque. Discurso o charla prolongada/ Regañinas
Tibor. Veinte pesos
Tícher. Profesor, maestro; del inglés *teacher*
Tifitear. Robar
Tifitifi. Ladrón
Timba. Barriga
Timbales. Testículos
Timbiriche. Tenducho, chiringuito

Tin (un). Un poquito, una cosa insignificante. Ejemplo: Al café me le echas un tin de azúcar, pues a mí me gusta amargo
Tiñabó. Forma despectiva para referirse a los negros
Tía/o. Conserje
Tisa. Buena persona, individuo valioso
Titimanía. Inclinación por personas mucho más jóvenes
¡Tócate! Interjección que se pronuncia cuando alguien menciona el número trece
Tolete. Bruto; también pene
Tomboleao. Borracho
Torta, tortón. Lesbiana
Tortica de Morón. Dulce muy común hecho con harina, azúcar, levadura, polvo de hornear y sal; también **mantecadito** y **polvorón**
Tostá/ao. Persona loca, demente
Tota/o. Genitales femeninos
Tranca (ser una). Ser una buena persona
Trole. Loco
Trópico (el). Apócope del cabaret Tropicana de La Habana
Tuerca. Reloj
Tumbar. Destituir a alguien
Tupir. Engañar, confundir

V

Vaquero. Lesbiana
Vejiga/o. Niña/o
Venirse. Eyacular
Vieja/o. Voz familiar para referirse a la madre o al padre
Volá/ao. Estar excitado

W

Warfarina. Vocablo cuyo origen denominaba solamente un tipo de veneno para matar ratones, y que hoy en día se aplica al ron casero de baja calidad y sabor a rayos

Y

Yegua. Afeminado
Yénica. Amigo, compañero
Yin. Pantalón vaquero, *jean*; también **pitusa**
Yuma (la). Término que alude a los EE UU
Yuma, yumático. Extranjero, especialmente originario de los EE UU
Yunta (mi). Lo dicen algunos jóvenes al referirse a su mejor amigo

ALGUNAS EXPRESIONES Y FRASES CURIOSAS DEL HABLA CUBANA

Andar en puyas. Llevar zapatos de tacón muy alto

Bailar con los Cinco Latinos. Masturbarse
Bajar al pozo. Practicar el *cunnilingus*

Caer de flai. Llegar inesperadamente
Comer fibra. Comer carne
Conseguir las cosas con Roberto. Robar

Dar un avión. Dar una bofetada
Dar hielo. Prestar poca atención a alguien. Tratar fríamente
Dar jamón. Mostrar una parte del cuerpo con intención de excitar sexualmente
Dar lata. Molestar
Dar la muela. Discursos políticos y sociales
Darse un cañangazo. Tomar alguna bebida alcohólica fuerte; también **darse un palo**
Darse violín. Rascarse los pies
Darse vitrina. Exhibirse
De a Pepe Cojones. Hacer las cosas «por narices», sin consultar a los demás

Echarse un caldo. Tirarse un pedo
Echar un patín. Caminar velozmente
Echarse un tanque. Tomar cerveza
El que más mea. El jefe, el que más manda
Estar arrimado. Convivir maritalmente sin estar casados
Estar campana. Encontrarse muy bien
Estar en carne. Estar sin dinero
Estar fuera de bola. Estar al margen, no enterarse de alguna situación que le concierne
Estar en guindas. Estar sin dinero
Estar hecho una panolla. Obeso, gordo

Estar pasmá/o. Estar sin pareja/Estar sin dinero
Estar de truco. Ser feo; también, **ser difícil**
Examen Mundial. Examen extraordinario de la enseñanza universitaria, que representa la última oportunidad para los suspensos

Hablar por el micrófono. Felación
Hacer las cosas a la cañona. Hacer las cosas a la fuerza o violando lo establecido
Hacer la media. Acompañar a alguien
Hacer a alguien un número ocho. Hacerle una jugarreta; actuación malintencionada
Hacer las cosas al trozo. Hacer las cosas sin gusto, chapuceramente
Hecho leña. Estropeado, ruinoso, refiriéndose a una construcción o edificio

Le subió lo de hombre a la cabeza. Se encabronó
Ligarse un pescao, un pescaíto. Ligarse una mujer
Llegó tía/o. Grupo de cubanos en un restaurante prohibitivo para su economía, acompañados de un pariente residente en Miami, o en otro lugar de EE UU

Matao pa comer. Expresión habitual de uno de nuestros guías cuando las cosas no salían a su gusto (licencia de los autores)
Material bélico. Bebidas alcohólicas
Mudarse para Malecón y 90. Irse para los EE UU. El 90 se refiere a la distancia en millas que separan a Cuba del territorio norteamericano; también **cruzar el charco**
Muelero. Orador político o social
Mujer que camina. Mujer fácilmente conquistable, que accede sin problemas a los requerimientos del hombre

Ni el sol te da. Un lugar apartado, lejano

Pegar los tarros. Cometer adulterio, poner los cuernos
Personas y cosas suaves. Bonitas, buenas, agradables

Quemar petróleo. Tener un blanco relaciones amorosas con alguien de raza negra

Ratón y queso. Sustitutivo humorístico de la palabra rato. Ejemplo: Hace ratón y queso que la espero
Reírse de los peces de colores. Despreocuparse, desentenderse de algo. Ejemplo: Acabo este libro y luego voy a reírme de los peces de colores

Sabor de ave. Se usa «ave» como apócope de averigua, utilizándose cuando algo tiene sabor indefinido. Ejemplo: estas croquetas tienen sabor de ave...(rigua)
Sacar chaqueta. Enemistarse con alguien
Ser un cancha. Ser una buena persona; también **bacheche**
Ser difícil. Ser muy feo
Ser gente de guarandabia. Ser popular, campechano
Ser o estar mamey. Cosa buena, de calidad. Posiblemente, la relación entre el adjetivo bueno y el sustantivo mamey responde al exquisito sabor de esta fruta, muy apreciada por los cubanos.
Ser un postalita. Ser presumido
Ser un tronco. Hombre o mujer con marcados atributos físicos; tío bueno, tía buena
Ser un yogur. Individuo de carácter agrio, irascible

Tener chance. Tener ocasión de...
Tener guara. Tener buenas relaciones
Tener un peo. Estar borracho
Tener suin. Estar a la moda/Ser atractivo, simpático. Se aplica también a las cosas. Del inglés *swing*
Tirar los caracoles. Acto de adivinación que realizan los *babalochas* e *iyalochas* (sacerdotes masculinos o femeninos) de la Regla de Ocha (ver Santería). Estos caracoles se tiran en el suelo o sobre una estera, y de su posición al caer se desprende el vaticinio

Vivir de panza. Disfrutar de la vida sin trabajar
Vivir el pedacito. Disfrutar de los pequeños momentos, sacarle punta a las situaciones cotidianas de la vida

BIBLIOGRAFÍA

CABRERA INFANTE, Guillermo. *La Habana para un infante difunto*, Seix Barral, Barcelona, 1979. Una excelente novela para leer siempre, pero especialmente en La Habana.
- *Delito por bailar el chachachá*, Alfaguara bolsillo, Madrid, 1996.
- *Mi música extremada*, edición de Rosa M. Pereda. Espasa Calpe, Madrid, 1996. Una de las mejores (y más divertidas) aproximaciones a Cuba. Recomendable.

CARPENTIER, Alejo. *Ese músico que llevo dentro*. Selección y prólogo de Eduardo Rincón. Alianza, Madrdi, 1980.

CLAVÉ, Montse (ed.). *Cocina cubana*. Icaria Editorial, Barcelona, 1997.

FERRO, Marc. *Chronologie universelle du monde contemporain. 1801/1992*. Éditions Nathan, 1993.

FRADERA, José María. «Tráfico de hombres». EL PAIS Semanal nº 1.118, 1/3/98. p. 31/33.

LEZAMA LIMA, José. *El reino de la imagen*. Biblioteca Ayacucho. Caracas, 1981.

MALUQUER DE MOTES I BERNET, Jordi. *Nación e inmigración: los españoles en Cuba (siglos XIX y XX)*. Júcar, Gijón, 1992.

MONTERO, Mayra. *Como un mensajero tuyo*. Tusquets, Barcelona, 1998.

OROVIO, Helio. *Música por el Caribe*. Editorial Oriente, Santiago de Cuba, 1994.
- *Diccionario de la música cubana*. Editorial Letras Cubanas, La Habana, 1992.

ORTIZ, Fernando. *Contrapunteo cubano del tabaco y el azúcar*. Biblioteca Ayacucho. Caracas, 1977. Un libro imprescindible para los fumadores de habanos y muy recomendable para los curiosos.

ROMERO ALFAU, Fermín. *La noble Habana*. Editorial Pablo de la Torriente, Madrid, 1992.

SKIDMORE, Thomas E. y **SMITH, Peter H**. *Historia contemporánea* *de América Latina. América Latina en el siglo XX*. Crítica, Barcelona, 1966. El capítulo dedicado a Cuba está explicado con claridad.

SUÁREZ PORTAL, Rayda Mara. *Palacio de los Capitanes Generales*. Col. Andar, 1966.

VALDÉS, Zoé. *Te dí la vida entera*. Planeta, Barcelona, 1996. Una novela de lectura fácil.

AGRADECIMIENTOS

Deseamos expresar nuestro más sincero agradecimiento a Marité López y Nieves Contreras de la Oficina de Turismo de Cuba en Madrid, a Elisa Dimitrov de Publicitur, y a Beatriz Casas de Gaviota, a Alicia Pérez de Horizontes, y a Margarita Hernández de Islazul, y a todas las ciudadanas y ciudadanos cubanos que nos ayudaron con su compañía, su tiempo, sus explicaciones, sus alegrías y también sus tristezas, a la redacción de esta guía.

A Pablo Ignacio de Dalmases por la gentileza de prologar esta edición de Rumbo a Cuba.

En particular, Toni Vives expresa su agradecimiento a: Hugo Cabrera, el guía de buceo que le acompañó por toda la isla; a Ignacio Trujillo, director comercial de Marlin Marinas y Náuticas, sin cuya cooperación esta guía no hubiera sido posible; a Ramón Pérez, director del centro de buceo Barracuda de Varadero; a Félix Ferré y María Ayerbe del Diving Center Faro Luna; a Vilma Gutiérrez del centro de buceo Shark's Friend de Santa Lucía; a Ramón Ravelo, instructor del centro de buceo Cayo Coco; a José Luis Sanz y Nati Rodriguez, del Club Gente de Mundo de Madrid; a Manuel Muñiz, representante en La Habana del Club Gente de Mundo, a Pedro Piñón, jefe del centro de buceo La Aguja; a Iskra Torres y Mikel Fernández, instructores del centro de buceo Shark's Friends; a Jorge Luís Consuegra de Eagle Ray Diving Center de Guardalavaca; a Oswaldo Damas, instructor del centro de buceo Albacora; a Ernesto Falcón de Sierra Mar; Omar Aquique del centro de buceo Sigua, y a cuantos buceadores le facilitaron valiosa información sobre los fondos cubanos.

NOTAS

ÍNDICE ALFABÉTICO*

A

Aguachales de Falla (lagunas)[Ciego de Ávila], 113, 361
Agua Muerta (playa)[Pinar del Río], **220**
Ají (pico), 80
Alamar, 36, 192, 208, **227**, 228
Alcatraz Chico y Grande (lagos) [Pinar del Río], 76
Almendares (río), 181, 182, 190, 191
Alonso Rojas (club de cazadores) [Maspotón], **226**, 361
Alta de Agabama (sierra), 78
Alto de la Cotilla (mirador), 92
Alturas de Banao (montes), 233
Alturas de la Villas (sierra), 19
Ana María (golfo de), 79, 80
Ancón (península de)[Trinidad], **269-70**
Ariguanabo (laguna de), 21
Arroyo de la Costa (playa)[Santiago de Cuba], **258**
Artemisa, 73, 76
Asunción de Guanabacoa, v. Guanabacoa
Atabey (cueva)[Santiago de Cuba], **257**
Australia, 124, 218, 219

B

Bacajagua (playa)[Santiago de Cuba], **259**
Baconao (Reserva de la Biosfera, laguna y río), 27, 83, 239, 251, **255-60**, 297, *326-9*
Bacunayagua (río), 286
Bacuranao [Playas del Este], **228-9**, *310*
Bamburanao (sierra de), 78
Banao, **233**
BANES, 82, **85-6**
Bano (río), 83
Baños de San Juan [Las Terrazas], 210
BARACOA, 39, 41, 63, 84, **86-93**, 211, 239
Baracoa [La Habana], 303, 306
Barbacoas (laguna de), 21
Bariay (bahía de), 132, **134**
Bartlett (fosa de), 20, 22
Bartolomé Masó, **212**
Batabanó (golfo y playa de)[La Habana], 24, 76, 142
Bauta, 76
BAYAMO, 41, 56, 82, **93-6**
Bayamo (río), 93
Bejucal, 34, **208**
Bellamar (cueva de)[Matanzas], **214-6**
Boca de Carenerito, 112
Boca Ciega [Playas del Este], **230**
Boca de Dos Ríos, 45, 57, 83, **95**
Boca del Yura [Manzanillo], 211
Broa (ensenada de la)[La Habana], 76
Bucanero [Santiago de Cuba], *329-31*
Buena Vista (bahía de)[Sancti Spíritus], 78, 218, 234
Bueycabón (playa)[Santiago de Cuba], **260-1**

C

Cabaiguán, 234
Caballos (sierra de)[isla de la Juventud], 135, 136
Caburní (salto de)[Topes de Collantes], **265**

---

* Las entradas en *cursiva* indican páginas con información sobre buceo.

Cafetal Buenavista [Las Terrazas], **209**
Cafetal La Isabelica [Santiago de Cuba], **255-6**
Cafetal La Prudencia [Santiago de Cuba], **258**
Cafetal La Victoria [Las Terrazas], 210
Cafetal Magdalena [Santiago de Cuba], **258**
Cafetal San Paul [Santiago de Cuba], **258**
Caibarién (playa)[Villa Clara], 78, **236**
Caiguanabo (río), v. San Diego (río)
Caimito (playa del)[La Habana], 76
Caisimú (cerro de)[Granma], 351
Cajío (playa de)[La Habana], 76
Cajobabo, 127
Caleta (playa)[Cayo Coco], 106
Caletón Blanco (playa)[Santiago de Cuba], **261**
CAMAGÜEY, 15, 43, 44, 49, 80, **96-105**, 116, 365
Camagüey (provincia de), 15, 22, 24, 73, 79, **80-1**, 114, 360, 361
Camajuaní, 236
Canarias (ensenada de las) [Sancti Spíritus], 233
Candelaria, 210, 263
Cañada del Infierno [Las Terrazas], 210
Caonao (río), 80
Caracusey, 233
Caraguabulla (región de)[Villa Clara], 79
Carahatas (playa)[Villa Clara], 78
Cárdenas (y bahía de), 37, 77, 150, 196, 272, 273, **280-1**
Carlos Manuel de Céspedes (embalse) [Santiago de Cuba], 83
Casablanca, 73, 197, **199**
Casa Campesina [Gran Parque Natural de Montemar], **219**
Casilda (ensenada de) [Trinidad], 269
Cauto (río), 21, 82, 83, 93
Cayo Alcatraz [archipiélago Jardines de la Reina], 114
Cayo Alto [archipiélago Sabana-Camagüey], 105
Cayo Ana María [Ciego de Ávila], 114
Cayo Anclitas [archipiélago Laberinto de las Doce Leguas], 81, 114
Cayo Bariay, 134
Cayo Blanco [Sancti Spíritus], **271**, *335*, *338-9*
Cayo Bretón [archipiélago Jardines de la Reina], 114
Cayo Buda [Varadero], 272
Cayo Buenavista [archipiélago de Los Colorados], 76
Cayo Caballones [archipiélago Jardines de la Reina], 114

Cayo Cabeza del Este [archipiélago Laberinto de las Doce Leguas], 81
Cayo Cantiles [archipiélago de Los Canarreos], **110**, *346*
Cayo Cinco Balas [archipiélago Jardines de la Reina], 114
CAYO COCO, 79, 80, **105-8**, 314, *315-8*, 373
Cayo Conuco [Villa Clara], **236**
Cayo Cuervo [archipiélago Jardines de la Reina], 114
Cayo Fragoso [Villa Clara], **236**
Cayo Grande [archipiélago Jardines de la Reina], 114
Cayo Guainabo [Sancti Spíritus], 234
Cayo Guajaba [Camagüey], 80, 81, 103
Cayo Guillermo [Ciégo de Ávila], 26, 105, **106-8**, *314-5*
Cayo Iguana [archipiélago de Los Canarreos], **110**, *346*
Cayo Inés de Soto [archipiélago de Los Colorados], 286
Cayo Judas [archipiélago Sabana-Camagüey], 105
Cayo Jutías [archipiélago de Los Colorados], **285-6**
Cayo La Aguada [Sancti Spíritus], 234
CAYO LARGO, 84, **109-11**, 297, *344-7*, 362
Cayo Largo La Salina [archipiélago Sabana-Camagüey], 105
Cayo Las Camaguas [archipiélago Laberinto de las Doce Leguas], 81
Cayo Levisa [archipiélago de Los Colorados], **285-6**
Cayo Los Ballenatos [archipiélago de Los Canarreos], 110
Cayo Los Pájaros [archipiélago de Los Canarreos], 110
Cayo Lucas [Sancti Spíritus], 234
Cayo Mono [Matanzas], 312
Cayo Paraíso [archipiélago de Los Colorados], **286**
Cayo Paredón Grande [archipiélago Sabana-Camagüey], 106, *316*
Cayo Piedra [Isla de la Juventud], 141
Cayo Piedra Grande [archipiélago Laberinto de las Doce Leguas], 81
Cayo Rancho Alegre [archipiélago Laberinto de las Doce Leguas], 81
Cayo Rapado [archipiélago de Los Colorados], 76
Cayo Redondo [Pinar del Río], **220**
Cayo Rico [archipiélago de Los Canarreos], 110, *346*
Cayo Romano [archipiélago Sabana-Camagüey], 80, 81, **103**, 106, *316*

ÍNDICE ALFABÉTICO / 411

Cayo Rosario [archipiélago de Los Canarreos], 110
Cayo Sabinal [Camagüey], 80, 103, **237**, *319*
CAYO SAETÍA, 81, **111-2**, 127, 361
Cayo Salinas [Sancti Spíritus], 234
Cayos Blancos del Sur [Gran Parque Natural de Montemar], 218
Cayos de San Felipe [archipiélago de Los Colorados], 76
Cayo Yagüey [Sancti Spíritus], 234
Cazones (golfo de), 77
Chapaleta (playa)[Puerto Padre], 282
Chivirico, 83, 212, **261**
Chiviriquito (playa)[Chivirico], **261**
Chorrera (río de la), 156-7
Chorro de Maita (yacimiento arqueológico), **85**
CIEGO DE ÁVILA, 36, 79, **112-4**, 361
Ciego de Ávila (provincia de), 26, 78, **79-80**, 360, 361
Ciego Montero (balneario) [Cienfuegos], **123-4**
CIENFUEGOS, 24, 77, 78, **115-24**, 218, 266, 297, *339-42*, 362
Cienfuegos (provincia de), **77-8**, 123, 360
Cifuentes, 236
Ciudad de La Habana (provincia), **73**, 76, 230
Ciudad de los Pioneros José Martí [La Habana], **229**
Cochinos (bahía de)[Matanzas], 50, 77, 218, 219, 226, 227, 235, 357
Cojímar, 73, 145, 194, **196-7**, 307
Complejo Turístico La Boca, v. **GUAMÁ**
Comunidad Celia Sánchez, 114
Consolación del Sur, 31, 74-6
Contramaestre (río), 83
Conuco Mongo Viña (ranchón) [Guardalavaca], **129**
Corralillo (playa)[Villa Clara], 78, **236**
Corrientes (bahía y cabo), 213, 220, 352, 353
Covarrubias (playa)[Puerto Padre], 282
Criadero de cocodrilos [Isla de la Juventud], **141**
Cristal (pico y sierra), 21, 81
Cruce de Baños, 261
Cruz (cabo), 20, 83, 326, 330, 331, 334
Cuba (pico), 260
Cubitas (sierra de), 15, 80, **105**
Cuchillas del Toa (Reserva de la Biosfera), 27
Cueva Las 400 (yacimiento arqueológico), 85

Cumanayagua, 123
Cuyaguateje (lago y río), 21, 76, 225
Cuzco (río), 21

D

Daniguas (ensenada), 226
Damajayabo (playa)[Santiago de Cuba], **258**
Desembarco del Granma (Parque Nacional), 27
Duaba, **92**, 127
Duaba (río), 83

E

El Abra (centro de campismo)[Playas del Este], 231
El Brinco (cueva)[GP Montemar], **218**
El Cenote (cueva)[GP Montemar], **218**
El Caney (embalse y valle)[Santiago de Cuba], 83, 239, **260**
El Cobre, 37, 239, **254-5**, 256
El Francés (playa) [Santiago de Cuba], **261**
Elguea de Santa Clara (balneario), **236**
El Indio (playa) [Santiago de Cuba], **259**, 361
El Mégano [Playas del Este], **229**
El Moncada, 284
El Nicho (cascadas) [Cienfuegos], **123**
El Paso (playa) [Cayo Guillermo], 108
El Patate (embalse) [PN La Güira], **144**
El Perché, **122**
El Punto (embalse) [Pinar del Río], 76
El Salto (embalse) [Pinar del Río], 76
El Saltón (cascada) [Santiago de Cuba], **261**
El Santo (playa)[Villa Clara], 78
El Sitio La Güira [Cayo Coco], 106
El Taburete (monte), **210**
El Taje (laguna) [Sancti Spíritus], **233-4**, 361
El Yunque (monte), 87, 90, **92**
El Zanjón, 44, 248
Escambray (sierra del), **21**, 39, 77, 78, 235, 263, 264, 266, 269
Escuela Lenin [Gran Habana], **208**

F

Farallones de Seboruco (yacimiento arqueológico), **134**

Faro de Lucrecia (yacimiento arqueológico), 85
Finca La Ceiba [Cienfuegos], 120
Finca La Vigía [La Habana], **197-8**
Finca Oasis [Ciego de Ávila], **114**
Florida, 81, **103**, 361
Florida (estrecho de), 13, 53, 60, 77

G

Gibara, 59, 82, **134**
Gibara (río), 81
Gota Blanca (embalse)[Santiago de Cuba], 83
Granjita Siboney [Santiago de Cuba], **257-8**
Granma (provincia de), 20, 21, 27, 45, 48, 57, 81, **82-3**, 211, 239, 261, 361
Gran Piedra (sierra de la), 20, 27, 83, 239, 255, **256-7**
Guacanayabo (golfo de), 20, 24, 80, 81, 82, 211
Guadiana (bahía de) [Pinar del Río], 220
Guáimaro, 43, 81, **104**
GUAMÁ, 15, 77, **124-5**
Guamá (embalse) [Pinar del río], 76
Guamá (río), 83, 221, 261
Guanabo [Playas del Este], 229, **230**, 231, *310*
Guanabacoa, 73, **198**
GUANAHACABIBES (PENÍNSULA DE), 21, 27, 74, 213, **220**, 361
Guanaroca (laguna de)[Cienfuegos], **122**
Guaniguanico (cordillera de), 74, 144
Guanimar (playa de)[La Habana], 76
GUANTÁNAMO, 15, 24, 63, 83, 84, **125-7**, 211, 326
Guantánamo (base militar de), 36, 46, 47, 69, 125, 126, 372
Guantánamo (provincia de), 19, 20, 21, 28, 81, 82, **83-4**
Guantánamo (río), 83
GUARDALAVACA, 81, **127-9**, 298, *323-6*
Guaso (río), 21, 83
Güines, 76

H

Hacienda El Abra [Isla de la Juventud], **140**
Hacienda Cortina, v. **LA GÜIRA** (Parque Nacional)
Hacienda La Demajagua [Manzanillo], 82, 93, 150, 151, **211**
Hacienda Manaca-Iznaga [Sancti Spíritus], **272**
Hacienda San Pedro [Las Terrazas], 210
Hacienda Santa Catalina [Las Terrazas], 210
Hacienda Santa Serafina [Las Terrazas], 210
Hanabanilla (embalse) [Villa Clara], 21, 78
Hatiguanico (río), **218**
Hicacal (playa)[Santiago de Cuba], **261**
Hicacos (península de), 272, 276, 311
HOLGUÍN, 15, 27, 28, 81, 116, **129-34**
Holguín (provincia de), 81, 82, 83, 95, 361
Honda (bahía)[Pinar del Río], **263**
Honda (río), 226
Hoyo de Bonet [Camagüey], **105**
Hoyo de Monterrey [Pinar del Río], **225**
Hoyo de Potrerillo [Pinar del Río], **225**
Hoyos de Pinar del Río (valles), **225**

I

Indio (cueva del)[Pinar del Río], v. **VIÑALES**
Isabela de Sagua (playa)[Villa Clara], 78, **236**
Itabo (río), 229, 230

J

Jagua (castillo de)[Cienfuegos], 115, **122**
Jaibo (río), 83
Jarahueca, 234
Jardín Botánico [Cienfuegos], **122-3**
Jardines de la Reina (archipiélago de los), 13, 26, 80, **114**, 213, 297, *336-8*, 360
Jardines del Rey (archipiélago de los), v. Sabana-Camagüey (archipiélago)
Jatibonico (monte y río), 79, 233
Jibacoa [Playas del Este], 230, **231**, *310*
Jíbaro, 79, **233**
Jiguaní, 95, 96
Jigüey (bahía de), 103
Jimaguayú, 98
Juan Báez (pico), 80
Juan Hernández (ensenada de)[Sancti Spíritus], 233
Júcaro, 113, **114**
Juraguá (playa)[Santiago de Cuba], **258**
JUVENTUD (ISLA DE LA), 13, 24, 26, 57, 66, 73, 76, 80, 103, **135-43**, 218, 297, *347-52*, 362

L

La Barca (playa) [Pinar del Río], **220**
Laberinto de las Doce Leguas (archipiélago), 81, 114
La Boca (laguna de La Leche), 113
La Boca (playa) [Puerto Padre], 282
La Farola (puerto y viaducto), 87, **92**
La Fe [Isla de la Juventud], 135
La Güira (Parque Nacional), **143-4**, 361
Laguna Grande (embalse) [Pinar del Río], 76, **220**
LA HABANA, 14 y ss., 24, 25, 29, 33, 34, 36, 37, 39, 40, 42, 45, 47 y ss., 62, 64, 65, 70, 71, 73, 86, 87, 90, 93, 97, 119, 120, 122, 137, **144-209**, 211, 213, 225, 227, 231, 239, 240, 260, 265, 281, 297, *303-7*, 308, 358 y ss., 362-3, 367, 368, 373, 374, 375, 377
- Plaza de Armas y alrededores, 147-56
- Plaza de la Catedral y alrededores, 156-60
- Plaza de San Francisco y alrededores, 160-3
- Convento de Santa Clara y alrededores, 163-6
- De la fortaleza de San Salvador de la Punta al Museo Nacional de Bellas Artes y regreso por el paseo del Prado (paseo José Martí), 167-70
- El parque Central, el Capitolio y alrededores, 172-7
- Centro Habana, 177-81
- El Vedado, Universidad de La Habana y plaza de la Revolución, 181-90
- Más allá del río Almendares (Miramar y otras barriadas), 190-4
- Al otro lado de la bahía: fortalezas del Morro, San Carlos de la Cabaña y Cojímar, 194-7
- Otros itinerarios u otras visitas de interés, 197-9
La Habana (provincia de), 19-20, 24, 33, 73, **76**, 77, 84, 230, 370
La Herradura (playa) [Puerto Padre], 282
Lajas, 120
La Jaula (playa) [Cayo Coco], 106
La Juventud (embalse) [Pinar del Río], 144, **225-6**
La Leche (laguna de) [Ciego de Ávila], 21, 79, **113-4**, 360
La Mensura (Parque Nacional), 27
La Mula, 261
La Panchita (playa) [Villa Clara], 78
La Redonda (laguna) [Ciego de Ávila], 79, 113, **114**
Las Casas (sierra y río de)[Isla de la Juventud], 135, 136
Las Coloradas (playa de)[Granma], 48, 83, **212**, 261, *334*
Las Cuchillas del Toa (Parque Nacional), 83
Las Guásimas, 255, 258
Las Mercedes (cueva)[Camagüey], **105**
Las Pozas, 281
LAS TERRAZAS, 209-10
La Tenebrosa (cueva) [Camagüey], **105**
Las Tunas (provincia de), 80, **81**, 82
Las Yeguas (río), 80
La Víbora (coto de caza y laguna)[Pinar del Río], **263**, 361
Levisa (bahía de), 82, 112
Limones (cerro de), 105
Llanuras de Santa Clara (montes), 78
Loma Bane (yacimiento arqueológico), 85
Loma Blanca, 260
Loma de la Campana (yacimiento arqueológico), 85
Loma de Cunagua (monte), 79
Loma Las Delicias (monte), 209
Loma de Turiguanó (monte), 114
Lomas del Salón (monte), 210
Lomas de Yateras, 126
Los Canarreos (archipiélago de), 13, 73, 76, **84**, 344
Los Caneyes (coto de caza) [Villa Clara], 361
Los Colorados (archipiélago de), 13, 76
Los Flamencos (playa) [Cayo Coco], 106
Los Indios (Refugio de Fauna) [isla de la Juventud], 26
Los Palacios, 225, 226
Los Palacios (río), 226
Los Pinos (playa)[Cayo Paredón Grande], 106
Los Portales (cueva de)[PN La Güira], **144**

M

Maestra (sierra), **20-1**, 22, 25, 27, 48, 51, 63, 82, 83, 94, 126, 131, 211, 212, 249, 255, 260, 261, 362, 370
Maguana, 87, **93**
Majana (ensenada de)[La Habana], 76
Mal Paso (canal del)[Varadero], 273
Manacas (llanura de), 78
Manatí (y bahía de), 32, 81, **282**, 361
Mangos de Baraguá, 248
Maniabón (sierra de), 81, 82
Manicaragua, 236
MANZANILLO, 20, 63, 82, 93, **211-3**

Marea del Portillo, 82, **212-3**, 261, 297, *334-6*
Marianao, 73
MARÍA LA GORDA, **213**, *352-4*
María del Pilar, **259**
María Teresa del Indio (cueva) [Camagüey], **105**
Mariel, 53, 73, 76, 303
Marín (ensenada)[Varadero], 272
Marina Hemingway (La Habana), **194**, 303, 360
Mar Verde (playa)[Santiago de Cuba], **260-1**
Maspotón (coto de caza), **225**, 361
Matahambre, 74
MATANZAS, 15, 24, 27, 40, 63, 76, **213-6**, 227, 236, 272, 280, 286, 287, 311
Matanzas (provincia de), 19-20, 73, **76-7**, 78, 81, 84
Mayabe (mirador de), **133-4**
Mayarí (río), 81
Mayarí Arriba, 134, **260**
Mazo (bahía del)[Santiago de Cuba], 261
Medio (playa del)[Cayo Guillermo], 108
Miel (ensenada y río de la), 83, 86, 87, 90
Minerva (presa)[Villa Clara], **236**
Moa, 82
Moa (río), 21, 81
Monja (cueva de la)[Jibacoa], 231
MONTEMAR (GRAN PARQUE NATURAL DE), 77, **216-20**
Morón, 79, **113**
Muñoz (embalse)[Camagüey], 103
Mural de la Prehistoria [Pinar del Río], v. **VIÑALES**

N

Najasa (sierra de), 80
Naranjo (bahía), 81, 127, **128**, 129
Nicaro, 82
Nipe (bahía y río), 81, 82, 111
Niquero, 212
Norte (playas del[Cayo Paredón Grande], 106
Nuestra Señora de la Caridad del Cobre, v. El Cobre
Nueva Gerona [Isla de la Juventud], 135, 136, **138-40**
Nuevas Grandes (bahía[Camagüey], 318
Nuevitas (y canal de), 80, 97, 238, 298, *318 y ss.*

O

Ocujal, **261**
Órganos (sierra de los), 19, 74, 144, 220, 284, 362, 370
Oriente (fosa de), 22

P

Palmillas (laguna de) [Ciénaga de Zapata], 218
Palmira, 123
Pan de Guajaibón (pico), 19
Pan de Matanzas (pico), 77
Papayo (playa)[Chivirico], **261**
Paradas (río), 239
Paredones (paso de), **105**
Parque Natural Julio Antonio Mella [Isla de la Juventud], **140-1**
Parque de la Prehistoria [Santiago de Cuba], **258**
Partidos (región de) [La Habana], 33
Paso Real de San Diego, 225
Perjurio (playa) [Pinar del Río], **220**
Perro (playa) [Cayo Coco], 106
Perros (bahía de), 105, 114
Pesquero (lago del) [Pinar del Río], 76
Pichardo (cueva de) [Camagüey], **105**
Pilón, 213, 261
PINAR DEL RÍO, 31, 36, 66, 73, 76, 180, **220-6**, 282, 373
Pinar del Río (provincia de), 19, 24, 27, 31, 33, **73-6**, 79, 81, 82, 84, 122, 143, 220, 245, 281, 361, 370, 373
Pinos (isla de los), v. Juventud (isla de la)
Playa Ancón [Trinidad], 269
Playa Baconao [Santiago de Cuba], **259**
Playa Bibijagua [isla de la Juventud], **140**
Playa Blanca [Cayo Largo], **110**, *346*
Playa Blanca [bahía de Bariay], 134
Playa Blanca [Chivirico], **261**
Playa Buenavista [isla de la Juventud], **141**
Playa cabo Pepe [isla de la Juventud], **141**
Playa Caleta Grande [isla de la Juventud], **141**
Playa de Caletoncito [Santiago de Cuba], **259**
Playa los Cocos [Cayo Largo], **110**
Playa Daiquiri [Santiago de Cuba], **258**
Playa Don Lindo [Guardalavaca], **129**
Playa Esmeralda [Guardalavaca], 81, **128**
PLAYA GIRÓN, 68, 77, 218, **226**, 227, 292, *342-4*

ÍNDICE ALFABÉTICO / 415

Playa Jigüeyo, 103
Playa Larga [Santiago de Cuba], **259**
PLAYA LARGA [Matanzas], 77, 218, 219, 226, **227**, *342-4*
Playa Larga [isla de la Juventud], **141**
Playa La Victoria [Sancti Spíritus], **234**
Playa Lindamar [Cayo Largo], **110**
Playa Luna [Cayo Largo], **110**
Playa Morales (yacimiento arqueológico), 85
Playa Paraíso [Cayo Largo], **110**
Playa Paraíso [isla de la Juventud], **140**
Playa Pilar [Cayo Guillermo], 108
Playa Puerto Rico (yacimiento arqueológico), 85
Playa Siboney [Santiago de Cuba], **258**
Playa de Sigua [Santiago de Cuba], **259**
Playa Sirena [Cayo Largo], **110**, *346*
PLAYAS DEL ESTE, 227-31, *307-10*
PLAYA DE SANTA LUCÍA, v. **SANTA LUCÍA (PLAYA DE)**
Playa Rancho Luna [Cienfuegos], *339-42*
Playa Tortuga [Cayo Largo], **110**
Porvenir (embalse) [Camagüey], 103
Potrerillo (pico), 78
Presidio Modelo (museo)[Isla de la Juventud], **138-40**
Protesta de Baraguá (embalse)[Santiago de Cuba], 83
Pueblo Holandés, v. Comunidad Celia Sánchez
Puerto Boniato, **260**
Puerto Boquerón, 126
Puerto Caimanera, 126
Puerto Casilda, 266
Puerto Cortés, 138
Puerto Escondido, *307*
Puerto Esperanza, 74, 284, **285-6**
Puerto La Coloma, 221
Puerto Manatí, 282
Puerto Padre, 81, **282**
Punta Arenas [Cienfuegos], 119
Punta Bautista [Cayo Coco], 106
Punta de Caimanera [Manzanillo], 211
Punta Caleta [Santiago de Cuba], 330, 334
Punta Carraguao, 226
Punta Coco [Cayo Coco], 106
Punta Colorada [Pinar del Río], **220**
Punta El Convento, 226
Punta del Este (cuevas y playa de)[isla de la Juventud], 136, 138, **141**
Punta Francés [isla de la Juventud], 136, 141, *348*, 349
Punta Gorda [Cienfuegos], 120
Punta Itabo [Cienfuegos], 339
Punta Hicacos [Varadero], 272, 273

Punta La Canal [Cayo Guillermo], 108
Punta La Capitana [Pinar del Río], **263**
Punta Maisí, 20, 86, **92**
Punta Majagua [Cienfuegos], 119
Punta del Mal Tiempo [Cayo Largo], 110
Punta Maternillo [Camagüey], 318
Punta de Morlas [Varadero], 311
Punta Morrillos [Santiago de Cuba], 327
Punta Pedernales [isla de la Juventud], 136, 141, *348, 349*
Punta del Puerto [Cayo Coco], 106
Punta de Quemado [Santiago de Cuba], 331
Punta del Rincón del Francés [Varadero], 275
Punta Rincón del Guanal [isla de la Juventud], **141**
Punta Sabanilla [Cienfuegos], 339
Punta Sirena [Cayo Largo], 110
Punta del Tiburón [Cayo Coco], 106
Punta Verde [Cienfuegos], 119

Q

Quemados (valle de los)[Viñales], 285

R

Refugio de Fauna Los Indios-San Felipe [isla de la Juventud], **141**
Regla, 73, **198-9**
Remedios, 234, **236**
Resolladero (cueva y sierra del)[Pinar del Río], **225**
Río Carpintero (estación sísmica) [Santiago de Cuba], **257**
Río Hondo (embalse)[Pinar del Río], 76
Roncali (faro)[Pinar del Río], **220**
Rosario (playa de)[La Habana], 76
Rosario (sierra del), 19, 27, 74, 144, 209, 262

S

Sabana-Camagüey (archipiélago), 13, 80, **103**, 105, 315
Sagua-Baracoa (sierra), 21, 82, 83, 84
Sagua la Grande, 56, 236
Sagua la Grande (río), 21, 78
Sagua de Tánamo, 82
Sagua de Tánamo (río), 81
Salinas de Brito [Ciénaga de Zapata], **218**
San Andrés, 144

San Antonio (cabo)[Pinar del Río], 220
San Antonio de los Baños, 70, 76, **208-9**
San Antonio de Cabezas, 76
San Cayetano, 284, 286
San Cristóbal, 263
SANCTI SPÍRITUS, 78, **231-4**
Sancti Spíritus (provincia de), 20, 21, 28, 77, **78-9**, 231, 360, 361
San Diego (río), 144, 226
San Diego de los Baños (balneario de), 144, **225**
Sandino, 31, 220
San Juan (pico), 21, 77, 123
San Juan (lago)[Soroa], 209
San Juan (río y valle), 22, **210**, 214
San Juan y Martínez, 31, 76, 373
San Luis (valle de), v. Valle de los Ingenios
San Luis Guane, 31, 76
San Miguel del Padrón, 73
San Pedro, 234
San Pedro (río), 80
Santa Bárbara (lago)[Pinar del Río], 76
SANTA CLARA, 15, 21, 77, 78, **234-6**
Santa Cruz del Norte [Playas del Este], **230-1**, 360
Santa Cruz del Sur, **103-4**
Santa Fe, 306
SANTA LUCÍA (PLAYA DE), 81, 105, **237-8**, 298, *318-23*, 373
Santa Lucía (bahía de), 286
Santa María del Mar [Playas del Este], 228, **229-30**
Santa María del Rosario, **208**
Santa Rosa, 175
SANTIAGO DE CUBA, 15, 20, 24, 39, 41, 45, 48, 56, 61 y ss., 83, 86, 120, 122, 126, 136, 145, 157, 167, 177, 188, 211, 212, 222, **238-62**, *326-9*, 334, 361 y ss., 367, 372, 374
Santiago de Cuba (provincia de), 19, 20, 21, 27, 81, 82, **83**, 248
Santiago de las Vegas, 73
Santo Domingo, 236
Santo Tomás [Ciénaga de Zapata], **218**
Santo Tomás (gran cueva y valle de) [Viñales], **285**
San Vicente (valle de), v. **VIÑALES**
Semivuelta (región de) [La Habana], 33
Sevilla (playa y río) [Chivirico], **261**
Sierra Maestra, 225
Sierra Mar, *331-4*
Siguanea (ensenada y sierra de la) [isla de la Juventud], 135, 138, 141
Silla de Cayo Romano (monte), 80

Silla de Gibara (monte), 82
Sima de Rolando (caverna) [Camagüey], **105**
SOROA, **262-3**, 361
Suecia (pico), 260
Sumidero (sierra del), 225

Tacajó (río), 81
Tarará (playa) [Gran Habana], 229, *310*
Tenería (embalse) [PN La Güira], **144**
Tercer Frente, 262
Tesoro (laguna del) [Guamá], 124
Toa (río), 21, 83, 90, 92
Toldo (pico del), 82
TOPES DE COLLANTES, 28, **263-5**
Torre Iznaga [Sancti Spíritus], v. Hacienda Manaca-Iznaga
TRINIDAD, 20, 21, 22, 77, 78, 79, 231, 264, **265-72**, 280, 369
Trópico [Playas del Este], **231**
Tuabaquey (cerro de), 80, 105
Tuinicú (río), 231, 232
Tunas de Zaza, 79
Turiguanó (isla de)[Ciego de Ávila], **114**
Turquino (pico, sierra y Parque Nacional), 20, 27, 82, 83, 212, 213, **260**, 261

U

Uvero, 20, **261**

V

Valle de los Ingenios [Sancti Spíritus], **271-2**
Valle de Viñales, v. **VIÑALES**
Valle de San Luis [Sancti Spíritus], v. Valle de los Ingenios
VARADERO, 77, 127, **272-81**, *310-4*, 362, 363-4, 373
Vega Grande (río), 263
Verraco (playa)[Santiago de Cuba], **259**
VICTORIA DE LAS TUNAS, 81, **281-2**
Vientos (paso de los), 13, 83, 292, 326
Villa Clara (provincia de), 19, 33, 56, 77, **78**, 116, 236, 361
VIÑALES, 27, **282-6**
Virginia (playa)[Chivirico], **261**
Vueltabajo (región de)[Pinar del Río], 31, 33, 373
Vueltarriba (región de)[Villa Clara], 33, 78

Y

Yaguajay, 234
Yara, 37, 43, 98, 211
Yariguá (coto de caza)[Cienfuegos], **124**, 360, 361
Yayabo (río), 231, 232
YUMURÍ (VALLE DEL RÍO), 77, 83, 90, 214, **286**

Z

ZAPATA (CIÉNAGA y península de), 24, 26, 27, 77, 124, 218, **287**, 362
Zaza (lago y río), 78, **233**, 360
Zoológico de Animales de Piedra [Guamá], **126-7**

NOTAS

ALGUNOS PERSONAJES Y SUS OBRAS

ABARCA, Silverio, 196
ABBAS I *(sha)*, 32
ABELA, Eduardo, 56
ABREU, Juan, 60
ABREU, Marta, 189
ACEA, Tomás, 120
ACHARD, Frank K., 30
Africanía de la música cubana, La, de Fernando Ortiz, 60
AGLIO, Daniel del, 214
AGRAMONTE, Ignacio, 43, 44, 98, 150
AGUAS CLARAS (marqueses de), 159
AGÜERO, Joaquín, 100
Aida, de G. Verdi, 59
ALBITA, 68
A La Habana me voy, 62
A la sombra del mar, de Juan Abreu, 60
ALBÉNIZ, Isaac, 62
ALBERTO, Eliseo, 60
ALDAMA Y ALFONSO, Miguel, 175
ALDAMA Y ALFONSO, Rosa, 175
ALDAMA Y ARRÉCHAGA, Domingo, 175
ALFONSO, Paco, 70
ALEJANDRO VI (papa), 158
Algunas curiosidades de La Habana, 151
ALLENDE, Salvador, 59
ALMEIDA, Juan, 37
ALMENDROS, Néstor, 69
ALOMÁ LÓPEZ, Leandro, 123
ALONSO, Alicia, 70
ÁLVAREZ, Mario, 65
ÁLVAREZ, Santiago, 69
AMADO, Jorge, 53
«AMÉRICA» (orquesta), 66
Amistad funesta, de José Martí, 57
«ANACAONA» (orquesta), 66
Anoche aprendí, de René Touzet, 65

ANTONELLI, Bautista, 148, 167, 182, 195, 196
ANTONIO MACEO, 177-80
Aquellos ojos verdes, de Nilo Menéndez, 64, 214
«ARAGÓN» (orquesta), 66
ARANGO Y PARREÑO, Francisco de, 43
ARBENZ, Jacobo, 48
Arcadia todas las noches, de Guillermo Cabrera Infante, 59
«ARCAÑO» (orquesta), 66
Arcaño y sus maravillas, de Óscar L. Valdés, 69
ARENAS, Reinaldo, 59, 60, 129
Aretes de la luna, Los, de José Dolores Quiñones, 65
ARNAZ, Desiderio, 239
ARRECHEAGA Y CASAS, Juan, 56
Arreglito, El, de Sebastián Iradier, 62
ARTIGAS, José Gervasio, 175
ASBERT, Ernesto, 170
Aventuras sigilosas, de José Lezama Lima, 58
«AVILÉS» (orquesta), 65

B

BACARDÍ, Emilio, 57, 245, 251
BALBOA TROYA, Silvestre de, 56
BALIÑO, Carlos, 186
BANDERAS, Antonio, 67
BARBA MACHADO, Álvaro, 189
BARBERÁN, Mariano, 97
BARNET, Miguel, 59
BASKERVILLE, Thomas, 138
BATISTA, Fulgencio, 36, 39, 47 y ss., 68, 70, 101, 119, 121, 136, 168,

170, 186, 224, 234, 249, 260, 286, 357, 371
BAUZA, Mario, 67
BELEU, Jean, 168
Bella Lola, La, 62
Bella Trinidad, del Septeto Típico Guantanamero, 63
Bembé, de Alejandro García Caturla, 64
BEOVIDES, Lázaro, 369
BERNARDINO DE SAHAGÚN, 32
BERNHARD, Sara, 174
BEYRE, Gabriel, 68
BIANCHINI, 158
BIZET, Georges, 62
Boda negra, de Alberto Villalón, 65
Bodeguero, El, Richard Egües, 66
BOLÍVAR, Natalia, 16, 41
BOLÍVAR, Simón, 156, 175
Bombín de Barreto, El, de José Urfé, 63
BONAPARTE, Napoleón, 30, 186, 225, 251
BONPLAND, Aimé, 163
BRECHT, Bertold, 69
BRULL, Mariano, 57, 58
BRUNET, Nicolás, 268
BURKE, Elena, 67
BURTON, Richard F., 60
BYRNE, Bonifacio, 57

C

CABALLERO, José de la Luz, 43
CABRALES, María, 251
CABRERA INFANTE, Guillermo, 59, 68, 134
CABRERA, Lydia, 58
CABRERA, Ramón, 93
CACHAO, v. LÓPEZ, Israel
Café nostalgia, de Zoe Valdés, 60
CAGIGAL, Francisco, 148
CAIGNET, Félix B., 65
CALVINO, Italo, 239
CAMACHO, Lorenzo, 157
CAMACHO, Tomás Felipe, 262
CAMERO, Candito (Cándido), 68
CANEL, Fausto, 69
Cantidad hechizada, La, de José Lezama Lima, 58
Cantos para soldados y sones para turistas, de Nicolás Guillén, 59
CAPABLANCA, José Raúl, 189, 359
CAPARRÓS, Ernesto, 68
Caracol Beach, de Eliseo Alberto, 60
Carlos Juan Finlay y la fiebre amarilla, 96-7
CARLOS V (rey), 32
CARLOS III (rey), 28, 42, 196
CARLOTA DE MÉXICO (emperatriz), 62
Carmen, de G. Bizet, 62
CARMENCITA, 121
Carnet de viaje, de Joris Ivens, 69
CAROL, K.S., 52
CARPENTIER, Alejo, 58 y ss., 92, 160, 189, 244
CARRERA, Manuel José, 175
CARRILLO, Isolina, 65, 67
CARUSO, Enrico, 59, 70, 100, 174
Casa del silencio, La, de Mariano Brull, 57
CASA BARRETO (conde de), 163
CASADO DE ALISAL, 151
CASAL, Julián, 57
«CASINO DE LA PLAYA» (orquesta), 65
CASTRO, Fidel, 29, 34 y ss., 59, 67, 70, 83, 85, 90, 92, 111, 125, 127, 136, 137, 140, 156, 168, 169, 172, 187, 192, 194, 212, 219, 226, 235, 239, 240, 249, 254, 255, 258, 334, 373
CASTRO, Raúl, 37, 48, 92, 240, 249, 260
CASTRO MACHADO, Miguel Ángel, 86, 90
CATALINA DE MÉDICIS, 32
Cecilia Valdés, de Cirilo Villaverde, 57, 168
Cerezo rosa, de Pérez Prado, 66
Cerro pelado, de Santiago Álvarez, 69
CERVERA, Pascual, 45, 240, 334
CÉSPEDES, Carlos Manuel de, 37, 43, 44, 82, 93 y ss., 147, 150, 151, 211, 212, 251
CÉSPEDES, Carlos Manuel de (hijo), 47
CHACÓN, Luis, 158
CHAPOTÍN, Félix, 64
«CHARANGA HABANERA», 68
CHAVIANO, Daína, 60
CHURCHILL, Winston, 373
Ciclón, de Santiago Álvarez, 69
CIENFUEGOS, Camilo, 49, 155, 357
CIENFUEGOS, José, 115
¿Cine o sardina?, de Guillermo Cabrera Infante, 59
CISNEROS (cardenal), 32
COLLAR, Joaquín, 97
COLOMA, Francisco, 195
COLOMÉ, Abelardo, 37
COLÓN, Cristóbal, 13, 15, 29, 32, 77, 86, 89, 90, 105, 114, 115, 124, 132 y ss., 148, 150, 158, 282, 367

Algunos personajes y sus obras / 421

Comandante Che Guevara, de Carlos Puebla, 124, 133
Como un mensajero tuyo, de Mayra Montero, 16, 59, 60
Comparsa, La, de Ernesto Lecuona, 64
COMPAY PRIMO, v. HIERREZUELO, Lorenzo
COMPAY SEGUNDO, v. REPILADO, Francisco
Concierto barroco, de Alejo Carpentier, 59
Consagración de la Primavera, La, de Alejo Carpentier, 59, 92
CONSTANTÍN, Víctor, 256
Contigo en la distancia, de César Portillo, 65
Contrapunto cubano del tabaco y el azúcar, de Fernando Ortiz, 60, 183
CORTÁZAR, Octavio, 69
CORTÉS, Hernán, 29, 241, 268
CORTINA, Manuel, 144
COUSTEAU, Jacques, 291
CRAME, Agustín, 187
CRITTENDEN, Williams, 281
CRUZ, Celia, 29, 66, 67
CRUZ, Manuel de la, 170
«CUARTETO PATRIA», 68
Cuba: imágenes y relatos de un mundo mágico, de Natalia Bolívar, 41
Cuba, pueblo armado, de Joris Ivens, 69
CUCHIARI, J., 150
Cuentos negros de Cuba, de Lydia Cabrera, 58
CUETO, Rafael, 64
Cumbite, de Tomás Gutiérrez Alea, 69
«CUMBRE» (orquesta), 222
CUNÍ, Miguel, 64, 222
Curiosidades sobre el tabaco, 32

D

DAMPIER, William, 138
Danzón, El, de Óscar L. Valdés, 69
DARWIN, Charles, 22
Darwin y los arrecifes, 22
D'CLOUET, Louis, 118
DEBUSSY, Claude, 62
De donde son los cantantes, de Servero Sarduy, 64
DELARRA, José, 94
DE LAVE, 286
Delito por bailar chachachá, de Guillermo Cabrera Infante, 59
DELGADO, Isaac, 68
DEL MONTE, Domingo, 175
Del rojo de su sombra, de Mayra Montero, 60

DESNOES, Edmundo, 59
Diario, de Cristóbal Colón, 32, 132
DÍAZ PIMIENTA, Francisco, 56
DÍAZ QUESADA, Enrique, 68
DÍAZ, Jesús, 59
DÍAZ, Juan, 150
DÍAZ DE ESPADA, Juan José, 157
DOLORES QUIÑONES, José, 65
DOMINGO DE FLORES, 61
Domingo del Monte, 175
DOMÍNGUEZ, Frank, 214
DONATIÉN, Francisco, 222-4
Doña Guiomar, de Emilio Bacardí, 57
DORTICÓS, Osvaldo, 49, 51
Dos gardenias, de Isolina Carrillo, 65
DRAKE, Francis, 32, 138, 348, 353
D'RIVERA, Paquito, 67
DUMAS, Jacques, 291
DUMONT, René, 52
DU PONT DE NEMOURS, Irenée, 273
DU PONT DE NEMOURS, Johnson, 273
DURANTE, Castore, 32

E

ECHEVARRÍA, José Antonio, 168
Ecue Yambao, de Alejo Carpentier, 58
EGÜES, Richard, 66
EISENHOWER, D., 48 y ss.
El arte de fumar un habano, El, 34
El azúcar, El, 29-30
El descubrimiento de la cueva de Bellamar, 216
Electra Garrigó, de Virgilio Piñera, 70
El ron, 368
Enemigo rumor, de José Lezama Lima, 58
Engañadora, La, de Enrique Jorrín, 66
ENRÍQUEZ, Carlos, 56
Ernest Hemingway, 194
ESCALANTE, Aníbal, 52
Ese músico que llevo dentro, de Alejo Carpentier, 59
Ese sentimiento que se llama amor, de José Antonio Méndez, 65
España, poema en cuatro angustias y una esperanza, de Nicolás Guillén, 59
Espejo de paciencia, de Silvestre de Balboa, 56
Esperanza, de Ramón Cabrera, 93
ESQUEMELING, Alexander Olivier, 138
ESTEBAN Y ARRANZ, Pedro, 214
ESTÉVANEZ, Nicolás, 174
ESTÉVEZ, Abilio, 60
ESTRADA PALMA, Tomás, 46, 167

«ESTUDIANTINA INVASORA», 244
EVELINO DE COMPOSTELA, Diego, 165

F

FAÍLDE, Miguel, 63
FALLA, Manuel de, 62
«FANIA ALL STARS», 67
FARRÉS, Osvaldo, 65
FEIJOO, Samuel, 58
FELIPE V (rey), 184
FELIPE II (rey), 148, 167, 195
FELIPE III (rey), 33
Félix Varela, 168
FERNÁNDEZ, Joseíto, 64, 125
FERNÁNDEZ, Roberto, 59
FERNÁNDEZ DE TREVEJOS, Antonio, 149, 166
FERNANDO EL CATÓLICO (rey), 32
FERNANDO VII (rey), 43, 147
FERNANDO VI (rey), 165
FIGUEREDO, Pedro, 93, 94
FINLAY, Juan Carlos, 96, 97, 161
FONSDEVIELA, Felipe de, 149, 166, 221
FORESTIER, Jean Claude, 187
FORMELL, Juan, 67
FRADIÑO, Roberto, 69
FRAGA, Francisco, 319
FRACHIS ROMANUS, Carolus de, 190
FRANCIS EL OLONÉS, 138
Frank y Josué País, 248
Fresa y chocolate, de Tomás Gutiérrez Alea, 69, 183
FUENTES, Gregorio, 197

G

GAGGINI, Guiseppe, 161, 176
Gallego, de Manuel Octavio Gómez, 69
GAMBA, Aldo, 167
GARAY, Sindo, 65, 239
GARCÍA, Calixto, 43, 44
GARCÍA CATURLA, Alejandro, 64
GARCÍA ESPINOSA, Julio, 69
GARCÍA GONZÁLEZ, Vicente, 281
GARCÍA HOLGUÍN (capitán), 129
GARCÍA IÑIGUEZ, Calixto, 132, 150, 180, 181, 189, 281
GARCÍA LORCA, Federico, 60, 173-4, 238, 239
GARCÍA MÁRQUEZ, Gabriel, 70, 208
GARCÍA MENOCAL, Mario, 46
GARDEL, Carlos, 181, 244
GATTI, Armand, 69

GAYOL, Jesús, 101
Gente en la playa, de Néstor Almendros, 69
GILLESPIE, Dizzy, 68
GIRAL, Sergio, 69
Glorasio de afronegrismos, de Fernando Ortiz, 60
Gloria eres tú, La, de José Antonio Méndez, 65
GODARD, Jean-Luc, 69
GÓMEZ MENA, José, 175
GÓMEZ, José Miguel, 46
GÓMEZ WANGÜEMERT, Luis, 58
GÓMEZ, Manuel Octavio, 69
GÓMEZ, Máximo, 44, 45, 57, 113, 127, 150, 167, 180, 187, 189, 248
GONZÁLEZ, Felipe, 34, 373
GONZÁLEZ, Leovigildo, 284
GONZÁLEZ, Neno, 66
GRAJALES, Mariana, 180, 248, 251
GRAU SAN MARTÍN, Ramón, 47
GRECKO (mariscal), 52
Gregorio Fuentes, el patrón, 197
GRENET, Eliseo, 66, 67
«GRUPO CHANGÜÍ», 63
Guantanamera, 125
Guantanamera, de Joseíto Fernández, 64, 125
Guantanamera, de Tomás Gutiérrez Alea, 69
GUAYASAMÍN, Oswaldo, 156
GUERRERO, María, 174
GUEVARA, Ernesto «Che», 21, 48, 51, 52, 90, 101, 144, 155, 169, 181, 188, 234, 357
GUILLÉN, Nicolás, 14, 58, 59, 96, 100, 121
GUILLÉN LANDRÍAN, Nicolás, 69
GUILLOT, Olga, 67, 239
GUTIÉRREZ, Julio, 65, 211
GUTIÉRREZ ALEA, Tomás, 69

H

Hablando del punto cubano, de Octavio Cortázar, 69
Hanoi, martes 13, de Santiago Álvarez, 69
HARLOW, Larry, 67
HATUEY (cacique), 82, 86, 90
HAWKINS, John, 138
HEMINGWAY, Ernest, 103, 105, 108, 154, 159, 194, 197, 255, 291, 315, 359, 360
HEREDIA, José Mª, 56, 242
HERNÁNDEZ, Marlene, 244

HERNÁNDEZ, Melba, 249
HERNÁNDEZ DE SANTIAGO, Pedro, 164
HIDALGO, José, 164
HIERREZUELO, Lorenzo, 64, 239, 246
Hojas al viento, de Julián Casal, 57
Hombre, la hembra y el hambre, El, de Daína Chaviano, 60
Hombre de éxito, Un, de Humberto Solás, 69
HOMER, Winslow, 239
HUMBOLDT, Alexander von, 163, 225, 266, 268, 344
HUSSEIN, Sadam, 372

I

Ignacio Agramonte y Loynaz, 98
INÉS DE BOBADILLA, 149
INOCENCIO XIII (papa), 184
Instrumentos de la música afrocubana, Los, de Fernando Ortiz, 60
ÍÑIGO, Ángel, 127
ÍÑIGUEZ, Lucía, 132
IRADIER, Sebastián, 62
«IRAKERE», 67, 222
ISABEL LA CATÓLICA (reina), 32, 114
ISABEL II (reina), 150, 151
Isla del Tesoro, La, de Robert L., Stevenson, 137
Islas en el golfo, de Ernest Hemingway, 103, 105, 197
IVENS, Joris, 69

J

JACOBO I (rey), 33
JERÓNIMO DE LARA (fray), 154
JESÚS MARÍA, Pedro Antonio de, 56
JORRÍN, Enrique, 66, 222
José Martí, 57
Juan José, de Enrique Díaz Quesada, 68
JUAN PABLO II (papa), 54, 187, 250, 357
JUÁREZ, Benito, 156, 175
Julio Antonio Mella, 186
JUNCO, Pedro, 65, 222

K

KENNEDY, John F., 50, 51
KÖPPEN, 24
KRUSCHOV, Nikita, 49, 51

L

La acera del Louvre o la «espada del Louvre», 174
La aventura aérea transoceánica. El Cuatro Vientos, 97
LABATUT, Jean, 187
La Bayamesa, de Pedro Figueredo, 94
La Chambelona, 46
La condesa de Merlín, 162
La cruz de la Parra, 89
LAGE, Carlos, 37
Lágrimas negras, del (Trío) Matamoros, 64
La Habana para un infante difunto, de Guillermo Cabrera Infante, 59
La isla del tesoro, 137-8
La leyenda de Ciego Montero, 123
La leyenda de la fuente de la India, 176
La leyenda de Guanaroca, 122
La leyenda de la torre Iznaga, 272
La leyenda negra del paseo del Prado, 170
LAM, Wifredo, 56, 169
LANE, Freeman P., 141
LAS CASAS, Bartolomé de, 89, 144, 269
Las leyendas del valle del Yumurí, 286
Las leyendas sobre la Virgen del Cobre, 255
«LA SONORA MATANCERA» (orquesta), 66, 67, 214
Las tres «ces» de Baracoa, 87
La trilogía literaria, 59
LATROBE (pirata), 138
LAZA, Catalina, 189
LEAL, Antonio, 34, 208
LECLERC, François, 138
Lecuona, de Óscar L. Valdés, 69
LECUONA, Ernesto, 64, 67, 198
LEÓN X (papa), 39
LEYVA, Pío, 64, 113
LEZAMA LIMA, José, 58, 282
LINCOLN, Abraham, 175
LLAZO, Esteban, 37
Llevarás la marca, de Cheo Marquetti, 64
LOBO, Julio, 186
LOIRA, Calixto de, 189
LONGA, Rita, 90, 125
LOPE DE VEGA, 31
LÓPEZ, Israel (Cachao), 68
LÓPEZ, Narciso, 196, 199, 280
LÓPEZ, Ñico, 94
LÓPEZ, Orestes, 66
Los arrecifes y las Gorgonas, 23

Los caracoles de Baracoa, 90-1
«LOS COMPADRES», v. HIERREZUELO, Lorenzo y REPILADO, Francisco
Los hermanos Maceo, 248
Los orígenes del carnaval de Santiago, 244
Los orishas, 41
«LOS PANCHOS», 64
Los «pericos», 131
Los que son y no son, de Ñico Saquito, 64
LOYNAZ, Dulce María, 58
Lucía, de Humberto Solás, 69
LUCRECIA, 68
LYS, Seferina de, 256

M

MACEO, Antonio, 43, 44, 45, 57, 92, 95, 127, 150, 167, 177, 221, 246, 248, 250, 251, 357
MACEO, José, 44, 180, 246
MACEO, Justo, 180
MACHADO Y MORALES, Gerardo, 46, 47, 138, 147, 184, 186, 187
MACHADO VENTURA, José Ramón, 37
MADERA, Gilma, 199
MADRAZO, Federico, 151
Mama Inés, de Eliseo Grenet, 67
Mambo, de Orestes López, 66
MANFUGÁS, Nené, 64
Manisero, El, de Moisés Simons, 64, 367
Manual del perfecto fulanista, de José Antonio Ramos, 57
Manuel García, rey de los campos de Cuba, de Enrique Díaz Quesada, 68
Manuela, de Humberto Solás, 69
MANZANEDA, Severino de, 213
MAÑACH, Jorge, 58
MARGGRAFF, Andreas S., 30
María de la O, de Ernesto Lecuona, 64
María Teresa, de Óscar L. Valdés, 69
MARINELLO, Juan, 58
MARKER, Chris, 69
MARQUETTI, Cheo, 64
MARTÍ, José, 44, 45, 57, 83, 90, 95, 117, 127, 136, 140, 150, 166 y ss., 177, 180, 187, 188, 189, 208, 214, 248, 251, 357
MARTÍN PINZÓN, Gerónimo, 149
MARTÍNEZ CAMPOS, Arsenio, 45
MARURI, Aurelio, 168
Máscaras, de Leonardo Padura Fuentes, 60, 170

MASSIP, José, 69
MATAMOROS, Miguel, 64, 239
MATOS, Huberto, 49
MATTHEWS, Herbert, 48
MAURA, Antonio, 45
MAXIMILIANO I (emperador), 62
Máximo Gómez, 167
MAYNARD, Thomas, 138
Mayor desgracia de Carlos V, La, de Lope de Vega, 31
MAZA, Aquiles, 188
MCKINLEY, 45
MEDINA, Pedro, 157
Mégano, El, de Julio García y Tomás Gutiérrez, 69
Melao de caña, de Mercedes Pedroso, 29
MELERO, Miguel, 189
MÉLIDA, Arturo, 158
MELLA, Julio Antonio, 46, 186
Memorias del subdesarrollo, de Tomás Gutiérrez Alea, 69
MÉNDEZ, José Antonio, 65
MENÉNDEZ, Nilo, 64, 214
Mentira, de Félix B. Caignet, 65
METTEI, Francisco Antomarchi, 251
Meu avi, El, 62
Me voy pa'l pueblo, 124
MIGUEL ÁNGEL, 189
MILANÉS, Pablo, 67, 93
Mi música extremada, de Guillermo Cabrera Infante, 59
MIRÓ CARDONA, José, 48, 50
MONCADA, Guillermo, 44
MONTE, Domingo del, 43, 175
MONTENEGRO, Carlos, 58
MONTERO, Mayra, 16, 59, 60
MORAZÁN, Francisco, 175
MORÉ, Benny, 66, 69, 115, 144, 155
MORELL DE SANTA CRUZ, Pedro Agustín, 154
MORGAN, Henry John, 97, 138, 344, 348, 353
Mosquito como agente de transmisión de la fiebre amarilla, El, de Carlos Juan Finlay, 96
Motivos del son, de Nicolás Guillén, 58, 59
Muchos nombres para una plaza, 162
MUELAS, Javier de las, 368
Muerte de Narciso, de José Lezama Lima, 58
Muerte de un burócrata, de Tomás Gutiérrez Alea, 69
MURAD (sultán), 32
MURAT, Joachim, 186

ALGUNOS PERSONAJES Y SUS OBRAS / 425

Música de Cuba, La, de Alejo Carpentier, 59

N

Nada cotidiana, La, de Zoe Valdés, 60
Narciso López, un adelantado, 280-1
NARVÁEZ, Pánfilo de, 144
NAT KING COLE, 66
Navegación de cabotaje, de Jorge Amado, 53
NERUDA, Pablo, 59, 272
«NG LA BANDA», 68
NICOT, Jean, 32
NIXON, Richard, 48
Noche de anoche, La, de René Touzet, 65
No me vayas a engañar, de Osvaldo Farrés, 65
Nosotros, de Pedro Junco, 65, 222
NÚÑEZ, Andrés, 58

O

OCAMPO, Sebastián, 144, 145
OCHOA, Arnaldo, 53
OCHOA, Elíades, 68
OROL, Juan, 68
«ORQUESTA ORIGINAL DE MANZANILLO», 68
ORTIZ, Fernando, 29, 33, 60, 63, 156, 183, 366
OTERO, Raúl, 187

P

PADURA FUENTES, Leonardo, 60, 170
PAÍS, Frank, 240, 246, 248, 251
PAÍS, Josué, 248
PALMIERI, Eddie, 67
Paloma, La, de Sebastián Iradier, 62
PANÉ, Ramón, 32
Paradiso, de José Lezama Lima, 58
Paraná, El, de Los Compadres, 246
Parque de Palatino, de Enrique Díaz Quesada, 68
PARTAGÁS, Jaime, 34
PATI, Adelaida, 174
PATIÑO, José, 145
Patricia, de Pérez Prado, 66
PAVLOVA, Ana, 174
PEDROSO, Mateo, 160
PEDROSO, Mercedes, 29
PELÁEZ, Amelia, 56, 169, 245

PELÁEZ, Víctor Manuel, 56, 169, 245
PEÑALVER ANGULO, Diego, 158
PEÓN GARCÍA, Ramón, 68
PÉREZ, Amaury, 67
PÉREZ PRADO, Dámaso, 66, 214
PÉREZ, Leonor, 189
PEROVANI, Giuseppe, 158
PETERZON, Pieter, 138
PETIÓN, Alejandro, 175
PICASSO, Pablo, 56
Piedad, La, de Miguel Ángel, 189
PIÑEIRO, Ignacio, 64
PIÑERA, Virgilio, 58, 60
PITA, Santiago de, 56
POCAHONTAS, 32
POCOCK, Georges, 195
POEY, Felipe, 186
POLAVIEJA (marqués de), 44
PONCE DE LEÓN, 149
PORCAYO DE FIGUEROA, Vasco, 97
PORTILLO DE LA LUZ, César, 65
PORTOCARRERO, René, 56, 169
PORTUGUÉS, Bartolomé, 138
PORTUONDO, Omara, 68
POVEDA, José Manuel, 57
POZO, Chano, 68
PRIM, Juan, 211
Primera carga al machete, La, de Manuel Octavio Gómez, 69
Príncipe jardinero y fingido Cloridano, El, de Santiago de Pita, 56
PRÍO SOCARRÁS, Carlos, 47
PRÓSPERO DI SANTA CROCE (cardenal), 32
PUEBLA, Carlos, 64, 211
PUENTE, Tito, 67
Purgatorio, El, de Miguel Melero, 189

Q

¿Qué bueno canta Vd?, de Sergio Giral, 69
Que rico mambo, de Pérez Prado, 66
QUEROL, Agustín, 189
Quiéreme mucho, de Gonzalo Roig, 64
QUIÑONES, Luis, 85

R

RALEIG, Walter, 32
RAMOS, José Antonio, 57
RAVEL, Maurice, 62
Rebeliones de los afrocubanos, Las, de Fernando Ortiz, 60

Reino de este mundo, El, de Alejo Carpentier, 59
REPILADO, Francisco, 64, 239, 246
República española ante la revolución cubana, La, de José Martí, 57
RES PALACIOS, Felipe José de, 157
Resurrección, de Federico Uhrbach, 57
Retorna, de Sindo Garay, 65
Reyes del mambo tocan canciones de amor, Los, 67
REYNERE, Eugenio, 189
RISTORI, Adelaida, 172
RIVA, Armando de, 170
RIVERA, Diego, 284
«RIVERSIDE»(orquesta), 66
ROBERT, Hubert, 190
ROC EL BRASILIANO (pirata), 138
RODA, Cristóbal de, 195
RODRIGO DE XEREZ, 32
RODRÍGUEZ, Arsenio, 64, 214
RODRÍGUEZ, Sílvio, 67, 100
RODRÍGUEZ, Siro, 64
RODRÍGUEZ FEO, José, 58
RODRÍGUEZ VERA, Francisco, 56
ROIG DE LEUCHSENRING, Emilio, 170
ROIG, Gonzalo, 64
ROLDÁN, Alberto, 69
ROLDÁN, Amadeo, 58, 64
Roldán y Caturia, de Óscar L. Valdés, 69
ROLFE, John, 32
ROMANOSKY, Magdalena, 91
ROMEU, Antonio Mª, 63
ROOSEVELT, Franklin D., 47
ROOSEVELT, Theodor, 125, 258
Round dance + son montuno = Sucu-sucu, 142
RUBALCABA, Gonzalo, 67
RUBALCABA, Jacobo, 222
RUIZ, Rosendo, 64
Rumba, La, de Alejandro García Caturla, 64
Rumba, La, de Óscar L. Valdés, 69
Rumba está buena, La, Grupo Changüí, 63
Rumbo perdido, de Mario Álvarez, 65

S

Sabor a engaño, de Mario Álvarez, 65
SACO, José Antonio, 43
SAINT SÄENS, Camille, 62
SALAS, Esteban de, 62, 239, 241, 246
SALAS, Juan de, 164, 165
SAMPSON (almirante), 240
SÁNCHEZ, Pepe, 65, 242

SÁNCHEZ DE TORQUEMADA, Alonso, 195
SANDOVAL, Arturo, 67
SAN FELIPE Y SANTIAGO (marqués de), 208
SAN MARTÍN, José de, 175
SANTA CRUZ Y ARANDA, Gabriel Beltrán, 162
SANTA CRUZ Y MONTALVO, María de las Mercedes, 162
SANTAMARÍA, Abel, 240, 249
SANTAMARÍA, Haydée, 181, 249
Santo de tía Juliana, El, 144
SANTOS, Daniel, 66
SANTOVENIA (condes de), 151
SAQUITO, Ñico, 64, 239
SARDÁ GIRONELLA, Josep Maria, 140
SARDUY, Severo, 59, 64
SARMIENTO, Luis, 86
SAUMELL, Manuel, 62-3
SAUTO Y NODA, Ambrosio de la Concepción, 214
SCOTT, Walter, 189
SEEGER, Pete, 125
«SEPTETO NACIONAL», 64
«SEPTETO TÍPICO GUANTANAMERO», 63
SERPA, Enrique, 58
Serpiente roja, La, Ernesto Caparrós, 68
SERRANO, Apolimar, 158
«SIBONEY», 67
Siboney, de Ernesto Lecuona, 64
SICRE, Juan José, 188
Siempre en mi corazón, de Ernesto Lecuona, 64
Siglo de las Luces, El, de Alejo Carpentier, 59, 160, 244
Siglo de las Luces, El, de Humberto Solás, 69
SIMONS, Moisés, 64, 367
Simulacro de incendio, de Gabriel Beyre, 68
SOLÁ, Antonio, 158
SOLÁS, Humberto, 69
SOLER, Ricardo, 150
Son de la loma, de Matamoros, 64, 238
Son entero, de Nicolás Guillén, 59
Son de negros en Cuba, de F. García Lorca, 60
Sóngoro Cosongo, de Nicolás Guillén, 58, 59
SORES, Jacques de, 145, 148, 160, 240
SOTO, Hernando de, 42, 148, 149, 195
SOTOLONGO, Agustín de, 155, 196
STEVENSON, Robert L., 137
SUÁREZ, Senén, 66
SUREDA, Laíto, 66

T

TABARES, Gregorio, 154
TACÓN, Miguel, 43, 151, 168, 174, 187
TAFT, William Howard, 46
Tarde, La, de Sindo Garay, 65
Te dí la vida entera, de Zoe Valdés, 60
Te odio, de Félix B. Caignet, 65
Tequila, de Pérez Prado, 66
TERRY, Tomás, 117
Tito (mariscal), 53
Toda una vida, de Osvaldo Farrés, 65
TOMÉ Y VERECRUISSE, Julián, 174
TORIBIO DE BENAVENTE «Motolinia», 32
Torneo Ernest Hemingway, 360
TORRE, Carlos de la, 371
TORRE, Vicentina de la, 71
TORRES DE AYALA, Laureano, 162-3
TORRES, Luis de, 32
TORRES, Óscar, 69
TORRES DE VILLALPANDO, Ambrosio, 196
TOUZET, René, 65
Tratados en La Habana, de José Lezama Lima, 58
Tres lindas cubanas, de Antonio Mª Romeu, 63
Tres palabras, de Osvaldo Farrés, 65
Tres tristes tigres, de Guillermo Cabrera Infante, 59
«TRÍO MATAMOROS», 64, 238
Tristezas, de Pepe Sánchez, 65
«TROPICANA NIGHT CLUB» (orquesta), 66
TRUJILLO, Rafael Leónidas, 111
Tú me acostumbraste, de Frank Domínguez, 214
Tuyo es el reino, de Abilio Estévez, 60

U

UHRBACH, Federico, 57
Última cena, de Tomás Gutiérrez Alea, 69
Última rumba de papá Montero, de Octavio Cortázar, 69
Un ejemplo de amor paterno, 163
URBANO VIII (papa), 33
URFÉ, José, 63
URRUTIA, Manuel, 48, 49

V

VALDÉS, Bebo, 66, 67
VALDÉS, Chucho, 67
VALDÉS, Miguelito («Mr Babalú»), 66
VALDÉS, Óscar L., 69
VALDÉS, Zoe, 60
VALLEJO, Orlando, 66
«VAN VAN» (orquesta), 67, 222
VARDA, Agnes, 69
Varadero de Cuba, de Pablo Neruda, 272
VARELA, Enrique, 187
VARELA, Félix, 168
VARONA, E.J, 371
VÁZQUEZ, Luz, 95
VEGA DE ANZO (marqués de la), 174
VEGA TORRES, Raúl, 244
VELÁZQUEZ, Diego de, 41, 61, 79, 86, 93, 115, 144, 231, 239, 241, 265
VELÁZQUEZ, Miguel, 61
Vendaval sin rumbo, de José Dolores Quiñones, 65
VERDI, G., 59
VERMAY, Jean Baptiste, 148, 158, 169
Versos percusores, de José Manuel Poveda, 57
Versos sencillos, de José Martí, 57
VICTOR MANUEL (rey), 172
Viejo y el mar, El, de Ernest Hemingway, 197, 198, 315
VILLALÓN, Alberto, 65
VILLALTA DE SAAVEDRA, Juan, 172, 189
VILLAVERDE, Cirilo, 57, 144, 168
VILLAVERDE, Fernando, 69
Virgen de la Caridad, La, de Ramón Peón García, 68
Vuélveme a querer, de Mario Álvarez, 65

W

WELLES, Summer, 47
WELSH, Mary, 198
West Indies, Ltd., de Nicolás Guillén, 59
WEYLER, Valeriano, 45, 221
WICKER, Cyrus French, 138

Y

Yo reiré cuando tú llores, de Alberto Villalón, 65

Z

ZANELLI, Angelo, 172
ZAYAS, Alfredo, 46
ZENEA, Juan Clemente, 56, 170
ZULUETA, Julián de, 174

NOTAS

ÍNDICE DE PLANOS*

Ancón (península de)	270
Baconao (Reserva de la Biosfera)	256-7
Baconao-Santiago de Cuba	328
Baracoa	88-9
Camagüey (Centro ciudad)	99
Camagüey (Excursiones desde)	104
Cayo Coco	107
Cayo Coco-Cayo Guillermo	317
Cayo Guillermo	107
Cayo Largo	108-9
Ciénaga de Zapata (Montemar)	217
Cienfuegos (ciudad)	116
Cienfuegos (Centro ciudad)	118
Cienfuegos: Faro Luna/Rancho Luna	341
Cuba (isla de)	18-9
Guardalavaca	128
Guardalavaca	325
Holguín (Centro ciudad)	130
Isla de la Juventud	139
Isla de la Juventud	351
La Habana	
Plazas de Armas, de la Catedral y Vieja	153
Convento de Santa Clara y alrededores	164
Paseo del Prado	171

* Las entradas en *cursiva* indican mapas específicos para el buceo.

Capitolio y alrededores 173
Centro Habana 178-9
El Vedado-Este 182
El Vedado-Centro 185
Miramar 190-1
La Gran Habana 193
La Habana-Barlovento 305
Marea del Portillo 337
María la Gorda 355
Matanzas (Centro ciudad) 215
Parque Montemar (Ciénaga de Zapata) 217
Pinar del Río (Centro ciudad) 223
Playa Larga-Playa Girón 345
Playas del Este 228-9
Playas del Este 309
Provincias cubanas 74-5
Santa Lucía (playa de) 237
Santa Lucía 321
Santiago de Cuba (Centro ciudad) 243
Santiago de Cuba (ciudad) 247
Sierra Mar 333
Soroa y Las Terrazas 209
Topes de Collantes 264
Trinidad (Centro ciudad) 267
Varadero 274-5
Varadero (Centro ciudad) 276-7
Varadero 313
Viñales (Excursiones desde) 285
Viñales (valle de) 283

Esta edición de **Rumbo a Cuba**
se terminó de imprimir en los talleres
gráficos de Huropesa a principios de mil
novecientos noventa y nueve, 120 años
después del estreno del primer danzón
de la mano de Miguel Fraile